Two-Dimensional
X-Ray
Diffraction

二维X射线衍射

原著第二版

[美] 贺保平（Bob B. He）　著

程国峰　主译

化学工业出版社

· 北京 ·

内 容 简 介

　　本书系统地介绍了二维 X 射线衍射的原理、实验方法、应用技术及应用领域。内容涵盖 X 射线光源、二维探测器、测角仪和光路，以及衍射数据处理与解析（物相定性、微观结构分析、残余应力分析、织构分析、结晶度测量、薄膜分析、小角散射等），并给出了很多先进材料和药物等的具体分析实例，如用于检查各种样品，包括金属、聚合物、陶瓷、半导体、薄膜、涂料、生物材料、复合材料等。

　　本书可供材料、化学、物理、药学等专业研究人员，从事 X 射线衍射结构表征相关的研究生、检测人员、技术人员等参考阅读。

Two-Dimensional X-Ray Diffraction，2nd Edition by Bob B. He

ISBN 978-1-119-35610-3

Copyright© 2018 by John Wiley & Sons，Inc. All rights reserved.

Authorized translation from the English language edition published by John Wiley & Sons，Inc.

本书中文简体字版由 John Wiley & Sons，Inc. 授权化学工业出版社独家出版发行。

北京市版权局著作权合同登记号：01-2019-0384

图书在版编目（CIP）数据

　　二维 X 射线衍射/（美）贺保平（Bob B. He）著；程国峰主译 . —北京：化学工业出版社，2019.10

　　书名原文：Two-Dimensional X-Ray Diffraction

　　ISBN 978-7-122-35551-5

　　Ⅰ.①二…　Ⅱ.①贺…②程…　Ⅲ.①二维-X 射线衍射-研究　Ⅳ.①O434.1

　　中国版本图书馆 CIP 数据核字（2019）第 237742 号

责任编辑：窦　臻　林　媛　　　　文字编辑：林　丹　毕梅芳
责任校对：刘　颖　　　　　　　　装帧设计：王晓宇

出版发行：化学工业出版社（北京市东城区青年湖南街 13 号　邮政编码 100011）
印　　装：三河市航远印刷有限公司
787mm×1092mm　1/16　印张 24　彩插 15　字数 584 千字　2021 年 4 月北京第 1 版第 1 次印刷

购书咨询：010-64518888　　　　　　售后服务：010-64518899
网　　址：http://www.cip.com.cn
凡购买本书，如有缺损质量问题，本社销售中心负责调换。

定　　价：158.00 元　　　　　　　　　　　　　　　版权所有　违者必究

译者前言

九年前，我与贺保平（Bob Baoping He）博士首次相识于上海。彼时他以布鲁克公司创新及二维X射线衍射业务发展总监的身份访问我实验室，并介绍了二维X射线衍射（XRD^2）技术及其专著（即原著第一版）。之后，我与贺博士又在不同的场合见过几面，这期间国内二维衍射仪的用户也越来越多，但还没有全面介绍二维X射线衍射技术的中文教材或参考书，国际上也只有贺博士的 *Two Dimensional X-Ray Diffraction* 这本专著。因此，大约两年前我与贺博士开始讨论将该英文专著译成中文版的事宜，以适应国内二维X射线衍射技术应用快速发展的需要，并决定在原著第二版出版后进行。

2018年，原著第二版由Wiley出版公司出版发行。同时，中国科学院上海硅酸盐研究所无机材料X射线衍射结构表征课题组也已完成从传统晶体结构表征优势领域向分子结构与显微结构表征领域的拓展，成为涵盖粉末衍射、单晶衍射、高分辨衍射、二维衍射、原位衍射以及拉曼光谱和原子力显微镜等结构表征的实验室。我们用二维衍射仪开展了一些表征方法和技术的研究，在该领域也积累了一些经验和心得，因此着手开展了该书的翻译工作。希望《二维X射线衍射》中文版的出版，能够对推动我国二维X射线衍射领域检测、表征等研究的发展有所帮助。

本书的读者对象是材料、物理、化学、医药、矿物、地质等学科研究人员与学生，特别是从事X射线衍射结构表征相关的检测人员和研究生等。

本书的出版得到了中国科学院上海硅酸盐研究所的大力支持，在此表示感谢！本书由程国峰主译，其中部分章节（不含图、表）由以下人员参与翻译：朱性齐（第1、第8及第10章各部分）、尹晗迪（第3章）、张振义（第4章）、阮音捷和孙玥（第5章、第8章小部分）、解其云（第6章）、杨昕昕（第7章）、杨林涛（第12章部分）。全书由程国峰统稿和校对。另外，姜斌斌、李朝霞、周玄也做了很多文字输入工作，在此一并表示感谢！

由于译者水平有限，书中难免存在疏漏、不足之处，恳请广大读者批评指正！

程国峰
2019 年 10 月

二维 X 射线衍射是一种理想的无损分析方法，它可以用来表征金属、聚合物、陶瓷、薄膜、涂层、涂料、生物材料和复合材料等，在材料科学与工程、药物研发与工程控制、法医分析、考古分析等多领域具有广泛的应用。长期以来粉末 X 射线衍射的数据收集与分析，主要是基于用点探测器或线探测器测量的一维衍射图谱。因此，几乎所有粉末衍射的应用，比如物相鉴定、织构、残余应力、晶粒尺寸和结晶度等表征，都是根据传统衍射仪的一维衍射图谱发展来的。近年来，由于探测器技术的发展，二维探测器的应用也在快速发展。同样，二维衍射花样中也包含固体或液体材料的原子排列、微观结构和缺陷等丰富信息。但是，由于二维探测器接收的数据具有一些独特的性质，许多由粉末衍射发展起来的算法或方法已不能用来充分和准确地分析解释这些数据。这就需要在二维衍射仪的设计以及二维衍射数据的分析方面引入一些新的概念和方法。由于二维衍射是传统粉末衍射的自然延伸，这些新的概念和理念当然与传统理论也是相一致的。

本书第 1 章简要介绍了 X 射线衍射及其在二维衍射的拓展，以及晶体学与 X 射线衍射学的一般原理。第 2 章描述了衍射几何和衍射矢量，通过衍射矢量可以导出后面章节介绍的各种应用的基本方程和关键步骤，以方便读者进行其他分析。第 3～第 6 章侧重于仪器技术，包括 X 射线光源和光路系统、探测器、测角仪、系统配置以及基本的数据采集和处理方法等。第 7～第 12 章描述了二维衍射的基本概念、基础理论、衍射仪配置、数据采集策略、数据分析方法以及各种应用实例，如物相鉴定、织构分析、应力测量、微观结构分析、结晶度测量、薄膜分析以及组合筛选技术。第 13 章对二维衍射技术的一些创新和发展做了展望。

本书第一版自出版（2009 年）以来，二维 X 射线衍射在仪器技术和应用方面都有了长足的发展。这期间，我也收到了读者的大量建设性的评价、建议和意见。第二版除了增加仪器和应用的最新进展外，一个重要的改进是大量采用彩色图，以更好地展示图中的细节。

衷心感谢 Mingzhi Huang，Huijiu Zhou，Jiawen He，Charles Houska，Guoquan Lu 和 Robert Hendricks 教授对我教育和职业发展的指导、帮助和鼓励！此外，感谢我的同事们的支持、建议和贡献，特别感谢 Kingsley Smith，Uwe Preckwinkel，Roger Durst，Yacouba Diawara，John Chambers，Gary Schmidt，Peter LaPuma，Lutz Brügemann，Frank Burgäzy，Martin Haase，Mark Depp，Hannes Jakob，Kurt Helmings，Arnt Kern，Geert Vanhoyland，Alexander Ulyanenkov，Jens Brechbuehl，Ekkehard Gerndt，Hitoshi Morioka，Keisuke Saito，Susan Byram，Michael Ruf，Charles Campana，Joerg Kaercher，Bruce Noll，Delaine Laski，Beth Beutler，Rob Hooft，Alexander Seyfarth，

Joseph Formica，Richard Ortega，Brian Litteer，Bruce Becker，Detlef Bahr，Heiko Ress，Kurt Erlacher，Christian Maurer，Olaf Meding，Christoph Ollinger，Kai-Uwe Mettendorf，Joachim Lange，Martin Zimmermann，Hugues Guerault，Ning Yang，Hao Jiang，Jon Giencke 和 Brain Jones。感谢 Robert Cernik，Shepton Steve，Christian Lehmann，George Kauffman，Gary Vardon，Werner Massa，Joseph Reibenspies 和 Nattamai Bhuvanesh 等对本书第一版的书评，以及鼓励并帮助我在第二版中进行了一些更正和改进。

我还要感谢那些通过深入讨论，给予我灵感和启发的朋友们，特别是 Thomas Blanton，Davor Balzar，Camden Hubbard，James Britten，Joseph Reibenspies，Timothy Fawcett，Scott Misture，James Kaduk，Ralph Tissot，Mark Rodriguez，Matteo Leoni，Herbert Göbel，Scott Speakman，Thomas Watkins，Jian Lu，Xun-Li Wang，John Anzelmo，Brian Toby，Ting Huang，Alejandro Navarro，Peter Zavalij，Mario Birkholz，Kewei Xu，Berthold Scholtes，Chang-Beom Eom，Gregory Stephenson，Raj Suryanarayanan，Shawn Yin，Naveen Thakral，Lian Yu，Siddhartha Das，Chris Frampton，Chris Gilmore，Keisuke Tanaka，Wulf Pfeiffer，Dierk Raabe，Robert Snyder，Jose Miguel Delgado，Winnie Wong-Ng，Xiaolong Chen，Chuanhai Jiang，Wenhai Ye，Weimin Mao，Leng Chen，Kun Tao，Erqiang Chen，Danmin Liu，Dulal Goldar，Vincent Ji，Peter Lee，Yan Gao，Lizhi Liu，Yujing Tang，Minqiao Ren，Ying Shi，Chunhua Tony Hu，Shaoliang Zheng，Ravi Ananth，Philip Conrad，Linda Sauer，Roberta Flemming，Chan Park，Dongying Ju，Milan Gembicky，Hui Zhang，Willard Schultz，Licai Jiang，Ning Gao，Fangling Needham 和 John Faber。另外，特别感谢我的妻子 Judy 的耐心、关心和理解，以及儿子 Mike 对我的大力支持。

作为科学家及研发总监在 Bruker AXS 公司工作的 20 余年，让我有更多的机会接触 X 射线领域的科学家、工程师、教授和学生们，以及将很多想法付诸实施的必要资源。书中很多照片和实验数据都来自 Bruker AXS 公司制造的 X 射线衍射仪，这不是对特定供应商的认可，而是以简便的方式说明本书中的一些想法。书中提到的方法和算法也不一定最佳，并且难免有些偏差。每章末均列有参考文献，但难免会有所遗漏，在此一并致歉。同时欢迎广大读者提出宝贵意见、建议和批评。

贺保平
（Bob Baoping He）

目录

第8章　织构分析 •• 184

第1章
绪　论

1.1　X射线技术简史

　　X射线技术已有100多年的历史，其发现和发展彻底改变了现代科学技术的许多领域[1]。X射线是1895年由德国物理学家伦琴首次发现的，他因此也获得了1901年的诺贝尔物理学奖。如今，X射线在许多国家仍然被称为伦琴射线或伦琴辐射。X射线这种神秘的光不为人眼所见，却可以穿透物质并能使底片感光，因此它首先被应用于医学成像，比如检查骨骼结构和软组织疾病（如肺炎、肺癌等）。X射线也可用于疾病治疗，放射疗法就是使用高能X射线对癌细胞进行治愈性医学干预。最近的螺旋断层放疗技术，就是将计算机断层扫描的精确性与放射治疗的潜能相结合，可以选择性地摧毁癌性肿瘤，同时最大程度地减少对周围组织的损害。目前，医学诊断和治疗领域仍然在广泛使用X射线技术。

　　马克思·冯·劳厄在1912年发现了晶体的X射线衍射（XRD）现象。同年劳伦斯·布拉格父子推导出衍射条件的数学表达式，即著名的布拉格定律。因此，1914年和1915年的诺贝尔物理学奖也分别授予了劳厄和布拉格父子，以表彰他们发现和解释晶体中X射线衍射现象的贡献。X射线衍射是基于物质的X射线弹性散射。由于X射线的波动性，样品的散射线会互相干涉，因此强度分布取决于X射线波长和入射角以及样品结构的原子排列，特别是晶体结构的长程有序。散射线的空间分布称作X射线衍射图谱。通过分析衍射图谱可以得到材料的晶体结构信息。X射线衍射已经发展出许多技术，每种技术都有专门的仪器、理论和分析方法。单晶X射线衍射（SCD，简称单晶衍射）是一种进行单晶材料结构解析的技术，该技术首先用于简单的无机固体，后又发展到复杂的大分子。蛋白质结构就是由Max Perutz和John Cowdery Kendrew在1958年首次通过X射线衍射测定的，二人也因此分享了1962年的诺贝尔化学奖。现在，蛋白质晶体学已成为单晶衍射的主要应用领域。而X射线粉末衍射（XPRD）或称作粉末X射线衍射（PXRD），则是收集粉末样品X射线衍射图谱的一种技术。通常，X射线粉末衍射包括多晶结构、微晶（晶粒）尺寸和择优取向（织构）等的表征。

　　X射线衍射涵盖单晶衍射、粉末衍射等多种X射线衍射技术。但是，习惯把单晶衍射同X射线衍射区别开来。通常X射线衍射表示除单晶衍射外的其他X射线衍射应用。这些应用包括物相鉴定、织构分析、应力测量、结晶度及晶粒尺寸表征和薄膜分析等。与X射线衍射类似的小角X射线散射（SAXS，简称小角散射）技术，测量的是距入射角几度范围的散射角的散射强度。小角散射图谱揭示的是从纳米到微米范围的材料结构，通常是颗粒尺寸和形状。相对于小角散射，其他X射线衍射技术也称作广角X射线散射（WAXS）。

1.2 　晶体几何学

固体分为非晶体（无定形）和晶体。在非晶固体（如玻璃）中，原子不是长程有序排列的。因此，非晶固体也称作"玻璃态"固体。相反，晶体是由原子、分子或离子在三维空间规则且重复排列而形成的固体。晶体的几何形状和结构决定了其 X 射线衍射图谱。下面将简要介绍一些晶体学基本知识，以帮助了解 X 射线衍射技术。

1.2.1 　晶格和对称性

晶体结构可以简单地用点阵［图 1.1(a)］来表示。点阵代表原子在晶体结构中的三维排列。可以把它想象成由三组平面组成，每组包含很多平行的晶面，且晶面间距相等。三个平面的任意交点称为阵点，代表原子、离子或分子在晶体中的位置。点阵的最小单元是单胞（左下角加粗显示）。完整的点阵可以通过单胞在三维空间的平移得到。这种平移特征也称作平移对称性。单胞的形状和大小由矢量 $\boldsymbol{a}$、$\boldsymbol{b}$ 和 $\boldsymbol{c}$ 定义。如图 1.1(b) 所示，矢量从任何阵点开始，这三个矢量称为晶轴。矢量可由其长度和方向决定，因此也可以通过三个矢量的长度（a、b 和 c）及其夹角（α、β 和 γ）来描述单胞。a、b、c、α、β 和 γ 这两类参数被称为晶胞（单胞）参数或点阵常数。

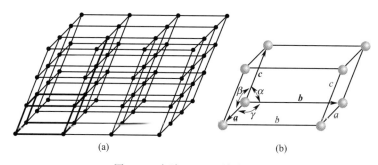

图 1.1 　点阵（a）和单胞（b）

晶体的一个重要特征是其对称性。除平移对称外，还包括反映、旋转、反演及其组合。

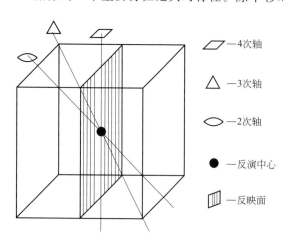

图 1.2 　立方体中的对称性

　　　　—4 次轴

　　　　—3 次轴

　　　　—2 次轴

　　　　—反演中心

　　　　—反映面

图 1.2 给出了一个立方体的基本对称性。反映面像一面镜子，把晶体分成两侧，每一侧与另一侧成镜面像。立方体有 9 个反映面。旋转对称轴包括 2 次、3 次、4 次和 6 次轴。晶体绕一个 n 次轴旋转 $360°/n$ 后会与自身重合。立方体有 6 个 2 次轴、4 个 3 次轴和 3 个四次轴。反演中心是对称中心，任意点通过对称中心反演都能够使图像复原。每个晶面都以反演对称操作与另一个平行晶面匹配成对。立方体在其体心有一个对称中心。旋转-反演是由转动一个确定的角度，再通过转动轴上一点（在宏观对称中它位于坐标的原点）的反演构成。而旋转-反映是绕 n 次对称轴旋转后，再经过与此旋转轴垂直、通过坐标系原点的一个假想平面施行反映操作后

的一种复合操作。

根据晶胞参数的关系把晶体划分为 7 大晶系（立方、四方、六方、三方、正交、单斜和三斜），共 14 种布拉维点阵。最简单的是立方晶系，其矢量长度相等且相互垂直（$a=b=c$、$\alpha=\beta=\gamma=90°$）。每个晶系都有一种初基点阵（P 或 R），初基点阵中的阵点只分布在平行六面体单胞的 8 个顶点位置，而每一个顶点同时为 8 个平行六面体单胞所共有，一般初基点阵的坐标设为（0，0，0）。若在平行六面体的中心或面的中心含有阵点，即一个晶胞含有两个以上的阵点时，称为非初基晶胞，其阵点位置坐标可以通过单胞的分数坐标（u，v，w）表示。如果非初基晶胞的中心有一个阵点，称为体心点阵，其坐标为（½，½，½），标记为 I。相应地，如果阵点位于面心，称为面心点阵，其坐标分别为（0，½，½）、（½，0，½）和（½，½，0），标记为 F。如果阵点位于底面，称为底心点阵，其坐标为（½，½，0），标记为 C。7 大晶系和 14 种布拉维点阵列于表 1.1 中。14 种布拉维点阵单胞如图 1.3 所示。

表 1.1　晶体对称性和布拉维点阵

晶系	单胞	最小对称	布拉维点阵	晶格符号
立方	$\alpha=\beta=\gamma=90°$ $a=b=c$	四个 3 次旋转	简单 体心 面心	P I F
四方	$\alpha=\beta=\gamma=90°$ $a=b\neq c$	一个 4 次旋转轴或一个 4 次旋转反演轴	简单 体心	P I
六方	$\alpha=\beta=90°$ $\gamma=120°$ $a=b\neq c$	一个 6 次旋转轴或一个 6 次旋转反演轴	简单	P
菱形（三方）	$\alpha=\beta=\gamma\neq90°$ $a=b=c$	一个 3 次旋转轴	简单	R
正交	$\alpha=\beta=\gamma=90°$ $a\neq b\neq c$	三个互相垂直的二次旋转轴或反映面	简单 体心 底心 面心	P I C F
单斜	$\alpha=\gamma=90°$ $\beta\neq90°$ $a\neq b\neq c$	一个 2 次旋转轴或一个 2 次旋转反演轴	简单 底心	P C
三斜	$\alpha\neq\beta\neq\gamma\neq90°$ $a\neq b\neq c$	无	简单	P

1.2.2　晶向和晶面

阵点中任意一条直线的方向都能够通过从单胞原点画一条与该线平行的线，并采用线上任意点的坐标（u'，v'，w'）来表示。该坐标不一定是整数，但是按照惯例，可将其乘以一个最小数生成整数 u、v 和 w，这些整数可正可负。阵点直线方向就是将三个整数放在方括号内以 $[uvw]$ 表示。晶体中与 $[uvw]$ 方向等效的方向可由 $\langle uvw \rangle$ 表示。例如，立方晶体单胞的对角线是对称等价的，因此可以用 $\langle 111 \rangle$ 表示 $[111]$、$[\bar{1}11]$、$[1\bar{1}1]$、$[11\bar{1}]$、$[\bar{1}\bar{1}1]$、$[\bar{1}1\bar{1}]$、$[1\bar{1}\bar{1}]$ 和 $[\bar{1}\bar{1}\bar{1}]$ 方向。数字上方的横杠表示负。图 1.4(a) 给出了阵点方向及其指数。

阵点平面方向可以由米勒指数描述，它是晶面与晶轴截距的倒数。如果晶面与晶轴的截距分别是 $1/h$、$1/k$、$1/l$，那么米勒指数就是 (hkl)。如果晶面平行于晶轴，其截距是 ∞，则米勒指数为 0。米勒指数描述的是一族晶面的方向及其间距。图 1.4(b) 给出了晶面及其

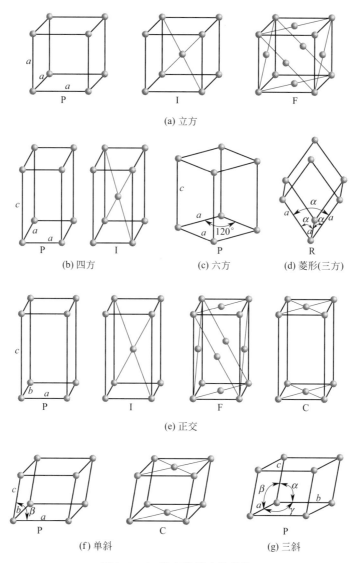

(a) 立方

(b) 四方　　　(c) 六方　　　(d) 菱形(三方)

(e) 正交

(f) 单斜　　　(g) 三斜

图 1.3　14 种布拉维点阵单胞

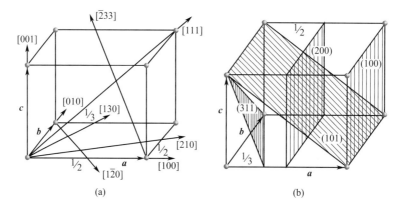

(a)　　　　　　　　　　(b)

图 1.4　阵点方向指数（a）及阵点平面（米勒）指数（b）

米勒指数。 $\{hkl\}$ 表示与 (hkl) 对称等效的所有晶面，称为晶面族。例如立方晶系的 (100)、(010)、(001)、$(\bar{1}00)$、$(0\bar{1}0)$ 和 $(00\bar{1})$ 晶面都属于 $\{100\}$ 晶面族。但是对于四方晶体 $(a=b\neq c)$，只可能在两个晶轴上的截距相等，因此 $\{100\}$ 晶面族只包括 (100)、(010)、$(\bar{1}00)$ 和 $(0\bar{1}0)$ 这四个晶面。

图 1.5(a) 给出了六方晶系单胞及其方向指数，其定义与其他晶系一致。为适应其对称性，常采用四坐标轴系来描述晶面指数，称为米勒-布拉维指数。其中 a_1、a_2 和 a_3 轴在底平面内，c 轴垂直于其他三个轴。六方晶系的晶面指数通常写成 $(hkil)$。图 1.5(b) 画出了用米勒-布拉维指数描述的一些阵点平面。a_1、a_2 和 a_3 对称等效且互交成 $120°$，因此只有两个独立的轴，于是在米勒-布拉维指数中始终存在如下关系：

$$h+k+i=0 \qquad (1.1)$$

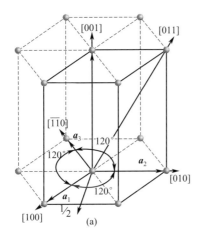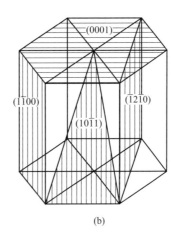

图 1.5　六方晶系单胞（实线）和一些阵点方向指数（a）及
六方点阵中一些阵点平面的米勒-布拉维指数（b）

既然 h、k 和 i 的所有循环组合都是对称等效的，那么 $(10\bar{1}0)$、$(\bar{1}100)$ 和 $(0\bar{1}10)$ 晶面也是等效的。

平行于同一直线的各个晶面组成一个晶带，被平行的那条直线称为晶带轴。同一晶带中所有面的米勒指数遵循如下关系：

$$hu+kv+lv=0 \qquad (1.2)$$

两个晶面相交的直线称为晶棱，晶棱与相应的晶带轴平行。$[uvw]$ 表示晶棱的方向，(hkl) 为晶面指数（米勒指数）。图 1.6 给出的是立方晶系中属于 $[001]$ 晶带的晶面。

具有相同指数的两个相邻晶面间的距离称为晶面间距（d 值），这是布拉格定律中的一个重要参数。晶面间距 d_{hkl} 是晶面指数和点阵参数的函数。

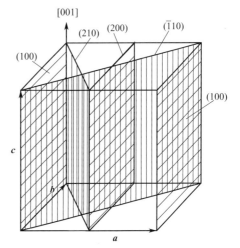

图 1.6　立方点阵中所有
阴影晶面均属于 $[001]$ 晶带

表 1.2 列出了 7 大晶系的晶面间距表达式。晶胞体积和晶面夹角的表达式详见参考文献 [2] 的附录 3。

表 1.2 7 大晶系的晶面间距表达式

晶系	表达式
立方	$$\frac{1}{d_{hkl}^2}=\frac{h^2+k^2+l^2}{a^2}$$
四方	$$\frac{1}{d_{hkl}^2}=\frac{h^2+k^2}{a^2}+\frac{l^2}{c^2}$$
六方	$$\frac{1}{d_{hkl}^2}=\frac{4}{3}\left(\frac{h^2+hk+k^2}{a^2}\right)+\frac{l^2}{c^2}$$
菱形（三方）	$$\frac{1}{d_{hkl}^2}=\frac{(h^2+k^2+l^2)\sin^2\alpha+2(hk+kl+hl)(\cos^2\alpha-\cos\alpha)}{a^2(1-3\cos^2\alpha+2\cos^3\alpha)}$$
正交	$$\frac{1}{d_{hkl}^2}=\frac{h^2}{a^2}+\frac{k^2}{b^2}+\frac{l^2}{c^2}$$
单斜	$$\frac{1}{d_{hkl}^2}=\frac{1}{\sin^2\beta}\left(\frac{h^2}{a^2}+\frac{k^2\sin^2\beta}{b^2}+\frac{l^2}{c^2}-\frac{2hl\cos\beta}{ac}\right)$$
三斜	$$\frac{1}{d_{hkl}^2}=(1-\cos^2\alpha-\cos^2\beta-\cos^2\gamma+2\cos\alpha\cos\beta\cos\gamma)^{-1}\left[\frac{h^2}{a^2}\sin^2\alpha+\frac{k^2}{b^2}\sin^2\beta+\frac{l^2}{c^2}\sin^2\gamma+\frac{2kl}{bc}(\cos\beta\cos\gamma-\cos\alpha)\right.$$ $$\left.+\frac{2lh}{ca}(\cos\gamma\cos\alpha-\cos\beta)+\frac{2hk}{ab}(\cos\alpha\cos\beta-\cos\gamma)\right]$$

1.2.3 原子在晶体中的排列

真实的晶体结构可以用填充了相同或不同种类原子的布拉维点阵来描述。原子位于精确的阵点位置或与阵点有固定偏离的点。如图 1.7 所示，金属的三种常见晶体结构是体心立方（BCC）、面心立方（FCC）和密堆六方（HCP）。体心立方的单胞有两个原子，分别位于坐标（0，0，0）和（1/2，1/2，1/2）处。α-铁、铌、铬、钒和钨等金属都是体心立方结构。面心立方单胞中有四个原子，其坐标分别是（0，0，0）、（0，1/2，1/2）、（1/2，0，1/2）和（1/2，1/2，0）。具有面心立方结构的金属有 γ-铁、铝、铜、银、镍和金。密堆六方则包含三个等效的六方单胞，每个单胞有两个原子，其坐标分别为（0，0，0）和（2/3，1/3，1/2）[或等效位置（1/3，2/3，1/2）]。密堆六方结构的金属有铍、镁、锌和 α-钛。面心立方和密堆六方都是密堆积排列。面心立方（111）面和密堆六方（0002）面具有相同的面内原子排列，但其堆积顺序不同。

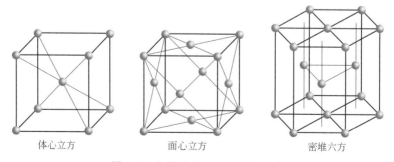

体心立方　　　　　　面心立方　　　　　　密堆六方

图 1.7 金属的常见原子排列方式

由不同原子形成的晶体结构是在一定条件下通过布拉维点阵形成的：条件一是布拉维点阵的平移需在同种原子上起始；条件二是每种原子的空间排列与整个晶体的对称性一致。图 1.8 是 NaCl（食盐）的结构。NaCl 单胞有 8 个离子：

4 个 Na^+ 分别位于 $(0, 0, 0)$、$(\frac{1}{2}, \frac{1}{2}, 0)$、$(\frac{1}{2}, 0, \frac{1}{2})$ 和 $(0, \frac{1}{2}, \frac{1}{2})$；

4 个 Cl^- 分别位于 $(\frac{1}{2}, \frac{1}{2}, \frac{1}{2})$、$(0, 0, \frac{1}{2})$、$(0, \frac{1}{2}, 0)$ 和 $(\frac{1}{2}, 0, 0)$。

可以看出四个 Na^+ 形成了面心立方结构，四个 Cl^- 形成的面心立方结构是由 Na^+ "点阵" 平移 $(\frac{1}{2}、\frac{1}{2}、\frac{1}{2})$ 得到的。因此，NaCl 晶体的布拉维点阵是面心立方结构。

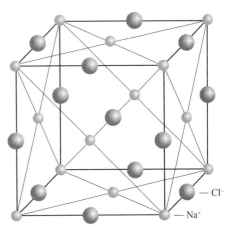

图 1.8　NaCl 的结构

Na^+ 是面心立方，Cl^- 是前者平移

$(\frac{1}{2}、\frac{1}{2}、\frac{1}{2})$ 后的面心立方

1.2.4　晶体结构缺陷

以上描述是基于原子在晶体中的规则排列。但晶体大多是不完美的，其原子的规则排列可能会被晶体的缺陷打破。晶体缺陷有多种类型，如点缺陷、线缺陷、面缺陷和体缺陷。

点缺陷是随机分布的多余或缺失原子造成的缺陷。对于点缺陷的尺寸没有严格的定义，通常点缺陷不会在空间的任何维度上扩展，而是在一个或几个原子区域内扩展。空位是完美晶体中原子应该却没有占据的位置。间隙原子是在正常原子位置插入的多余原子。由于晶格的间隙是有限的，通常间隙原子是原子半径很小的原子，如金属晶体中的氢、碳、硼或氮原子。具有间隙原子的晶体也称为间隙固溶体。而替位固溶体则是另一种形式的点缺陷，即替位缺陷。A 的 B 替位固溶体是指 B 原子替代了 A 原子的位置。在典型的替位固溶体中，B 原子随机分布在晶体中。某种条件下，B 原子可以规则的方式（称为长程有序）替换 A 原子，于是该固溶体具有有序或超晶格结构。点缺陷可以改变晶格参数，并且改变程度与缺陷浓度成正比。点缺陷在半导体中扮演着重要角色。

线缺陷是一种沿某条线（行列）方向上延伸的缺陷，晶体位错就是线缺陷。存在两种基本的位错类型：刃形位错和螺形位错。刃形位错是由晶体中某原子面的终止引起的，或者可以认为是在相邻的两个完整晶面之间添加或去除某个半原子面的结果。螺型位错是原子按螺旋形排列而形成的线缺陷，或者可以认为是把晶体切开，并将切开的部分平行于切口移动。位错能显著降低沿着晶面剪切晶体的能垒，因此位错密度可以改变晶体塑性变形的阻力。

面缺陷是在两个方向上扩展很大的晶体缺陷，而第三个方向上的尺寸则处于一个或几个原子区域。晶界是指同种晶体内部位向不同的两晶格间的界面，或者说是不同取向相交晶粒的界面。根据位向差或两个相交晶粒的取向差，可将晶界分为大角晶界和小角晶界。一般认为，小角晶界是指位向差小于 10° 的晶界，大角晶界的位向差则大于 10°。小角晶界的结构和性质与其位向差密切相关，而大角晶界则基本无关。反相界是存在于有序合金内的另一种类型的面缺陷。相界两侧的晶体具有相同的结构和取向，并且通过移除或增加一层原子破坏其规则排列性。例如，假设原来的排列顺序为 ABABABAB，反相界则是 ABABBBABA 或 BABAABAB 的形式。还有一种面缺陷是堆垛层错（简称层错），通常存在于密堆结构中。在面心立方和密堆六方结构中，任意相邻晶面的堆垛顺序都相同，标记为 AB。B 平面的原子都直接位于 A 平面中三个原子形成的三角形中心的上方。在密堆六方结构中，第三个平面的原子位置直接位于第一个平面的原子位置，因此堆垛顺序为 ABABABAB…。在面心立方结构中，第三个平面的原子位置并没有处于 A 或 B 的上方，而是在第三个位置 C。第四个平面的原子直接位于 A 面上方，因此堆垛顺序为 ABCABCABC…。所谓堆垛层错就是指

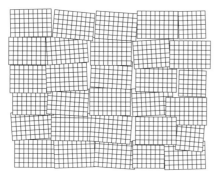

图 1.9　晶体镶嵌性示意图

上述正常的堆垛顺序遭到了破坏和错排。例如，面心立方中的 ABCABCBCABCABC… 和密堆六方中的 ABABABCABAB…。这些面缺陷破坏了材料的原有位错运动，因此引入面缺陷会改变其机械性能。

体缺陷，也称为体积缺陷，是三维方向上点、线、面缺陷的从聚（簇），或者是一个与主体相不同的小区域（称为沉淀相）。体缺陷是位错移动的阻力，因此它是材料性能增强的一种机制。如图 1.9 所示，晶体可能含有许多相同结构的小区域或块，并通过断层或位错线簇分开。相邻块的轻微错位使得晶格的完美对称只发生在该块内，这种类型的结构称为镶嵌块结构。镶嵌块结构的范围也称为镶嵌性。镶嵌性低代表晶体具有较大的完美晶体镶嵌块，或者说镶嵌块间的错位比较小。

1.3　X 射线衍射原理

X 射线是波长在 $0.01\sim100\text{Å}$（$1\text{Å}=10^{-10}\text{m}$）之间的电磁辐射，它是电磁波的一部分，与 γ 射线的短波段和紫外光的长波段均有重叠。X 射线衍射常用的波长在 1Å 以内，该波长与晶体的原子间距相当。当单色 X 射线照射样品时，除了发生吸收等现象外，还会产生散射，并且散射波长与入射线相同，这类散射也称为弹性散射或相干散射。散射线在空间分布是不均匀的，它是样品中电子分布的函数。样品的原子可以像单晶一样有序排列，也可以像玻璃或气体一样无序排列。因此，散射线的强度和空间分布形成了特定的衍射图谱，该图谱由其晶体结构决定。

1.3.1　布拉格定律

可以通过多种理论和方程建立衍射图谱与材料结构的关系。布拉格定律就是一种简单地描述 X 射线衍射的理论。如图 1.10(a) 所示，X 射线以 θ 角照射到晶面并反射，反射角也为 θ，在满足布拉格衍射条件时，可以观察到晶面的衍射峰，该条件如下：

$$n\lambda = 2d\sin\theta \tag{1.3}$$

式中，λ 为波长；d 为晶面间距；θ 为布拉格角；n 为整数（称作反射级数）。这意味着可以有多种满足布拉格衍射条件（相同 d 值和 2θ）的波长（能量），或者在相同波长及 d 值时，满足衍射条件的 2θ 角有多个。在使用单一波长时，对于一级衍射，$n=1$。更高级的衍

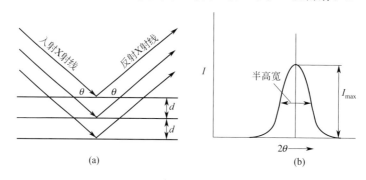

图 1.10　入射 X 射线和反射 X 射线以角度 θ 对称于晶面的法线方向 (a)
和在布拉格角 θ 处观察到的衍射峰 (b)

射可以认为来自不同晶面。例如，(hkl) 晶面的二级衍射等效于 $(2h，2k，2l)$ 晶面的一级衍射。衍射峰是 2θ 范围内衍射强度的体现。完美晶体在理想的仪器条件下，衍射峰是如图 1.10(b) 所示的 δ 函数（黑色直竖线），强度用 I 表示。

　　δ 函数是一个过于简化的模型，它要求没有镶嵌块结构的完美晶体和完全准直的单色光。典型的衍射峰是如图 1.10(b) 所示的宽峰。峰的展宽有很多原因，包括不完善的结晶生长条件（如应变、镶嵌结构和尺寸限制）、环境条件（如原子热振动）、仪器条件（如光束尺寸、光束发散度和探测器分辨率等）。上述展宽的曲线给出的是衍射峰的轮廓，它是在布拉格角附近的衍射强度分布。曲线的最高点代表衍射峰的最大高度（$I_{\max}$）。峰展宽通常由半高宽衡量。衍射峰的总衍射强度可以通过测量该曲线的面积得到，也称作积分强度。由于面积受峰展宽的影响较小，积分强度更能代表真实的衍射强度。峰展宽除了增大半高宽外，还会降低其最大高度，因此，积分强度的变化不如半高宽和最大高度的变化明显。

1.3.2　衍射图谱

　　上述衍射条件是基于晶体的长周期结构。通常，X 射线衍射能给出长程有序、短程有序或无序材料（如气体、液体及非晶材料）

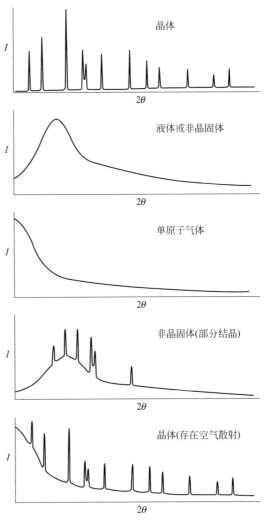

图 1.11　晶体、液体、非晶体和单原子气体以及其混合物的衍射示意图

的原子排列信息。材料一般可能会含有上述一种或多种原子排列方式。图 1.11 给出了晶体、液体、非晶体、单原子气体及其混合物的衍射示意图。根据布拉格定律，晶体的衍射图谱一般会有很多尖锐的衍射峰，分别对应于其不同晶面。为使所有晶面都满足布拉格定律，通常测量的是多晶或粉末材料。如果在数据收集过程中旋转单晶，也可以收集到类似的衍射花样。这种技术曾在 Gandolfi 相机中使用过，其中晶体在与相机轴成 45°的轴上旋转。使用其他类型的衍射仪，通过旋转单晶样品产生的类似粉末花样的图谱也被称为 Gandolfi 花样。

　　非晶固体和液体不像晶体一样具有长程有序结构，但是由于紧密堆积，其原子距离分布较窄，所散射的 X 射线强度会形成 1～2 个分布很宽的衍射极大值（俗称馒头峰）。强度在 2θ 角度的分布反映出原子距离的分布情况。通常把这类强度曲线称作散射图谱，一般为了方便也会称其为衍射图谱。单原子气体是完全无序的，原子在空间分布是随机的，因此其散射强度随角度增大而迅速下降。空气或其他气体的散射线也会表现出类似的特征。同时含有非晶和晶体的衍射花样也会同时含有结晶相的尖锐衍射峰以及非晶相的馒头峰。另外，衍射花样中往往还包含空气散射的背底，它由入射光或衍射光产生。如果未对空气散射进行消除，衍射花样会在低角度区有较高的背底，并且该背底会随着角度增大而降低。

1.4 倒易空间及衍射

布拉格定律给出了衍射图谱与晶体结构的关系，利用该定律可以很好地解释衍射现象及其应用。当然也可以在倒易空间通过倒易点阵和厄瓦尔德（Ewald）球解释衍射现象，倒易空间概念是理解衍射现象的基础[2~5]。

1.4.1 倒易点阵

倒易点阵是晶体点阵（也称正点阵）的倒易，是一种数学抽象。正点阵由晶轴矢量（也称作初基矢量）a、b、c 确定，相应倒易点阵由倒易矢量 a^*、b^* 和 c^* 确定，并且

$$a^* = (1/V)(b \times c)$$
$$b^* = (1/V)(c \times a) \tag{1.4}$$
$$c^* = (1/V)(a \times b)$$

式中，V 是实空间（正空间）的单胞体积，

$$V = a \cdot b \times c \tag{1.5}$$

倒易矢量是两个晶轴的矢量积，它垂直于该晶轴所夹的平面。倒易矢量与晶轴矢量有如下关系：

$$a \cdot a^* = b \cdot b^* = c \cdot c^* = 1 \tag{1.6}$$

且

$$b \cdot a^* = c \cdot a^* = a \cdot b^* = c \cdot b^* = b \cdot c^* = a \cdot c^* = 0 \tag{1.7}$$

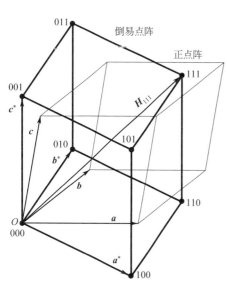

图 1.12 正点阵和倒易点阵的关系

图 1.12 解释了正点阵与倒易点阵的关系。正点阵的单胞由细实线表示，三个倒易矢量确定了倒易点阵的单胞（粗实线）。倒易矢量的原点（用 O 表示）是倒易点阵的原点。三维空间倒易点阵单胞的平移形成了完整的倒易点阵。除原点外，每个阵点由一组 hkl 整数表示，它们分别是到达阵点 (hkl) 的三个倒易矢量的平移数。换言之，从原点到阵点 (hkl) 的倒易矢量由下式给出：

$$H_{hkl} = ha^* + kb^* + lc^* \tag{1.8}$$

衍射矢量 H_{hkl} 的方向与正空间 (hkl) 面垂直，其值由 (hkl) 晶面的间距给出：

$$|H_{hkl}| = 1/d_{hkl} \tag{1.9}$$

因此，倒易空间的阵点 (hkl) 代表正空间的一族晶面 $\{hkl\}$。倒易阵点位置代表了正空间晶面的方向和间距。倒易阵点离原点越远，则相应的晶面间距越小。例如，倒易阵点 (111) 代表正空间 $\{111\}$ 晶面族，其倒易矢量为

$$H_{111} = a^* + b^* + c^*$$

且 $d_{111} = 1/|H_{111}| = 1/|a^* + b^* + c^*|$

1.4.2 厄瓦尔德球

布拉格衍射和倒易点阵的关系可以由厄瓦尔德球（也称反射球）直观地表示。厄瓦尔德

提出了一种描述晶面衍射方向几何关系的图解法。在图 1.13 中，晶体位于厄瓦尔德球的中心（C 点），球的半径为 $1/\lambda$，入射光从 I 到 C，衍射光从 C 到 P。入射光和衍射光与晶面（hkl）的夹角为 θ，晶面间距为 d_{hkl}。在厄瓦尔德球中，入射光和衍射光矢量（分别为 s_0/λ 和 s/λ）均开始于 C 点，分别终止于 O 和 P 点。从 O 到 P 的矢量就是 H_{hkl}，并且垂直于晶面。因此，衍射矢量方程如下：

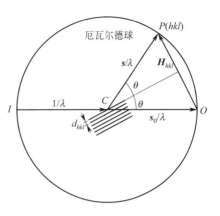

$$\frac{s-s_0}{\lambda}=H_{hkl}=ha^*+kb^*+lc^* \qquad (1.10)$$

根据布拉格定律，矢量的大小满足如下关系：

$$\left|\frac{s-s_0}{\lambda}\right|=\frac{2\sin\theta}{\lambda}=|H_{hkl}|=\frac{1}{d_{hkl}} \qquad (1.11)$$

图 1.13　倒易空间的厄瓦尔德球和布拉格衍射条件

O 点是倒易阵点原点，P 点是倒易阵点（hkl）。只有当倒易阵点与厄瓦尔德球相交时才会产生衍射。单晶样品的方向如果固定，在厄瓦尔德球上有倒易阵点的机会就非常小。将式(1.10) 两端分别乘以三个正空间的晶轴矢量，就可以得到劳厄方程：

$$a \cdot (s-s_0)=h\lambda$$
$$b \cdot (s-s_0)=k\lambda$$
$$c \cdot (s-s_0)=l\lambda \qquad (1.12)$$

劳厄方程明确了周期性三维点阵在特定角度产生的衍射极大值，是由入射线方向和波长决定的。劳厄方程适合描述单晶的衍射几何，布拉格定律则适合粉末衍射，它们以不同形式给出了产生衍射的条件。

倒易阵点原点（O）和阵点（P）的距离与其晶面间距成正比。倒易矢量的值最大是 $2/\lambda$，即满足布拉格衍射条件的晶面间距最小值为 $\lambda/2$。在粉末衍射中，假设参与衍射的晶粒数量是无穷的，则晶粒的取向会有各种可能（随机取向），可以把晶粒的所有倒易阵点看作是一系列以 O 为中心的球面，因此只有晶面间距大于半波长的晶面才能满足布拉格定律。换言之，只有倒易阵点落在距原点半径为 $2/\lambda$ 的球体内，才能满足衍射条件，该球体也称作粉末衍射的极限球。图 1.14 是粉末衍射极限球的二维切面图。图中只给出了倒易矢量 a^* 和 b^*。极限球中的倒易阵点用黑点表示。对于粉末样品，所有与原点距离相等的倒易阵点组成一个球（虚线表示）。例如，方向固定的单晶样品，其倒易阵点 $P(hkl)$ 不会落在厄瓦尔德球上。但对于粉末样品，一些晶粒的等效倒易阵点将会落在厄瓦尔德球的 P' 点。当然，旋转单晶也会产生同样的结果。在这种情况下，倒易阵点 $P(hkl)$ 可以通过适当的旋转与厄瓦尔德球相交，Gandolfi 相机的工作原理就是如此。

另外，可以用如下散射矢量描述上述衍射条件，其关系式如下：

$$Q=k-k_0 \qquad (1.13)$$

且

$$|k-k_0|=\frac{4\pi\sin\theta}{\lambda}=|Q|=\frac{2\pi}{d_{hkl}} \qquad (1.14)$$

式中，k 和 k_0 分别是入射线和衍射线的波矢，其大小均为 $2\pi/\lambda$。散射矢量 Q 与衍射矢量 H_{hkl} 的物理含义相同，区别在于其值多一个 $2\pi/\lambda$ 系数。这两个矢量有如下关系：

$$k_0=\frac{2\pi}{\lambda}s_0, \; k=\frac{2\pi}{\lambda}s \quad Q=2\pi H \qquad (1.15)$$

式中，s 和 s_0 分别是 k 和 k_0 的单位矢量。H 是衍射矢量 H_{hkl} 的一般式 [去除下标 (hkl)]。为了保持一致性，后面章节将使用 s、s_0 和 H 这组矢量（除指定 k、k_0 和 Q 外）。

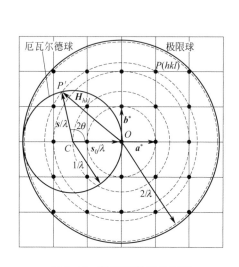

图 1.14   粉末衍射的极限球

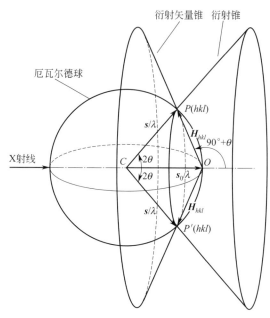

图 1.15   在厄瓦尔德球上的衍射锥和衍射矢量锥

1.4.3   衍射锥和衍射矢量锥

如图 1.15 所示，在粉末衍射中，对于固定的入射波矢量 s_0/λ，衍射波矢量 s/λ 位于与入射光成 2θ 角的任意方向。s/λ 的末端在厄瓦尔德球上形成一个圆，该圆穿过倒易阵点 $P(hkl)$、$P'(hkl)$ 及所有等效倒易阵点。入射光及衍射光在旋转轴上形成一个圆锥，称作衍射锥。2θ 取 $0\sim180°$的值，分别对应于衍射光束的所有方向。从倒易阵点原点（O）开始到阵点 $P(hkl)$ 及其所有等效点的衍射矢量 H_{hkl} 也会形成一个圆锥，称作衍射矢量锥。衍射矢量与入射线的夹角是 $90°+\theta$。在厄瓦尔德球中，衍射锥和衍射矢量锥开始于不同的点。在正空间几何中，这两个圆锥均视为从同一点（样品位置或仪器中心）开始。

1.5   二维 X 射线衍射

1.5.1   由面探测器测量的衍射图

假设衍射强度是衍射角的唯一函数，则图 1.11 显示的就是衍射强度与 2θ 角的关系。真实的衍射花样分布在样品周围的三维空间中。图 1.16 给出的是单晶和多晶的衍射花样。如图 1.16(a) 所示，单晶的不连续衍射线分别对应一组晶面。每条衍射线都是入射线根据布拉格定律的直接反射。衍射线被面探测器接收，其强度分布被转换成类似图像的衍射花样，也称作衍射帧（简称帧）。衍射帧中每个代表衍射光的区域被称作衍射斑点。图 1.16(b) 给出的是索马甜蛋白单晶的衍射帧，该蛋白晶胞非常复杂、非常大，因此在衍射帧中会有很多衍射斑点。目前单晶衍射通常就是使用二维面探测器收集衍射数据，来求解复杂的晶体结构[9,10]。本书在后面章节将主要介绍多晶及其他非单晶材料的 X 射线衍射。

多晶材料是由许多小晶畴组成的，通常在入射光照射范围内晶畴会有几到上百万个。在

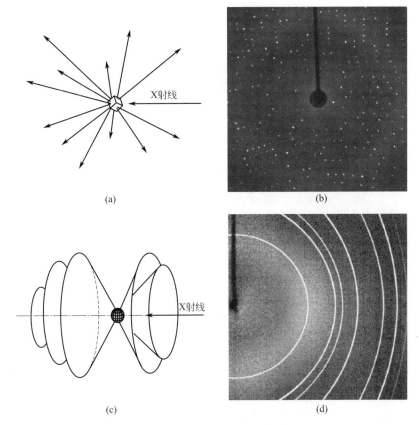

图 1.16　X 射线衍射图谱（见彩图）

(a) 单晶衍射示意图；(b) 索马甜蛋白单晶的衍射帧；(c) 多晶样品的衍射锥；(d) 刚玉粉末样品的衍射帧

单相多晶材料中，这些晶畴具有相同的晶体结构，区别只是方向不同。多晶材料也可以是多相的，还可以是薄膜或涂层。晶畴可以嵌在非晶中。通常样品不是随机取向的多晶，而是多晶、非晶及单晶的混合物，多晶也可以是存在择优取向或残余应力的。如图 1.16(c) 所示，由于入射线照射了大量随机取向晶体，多晶（粉末）样品的衍射线在三维空间会形成一系列的衍射锥。每个衍射锥对应于所有参与衍射晶粒的同一晶面族的衍射。多晶样品的衍射图是探测面和衍射锥的截面。图 1.16(d) 是用平板面探测器采集的刚玉样品的衍射帧。用面探测器采集的衍射花样通常是二维图像的形式，因此称这类衍射为二维 X 射线衍射（XRD^2）[11]。

1.5.2　利用二维衍射图进行材料表征

可以将二维衍射图看作是散射线强度分布与 γ 和 2θ 的函数。图 1.17(a) 给出的是用平板二维探测器收集的刚玉粉末的二维衍射帧，它包含多个衍射环（对应不同 2θ）。最接近入射光光斑的衍射环，其角度（2θ）最小。沿衍射环方向的角度可以用 γ 表示，它定义了与 2θ 正交的方向。如图 1.17(b) 所示，为了说明用二维衍射帧表征材料的基本概念，可以将衍射帧转换为 γ-2θ 坐标的图像，该图像也称作 γ-2θ 分布曲线，或简称为 γ 分布。

可以直接分析二维衍射帧，也可以将其转化成沿 γ 或 2θ 的强度分布后再进行分析。γ 积分可以将其还原成类似的传统衍射图谱，即强度分布与 2θ 的函数。这样就可以用常用软件和算法进行物相鉴定、结构精修或 γ 分布分析。但是，与 γ 方向强度分布相关的结构信

息会因为 γ 积分而丢失。为了分析这部分结构信息，应直接对二维衍射帧或 2θ 积分产生的 γ 分布进行分析。

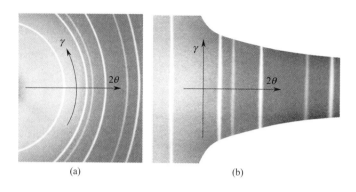

(a)　　　　　　　　　　　(b)

图 1.17　刚玉粉末的二维衍射帧（a）和矩形 γ-2θ 坐标表示的二维衍射帧（b）（见彩图）

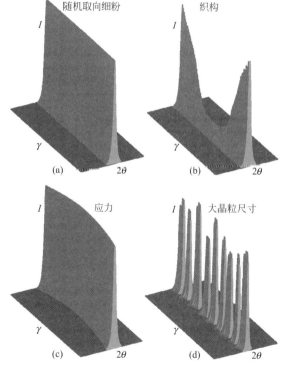

图 1.18　不同样品的 γ 分布图
（a）随机取向细粉；（b）存在织构的样品；
（c）存在应力的样品；（d）大晶粒的样品

衍射环形状与材料特征之间的关系可以通过以下四种 γ-2θ 分布进行解释。图 1.18 以三维形式给出了单个衍射环的四个 γ-2θ 分布。图 1.18（a）是一个直的"墙"，其 2θ 和沿 γ 的强度分布都是恒定的。由于 X 射线照射的是大量随机取向的细粉，满足布拉格衍射条件的晶粒数量在所有 γ 角度上都具有一致的统计性。由于择优取向，图 1.18（b）的强度沿 γ 方向有较大变化。样品的织构会改变不同 γ 角的强度，但不会改变 2θ 角度。图 1.18（c）给出的是存在残余应力或有应力加载时样品的强度分布。由于应力，不同方向上 d 值变化会引起 2θ 随 γ 角的变化。图 1.18（d）显示的是沿 γ 方向的类似斑点状的强度变化，造成这种现象的原因是只有有限数量的大晶粒满足衍射条件。显然，这些"斑点"与晶粒尺寸及其分布相关。

一种材料可能同时存在织构、应力或大晶粒，因此二维衍射图可能是上述四种分布的组合。图 1.19（a）是用 Våntec-500 二维探测器收集的多层电池阳极的衍射帧。图 1.19（b）是其三维视图，竖直方向的强度用 I 表示。可以从二维衍射帧图上直接观察材料的特征。例如，一些衍射环的强度变化非常大，并且从高到低连续变化，这些衍射环是由强织构、细晶粒的材料产生的。其他一些衍射环是"斑点"状的，其强度是急剧变化的，这类衍射环是由大晶粒的材料产生的。通过比较这两种衍射环，可以看出样品至少包含两种物相，原因在于均匀的单相材料不可能产生如此截然不同的衍射环。

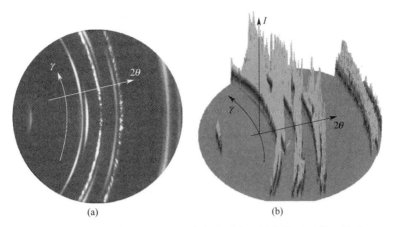

图 1.19 电池阳极的二维衍射帧 (a) 和以竖直方向强度三维曲线显示的二维帧 (b)（见彩图）

1.5.3 二维 X 射线衍射系统及其部件

二维 X 射线衍射系统有多种配置和部件，可以满足不同的应用。如图 1.20 所示，通常由五种基本部件组成：

① X 射线源：产生所需辐射能量、焦斑尺寸和强度的 X 射线；

② X 射线光学部件：将初级光束调节到所需的波长、光束焦点尺寸、光束形状和发散度；

③ 测角仪和样品台：建立和控制初级光束、样品和探测器之间的几何关系；

④ 样品调整和监控：帮助用户把样品调整到仪器中心，并监控样品的状态和位置；

⑤ 面探测器：接收并记录样品的衍射线，并把衍射信号保存和显示成二维帧。

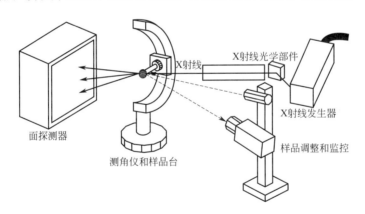

图 1.20 二维 X 射线衍射系统的五个基本部件
X 射线源（封闭管发生器）；X 射线光学部件（单色器和准直器）；
测角仪和样品台；样品调整和监控（激光视频）；面探测器。

这些基本部件都可能有不同的样式，以适应不同的应用和功能。整个系统由计算机控制，软件包括仪器控制、数据采集和分析三大类。除上述基本部件外，还有低温台、高温台、用于小角散射的氦气或真空光路、光束挡板、调整和校准装置等部件。有关衍射几何、X 射线源、光学部件、探测器、测角仪和样品台及其他配置将在后面章节中予以介绍。

1.5.4 小结

二维衍射帧包含的信息远比用点探测器或线探测器采集的信息多，并且其采集速度也高几个量级。二维衍射通常分析的是多晶材料，主要包括物相鉴定、定量、择优取向和残余应力测量等。

二维衍射可以沿德拜环在选定的 2θ 范围内积分进行物相鉴定[12～16]。积分可以获得较高的强度和较好的统计性，这对存在织构、大晶粒或量少的样品更加有利。之后可以用传统的方法，对积分后的图谱进行峰形拟合、定量、指标化和精修等，也可进行 ICDD 数据库的检索和匹配[17～21]。一次曝光得到的二维衍射帧可以揭示材料的多种特征，这非常适合进行相变、分解或化学反应等原位测量[22～25]。

二维衍射可以非常快速地测量织构。面探测器可以同时收集多个极点及方向的织构数据和背景。这种快速的优势便于用较小的步长进行测量，这对检测锐利的织构更加有利[26～28]。

使用面探测器进行应力测量是基于应力张量和衍射锥畸变之间的直接关系。由于使用整个或部分德拜环进行应力计算，它可以高灵敏度、高速度和高精度地测量应力，这非常适合存在大晶粒和强织构的样品。二维数据中包含应力和织构信息，因此可以同时对其进行测量[29～32]。

二维衍射也可以快速准确地测量结晶度，并且特别适用于各向异性的样品。可以在结晶区域外由用户定义非晶区域，或者当晶体与非晶重叠时，可在结晶区域内划定非晶区域。

二维衍射可以快速地收集小角散射数据，聚合物、纤维、单晶和生物材料等的各向异性特征都可以进行分析。二维衍射使用的是准直的点光源，因此不需要消模糊校正。一次曝光就可以得到所需的小角散射信息，这样就非常容易实现扫描小角散射[33,34]。

二维衍射可以快速准确地收集微区衍射和面扫描衍射数据。由于光束强度有限，传统测量微量或微区样品的方法需要非常慢的速度，以保证衍射信号的强度。而二维探测器可以接收整个或大部分的衍射环，通过对衍射环上的斑点、织构或弱衍射数据进行积分，就可以有效地提高强度[35～40]。

二维衍射可以测量含有单晶、随机取向多晶和强织构层的薄膜，并且可以同时给出不同层的特征[41～47]。不同层和基底的极图可以重叠起来，从而显示其取向关系[48,49]。面探测器的使用可以显著提高倒易空间面扫描时面内倒易阵点的数据采集速度[50]。

通过二维衍射进行的组合筛选是一种强大的高通量筛选技术。X 射线穿透能力较强，对样品无损，并能给出材料的结构信息，因此非常适合进行样品库的筛选[51～53]。除高通量筛选外，二维衍射系统也已广泛用于药物和生物材料的研究[54～57]。

法医学和考古学研究也受益于二维衍射的发展。在这些领域中通常要在少量或微区样品中识别材料及其结构。由于 X 射线的非破坏性，无需对样品进行特殊处理，因此可以很好地保留原始证据及样品。二维衍射图中包含着丰富的结构信息，这非常有利于在法庭上进行展示和说明。本书讨论的所有技术都可用于法医学和考古学研究，有关其实验技术和案例的报道也非常多[36,58～62]。

总之，二维衍射是指利用二维探测器采集数据，并对其进行处理和分析的 X 射线衍射技术及其应用。它是一种理想的无损检测方法，近年来已逐渐广泛用于各行各业。本书主要介绍了二维衍射理论、技术、应用及其最新发展。

参 考 文 献

1. A. Michette and S. Pfauntsch, *X-ray: The First Hundred Years*, John Wiley & Sons, New York, 1996.
2. B. D. Cullity, *Elements of X-ray Diffraction*, 2nd ed., Addison-Wesley, Reading, MA, 1978.
3. B. E. Warren, *X-ray Diffraction*, Dover Publications, New York, 1990.
4. R. Jenkins and R. L. Snyder, *Introduction to X-ray Powder Diffractometry*, John Wiley & Sons, New York, 1996.

5. A. J. C. Wilson, *International Tables for Crystallography*, Kluwer Academic, Boston, 1995.

6. F. D. Bloss, Crystallography and Crystal Chemistry, Holt, Rinehart, and Winston, New York, 1971.

7. F. C. Phillips, *An Introduction to Crystallography*, Wiley, New York, 1972.

8. T. C. W. Mak and G-D. Zhou, Crystallography in Modern Chemistry, Wiley, New York, 1997.

9. C. Giacovazzo et al., *Fundamentals of Crystallography*, IUCR and Oxford University Press, New York, 1992.

10. D. E. McRee, *Practical Protein Crystallography*, Academic Press, San Diego, 1993, pp. 84–86.

11. P. R. Rudolf and B. G. Landes, Two-dimensional X-ray diffraction and scattering of microcrystalline and polymeric materials, *Spectroscopy*, **9**(6), pp. 22–33, July/August 1994.

12. J. Filik, et al., Processing two-dimensional X-ray diffraction and small-angle scattering data in DAWN 2, *J. Appl. Cryst.* (2017). **50**, 959–966.

13. A. P. Hammersley, FIT2D: a multipurpose data reduction, analysis and visualization program, *J. Appl. Cryst.* (2016). **49**, 646–652.

14. A. B. Rodríguez-Navarro, XRD2DScan: New software for polycrystalline materials characterization using two-dimensional X-ray diffraction, *J. Appl. Cryst.* (2006). **39**, 905–909.

15. K. C. Rossa, J. A. Petrusa, A. M. McDonald, An empirical assessment of the accuracy and precision of 2D Debye-Scherrer-type data collapsed into a 1D diffractogram, *Powder Diffraction*, (2014). **29** (4), 337–345.

16. X. Yang, P. Juhásb, and S. J. L. Billinge, On the estimation of statistical uncertainties on powder diffraction and small-angle scattering data from two-dimensional X-ray detectors, *J. Appl. Cryst.* (2014). **47**, 1273–1283.

17. J. Formica, X-ray diffraction, *Handbook of Instrumental Techniques for Analytical Chemistry*, edited by F. Settle, Prentice-Hall, New Jersey, 1997.

18. N. F. M. Henry, H. Lipson, and W. A. Wooster, *The Interpretation of X-ray Diffraction Photographs*, St. Martin's Press, New York, 1960.

19. H. Lipson and H. Steeple, *Interpretation of X-ray Powder Diffraction Patterns*, St. Martin's Press, New York, 1970.

20. S. N. Sulyanov, A. N. Popov and D. M. Kheiker, Using a Two-dimensional Detector for X-ray Powder Diffractometry, *J. Appl. Cryst.* 1994, **27**, 934–942.

21. Bob B. He, Introduction to two-dimensional X-ray diffraction, *Powder Diffraction*, 2003, **18** (2) 71–85.

22. G. Geandier, et al., In situ monitoring of X-ray strain pole-figures of a biaxially deformed ultra-thin film on a flexible substrate, *J. Appl. Cryst.* (2014). **47**, 181–187.

23. R. Blondé, et al., Position-dependent shear-induced austenite–martensite transformation in double-notched TRIP and dual-phase steel samples, *J. Appl. Cryst.* (2014). **47**, 956–964.

24. M. B. Dickerson, et al., Applications of 2D detectors in X-ray analysis, *Advances in X-ray Analysis*, 2002, **45**, 338–344.

25. J. J. M. Griego, M. A. Rodriguez, and D. E. Wesolowski, Phase transition behavior of a processed thermal battery, *Adv. in X-ray Anal*, (2013) **56**, 1–9.

26. H. J. Bunge and H. Klein, Determination of quantitative, high-resolution pole-figures with the area detector. *Z. Metallkd.* 1996, **87**(6), 465–475.

27. K. L. Smith and R. B. Ortega, Use of a two-dimensional, position sensitive detector for collecting pole-figures, *Advances in X-ray Analysis*, **36**, 641–647, Plenum, New York, 1993.

28. C. Mocuta, et al., Fast pole figure acquisition using area detectors at the DiffAbs beamline – Synchrotron SOLEIL, *J. Appl. Cryst.* (2013). **46**, 1842–1853.

29. B. B. He and K. L. Smith, strain and stress measurement with two-dimensional detector, *Advances in X-ray Analysis*, **41**, 501–508, 1997.

30. B. B. He and K. L. Smith, Fundamental Equation of Strain and Stress Measurement Using 2D Detectors, *Proceedings of 1998 SEM Spring Conference on Experimental and Applied Mechanics*, Houston, Texas, USA, 1998.

31. B. B. He, U. Preckwinkel and K. L. Smith, Advantages of Using 2D Detectors for Residual Stress

Measurement, *Advances in X-ray Analysis*, **42**, 429–438, 1998.

32. T. Miyazaki and T. Sasaki, A comparison of X-ray stress measurement methods based on the fundamental equation, *J. Appl. Cryst.* (2016). **49**, 426–432.

33. R. W. Hendricks, The ORNL 10-meter small-angle X-ray scattering camera. *J. Appl. Cryst.* (1978). **11**, 15–30.

34. T. Furuno, H. Sasabe, and A. Ikegami, A small-angle X-ray camera using a two-dimensional multiwire proportional chamber, *J. Appl. Cryst.* (1987). **20**, 16–22.

35. R. G. Tissot, Microdiffraction applications utilizing a two-dimensional detector, *Powder Diffraction*, 2003, **18** (2) 86–90.

36. N. S. P. Bhuvanesh and J. H. Reibenspies, A novel approach to micro-sample X-ray powder diffraction using nylon loops, *J. Appl. Cryst.* (2003). **36**, 1480–1481.

37. B. B. He, Microdiffraction using two-dimensional detectors, *Powder Diffraction*, 2004, **19** (2) 110–118.

38. R. L Flemming, Micro X-ray diffraction (μXRD): a versatile technique for characterization of earth and planetary materials, *Can. J. Earth Sci.* (2007) **44**, 1333–1346.

39. M. Allahkarami and J. C. Hanan, X-ray diffraction mapping on a curved surface, *J. Appl. Cryst.* (2011). **44**, 1211–1216.

40. F. Friedel, et al., Material analysis with X-ray microdiffraction, *Cryst. Res. Technol.* (2005) **40**, No. 1/2, 182–187.

41. J. Stein, U. Welzel, W. Huegel, S. Blatt, and E. J. Mittemeijer, Aging-time-resolved in situ microstructural investigation of tin films electroplated on copper substrates, applying two-dimensional-detector X-ray diffraction, *J. Appl. Cryst.* (2013). **46**, 1645–1653.

42. L. Deng, K. Wang, C. X. Zhao, H. Yan, J. F. Britten, and G. Xu, Phase and texture of solution-processed copper phthalocyanine thin films investigated by two-dimensional grazing incidence X-ray diffraction, *Crystals* (2011), **1**, 112–119.

43. K. J. Choi, et al., Enhancement of ferroelectricity in strained BaTiO3 thin films, *Science* (2004) **306**, 1005.

44. S. H. Baek, et al., Giant piezoelectricity on Si for hyperactive MEMS, *Science* (2011) **334**, 958.

45. P. Wadley, et al., Obtaining the structure factors for an epitaxial film using Cu X-ray radiation, *J. Appl. Cryst.* (2013). **46**, 1749–1754.

46. S. Jin, et al., Detailed analysis of gyroid structures in diblock copolymer thin films with synchrotron grazing incidence X-ray scattering, *J. Appl. Cryst.* (2007). **40**, 950–958.

47. G. Geandier, et al., Benefits of two-dimensional detectors for synchrotron X-ray diffraction studies of thin film mechanical behavior, *J. Appl. Cryst.* (2008). **41**, 1076–1088.

48. B. He, K. Xu, F. Wang, and P. Huang, Two-dimensional X-ray diffraction for structure and stress analysis, *ICRS-7 Proceeding, Mat. Sci. Forum*, **490–491**, 1–6, 2005.

49. B. B. He, Measurement of residual stresses in thin films by two-dimensional XRD, *Proceedings of the 7th European Conference on Residual Stresses,* September 13–15, 2006 Berlin, Germany.

50. M. Schmidbauer et al., A novel multi-detection technique for three-dimensional reciprocal-space mapping in grazing-incidence X-ray diffraction, *J. Synchrotron Rad.* (2008). **15**, 549–557.

51. J. Klein, C. W. Lehmann, H-W. Schmidt, and W. F. Maier, Combinatorial material libraries on the microgram scale with an example of hydrothermal synthesis, *Angew. Chem., Int. Ed. Engl.* 1998, **37** (24), 3369–3372.

52. B. B. He et al., XRD rapid screening system for combinatorial chemistry, *Advances in X-ray Analysis*, 2001, **44**, 1–5.

53. S. Roncallo, et al., An approach to high-throughput X-ray diffraction analysis of combinatorial polycrystalline thin film libraries, *J. Appl. Cryst.* (2009). **42**, 174–178.

54. N. K. Thakral, S. Mohapatra, G. A. Stephenson, and R. Suryanarayanan, Compression-induced crystallization of amorphous indomethacin in tablets: characterization of spatial heterogeneity by two-dimensional X-ray diffractometry, *Mol. Pharmaceutics*, 2014, **12** (1), 253–263.

55. N. K. Thakral, H. Yamada, G. A. Stephenson, R. Suryanarayanan, Spatial distribution of trehalose dihydrate crystallization in tablets by X-ray diffractometry, *Mol. Pharmaceutics*, 2015, **12** (10), pp. 3766–3775.

56. S. Thakral, M. W. Terban, N. K. Thakral, R. Suryanarayanan, Recent advances in the characterization of amorphous pharmaceuticals by X-ray diffractometry, *Adv. Drug Deliv. Rev.* (2015), http://dx.doi.org/10.1016/j.addr.2015.12.013.

57. Q. Jiang, C. Hu, and M. D. Ward, Stereochemical control of polymorph transitions in nanoscale reactors, *J. Am. Chem. Soc.* 2013, **135**, 2144–2147.

58. W. Kugler, X-ray diffraction analysis in the forensic science: the last resort in many criminal cases, *Advances in X-ray Analysis*, 2003, **46**, 1–16.

59. W. Kugler, Application of X-ray diffraction in the forensic science institute of the Landeskriminalamt Baden-Wuerttemberg, Germany, handout to a workshop at NYPD Crime Laboratory, New York, May 25, 2004.

60. L. Bertrand, et al., Microbeam synchrotron imaging of hairs from Ancient Egyptian mummies, *J. Synchrotron Rad.* (2003). **10**, 387–392.

61. W. Wagermaier, et al., Scanning texture analysis of lamellar bone using microbeam synchrotron X-ray radiation, *J. Appl. Cryst.* (2007). **40**, 115–120.

62. D. Berger, Artificial patination in early iron age europe: an analytical case study of a unique bronze artefact, *Journal of Archaeological Science*, (2015). **57**, 130–141.

第2章
衍射几何和基本原理

2.1　引言

　　二维 X 射线衍射是 X 射线衍射领域中一个相对新的技术。它不仅仅是简单地使用二维探测器，还涉及二维图像处理、二维图谱的评价和解释。鉴于二维探测器收集数据的本质，为了更好地理解和分析此类数据，有必要建立一些新的概念和方法。当然，这些新的理论也应该与传统理论相一致，因此也可以用二维衍射数据做一些传统的分析应用。

　　二维衍射几何可以用三种可分辨且相互关联的几何空间来解释，每种都由一系列的参数来定义[1]，分别是衍射空间、探测器空间和样品空间。实验室坐标系 $X_L Y_L Z_L$ 是这三种几何空间的基础。尽管这三种几何空间是相互关联的，但不能混淆其各自的定义和对应的参数。典型的二维衍射几何与传统的四圆衍射几何非常相似，其中一个圆描述的是探测器位置，另外在欧拉几何的三个圆描述的是样品的取向。在二维衍射中，只有个别参数是特定的，其他绝大部分参数的定义也与传统 X 射线衍射保持一致。本书中关于数据解释和评价的算法也是基于四圆衍射欧拉几何。通过同样的途径，可以开发针对其他几何的类似算法。有关欧拉几何和其他几何的详细描述可参考文献 [2~13]。

2.1.1　二维衍射与传统衍射的比较

　　图 2.1 是粉末衍射的原理图。简单说来，它描述的只有两种衍射圆锥，包括 $2\theta \leqslant 90°$ 的正向衍射和 $2\theta > 90°$ 的后向衍射。在传统衍射仪中，衍射线的测量被限制在衍射仪平面。如果使用点探测器，就是把探测器沿着探测圆做 2θ 扫描。而使用一维位敏探测器（PSD），可以直接把它安装在探测圆上。由于在传统衍射仪中，不考虑垂直于衍射仪平面 Z 方向上衍射图谱的变化，X 射线光束在 Z 方向（线焦点）上常常被索拉狭缝延长。传统衍射仪真实图谱的测量，一般被看作是平行方向上几个衍射仪平面层衍射花样的叠加。层数是由 Z 方向的光束和索拉狭缝尺寸决定的。由于衍射仪面外的衍射数据是不能被探测到的，而这部分缺失衍射数据所表示的材料结构不但不能忽略，而且为了完备这些数据，需要进一步对样品进行旋转或者增大计数时间。

　　对二维探测器来说，衍射花样的测量不再被限制在衍射仪平面上。根据探测器的尺寸、位置以及到样品的距离，全部或大部分衍射环都能被同时测量到。图 2.2 是用二维探测器收集的刚玉样品的衍射花样，并且对比了用点探测器和线探测器所测量的范围。二维衍射花样涵盖了 2θ 和垂直 Z 方向上的所有信息。图 2.2(a) 对比了与点探测器的差别，通过探测器在衍射圆上的扫描，可以获得 2θ 的数据。图 2.2(b) 是线探测器的测量范围，当把它放置在衍射圆上时，可以同时测量到一定范围的 2θ。但这两种探测器，都不能给出 Z 方向的信息。

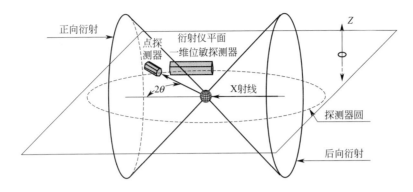

图 2.1　粉末样品的三维空间衍射花样以及衍射仪平面

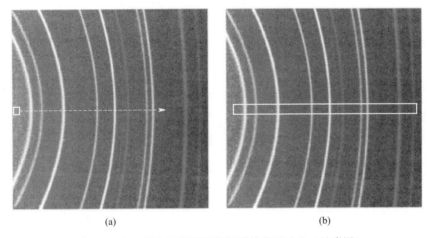

(a)　　　　　　　　　　(b)

图 2.2　点、线和面探测器数据覆盖范围对比（见彩图）

衍射圆外的花样早就可以用德拜-谢乐相机记录，因此衍射圆锥也被称作德拜圆锥或德拜衍射圆锥，而衍射环被称作德拜衍射环或德拜环。但是，使用德拜-谢乐相机时，衍射花样通常被看作各向同性的，在做粉末衍射分析时只用到 2θ 方向上弧的位置和相对强度。在数据处理时，沿德拜环的强度分布往往是被忽略的。准确地说，德拜-谢乐相机采集的是衍射圆锥与衍射仪平面外非常有限范围内圆柱形底片之间截面的衍射花样。对二维探测器来说，它的有效探测面积比较大，可以收集垂直方向上更广区域的衍射花样。因此，本书会尽量用"衍射圆锥"和"衍射环"来取代"德拜圆锥"和"德拜环"。

2.2　衍射空间和实验室坐标系

2.2.1　实验室坐标系下的衍射圆锥

图 2.3 描述的是在实验室坐标系 $X_L Y_L Z_L$ 下衍射圆锥定义。该坐标系是一种笛卡尔坐标系，与传统的三圆和四圆测角仪类似，X 光束沿着 X_L 轴传播，Z_L 轴是向上的，Y_L 是右手方向与 X_L 成直角。样品放在实验室坐标系的初始位置，也称作测角仪中心、仪器中心或衍射仪中心。因为 X_L 与入射光束方向一致，也是衍射圆锥的旋转轴。该圆锥的顶角由布拉格方程的 2θ 决定。在正向衍射时是 2θ 的两倍，在后向衍射时是（$180-2\theta$）的两倍。

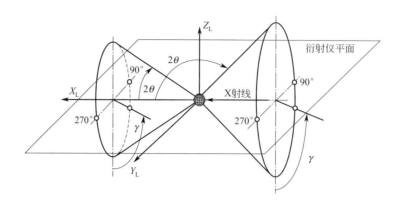

图 2.3　实验室坐标系下衍射环的几何定义

为了描述衍射环圆周方向衍射花样的变化，引入 γ 角的概念。它是从 6 点钟方向（$-Z_L$ 方向）起，沿入射线反方向右手旋转的方位角。很多出版物中，也用 χ 来表示这个方位角。由于在四圆系中 χ 常被用来描述一个测角仪角，为避免混淆，本书将用 γ 来描述这个方位角。γ 角实际定义了以 X_L 轴为边的半平面，本书将以 γ 平面来描述。任意 γ 衍射圆锥在平面的交点都有相同的 γ 值。典型的衍射仪平面是由两个 γ 平面组成，一个是 $\gamma=90°$ 的在正 Y_L 方向的平面。一个是 $\gamma=270°$ 的在负 Y_L 方向的平面。因此如果把 γ 值设为 $90°$ 或 $270°$ 时，许多衍生的二维衍射公式也可以应用在传统 X 射线衍射领域。

一对 γ 和 2θ 值可以表示衍射线的方向。二维衍射花样就是部分衍射空间的衍射强度分布，即 $I(\gamma, 2\theta)$。对于一个完整的衍射环来说，γ 角的值是 $0°\sim360°$，2θ 是 $0°\sim180°$。为了简化方程，在实际使用时 γ 取 $-180°\sim180°$ 之间的值。全部 γ 和 2θ 值能够形成一种球面坐标系，该坐标系能够涵盖测角仪中心的各个方向。γ-2θ 系统在 $X_L Y_L Z_L$ 坐标系下是固定的，并且与样品取向和探测器位置无关。在二维衍射数据收集和分析中这个概念非常重要。$X_L Y_L Z_L$ 坐标系下，衍射圆锥的表面可以由下式表达：

$$y_L^2 + z_L^2 = x_L^2 \tan^2 2\theta \qquad (2.1)$$

在前向圆锥中，$X_L \geqslant 0$ 或 $2\theta \leqslant 90°$。在后向圆锥中，$X_L < 0$ 或 $2\theta > 90°$。

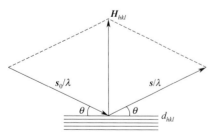

图 2.4　满足布拉格定律的衍射矢量

满足布拉格条件，且参与衍射的相同晶面族的衍射线分别形成衍射圆锥。布拉格定律可以用矢量形式表达。在图 2.4 中 s_0 表示入射光束的单位矢量，s 表示衍射光束的单位矢量。当 s_0/λ 和 s/λ 使衍射平面 (hkl) 成 θ 角时，劳厄方程可以写为下式：

$$\frac{s - s_0}{\lambda} = H_{hkl} \qquad (2.2)$$

式中，H_{hkl} 是倒易点阵矢量，有时也称衍射矢量。本书一般用衍射矢量表达。H_{hkl} 垂直 (hkl) 晶面，其大小由下式计算：

$$\left| \frac{s - s_0}{\lambda} \right| = \frac{2\sin\theta}{\lambda} = |H_{hkl}| = \frac{1}{d_{hkl}} \qquad (2.3)$$

式中，d_{hkl} 是晶面 (hkl) 的晶面间距。显然，它是布拉格公式的另一种表达形式。

入射光束在实验室坐标系下是 X_{L} 轴的方向，它的单位矢量为：

$$\boldsymbol{s}_0 = \begin{bmatrix} s_{0x} \\ s_{0y} \\ s_{0z} \end{bmatrix} = \begin{bmatrix} 1 \\ 0 \\ 0 \end{bmatrix} \tag{2.4}$$

每个衍射圆锥可以表达为某一晶面族所有衍射光束的轨迹。衍射光束 $\boldsymbol{s}$ 的单位矢量为：

$$\boldsymbol{s} = \begin{bmatrix} s_x \\ s_y \\ s_z \end{bmatrix} = \begin{bmatrix} \cos 2\theta \\ -\sin 2\theta \sin\gamma \\ -\sin 2\theta \cos\gamma \end{bmatrix} \tag{2.5}$$

括号中的三个分量分别是单位矢量在三个实验室坐标轴的投影。2θ 和 γ 是定义在衍射空间下的参数。如果 γ 在给定布拉格角 2θ 下取 $0 \sim 360°$ 的所有值，则衍射线的轨迹会形成衍射圆锥。所有衍射线 2θ 和 γ 值的轨迹形成一个单位球体。如果 γ 只取衍射仪平面上的值，即在负 Y_{L} 一侧 $\gamma = 90°$，在正 Y_{L} 一侧 $\gamma = 270°$，则衍射光束始终保持在衍射仪平面，这就可以与传统衍射仪保持一致。现在对衍射面的定义还有很多混淆和模糊。有些把满足布拉格条件的晶面定义为衍射面，有些把包含入射光束和衍射光束的平面称作衍射面。为保持一致，本书通常把衍射平面定义为包含入射和衍射光束的平面。对于衍射矢量，也采用类似定义。在传统 X 射线衍射仪中，衍射平面也指衍射仪平面。在二维 X 射线衍射系统中，有多少 γ 角，就有多少衍射面。满足布拉格条件的晶面将被称作晶面、(hkl) 面、反射面或衍射面。

2.2.2　实验室坐标系下的衍射矢量圆锥

由于衍射矢量的方向是入射和衍射光束夹角的平分，对应于每个衍射圆锥，衍射矢量的轨迹形成如图 2.5 所示的衍射矢量圆锥或矢量圆锥。衍射矢量和入射光束的夹角是 $90° + \theta$，矢量圆锥的顶角是 $90° - \theta$。显然，衍射矢量圆锥只能存在于衍射空间的 $-X_{\mathrm{L}}$ 一侧。

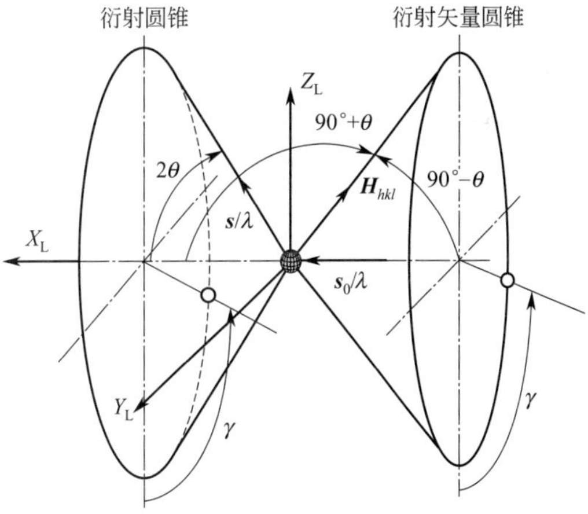

二维衍射花样可以看作是 X 射线散射线与 2θ 和 γ 函数的强度分布。为了描述与涵盖连续二维衍射花样的所有衍射方向一致的衍射矢量，对式中的 (hkl) 下标进行了删除，由此得到衍射矢量的一般表达式。这个矢量在实验室坐标系下由式（2.6）给定：

$$\boldsymbol{H} = \frac{\boldsymbol{s} - \boldsymbol{s}_0}{\lambda} = \frac{1}{\lambda}\begin{bmatrix} s_x - s_{0x} \\ s_y - s_{0y} \\ s_z - s_{0z} \end{bmatrix} = \frac{1}{\lambda}\begin{bmatrix} \cos 2\theta - 1 \\ -\sin 2\theta \sin\gamma \\ -\sin 2\theta \cos\gamma \end{bmatrix} \tag{2.6}$$

图 2.5　衍射圆锥和与其对应的衍射矢量圆锥的关系

衍射矢量的方向可由其单位矢量表示：

$$\boldsymbol{h}_{\mathrm{L}} = \frac{\boldsymbol{H}}{|\boldsymbol{H}|} = \begin{bmatrix} h_x \\ h_y \\ h_z \end{bmatrix} = \begin{bmatrix} -\sin\theta \\ -\cos\theta \sin\gamma \\ -\cos 2\theta \cos\gamma \end{bmatrix} \tag{2.7}$$

式中，h_L 是实验室坐标下的单位矢量，括号中的三个分量分别是单位矢量在三个实验室坐标轴下的投影。这三个分量还应满足 $h_x^2 + h_y^2 + h_z^2 = 1$，并且只需要用两个独立的分量就可以指定一个单位衍射矢量。但简便起见，仍然使用这三组分量。如果在指定 2θ 下，γ 取 $0 \sim 360°$ 的所有值，衍射矢量的轨迹就可以形成一个衍射矢量圆锥。当 θ 在 $0 \sim 90°$ 之间时，所有可能的 θ 和 γ 值的单位衍射矢量会形成一个半径为 1 的半球。从式（2.7）中也可以看出，h_x 只能取负值。假设 γ 只取衍射仪平面的值，如在负 Y_L 侧 γ 取 $90°$ 或在正 Y_L 侧 γ 取 $270°$，则这个衍射矢量仍在衍射仪平面内。在这种情况下，衍射矢量与传统衍射仪一致，此时 $h_z = 0$。由于衍射矢量总是垂直于相应晶面，单位衍射矢量可以用来分析有关入射光束的衍射数据，以及与样品取向无关的衍射面的取向关系。

衍射矢量是基于布拉格条件定义的，因此一个衍射矢量就是某一特定 d 值晶面的法线。为了有效分析面探测器测量到的所有 X 射线，将不再考虑布拉格方程的条件，而是将衍射矢量的概念拓展到样品的所有散射线。在普通物理概念中，衍射矢量也指散射矢量，它是散射波和入射波的波矢差。尽管衍射矢量和散射矢量在不同领域会有些许术语和指代的差异，本书会交叉使用这两种术语。可以将衍射矢量简单地描述为在入射光束和散射光束矢量方向上的平分，其大小是由 $2\sin\theta/\lambda$ 给出的倒数。这里 2θ 是入射光束的散射角。当满足布拉格衍射条件时，衍射矢量则垂直于衍射晶面，且它的大小是晶面间距的倒数。在这种情况下，衍射矢量相当于倒易晶格矢量。面探测器每个像素测量的 X 射线散射线都是关于入射光束的方向。即使在这个像素点没有测量到布拉格散射线，这些任意像素的衍射矢量仍是可以计算的。在本书中，衍射光束不一定意味着它来自布拉格散射。

2.3　探测器空间和探测器几何

2.3.1　二维空间衍射花样的理想探测器

理想的探测器就是能够探测全部衍射空间表面的探测器。图 2.6 为理想的球形探测器，样品位于球体的中心，入射光在 $2\theta = 180°$ 的地方经过探测器进入球心。衍射光束的方向在经度方向上由 γ 定义，在纬度方向上由 2θ 定义。由于探测器表面覆盖整个球面，如立体角 4π，因此理想的探测器有时也被称作 4π 探测器。除了几何定义外，理想探测器还应该有许多其他物理特性，比如大的动态范围、小的像素尺寸、窄的点扩散函数和其他许多理想特征。然而，现实中却不存在此类探测器。二维探测器技术主要包括胶片、电荷耦合器件（CCD）、影像板（ID）、多线比计数器（MWPC）、微隙探测器和像素阵列探测器。而每种技术都有其特定的优势。典型的二维探测器都有其特定的探测面，这些探测面可以是球形、圆柱形或平板状。球形和圆柱形探测器通常被设计用在样品到探测器距离固定的情况下，而平板状探测器则可以灵活地用在样品到探测器不同距离时，即样品到探测器距离长时，可以获得高的分辨率，短时可以获得大的角度覆盖范围。下面有关二维衍射几何的讨论将主要针对平板二维探测器。

2.3.2　衍射圆锥及其与平板二维探测器的锥截面

图 2.7 为衍射圆锥的几何形状。入射线始终沿衍射圆锥的旋转轴。根据布拉格定律，锥体的整个顶角是 2θ 的两倍。对平板二维探测器来说，探测表面可以认为是与衍射圆锥相交而形成的锥截面。D 是样品到探测器的距离，也可简称为探测器距离。一些文献中把样品参数称作相机长度，把探测器中心和仪器中心的连线与入射光的夹角称为探测器的摆角 α。对于不同的摆角，圆锥截面也有不同的形状。当探测器在轴上（$\alpha = 0°$）时，圆锥截面为环

形；当探测器不在轴上时（$\alpha \neq 0°$），圆锥截面可以是椭圆、抛物线或双曲线。为方便起见，把以上所有形状的圆锥截面都统称为德拜环或衍射环。把收集到单次曝光的二维衍射图像称为帧，以强度的形式存储在二维像素上。衍射光束方向的确定牵涉到如何把像素信息转换到 γ-2θ 坐标系。在二维衍射系统中，每个像素点的 γ 和 2θ 值都是由探测器的位置决定的。无论衍射环的真实形状如何，它都可以用 2θ 和 γ 坐标表示。

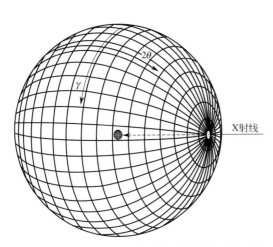
图 2.6　覆盖 4π 立体角的理想球形探测器示意图

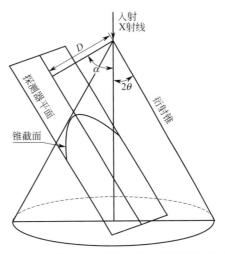
图 2.7　衍射圆锥及其与二维探测器的锥截面

2.3.3　探测器位置

平板探测器的摆放位置由样品到探测器的距离 D 和探测器的摆角 α 决定。D 和 α 都被称作探测器的空间参数。D 是从测角仪中心到检测平面的垂直距离。α 是 Z_L 轴上右手旋转的角。在 $X_L Y_L Z_L$ 坐标系下，探测器的不同位置示意如图 2.8 所示。1 号探测器位于 $-X_L$ 轴的正向（在轴上），这时 $\alpha = 0$。2 号和 3 号探测器都以负的摆角（$\alpha_2 < 0$，$\alpha_3 < 0$）旋向 X_L 轴的远端。借用传统衍射仪中的概念，这个摆角也称作探测器 2θ 角，简称为 $2\theta_D$。辨别和区分 2θ 角和探测器摆角 α 非常重要。在传统衍射仪中，测量的 2θ 由点探测器的角位置确定。而在二维衍射仪中，某个特定 α 角下会有一系列的 2θ 值。为简化起见，可以用 2θ 来描述探测器位置，但为了避免混淆，所有方程中仍使用 α。

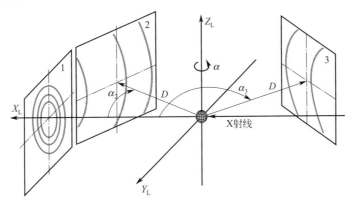
图 2.8　实验室 $X_L Y_L Z_L$ 坐标系下的探测器位置

D—样品到探测器的距离，α—探测器的摆角

2.3.4　衍射空间中的像素位置——平板探测器

二维衍射数据分析的基础是确定和计算探测器每个像素在衍射空间的坐标（2θ，γ）。该坐标是根据探测器的空间参数和像素在探测器的位置计算的。图 2.9 给出了一个像素 P（x，y）与实验室坐标系 $X_{\mathrm{L}}Y_{\mathrm{L}}Z_{\mathrm{L}}$ 的关系。平板探测器置于样品与探测器距离 D 的位置，并且摆角为 α。探测器的中心就位于 $x=y=0$ 的位置。探测器中心和每个像素的准确坐标则通过特定的探测器设计、计算和空间校正完成。探测器不同，像素空间坐标定义可以不同，或者经过校准的光束中心也不一定在像素坐标的原点。在这种情况下，需要用以下定义和方程对其坐标进行转换。P（x，y）像素在衍射空间的坐标（2θ，γ）用下式表示：

$$2\theta=\arccos\frac{x\sin\alpha+D\cos\alpha}{\sqrt{D^2+x^2+y^2}},\ (0<2\theta<\pi) \tag{2.8}$$

$$\gamma=\frac{x\cos\alpha-D\sin\alpha}{|x\cos\alpha-D\sin\alpha|}\arccos\frac{-y}{\sqrt{y^2+(x\cos\alpha-D\sin\alpha)^2}},\ (-\pi<\gamma\leqslant\pi) \tag{2.9}$$

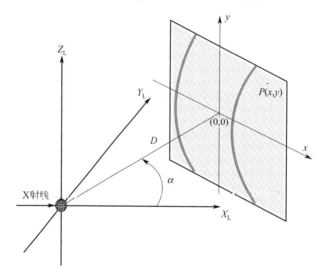

图 2.9　实验室坐标系 $X_{\mathrm{L}}Y_{\mathrm{L}}Z_{\mathrm{L}}$ 下像素 P 和探测器位置间的关系

式(2.9) 中，当 $x\cos\alpha-D\sin\alpha=0$ 时，可能会导致计算中止或错误。当探测平面与 $X_{\mathrm{L}}Z_{\mathrm{L}}$ 平面相交时会发生以上情况。交点是一个具有常量 x 的垂直线。在交线上且 $y=0$ 时，如果没有样品或者光阑时，入射 X 线会直接打到探测器上。像素位置 P（x，0）则表示在这个特定摆角时直射光在探测器上的位置。此时，$2\theta=0$ 且 γ 取任意值或无意义。除 $y=0$ 外，在此交线上所有像素的 γ 值，由下式表示：

$$\gamma=\begin{cases}0 & 当\ x\cos\alpha=D\sin\alpha,y<0\ 时\\ \pi & 当\ x\cos\alpha=D\sin\alpha,y>0\ 时\end{cases} \tag{2.10}$$

为便于分析二维平板探测器上锥截面的形状，式(2.8) 可用二次多项式的形式表达，即

$$ax^2+bxy+cy^2+dx+ey+f=0 \tag{2.11}$$

式中，

$$a=\cos^2 2\theta-\sin^2\alpha$$

$$b=0$$

$$c=\cos^2 2\theta$$

$$d = -2D\sin\alpha\cos\alpha$$

$$e = 0$$

$$f = D^2(\cos^2 2\theta - \cos^2\alpha)$$

表 2.1 给出了正向衍射（$2\theta < 90°$，$\alpha < 90°$）的简易判定方法，该结果也适用于其他象限。

表 2.1　正向衍射的简易判定

$\alpha = 0$	$x^2 + y^2 = D^2\tan^2 2\theta$	圆形
$2\theta + \alpha < 90°$	$b^2 - 4ac < 0$	椭圆
$2\theta + \alpha = 90°$	$b^2 - 4ac = 0$	抛物线
$2\theta + \alpha > 90°$	$b^2 - 4ac > 0$	双曲线

在本书第一版和之前的一些其他出版物中，用式(2.8)和式(2.9)的反函数，通过衍射空间坐标（2θ，γ）来计算（x，y）坐标：

$$x = \frac{\cos\alpha\tan 2\theta\sin\gamma + \sin\alpha}{\cos\alpha - \sin\alpha\tan 2\theta\sin\gamma}D, (-\pi \leq \alpha \leq \pi, 0 \leq 2\theta < \pi) \tag{2.12}$$

$$y = -(x\sin\alpha + D\cos\alpha)\tan 2\theta\cos\gamma, (-\pi \leq \alpha \leq \pi, 0 \leq 2\theta < \pi) \tag{2.13}$$

以上两个方程中都含有 $\tan 2\theta$，当 $2\theta = 90°$ 时为不定式。式(2.13)在计算 y 前要已知 x 的值。实际上在 $2\theta = 90°$ 时，不一定刚好存在一个衍射圆锥。但是由于二维衍射图像是在 2θ 和 γ 全范围内连续的强度分布，一些像素或子像素可能会落在 $2\theta = 90°$ 位置，这会导致计算软件的崩溃。为避免 $2\theta = 90°$ 时正切函数的奇点，以及式(2.13)与式(2.12)中 x 的密切关联性，从式(2.12)和式(2.13)推导出下式：

$$x = \frac{\cos\alpha\sin 2\theta\sin\gamma + \sin\alpha\cos 2\theta}{\cos\alpha\cos 2\theta - \sin\alpha\sin 2\theta\sin\gamma}D, (-\pi \leq \alpha \leq \pi, 0 \leq 2\theta < \pi) \tag{2.14}$$

$$y = \frac{-\sin 2\theta\cos\gamma}{\cos\alpha\cos 2\theta - \sin\alpha\sin 2\theta\sin\gamma}D, (-\pi \leq \alpha \leq \pi, 0 \leq 2\theta < \pi) \tag{2.15}$$

上式可用于计算任意散射线与平板探测器的交叉点。例如，可以在给定 2θ 位置通过 γ 变换描述二维帧的圆锥线。但是该方程有一定的边界条件来避免奇点和错误的结果。例如，当 $\cos\alpha\cos 2\theta - \sin\alpha\sin 2\theta\sin\gamma = 0$ 时就会出现奇点。

如果在探测器尺寸、距离和摆角的边界之外计算 γ 和 2θ，则会产生错误的结果。数学上圆锥截面是探测器平面与"双锥体"的交点，其中两个圆锥顶对顶。如对于 $2\theta = 45°$ 的衍射圆锥，如果探测器摆角放在 $\alpha \geq 135°$ 时，无论探测器面积多大，探测器平面和衍射平面均不会有交点。但是对于双圆锥，却可以从上述方程中得到一组看似合理的 x 和 y 值。因此，γ 和 2θ 值应该在由探测器尺寸、距离和摆角确定的范围内。对于在轴上的探测器，或者探测器的摆角可以使 X_L 轴能够与探测器有效面积相交的探测器来说，γ 值应处于以下范围：

$$\begin{matrix} 0 \leq \gamma \leq \pi & \text{当} & x \geq D\tan\alpha \\ -\pi < \gamma < 0 & \text{当} & x < D\tan\alpha \end{matrix}, -\frac{\pi}{2} < \alpha < \frac{\pi}{2}\text{时} \tag{2.16}$$

如果探测器的摆角不能使其有效面积与 X_L 轴相交时，γ 值应处于以下范围：

$$\begin{matrix} 0 < \gamma < \pi & \text{当} & -\pi < \alpha < 0 \\ -\pi < \gamma < 0 & \text{当} & 0 < \alpha < \pi \end{matrix} \tag{2.17}$$

2.3.5　衍射空间的像素位置——不在衍射仪平面的平板探测器

二维平板探测器可测量的 2θ 可以通过改变摆角 α 进行调节。当通过改变摆角移动探测器位置时，探测器的中心需始终位于衍射仪平面（$X_L Y_L$ 平面）内。可以把探测器的中心移出衍射仪平面，来获得不同的衍射空间或 γ 范围。假设探测器在同一检测平面上下移动，除 y 值有一定的偏移外，在像素位置（x，y）和衍射空间（2θ，γ）位置的转换方程是相同的。换句话说，如果探测器摆动到 $\alpha = 0$，探测器坐标（x，y）的原点应始终在探测器平面与 X_L 轴的交点。

为了跟踪衍射环的轨迹，除了对探测器有一定的摆角外，另一个把探测器移出衍射仪平面合理有效的方法就是让其以一定的方位角绕入射线（X_L 轴）旋转，图 2.10(a) 即为这种旋转方式。摆角又是绕 Z_L 轴的右手旋转。探测器位置 1 处于正摆角 α_1，位置 2 处于负摆角 α_2。探测器的中心及探测器 1 和 2 的探测器轴 x 都在衍射仪平面内。探测器的方位角 β 是绕 X_L 轴右旋转得到的。探测器位置 3 相对位置 1 是正的旋转角 β_1，探测器位置 4 相对于位置 2 是正的旋转角 β_2。3 和 4 位置 P（x，y）像素的衍射空间坐标由下式给出：

$$2\theta = \arccos \frac{x\sin\alpha + D\cos\alpha}{\sqrt{D^2 + x^2 + y^2}},(0 < 2\theta < \pi)$$

$$\gamma = \frac{x\cos\alpha - D\sin\alpha}{|x\cos\alpha - D\sin\alpha|}\arccos \frac{-y}{\sqrt{y^2 + (x\cos\alpha - D\sin\alpha)^2}} - \beta \tag{2.18}$$

其中，有关 2θ 的方程仅与探测器位置的摆角 α 有关，而 β 旋转不能改变探测器与入射光的角度关系。如果把 X_L 看作极点，则探测器绕 β 旋转的轨迹会在纬度上形成一个圆。假设这种机制能同步实现，通过结合 α 旋转（$-\pi < \alpha < \pi$）和 β 旋转（$-\pi/2 < \beta < \pi/2$），平板二维探测器可以完全覆盖 4π 衍射空间。根据式(2.18)，通过上述方法收集的二维衍射花样可以投影成一个球体。

通过 β 旋转，将探测器移出衍射仪平面，是一种较好的覆盖更多衍射空间的方法，这是由于探测器的运动始终在衍射环上。但是，这种运动很难实现。另一种将探测器移出衍射仪平面的方法如图 2.10(b) 所示。除了衍射仪平面（α）的摆角外，探测器还可以从仪器中心向 Z_L 轴的 η 角移出衍射仪平面。换句话说，任何 α 处的 $90°\eta$ 旋转都能把探测器中心推向 Z_L 轴。假设把 Z_L 看作是极点，探测器中心随 η 旋转的轨迹就是一条经线。在这个几何中，探测器位置 α 和 η 的像素 P（x，y）的衍射空间坐标由下式给出：

$$2\theta = \arccos \frac{x\sin\alpha + (D\cos\eta - y\sin\eta)\cos\alpha}{\sqrt{D^2 + x^2 + y^2}},(0 < 2\theta < \pi)$$

$$\gamma = \pm\arccos \frac{-y\cos\eta - D\sin\eta}{\sqrt{(y\cos\eta + D\sin\eta)^2 + [x\cos\alpha - (D\cos\eta - y\sin\eta)\sin\alpha]^2}}$$

$$且 \quad \begin{array}{ll} 0 \leqslant \gamma \leqslant \pi & 当 \quad x\cos\alpha - (D\cos\eta - y\sin\eta)\sin\alpha \geqslant 0 \ 时 \\ -\pi < \gamma < 0 & 当 \quad x\cos\alpha - (D\cos\eta - y\sin\eta)\sin\alpha < 0 \ 时 \end{array} \tag{2.19}$$

二维衍射花样信息可以由公式(2.19)投影到衍射空间。尽管衍射仪的运动不是在衍射环上，通过结合 α 旋转（$-\pi < \alpha < \pi$）和 η 旋转（$-\pi/2 < \beta < \pi/2$），平板二维探测器仍然可以接收大部分甚至全部 4π 的衍射空间。

图 2.10(c) 是 EIGER2 探测器（$H = 77.2$mm，$L = 38.6$mm）在 γ 优化模式下，各种探测器运动方式衍射空间覆盖范围的比较。绿色框显示的是衍射仪平面在正 α 摆角（45°，90°，135°）和负 α 摆角（$-45°$，$-90°$，$-135°$）下的覆盖范围。在 γ 优化模式下，探测器在 γ 方向

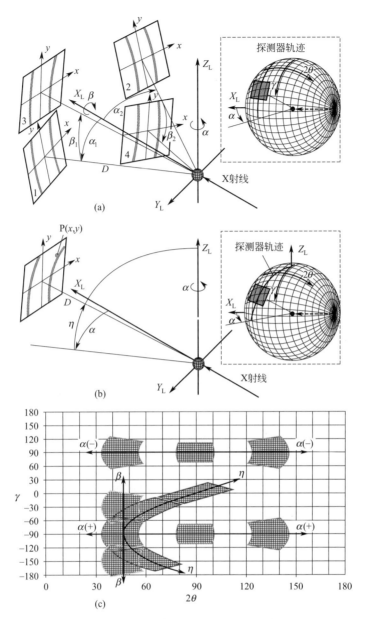

图 2.10　探测器移出衍射仪平面的方式（见彩图）

（a）探测器绕 X_L 轴的方位旋转；（b）探测器摆角（η）

绕仪器中心并向 Z_L 轴的运动；（c）不同探测器运动方式的衍射空间覆盖范围

上有更大的角度覆盖范围。由于 2θ 和 γ 不是以相同的比例显示，这个绿色框看起来在 γ 方向上有收缩。当 $\alpha=45°$ 时，衍射仪平面外旋转角 β 在 $\pm60°$ 的衍射空间覆盖范围由橙色框表示。β 旋转可以同时改变 2θ 和 γ 的覆盖范围。当 $\alpha=45°$ 时，衍射仪平面外旋转角 η 在 $45°$，$-45°$ 和 $-90°$ 时的衍射空间覆盖范围由紫色框表示。η 旋转同样改变 2θ 和 γ 的覆盖范围。

2.3.6　衍射空间的像素位置——柱面探测器

衍射圆锥与曲面探测器探测面的截面不能用二次多项式函数表示。函数形式取决于探测器的形状。最常见的曲面探测器是柱面探测器。一些曲面探测器，如影像板，可以在读取衍射信号时变形为平板状。某些曲面探测器在数据读写和收集时都维持曲面状。某些情况下，由柱面探测器测量的衍射花样可以显示成平面状，通常是矩形。一旦曲面二维探测器中某像素的空间坐标确定下来，大部分为平板探测器所开发的算法都能够很好地应用在曲面探测器上。柱面探测器在实验室坐标系中可以定位在两个方向上：一个是垂直方向上使其旋转轴与 Z_L 轴重叠；一个是水平方向上使其旋转轴与 X_L 轴重叠。还有一种是把旋转轴调向 Y_L，这与在衍射圆锥截面调向 Z_L 轴对齐的方向等效。

图 2.11(a) 给出了在垂直方向上与实验室坐标系 $X_L Y_L Z_L$ 相一致的柱面探测器示意图。样品摆放在探测器中的坐标原点位置。如果没有样品或光阑的阻挡，入射光可以直接照射到 "O" 点位置。圆柱体的半径为 R，对指定柱面探测器来说，该半径即为常数。图 2.11(b) 显示了由柱面探测器接收的二维衍射花样。平面图像中像素位置由坐标 u 和 ν 给出。若 "O" 点作为像素位置的原点（0，0），P（u，ν）像素在衍射空间的坐标可由下式给出：

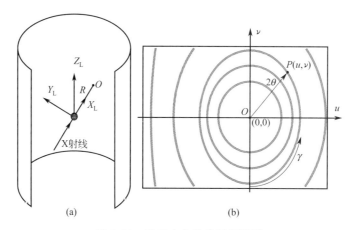

图 2.11　垂直方向的柱面探测器

（a）实验室坐标系 $X_L Y_L Z_L$ 下的探测器位置；（b）平面衍射图中的像素位置

$$2\theta = \arccos \frac{R\cos\left(\dfrac{u}{R}\right)}{\sqrt{R^2 + \nu^2}} \quad (0 < 2\theta < \pi) \tag{2.20}$$

$$\gamma = \frac{u}{|u|}\arccos \frac{-\nu}{\sqrt{\nu^2 + R^2\sin^2\left(\dfrac{u}{R}\right)}} \quad (-\pi < \gamma \leqslant \pi) \tag{2.21}$$

当式(2.21)中 $u=0$ 时，除以零可能导致计算终止或出错。这种情况会在柱面探测器表面与 $X_L Z_L$ 平面相交时出现。此交点是 ν 轴上的垂直线。在（0，0）位置时，$2\theta = 0$ 并且 γ 取任意值或无定义。除 $\nu = 0$ 外，该交点线上所有像素的 γ 值由下式给出：

$$\gamma = \begin{cases} 0 & \text{当 } \nu < 0 \text{ 时} \\ \pi & \text{当 } \nu > 0 \text{ 时} \end{cases} \tag{2.22}$$

此外，还可以得到式(2.20) 和式(2.21)的反函数，以便由衍射空间坐标（2θ，γ）计算柱面二维图像上的（u，ν）坐标：

$$\nu = \frac{-R\sin 2\theta \cos\gamma}{\sqrt{1 - \sin^2 2\theta \cos^2\gamma}} \tag{2.23}$$

$$u = \frac{\sin\gamma}{|\sin\gamma|} R \arccos\left(\frac{\sqrt{R^2 + \nu^2}}{R}\cos 2\theta\right) \tag{2.24}$$

在给定 2θ 时，代表衍射环在柱面二维图像上的曲线可以通过 γ 值的变化来绘制。

图 2.12(a) 为水平方向放置的柱面探测器对应的实验室坐标 $X_L Y_L Z_L$ 下的探测器位置。样品放置在圆筒内的实验室坐标原点上。入射 X 射线与圆柱体的旋转轴重叠。Y_L 轴的负方向通过探测器的"O"点。圆柱体的直径是常数 R。为了方便显示实验室坐标，我们把圆柱体切开。实际的探测器能够覆盖完整的方位角。图 2.12(b) 为由该探测器收集的二维衍射图像。该二维图像的显示方式是将由 X_L 和 $-Y_L$ 定义的一半平面（$\gamma = -90°$的半平面）切开，然后再把它们平铺在一个平面上。这时所有的衍射环都显示为垂直线。方位角 γ 与像素坐标 y 成线性关系，2θ 角方向与像素坐标 x 平行。如果将"O"点作为像素位置的原点 $(0, 0)$，则 $P(u, \nu)$ 处的像素坐标可由下式给出：

$$2\theta = \frac{\pi}{2} + \arctan\frac{u}{R} \tag{2.25}$$

$$\gamma = \frac{\pi}{2} + \frac{\nu}{R} \tag{2.26}$$

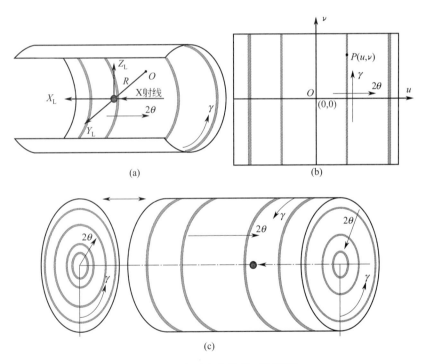

图 2.12 水平方向的柱面探测器

（a）实验室坐标 $X_L Y_L Z_L$ 下的探测器位置；（b）平面图像上的像素位置；

（c）两个平板探测器和一个柱面探测器组合起来以覆盖完整的衍射空间

对于这种来自水平放置柱面探测器上平面图像的 (u, ν) 坐标可以由衍射空间坐标 $(2\theta, \gamma)$ 计算：

$$u = -R\cot 2\theta \tag{2.27}$$

$$\nu = R\left(\gamma - \frac{\pi}{2}\right) \quad \left(-\frac{\pi}{2} < \gamma < \frac{3\pi}{2}\right) \tag{2.28}$$

在式（2.28）中，γ 具有边界条件，该条件是基于圆柱体表面在 $\gamma = -90°$ 时被切成薄片，如图 2.12(b) 所示。如果圆柱体表面在不同的 γ 值下切割和再展平，则应使用不同的边界条件。2θ 已知时，u 是常数。代表衍射环的垂直线可以依据已知 2θ 处且 γ 是变量时的二维图像画出。由上式可以看出，水平探测器不适合收集低 2θ 和高 2θ 的衍射环。例如，假设水平探测器的尺寸是半径 R 的两倍，可测量的 2θ 值介于 45° 和 135° 之间。如果进一步把探测器尺寸提高到 R 的四倍时，也只能把 2θ 角的测量范围增大 18.4°，即可测量的 2θ 值介于 26.6°~153.4° 之间。可以测量低角度和高角度时使用平板探测器，在中间角度时使用柱面探测器。图 2.12(c) 示意了用两个平板探测器和一个水平放置的柱面探测器接收整个衍射空间数据的原理。图中特将低角度平板探测器与柱面探测器分开，以便更好地显示衍射环。计算像素衍射空间坐标（2θ，γ）的算法与之前平板探测器的方法一致，分别通过使摆角在低角处探测器和高角处探测器上取 0 和 π，来简化计算量。这种探测器的组合具有与球形理想（4π）探测器类似的功能，在技术上也可行。

2.4　样品空间和测角仪几何

2.4.1　欧拉几何中样品的旋转和平移

在二维衍射系统中，需要用三个旋转角来定义样品在衍射仪中的方向。它可以由欧拉几何、卡帕（κ）几何和其他类型的几何来实现。在欧拉几何中，它们分别是 ω、ψ 和 ϕ。在使用欧拉几何的四圆衍射仪中，还存在描述点探测器的 2θ 圆。在二维衍射中，第四圆则是探测器的摆角 α，它属于探测器空间且独立于样品的空间方向。图 2.13(a) 为在实验室坐标系下旋转轴（ω，ψ，ϕ）的关系。ω 是绕 Z_L 轴右手旋转的角。ω 轴固定在实验室坐标中。ψ 是绕水平轴右手旋转的角。ψ 轴与 X_L 轴在 $X_L Y_L$ 平面内成 ω 角关系。当 $\omega = 0$ 时，ψ 轴位于 X_L 上。ϕ 是相对于样品所在轴（通常为样品法线）的左手旋转角。当 $\omega = \psi = 0$ 时，ϕ 轴位于 Y_L 轴上。在调整好的衍射系统中，这三个轴和初级 X 光都交于 $X_L Y_L Z_L$ 的原点。这个交点即测角仪中心，或称作仪器中心。

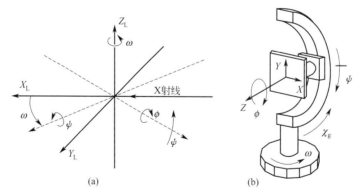

图 2.13　样品旋转和平移

（a）$X_L Y_L Z_L$ 坐标下的三个旋转轴；（b）旋转轴（ω，χ_g，ψ，ϕ）和平移轴 XYZ

图 2.13(b) 给出了所有旋转轴（ω，χ_g，ψ，ϕ）和样品平移轴 XYZ 的关系和堆叠顺序。ω 是基础旋转轴，其他所有旋转轴和平移轴都是在 ω 轴之上。ω 上面的是 ψ 轴。χ_g 也是一个绕水平轴旋转的轴。符号 χ 常被用来描述衍射圆锥上的方位角，其下标 g 代表该角

度是测角仪角。ϕ 和 χ_g 具有相同的轴，但是它们的起始位置和旋转方向不同，并且 $\chi_g =$ $90° - \phi$。因此，χ_g 也是 ϕ 轴和 Z_L 轴之间的角度。为了避免混淆，将在以后的章节中尽量使用 ψ。ω 和 ψ 上面的是 ϕ 圆。ω 轴始终处于 Z_L 轴上。当 $\omega = 0$ 时，ϕ 轴在 X_L 轴上，当 $\omega = 90°$ 时，ϕ 轴在 Y_L 上。ω 和 ψ 为特定值时，ϕ 轴在 $X_L Y_L Z_L$ 的方向见表 2.2。

表 2.2　ω 和 ψ 为特定值时，ϕ 轴在 $X_L Y_L Z_L$ 的方向

ω	ψ	ϕ 轴所在方向
0	0	Y_L
90°	0	$-X_L$
任意值	90°	Z_L

当 $\omega = \psi = \phi = 0$ 时，样品的平移坐标 XYZ 与实验室坐标轴的关系是：$X = -X_L$，$Y = Z_L$，和 $Z = Y_L$（假定上述两个坐标的原点重合）。ϕ 轴总是位于 Z 轴上，在反射模式衍射中，该轴通常垂直于样品表面。在本章的后半部分，如果没有特别说明，都是假设在反射模式下。可见，XY 平面平行于样品的表面。在实际使用中，XYZ 平移是在所有旋转轴上的，这样可以保证在平移的时候不会使任何旋转轴移出测角仪的中心。反之，XYZ 平移会把其他区域的样品带入测角仪中心。例如，在图 2.14 中，平移 $+\Delta x$ 和 $+\Delta y$ 距离就会把 P（$-\Delta x$，$-\Delta y$）点的样品带入测角仪中心。因此，XYZ 的原点不是固定在样品上，而是固定在仪器中。实际使用时，ϕ 轴可以构建在 Z 轴上方。由于两个轴是平行的，Z 平移不会使 ϕ 轴远离仪器中心。

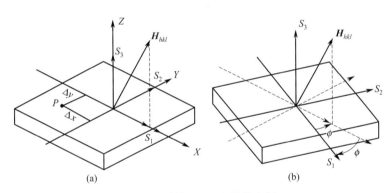

图 2.14　样品平移轴 XYZ 和样品坐标 $S_1 S_2 S_3$

为便于分析与样品位置方向相关的衍射结果，有必要定义样品坐标轴 S_1、S_2、S_3。通常，样品坐标轴 S_1、S_2、S_3 与样品平移坐标轴 X、Y、Z 分别方向一致。然而，样品的坐标原点一般认为是 X 射线衍射测量的样品位点。换言之，样品坐标 $S_1 S_2 S_3$ 应该与实验室坐标 $X_L Y_L Z_L$ 具有同样的原点，即仪器中心。$S_1 S_2$ 平面是样品的表面，S_3 是样品表面的法线方向。原则上还应特别注意区分这两种坐标系。XYZ 平移坐标描述的是相对的样品位置。例如，可以通过 XY 位移台将样品移到不同位置收集衍射数据的面分布，而 Z 平移轴则可以调整每个扫描点的样品高度。$S_1 S_2 S_3$ 坐标固定在样品上，原点位于 X 射线照射的测量区。$S_1 S_2 S_3$ 坐标系主要是用来建立样品方向与衍射花样之间的关系。

测角仪中的 ϕ 旋转轴设置为左手旋转，这样可以在样品坐标系 $S_1 S_2 S_3$ 中观察到衍射矢量的右手旋转。图 2.14 给出了衍射矢量 H_{hkl} 和它在 S_1 轴上的投影。图 2.14(b) 画出了样品绕 ϕ 轴的左手旋转。相同衍射矢量在样品上的投影以 ϕ 轴的右手旋转方式向远离 S_1 轴方

向旋转。换言之，在样品坐标系中，样品绕 ϕ 轴方向左手旋转会导致 $\boldsymbol{H}_{hkl}$ 的右手旋转。在二维极坐标系、三维圆柱坐标系和球坐标系中，对应的旋转均为右手旋转。因此，必须对样品进行左手 ϕ 旋转，以便将取向敏感的衍射结果通过数学运算映射到样品空间。总之，样品空间共包括六组参数，即三个独立的旋转角（ω，ψ，ϕ）和三个正交平移轴（X，Y，Z）。样品在实验室坐标系下的唯一位置可由上述六个参数确定。而对于特定样品的衍射数据的分析，仅仅需要三个欧拉角（ω，ψ，ϕ）即可确定样品的方向。

2.4.2   测角仪几何的变体

由于历史原因和多种应用的偏好，存在测角仪几何的多种变体。衍射仪中也不一定同时都有上述的这些旋转和平移轴。这就意味着某些轴被设定为常量。衍射仪测角几何也可以设置为水平或垂直方式。ω 角也可以通过把样品相对不动的初级光束做旋转实现，或通过相对于样品旋转初级光束。衍射仪也可以根据测角仪相对初级光束、测角仪和操作者的左右手位置进行分类。

图 2.15 给出了两种典型的衍射仪配置。图 2.15(a) 是一种测角仪在左面水平放置且扫描方式为 θ-2θ 的衍射仪配置。如图所示，测角仪安装在 X 射线管和初级光学器件的左侧，因此该系统可以归类为左手系统。由初级光束（X_L 轴）和 ω、α 旋转所决定的衍射仪平面放在水平位置，因此这种衍射仪也被称作水平式（卧式）衍射仪。在该衍射仪中，初级光束即 X_L 轴是固定的。通过旋转样品获得 ω 角，α 角也是通过单独旋转探测器实现的。根据布

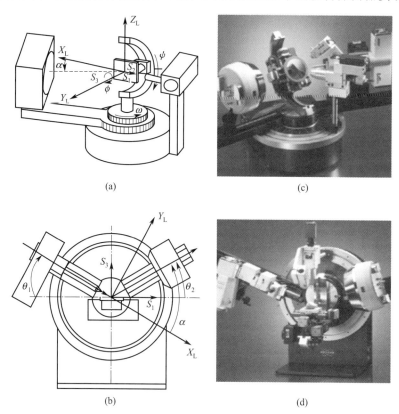

图 2.15   典型的二维 X 射线衍射仪配置

(a) 水平 θ-2θ；(b) 垂直 θ-θ；

(c) 水平配置的衍射仪；(d) 垂直配置的衍射仪（Bruker D8 Discover^{TM}）

拉格-布伦塔诺（Bragg-Brentano，简称 B-B）几何的命名规则，把上述配置称为 θ-2θ 方式。

图 2.15(b) 是一种 θ-θ 扫描方式的衍射仪，其衍射仪平面 $X_\mathrm{L}Y_\mathrm{L}$ 是垂直的。因此被称作垂直式（立式）衍射仪。当 $\psi=0$ 时，样品固定在水平面。ω 角和 α 角由初级光路入射角 θ_1 和探测器水平角 θ_2 决定。此配置下，实验室坐标并非真实地固定在"实验室"。这听起来似乎很不合理，但是必须要让所有的配置在物理和数学上保持一致。合理的解释是衍射空间是由初级光束和仪器中心决定的。既然初级光束的方向是可变的，因此衍射空间也在不断变化。根据 B-B 几何的命名规则，把上述配置称为 θ-θ 方式。为使这种配置与之前衍射空间和探测器空间的定义保持一致，设 $\omega=\theta_1$，$\alpha=\theta_1+\theta_2$，其他参数的定义保持不变。在商业化的二维衍射仪中，这些转换通常是由计算软件自动完成的。图 2.15(c) 和（d）分别是 Bruker 公司水平和垂直配置的 D8 Discover^{TM} 衍射仪。其他配置本书不再进一步讨论，但无论如何都应遵循相同的法则。

2.5　从衍射空间向样品空间的转换

分析二维衍射数据的关键是根据样品坐标 $S_1S_2S_3$ 明确衍射矢量的分布。但是，由于衍射空间是固定在实验室坐标系 $X_\mathrm{L}Y_\mathrm{L}Z_\mathrm{L}$ 上的，对应于测量到的二维数据其衍射矢量的分布总是由坐标 $X_\mathrm{L}Y_\mathrm{L}Z_\mathrm{L}$ 给出。图 2.16 给出了在（a）实验室坐标 $X_\mathrm{L}Y_\mathrm{L}Z_\mathrm{L}$ 和（b）样品坐标 $S_1S_2S_3$ 系下的单位衍射矢量。在图 2.16(a) 中，单位矢量 $\boldsymbol{h}_\mathrm{L}$ 分别投影到 X_L、Y_L 和 Z_L 轴上，以 h_x、h_y、h_z 表示，这三个分量由式(2.7) 给出。为分析与样品方向相关的衍射结果，需要将衍射矢量换算到样品坐标 $S_1S_2S_3$。图 2.16(b) 给出了相同单位矢量在样品坐标系下的定义，即单位矢量 $\boldsymbol{h}_\mathrm{s}$ 分别投影到 S_1、S_2 和 S_3 轴上，以 h_1、h_2 和 h_3 表示。

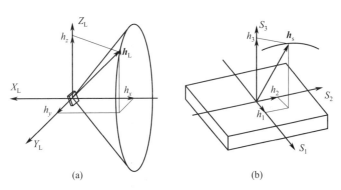

图 2.16　衍射矢量的单位矢量

（a）在实验室坐标 $X_\mathrm{L}Y_\mathrm{L}Z_\mathrm{L}$ 下；（b）在样品坐标 $S_1S_2S_3$ 下

$X_\mathrm{L}Y_\mathrm{L}Z_\mathrm{L}$ 和 $S_1S_2S_3$ 的关系如下：

	X_L	Y_L	Z_L
S_1	a_{11}	a_{12}	a_{13}
S_2	a_{21}	a_{22}	a_{23}
S_3	a_{31}	a_{32}	a_{33}

$$(2.29)$$

其换算矩阵如下：

$$\boldsymbol{A}=\begin{bmatrix}a_{11}&a_{12}&a_{13}\\a_{21}&a_{22}&a_{23}\\a_{31}&a_{32}&a_{33}\end{bmatrix}=\begin{bmatrix}-\sin\omega\sin\psi\sin\phi&\cos\omega\sin\psi\sin\phi&\\-\cos\omega\cos\phi&-\sin\omega\cos\phi&-\cos\psi\sin\phi\\\sin\omega\sin\psi\cos\phi&-\cos\omega\sin\psi\cos\phi&\\-\cos\omega\sin\phi&-\sin\omega\sin\phi&\cos\psi\cos\phi\\-\sin\omega\cos\psi&\cos\omega\cos\psi&\sin\psi\end{bmatrix} \tag{2.30}$$

$\boldsymbol{h}_s$ 在 $S_1 S_2 S_3$ 坐标下的换算式如下：

$$\boldsymbol{h}_s=\boldsymbol{A}\cdot\boldsymbol{h}_L \tag{2.31}$$

其矩阵式为：

$$\begin{bmatrix}h_1\\h_2\\h_3\end{bmatrix}=\begin{bmatrix}a_{11}&a_{12}&a_{13}\\a_{21}&a_{22}&a_{23}\\a_{31}&a_{32}&a_{33}\end{bmatrix}\begin{bmatrix}h_x\\h_y\\h_z\end{bmatrix}$$

$$=\begin{bmatrix}-\sin\omega\sin\psi\sin\phi&\cos\omega\sin\psi\sin\phi&\\-\cos\omega\cos\phi&-\sin\omega\cos\phi&-\cos\psi\sin\phi\\\sin\omega\sin\psi\cos\phi&-\cos\omega\sin\psi\cos\phi&\\-\cos\omega\sin\phi&-\sin\omega\sin\phi&\cos\psi\cos\phi\\-\sin\omega\cos\psi&\cos\omega\cos\psi&\sin\psi\end{bmatrix}\begin{bmatrix}-\sin\theta\\-\cos\theta\sin\gamma\\-\cos\theta\cos\gamma\end{bmatrix} \tag{2.32}$$

或扩展为：

$$\begin{aligned}h_1&=\sin\theta(\sin\phi\sin\psi\sin\omega+\cos\phi\cos\omega)+\cos\theta\cos\gamma\sin\phi\cos\psi\\&\quad-\cos\theta\sin\gamma(\sin\phi\sin\psi\cos\omega-\cos\phi\sin\omega)\\h_2&=-\sin\theta(\cos\phi\sin\psi\sin\omega-\sin\phi\cos\omega)-\cos\theta\cos\gamma\cos\phi\cos\psi\\&\quad+\cos\theta\sin\gamma(\cos\phi\sin\psi\cos\omega+\sin\phi\sin\omega)\\h_3&=\sin\theta\cos\psi\sin\omega-\cos\theta\sin\gamma\cos\psi\cos\omega-\cos\theta\cos\gamma\sin\psi\end{aligned} \tag{2.33}$$

这三个分量满足如下条件：

$$h_1^2+h_2^2+h_3^2=1 \tag{2.34}$$

因此，只需两个独立的分量就可以指定一个单位衍射矢量。但为了简便，在必要时仍然使用以上三个分量。除了对应于衍射环上每个数据点的衍射强度和布拉格角外，单位矢量 $\boldsymbol{h}_s$ $\{h_1, h_2, h_3\}$ 可以给出样品空间的方向信息。由于衍射矢量总是垂直于相应的晶面，单位衍射矢量及其在样品坐标系下的表达式主要用来分析方向敏感的衍射数据、织构或应力。在上述换算式中，θ 总是正值，其他变量（γ，ω，ψ 和 ϕ）可以取正值或负值。这些变量既是奇的正弦函数，也是偶的余弦函数。单位矢量分量 $\{h_1, h_2, h_3\}$ 方程则同时包含奇函数和偶函数。这就意味着上述任何变量的符号出错后，得到的单位矢量分量既不对称也不正确。为此，测角仪的旋转角度（ω，ψ，ϕ）不能转错。这将在本书有关应力和织构的章节中展开进一步的探讨。任何其他测角仪几何（如卡帕几何[3,4,8,11,13]）中的换算矩阵都可以由式（2.31）引入，这样单位矢量 $\boldsymbol{h}_s$ $\{h_1, h_2, h_3\}$ 可以用指定的几何表达。在数据处理、织构分析和应力测量的有关章节，使用单位矢量 $\boldsymbol{h}_s$ $\{h_1, h_2, h_3\}$ 的公式适用于任何测角仪几何，且单位矢量分量的换算矩阵都是来源于衍射空间向样品空间的转换。

2.6　倒易空间

在倒易空间显示出来的衍射花样常被用来肉眼判断或分析具有高度取向的结构、来自晶体缺陷的漫散射以及薄膜[14~17]。上述单位矢量的计算公式也可用于将衍射空间的强度转换为关于样品坐标的倒易空间强度。散射矢量的方向由单位矢量 $\boldsymbol{h}_s$ {h_1，h_2，h_3} 给出，散射矢量的大小由 $2\sin\theta/\lambda$ 给出，因此某一像素的散射矢量可由下式给出：

$$H = \frac{2\sin\theta}{\lambda}\boldsymbol{h}_s \tag{2.35}$$

三维倒易空间面扫描可以通过把像素强度投映到相应倒空间点来实现。利用样品的各种取向、探测器上的所有像素以及从 0 到 π 的所有可能 2θ 角，倒易空间面扫描可以覆盖最大直径为 $2/\lambda$（极限球）的球体内的三维倒易空间。

图 2.17(a) 绘出了二维探测器在厄瓦尔德球上的覆盖范围。对于任意点 P，入射光束矢量 S_0/λ 和衍射光束矢量 S/λ 都始于 C 点，但分别止于 O 点和 P 点。入射光束与衍射光束的夹角为 2θ。从 O 和 P 点的矢量为衍射矢量 H。衍射光束矢量和衍射矢量相交于厄瓦尔德球表面的 P 点。由于衍射矢量可以对应探测器上的所有元素，二维衍射可以覆盖厄瓦尔德球的表面。为简化起见，该区域标记在 $\Delta 2\theta$ 和 $\Delta\gamma$ 的角度范围。实际的覆盖范围依赖于探测器的尺寸和形状。但它不可能有像第一章图 1.17(b) 那样简单的边界。图 2.17(b) 画出了三帧衍射的覆盖范围，它的入射光相对于样品方向有不同的取向。通过改变欧拉角中任何一个或多个，就可以实现这种取向差异。可以通过扫描上述角度收集多帧倒易空间，进而获得三维图像。

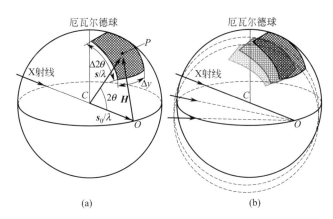

图 2.17　二维探测器在厄瓦尔德球上的覆盖范围
(a) 单帧覆盖在厄瓦尔德球上的表面积；(b) 不同样品方向上的多帧覆盖在倒易空间上的体积

2.7　小结

三个空间的定义、参量和它们之间的关系如图 2.18 所示。实验室坐标是所有空间的基础，它是由初级 X 射线束和测角仪的主轴确定的。衍射空间固定在实验室坐标中。衍射花样则分布在衍射空间中，它主要由样品的晶体结构、材料的微观结构和 X 射线的波长决定。探测器空间是探测器在实验室坐标系中的角度范围、分辨率和位置。对于平面二维衍射，探测器的空间是由探测器尺寸、像素分辨率、距离、摆角和可能的方位角确定的。样品空间是由样品的位置和方向决定的。对探测器空间参数的选择依赖于衍射空间。探测器空间参数的变化会改变可被测量的衍射空间部分以及测量分辨率，但不会改变衍射空间本身。对于理想的无应力及择优取向的粉末多晶样品，衍射花样与样品方向和样品上的测量位置无关。改变

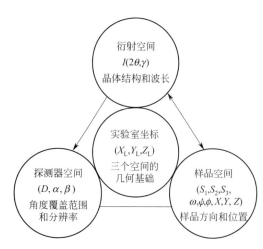

图 2.18   三个空间和实验室坐标的关系

本身具有应力、织构和不均匀微观结构样品的空间参数，会影响到衍射花样的强度分布，但不会影响其衍射空间参数。需要强调的是，探测器空间和样品空间是两个独立的空间，不能相互交换。例如，探测器的运动不能改变样品方向与入射光束的角度关系。即使能够完全覆盖 4π 衍射空间，仍需旋转样品以获得特定的衍射条件。

图 2.19 给出了基本方程之间的关系。中间第一个圈中以矢量形式表示的衍射条件是其他方程的基础。左上角圈内以三个晶轴 a，b，c 表示的劳厄方程非常适合用来描述单晶衍射几何。从衍射矢量大小推导出的布拉格定律，给出了晶面间距、2θ 和波长之间的关系。对粉末衍射来说，布拉格定律最实用有效。而二维

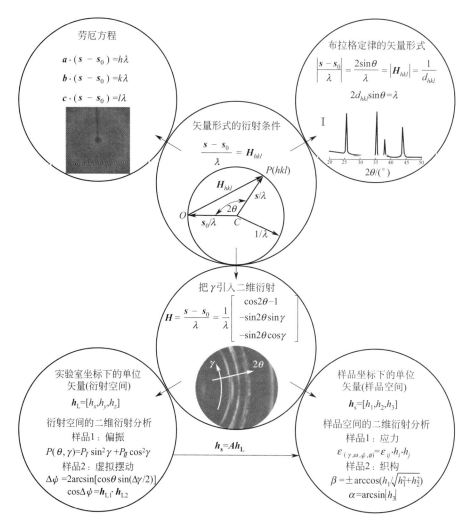

图 2.19   基本方程之间的关系

衍射花样包含有强度的分布信息，它可用包含 2θ 和 γ 的函数来描述（中间第二个圈），它是二维衍射的基本式。左下角圈中给出的是实验室坐标下二维衍射单位衍射矢量（$\boldsymbol{h}_L$），它不包含样品的信息。因此，可以用它推导出与样品方向不直接相关的数据分析方程，其中包括偏振方程和虚拟摆动方程。右下角圈中给出的是由单位衍射矢量（$\boldsymbol{h}_L$）换算成的在样品坐标中的单位矢量（$\boldsymbol{h}_s$），该矢量包含样品的取向信息。因此，可以用它推导出与样品取向、应力、织构和倒易空间面扫描相关的基本方程。有关其具体应用的描述和步骤将在后面章节中予以详细讨论。

参　考　文　献

1. B. B. He, Introduction to two-dimensional X-ray diffraction, *Powder Diffraction*, **18** (2), June 2003, 71–85.

2. W. Busing and H. A. Levy, Angle calculations for 3- and 4-circle X-ray and neutron diffractometers, *Acta Cryst.* (1967). **22**, 457–464.

3. W. R. Massey Jr. and P. C. Manor, A four-circle single crystal diffractometer with a rotating anode source, *J. Appl. Cryst.* (1976). **9**, 119–125.

4. D. J. Thomas, Modern equations of diffractometry. Goniometry, *Acta Cryst.* (1990). **A46**, 321–343.

5. D. J. Thomas, Modern equations of diffractometry. Diffraction geometry, *Acta Cryst.* (1992). **A48**, 134–158.

6. M. Lohmeier and E. Vlieg, Angle calculations for a six-circle surface X-ray diffractometer, *J. Appl. Cryst.* (1993). **26**, 706–716.

7. E. Vlieg, Integrated intensities using a six-circle surface X-ray diffractometer, *J. Appl. Cryst.* (1997). **30**, 532–543.

8. P. Dera and A. Katrusiak, Towards general diffractometry. I. Normal-beam equatorial geometry, *Acta Cryst.* (1998). **A54**, 653–660.

9. H. You, Angle calculations for a '4S + 2D' six-circle diffractometer, *J. Appl. Cryst.* (1999). **32**, 614–623.

10. P. Dera and A. Katrusiak, Towards general diffractometry. II. Unrestricted normal-beam equatorial geometry, *J. Appl. Cryst.* (1999). **32**, 193–196.

11. G. Thorkildsen, R. H. Mathiesen, and H. B. Larsen, Angle calculations for a six-circle κ diffractometer, *J. Appl. Cryst.* (1999). **32**, 943–950.

12. P. Dera and A. Katrusiak, Towards general diffractometry. III. Beyond the normal-beam geometry, *J. Appl. Cryst.* (2001). **34**, 27–32.

13. G. Thorkildsen, H. B. Larsen, and J. A. Beukes, Angle calculations for a three-circle goniostat, *J. Appl. Cryst.* (2006). **39**, 151–157.

14. S. Hanna and A. H. Windle, A novel polymer fibre diffractometer, based on a scanning X-ray-sensitive charge-coupled device, *J. Appl. Cryst.* (1995). **28**, 673–689.

15. M. Schmidbauer et al., A novel multidetection technique for three-dimensional reciprocal-space mapping in grazing-incidence X-ray diffraction, *J. Synchrotron Rad.* (2008). **15**, 549–557.

16. D.-M. Smilgies and D. R. Blasini, Indexation scheme for oriented molecular thin films studied with grazing-incidence reciprocal-space mapping, *J. Appl. Cryst.* (2007). **40**, 716–718.

17. S. T. Mudie et al., Collection of reciprocal space maps using imaging plates at the Australian National Beamline Facility at the Photon Factory, *J. Synchrotron Rad.* (2004). **11**, 406–413.

第**3**章

X 射线光源及光学部件

3.1 X 射线的产生及特征

密封式 X 射线管、旋转阳极 X 射线发生器和同步辐射都可以作为 X 射线衍射的光源。密封式 X 射线管和旋转阳极 X 射线发生器的辐射机理相同，都是由阴极发射出电子，并通过两极间的高压加速轰击在阳极靶上，进而向各个方向发出 X 射线。阳极靶通常用某种金属制成，因此也叫金属靶。X 射线产生的原理和历史可参考相关资料[1,2]，因此本章主要介绍二维 X 射线衍射仪的光源和光学部件。

3.1.1 X 射线谱及特征谱线

图 3.1 为密封式 X 射线管和旋转阳极 X 射线发生器的 X 射线谱（强度-波长）。X 射线谱由连续谱和几条分散的特征谱线组成。连续谱也叫白光辐射或韧致辐射，韧致辐射的最短波长（最高能量）叫作短波限 λ_{SWL}，表示为：

$$\lambda_{SWL} = \frac{12400}{V} \tag{3.1}$$

式中，V 是 X 射线发生器的电压。发生器电压越高，整个 X 射线谱的强度也越高，同时白光辐射的波长越小。对于 X 射线衍射来说，$K_{\alpha1}$、$K_{\alpha2}$ 和 K_{β} 是最重要的三条特征谱线。$K_{\alpha1}$ 的强度是 $K_{\alpha2}$ 的两倍，两条谱线离得很近，因此也叫 K_{α} 双线。$K_{\alpha1}$ 和 $K_{\alpha2}$ 较难区分，

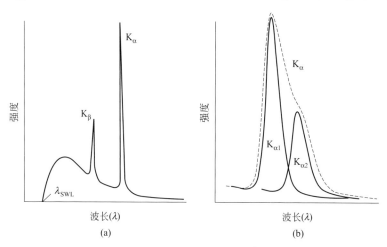

图 3.1　密封式 X 射线管和旋转阳极 X 射线发生器的 X 射线谱

（a）包含连续辐射（白光辐射）的谱线和特征谱线 K_{α} 和 K_{β}；（b）K_{α} 线由 $K_{\alpha1}$ 和 $K_{\alpha2}$ 两条谱线组成

也可直接简单地称其为 K_α 线。特征谱线的波长由 X 射线发生器的阳极靶材料决定。表 3.1 给出了常见阳极材料特征谱线的波长及 K_α 线的平均光子能量。因为 K_α 线在特征谱线中强度最高，所以 X 射线光管阳极的选择一般基于 K_α 线的波长。波长越长，衍射峰之间的距离越大，这样在有限的 2θ 范围内测量到的衍射峰越少。反之，较短波长的 X 射线能测量到更多衍射峰。CuK_α 线的波长是 1.54Å，是 X 衍射最常用的波长，因为这个波长适用于大多数多晶材料。此外，还要考虑到 X 射线的穿透能力和荧光。例如，当样品需要更深的穿透深度时会使用 AgK_α 和 MoK_α 线；测试含铁的合金（钢）时要使用 CoK_α 和 CrK_α 线来避开 Fe 荧光的干扰；波长较长的 CrK_α 线还能应用于残余应力测试，以获得更高的角度分辨率。

表 3.1　常见阳极元素特征谱线的波长　　　　单位：Å

阳极靶材	光子能量(K_α)/keV	K_α	$K_{\alpha1}$	$K_{\alpha2}$	K_β
Ag	22.11	0.560868	0.5594075	0.563789	0.497069
Mo	17.44	0.710730	0.709300	0.713590	0.632288
Cu	8.04	1.541838	1.540562	1.544390	1.392218
Co	6.93	1.790260	1.788965	1.792850	1.62079
Fe	6.40	1.937355	1.936042	1.939980	1.75661
Cr	5.41	2.29100	2.28970	2.293606	2.08487

注：$1\text{Å}=10^{-1}\text{nm}$。

3.1.2　靶面焦点与取出角

密封式 X 射线管和旋转阳极 X 射线发生器是通过灯丝（阴极）发射出电子，并轰击在阳极上产生 X 射线的。密封式 X 射线管的结构见图 3.2。电子轰击在阳极上的区域称为靶面焦点，其尺寸和形状是 X 射线发生器的重要参数之一。靶面焦点通常位于灯丝延伸的方向上，沿着靶面焦点长度方向在一定取出角上得到的投影是点焦斑，也叫方焦斑；垂直于靶面焦点长度方向的投影叫线焦斑。线焦斑和点焦斑分布在圆柱体光管的四周并间隔 90°。密封式 X 射线管一般会有 2～4 个发射 X 射线的铍窗口。线焦斑一般用于配备点或线探测器的传统衍射仪，二维 X 射线衍射仪通常使用点焦斑。取出角可以设置在 3°～7°之间，通常都设为 6°。表 3.2 列出了一些典型的 X 射线光管的靶面焦点尺寸、线焦斑尺寸和点焦斑尺寸。

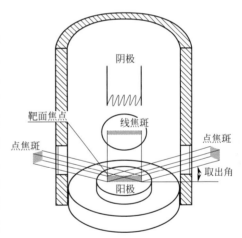

图 3.2　密封式 X 射线管的结构
包括灯丝（阴极）、阳极、阳极靶面焦点、
取出角、线焦斑投影和点焦斑投影

表 3.2　一些典型的 X 射线光管的靶面焦点尺寸、线焦斑尺寸和点焦斑尺寸

光管类型	靶面焦点尺寸	线焦斑尺寸	点焦斑尺寸
普通焦点	1mm×10mm	0.1mm×10mm	1mm×1mm
细焦点	0.4mm×8mm	0.04mm×8mm	0.4mm×0.8mm
细长焦点	0.4mm×12mm	0.04mm×12mm	0.4mm×1.2mm
微焦点	0.15mm×8mm	0.015mm×8mm	0.15mm×0.8mm

3.1.3　靶面焦点亮度与形状

X 射线的强度与 X 射线光学部件、靶面焦点亮度以及靶面焦点形状有关。X 射线光学部件将在下一部分讨论。密封式 X 射线管和旋转阳极 X 射线发生器的 X 射线发生效率很低，只有约 0.1% 的能量可以转化成 X 射线，其余都转变为热量。因此，需通循环冷却水带走热量以避免阳极靶熔化。受到冷却效率的限制，X 射线发生器只能使用有限的功率。X 射线的产生量与加载在阳极靶上的总功率成正比。靶面焦点亮度由单位面积上最大靶负载功率决定，也称作单位负载。表 3.3 给出了一些典型的密封式 X 射线管、旋转阳极发生器和微焦斑光源（Cu 靶）的最大靶负载功率或单位负载功率（相对亮度）。由表可知，微焦斑密封 X 射线管在所有密封式 X 射线管中具有最高的靶面焦点亮度。旋转阳极 X 射线发生器与密封式 X 射线管相比有非常高的亮度，因为它具有更高效的冷却方式。

表 3.3　密封式 X 射线管、旋转阳极发生器、Cu 靶微焦斑光源和 Ga 阳极液态金属射流光源的焦斑亮度

光源	焦斑面积/mm^2	最大靶负载功率/kW	单位负载/(kW/mm^2)
封闭管:普通焦点	1×10	2.0	0.2
封闭管:细焦点	0.4×8	1.5	0.5
封闭管:细长焦点	0.4×12	2.2	0.5
封闭管:微焦点	0.15×8	0.8	0.7
旋转阳极发生器	0.5×10	18.0	3.6
	0.3×3	5.4	6.0
	0.2×2	3.0	7.5
	0.1×1	1.2	12.0
微焦斑光源	0.01~0.05	<0.05	5~50
液态金属射流	0.005~0.040	<0.3	300~2500

焦斑上的光强分布并不均匀。焦斑的形状最终会变为光束形状，它有时对衍射结果非常重要。光束经过细焦点和细长焦点光管后通常呈马鞍形，中心较弱，边缘处最大。中心的强度可低至最大值的 50%。旋转阳极发生器的焦斑分布一般比较均匀，呈平顶高斯分布。从细焦点或细长焦点光管发出的光束的焦斑形状适用于大多数二维衍射应用。

由于技术创新[3~5]，新型的微聚焦光管，也称为微焦斑光源，已被引入 X 射线衍射领域。微焦斑光源焦斑尺寸非常小，在 10~50μm 之间。由于该 X 射线发生器的功率小于 50W，所以通常采用空气冷却。微焦斑光源的亮度可以比传统的细焦点光管高 1~2 个数量级。微焦斑光源使用的光学部件，无论是多层膜反射镜还是多毛细管，通常都安装在离焦斑非常近的地方，以便最大限度地获得捕获角。

实验室中最强大的 X 射线源是液态金属射流阳极靶[6,7]，其 X 射线发生器的亮度与阳极上加载的功率成正比。对于使用固体阳极的 X 射线发生器，负载功率受到阳极表面温度的限制，阳极表面温度必须远低于熔点，以免损伤。而液态金属射流阳极由于靶材已经处于液态便没有这种限制。使用不同的金属合金可以获得不同的 X 射线。由于富镓（Ga）合金和富铟（In）合金在室温或近室温下均为液态，因此常被用作液态金属阳极材料。富镓合金的 K$_\alpha$ 线的能量为 9.2keV，适用于类似铜（Cu）K$_\alpha$ 射线（8.0keV）的应用。富铟合金 K$_\alpha$ 线的能量为 24.2keV，接近银（Ag）的 K$_\alpha$ 线的能量（22.1keV）。表 3.3 中列出了富镓合金阳极液态金属靶的焦斑直径、最大靶负载功率和单位负载功率（相对亮度），以进行对比。由于亮度高、聚焦精确的特点，液态金属靶成为 X 射线成像和 X 射线衍射测量小单晶、微区和微量样品的最佳 X 射线源。

正确认真地操作 X 射线发生器对维持衍射仪的良好性能至关重要。所有的 X 射线管都有一个最大额定功率，限定了射线管的最高输入功率。供应商通常会提供密封管或旋转阳极靶的阴极电流与阳极电压表/图，以及光管的灯丝电流。为了延长 X 射线发生器的使用寿命，应采取下列措施：在给 X 射线发生器通电之前，应检查冷却系统的温度、压力和流量；当手动增加发生器功率时，应先增加电压，再增加电流；在降低发生器功率时，一定要先降低电流，再降低电压；只有在必要时才可使 X 射线发生器全功率运行，长时间不使用时可将其设置为待机模式。

3.1.4　吸收和荧光

当 X 射线通过气体、液体或固体介质时，只有一部分可以通过，其余会被吸收。X 射线穿过均匀介质后的强度为

$$I = I_0 \mathrm{e}^{-\mu t} \tag{3.2}$$

式中，I_0 是入射 X 射线强度；I 是透射光强度；μ 是线吸收系数；t 是介质的厚度。线吸收系数的值取决于物质的密度。质量吸收系数相当于由密度归一化的线吸收系数，表示为 (μ/ρ)，它对于已知元素是相同的。这里的 ρ 是吸收物质的密度。于是可把式（3.2）写为：

$$I = I_0 \mathrm{e}^{-(\mu/\rho)\rho t} \tag{3.3}$$

由于透射 X 射线的强度总是小于入射 X 射线的强度，所以 X 射线会被材料衰减。因此，线吸收系数和质量吸收系数也分别称为线性衰减系数和质量衰减系数。元素的质量吸收系数取决于 X 射线的波长。常用元素在 MoK_{α}、CuK_{α}、CoK_{α}、CrK_{α} X 射线的质量吸收系数 (μ/ρ) 见附录 A。多种元素组成的材料的质量吸收系数为

$$\frac{\mu}{\rho} = \sum_{i=1}^{n} w_i \left(\frac{\mu}{\rho}\right)_i \tag{3.4}$$

式中，n 是元素总数；w_i 是第 i 种元素的质量分数；$(\mu/\rho)_i$ 是第 i 种元素的质量吸收系数。

X 射线穿过材料会产生光电子、俄歇电子、康普顿反冲电子、波长相同的相干散射线和非相干散射线（也称为康普顿散射，其波长略大于入射 X 射线）。当 X 射线光子的能量足够高时，可以从一个电子层中激发出电子，这时会发生吸收。当外层电子落入电子层的空位时，会发出荧光辐射。元素的质量吸收系数通常随波长的减小而减小，但在特定波长处质量吸收系数会显著增加。吸收谱中的这种急剧变化的不连续点称为材料的临界吸收边。与 X 射线衍射最相关的吸收边是 K 吸收边，它的波长略小于 K_{β} 线。如果用于衍射的 X 射线的波长略小于样品的 K 吸收边，则会产生明显的荧光辐射，在衍射图谱上会呈现为高背底。常见元素 K 吸收边的波长数值见附录 A。

为了避免强的荧光，入射 K_{α} 线的波长应大于样品的 K 吸收边或远离 K 吸收边。例如，含有大量铁或钴元素的样品不应该使用 CuK_{α} 射线。当某元素的 K_{α} 线不能激发该元素的荧光时，可用来测量与 X 射线光管的阳极金属元素相同的样品，例如 CoK_{α} 可用于测量 Co 样品。一般来说，当阳极材料的原子序数比样品元素大 2、3 或 4 时，会产生强烈的荧光。当原子序数差进一步增大时，该效应会减小。AgK_{α} 和 MoK_{α} 的荧光问题不太大，但 MoK_{α} 可以激发 PbL_1 的荧光。CuK_{α} 应避免测量含 Co、Fe 和 Mn 的样品，CoK_{α} 应避免测量含 Mn、Cr 和 V 的样品，CrK_{α} 应避免测量含 Ti、Sc 和 Ca 的样品。

3.1.5　同步辐射

同步辐射是指带电粒子（如电子）在磁场中沿曲线运动时所发出的电磁辐射。同步辐射 X 射线源与实验室的 X 射线源相比有许多优点，如高强度、波长可调和高准直性。同步辐射实验室的研究人员率先将二维探测器应用于 X 射线衍射，一些新的概念和装置也起源于同步辐射。因此，本书中讨论的大多数理论、设备和应用都适用于同步辐射光源。需注意的是同步辐射 X 射线束的一些性质及其对二维 X 射线衍射的影响。

同步辐射光源具有从微波到硬 X 射线的极宽的光谱范围。实验室光源的波长受到金属靶的特征谱线的限制，与之不同的是，同步辐射光束可以通过晶体单色器或多层膜反射镜调节到所需的波长。宽谱白光辐射可用于采集劳厄衍射花样。通过在一个给定的范围内调整光束能量（波长），可以建立一个三维倒易空间面扫描图。

同步辐射光源具有高亮度和高强度，比普通的实验室 X 射线源高出许多数量级。因此，用于同步辐射的二维探测器应具有较高的计数率，这样可以更快地收集数据，特别是用于原位或时间分辨的研究。高亮度与高光子能量的结合意味着高穿透性，因此同步辐射光束是环境样品台或高压下（如金刚石对顶砧）测量材料衍射谱的最佳选择。同步辐射的光束尺寸在微米或亚微米级，且具有高光通量，是微区衍射和高空间分辨率衍射成像的理想选择。用于同步辐射的二维探测器也应具有较高的耐辐射性，以防止探测器损坏或故障。

高亮度的同步辐射 X 射线，可以准直成发散度极小的平行光束，从而有利于高分辨率粉末衍射、小角 X 射线散射、掠入射小角 X 射线散射（GISAXS）和超小角 X 射线散射（USAX）。

同步辐射的 X 射线束是高度偏振的。平面加速几何使射线在水平（轨道面）方向上呈线偏振，在与水平面成小角度时呈圆偏振。本书中给出的偏振校正是基于实验室光源的。当对同步辐射收集的数据进行偏振校正时，需格外小心。这可能需要专门的仪器配置，例如探测器垂直于水平面摆动的垂直 $\theta/2\theta$ 配置。

同步辐射 X 射线是以固定的水平方向传送。通过样品旋转、二维探测器尺寸和位置（距离和偏转角）可确定样品的入射角和衍射图谱的范围。垂直 θ/θ 配置和垂直透射配置不能用于同步辐射测量。

3.2　X 射线光学部件

3.2.1　刘维尔（Liouville）定理与基本原理

在 X 射线衍射中，X 射线光学部件的作用是将 X 射线光束调整成所需的光谱纯度、强度、发散度、束斑尺寸和形状。实验室光源的光谱纯度通常定义为在 K_α 线或 $K_{\alpha 1}$ 附近的特定能量区间的 X 射线占 X 射线总量的百分比，包括轫致辐射和所有特征谱线。K_α 线与 K_β 线的强度比有时也可以作为光谱纯度的衡量标准。X 射线强度应该在特定的波长带宽（$\Delta\lambda$）内定义。对于大多数实验室光源，给定的特征谱线意味着特定的频宽，因此没有必要指定 $\Delta\lambda$ 的值。描述 X 射线的强度有许多参数或定义，常用四个参数描述 X 射线在特定带宽（$\Delta\lambda$）内的强度。它们是光通量、单位光通量、亮度和单位亮度。

光通量定义为单位时间内 X 射线穿过某一平面的光子总数。光通量的典型单位是光子/s 或 pps。光通量有时也称为 X 射线的积分强度，或简化为强度。

单位光通量定义为单位时间内 X 射线穿过某一平面单位面积的光子总数。典型的单位是光子/（s·mm^2）或 pps/mm^2。通俗地说，单位光通量即为光通量密度。单位光通量参数适用于测量面探测器的局部计数率。

亮度定义为通过单位立体角的弧面的光子数。典型的单位是光子/（s·mrad^2）或 pps/mrad^2。由于亮度没有线性尺寸的限制，因此更适合用于测量点光源的 X 射线强度。亮度参数适用于比较两个具有相同焦斑大小的光源。

单位亮度定义为通过单位立体角的单位面积弧面的光子数。典型的单位是光子/（s·mm^2·mrad^2）或 pps/（mm^2·mrad^2）。两束 X 射线可能有相同的单位光通量，但如果两束射线的发散度不同，则会产生不同的单位亮度。单位亮度参数适用于比较两种不同焦斑大小的光源。在许多出版物中，亮度和单位亮度之间没有清晰的区分，但是应该分辨其确切的定义和单位，以免得出错误结论。

上述四个参数的单位都包含每秒光子数（pps），它可以用每秒计数（cps）来代替。虽然大多数出版物对这两种单位没有明确的区分，但必须指出，将测量计数校准为每光子一个计数时 cps 才等于 pps。

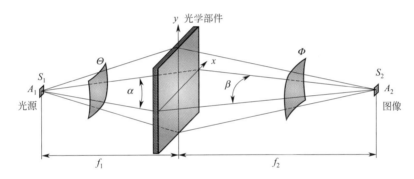

图 3.3　用刘维尔定理表示 X 射线源、光学部件和样品 X 射线图像之间关系的示意图

刘维尔定理是描述 X 射线源的本质、X 射线光学元件以及光源与光学元件耦合的核心定理。图 3.3 给出了用刘维尔定理表示的 X 射线源、光学部件和样品 X 射线图像之间的关系。该定理表明，在系统的运动轨迹中，相空间分布函数为常数。刘维尔定理可以用多种方法表示，对于 X 射线光学元件，通用的表述形式为[8]：

$$S_1\alpha = S_2\beta \tag{3.5}$$

式中，S_1 是 X 射线源的有效尺寸；α 是捕获角，由 X 射线光学部件的有效尺寸及 X 射线源与 X 射线光学部件之间的距离 f_1 决定；S_2 是图像焦点的大小；β 是通过 X 射线光学部件后的收敛角，也取决于 X 射线光学部件的有效尺寸及 X 射线光学部件与图像焦点之间的距离 f_2。β 角也称 X 射线交会角。上述参数和式（3.5）都描述的是沿 X 射线和水平方向 x 的平面上的情况。另一个沿 X 射线和垂直方向 y 的垂直平面上的情况可以表示为同一个方程的另一组相同或不同的参数。因为 X 射线光学元件受两个维度影响，捕获角和交会角可以用 x 和 y 方向上的两个平面角给出的立体角来表示：

$$\Theta = \alpha_x\alpha_y, \quad \Phi = \beta_x\beta_y \tag{3.6}$$

于是刘维尔定理可表示为

$$A_1\Theta = A_2\Phi \tag{3.7}$$

式中，A_1 是 X 射线源的有效焦点面积；Θ 是捕获立体角，取决于 X 射线光学部件的有效面积及 X 射线源与 X 射线光学部件之间的距离 f_1；A_2 是图像焦点的面积；Φ 是 X 射线通过 X 射线光学部件后的收敛立体角，也取决于 X 射线光学部件的有效面积及 X 射线光学部件与图像焦点之间的距离 f_2。

S_2 和 β 通常由实验条件确定，例如光束尺寸和发散度。因此，$S_1\alpha$ 的乘积也由实验条件决定。刘维尔定理的另一个表达方式为：相空间中的状态密度不能增加。密度的增加相当于系统熵的减少，这违反了热力学第二定律。应用在 X 射线光学部件中表示为包含 X 射线光子的空间体积不会在光束沿着系统轨迹运动的过程中减小。因此，X 射线源的亮度不能通过光学部件增加，反而可能会因为通过光学部件使 X 射线光子损失而降低亮度。事实上，没有具有 100% 的反射率或透射率的光学部件。因此，式(3.5) 中给出的刘维尔定理应表示为

$$S_1\alpha \leqslant S_2\beta \tag{3.8}$$

类似地

$$A_1\Theta \leqslant A_2\Phi \tag{3.9}$$

这意味着发散角与焦点面积的乘积可以等于或大于捕获角与光源面积的乘积。如果 X 射线源是面积为零的点，则聚焦光路的焦点或平行光路的横截面可以是任意尺寸。对于聚焦光路，光源尺寸必须远小于输出的光束尺寸，以实现光通量增益。在这种情况下，光通量增益源于捕获角的增加。对于平行光路，根据字面意思，发散角 β 需要无限小，因此必须使用尽可能小的 X 射线源来实现平行光束。聚焦光路光束的光通量优于平行光路。因为当 X 射线光束的发散度比样品晶粒尺寸小得多时不但不会提高分辨率，反而会牺牲衍射强度。在多数粉末衍射中，只要能够分辨相关的衍射峰，可以使用较大的交会角。一般可以通过改进峰形和计数统计来补偿由于交会角较大引起的峰形展宽。

3.2.2 传统衍射仪中的 X 射线光学部件

多数常规 X 射线衍射仪具有 B-B 聚焦几何[2,9]，如图 3.4 所示。在 B-B 几何中，样品表面的法线始终是入射光束和衍射光束夹角的平分线。换句话说，入射光束和衍射光束关于样品表面的法线对称。在 θ-θ 配置中可以通过相同速度改变 θ_1 和 θ_2 来实现该角度关系，或者在 θ-2θ 配置中以 ω 速度的两倍改变 2θ 来实现。图 3.4(a) 为 X 射线的路径在衍射仪平面上的投影。X 射线光管发出一道发散光束，首先穿过索拉狭缝 1 和发散狭缝，然后以入射角 θ 照到样品表面。入射 X 射线以各种近似 θ 角的方向照射到样品表面，照射区域的面积取决于入射角 θ 和光束的发散度。被照射区域的衍射线与入射线成 2θ 角，衍射线离开样品，通过防散射狭缝和索拉狭缝 2，聚焦在接收狭缝处。点探测器可以直接安装在接收狭缝之后或晶体单色器之后的位置。可以看出，X 射线照在样品上的入射角 θ 在变化，但只要 X 射线源线焦斑的轴和接收狭缝距仪器中心（测角仪主轴）的距离相同，衍射光束就会聚焦到接收狭缝上，该距离 R 称为测角仪圆半径。另一个虚线表示的圆，穿过光源、样品表面和接收狭缝，称为聚焦圆。聚焦圆的半径 r_f 随着 2θ 角变化，与测角仪圆半径 R 的关系可表示为：

$$r_f = \frac{R}{2\sin\theta} \tag{3.10}$$

为了使光源发出的发散光束完全聚焦到接收狭缝，样品表面应该是与聚焦圆匹配的曲面，但聚焦曲线随着 2θ 变化，这是不可能实现的。典型的平整样品将会引入误差，该误差也称为平板样品偏差，并随着 2θ、狭缝大小和测角仪圆半径变化，可以通过选择适当的发

散狭缝来控制该误差。较小的发散狭缝可以获得较高的 2θ 分辨率，而较大的发散狭缝可以快速收集数据。入射光束和衍射光束的空气散射会使衍射图谱中产生较高背底。防散射狭缝能防止大多数空气散射线到达接收狭缝。

　　图 3.4(b) 显示了衍射仪平面的截面图，可以用来更好地解释索拉狭缝的功能。索拉狭缝由等间距的钽或钼箔制成。入射光束一侧的索拉狭缝 1 控制入射光束在测角仪轴向上的发散度。由于金属箔之间的间距较窄，轴向上高发散度的线焦点光源会被阻挡。由索拉狭缝 1 切割的线光束也可以被认为是平行于衍射仪平面的点光束阵列。每个点光束都会使样品产生衍射锥，衍射锥从衍射仪平面伸出。接收狭缝在测角仪轴向上的尺寸通常与线光源的尺寸相同。如果测量范围在接收狭缝的范围内，则所有衍射锥重叠起来会产生模糊的衍射峰。除了衍射仪平面附近的部分衍射锥，其他衍射光束与衍射仪平面会形成一定角度。探测光路一侧的索拉狭缝 2 仅允许那些几乎平行于衍射仪平面的衍射光束通过，从而消除了模糊效应。

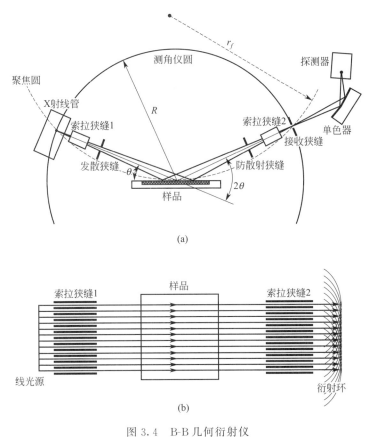

图 3.4　B-B 几何衍射仪

（a）衍射仪平面上的光学部件；（b）由索拉狭缝控制的轴向发散

　　X 射线光管发出的射线包含几个特征谱线以及白光辐射。如果入射光束一侧没有单色器，那么满足布拉格定律时，样品会使光谱的所有波长都发生衍射。为了收集单一波长的衍射图谱，如 K_α 线，要在探测器前安装晶体单色器。该单色器也称为衍射线单色器。接收狭缝、晶体单色器和探测器安装的位置可以使只有 K_α 线或 $K_{\alpha 1}$ 线满足布拉格定律，而其他波长的衍射线被单色器阻挡。衍射线单色器的另一个重要功能是阻挡来自样品的荧光辐射，因为荧光的波长不同于 K_α 线。

图 3.5 显示的是一个采用平行光束几何的点探测器衍射仪。单抛物线 Göbel 镜将光源发出的发散光束转换为平行光束。Göbel 镜是一种多层膜反射镜，也可用作单色器，因此入射的平行光束是单一波长的 X 射线束。入射的 X 射线以相同的入射角 θ 照在样品表面。照射区域的表面可以是不平坦的，也可以是不均匀的，但只有在 2θ 方向上由索拉狭缝限定的衍射线才能到达点检测器。值得注意的是，这里索拉狭缝的方向与 B-B 几何中的索拉狭缝不同。在 B-B 几何中，索拉狭缝中的箔片与衍射仪平面平行，而在平行光束几何中，箔片垂直于衍射仪平面并且与仪器中心到探测器的方向成一条直线。此处的索拉狭缝还覆盖了探测器的整个有效区域，使得只有与其同方向的 X 射线才能到达探测器。因此，平行光束几何的衍射仪对样品表面的粗糙程度不敏感，尤其适用于测试封闭在原位样品台中的粗糙、不确定或表面可变的样品。平行光束几何中的测角仪圆没有具体的定义，仅供参考。平行几何中实际上没有聚焦圆，光源和探测器与样品的距离不必相同。Göbel 镜只能在平行于衍射仪平面的平面内准直光束。为了消除轴向发散，可以用与 B-B 几何中相同的方式利用一侧或两侧的索拉狭缝。入射光束中的索拉狭缝可以安装在 Göbel 镜后面，如虚线框所示。对于平行几何，不必保持特定的测角仪圆半径。

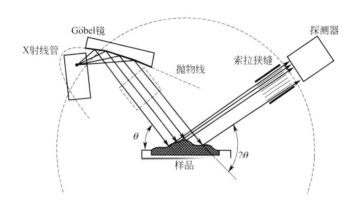

图 3.5　常规衍射仪的平行光束几何

3.2.3　二维衍射仪中的 X 射线光学部件

在二维 X 射线衍射系统中，会同时测量全部或大部分衍射环。因此，对 X 射线光学部件的要求在许多方面不同于传统的衍射仪。在该系统中，要同时测量两个维度范围的 X 射线衍射，因此具有探测器索拉狭缝的 B-B 几何和平行几何都不能使用。照在样品表面上的光束不能聚焦回到探测器，因此大多时候使用准直的点光束。这样，依据点光束光谱纯度、发散度和光束横截面形状，对 X 射线光学部件提出了不同的要求。图 3.6 显示了具有 θ-θ 配置的二维衍射系统中的 X 射线光学部件。X 射线管、单色器和准直器安装在两个主轴之一上。在传统的衍射系统中，单色器可以在光源侧或探测器侧或两侧都使用，而在二维衍射系统中只能在光源侧使用单色器。入射光束围绕仪器中心旋转，其与样品表面的夹角为入射角 θ_1。第一个主轴也称为 θ_1 轴。衍射光束在所有方向上传播，有一些被二维探测器捕获。探测器安装在另一个主轴 θ_2 上。探测器的位置由样品与探测器距离 D 和探测器摆角 α（$=\theta_1+\theta_2$）确定。在大多数二维衍射仪中，可以手动或自动更改光源到样品或样品到探测器的距离，因此不需特定的测角仪圆半径。

从 X 射线管的焦斑到样品之间的所有部件和空间统称为初级光路。除了准直器口到样品之间，二维衍射系统中的初级光路通常被光学部件包裹。开放的入射光束会产生空气散射，产生两种不利影响：首先光束强度会衰减，更坏的影响是散射线会在各个方向上传播并且部分能到达探测器，如图 3.6 中虚线箭头所示。空气散射会在衍射图谱上引入背景，因此弱的衍射峰会淹没在背景下。入射光束的空气散射明显强于来自衍射线的空气散射。入射光束产生空气散射的强度与入射光束的准直器开口尺寸成正比。空气散射的影响还取决于 X 射线的波长。

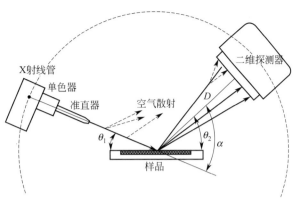

图 3.6　二维衍射仪中的 X 射线光学部件

波长越长，空气散射越严重。次级光路是样品和二维探测器之间的空间。衍射线也会发生空气散射，使得衍射花样衰减和模糊。在传统的衍射仪中，可以使用防散射狭缝、衍射光路单色器或探测器索拉狭缝来去除大部分未沿衍射光束方向传播的空气散射。但这些方法不能用于二维衍射系统，因为该系统需要样品和二维探测器之间是开放无障碍的。因此，开放的入射光束应尽可能小。为了减少入射光束的空气衰减和空气散射，有时可以在衍射仪中通氦气或抽真空。来自衍射线的空气散射相对较弱，影响的大小取决于样品到探测器的距离。使用 CuK_α 线时，如果样品与探测器之间的距离为 30cm 或更小时，通常不必特意去除空气散射。但是，如果使用波长更长的射线，例如 CoK_α 或 CrK_α 线，或样品到探测器的距离大于 30cm 时，则需要通氦气或抽真空来减少空气散射。

　　荧光是二维衍射背底的另一个来源，特别是当入射光束的 X 射线能量略高于样品元素的吸收边时，如使用 CuK_α 线测试铁或铁合金时荧光会产生较强背底。在传统的衍射仪中，可以通过衍射光路单色器或能量分辨去除荧光。然而，大多数二维探测器的能量分辨率有限，并且不能在二维探测器前面设置单色器。因此避免荧光的最佳方法是用能量低于样品材料吸收边的阳极 K_α 线。例如，用 CrK_α 线测试铁合金。

　　由于二维衍射系统中的次级光路是开放空间，因此几乎所有的 X 射线光学部件都位于初级光路一侧。X 射线光学部件的功能是将入射 X 射线束调节成所需的波长、束斑尺寸、形状和发散度。通常用于二维衍射系统的光学部件有单色器、针孔准直器、交叉耦合多层膜反射镜、多毛细管和单毛细管。图 3.7 显示了二维衍射系统（Bruker AXS-GADDS^{TM}）中使用的 X 射线光学部件的示意图，包括 X 射线光管、光管座、单色器、曲径、准直器、准直器架和光束挡板。图中还标示了仪器中心，即测角仪的旋转中心以及样品的位置。光管座可以通过旋转和平移，使光管可以进行位置和取出角对准。单色器用来消除白光辐射和 K_β 线，仅允许 K_α 线穿过准直器并到达仪器中心。曲径灵活地连接了单色器和准直器，可以在不影响准直器的情况下调节 X 射线管和单色器。曲径将 X 射线限制在光路内，以防止射线从光学器件之间的间隙泄漏。准直器架维持了准直器的方向，因此可以更换各种尺寸的准直器而不会失去准直。准直器尺寸的选择需根据样品和应用情况，大孔径的准直器可以提供大的光束尺寸，即更高的光通量，这有利于快速采集数据和保持采样统计性。较小孔径的准直器可以检测小样品（微区衍射）或大样品上的小区域（选区衍射或衍射成像）。光束挡板用于透射模式，以防止入射光束直射探测器。以上配置便于利用二维衍射仪测量形状不规则样品（包括弯曲的表面）上确切位置的物相、织构和残余应力。

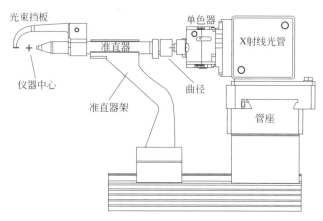

图 3.7　GADDS（Bruker AXS）中的典型 X 射线光学部件
包括 X 射线光管、单色器、准直器和光束挡板

　　原则上，二维衍射仪中 X 射线的横截面形状应该小而圆，这样在数据分析时可把束斑当作一个点。实际上，光束横截面可以是圆形、方形或有限尺寸的其他形状。如果光束形状不是圆形或方形，那么在两个极端处测量的光束尺寸应足够接近，则光束可以近似看作一个点，而不会引入明显的误差或拖尾效应。X 射线束通常通过光学部件在两个垂直方向上进行准直或调节，因此用于点光束的 X 射线光学部件通常称为二维 X 射线光学部件。在传统的衍射系统中，不用考虑垂直于衍射仪平面方向的衍射线的变化，所以通常使用线聚焦光束。但若在二维衍射仪中使用线聚焦光束，则峰宽会因为拖尾效应而显著增加，特别是在远离衍射仪平面的 γ 角（$\gamma = 90°$ 和 $\gamma = 270°$）时。图 3.8(a) 为用线光束收集的刚玉的衍射帧，衍射环在远离衍射仪平面的部分变宽。作为对比，图 3.8(b) 是用点光束收集的衍射图样，则无拖尾效应，衍射环的所有部分都可用于数据分析。因此，在二维衍射系统中，应使用点聚焦的 X 射线管或旋转阳极 X 射线发生器，X 射线光学部件和准直器应该在垂直于光束方向的两个维度上进行 X 线束的调节。

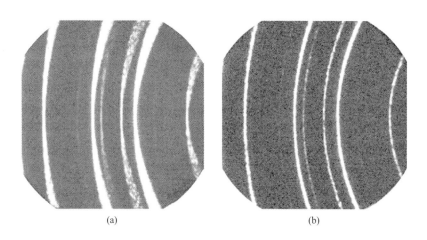

(a)　　　　　　　　　　　　　(b)

图 3.8　刚玉粉末的衍射帧（见彩图）
(a) 线光束的衍射环（拖尾效应）；(b) 点光束的衍射环

3.2.4　β 滤波片

从密封光管和旋转阳极发生器中产生的 X 射线由白光辐射和特征谱线组成，特征谱线通常是较强的 K_α 线和相对弱的 K_β 线。通常 X 衍射仅需要一个特征谱线 K_α。K_β 线在衍射图谱中会产生额外的衍射峰（环）。通过添加吸收边在 K_α 和 K_β 波长之间的材料，可以提高 K_α 线相对 K_β 线的强度。这种插在光路中具有已知吸收边的材料称为 β 滤波片。图 3.9 显示了 β 滤波片的效果，虚线是 β 滤波片的质量吸收系数。图 3.9(a) 是 K_α 和 K_β 线附近的原始光谱。尽管 K_α 线明显强于 K_β 线，但 K_β 线的绝对强度仍然很大。例如，来自 Cu 靶的 K_α 线与 K_β 线的强度比约为 7.5。K_β 线产生的衍射峰强度在图谱中足够强，会产生混淆。图 3.9(b) 是通过 β 滤波片后相同波长范围内的光谱。虽然 K_α 线的强度通过 β 滤波片后有较大衰减，但 K_β 线的衰减程度更大。通常，能够衰减 50% K_α 强度的滤波片，可将 K_α 与 K_β 的强度比从 7.5 增大到 500。表 3.4 给出了一些常见靶材的 β 滤波片的参数。$I_0(K_\alpha)/I_0(K_\beta)$ 是 K_α 与 K_β 线的初始强度比，$(\mu/\rho)_\alpha$ 和 $(\mu/\rho)_\beta$ 分别为 β 滤波片对 K_α 和 K_β 线的质量吸收系数，经穿过厚度为 t 的 β 滤波片 K_α 与 K_β 线的强度比为

$$\frac{I_t(K_\alpha)}{I_t(K_\beta)} = \frac{I_0(K_\alpha)}{I_0(K_\beta)} \exp\left\{ \left[\left(\frac{\mu}{\rho}\right)_\beta - \left(\frac{\mu}{\rho}\right)_\alpha \right] \rho t \right\} \tag{3.11}$$

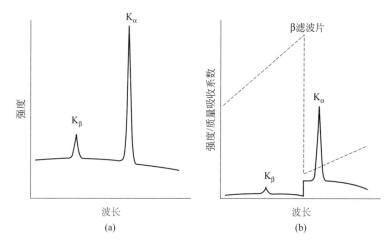

图 3.9　β 滤波片的效果

(a) K_α 和 K_β 线附近的光谱；(b) 通过 β 滤波片后的光谱

虚线是 β 滤波片的质量吸收系数

表 3.4　常见靶材元素 β 滤波片的参数

靶材	$\dfrac{I_0(K_\alpha)}{I_0(K_\beta)}$	β 滤波片材料	$(\mu/\rho)_\alpha$ /(cm^2/g)	$(\mu/\rho)_\beta$ /(cm^2/g)	ρ/(g/cm^3)	t/μm	$\dfrac{I_t(K_\alpha)}{I_t(K_\beta)}$	$\dfrac{I_t(K_\alpha)}{I_0(K_\alpha)}$
Ag		Pd	12.30	57.50	12.00	75	339	0.33
		Rh	11.50	5.20	12.42	75	340	0.34
Mo	5.4	Nb	16.96	81.32	8.58	75	340	0.34
		Zr	16.10	75.20	6.51	100	253	0.35
Cu	7.5	Ni	48.83	282.8	8.91	20	485	0.42
Co	9.4	Fe	56.25	345.5	7.87	15	286	0.51
Fe	9.0	Mn	57.20	395.0	7.47	15	396	0.53
Cr	8.5	V	75.06	501.0	6.09	15	416	0.50

由于质量吸收系数的差异，K_α 与 K_β 的强度比会显著增强，增强效果与厚度成指数关系。因此，稍微增加 β 滤波片厚度就可以显著增加该强度比。然而，K_α 的强度随着 β 滤波片厚度的增加也会不断降低。透射的 K_α 线与原始 K_α 线的比值为

$$\frac{I_t(K_\alpha)}{I_0(K_\alpha)} = \exp\left[-\left(\frac{\mu}{\rho}\right)_\alpha\right]\rho t \tag{3.12}$$

β 滤波片厚度设置原则是可以基本全部吸收 K_β 线但 K_α 线强度损失不能太大，同时还应考虑金属箔片的商业来源。表 3.4 给出了常见靶材理想的 β 滤波片、K_α 和 K_β 线的质量吸收系数、密度，以及使 K_α 与 K_β 强度比在 200 到 500 之间、且保留至少 30% K_α 线强度的推荐厚度。β 滤波片的厚度效果可以通过式(3.11) 和式(3.12) 计算。并非所有推荐的 β 滤波片材料都可以制成金属箔，也可将化合物粉末（通常为氧化物）与蜡或胶混合制备 β 滤波片。锰 β 滤波片可以通过在铝箔上电解沉积锰来制备。非金属箔 β 滤波片的厚度应根据实际密度进行调整。滤波片在降低 K_β 线强度的同时，入射线也会被散射，并产生荧光辐射。为避免该散射线和荧光到达二维探测器，β 滤波片应安装在初级光路的准直器前。

在二维探测器前安装 β 滤波片可以降低 K_β 线，但也会产生一些不利影响。应用时，需要一大块均匀的 β 滤波片，其散射和荧光会引起高背景。由于 K_β 线光子能量总是高于 β 滤波片的 K 吸收边，因此 β 滤波片材料会产生荧光。但因为初级光束主要是 K_α 线，二维探测器侧的 β 滤波片可以去除样品的荧光，这是由于其对长波长荧光的吸收总是高于对 K_α 线的吸收。例如，CuK_α 的波长为 1.54Å，该波长下 Ni 的质量吸收系数为 $48.8cm^2/g$，当 CuK_α 线照射 Fe 样品时会产生显著的荧光。Ni 对 FeK_α 荧光线的质量吸收系数为 $93.1cm^2/g$，约为其两倍。厚度为 $17\mu m$ 的 Ni 箔可以将衍射强度衰减一半，但吸收了四分之三的 FeK_α 荧光辐射。使用铝箔也可以获得类似的效果，因为其对于 K_α 线的吸收系数总是小于样品的荧光。例如，$55\mu m$ 厚的 Al 箔可以实现与 $17\mu m$ Ni 箔几乎相同的效果。总体来说，不管出于任何目的，在二维探测器前面添加一个过滤片只能作为最后的手段。因为滤波片会降低探测器的灵敏度，并且来自金属箔的散射和衍射会增加收集的衍射图谱的背底。在某些情况下，单晶的强衍射光会在该强衍射点周围产生较弱的衍射环。

3.2.5　晶体单色器

在二维 X 射线衍射系统中，入射光束晶体单色器是获得理想的光谱纯度 X 射线的最佳方法之一。对于大多数 X 射线衍射的应用只需要一个特征谱线，通常 K_α 或 $K_{\alpha 1}$，白光辐射和不需要的特征谱线都应消除。晶体单色器只允许选定的特征谱线通过，如图 3.10 所示，单晶的晶面间距为 d，X 射线波长被晶体衍射且遵循布拉格定律，即 $\lambda = 2d\sin\theta_M$。可以通过设置单色器晶体满足一定的衍射条件，使其只允许特定波长的谱线 （如 K_α）满足布拉格定律，而其他波长的 X 射线被单色器过滤除去。另外，X 射线也必须由正确方向入射方能满足衍射条件。对于"完美"晶体，单色器反射的光束也是平行 X 射线。波长为 λ/n 的轫致辐射，如 $\lambda/2$、$\lambda/3$（即基本光子能量的 2 或 3 倍），也可能在同一 2θ 角被单色器衍射。这些波长为 K_α 的一半或三分之一的 X 射线，可能会在衍射图谱中引入额外的峰。因此，X 射线的发生电压不应设置得太高，以免产生强烈的轫致辐射。使用可调制能量分辨率的探测器也可避免谐波谱。

单色器可以通过一个阻光刀来控制晶体上的入射和衍射光束。它阻挡了直射光通过单色器，减少了晶体上入射光束和衍射光束的发散度，从而阻挡了不在特征谱线附近的白光辐

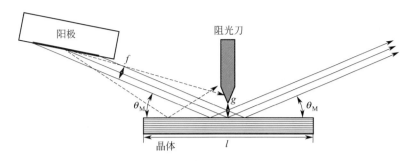

图 3.10　晶体单色器的示意图

通过单晶片的衍射来获得单色的 X 射线

射。从虚线可以看出，波长较短的白光辐射不能到达晶体的远端故无法满足布拉格条件，而波长较长的白光辐射的衍射光束则会被刀口阻挡。实践中阻光刀也在调整单色器时非常有用，这使单色器更易于区分 K_α 和 K_β 线。刀口和晶体之间的间距 g 需仔细调整，使其既可以阻挡不需要的 X 射线，也不会降低所需的 X 射线强度。间隙最大值是由晶体的布拉格角和尺寸决定的。通过阻光刀控制间隙，使所有满足布拉格条件的 X 射线都被限制在晶体内，且没有 X 射线直接通过单色器。最大间隙由下式给出

$$g_{max}=\frac{1}{2}l\tan\theta_M \tag{3.13}$$

式中，l 是晶体尺寸。最小间隙应该允许所有靶面焦点发出的平行特征 X 射线通过单色器，可由下式给出

$$g_{min}=\frac{f}{2\cos\theta_M} \tag{3.14}$$

式中，f 为点焦斑的尺寸。最常见的晶体单色器是石墨单色器，其衍射光强是常见晶体中最强的。表 3.5 列出了各种阳极材料对应的石墨晶体（002）面的布拉格角。石墨晶体不能分辨 $K_{\alpha1}$ 和 $K_{\alpha2}$ 线，所以仅给出 K_α 线的波长。$2\theta_M$ 值也需要进行偏振校正。表 3.5 还列出了最大和最小刀口间隙值（适用于 10mm 长石墨晶体和 0.4mm 点焦点）。单色器一般需具有通用性，如 0.3~0.4mm 的刀口间隙可以满足从 Ag 到 Cr 的所有阳极靶。

表 3.5　针对不同靶材石墨晶体（002）面的布拉格角及刀口间隙

靶材	波长/Å	$2\theta_M$	最大间隙/mm	最小间隙/mm
Ag	0.560868	9.58	0.419	0.201
Mo	0.710730	12.14	0.532	0.201
Cu	1.541838	26.53	1.177	0.205
Co	1.790260	30.90	1.382	0.207
Fe	1.937355	33.51	1.505	0.209
Cr	2.29100	39.87	1.815	0.213

注：适用 10mm 长石墨晶体和 0.4mm 点焦点。

实际通过单色器的反射光并不是严格的单色光，而是具有一定的带宽，这取决于晶体的镶嵌度。晶体的镶嵌度通过摇摆曲线的半高宽来测量。石墨晶体的半高宽一般在 0.4°左右。单色器中晶体类型的选择需要根据强度和分辨率方面的要求决定。硅、锗、石英等晶体具有较窄的半高宽，同时具有高分辨率和低强度，而石墨和 LiF 晶体镶嵌扩展较大，因此具有高强度和低分辨率。利用多晶或切槽晶体对 X 射线进行多次反射，可以进一步提高 X 射线的

光谱纯度和平行度，这通常被用在高分辨 X 射线衍射仪上[10~12]。单色器晶体的形状可以是平面、弯面或切割成曲面。平面晶体用于平行光束，弯晶用于聚焦几何。重要的是单色器要与光源、样品和仪器几何相匹配。目前，石墨单色器可以满足二维衍射的大多数应用[13,14]。在不久的将来，随着面探测器分辨率的提高，使用高分辨率单色器调谐出 $K_{\alpha 1}$ 线将成为必然。

3.2.6 多层膜反射镜

材料加工技术的进步使得生产另一种 X 射线光学器件成为可能，这种器件称为多层膜反射镜[15]。多层膜反射镜由交替的重材料层（如钨或镍）和轻材料层（如碳或碳化物）组成，前者作为反射层，后者作为间隔层。多层膜反射镜的工作原理与天然晶体的布拉格衍射原理相同，所以多层膜反射镜本质上是人造晶体单色器。每一对反射层和间隔层称为双层。双层结构的作用类似于自然晶体中的原子平面，每个双层结构的厚度相当于晶面间距。与天然晶体相比，多层膜反射镜具有更大的晶面间距，因此入射角和衍射角通常只有几度。另外，还可以通过改变层数、层间距和层厚分布来达到不同的性能水平。

多层膜反射镜的性能可以简单地用其摇摆曲线来描述。摇摆曲线的强度表示反射镜的反射率，半高宽表示反射镜的带通，可以用波长范围或入射角表示。多层膜反射镜与硅单晶光学部件相比具有更宽的摇摆曲线，其半高宽通常比硅单晶宽一个数量级。因此，多层膜反射镜可以去除轫致辐射和大多数 K_{β} 线，但不能去除 $K_{\alpha 2}$ 线。多层膜反射镜的反射率也高于多数晶体单色器。高的峰值反射率总是有益的，不同的 X 射线源和应用要选择不同带通。例如，当 X 射线管具有小的靶面焦点，并且应用于小晶体和微区衍射时，应该首选半高宽较窄的多层膜反射镜，但反射率要尽可能高。然而，对于靶面焦点较大的 X 射线源和需要高亮度 X 射线的应用，宽带通和高反射率的结合应该是更好的选择。

多层膜反射镜还可以制成不同的形状，以优化其在系统中的性能。实现不同镜面形状的方法之一是在预制基底上沉积多层薄膜。镜子的反射面可以是平面、球面、抛物面或椭圆面。平面多层膜反射镜可用作单色器，但不能对 X 射线进行准直或聚焦。具有球面反射面的多层膜反射镜相对容易制作，但像散和球面像差会降低其性能。常用的镜面形状是抛物面和椭圆面，如图 3.11 所示。为了说明其几何关系，y 轴被大幅放大。图 3.11(a) 展示了抛物面镜的几何。X 射线源位于抛物线的焦点处，抛物面多层膜反射镜从光源反射 X 射线，形成平行的 X 射线束。由于入射光从光源照射到镜面的入射角随镜面的长度而变化，多层膜的晶面间距和相应的布拉格角 θ 也因此不同。α 角是捕获角，由镜子的长度 L 和镜子中心到光源之间的距离 f_1 决定。捕获角决定了反射镜收集的总光通量，因此也称为收集角。总光通量或捕获角的提高可以通过增加镜子长度或将镜子靠近光源来实现。

图 3.11(b) 显示了椭圆镜的几何。镜子的形状是一个椭圆，主轴在 x 方向，次轴在 y 方向。主轴和次轴的长度分别为 $2a$ 和 $2b$。实际的椭圆在 x 方向上被拉长了很多，b/a 比值通常是几十到几百。X 射线源处于椭圆的一个焦点上，成像在另一个焦点上，称为像焦点。由于光源到镜面的入射角随镜面的长度而变化，因此多层膜的间距也随之变化。α 角是捕获角，由镜子的长度 L 和镜子中心到光源之间的距离 f_1 决定。就像抛物面镜一样，捕获角决定了镜子所收集的总光通量。β 角是 X 射线经过镜子反射后的收敛角，也由镜子长度和镜子中心与图像焦点之间的距离 f_2 决定。无论是抛物面还是椭圆面的多层膜镜，通常都是为特定波长设计，这是由于沿反射镜的间距分布是专门为某一特定波长设计的。

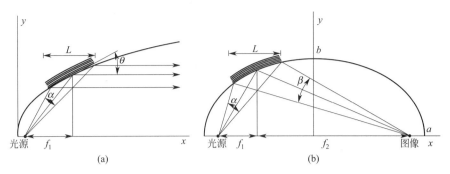

图 3.11　抛物面镜的几何（a）和椭圆镜的几何（b）

在抛物面镜和椭圆镜几何中，X 射线源都假设为一个点。X 射线源的实际焦点尺寸是具有扩展维度的。所谓的点焦斑也不是一个真正的点，而是阳极上拉长的靶面焦点的投影。例如，标准的细焦点密封管在阳极靶上的焦点为 0.4mm×8mm，投影的点焦斑是 0.4mm×0.8mm，6°取出角的线焦斑是 0.04mm×8mm。旋转阳极发生器和微焦斑 X 射线管可能具有更小的光源尺寸。根据多层膜反射镜的类型，只有有限尺寸的点光源才能满足反射镜的布拉格条件，这是反射镜的有效光源大小。为了获得最佳性能，实际的光源大小应该与有效光源大小匹配。反射镜的有效光源尺寸取决于多种因素，包括镜材类型、多层膜的捕获角和面间距[16~18]。举个例子，W/C 多层膜的布拉格峰宽约为 1mrad，Ni/C 多层膜约为 0.5mrad。布拉格峰宽定义了一个覆盖了反射镜有效反射的 X 射线的立体角。光源到镜子的距离为 120mm，W/C 镜的有效光源尺寸为 120μm，Ni/C 镜只有 60μm。减小多层膜的间距也可以减小有效光源尺寸。增加捕获角以增加光通量的方法之一是增加 b 轴，但是由于间距也会相应减小，因此除非同时使用更小、更亮的光源，否则光源有效尺寸的减小可能会降低其作用。

在刘维尔定理的另一个表达式中，焦点处的 X 射线束大小（像尺寸）取决于放大倍数，即：

$$M = \frac{f_2}{f_1} = \frac{\alpha}{\beta} = \frac{S_2}{S_1} \tag{3.15}$$

式中，M 为放大倍数；S_1 为光源有效尺寸；S_2 为像尺寸。上述 W/C 多层膜的例子中，$S_1 = 120\mu m$，$f_1 = 120mm$，$f_2 = 380mm$，放大倍数 $M = 3.2$，然后我们可以得到像尺寸 $S_2 = 384\mu m$ 和收敛角 $\beta = 3.8mrad$。在上述关系中，像尺寸和收敛角是 X 射线衍射应用中最重要的两个参数。较强的小的像尺寸适用于微区衍射。低的发散度有利于分辨率，而高的发散度则有利于采样统计性。

图 3.12 为 X 射线衍射中多层膜反射镜的三种排列方式。多层膜反射镜既可以作为单个反射镜使用，也可以组合成一组反射镜使用。一个单向弯曲的单面镜通常用于调节线焦斑光束。图 3.12(a) 显示了一个单镜。一个分级的多层膜 X 射线镜称为 Göbel 镜[19]。Göbel 镜是抛物面镜，发散光束在不同的位置和角度照射镜子，产生高强度和高度平行的光束。与传统的晶体单色器相比，反射镜的制造使得层与层之间的间距可调。适当的间距梯度取决于多个因素，包括波长、反射镜相对于光源的位置以及针对镜子应用的设计。通过布拉格衍射，射线被单色化为 K_α，K_β 线和韧致辐射被抑制。单 Göbel 镜仅在平行于衍射仪平面方向上使 X 射线平行，被反射镜作用的 X 射线在衍射仪平面上投影方向为平行光，垂直方向或轴向

的发散度仍然存在。对于传统的线焦点 X 射线衍射仪，轴向发散度可由索拉狭缝控制，其方法与 B-B 几何的方法相同。为了进一步提高 X 射线光束的平行度和光谱纯度，可将切槽单色器与 Göbel 镜耦合。经单面 Göbel 镜反射的线焦点 X 射线束不适用于二维衍射，因此需要在镜后添加针孔准直器来获得点光束。当需要在传统的一维衍射仪和二维衍射仪之间切换时，这种方法尤其方便。

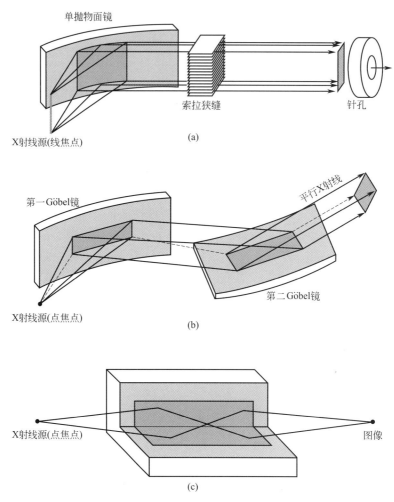

图 3.12　产生平行光束的单抛物面镜（a），产生平行点光束的交叉耦合
Göbel 镜（b）和产生聚焦光束的并列反射镜（c）

　　Kirkpatrick 和 Baez[20] 提出了双镜组合的方案，X 射线首先被第一面镜子反射，然后反射到垂直放置的第二面镜子。因此，这种方案称为 Kirkpatrick-Baez（K-B）组合。另外，这两个反射镜组件也称为交叉耦合镜。图 3.12(b) 展示了一组用于点焦点 X 射线源的交叉耦合 Göbel 镜，第二个 Göbel 镜与第一个成 $90°$，并对准垂直于第一个反射镜方向的光束。该结构可获得高度平行的光束。对小光束尺寸来说，这种光束比通过石墨单色器的光束要强得多。在需要小束斑尺寸的微区衍射等应用中，一组交叉耦合的 Göbel 镜可以提供比传统光学元件高一个数量级以上的强度。通过 Göbel 镜入射到样品上光束的低发散性也减小了晶体的衍射峰宽，提高了二维衍射系统的分辨率。对于所有需要高度准直光束的应用，Göbel 镜提供了相当大的强度增益。图 3.13 为一组不同针孔准直器的交叉耦合 Göbel 镜与石墨单色

器的相对光强对比[14]。计算机模拟和实验结果均表明，与单色器相比，光束尺寸越小，交叉耦合 Göbel 镜的光强增益越大。在针孔准直器为 0.3～0.4mm 时，Göbel 镜与石墨单色器的强度近似相等。换句话说，对于测试织构或鉴定物相的大块粉末样品，通常使用大于0.4mm 的针孔准直器，此时使用 Göbel 镜没有任何优势。事实上，在这种情况下，光束的低发散度会导致颗粒采样统计性较差。因此，交叉耦合 Göbel 镜更倾向于进行微区衍射和小角 X 射线散射。

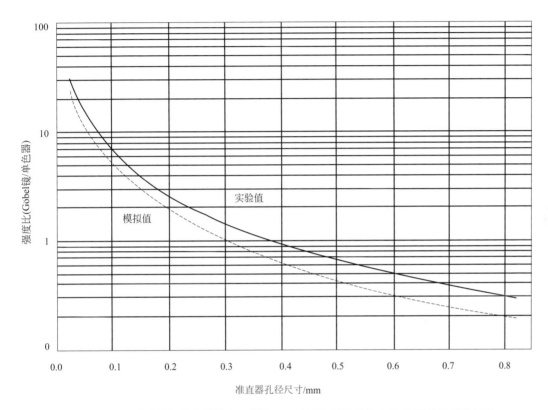

图 3.13　通过不同孔径准直器的交叉耦合 Göbel 镜和单色器发出的 X 射线强度的比较

图 3.12(c) 展示了并排排列在距光源相同距离处，并成 90°角的两个多层膜镜组合。这种结构最初是由 Montel 提出的，用于带有两个球形全反射镜的 X 射线显微镜[21]。因此，这种排列也称为 Montel 组合。在这种结构中，来自点光源的 X 射线首先被两个镜子中的一个反射，然后再被另一个反射。由于反射镜的对称设计，两个反射镜都具有第一反射镜和第二反射镜的功能。X 射线的轨迹可以用如图所示的两条线来表示。用于并排配置的反射镜形状可以是抛物面的，也可以是椭圆的，但通常使用两个焦距相同的椭圆镜。这两个反射镜的椭圆曲线的设计可使所有双反射的 X 射线都在图像焦点处汇聚。式(3.15) 也适用于并排的椭圆镜，可以近似地将 f_1 定义为镜子中心与光源的距离，f_2 定义为镜子中心与图像焦点的距离。进入反射镜的总光通量由捕获角 α 决定，捕获角 α 由反射镜长度 L 和聚焦距离 f_1 决定。角 β 为经过镜子反射后的 X 射线的收敛角，也由镜子长度 L 和镜子中心与图像焦点之间的距离 f_2 决定。由于所有 X 射线都由并排的两面镜子反射两次，所以只有一半的镜子长度用于初级反射，另一半用于二级反射。因此，一组并排镜子的捕获角 α 约为相同长度的单镜长度 L 的一半，收敛角 β 也是如此。

3.2.7 针孔准直器

通常用针孔准直器来控制光束的尺寸和发散度。在二维衍射系统中，针孔准直器通常与其他光学部件（如晶体单色器或多层膜反射镜）组合使用。图 3.14 显示了由两个直径（d）相同且间隔 h 的小孔光阑组成的针孔准直器的 X 射线光路。F 是 X 射线管的光源尺寸或来自其他光学部件的光束聚焦图像，如单色器或反射镜组。光源与第二针孔的距离为 H，第二针孔与样品表面的距离为 g。从准直器中发出的 X 射线由平行、发散和收敛 X 射线三部分组成。平行部分的光束尺寸从焦点到样品都是 d。防散射针孔用于阻挡来自第二针孔的 X 射线散射。选择防散射针孔的大小，使其不受来自焦点的直射光线的影响。最大发散角 β 为

$$\beta = \frac{2d}{h} \tag{3.16}$$

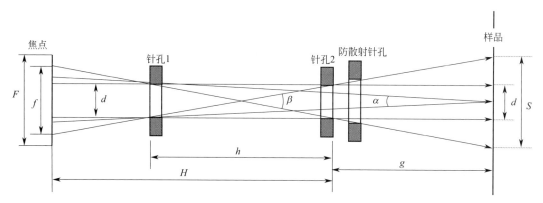

图 3.14 针孔准直器中 X 射线路径示意图
包括平行、发散和收敛的 X 射线及其在样品上的束斑

对于相同的针孔尺寸，光束发散度与两个小孔之间的距离成反比。其最大收敛角为

$$\alpha = \frac{d}{h+g} \tag{3.17}$$

这是离开聚焦光学部件或光源的 X 射线可以聚焦在样品表面上的最大角度。它是由第一针孔大小及其到样品的距离决定的。从式中可以看出，发散角 β 总是比 α 大，所以 β 决定了准直器中 X 射线束的最大交叉角。对于朝向 X 射线源的平面样品上的最大束斑 S 可由下式给出：

$$S = d\left(1 + \frac{2g}{h}\right) \tag{3.18}$$

由式（3.18）可知，第二针孔与样品之间的距离越短，或者两个针孔之间的距离越长，样品上的束斑尺寸越小。有效光源尺寸 f 由针孔距离 h 和光源到针孔的距离决定。即：

$$f = d\left(\frac{2H}{h} - 1\right) \tag{3.19}$$

如果实际的 X 射线源尺寸 F 大于有效光源尺寸 f，那么 F 与 f 之间的差值表示浪费的 X 射线能量。这就是使用小光束尺寸时推荐微聚焦光管的原因。实际的光束发散度也受单色器和准直器前的反射镜影响。例如，当使用交叉耦合 Göbel 镜时，X 射线束几乎是平行光

束，光束的发散度小于由式（3.16）计算的值。当实际光源尺寸 f' 小于 f 时，可以通过下列方程计算最大发散角（β'）、收敛角（α'）和样品上的束斑尺寸（S'）：

$$\beta' = \frac{d + f'}{H} \tag{3.20}$$

$$\alpha' = \frac{f'}{H + g} \tag{3.21}$$

$$S' = \beta'(H + g) - f' \tag{3.22}$$

以图 3.7 所示的准直器为例，表 3.6 给出了石墨单色器或交叉耦合 Göbel 镜与不同尺寸的准直器连接产生的光束发散角、收敛角和样品上的束斑尺寸值。除不同的针孔尺寸外，其他参数为 $H = 280\text{mm}$、$h = 140\text{mm}$、$g = 30\text{mm}$、$F = 0.8\text{mm}$（$0.4\text{mm} \times 0.8\text{mm}$ 细聚焦光管）。准直器可以决定通过它的 X 射线的最大发散度，也可以通过阻挡高发散角的 X 射线来减小其发散度，但它不能增加从它前面组合的光学器件的发散度。石墨单色器的半高宽 $0.4°$，交叉耦合 Göbel 镜为 $0.06°$。即使准直器可能允许更发散的光束通过，光束发散角和收敛角也不会超过这些值。对于相同尺寸的针孔，如果焦斑大于针孔尺寸，光束发散度与两个针孔之间的距离成反比。如果焦斑尺寸小于针孔尺寸，光束发散度与光源到第二针孔之间的距离成反比。通常，较低的发散度对应较长的光路。同时，光通量与光源到样品之间距离的平方成反比。决定初级光路长度的因素主要有两个：将光束准直到所需发散度的必要距离，以及初级光学部件的放置空间、样品台和探测器。在满足上述两个因素的条件下，初级 X 射线光路应尽可能短。

表 3.6　使用石墨单色器或交叉耦合 Göbel 镜的 0.8mm 点聚焦光源的 X 射线束发散角（β）、收敛角（α）和样品上的束斑尺寸（S）

针孔尺寸 d/mm	石墨单色器				Göbel 镜		
	$\beta/(°)$	$\alpha/(°)$	S/mm	f/mm	$\beta/(°)$	$\alpha/(°)$	S/mm
0.05	0.041	0.017	0.07	0.15	0.041	0.017	0.07
0.10	0.082	0.034	0.14	0.30	0.060	0.034	0.13
0.20	0.164	0.067	0.29	0.60	0.060	0.060	0.23
0.30	0.246	0.101	0.42	0.80	0.060	0.060	0.33
0.50	0.266	0.148	0.64	0.80	0.060	0.060	0.53
0.80	0.327	0.148	0.97	0.80	0.060	0.060	0.83

表 3.6 还表明，双针孔准直器与单色器组合时，光束发散度随着针孔尺寸的减小而不断减小。如果需要一个尺寸较小但发散度不一定小的光束时，建议从准直器中移除针孔 1，以提高光束强度。表 3.7 给出了双针孔准直器与单针孔准直器在光强增益（单、双孔的近似比值）、光束发散度、样品上束斑尺寸等方面的对比。

表 3.7　单针孔准直器与双针孔准直器的光强增益、光束发散度（β）和样品上束斑尺寸（S）的对比

准直器尺寸 d/mm	光强增益 单孔/双孔	单孔		双孔	
		$\beta/(°)$	S/mm	$\beta/(°)$	S/mm
0.05	>20	0.174	0.14	0.041	0.07
0.10	16	0.184	0.20	0.082	0.14
0.20	4	0.205	0.31	0.164	0.29

准直器尺寸 d/mm	光强增益 单孔/双孔	单孔		双孔	
		β/(°)	S/mm	β/(°)	S/mm
0.30	2.4	0.225	0.42	0.225	0.42
0.50	1.2	0.266	0.64	0.266	0.64
0.80	1.0	0.327	0.97	0.327	0.97

　　微区衍射首选 $50\mu m$ 和 $100\mu m$ 准直器，0.5mm 或 0.8mm 准直器通常用于定量分析、织构或结晶度测量。在定量和织构分析中使用过小的准直器实际上会导致颗粒采样统计性差，这时可以通过摆动样品来提高统计性。准直器尺寸的选择通常是强度与照亮小区域或分辨紧密间隔线的能力之间的权衡。准直器越小，照射到样品上的光通量越小，获得统计上有效数据的计数时间越长。

3.2.8　毛细管光学部件

　　毛细管 X 射线光学部件是基于全外反射的概念。当入射角小于全反射临界角 θ_c 时，X 射线可以被光滑的表面反射。临界角与波长和材料相关，波长越短，临界角越低。当 X 射线在小于毛细管材料临界角的掠射角处被毛细管内表面反射时，X 射线反射的能量损失很小。与针孔准直器相比，它可以在样品上产生更显著的强度增益。传输效率取决于 X 射线能量、毛细管材料、反射面光滑度、毛细管内径和入射光束的发散度。K_β 线比 K_α 线拥有更高的能量和更低的传输效率。典型的毛细管材料对于 CuK_α 线的临界角是 $0.2°$。

　　单毛细管是一种具有光滑内表面的圆柱形管。单毛细管可以使光束准直成不同尺寸，以适应不同的应用场合。典型的单毛细管尺寸为 $0.01\sim1.0mm$。出口光束的发散度是由毛细管尺寸（直径和长度）和全反射临界决定的。对于图 3.7 所示的 X 射线光学系统，单毛细管安装在一个钢管内。该管的设计与针孔准直器相同，因此能轻易在针孔准直器和单毛细管准直器之间切换。表 3.8 列出了相同尺寸的单毛细管和双针孔准直器的强度增益（计算和实验）和包含 90% 光束强度的束斑尺寸的比较。

表 3.8　相同尺寸的单毛细管和双针孔准直器的强度增益（计算和实验）和包含 90% 光束强度的束斑尺寸的比较

毛细管/针孔 尺寸 d/mm	CuK_α 辐射(8.0keV)			MoK_α 辐射(17.4keV)			准直器束斑 尺寸(90%) /mm
	增益-计算	增益-实验	束斑尺寸 (90%)/mm	增益-计算	增益-实验	束斑尺寸 (90%)/mm	
0.10	110	66	0.18	39	40	0.14	0.10
0.30	15	10	0.34	5.6	5.9	0.31	0.31
0.50	7.4	6.0	0.50	2.6	3.0	0.49	0.50
1.00	3.4	4.2	0.89	1.2	1.5	0.97	0.98

　　由表 3.8 可知，0.1mm 至 1.0mm 的毛细管与相应的双针孔准直器在样品上的束斑尺寸几乎相同。与双针孔准直器相比，毛细管具有较大的强度增益。在需要小光束尺寸的情况下，毛细管与针孔准直器组合可能更有利。稍大直径的毛细管能在光源附近捕获更多 X 射线，并且传输强度损失更小。直径较小的针孔决定了最终的光束尺寸。该组合可以使照射到样品上的光束能量更均匀。锥形的单毛细管是实现小光束尺寸的另一种选择，X 射线聚焦在小尺寸时，捕获角越大强度增益越高。例如，$20\mu m$ 锥形单毛细管的光强增益可以达到相同光束尺寸针孔准直器的 $6\sim25$ 倍[22]。因为高能量 X 射线的临界角度较低，所以单毛细管可

以减少光谱中高能 X 射线的比重，但它不能去除 K_β 线和轫致辐射。因此，在衍射仪中，单毛细管主要与石墨单色器组合使用。石墨晶体的镶嵌性略大于单毛细管的全外反射角的临界角，两者恰好匹配。表 3.8 给出的结果是基于单毛细管与石墨单色器的组合。

多毛细管光学部件，是由成千上万的毛细管捆绑成设定的形状，可以从光源收集 X 射线，并重新定向 X 射线，形成需要的光束轮廓[23,24]。多毛细管也经常被称为多毛细管透镜。多毛细管生产技术的进步产生了一种基于多毛细管光纤的新技术。每根光纤都含有成百上千条玻璃毛细管通道。每个通道的直径一般只有 $2\sim25\mu m$，与不同长度的透镜匹配可以实现最优的传输效率。一个多毛细管透镜是由成千上万个这样的光纤组成的。图 3.15 显示了两种典型的多毛细管光学部件：聚焦多毛细管和平行多毛细管。两种多毛细管光学部件中，S_1 是 X 射线光源的大小，α 是捕获角，f_1 是输入焦距或接入距离。多毛细管光学部件可收集到大捕获角范围内的 X 射线。每个毛细管中收集的 X 射线都通过毛细管内表面的全外反射高效传输。聚焦多毛细管光学部件形成的 X 射线的聚焦光束发散角为 β，输出焦距为 f_2，焦点图像尺寸为 S_2。平行多毛细管光学部件出口处的毛细管几乎是相互平行的，因此其输出的 X 射线具有很小的发散角。

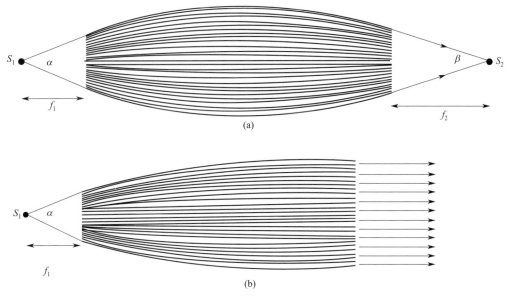

图 3.15　多毛细管光学部件示意图
(a) 聚焦多毛细管部件；(b) 平行多毛细管部件

对于聚焦多毛细管光学部件，刘维尔定理要求光源尺寸 S_1 必须远小于输出光束尺寸 S_2，以实现用大的捕获角 α 增加光通量的目的。对于一个给定的光束发散角 β 和光束尺寸 S_2，如果需要大的捕获角，多毛细管透镜应该尽可能靠近 X 射线源。聚焦多毛细管的强度增益比针孔准直器大得多，通常要大两个数量级。总光通量随发散度的增大和光源尺寸的减小而增大。对于多晶材料的多种 X 射线衍射应用，只要能够分辨相关的衍射峰，具有大的发散度的初级光束是可以接受的，甚至是更加有利的。在角度分辨率要求不高的情况下，高光通量和高发散度可以提高计数统计性和采样统计性。多毛细管透镜还可以将光束聚焦到样品上很小的一个点上，可以用于微区衍射。

平行多毛细管透镜，也称准直多毛细管透镜，可以将点光源发出的高度发散的光束变成准平行光束，发散角 β 几乎小到 $0.06°$。根据刘维尔定理，需要使用尽可能小的 X 射线源来实现平行光束。对于理想的点光源，靶面焦点是无限小的，因此光束可以通过多毛细管准直到任意选定的截面上。然而，真实的 X 射线源的尺寸是有限的，并且输出光束的发散度和横截面都有限制。多毛细管产生的平行光束通常具有很大的横截面，从几毫米到几厘米不等。这种平行光束可以用在图 3.5 中平行光路几何的传统衍射仪上。多毛细管的光通量增益主要由接收角决定，因此其光通量增益也可以比针孔准直器大两个数量级。而二维 X 射线衍射系统需要一个小截面的平行光束。在这种情况下，需要一个小的 X 射线源和短的接入距离。另一种选择是使用轻微收敛的多毛细管透镜，它具有较短的接入距离和较长的输出焦距，因此从透镜焦点到样品的输出光束具有较低的发散度。

与单毛细管类似，多毛细管也可以减少光谱中高能 X 射线的比重。由于捕获角较大，多毛细管光学部件不能与晶体单色器组合使用，因此常使用 β 滤波片与其联用。虽然光谱纯度不如晶体单色器或多层膜反射镜，但多毛细管透镜的优点之一是可用于各种波长。例如，可以用多毛细管调节使用 Cu 密封管衍射仪的初级光束，当切换成 Cr 管时，仍可使用同一毛细管。如果 X 射线管的焦点位置可重复，也可以省略系统的准直，只需要将 Ni 滤波片替换为 V 滤波片。该系统非常适用于对光谱纯度要求不高的应力和织构分析。经过多毛细管的高光通量 X 射线束可以提高数据质量、减少数据采集时间。

参 考 文 献

1. H. P. Klug and L. E. Alexander, *X-ray Diffraction Procedures for Polycrystalline and Amorphous Materials*, John Wiley & Son, New York, 1974, 58–119.

2. B. D. Cullity, *Elements of X-ray Diffraction*, 2nd ed., Addison-Wesley, Reading, MA, 1978.

3. A. C. Bloomer and U. W. Arndt, Experiences and expectations of a novel X-ray microsource with focusing mirror. I, *Acta Cryst.* (1999). **D55**, 1672–1680.

4. J. Wiesmann, J. Graf, C. Hoffmann, and C. Michaelsen, New possibilities for X-ray diffractometry, *Physics meets Industry*, edited by J. Gegner and F. Haider, 2007 Expert Verlag, ISBN 978-3-8169-2740-2.

5. U. W. Arndt et al., Focusing mirrors for use with microfocus X-ray tubes, *J. Appl. Cryst.* (1998). **31**, 733–741.

6. O. Hemberg, M. Otendal, and H. M. Hertz, Liquid-metal-jet anode electron-impact X-ray source, *Applied Physics Letters*, (2003), Vol. **83**, No. 7, 1483–1485.

7. Excillum brochure: Redefining the X-ray tube – metal jet X-ray sources, (2012), VAT# SE556734144001.

8. U. W. Arndt, Focusing optics for laboratory sources in X-ray crystallography, *J. Appl. Cryst.* (1990) **23**, 161–168.

9. R. Jenkins and R. L. Snyder, *Introduction to X-ray Powder Diffractometry*, John Wiley & Sons, New York, 1996.

10. C. Giannini and L. Tapfer, A high-resolution multiple-crystal monochromator for X-ray diffraction studies, *J. Appl. Cryst.* (1996). **29**, 230–235.

11. M. Servidori, X-ray monochromator combining high resolution with high intensity, *J. Appl. Cryst.* (2002). **35**, 41–48.

12. H. Stöcker, K. K. Reuter and D. C. Meyer, Si(511) channel cut for monochromatization and linear polarization of X-rays, *J. Appl. Cryst.* (2007). **40**, 635–636.

13. B. B. He, Microdiffraction using two-dimensional detectors, *Powder Diffraction*, **19** (2), June 2004.

14. B. B. He and U. Preckwinkel, X-ray optics for two-dimensional X-ray diffraction, *Advances in X-ray Analysis*, **45**, 332–337, 2002.

15. L. Jiang, Z. Al-Mosheky, and N. Grupido, Basic principles and performance characteristics of multilayer beam conditioning optics, *Powder Diffraction*, **17** (2), June 2002.

16. C. Michaelsen, J. Wiesmann, C. Hoffmann, A. Oehr, A. B. Storm, and L. J. Seijbel, Optimized performance of graded multilayer optics for X-ray single-crystal diffraction, *Proceedings of SPIE* Vol. **5193**, pp. 211–219 (2004).

17. A. B. Storm, C. Michaelsen, A. Oehr, and C. Hoffmann, Multilayer optics for Mo-radiation-based crystallography, *Proceedings of SPIE* Vol. **5537**, p. 177–181 (2004).

18. C. Michaelsen, J. Wiesmann, K. Wulf, L. Brügemann, A. Storm, Recent developments of multilayer x-ray optics for laboratory x-ray instrumentation, *Proceedings of SPIE* Vol. **4782**, pp. 143–151 (2002).

19. M. Schuster and H. Göbel, Graded-spacing Multilayers for X-ray diffraction applications, *Advances in X-ray Analysis*, **39**, 57–71, 1996.

20. P. Kirkpatrick and A. V. Beaz, Formation of optical images by X-rays, *J. Opt. Sci., Am.* **38**, 766 (1948).

21. M. Montel, *The X-ray microscope with catamegonic roof-shaped objective, X-ray microscope and microradiography* (Elsevier, Amsterdam, 1953), p. 177.

22. P. J. Schields, I. Y. Ponomarev, N. Gao, and R. B. Ortega, Comparison of diffraction intensity using a monocapillary optic and pinhole collimators in a microdiffractometer with a curved image-plate, *Powder Diffraction, Vol.* **17**, *No 2*, June 2002.

23. C. A. MacDonald, S. M. Owens, and W. M. Gibson, Polycapillary X-ray optics for microdiffraction, *J. Appl. Cryst.* (1999). **32**, 160–167.

24. P. J. Schields, D. M. Gibson, W. M. Gibson, N. Gao, H. Huang, and I. Y. Ponomarev, Overview of polycapillary X-ray optics, *Powder Diffraction, Vol.* **17**, *No 2*, June 2002.

第**4**章
X 射线探测器

4.1　X 射线探测技术

　　X 射线探测技术的发展是 X 射线技术发展的重要组成部分。1895 年 11 月，伦琴在一间暗房里，首次在荧光屏上观察到 X 射线。一个月后，他发表了一篇文章，宣布他的这一发现，并且展示了一张他夫人的手的 X 射线照片。在这个伟大的发现中，荧光屏和照相底片起了重要作用。X 射线照相板和胶片实际上是第一代的 X 射线探测器，碰巧也是第一代 X 射线二维探测器[1]。X 射线胶片通常是由柔性基片和感光层构成，感光层中含有卤化银。当暴露在 X 射线下时，卤化银可以记录下潜在的图像，然后通过后期的处理过程让图像可视化。X 射线衍射领域的许多衍射技术都是基于照相板或胶片开发的。1912 年，马克思·冯·劳厄与他的两个助手 Walter Friedrich 和 Paul Knipping，利用 X 射线光管产生的全光谱 X 射线，发表了用照相板收集了 ZnS 单晶的衍射花样。这个实验证实了 X 射线是电磁波，它可以被晶体衍射，这就是 X 射线衍射的开始。从那时起，使用多波长 X 射线采集的单晶衍射花样通常被称为劳厄花样。基于 X 射线照相底片的衍射仪一般被称为衍射相机。在衍射相机中，整个衍射图案通过单次曝光同时记录下来。

　　劳厄相机是最简单的 X 射线衍射仪[2]。它使用平面照相板或胶片，方向垂直于 X 射线。而白色 X 射线（多波长 X 射线）则是通过含有重金属靶材的 X 射线封闭管产生的，通常用钨。劳厄法所用的样品为单晶。劳厄相机有两种配置模式：透射和背反射模式。在透射模式中，X 射线光管和照相板分别放在晶体的两侧。准直的 X 射线打到晶体之后，衍射线到达照相板的 $2\theta \ll 90°$。透射模式通常需要光束挡板来防止直射 X 射线击中照相板。在背反射模式中，照相底片的中心有一个孔。X 射线光源位于照相底片的后面。准直的 X 射线首先穿过照相板上的孔，然后击中晶体。背反射照相模式采集到的衍射线 $2\theta \gg 90°$。透射模式需要晶体的大小与 X 射线光束的尺寸相匹配，且不能太大，不能挡住光束的透射以及前向衍射的 X 射线。背反射模式可以测量与透射模式相同大小的晶体，也可以测量很大的晶体。例如背反射劳厄相机可以用于表征或确定各种晶体材料的晶面取向，比如硅片和涡轮叶片[3]。目前劳厄相机仍在工业界和实验室内广泛使用，不同的是照相板或胶片已经被现代 X 射线探测器所取代，劳厄图像也由计算机来存储和分析。

　　另一种基于胶片技术的 X 射线照相机是德拜-谢乐相机[2]。图 4.1 展示了德拜-谢乐相机的照片以及胶片上的衍射线。德拜-谢乐相机主要由一个圆柱形的照相室（包含入口准直器和光束挡板）组成。准直器控制了光束的大小和发散度。该光束挡板具有一个捕获管，以覆盖透射的直射光束，并将二级光束路径延伸超过该圆柱室。光束挡板由荧光屏和厚的铅玻璃组成，从而可以监控曝光。准直器和光束挡板都尽可能地靠近样品，以减少直射光束的空气散射。德拜-谢乐相机通常测试的是非常少量的粉末，其样品加载方法有很多，比如密封在不衍射的玻璃毛细管中。样品需安置在旋转的样品台上，并精确地对准相机的中心，旋转轴也是照相室的轴。相机所使用的胶片是狭长的条带状，与照相室的内表面相匹配。胶片上有两个孔用来安装准直器和光束挡板。在曝光后，将胶片取下，进行平滑和化学处理。图 4.1（b）显示了显影膜上的衍射花样。图上显示了衍射线、入射光束的入射孔和透射光束的出口孔。粉末样品的衍射遵守布拉格衍射定律，可以产生衍射锥。这些衍射锥与圆柱形照相室的薄膜胶片相交，从而产生德拜衍射环。2θ 角从光束出口孔的中心为 $0°$ 开始测量，入射孔的中心为 $2\theta=180°$。2θ 角的分辨率取决于入射光束的大小以及胶片的长度，而胶片的长度取决于照相室的半径。德拜-谢乐相机曾经是粉末衍射中最广泛应用的相机，从该相机应用中发展起来的许多概念和理论仍然适用于现代衍射仪。

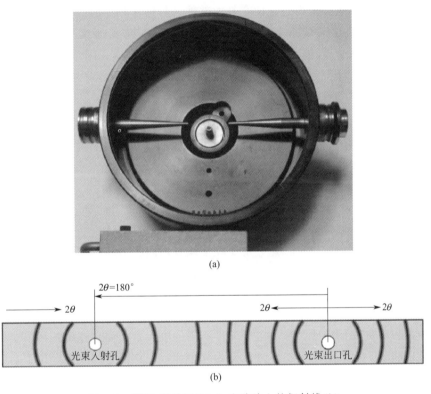

(a)

(b)

图 4.1　德拜-谢乐相机(a) 和胶片上的衍射线(b)

　　除了劳厄相机和德拜-谢乐相机外，科学家还开发了很多其他类型的 X 射线相机，以实现各种功能的改进[2,4]。比如 Seemann-Bohlin 对焦相机，使用一束聚焦光束，并在相机圆上装载了大量的粉末。它的分辨率是相同半径德拜-谢乐相机的两倍。由于辐射面积大，相应的曝光时间可明显缩短。但是它的缺点是 2θ 角的测量范围非常有限。背反射对焦照相机采用了 Seemann-Bohlin 相机相同的对焦原理，但是主要用于测量背反射的高 2θ 线。Guinier相机是聚焦单色器和聚焦相机的组合，低角度的衍射通过透射模式测量，单色的光束通过薄试样，衍射光束聚焦在沿圆柱体相机室加载的胶片上。高角度的衍射通过与 Seemann-Bohlin 相机类似的几何模式测量。与半径相同的德拜-谢乐相机相比，Guinier 相机由于经过单色器获得了较高的光谱纯度，从而可以达到两倍的分辨率，并得到更清晰的图像。与

Seemann-Bohlin 相机一样，Guinier 相机测量的总 2θ 角范围也是有限的。Gandolfi 相机[5,6] 在德拜-谢乐相机原有旋转轴的基础上增加了一个倾斜角度为 45° 的旋转轴。在曝光过程中，两个轴都在旋转，以达到大角度范围内样品的随机性。因而 Gandolfi 相机可以从单晶或者含有少量大晶粒颗粒的样品中获得粉末衍射花样。

4.2　常规衍射仪中的点探测器

上述 X 射线衍射技术都是基于 X 射线照相板或者胶片，所以这些设备通常被称为 X 射线衍射相机。而基于各种电子辐射计数器的衍射系统通常称为 X 射线衍射仪。常规衍射系统（例如 B-B 衍射仪）中使用的计数器为点探测器，或称为零维（0D）探测器。不管有效面积的实际大小如何，点探测器一次只能测量单个 2θ 角度位置的衍射强度。各个 2θ 角位置的测量值组成了衍射花样中不同 2θ 角的数据。衍射图谱是通过探测器在给定的 2θ 角范围内扫描获得的。X 射线探测器至少包含两个基本部件：传感器和计数电子元件。传感器将入射的 X 射线转变为电子信号。不管计数电子元件是什么，传感器通常被称为探测器。衍射仪中最常见的点探测器是：气体正比计数器或简单正比计数器、闪烁计数器以及半导体计数器[2,4,5]。

4.2.1　正比计数器

正比计数器是气体电离探测器的一种。它由阴极的金属外壳和作为阳极的金属导线组成。圆柱形的金属外壳填充了主要由惰性气体（比如氩气）组成的混合气体。阴极和阳极之间施加了电场。圆柱体的一端用 X 射线透明窗口密封。探测器的性能由该电场的电位差决定。正比计数器的工作电压设置在一定范围之内，比如 1000～1500V。当入射的 X 射线电离惰性气体原子时，会发生多重电离现象，也称为气体放大，每个电离原子产生的一个电子和一个带正电的原子，通常被称为离子对。在带电粒子通过腔体到达阳极导线的过程中，带电粒子会在外场的作用下快速加速。电子在平均自由路径上获得的能量足以电离更多的气体原子。这些新产生的电子同样也会向阳极加速移动，从而产生更多的离子对。通过这种方式，离子对级联放大产生"汤森雪崩"。在这个扩增的过程中，每个 X 射线可以产生 10^3 到 10^5 个离子对。每组"雪崩"的电子击中阳极，从而产生电子元件可检测的脉冲信号。这种电荷放大的过程可提高信噪比，减小电子元件所需的放大量。如果正确选择了工作电压，电子元件就可以将每一次雪崩产生的脉冲区别为一个计数。在给定的工作电压下，脉冲的强度由阴极和阳极间的总电荷决定，并正比于 X 射线光子的能量。通过测量每个脉冲电流的时间积分，可以区分入射 X 射线光子的能量，即波长，这就是该探测器命名为正比计数器的原因。入射 X 射线的光子能量与脉冲强度之间的比例关系，使得正比计数器在需要能量分辨率的 X 射线衍射仪中非常有用。然而正比计数器的能量分辨率还不足以用于能量色散的 X 射线衍射。

如果电压低于正比计数器的范围，电子就无法得到足够的能量产生"雪崩"，因而探测器就会像普通的电离室一样，不适合用作 X 射线衍射仪的探测器。但是在 X 射线衍射实验中，它可以用来检测入射光束[7]。如果电压太高，电荷放大的程度就会达到最大值。不管 X 射线光子的能量如何，腔内的脉冲信号都会有相同的强度，此时探测器可以作为盖革-穆勒（Geiger-Müller）计数器（常被称为盖革计数器）使用。盖革计数器失去了与 X 射线光子能量之间的比例关系，但它具有非常高的电荷放大功能，自然界的粒子或者辐射光子都可以暂时使气体导电，从而实现检测。因此盖革计数器是用于安全辐射测量的经典辐射探测器之一。

4.2.2　闪烁计数器

闪烁计数器是利用某些固体或者液体在受到 X 射线光子或者其他电离辐射时能够发光的现象，来检测 X 射线或者其他辐射的技术。典型的闪烁计数器包含两部分：①闪烁体（荧光层），是一种受到 X 射线激发能够发射可见光的晶体；②光电倍增管，它将可见光转换为电子，并产生一个放大的电压脉冲。闪烁体有两种类型：无机型（如碘化钠）和有机型（如聚苯乙烯塑料）。X 射线检测一般采用掺入铊的碘化钠作为闪烁体，称为 NaI（Tl）闪烁计数器。光电倍增管由一端带有光电阴极的真空薄膜组成，光电阴极通常由光敏材料组成，比如铯-锑金属间化合物。光电阴极保持在较高的负电位。光子通过阴极时会产生电子，电子被加速到保持正电位的倍增电极，其电压比光电阴极高出 100V，进而激发更多的电子。这个过程沿着倍增电极链继续下去，每一个都比前一个保持在更高的电压。经过 10 个以上倍增电极后，倍增因子达到 10^7，因而阳极可以采集到很大的信号。

闪烁体采集到的脉冲高度与 X 射线的光子能量成正比。闪烁计数器的能量分辨率要比正比计数器差很多。然而，闪烁计数器十分稳定，量子效率接近 100%。闪烁计数器是传统粉末衍射仪上应用最广的点探测器，通常具有非常好的时间分辨率。在高能物理实验中，一对相隔一定距离的闪烁计数器可以用来测量粒子的飞行时间。

4.2.3　固体探测器

固体探测器是以半导体材料作为检测介质的，因此固体探测器也称为半导体计数器或半导体探测器。传统衍射仪上最常用的固体探测器是由掺锂的硅或者锗单晶制成，称为 Si（Li）或者 Ge（Li）探测器。这类探测器的工作原理很像反向偏压的固态二极管。半导体晶体吸收 X 射线光子后，产生电子-空穴对，类似于正比计数器中的电子-离子对。电子和空穴作为负电荷和正电荷的载体，在偏压的情况下可以向相反的方向移动。场效应晶体管对光子感应电流进行预放大，产生输入信号到主放大器，然后由计数电子元件进行处理。X 射线光子产生电子空穴对的数量，正比于 X 射线光子的能量/产生电子空穴对所需的能量比。因而，每个 X 射线光子采集到的电荷数与光子的能量成正比。例如在 77K 的工作温度下，Si（Li）探测器产生电子空穴所需的能量大约 3.8eV，一个 CuK_α X 射线光子的能量约为 8041eV，因而单个 X 射线光子产生的电子空穴对的总数超过 2000 个。与正比计数器相比，固体探测器具有更高的能量分辨率。Si（Li）探测器的能量窗口值可以设为小于 200eV，这种能量分辨率使得 Si（Li）探测器可以用在无单色器的衍射仪上。由于该探测器及其电子元件可以消除 K_β 辐射以及大多数的白光辐射[8~10]，因而固体探测器同样可以有效地区别出样品的荧光辐射信号。

固体探测器，特别是 Si（Li）探测器的一个缺点是，探测器需要保持在非常低的温度下，通常是 77K 的液氮温度。超低的工作温度会降低探测器噪声和抑制掺杂元素的迁移，比如 Si（Li）探测器中 Li 的迁移。因而在很多传统衍射仪上，经常看到固体探测器上方安装着液氮杜瓦瓶。而冷却探测器的另外一种方式是热电冷却，这种方式已被大多数最新的固体探测器所采用。

在固体探测器的最新进展中，涌现出一大批使用不同材料的探测器类型，例如碲化镉、碘化汞、碲化镉锌。探测器在特定应用中的好坏取决于多种因素。比如锗探测器，与硅探测器相比，它对短波长 X 射线具有更高的量子效率。但在室温下不当操作时其极易损坏。而高原子序数的半导体材料，比如碲化镉、碘化汞、碲化镉锌探测器则可以在室温下高效运行。

4.3 点探测器的特点

有很多参数可以表征零维探测器的性能，其中最重要的是探测量子效率、计数率、线性度和能量分辨率。X 射线点探测器的选择应该以这些参数的组合和优化为基础。

4.3.1 计数统计

正比计数器、闪烁计数器和固体探测器这三种探测器被归类为光子计数探测器。在光子计数探测器中，每个 X 射线光子被吸收后转换为电子脉冲。单位时间内计数的脉冲数与入射 X 射线的通量成正比。光子计数探测器通常具有很高的计数效率，在低计数率下接近 100%。而其他类型的探测器为积分探测器，在积分探测器中一组 X 射线光子被转换为模拟电信号，信号的大小与入射 X 射线的强度成正比。由于常用的三种点探测器都是光子计数探测器，因此积分探测器将在后面的二维探测器中进行讨论。

假设入射 X 射线的通量是恒定的，那么在特定的时间 t，入射的 X 射线的光子总数应该是一个常数 N_0。但是 X 射线的发射和探测是随机发生的事件，由于计数脉冲间隔的变化，在相同的时间段内，测量的同一束 X 射线的计数并不完全相同。这个过程的统计分布可以用泊松分布函数[5] 来解释，即：

$$P(N) = \frac{N_0}{N!}\exp(-N_0) \tag{4.1}$$

式中，N 为给定时间内测量的 X 射线计数的总数。如果重复测量多次，N 的值就是平均值，当重复测量的次数趋向于无穷时，N 的平均值趋向于真实值 N_0。对于大量的计数，泊松分布可以近似表示为高斯（正态）分布，因此测量计数的标准偏差为：

$$\sigma = \sqrt{N} = \sqrt{Rt} \tag{4.2}$$

式中，R 为计数率。如图 4.2(a) 所示，真实计数 N_0 在 $N \pm 1\sigma$、$N \pm 2\sigma$、$N \pm 3\sigma$ 下的概率分别是 68.3%、95.5%、99.73%。测量精度更直观的表示方式是相对标准偏差乘以 100%，得到百分比标准偏差：

$$\sigma\% = 100\frac{\sqrt{N}}{N}\% = \frac{100}{\sqrt{N}}\% = \frac{100}{\sqrt{Rt}}\% \tag{4.3}$$

显然，根据式(4.2) 和式(4.3)，计数越多或者计数率越大，精度越高。

图 4.2(b) 显示了百分比标准偏差是如何随着计数率的增加而降低的。$N=1$ 时，$\sigma\% = 100\%$；$N=100$ 时，$\sigma\% = 10\%$；$N=10000$ 时，$\sigma\% = 1\%$；而 $N=1000000$ 时，$\sigma\% = 0.1\%$。

在式(4.2) 和式(4.3) 中，假定计数没有背景。但是背景是真实存在的，由于背景之上的计数误差是总计数和背景计数的可能误差的组合，则包含背景的计数标准差表示为：

$$\sigma = \sqrt{N_p + N_b} \tag{4.4}$$

式中，N_p 为总计数（包含背景计数）；N_b 为背景计数。背景之上的计数标准相对偏差可以表示为：

$$\sigma\% = 100\frac{\sqrt{N_p + N_b}}{N_p - N_b}\% \tag{4.5}$$

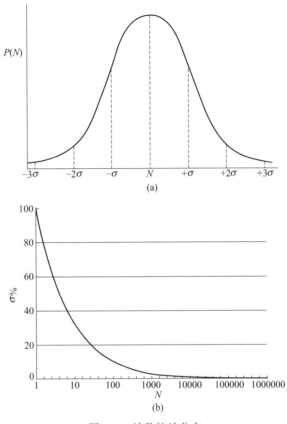

图 4.2　计数统计分布

（a）高斯分布和标准偏差；（b）百分比标准偏差与计数的关系

　　上式可用于计算背景校正后的积分强度的不确定度。但是，必须小心选择 2θ 角范围，太广的 2θ 角范围可能不切实际地增加背景计数的贡献，从而高估了标准偏差。假设衍射峰为高斯分布，半高宽两倍的 2θ 角范围可以覆盖 98％的衍射峰计数。

　　但是计数统计不应该同抽样统计相混淆，这部分内容将在本书第 7 章中予以讨论。两者都与衍射数据的质量相关，且都有重要的影响，但影响衍射数据质量的因素各不相同。例如，假设入射光束的轮廓和大小相同，增加 X 射线的亮度将改善计数统计，但不能改善抽样统计。特别是在透射模式下更是如此，因为透射模式下有效的衍射体积不受入射 X 射线穿透深度的影响。样品旋转振荡可以提高抽样统计性，但不一定提高计数统计性。相同条件下测量相同样品时，高多重性晶面的衍射峰具有更好的计数统计性和抽样统计性。增加数据采集的时间和探测器的灵敏度可以提高计数统计性，但是不一定能提高抽样统计性。而增加光束尺寸通常可以同时改善计数统计和抽样统计性。

4.3.2　探测量子效率和能量范围

　　探测量子效率（DQE），又称为探测器量子效率或量子计数效率，通过由探测器转换成构成可测量信号电子的入射光子的百分比来测量。对于一个理想的探测器，每个 X 射线光子都可以转换为可测量的信号，而且没有添加额外的噪声，这时量子效率＝100％。但是实际上任何探测器的量子效率都会低于 100％，因为并非所有入射的 X 射线都能被检测到，而且不管哪种探测器，总是存在一些噪声。量子效率这个参数定义为输出和输入信噪比

（SNR）之比的平方[11,12]，即：

$$探测量子效率 = \left[\frac{(S/N)_{out}}{(S/N)_{in}} \right]^2 \tag{4.6}$$

探测器的量子效率受到很多因素的影响，比如 X 射线的波长、探测器窗口的穿透能力、几何设计、气体探测器选择的填充气体的种类以及压力、半导体探测器掺杂的水平以及有效的检测区域等。量子效率对波长或 X 射线光子能量的依赖性决定了探测器的能量范围。如果入射 X 射线超出了探测器的能量范围，则量子效率会显著下降。图 4.3 是三种典型的点探测器量子效率对应波长关系的比较。闪烁计数器在 5～30keV 范围内时，量子效率高于80%；正比计数器只能在 5～12keV 的能量范围内，可以实现 50% 以上的量子效率，而在12～20keV 的能量范围，量子效率随着 X 射线能量的增加而显著降低；Si(Li) 固体探测器的量子效率可在 6～20keV 的范围内达到 80% 以上。不过这些只是从几个参考文献[2,4,5] 中提取的示例，实际探测器的量子效率随能量变化的曲线取决于很多因素。

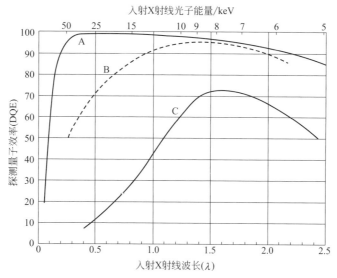

图 4.3　三种典型点探测器的探测量子效率（DQE）与波长的函数关系[2,4,5]
A—闪烁计数器；B—Si(Li) 固体探测器；C—氙气正比计数器

4.3.3　探测器线性度和最大计数率

探测器的线性度决定了衍射强度测定的准确性。图 4.4 为多个探测器的计数曲线。横坐标是入射 X 射线通量，或到达探测器的衍射 X 射线光束的强度，纵坐标是探测器产生的观测计数率。折线 A 为量子效率 100% 且线性完美的理想探测器。虚线 B 表示量子效率小于100%，但线性度完美的探测器，该探测器测量的相对强度反映了衍射 X 射线的真实相对强度。这与正比计数器的计数曲线非常接近，计数率和入射 X 射线通量成正比。然而由于探测器的计数丢失，探测器计数比例存在限制。在每次计数后的短时间内，探测器都无法收集下一次计数，这段时间称为死区时间。探测器的死区时间可能由探测器的物理特性引起，例如气体电离检测器中漂移时间或者计数电子元件的饱和（如放大器的重整时间）。因而测量的计数率总是略低于真实值。当死区时间在真实计数之间的平均时间间隔占的比例较大时，计数的差异就会随着计数率的增加而变大。在死区时间 τ 内计数丢失时，测量的计数率 R_m 总是会低于正比计数率 R，两者之间的近似关系如下：

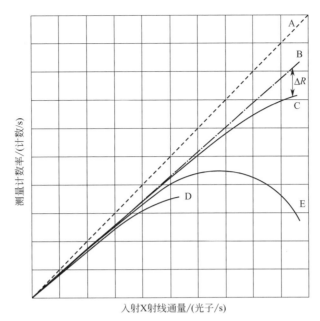

图 4.4　探测器计数曲线

A—具有 100％量子效率的理想探测器；B—有理想线性度的探测器；C—具有非瘫痪死区时间的探测器；
D—具有瘫痪死区时间的探测器；E—具有半瘫痪死区时间的探测器

$$R = \frac{R_m}{1 - R_m \tau} \tag{4.7}$$

图 4.4 中的计数曲线 C 为由上式给出的测量计数率 R_m。这个公式对小于 10％的修正是相当准确的，这意味着 $R_m \tau$ 项应当小于 0.1。计数丢失 ΔR 为：

$$\Delta R = R - R_m = \frac{R_m^2 \tau}{1 - R_m \tau} \tag{4.8}$$

计数丢失的比率如下：

$$\frac{\Delta R}{R} = R_m \tau \tag{4.9}$$

探测器可以按照死区时间分为非瘫痪死区时间和瘫痪死区时间。计数曲线 C 表示具有非瘫痪死区时间的探测器的行为。这意味着在每次计数之后，探测器在一段固定的时间内是"死"的，但是不受死区时间内发生的计数的影响。计数丢失随着计数率的增加而增加，但具有非瘫痪死区时间的探测器的真实计数率可以由式(4.7) 估算，直到真实计数率达到无穷大，此时最大测量计数率等于死区时间的倒数。在可瘫痪死区时间探测器中（计数曲线 D），在每次计数之后探测器将不会收集第二次计数，除非在至少等于死区时间的时间间隔之后。在经过的时间内，发生的任何事件都将进一步延长死区时间，导致额外的死区时间。随着计数率的增加，计数丢失急剧增加，探测器很快达到最大计数率（饱和点），此时它无法收集任何计数。在这个饱和点上，真实计数率达到死区时间的倒数：

$$R = \frac{1}{\tau} \tag{4.10}$$

根据泊松分布，饱和点处的测量计数率表示为

$$R_{m} = \frac{1}{e\tau}$$

(4.11)

计数曲线 E 表示半瘫痪死区时间探测器的行为。当计数率接近饱和时，测量计数率随着入射 X 射线通量的增加而减少。在实践中，探测器的最大计数率可以定义为在指定的计数丢失率下的计数率，比如 5%。

4.3.4　能量分辨率

探测器的能量分辨率是指其分辨不同能量（或波长）X 射线光子的能力。在使用多通道分析器（MCA）时，探测器的传感器、电子元件及其在探测器中的特定设置可以视作一个能量窗或多个能量窗。能量窗只允许检测特定能量范围内 X 射线产生的信号。探测器的能量分辨率可以用多种定义、多种形式来表示。其中一种是以能量窗口作为能量的函数，由探测器效率曲线的半高宽确定。其中探测器和计数电子元件设定为特定的波长，如 K_{α}。图 4.5 比较了闪烁计数器、正比计数器、固体探测器对 Cu 靶特征 X 射线的能量分辨率。Cu 靶的特征 X 射线分别为 $E(K_{\alpha 1}) = 8.047keV$，$E(K_{\alpha 2}) = 8.027keV$，$E(K_{\beta}) = 8.905keV$。闪烁计数器是三种探测器中能量分辨率最差的，其能量分辨率 ΔE（探测器效率曲线的半峰宽）大约为 3keV。$K_{\alpha 1}$ 和 K_{β} 的能量差约为 900eV，因而闪烁计数器没有足够的分辨率来消除 K_{β} 线。与闪烁计数器相比，正比计数器的能量分辨率较好，ΔE 约为 1keV，但是仍然不能完全消除 K_{β} 线，而 Si(Li) 固态探测器的能量分辨率有明显的提高，ΔE 约为 200eV。这个分辨率能够完全消除 K_{β} 线。但是 $K_{\alpha 1}$ 和 $K_{\alpha 2}$ 的能量差只有 20eV，因而即便是 Si（Li）探测器也不能消除 $K_{\alpha 2}$ 线。

探测器的能量分辨率同时也可以表示为能量窗口大小 ΔE 与单色 X 射线能量 E 比值的形式，即 $\Delta E/E$（%）。上述三个探测器的 $\Delta E/E$ 分别为 37%、12%和 2.5%。

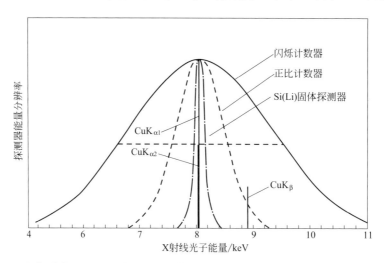

图 4.5　闪烁计数器、正比计数器和固体探测器能量分辨率的对比图（铜特征谱线）

与多通道分析器结合，Si（Li）探测器可成为能量色散（EDS）探测器，它可收集能量分辨率小至 125eV 的 X 射线光谱。这就产生了两种 X 射线的分析技术：能量色散 X 射线衍射（EDXRD）和能量色散 X 射线荧光（EDXRF）。

能量色散 X 射线衍射的原理可以用布拉格方程来解释，即：

$$\lambda = 2d\sin\theta$$

(4.12)

式中，λ 为波长；d 为相邻晶面之间的间距；θ 为布拉格角，即当入射光线照射到晶体晶面时，可观察到衍射峰时的入射角为 θ，同样反射角也为 θ。在传统衍射仪中，λ 是固定的常数。对于每个 d 值，只有特定角度 θ 才能满足布拉格方程。衍射花样显示为在一定的 2θ 范围内，有着不同 d 值和不同强度的一系列衍射峰。在能量色散 X 射线衍射中，布拉格角为固定的常数，布拉格方程可由不同的波长和不同的 d 值满足。它需要多波长的 X 射线提供足够的 λ 范围。衍射花样表示为在一定波长范围内有着不同 d 值和不同强度的一系列衍射峰。

能量色散 X 射线衍射的 d 值分辨率受到当前探测器技术的限制。相比之下，传统衍射仪的 d 值分辨率要高出好几个数量级。但是整个能量色散衍射花样可以在不移动部件的情况下同时收集。利用强 X 射线光源，能量色散衍射花样可以在很短的时间内收集完毕。测量单元也可以做成很小的尺寸，并且可以在恶劣的环境下运行。这种技术已经用于检测隐藏在箱包内的爆炸物[9]，还应用在了检测假药以及其他消费品的质量。能量色散 X 射线衍射可以在恒定的 2θ 下测量，而且它通常采用高能量的 X 射线，因而赋予了这种技术高的穿透能力，这使得它也适用于研究压力下的样品，比如金刚石高压砧室中的样品。

固体探测器的另一个应用方式是能量色散 X 射线荧光。X 射线荧光是当高能 X 射线撞击样品时，从样品激发出 X 射线荧光的现象。不同组成成分的样品激发出的 X 射线荧光光谱是独特的。能量色散探测器可以收集这些光谱，并将其转换成不同能量级别的电子计数。由于每种元素发射出不同且可识别的光谱，因而该方法可以确定样品中元素的存在以及含量。多数实验室里，能量色散荧光采用液氮或 Peltier 冷却的 Si（Li）探测器。而一些便携式的设备则使用其他类型的探测器，如碘化汞、CdTe 和 CdZnTe。

4.3.5　检测限和动态范围

检测限是指在特定的置信范围内，区分没有真实信号的最小计数。检测限可以由平均噪声、噪声的标准差和一些置信度因子来估计。由于置信度因子的选择不同，常用的定义和术语也不尽相同。即便使用相同的术语，检测限在对置信度因子和噪声贡献的定义上也可能存在差异。为了使入射的 X 射线光子具有合理的统计确定性，X 射线光子产生的计数应该高于探测器的背景噪声计数。检测限通常确定为在峰值中真实存在的计数概率大于 95% 的最小计数。对于零噪声背景的光子计数器，单计数即是最小的可检测计数。95% 置信度的检测限为 3 个计数[13]。当噪声存在时，检测限通过噪声计数的标准差来确定。假设背景噪声为高斯概率分布，标准差为

$$\sigma_B = \sqrt{N_B} = \sqrt{R_B t} \tag{4.13}$$

式中，N_B 为背景计数；R_B 为噪声计数率；t 为数据的采集时间。假定背景噪声计数 N_B 足够大，可以用高斯概率分布描述。95% 置信度的检测限可以表示为：

$$N_{\text{CL95\%}} = N_B + 1.65\sqrt{N_B} = R_B t + 1.65\sqrt{R_B t} \tag{4.14}$$

如果检测限用计数率的形式来表示，则上式可改写为：

$$R_{\text{CL95\%}} = R_B + 1.65\sqrt{\frac{R_B}{t}} \tag{4.15}$$

可以看出，随着计数时间的增加，计数率的检测限接近于噪声率。在更严格地选择置信水平时，置信度高于 99% 的检测限为：

$$N_{\text{CL99\%}} = N_B + 3\sqrt{N_B} = R_B t + 3\sqrt{R_B t} \tag{4.16}$$

在这种情况下，检测限被定义为高于背景计数标准差的三倍，在此限或以上测量的计数有 99.87％的概率不属于背景噪声。

点探测器的动态范围定义为在相同的计数时间内，可测量的检测限到最大计数的范围。线性动态范围是在特定的线性范围内，能够收集的最大计数的动态范围。对于 X 射线探测器来说，通常动态范围指的是线性动态范围，因为只有在线性动态范围内采集到的衍射花样才能够准确地解释和分析。动态范围表示为：

$$DR = \frac{N_{\max}}{N_{DL}} = \frac{R_{\max}}{R_{DL}} \tag{4.17}$$

式中，$N_{\max}$ 为最大计数；N_{DL} 为检测限；$R_{\max}$ 为饱和点或特定线性范围内（如果线性动态范围可以计算出）的最大计数率；R_{DL} 为在检测限时的计数率。由式(4.15) 可知，在很长的计数时间内，计数率检测限接近于噪声率时，动态范围可以近似表示为最大计数率与噪声率的比值。因此，动态范围可以近似为：

$$DR \approx \frac{R_{\max}}{R_B} \tag{4.18}$$

动态范围经常与最大计数率相混淆，但必须加以区分。由式(4.18) 可知，只有当噪声率是 1/s 时，动态范围才等于最大线性计数率。在低噪声率的情况下，探测器可以实现比计数率高得多的动态范围。例如，当探测器的最大线性计数率为 $10^5/s$，而噪声率为 $10^{-3}/s$ 时，在较长的测量时间内，探测器的动态范围可以接近 10^8。而对于线探测器或面探测器的动态范围，由于最大计数和最小计数可能同时在不同的像素中采集，因而定义会有所不同。这将在后续的章节中进一步讨论。

4.4 线探测器

X 射线线探测器包含一组具有相同大小、形状和特征的检测单元。检测单元称为像素，有时也称为通道。线探测器也称为一维探测器。另一个常用的术语是线性位敏探测器 (LPSD) 或者位敏探测器 (PSD)。PSD 还专门指一种基于气体正比计数器技术的线探测器。位敏探测器也可指面探测器。线探测器可同时检测一维分布的衍射线，因此线探测器在给定的 2θ 范围内收集衍射花样的速度，要比点探测器快得多。线探测器的每个像素都可以被视为具有有限有效区域的点探测器。在前面章节讨论的所有点探测器的特征同样适用于线探测器。与线探测器相关的其他特征将在后续的章节中予以讨论。

4.4.1 线探测器几何形状

线探测器的像素阵列可以排列为直线型或曲线型。图 4.6 说明了线探测器的两种像素排列形状。图 4.6(a) 为直线探测器。样品 S 与探测器之间的距离为 D，探测器与入射 X 射线之间的摆角为 α。每个像素 $P(x)$ 对应的 2θ 角为

$$2\theta = \alpha + \arctan \frac{x}{D} \tag{4.19}$$

式中，x 为像素 $P(x)$ 距离中心像素 $P(0)$ 的距离。直线型线探测器的整体 2θ 角覆盖范围表示为：

$$2\theta_{coverage} = 2\arctan \frac{L}{2D} \tag{4.20}$$

式中，L 是探测器区域的长度。可以看出，总的 2θ 覆盖范围取决于样品到探测器的距离，

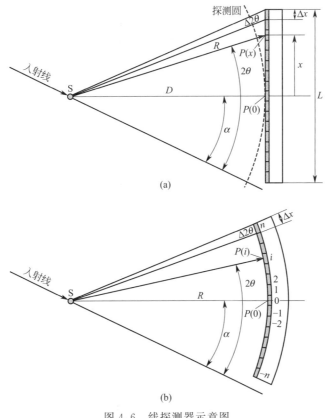

图 4.6　线探测器示意图

（a）直线型；（b）曲线型

距离越远，总覆盖范围越小。假定线探测器由像素按照阵列填充，像素尺寸 Δx 等于两个相邻像素中心的距离。像素 $P(x)$ 的像素尺寸对应的 2θ 角范围可由式(4.19)的一阶导数求出：

$$\Delta(2\theta) = \frac{D}{D^2 + x^2}\Delta x = \frac{D}{R^2}\Delta x \tag{4.21}$$

　　式中，R 是样品到像素 $P(x)$ 的距离。由上式可知，2θ 分辨率随着探测器距离的增加而提高。从式(4.20) 和式(4.21) 可以看出，线探测器在较近的距离可以覆盖更大的 2θ 角范围，而在较远的距离会有更好的 2θ 分辨率。

　　从式(4.21) 还可以看出，一个像素覆盖 2θ 角范围的变化取决于像素在探测器上的位置 x。距离探测器中心越远，该像素覆盖的 2θ 角范围越小。换句话说，一个像素覆盖的 $\Delta 2\theta$ 的大小与样品到像素距离的平方成反比。直线型探测器的这种特点也会带来一些负面影响。首先，即使在样品位置的点 X 射线源发出的辐射是均匀的，每个像素暴露在不同剂量的 X 射线光子下，探测器两端像素测到的强度将低于探测器中心像素测到的强度。为了使各像素点得到同等的强度增益，必须对强度进行归一化校正。其次，在仲聚焦几何的衍射仪中，直线型探测器可能会存在一些几何问题[14]。当直线型探测器位于检测圆切向位置时 ［图 4.6(a)]，只有中心像素位于检测圆上，而离焦引起的像差随着像素与中心位置距离的增加而增大。第三个不利的影响发生在使用直线型探测器进行连续扫描时，直线型探测器可以沿着衍射圆扫描整个 2θ 范围，而这个范围要比探测器覆盖的 2θ 角区域要大得多[15]。在连续扫描模式下，所有通过该 2θ 角位置的像素采集到的信号相加，从而得到该 2θ 角位置的总计数。

沿探测器方向 $\Delta 2\theta$ 分布的非线性导致了不同像素间的 2θ 角不匹配。因而需要数学上的校正或者在扫描模式下只使用探测器上的有限像素，以降低这种影响。

曲线型探测器可以克服上述所有问题，因为所有像素到样品的距离是相同的[16,17]。曲线型探测器的像素以样品为圆心，半径为 R 的圆排列 [图 4.6（b）]。探测器与入射 X 射线之间的摆角为 α。探测器中心的像素为 $P(0)$。第 i 个像素 $P(i)$ 对应的 2θ 为：

$$2\theta = \alpha + i\frac{\Delta x}{R} \tag{4.22}$$

式中，Δx 为像素的大小，每个像素对应的角度分辨率为：

$$\Delta(2\theta) = \frac{\Delta x}{R} \tag{4.23}$$

由于探测器的半径 R 是固定的，且每个像素尺寸相等，因此所有像素的 $\Delta 2\theta$ 是相同的。如果 $P(0)$ 上方的最大像素为 n，下方的最大像素是 $-n$，则探测器所有的像素个数 $N = 2n + 1$。曲线型探测器覆盖的 2θ 覆盖范围为

$$2\theta_{\text{coverage}} = (2n + 1)\frac{\Delta x}{R} = N\Delta(2\theta) \tag{4.24}$$

由上式可知，总 2θ 覆盖范围由像素的个数和半径 R 决定。但是曲线型探测器无法在权衡 2θ 范围和 2θ 分辨率之间，灵活地选择距离。不过曲线型探测器还是有很多优点的。由于沿探测器的 2θ 分布是线性的，因此不需要像直线型探测器那样去考虑远离中心位置像素的影响。而且如果所有的像素具有相同的特征，则所有像素的强度增益是相同的。探测器像素与衍射仪聚焦圆相匹配，因此所有的像素都能正确聚焦。在扫描模式下，不同像素之间也不存在 2θ 不匹配。而且曲线型探测器通常可在静止状态下覆盖整个 2θ 角范围。

在扫描模式下使用线探测器，不管是直线型探测器还是曲线型探测器，都需要在所需的衍射花样两端加上渐升周期和渐降周期。只有在渐升和渐降之间的 2θ 区域内，所有 2θ 角累计数据收集时间才是相同的。因而 2θ 角较小的探测器可能更适合扫描模式。另一种选择是在静止模式下，使用探测器的全部有效区域，而在扫描模式下只使用探测器的中心区域。

4.4.2　线探测器的种类

最近 30 年来，位敏正比探测器一直是最受欢迎的线探测器[14~19]。尽管线性位敏探测器通常可以指任何类型的线探测器，但大多数情况下，PSD 指的是线性敏感的正比探测器。位敏探测器的工作原理类似于气体正比计数器，只是在沿线方向多了一根长阳极线。最初，阳极线由石英纤维涂上一层薄薄的炭制成，后来采用了金属线，比如钨或者钼[18]。探测器腔体中充满了类似正比计数器的混合气体。在阴极和阳极之间施加电场，与阳极平行的腔体一侧用加长的 X 射线透明窗口密封（通常为铍箔），工作电压设置与正比计数器相同。入射 X 射线光子撞击气体原子，产生电子和正离子组成的电子对。在电场的作用下，电子快速加速向阳极线运动。更多的电子在电子运动的路径上产生，从而形成"雪崩"放大。每个电子"雪崩"都撞击到离初始电离最近的阳极导线位置，从而产生可检测的脉冲信号。与正比计数器中脉冲信号在导线的一端收集不同，PSD 正比室阳极在导线的两端读取信号。由于脉冲信号到达端点的时间很短，读出电子元件可以区分计数。两端读取时间的差异由脉冲信号在阳极导线上的位置决定，因此，X 射线的光子计数以及每个计数的位置都可以通过 PSD 系统测量。线形正比室也可以做成圆柱形。阳极导线和 X 射线窗口沿衍射仪聚焦圆弯曲成圆弧，从而使探测器可以覆盖很大范围的 2θ 角。

　　除了位敏探测器外，还有很多其他技术应用于线探测器和面探测器[20]。影像板（IP）主要用作二维探测器，但由于其动态范围高、几何形状灵活、空间分辨率好，也可作为一维探测器使用[19]。硅带探测器（SSD）是另一种线探测器，该探测器由在带状硅衬底上的 n-p 阵列二极管半导体传感器制成。与位敏探测器相比，SSD 探测器具有更高的动态范围。Panalytical 和 Bruker 公司分别提供了两种商业化的 SSD 探测器，X′Celerator^{TM} 和 Lynx-Eye^{TM}。SSD 探测器有很多优势，包括高空间分辨率（通常 60～100μm 的条距）、高计数率（可达 5×10^5 cps/条）、高检测效率（即使是 Mo 靶 X 射线）。与传统的点 X 射线探测器相比，SSD 探测器可 1 以将数据采集的速度提高约 100 倍。

　　线探测器的最新进展是由 Bruker AXS 公司于 2003 年引入的 mikrogap^{TM} 技术，它已被用于开发一维和二维探测器[21,22]，它包含一个平行的平板雪崩室和通过绝缘体从读出电极分离的电阻阳极。电阻阳极显著降低了电火花的数量以及电火花放电造成的影响。mikrogap^{TM} 的技术细节将在二维探测器一节中讨论。基于 mikrogap 技术线探测器的一个例子是 Bruker AXS 公司提供的 Våntec-1^{TM} 探测器，它的有效面积高达 50mm×16mm，量子检测效率大于 90%，它可以在能量分辨率小于 25% 的情况下，在较广能量范围内使用（5～17keV）。由于其高计数率（$>10^6$ cps）和低背景的特点（<0.01 cps/mm^2），它的动态范围可以达到 10^8。与位敏探测器相比，适当厚度的绝缘体将读出电极和阳极分离，降低了信号的空间分布，从而大大提高了空间分辨。图 4.7(a) 为配备 Våntec-1 探测器的衍射仪。图 4.7(b) 显示了 NH$_4$NO$_3$ 原位相变的研究结果。在每个温度点，每秒钟 58 次快速拍照，温度间隔是 3℃[23,24]。这个例子中衍射条纹的 2θ 角范围为 8°。

4.4.3　线探测器的特征参数

　　点探测器的大多数特征参数同样适用于线探测器，或者有相似的定义。探测量子效率、能量范围和能量分辨率遵循相同的定义。当每个像素被视为单独的点探测器时，用点探测器来定义探测器的线性度，可以用来描述像素的线性度。而点探测器的最大计数率则不足以描述线探测器。线探测器有三种不同的计数率，因此在比较线探测器时，必须对其有明确的定义。像素计数率是将每个像素视为点探测器时，每个像素的最大计数率。像素计数率的单位是每像素每秒的计数。局部计数率定义为探测器上单位面积的最大计数率。典型的单位是每秒每平方毫米的计数（cps/mm^2）。由于像素计数器中的像素在垂直于检测线的方向上可能有不同的大小，因而基于单位面积的局部计数率更适用于面探测器。全局计数率是测量探测器所有的像素或全部有效区域计数时的最大计数率。在理想情况下，每个像素或局部区域的计数率不受相邻像素或区域的入射 X 射线通量的影响。全局计数率 R_{global} 是全部的像素计数率 R_{pixel} 或局部计数率 R_{local} 之和。

$$R_{global} = NR_{pixel} = AR_{local} \tag{4.25}$$

　　式中，N 是像素的个数；A 是探测器的整个检测区域的大小。而实际上，大多数探测的全局计数率要远远小于像素计数率或局部计数率之和。

$$R_{global} \ll NR_{pixel}, R_{global} \ll AR_{local} \tag{4.26}$$

　　与点探测器的死区时间相似，线探测器同样也有死区时间。尽管线探测器的每个像素都视作一个点探测器，但线探测器的死区时间则必须将所有像素作为整体看待。比如，在 PSD 正比室阳极线不同位置采集的计数，必须在阳极线的两端读取。假设计数电子元件有瓶颈，局部计数率和全局计数率都受到相同的计数电子元件的限制。所有的入射 X 射线通

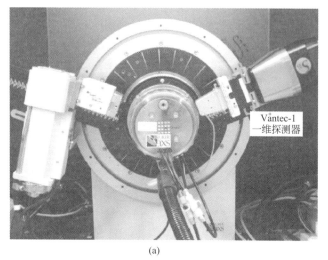

(a)

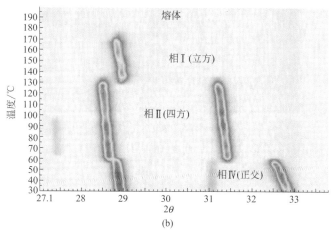

(b)

图 4.7　安装在衍射仪上的 Vântec-1 探测器（a）
和用该探测器研究 NH_4NO_3 的原位相变（b）（见彩图）

量集中在几个像素时测量的局部计数率，和入射 X 射线通量分散在整个区域时测得的全局计数率是相当的。比如 Vântec-1 探测器的局部计数率和全局计数率都是 $10^6\,cps$。在这种情况下，对于多个强的尖锐的衍射点，实际可实现的局部计数率就会受到全局计数率的限制。

线探测器的检测限基于每个独立的像素，因而和点探测器的定义相同，即在指定的置信水平内，探测器能区分出的真实计数的最小计数。线探测器的动态范围也与点探测器定义相同，但与点探测器不同的是，线探测器的动态范围扩展到从检测限到不同像素同时能够观测到的最大计数率。

线探测器还有几个其他特征参数。一是像素尺寸，线探测器的像素尺寸可以是探测器结构中的实际特征尺寸，例如硅带探测器的 n-p 二极管的尺寸，也可以由读数电子元件人为设置（气体 PSD 的像素就是由读取电子元件决定的，可以设置为不同的值）。线探测器的像素尺寸决定了两个相邻像素之间的距离以及衍射数据中的 2θ 步长。因此，像素尺寸也称为像素分辨率。然而，像素尺寸不一定代表探测器的空间分辨率或角度分辨率。线探测器的真实空间分辨率由线扩散函数或点扩散函数[25]决定。线扩散函数可以通过从狭缝中发出的狭窄线束来测量，通常表示为垂直于线束方向的强度剖面的半高宽。点扩散函数则通过针孔发出的狭小点光束来测量，由沿任意方向通过针孔图像中心的强度剖面的半高宽来表征。线扩散函数和点扩散函数也是面探测器的重要参数，这些将在下一节面探测器中详细讨论。

　　像素的探测器增益定义为像素测量计数与同一时间内像素入射光子的比值。该定义与不考虑噪声的探测量子效率相关。线探测器的像素增益可能由于探测器的缺陷而不同。这意味着即使探测器暴露在一个完全均匀的光源下，探测器检测到的强度也会有非均一性的分布。例如，阳极导线的不均一可能导致 PSD 正比室出现效率降低的区域，或者延迟线的衰减也会导致沿探测区域检测效率的下降[16]。为了得到正确衍射花样的强度分布图，需要对其进行平面场校正。平面场校正有多种算法，最简单的方法是通过平面场剖面生成的校准图来对所有像素强度进行归一化。平面场剖面从均一光源收集。扫描模式下使用线探测器时，不需要进行平面场校正，因为所有像素都参与了每个数据点的测量，平均了探测器的增益变化。

　　如果探测器的像素尺寸或者像素-像素之间的间距沿探测器发生变化，则可能出现几何失真。这种情况下，必须对原始数据应用反失真场进行空间校正。几何失真也称为探测器的线响应度或者探测器的 2θ 线性度[16]。探测器的空间线性不应与探测器或像素计数曲线的线性相混淆。2θ 位置与检测通道之间的关系可以通过一系列已知的 2θ 峰值及对应通道的校准数据进行最小二乘拟合得到。由该线性响应函数可以计算出每个通道对应的准确 2θ。

4.5　面探测器的特征参数

　　二维面探测器是二维 X 射线衍射的核心。二维探测器技术的进步促进了 X 射线成像及 X 射线衍射应用的发展。面探测器由二维阵列的检测单元组成，它们通常具有相同的形状、大小和特征。检测单元称为像素。位敏探测器常用于表示线探测器，但如果指定了二维特征，PSD 同时也可以指面探测器。面探测器可以同时测量衍射 X 射线的二维分布。因此，面探测器也可以称为 X 射线照相机或成像仪。面探测器的技术种类有很多种[26~28]。X 射线照相底片是第一代二维 X 射线探测器。30 年前，胶片是最常用的 X 射线检测介质。胶片具有较大的有效面积和良好的空间分辨率，材料成本低。但由于动态范围小，化学处理过程中的变形，以及使用微密度计进行数字化处理非常烦琐等缺点，使其在 X 射线检测领域中应用逐渐减少。目前，最常用的面探测器包括多丝正比探测器（MWPC）、影像板（IP）、电荷耦合探测器（CCD）和微隙探测器[21,22]。近年来，许多新的二维探测器技术迅速发展，其中比较突出的是互补金属氧化物半导体（CMOS）探测器和像素阵列探测器（PAD）。每种探测器类型都有优于其他类型的优点。为了在二维 X 射线衍射系统和应用中正确选择面探测器的类型，必须对面探测器的参数进行一致性和可比性的表征。下面将对常用的探测器技术进行介绍，并在本节最后对这些面探测器的特征参数进行总结。

　　点探测器和线探测器的大多数特征参数在面探测器中都适用，并有类似的定义。探测量子效率、能量范围和能量分辨率都遵循相同的定义。当每个像素视为单独的点探测器时，用点探测器来定义探测器的线性度，可以用来描述像素线性度。与线探测器相同，点探测器的最大计数率不足以描述面探测器。面探测器有三种不同的计数率，因此在比较面探测器时，必须对其有明确的定义。线探测器的三种计数率（局部、像素和全局计数率）同样适用于面探测器。面探测器的检测限也基于每个单独的像素，与点探测器的检测限定义相同，即在指定的置信水平内，探测器能区分出的真实计数的最小计数。面探测器的动态范围也与点探测器定义相同，但与点探测器不同的是，面探测器的动态范围扩展到从检测限到不同像素同时能够观测到的最大计数率。为了记录整个二维衍射图，需要探测器的动态范围至少是衍射图像的动态范围。在大多数应用中，动态范围通常在 $10^2 \sim 10^6$ 之间。如果衍射强度的范围超过了探测器的动态范围，则探测器要么饱和，要么低强度的衍射花样会被截断。因此，探测器需要有尽可能大的动态范围。

4.5.1　有效面积和角度覆盖范围

如第 2 章所述，理想探测器的定义为检测表面能够覆盖 4π 立体角完整衍射空间的探测器。而实际探测器的检测表面都是有限的。检测表面可以为球面、柱面或平面。球面型和柱面型探测器通常需要固定样品到探测器的距离，而平面型探测器能够灵活调整样品到探测器的距离，长距离可获得更好的分辨率，短距离可获得更大的角度覆盖范围。探测器表面的形状同时也由探测器技术决定。例如对于半导体晶片制成的 CCD 探测器，只有平面的 CCD 可用。而影像板是柔性的，所以可以制成柱面形状。微隙探测器通常视为平板探测器，尽管它也可以通过阵列技术制成曲面。

探测器表面也称作有效面积。有效面积是二维探测器最重要的参数。探测器有效面积越大，在同样的样品-探测器距离下就可以覆盖更大的立体角。当仪器或样品尺寸无法使用较近的样品-探测器距离时，这一点尤为重要。例如，用于原位表征的数据收集，必须使用特定的样品台获取衍射图案，比如相变、变形或化学反应。用小的二维探测器扫描的方式覆盖期望的衍射图案，可能会发生误导，因为衍射图案不是在同一时间采集的，衍射图的不同部分可能代表材料相变的不同阶段。样品环境室或特殊的样品台，比如加热台和样品装载台，也同样阻碍了使用较近的探测距离。

探测器有效面积受到探测器技术的限制。比如，CCD 的有效面积受到半导体晶片尺寸和制造技术的限制。利用大的缩倍光学透镜或光纤可以获得更大的有效面积。增大有效面积的另一种方式，是将多个 CCD 芯片或探测器模块并排，从而构建所谓的镶嵌组合探测器。气体探测器，例如多线程探测器和微隙探测器，可以制成较大有效面积的探测器。

二维探测器的角度覆盖范围由探测器的大小以及样品-探测器距离决定。图 4.8 展示了三个有效面积为 14mm×14mm，28mm×28mm 以及 140mm×140mm 的探测器的角度覆盖情况。在 150mm 的探测器距离（D），三个探测器的角度覆盖范围分别为 $5.3°$、$10.7°$

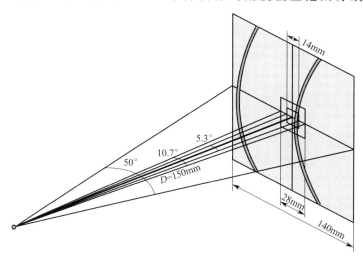

图 4.8　三种不同有效面积二维探测器的角度覆盖范围

和 $50°$。

　　二维探测器的角度覆盖范围也可以在衍射空间中用 2θ 角或 γ 角来评价。图 4.9 为实验室（仪器）坐标系的矩形平板二维探测器。L 是探测器的宽度（衍射仪平面上的尺寸），H 是探测器高度（与衍射仪平面垂直方向的尺寸）。衍射仪平面的 2θ 角覆盖范围（$\Delta 2\theta$）为

$$\Delta 2\theta = 2\arctan\left(\frac{L}{2D}\right) \tag{4.27}$$

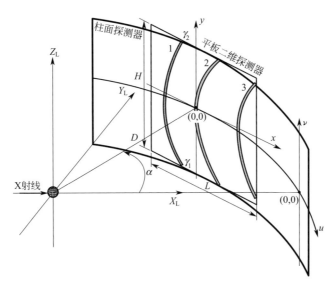

图 4.9　矩形平板二维探测器和柱面探测器的 γ 角覆盖范围

　　γ 角的覆盖范围（$\Delta\gamma$）更复杂，它由探测器距离 D、探测器尺寸 H 和 L、布拉格角 2θ、摆角 α 共同决定。任意衍射环位于探测器的上下边缘之间。为了获得平板探测器的 $\Delta\gamma$ 覆盖范围，首先需要通过下面的隐函数的＋号和－号分别计算 γ_1 和 γ_2：

$$H = \pm\frac{2D\sin2\theta\cos\gamma}{\cos\alpha\cos2\theta - \sin\alpha\sin2\theta\sin\gamma} \quad \begin{cases} 0\leqslant\gamma<\pi \ ,\alpha\leqslant0 \\ -\pi<\gamma<0 \ ,\alpha>0 \end{cases} \tag{4.28}$$

或者写成 γ_1 和 γ_2 的隐函数，即：

$$H(\cos\alpha\cos2\theta - \sin\alpha\sin2\theta\sin\gamma_1) + 2D\sin2\theta\cos\gamma_1 = 0 \tag{4.29}$$

$$H(\cos\alpha\cos2\theta - \sin\alpha\sin2\theta\sin\gamma_2) - 2D\sin2\theta\cos\gamma_2 = 0 \tag{4.30}$$

于是可得，

$$\Delta\gamma = |\gamma_2 - \gamma_1| \tag{4.31}$$

柱面探测器（加粗显示）有固定高度 H、γ_1 和 γ_2 可以通过下列两个显式方程给出

$$\gamma_1 = \frac{u}{|u|}\arccos\frac{H}{\sin2\theta\sqrt{4D^2+H^2}} \tag{4.32}$$

$$\gamma_2 = \frac{u}{|u|}\arccos\frac{-H}{\sin2\theta\sqrt{4D^2+H^2}} \tag{4.33}$$

　　式中，D 为柱面探测器的半径，它和平板探测器中样品到探测器的距离是等同的。展平的柱面探测器图像上的像素或点的坐标为 u 和 v。于是可得

$$\Delta\gamma = |\gamma_2| - |\gamma_1| = \arccos\frac{-H}{\sin2\theta\sqrt{4D^2+H^2}} - \arccos\frac{H}{\sin2\theta\sqrt{4D^2+H^2}} \tag{4.34}$$

考虑到 γ_1 和 γ_2 是 90°对称的，上式可简化为

$$\Delta\gamma = 2\arcsin\frac{H}{\sin2\theta\sqrt{4D^2+H^2}} \tag{4.35}$$

在使用二维探测器典型的测量配置中，摆角不管是正还是负，都设定在 2θ 角附近，比如衍射环 2 的位置（$|\alpha=2\theta|$）。所以平板探测器和柱面探测器之间的偏差很小，特别是在探测器尺寸 H 远小于 D 时。在这个例子中，平板探测器的 $\Delta\gamma$ 也可以用上述公式近似获得，误差可以忽略。

图 4.9 中的衍射环 3，如果衍射环在探测器一侧截断了，特别是对于低 2θ 角度的衍射环和小的横纵比的探测器，γ 角的范围可能会受到探测器宽度 L 的限制。当 γ 角的范围受到探测器宽度限制时：

$$\Delta\gamma = 2\arccos\frac{\cos2\theta(2D\sin\alpha+L\cos\alpha)}{\sin2\theta(L\sin\alpha-2D\cos\alpha)} \tag{4.36}$$

当探测器宽度 L 较小并成为限制因素时，$\Delta\gamma$ 可采用小于 2θ 的摆角来增大。

$$2\theta - \arctan\frac{L}{2D} < |\alpha| < 2\theta \tag{4.37}$$

为了最大限度扩大 2θ 和 γ 角的覆盖范围，矩形平板探测器可以在衍射系统中以两个方向安置。当较长的一边平行于衍射平面时，称作 2θ 优化模式。而当较长的一边垂直于衍射仪平面时，称作 γ 优化模式。图 4.10 显示了尺寸为 77.2mm×38.6mm 的 Eiger2R 500K^{TM} 探测器在不同探测器距离和取向时，γ 和 2θ 对应的函数关系。点画线是在 γ 优化模式下，100mm 的探测器距离和 $2\theta=|\alpha|$ 时，通过隐函数计算的 γ 和 2θ 之间的函数关系。虚线是柱面探测器通过显式方程近似获得。两个曲线在大多数 2θ 范围内都基本重叠，但在 2θ 小于 25°或大于 155°时，柱面探测器能够收集完整的衍射环，而平板探测器在一边截断。对于探

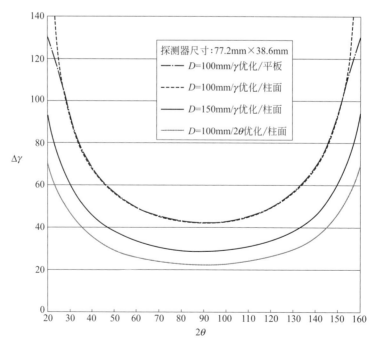

图 4.10　不同探测器距离和取向时，2θ 与 γ 的函数关系

测器距离在 $D=150\mathrm{mm}$（γ 优化模式）和 $D=100\mathrm{mm}$（2θ 优化模式），$\Delta\gamma$ 对 2θ 曲线可以通过柱面探测器的公式计算获得，误差可以忽略。通常，在 $2\theta=90°$ 时，$\Delta\gamma$ 覆盖范围最小，在 2θ 减小或增大时，$\Delta\gamma$ 都会变大。

4.5.2　重量和尺寸

除有效面积外，探测器的总重量和尺寸对面探测器的性能也很重要。探测器的重量必须由测角仪支撑，所以越重的探测器意味着对测角仪尺寸和力量的要求越高。在垂直配置下，重探测器还需要一个重量相当的平衡块来平衡转动齿轮。面探测器的整体尺寸包括高度、宽度和深度。这些参数决定了衍射仪中探测器的可操作性，特别是配备了很多附件的衍射仪，比如视频显微镜和样品装载装置。面探测器的另一个容易被忽略的重要参数是探测器有效面积周围的空白边缘。图 4.11 显示了探测器最大可测量的 2θ 角和探测器的空白边缘间的关系。对于高角度的 2θ 角测量，探测器需要摆动使得入射 X 射线光学部件尽可能接近探测器。此时探测器的最大摆角为 $\alpha_{\max}$，最大可测角为 $2\theta_{\max}$。无法测量的空白角由探测器的空白区域和光学部件空白边缘 h（即从入射 X 射线光束到 X 射线光学部件出口表面的尺寸，包括准直器或光路）来决定。最大可测量角为：

$$2\theta_{\max}=\pi-\frac{m+h}{D}\tag{4.38}$$

可见，不管是减少探测器空白边缘还是减少光学部件空白边缘，都能够增加最大可测量的 2θ 角。对于相同的探测器和光学部件，增大探测器距离可以增加最大可测量角，但却牺牲了探测器的角度覆盖范围。

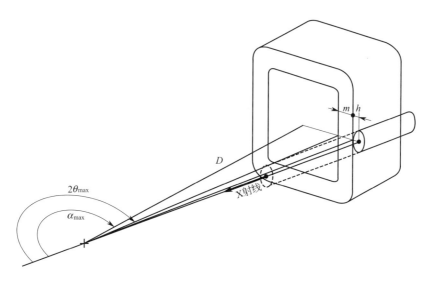

图 4.11　探测器维度和最大可测量 2θ 角

4.5.3　像素角度覆盖范围

平板探测器的样品到像素的距离取决于像素在探测器上的位置。因而每个像素覆盖的立体角也随着像素位置的变化而变化。图 4.12 显示了像素在探测器上的位置与其覆盖的立体角之间的关系。其中，样品 S 和探测器之间的距离为 D。y 轴上，与中心位置 $P(0,0)$ 距离为 y 的像素 $P(0,y)$，其像素的大小是 Δx 和 Δy（$\Delta x=\Delta y$）。样品到像素之间的距离是 R'，像素在 y 轴方向覆盖的角度范围为 $\Delta\beta$，它可以用类似式（4.21）的公式表示：

$$\Delta\beta = \frac{D}{D^2 + y^2}\Delta y = \frac{D}{R'^2}\Delta y \tag{4.39}$$

该像素在 x 轴方向上覆盖的角度范围 $\Delta\alpha$ 可以简单表示为：

$$\Delta\alpha = \frac{\Delta x}{R'} \tag{4.40}$$

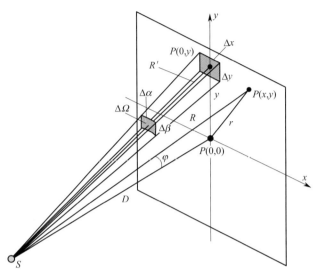

图 4.12   由平板探测器示意的像素立体角范围与其在探测器上位置的关系

该像素覆盖的立体角 $\Delta\Omega$ 为：

$$\Delta\Omega = \Delta\alpha \times \Delta\beta = \frac{D}{R'^3}\Delta y \times \Delta x = \frac{D}{R'^3}\Delta A \tag{4.41}$$

这里 $\Delta A = \Delta x \times \Delta y$，是像素的面积。可以证明该公式适用于任意位置的像素 $P(x, y)$。唯一不同的是像素到样品的间距 R' 需要由 R 来代替：

$$R = \sqrt{D^2 + x^2 + y^2} = \sqrt{D^2 + r^2} \tag{4.42}$$

当使用均一校正的光源时，像素 $P(x, y)$ 处的光通量为：

$$F(x, y) = \Delta\Omega B = \frac{\Delta ADB}{R^3} = \frac{\Delta ADB}{(D^2 + x^2 + y^2)^{3/2}} \tag{4.43}$$

式中，$F(x, y)$ 是像素检测到的光通量（光子/s）；B 是光源的亮度［光子/ $(s \cdot mrad^2)$］。像素 $P(x, y)$ 处的光通量与中心位置 $P(0, 0)$ 处的比为

$$\frac{F(x, y)}{F(0, 0)} = \frac{D^3}{R^3} = \frac{D^3}{(D^2 + x^2 + y^2)^{3/2}} = \cos^3\varphi \tag{4.44}$$

式中，φ 角是 X 射线到像素 $P(x, y)$ 和 X 射线到像素 $P(0, 0)$ 之间的夹角。因子 $\cos^3\varphi$ 代表相对于中心像素强度的衰减。可以看出样品-探测器之间的距离越大，在均一光源下，中心像素和边缘像素的光通量差别越小。这是在样品-探测器距离较小的情况下在边缘和中心收集的数据差别较大的主要原因。

如果探测器各像素之间的增益不同，或者像素偏离指定像素位置距离的不同（空间扭曲），几何变形同样也会在面探测器上发生。探测器增益的变化可以在均一辐射光源下用平面场校正的方法来校正。平面场的算法取决于探测器的类型。在平面场校正之后，同样的光

源下，所有的像素应该有相同的计数。将反畸变场应用到原始数据中可以校正空间扭曲。几何失真也称为空间的线性度。这个概念不要与探测器或像素计数曲线的线性度相混淆。通过测量基板上所有针孔的质心位置，可以确定被测像素位置和真实像素位置之间的关系，并生成可查的表，从而计算出每个像素的精确位置。关于平面场校正和空间校正的更多细节将在第 6 章中讨论。

4.5.4　面探测器的空间分辨率

面探测器的空间分辨率取决于两个参数：一是像素的尺寸。像素是数字图像中的点信息单元。像素（pixel）这个术语是图像单元（picture element，pix 和 el）的缩写。原则上，每个像素都不是真的一个点或者正方形，而是一个抽象的取样点。比如，在一张图片中，像素由它在图像中的位置和像素的内容决定。像素的内容可以是单个变量，比如黑白图像中的亮度，也可以是彩色图像中的三个变量，比如红色、绿色和蓝色。二维 X 射线衍射图，就相当于一幅图像，每个像素包含探测器采集到的与像素单元相对应的 X 射线的强度。面探测器像素的尺寸可以由探测器的结构实际特征大小决定或相关，也可以通过读出电子元件或数据采集软件人为决定。很多探测器技术允许对像素尺寸进行设置。在衍射图像中，像素尺寸由实际探测器的有效面积和图像中的像素个数给出。比如，10.5cm 直径的 Hi-Star^{TM}（MWPC）收集 1k×1k（1024×1024）的图像，那么像素的尺寸大约是 $100\mu m \times 100\mu m$。同样的探测器也可以采集 512×512 像素的图像，这时像素的尺寸大约是 $200\mu m \times 200\mu m$。面探测器的像素尺寸决定了两个相邻像素之间的距离，也决定了衍射数据中最小的角阶数，因此像素尺寸也称为像素分辨率。

然而像素尺寸不一定代表真正的空间分辨率或探测器的角度分辨率。面探测器的分辨能力是它能够测量衍射图中的点之间的角度分离度的能力。面探测器的分辨能力最终受到其点扩散函数（PSF）的限制[29]。点扩散函数是面探测器对小于一个像素的平行点光束的二维响应。当狭窄的平行点光束打到探测器上时，不仅光束覆盖的像素记录计数，它周围的像素在一定程度上也在计数。这种现象就如同观察到点光束扩散到了击中点的周围区域一样。换句话说，点扩散函数给出了一个概率密度的分布，即 X 射线光子也被直接击中点周围的像素记录下来。因此，它也被称为空间再分配函数。图 4.13(a) 中显示了平行点光束产生的点扩散函数。最大强度一半的位置有一个与点扩散函数的横截面，半高宽可以在任意方向通过截面的质心测量。一般来说，点扩散函数是各向同性的，所以半高宽在各个方向上应该也是相同的。

利用小的平行点光束直接测量点扩散函数是很困难的，因为小的点扩散函数点覆盖了几个像素，很难与热像素或者其他探测器缺陷分开。相反，线扩散函数（LSF）可以用来自狭缝的尖锐线光束来测量[25]。图 4.13(b) 是尖锐线光束的强度剖面图。沿着线方向对线光束得到的图像进行积分，可以获得线扩散函数。线扩散函数可以通过积分剖面的半高宽来描述。理论上，线扩散函数和点扩散函数的剖面是不等同的，但是在实践中通常不区分，在探测器的参数中可以替换使用。因为积分覆盖了多个像素，因而测量被热或者其他探测器缺陷影响的可能性更小。当线光束与探测器像素阵列完全对齐时，线扩散函数的剖面上就只有几个像素。为了精确测量线扩散函数，线光束会故意定位在与像素阵列的正交方向有一定倾斜的角度，这样线扩散函数在积分剖面时就可以有更小的步长[30]。图 4.13(c) 展示了另一种测量点扩散函数的方法。当将各向同性的光源置于样品位置时，在探测器的前方放一个剃刀刀片，再去测量 X 射线图。通过对垂直于阴影的强度积分，获得光强度积分剖面图。点扩散函数和半高宽由积分强度剖面的一阶导数（虚线）测量。上述三种方法得到的点扩散函数的半高宽不一定相同，因而在引用点扩散函数的半高宽时，必须给出测量的方法。

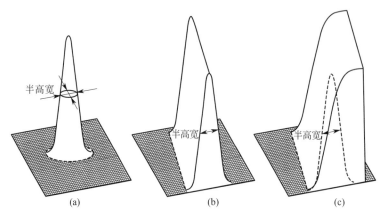

图 4.13　平行点光束的点扩散函数（a）、尖锐线光束的线扩散函数（b）
和来自剃刀刀片图像的积分强度曲线（虚线）的一阶导数(c)

　　均方根（RMS）是另一个常用来描述点扩散函数的参数。常见的分布，也称为高斯分布，是点扩散函数的最常见形状。高斯分布的均方根是它的标准差 σ。因而，假设点扩散函数是高斯分布，FWHM（半高宽）和 RMS 会有以下关系

$$\mathrm{FWHM}=2\sqrt{-2\ln(1/2)}\,\mathrm{RMS}=2.3548\mathrm{RMS} \tag{4.45}$$

　　半高宽和均方根的数值明显不同，所以在给出点扩散函数的数值时，知道其是通过哪个参数给出的十分重要。

　　目前，一些最新的固体探测器的点扩散函数可以做到一个像素。对于很多具有连续有效区域的二维探测器，比如 MWPC 和微隙探测器，像素的尺寸是通过读出电子元件或数据采集软件人为决定的。为了充分利用这种类型的二维探测器的分辨能力，像素尺寸应当小于点扩散函数的半高宽。像素尺寸应该足够小，使得中心像素相邻的像素可以观察到距离点扩散函数中心至少 50% 的下降。在实践中，如果较小的像素没有其他不利影响，则半高宽是像素尺寸 3~6 倍时最佳。进一步减小像素尺寸并不一定能够提高其分辨率。

4.5.5　像素数目和角度分辨率

　　相应于大的有效面积，像素的总数目也十分关键。与典型的数码相机的概念相同，百万像素是二维探测器最重要的参数。对于如何使用二维探测器在更短的距离获得更高的角度覆盖范围，或者在更大的距离获得更高的分辨率，仍然存在很多争议。但是，不可否认的是，探测器距离越远就意味着更小的角度覆盖范围，距离越近意味着更差的角度分辨率。二维探测器的最佳使用方案取决于其衍射图上的像素总数。图 4.14 显示了与图 4.8 中三个同样的二维探测器。大二维探测器的像素格式为 2048×2048，像素尺寸为 68μm，总像素个数有 4.2 兆（MP）。在 $D=150$mm 时，每个像素的角度分辨率为 0.026°。两个小的二维探测器的像素格式为 256×256（0.066MP）和 512×512（0.26MP），尺寸分别为 14mm 和 28mm。要获得同样的角度覆盖范围，14mm 的探测器的距离必须是 15mm，而 28mm 的探测器的距离必须是 30mm。尽管两个小探测器的像素尺寸只有 55μm，但是每个像素的角度分辨率却分别仅有 0.21° 和 0.11°。在同样的角度分辨率下，两个小二维探测器的角度分辨率比大探测器差了很多。除了角度分辨率很差之外，在实际操作中，也很难把探测器放在离样品这么近的距离上，因为不管是测角仪、样品台还是环境台都需要一定的操作空间。

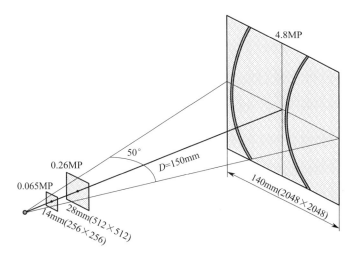

图 4.14　三个不同有效面积二维探测器的全部像素数（MP）

4.5.6　二维衍射仪的角度分辨率

二维衍射仪的角度分辨率不仅取决于像素尺寸和二维探测器的点扩散函数，也受到很多其他因素的影响，比如 X 射线光学系统造成的仪器展宽，包括光束尺寸、光束形状和发散度。

角度分辨率同时也指的是 2θ 角和 γ 角的分辨能力。因为探测器 x 轴方向上（衍射仪平面上）的角度覆盖范围和角度分辨率与探测器的大小和像素尺寸有更直接的关系，因而通常基于 2θ 分辨率来分析角度分辨率。2θ 分辨率也是衍射仪最重要的参数之一。如果点扩散函数和其他光学部件带来的展宽效应可以由高斯函数显示 [图 4.15(a)]，整体的空间分辨率是两个方程的卷积：

$$\mathrm{FWHM}_{全部}^2 = \mathrm{FWHM}_{PSF}^2 + \mathrm{FWHM}_{光学}^2 \tag{4.46}$$

如果探测器的点扩散函数为一个像素，则 FWHM_{PSF} 可以用像素尺寸来替换。整体分辨率、点扩散函数和光学部件之间的关系可以简单地由 Pythagorus 方程给出，如图 4.15(b) 中

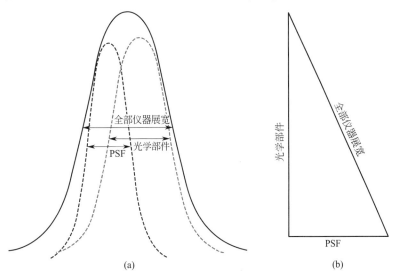

图 4.15　点扩散函数和 2θ 分辨率

(a) PSF、光学部件和全部仪器展宽的 PSF；(b) 分辨率三角形

的直角三角形。因此，如果仪器光学系统的半高宽在整体分辨率中起主导作用，那么减少点扩散函数的半高宽就不能显著提高分辨率。2θ 角分辨率由整体空间分辨率和样品到探测器的距离两方面决定。可以检测并分离的两个相邻衍射之间的最小角度（以弧度为单位）为：

$$\Delta 2\theta = \text{FWHM}_{全部}/D = \sqrt{\text{FWHM}_{\text{PSF}}^2 + \text{FWHM}_{光学}^2}/D \tag{4.47}$$

如果 $\text{FWHM}_{光学}$ 随着探测器距离的变化而变化，例如对于非平行 X 射线光束，必须使用特定距离下的光学展宽 $\text{FWHM}_{光学}(D)$。如果光学展宽仅为平行光束的尺寸，则 $\text{FWHM}_{光学}$ 可以视为与探测器距离无关的常数。例如，在一个衍射仪中，光束大小为 $500\mu m$ 的平行光，探测器点扩散函数为 $200\mu m$，$\text{FWHM}_{全部}$ 则为 $538.5\mu m$。当探测器距离为 $150mm$ 时，2θ 角的分辨率为 $0.205°$。如果用点扩散函数为 $50\mu m$ 的探测器替换，则 $\text{FWHM}_{2\theta}$ 变为 $502.5\mu m$，2θ 角的分辨率为 $0.192°$。虽然点扩散函数从 $200\mu m$ 减小到 $50\mu m$，但是 2θ 分辨率仅仅从 $0.205°$ 提高到 $0.192°$，其提高并不如预期的明显。但是增加探测器距离可以显著提高 2θ 角分辨率。如果在同样 $\text{FWHM}_{全部} = 538.5\mu m$ 时，将探测器距离增加到 $D = 600mm$，2θ 角分辨率可以提高到 $0.051°$。上式给出的 2θ 角分辨率是在探测器的中心评估的。对于远离中心的像素，由于像素到探测器的距离增加，所以离中心越远的像素，角度分辨率越高。如果探测器的距离足够远，则中心像素和边缘像素角度分辨率之间的差异可以忽略不计。上述两个公式给出的 2θ 角分辨率可以视为在特殊设置下的角度分辨率下限。实践中，其他所有的条件都相同时，使用更大的二维探测器和更远的距离始终是获得高角度分辨率的首选方式。大多数二维小角散射系统都是这种情况。

尽管减小入射光束尺寸或降低点扩散函数都可以获得高分辨率，但是这仅适用于晶粒均匀、随机取向分布的细粉或多晶材料。光束尺寸越小，有效采集样品体积越小，导致采样统计量越差。同时在入射光束通量密度相同时，光束尺寸减小也会导致入射光子数减少。图 4.16 显示了（a）、（b）两个系统入射光束尺寸和有效衍射体积之间的关系。系统（a）中的光束尺寸、探测器尺寸以及像素尺寸（或点扩散函数）均为系统（b）的两倍。这两个系统将实现相同的角度分辨率，但系统（b）的有效衍射体积只有系统（a）的四分之一。换句话说，系统（a）的受辐照体积中的晶粒数量是系统（b）的四倍。对于大多数应用，由于具有更好的采样统计量，因而首选系统（a）。

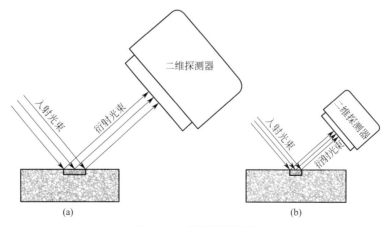

图 4.16　有效衍射体积

（a）大的光束、PSF 和探测器尺寸；（b）光束、PSF 和探测器尺寸以及探测器距离均减半

随着探测器技术的进步以及其他性能的提高，可以进一步减小像素尺寸和点扩散函数。但是样品的微结构决定了检测的极限。对于大多数实验室衍射系统，入射 X 射线尺寸为 $50\sim1000\mu m$，因此合理的像素或点扩散函数尺寸在 $50\sim200\mu m$ 范围内。除一些特殊的应用外，不必进一步减小像素或点扩散函数尺寸到 $50\mu m$。例如，对于小角 X 射线散射系统，通常首选具有较大二维探测器和光束尺寸以及长的探测器距离。对于相同的有效面积，小的像素尺寸同时也意味着大量的传输、储存和数据处理，这可能会适得其反。一些探测器允许将较小的像素绑定为较大的像素，从而减小衍射帧文件的大小。

4.6　面探测器的类型

类似于点探测器和线探测器，面探测器可以分为两个大类：光子计数探测器和积分探测器[31]。光子计数面探测器也称为数字 X 射线成像仪，可以检测进入有效区域的单光子。在光子计数面探测器中，每个 X 射线光子被吸收然后转变为电子脉冲，单位时间内计算的脉冲个数与入射的 X 射线通量成正比。光子计数面探测器通常在低计数率下，具有接近 100% 的计数效率。最常用的光子计数面探测器包括多丝正比探测器（MWPC）、像素阵列探测器以及微隙探测器。积分面探测器，也称模拟信号 X 射线成像仪，可以测量由 X 射线通量转换而来的模拟电信号来记录 X 射线的强度。每个像素的信号大小与入射 X 射线的强度成正比，最常用的积分面探测器包括影像板（IP）、电感耦合探测器（CCD）和电荷积分像素阵列探测器（CPAD）。本节简要介绍几种常用探测器的工作原理和性能。

4.6.1　多丝正比（MWPC）探测器

多丝正比探测器，也称二维位敏正比计数器，是 40 多年前开发的一种检测技术[31~35]。它是一种气体光子计数探测器，由一个 X 射线正比室，一个前置放大器和解码电子元件组成。图 4.17 显示了该类探测器（Bruker Hi-Star™）的剖面图。其工作原理与气体正比计数器相似，只是多了一个二维多线网格的阳极和阴极，网格由三个平行的平面电极组成，电极由平行的金属线阵列组成。三个平面电极的阳极层夹在两层阴极之间，形成三明治结构。

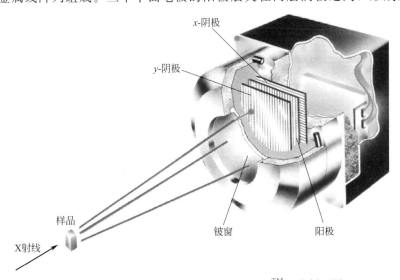

图 4.17　MWPC 探测器（Bruker Hi-Star™）的剖面图

一层阴极线在水平方向（x-阴极），另外一层在竖直方向（y-阴极）。电离室充满电离气体，压力从一个大气压到几个大气压。Hi-Star 探测器采用了 4atm（1atm＝1.01×10^{5}Pa）的 Xe/CH$_4$ 混合气体。在低计数率下，铍窗衰减是探测器检测效率的唯一损失。Hi-Star 的铍窗对 8keV（CuK$_\alpha$）X 射线有 80％的透过能力，且允许加压操作。当 X 射线光子进入探测器时，与靠近前窗的氙气相互作用，使气体电离，形成一个 $1\sim2\mu m$ 的初级电子区域。这个区域的电子数与入射 X 射线的能量成正比。电场将这些电子从靠近铍窗的区域加速通过漂移区到达阳极。电子在平均自由路径上获得足够的能量使更多的气体电离。这些新产生的电子也会向阳极漂移，同时电离更多的气体原子。在这个过程中，次级电子的"雪崩"可以产生 $10^{3}\sim10^{4}$ 的增益。每一次电子雪崩的信号撞击阳极导线，产生一个可检测到的脉冲信号，继而被计数电子元件接收。Hi-Star 的检测网格由两个极细阴极平面以及位于之间的细线阳极平面组成。电子云通过第一个阴极面，在被阳极线表面接收时，电子云放大了 2000 倍。电荷团足以在阳极两侧的阴极导线上产生一个可检测的脉冲，并分布在几根导线上。该雪崩信号的中心位置可由水平和垂直导线计算，其精度明显优于导线的间距。

　　与传统的正比计数器类似，MWPC 具有有限的局部计数率和全局计数率。局部空间电荷是在阳极线附近的雪崩过程产生的，并漂移到阴极从而中和，这个过程需要几微秒的时间。因此，局部计数率受到离子采集时间的限制。减少阴极层和阳极层的导线间距，以及减小阴极层和阳极层之间的间距，可提高局部计数率，但是也很难达到 10^{4}cps/mm^{2} 以上，而典型的局部计数率为 10^{3}cps/mm^{2}。每个计数的读取同样需要一些时间，通常是几微秒，这是整个探测器的死区时间。由于这个死区时间，全局计数率也是有限的。通过设置探测器的多个电子隔离组件的并进进程，可以提高全局计数率，就好像把探测器分为独立探测器的阵列一样。类似于传统的正比计数器，死区时间不仅限制了全局计数率，同时也限制了探测器的线性度。由于高计数率下的计数丢失，探测器的量子效率随着计数率增加而减小。

　　对于那些不需要高计数率的 X 射线衍射应用，MWPC 探测器有很多优势，比如较大的有效面积、高探测量子效率、单光子的灵敏度、实时读出、对磁场不敏感、空间分辨率好、动态范围大、噪声低等。这些优点让 MWPC 探测器非常适合用于带有封闭靶或转靶 X 射线发生器的实验室系统。当特别需要高灵敏度和高速度时，它也是微区衍射和高通量衍射筛选的首选探测器。例如 Bruker AXS 生产的 Hi-Star^{TM} 面探测器的成像面积大（直径 10.5cm），它对 $3\sim15$keV 能量范围的 X 射线灵敏度很高，是真正的光子计数探测器，其探测量子效率约为 80％，其余将近 20％的损失是由于铍窗的吸收造成的。它可以收集 1024×1024（或 512×512）像素格式的衍射图，像素尺寸为 $100\mu m$（或 512×512 时，为 $200\mu m$）。模拟信号处理电子元件位于探测器后面，并且噪声非常低，允许在电荷增益（2000）的条件下获得高空间分辨率（$200\mu m$）。位置解码电路将探测器的模拟信号转换为每个 X 射线光子的 xy 位置的数值。其数据通过 32 位宽的并行数据链传输到缓存电脑，允许衍射图实时显示，或存储为 512×512 或者 1024×1024 像素格式的衍射图。每个像素有 16 位的数据。因为探测器是密封的，氙气管可稳定使用多年，通常不需要调整其电路，但是在不同能量的 X 射线下使用，仍然需要调整探测器的偏压。Hi-Star 有两个预置的偏压设置，通常一个用于给定的 X 射线光源，另一个用于校正源，两者可以手动或者自动选择切换。

4.6.2　影像板（IP）

　　影像板是富士公司首先开发的用于 X 射线照相机的二维探测器，后来广泛应用在 X 射线衍射领域[36~40]。影像板在很多方面类似于照相底片，区别在于不需要暗室处理，就可以显示记录 X 射线图像。典型的影像板由荧光粉和图像读取器组成。荧光粉包埋在有机黏合剂中，从而形成柔性板。在 X 射线衍射系统中，影像板可以像照相底片一样安装。当影像板暴露在 X 射线下时，图像被储存在荧光粉层中形成潜影，然后通过 He-Ne 激光扫描影像板上的荧光粉，从而还原为图像。当激光照射到荧光粉时，会产生一种称为激发光的现象，发出特定波长的光，光的强度与荧光粉所受原始 X 射线的辐射剂量成正比。这些激发光可由光电二极管读出，在完成读出扫描后，生成数字化的 X 射线图像。影像板上的潜影可通过暴露在可见光下擦除，从而重复使用。

与常规的 X 射线胶片相比，X 射线影像板具有较大的动态范围（$10^5 \sim 10^6$）和较高的灵敏度。相对于其他类型的面探测器，其最大优点是具有较大的有效面积和较低的成本。柔性的影像板可以制成曲面的检测表面，比如柱面形状[39]。在大约 10~15 年前，它广泛用在检测蛋白质晶体的单晶衍射仪中。在多晶材料的 X 射线衍射中，由于影像板本身存在一些缺陷，使其不能得到广泛的应用。与其他面探测器相比，它需要更长的读出时间。在读出过程中，底片必须高速旋转，激光/读出探头必须在底片上精确移动。由于读出的效率不是 100%，因而必须在读出后擦除影像板上剩余的残影。对于特别强的信号，可能会擦除不完全，会给下一张衍射图留下鬼影。由于 X 射线转变为潜影，潜影到激发光，激发光再到光电子的转换过程，典型的影像板的探测量子效率只有 10%~20%。由于影像板的整体噪声水平与计数率不成正比，低计数率下探测量子效率甚至更低。因此它不适合用于弱衍射强度的应用，这是由于衍射信号可能被淹没在背景噪声中[31]。如果不立即读取储存荧光粉中的潜影，潜影将随着时间衰减，光致激发光的强度在曝光后大约 10h 后会降低到初始值的一半。对于需要长时间曝光的、弱衍射信号的应用，这种衰减可能会导致相对强度的失真。

4.6.3　电荷耦合（CCD）探测器

电荷耦合探测器是另一种面探测器，它最先用于 X 射线的成像[41]，后来才用到 X 射线衍射[42,43]。它由一组光敏金属氧化物半导体（MOS）电容器组成。高掺杂多晶硅电极制成的透明导电多晶硅栅，形成了势阱阵列。CCD 探测器可以直接或者间接检测 X 射线。图 4.18 显示了直接检测的方法。一个 X 射线光子通过多晶硅栅和氧化物绝缘体，到达耗尽区域。X 射线光子被探测器的硅层吸收并转换为电子-空穴对。如果 X 射线的吸收发生在探测器的耗尽区，电荷和空穴被内部的电场分离，电子会储存在每个像素的势阱中，然后通过在探测器的栅电极上施加适当的相电压读出。

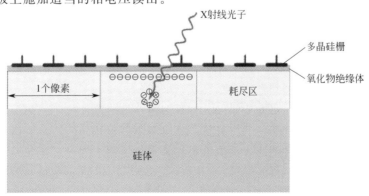

图 4.18　三个像素和前照式 CCD 直接检测光子的侧视图

在耗尽区外产生的光电子不会形成信号。内增益或者理想的量子产额，可以定义为每个吸收的 X 射线产生的光电子数目。它和吸收的光子能量有关，对于 Si：

$$N_e = \frac{E}{3.65} \tag{4.48}$$

式中，E 是入射 X 射线的能量（eV），N_e 是理想的量子产额。比如，CuK_α（8keV）的 X 射线单光子可以产生 2000 多个电子空穴对。这种直接检测方法的高内增益，在检测几个光子或低能量光子时可能具有优势，但对于积分探测器，每个势阱的有限电容很容易饱和，因此直接方法具有很低的动态范围（例如 16 位探测器对 CuK_α 的动态范围小于 200）。直接检测 CCD 探测器由于其点扩散函数较窄，因而空间分辨率非常好。高内增益也可弥补高背景噪声的缺点，因此无需对探测器进行冷却。

图 4.18 中的 CCD 是前置照相的，X 射线需要通过探测器顶部表面的电极结构进入耗尽区。这种结构衰减了低能量的 X 射线，因此探测器量子效率随着软 X 射线光子降低。如果要对宽能量范围的 X 射线实现高效率，其中一种方法是使用背照模式（薄型背照式）的 CCD。在这种类型的 CCD 中，X 射线通过 CCD 芯片的背面进入耗尽区。反面硅体的厚度也被减小（薄型背照式），以减小入射 X 射线的衰减。

大多数 CCD 探测器都采用间接检测方法。入射的 X 射线光子首先通过一层荧光粉或闪烁体的材料被转变为可见光光子，继而被 CCD 检测。荧光粉和闪烁体的波长转换机制没有本质区别，当不需要特别区分时，这两个词经常可以互换使用。这两种材料的差别在于它们的制作方法和微观结构不同。荧光粉以粉体为基材，采用厚膜处理技术；闪烁体采用气相沉积法制备，具有一定程度的晶体结构。选择这两种材料是因为其具有从 X 射线光子到可见光光子的高转化效率、较高的线性转化能力、高 X 射线吸收和阻断能力、高空间分辨率、无记忆效应的特点。常用的材料是掺铽氧化钆（Gd_2O_2S：Tb），通常称为 GADOX 或 P43。这种荧光粉可以吸收 X 射线光子，发射出以 545nm（2.28eV）波长为主的可见光，其转化效率约为 15%。因此，每吸收一个能量为 E(eV) 的 X 射线光子所发射的可见光子数 N 可由下式计算：

$$N = \frac{E \times 0.15}{2.28} \tag{4.49}$$

一个 CuK_α（8keV）的单个 X 射线光子可以产生超过 500 个可见光光子。可见光光子以 4π 的立体角向各个方向发射，只有一部分可以到达探测器。因此，荧光粉的转换增加了检测过程中的噪声，扩大了 CCD 的点扩散函数。此外，CCD 检测可见光的内增益不同于直接检测。每个吸收的可见光光子只能产生一个光电子。探测器的空间分辨率和量子效率很大程度上取决于荧光粉的特性，比如厚度、粒度和荧光粉材料的类型。大多数荧光粉，比如 GADOX，都是为医学 X 射线成像而开发的。由于医学影像应用中检测的 X 射线能量较高（通常大于 50keV），这些荧光粉并不适用于 X 射线衍射，X 射线衍射通常需要的能量级别为 5~18keV，为此探测器生产商开发出了专为 X 射线衍射而优化的荧光粉[44,45]。

探测器的性能也取决于荧光粉或闪烁体与 CCD 的耦合。荧光粉与 CCD 之间直接耦合，会使一些入射的 X 射线穿过荧光粉，被 CCD 作为噪声直接检测出来。防止这种情况发生的一种方法是通过光纤锥[43] 耦合 CCD 的荧光粉输出。图 4.19(a) 显示了典型的 X 射线衍射 CCD 探测器结构示意图。从样品中衍射而来的 X 射线通过透明窗口到达荧光屏。X 射线的窗口由对 X 射线透明但对可见光不透明的材料制成，比如铍或者铝。X 射线激发荧光屏，产生可见光光子，通过光纤锥聚焦到 CCD 芯片上。光纤的缩倍效应可增加探测器的有效面积。因而，探测器的影像面积比 CCD 芯片的面积要大。高质量的透镜系统也可以实现这种缩倍。但是，在典型的缩倍[12] 中，透镜的传输效率要比光纤差。单个 X 射线光子产生的电子数取决于 X 射线的能量、荧光粉的效率、缩倍效应以及 CCD 芯片的特征。CCD 探测器是积分型探测器。X 射线图像在曝光的过程中储存，直到芯片读出位置。读出时间大概是几秒钟。图 4.19(b) 为 Fairchild CCD486 芯片的照片，其有效面积为 62mm×62mm。CCD 可以使用 512×512，1024×1024（1k），2048×2048（2k）和 4196×4196（4k）等像素格式。在 4k 模式下，其像素尺寸是 $15\mu m$。

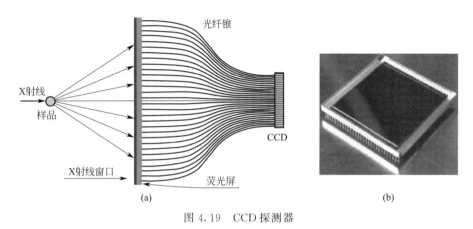

图 4.19　CCD 探测器

(a) 荧光体、光纤锥和 CCD 芯片的示意图；(b) Fairchild 486 CCD 芯片的照片

光纤锥可以增加探测器的有效面积。但是，缩倍效应同样导致灵敏度的丢失、空间分辨率的降低以及图像失真。灵敏度的降低以及点扩散函数的变宽可以通过著名的刘维尔定律来解释[44]。一个 2∶1 缩倍的探测器，假设在光纤中没有损失可见光子，其灵敏度会降低为原来的 1/4。为了在不牺牲太多灵敏度的情况下获得大的有效面积，应当尽量使用更大的 CCD 芯片，而不是缩倍。图 4.20(a) 展示的是不需要任何缩倍的大晶片传感器制作的 CCD（Bruker APEX Ⅱ™）。这使得 APEX Ⅱ探测器能够获得更高的灵敏度、动态范围和空间分辨率。图 4.20(b) 是 APEX Ⅱ CCD 的结构示意图。荧光屏直接通过光纤面板与 CCD 芯片耦合，而没有任何缩倍。这种薄的光纤面板可以显著降低被称作 zinger 的噪声，即玻璃纤

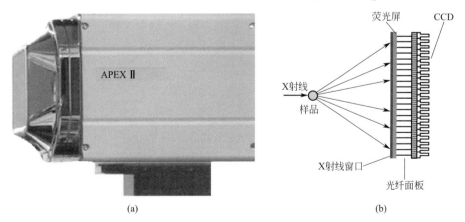

图 4.20　Bruker APEX Ⅱ CCD 探测器(a) 和荧光屏、光纤面板和 CCD 芯片的示意图(b)

维中的放射性杂质闪烁引起的局部噪声尖峰。噪声率与玻璃的总体积成正比。薄光纤面板比传统光纤锥面板 CCD 降低了大约 40 倍的噪声率。所有的这些特点让 APEX Ⅱ 探测器具有更高的灵敏度和空间分辨率，并且没有空间畸变。

间接检测相对直接检测有很多优势，其中最重要的是增加了动态范围。由于每个 X 射线光子产生更少的光电子，特别是对于高能量的 X 射线，每个像素的势阱可以储存更多 X 射线光子产生的光电子。例如，APEX Ⅱ 探测器在 512×512 的组合模式下，像素的线性阱容量超过 700000 个电子，探测器的动态范围高达 5×10^4。荧光屏同时也可以为不同能量的 X 射线量身定制，所以间接检测方法可以覆盖更宽的 X 射线光子能量范围。间接检测优于直接检测的另一个优点是荧光屏以及耦合光纤，可以防止 X 射线直接到达 CCD 传感器，并且保护 CCD 芯片免受 X 射线的损伤。

除了 zinger 噪声和光纤锥引起的空间畸变之外，间接检测还有其他缺点。由于荧光屏的散射和光纤锥板或面板的光散射，使得探测器的空间分辨率相对较差。一个 X 射线光子可以在荧光粉中产生直径约 $100\mu m$ 的光点，减少荧光层的厚度可以提高分辨率。在光纤锥中，由于光学脱陷的原因，一定比例（通常为 $50\% \sim 90\%$）的光子会在光纤锥中丢失。为了吸收丢失的可见光，需要在光纤锥中成像光纤之间插入黑色玻璃纤维。然而，光纤锥中的光依然不会被完全吸收，残留的闪烁光还会到达 CCD，从而降低空间分辨率。灵敏度降低也是间接检测的另一个缺点。这是由于 X 射线产生的可见光光子可能会扩散到邻近的几个像素，从而导致信号水平接近噪声水平。

对 CCD 芯片进行冷却可以降低暗电流噪声。暗电流是由于热产生的电子空穴对随时间在势阱中积累而形成的。暗电流噪声是长时间曝光的主要噪声来源。通过冷却探测器可以降低暗电流。用于 X 射线衍射的 CCD 探测器的典型冷却温度为 $-40 \sim -60℃$。温度每降低 $5 \sim 6℃$，暗电流就会减少 1/2。例如 CCD 在 $-60℃$ 时暗电流噪声要比 $-40℃$ 时降低一个量级。

4.6.4   互补金属氧化物半导体（CMOS）探测器

随着 CMOS 技术的发展，现在 CCD 探测器已经被 CMOS 探测器取代，尤其是在单晶衍射仪中。用 CMOS 技术可以制造超大面积的传感器。CMOS 探测器中不再使用为增大传感器面积而使用的光纤锥等光学缩倍等技术。因此，可以避免光纤锥导致的信号丢失、图像模糊和失真。由于 CMOS 传感器的功耗低，可以采用空气冷却方式，使得维护费用较低。在 CCD 探测器中，太强的衍射点会导致像素饱和，并产生垂直条纹，而 CMOS 探测器则不会发生高光溢出和条纹化。由于 CMOS 探测器在灵敏度、速度、动态范围、分辨率和探测器尺寸上的整体优势，在单晶衍射仪上得到了广泛使用。如 Bruker PHOTON 100 CMOS 探测器，其有效面积为 $10cm \times 10cm$，像素格式为 1024×1024，像素尺寸为 $96\mu m$[46]。

4.6.5   像素阵列（PAD）探测器

PAD 技术是近年来受到了广泛关注和发展的技术[47~51]。其中一种称为混合像素阵列的探测器（HPAD），包含探测层和读出层，两层之间通过每个像素上的焊点连接，如图 4.21 所示。上层为高电阻率硅组成的像素阵列。每个像素将 X 射线转化为电信号的过程，与上一章节描述的固体探测器相同。探测层每个像素产生的电荷分别转移到对应的读出层进行处理和读出。读出层是一种特定应用的集成电路，通常由 CMOS 技术制成。一般来说，每个像素都相当于一个独立的点探测器。

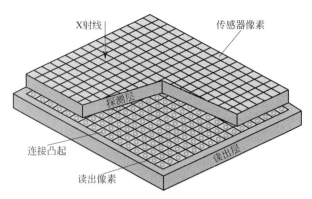

图 4.21　像素与像素通过焊点连接的由探测层和读出层组成的 PAD 探测器示意图

　　基于 PAD 技术有多种类型的像素阵列探测器。每种类型都针对特定的应用，对其特点进行优化组合。PAD 探测器具有像素尺寸小、点扩散函数窄、计数率高、动态范围大、对多种波长的 X 射线灵敏度高、像素之间的性质均一性高等特点。PAD 探测器可以设置为光子计数模式或电荷积分模式，有些还可以在这两种模式之间切换。光子计数模式的 PAD 探测器也称为混合光子计数像素探测器（HPC）。它具有高灵敏度、高读取速度、低噪声、单像素点扩散函数尖锐的特点，并且可以通过设置信号阈值来实现能量分辨。积分模式下，传感器像素电荷在给定的时间内被积分，并在积分结束后被读出。积分模式下的 PAD 可以获取高的计数率和单光子灵敏度，并避免了电荷共享造成的计数丢失[52~55]。

　　PAD 具有较小的像素尺寸，从而可以获得较高的空间分辨率。但是它也有其局限性，主要是电荷共享噪声。入射 X 射线产生的电荷可以分散到邻近的像素中，特别是当 X 射线光子打到像素边界时更加明显。为了消除噪声，对每个像素的信号脉冲都进行了阈值处理。假设因电荷共享而使得脉冲信号高度低于阈值时，则会发生计数丢失。阈值可防止电荷共享造成的重复或多次计数，通常阈值设置为 50% 的平均脉冲高度，所以每个光子只能被计数一次。当在 X 射线照射像素边缘或角落时，更易发生电荷共享，因此像素尺寸越小，电荷共享越严重。例如对于 $172\mu m$ 的像素有 20% 的像素区域受到影响，对 $75\mu m$ 的像素为43%，对 $25\mu m$ 的像素则为 100%。当阈值提高时，比如为了抑制荧光信号，电荷共享噪声会更严重。阈值越高，量子效率就会越低。上述影响对小尺寸像素会更严重。

　　电荷共享对量子效率的影响取决于衍射图案中的特征尺寸，例如单晶衍射（或反射）点的尺寸。如果衍射点比像素尺寸大，则效率不会受到太大的影响。但是小于像素尺寸的衍射点就会受到显著的影响。这对单晶衍射仪来说可能是大问题，但是对大多二维衍射的应用，电荷共享并不是一个主要的问题，因为数据是通过比像素尺寸大很多的特征信号积分而来的。通常阈值设置为平均脉冲高度的 50%，检测效率的损失在空间上是均匀分布的。电荷共享可能只会造成检测效率的小幅下降，但不会造成量子效率的显著损失。图 4.22 很好地说明了 $75\mu m \times 75\mu m$ 像素尺寸的 HPC 探测器量子效率和反射尺寸之间的关系[56]。对于多数二维衍射的应用，光束尺寸为 $50\sim1000\mu m$，即使加上样品的展宽效应，反射尺寸通常在 $100\mu m$ 以上，正好在高量子效率区域。

　　由于计数率的饱和，特别是在高计数率下的饱和，HPC 探测器也会出现计数丢失的问题。电荷云迁移到传感器上需要一定的时间，这段时间称为死区时间。HPC 探测器的死区时间通常为几微秒。如果两个或多个 X 射线在死区时间内击中同一个传感器像素，重叠的

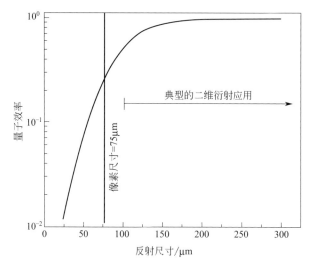

图 4.22　75μm 像素尺寸 HPC 探测器的量子效率和反射尺寸的关系

脉冲将不会计算。计数率在计数率高于 10^5cps/像素时发生的饱和会导致非线性问题[57]。在 10^6cps/像素的频率下，计数会丢失 10%。如果数据收集过程中，入射光通量是恒定的，计数丢失可以通过软件校正。采用半导体技术制备工艺，HPC 探测器的像素位置精度明显优于机械制作的基准板。对于实验室设备，通常不需要空间校正。但探测器的位置仍然十分重要，可能需要校准和校正[58]。

Eiger 2R 500 K^{TM} 探测器（以下简称 Eiger 2，是一个典型的 HPC 探测器），它是由 Dectris 公司制造，并由 Bruker AXS 公司专门配置和集成到实验室 X 射线衍射仪中。Eiger 2 探测器可以检测 $0\sim2.6\times10^6$ 光子/（像素·s），是分析由弱衍射信号或强衍射信号组成样品的理想探测器。由于 X 射线光子可以直接转换为电子信号，因而入射光子的位置可以精确测量。优化后的像素尺寸（75μm）和单像素的点扩散函数可以使二维数据的分辨率和量子效率更高。快速的转换还允许高计数率和高动态范围，这使得探测器适用于强的衍射应用，比如反射率和单晶衬底薄膜的分析。Eiger 2 探测器能量范围广，涵盖了大部分实验室 X 射线光源（Cr、Cu、Co、Ga、Mo、Ag），用户可以根据具体应用和材料选择最合适的 X 射线波长，从而避免样品产生荧光。没有读取噪声和暗电流噪声的单光子计数提高了小面积和小样品数量微区衍射的检测限。由于像素位置极为精确，且像素间灵敏度均匀，因而不需要平面场校正和空间校正。

图 4.23 展示了 Eiger 2 探测器和配备该探测器的衍射仪。Eiger 2 的有效面积约为 77mm×39mm，具有 529420 个大小为 75μm×75μm 的像素。作为二维探测器，Eiger 2 的有效面积不如常用的 Hi-Star 和 Våntec-500 探测器面积大。但是探测器的其他优点以及高度集成的 X 射线衍射仪，使其能够适用于各种一维和二维衍射的应用。Eriger 2 探测器的尺寸和重量都经过了优化，能够快速和准确地在 θ-θ 和 θ-2θ 配置衍射仪上运动。探测器可以在零维、一维和二维模式下切换，用于多目的 XRD 的解决方案，例如 B-B 几何、反射仪和掠入射。矩形的有效面积可以在 2θ 或 γ 优化模式下调节使用。2θ 优化模式的角度覆盖范围大，可以用于单帧二维物相鉴定、高通量筛选以及原位测量。γ 优化模式适用于应力、织构和晶粒尺寸分析等。通过多帧合并或者连续扫描数据采集，可以扩展 2θ 角的覆盖范围。

(a)　　　　　　　　　　　　　　　(b)

图 4.23　Eiger 2 探测器(a) 和配备该探测器的衍射仪(b)

4.6.6　电荷积分像素阵列（CPAD）探测器

如上一节所述，HPAD 或 HPC 探测器展现出许多理想的特征，特别适用于粉末衍射。然而它们也有一些缺点，如计数率饱和、电荷共享、高能 X 射线低的量子效率（MoK_α 和 AgK_α）。Si 层的低吸收效率意味着在更高的能量下，即使是最厚的传感器（如 1mm），一些 X 射线也会穿透而不被检测到，从而导致低量子效率和视差效应。

目前，有一种称为 CPAD 的新型探测器可以保留 HPAD 的一些理想特征（如高帧速率和单光子检测能力），同时可消除计数率饱和以及电荷共享的问题。在 CPAD 中，每个像素都包含独立的前置放大器，并存储在本地电容中，然后在有限的曝光时间后读出。通过检测积分信号，CPAD 能够以极高的计数率精确地检测 X 射线。由于 CPAD 中的信号检测没有阈值，因而不存在电荷共享噪声，X 射线的计数是在没有电荷共享损失的情况下测量的。CPAD 可以设计为半导体传感器或闪烁体转换器。采用高密度闪烁体层的 CPAD 探测器可以提高高能量 X 射线的探测量子效率，并降低视差效应。CPAD 探测器对宽能量范围波长的 X 射线都具有良好的灵敏度，适用于实验室中从 CuK_α 到 InK_α 的光源。CPAD 探测器没有视差效应，即使在较短的探测器距离内，衍射花样也不会在有效面积边缘附近产生畸变。

使用高 X 射线吸收闪烁体层传感器的一种 CPAD 探测器是 Buker 公司的 Photon II™ 探测器。Photon II 探测器具有有效面积高达 139mm×104mm 的单芯片传感器，其量子检测效率高、速度快、动态范围广。这款探测器主要为单晶衍射仪设计，但它的许多优点，如极低的视差、零死区域和均一的像素尺寸，使其也成为可用于二维衍射应用的探测器。图 4.24 是 Bruker Photon II 探测器及其采集的二维衍射帧和积分后的衍射谱。Photon II 探测器具有 10cm×14cm 的矩形有效面积，采用 768×1024 像素格式和 135μm 像素尺寸。该探测器为单晶衍射仪设计，但是也适用于粉末应用，比如物相鉴定、应力和织构分析等[59]。衍射图是使用 D8 Venture Iµs Cu 微焦斑光源和 Photon II 探测器，收集距探测器距离 $D = 60$mm 的铝箔的衍射数据，曝光时间 60s。二维衍射图显示的是三个衍射环（111）、（200）

和（220），蓝色虚线以下的区域为反射模式下 $\psi = 30°$ 时，样品的阻挡区域。其下方为积分图谱，三个衍射峰 2θ 分别为 $38.5°$、$44.7°$ 和 $65.1°$，其最大计数都很高（80k 到 320k 之间），因此如果需要可以缩短数据采集的时间。

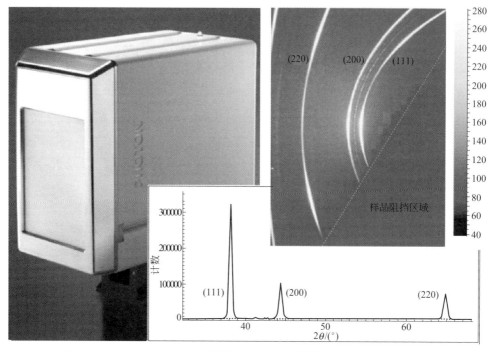

图 4.24   Bruker Photon Ⅱ 探测器、Al 箔的二维帧和积分图谱（见彩图）

4.6.7   微隙探测器

为了提高 MWPC 的局部计数率，科学家们开发了一种称为微隙探测器的新探测技术，包括 GEM[60]、MSGC[61]、MGC[62]、CAT[63] 和 Micromegas 探测器[64]。通过减小阴极-阳极的间距，增加平均电场强度和减少离子采集时间，微隙探测器可以获得比 MWPC 高几个数量级的计数率。然而，上述微隙探测器都有共同的局限性，即在高计数率下，由于电火花和放电，其最大增益、空间分辨率和能量分辨率都会降低。Bruker AXS 公司开发了一种新型的电阻阳极微隙探测器，称作 Mikrogap 探测器[21,22]。Mikrogap 技术已被用于一维和二维探测器。它由一个平行板雪崩室和电阻阳极（通过绝缘体从读出电极分离）组成。电阻阳极显著降低了火花的数量和火花放电造成的破坏效应。本章将用 "Mikrogap" 区分电阻阳极微隙探测器与其他类型的微隙探测器。

图 4.25 为 Mikrogap 探测器的横截面和工作原理[22]。图 4.25（a）显示了探测器的铍窗、栅极、阳极和延迟线的截面。窗口的形状为弧面，且设计的曲率半径用于匹配最常用的样品探测器距离，从而减少视差效应。实际使用中样品探测器距离可以大于或小于窗口的曲率半径。在远小于窗口的曲率半径的距离下，视差效应会更严重，但是在远大于曲率半径的距离下就没有那么严重了。合适的窗口曲率半径也必须能够承受一定的气压。更小的曲率（更大的半径）需要更薄的窗口承受同样的压力，所以曲率必须为视差和灵敏度的优化组合。探测器容器和窗口的设计可以承受高达 6 个大气压。栅极采用光化学穿孔的金属网格制成，分离转换（漂移）间隙和放大间隙。栅极和窗口之间的距离，在中心区约为 10mm，在边缘

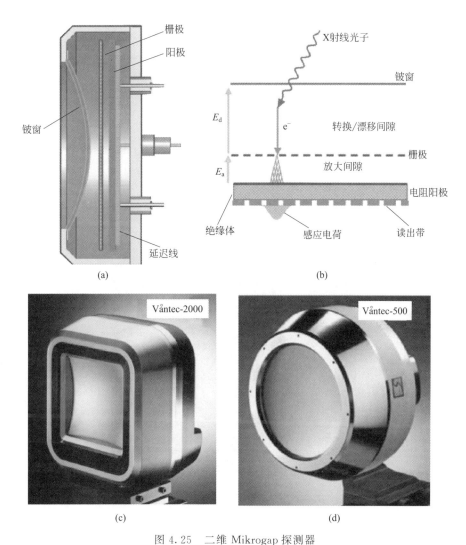

图 4.25　二维 Mikrogap 探测器
（a）铍窗、栅极、阳极和延迟线的截面；（b）读数电极和阳极分离的平行板电阻阳极室的示意图；
（c）Våntec 2000 探测器；（d）Våntec 500 探测器

则高达 50mm，放大间隙的宽度约为 1～2mm。阳极由沉积在陶瓷基板上的电阻层构成，其电阻率既要足够高来限制放电，也要足够低以允许高计数率，通常在单位面积为 $10^5 \sim 10^7 \Omega$ 的范围。在衬底底板上，有一组二维读出带。这些读出带和两个 150Ω（X 和 Y）阻抗延迟线连接。每条线路的总延迟时间约为 100ns。探测器中充满 Xe/CO_2（90/10）混合气体，其绝对压力为 2～3atm。图 4.25（b）是读取电极和阳极分离的平行板电阻阳极室的示意图。在有电场的转换区域，入射的 X 射线光子通过气体电离产生一次电子，这些电子在电场 E_a 作用下向阳极迁移。在放大间隙电子被指数级扩增。薄的放大间隙大大降低了在线正比室中限制局部计数率的体积电荷效应。在相当高的气体增益下（$>10^4$），计数率可高达 $10^7 cps/mm^{2}$[65]。上述 Mikrogap 二维探测器的测试结果表明，线性范围内其最大局部计数率高达 $5 \times 10^5 cps/mm^{2}$[22]。脉冲大约有 5ns 的上升时间，其振幅分布足以检测到单个光子。电阻阳极显著减少了电火花的数量和火花放电的损害效应，在高达 $10^5 \sim 10^6$ 的增益下（取决于混合气体），该探测器可以稳定地运行。通过恰当厚度的绝缘体分离读出电极和阳极，可以优化引入信号的空间分布，从而更精确地测量雪崩中心。图 4.25(c) 和(d) 为基于 Mikro-gap 技术的 Bruker Våntec 2000 和 Våntec 500 探测器，面积分别为 14cm×14cm 的正方形区域和直径为 14cm 的圆形区域。

除了局部计数率的提高外，相对于 MWPC 探测器，Mikrogap 探测器在很多方面都有显著的提高。Mikrogap 探测器的全局计数率高达 10^6 cps，空间分辨率也高 2～3 倍，其点扩散函数约为 $200\mu m$ 半高宽。通过增加气压和内部增益，在一维 Våntec-1 探测器中可以获得 $120\mu m$ 半高宽的空间分辨率。图 4.26 显示了用 Våntec-2000 探测器测量 NIST 1976 刚玉标样的数据。积分图显示 θ 角在 35.2° $K_{\alpha1}$-$K_{\alpha2}$ 衍射峰 (104) 的分裂。$\Delta\lambda$ ($K_{\alpha2}-K_{\alpha1}$) 仅有 0.00383Å，对应的 $\Delta2\theta=0.09°$，在探测器距离等于 20cm 时，峰的分离距离是 313mm。点扩散函数的半高宽必须小于峰的分离才能检测到 $K_{\alpha1}$ 和 $K_{\alpha2}$ 的分裂。在同样的条件下，MWPC 则无法观察到该峰的分裂。

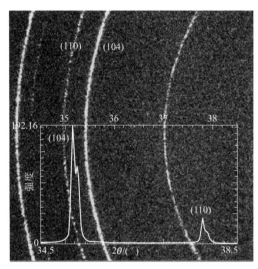

图 4.26   Våntec-2000 探测器测量 NIST 1976 刚玉标样的衍射图 (见彩图)

$K_{\alpha1}$-$K_{\alpha2}$ 线在 $2\theta=35.2°$有分裂

点探测器的动态范围定义为从检测限到相同计数时间内测量的最大计数的范围。线性动态范围是在指定线性范围内收集最大计数的动态范围。对于 X 射线探测器，最常用的动态范围是线性动态范围，因为只有在线性动态范围内收集的衍射图案才能被准确地解释和分析。面探测器的动态范围有着相同的定义，但是在面探测器中，整个动态范围扩展到同时从不同的像素观测到的检测限到最大计数的整个动态范围。对于积分型的探测器，动态范围取决于每个像素的计数能力以及包括读取噪声在内的每个像素的噪声计数。对于光子计数探测器，像素计数是实时传输和储存的，可以根据需要在计算机存储器中进行累积。动态范围的唯一限制因素是背景噪声也被添加到了像素计数中。因而光子计数探测器的动态范围为：

$$DR = \frac{R_{\max}}{R_B} \tag{4.50}$$

式中，$R_{\max}$ 是饱和时的最大计数率，或如果可以计算线性动态范围，则为指定线性度；R_B 为噪声率。在低噪声率的情况下，探测器可以实现比计数率高得多的动态范围。Mikro-gap 探测器具有非常低的噪声背景，这些背景计数是由宇宙射线和周围的自然辐射引起的，取决于周围的环境以及信号的选择标准。上述二维探测器的检测结果显示在整体 $200cm^2$ 的面积上，全局的背景噪声约为 10cps。相应的局部背景率为 $5 \times 10^{-4} \, \mathrm{cps/mm^2}$，给定的最大的局部计数率为 $5 \times 10^5 \, \mathrm{cps/mm^2}$，则该探测器的动态范围为 1×10^9。

在 MWPC 的 X 射线图像中，由于不均一电场造成的电场线网格，因而可以观察到条纹状的线痕迹。条纹在导线方向上对齐（垂直和水平方向），且有周期性的强度变化。图 4.27(a) 是用此类探测器（Hi-Star 探测器）在均一 X 射线光源采集的有条纹显示的 X 射线图像。均一的 X 射线光源是由非晶态（玻璃态）铁箔在点光束 Cu K$_\alpha$ 辐射下产生的荧光得到的。

探测器摆角设置为 40°，以避免穿透的直射光。如果探测器要受到均质的辐射，则箔片平面需要与探测器平面相平行。为了使条纹更清晰可见，在这张衍射图上一共收集了 3.5 亿个全局计数（1024×1024 个像素，390/像素）。对于大多数应用，这些条纹要么经过校正，要么加入 X 射线衍射图案的背景中。但在某些需要高动态范围和极端微弱衍射信号的应用中，比如小角 X 射线散射，条纹会对准确解释散射特征的细节造成不利的影响。均质 X 射线源的反常校正可以在表面上减少条纹，但是不能完全消除条纹。而在 Mikrogap 探测器中收集的衍射图案，由于使用了非常均匀的电场，则没有这些条纹。图 4.27(b) 是 Mikrogap 探测器（Våntec-500）在均质 X 射线源下采集的 X 射线图像，在全局总计数超过 3 亿（2048×2048，115/像素）时，显示了均匀的强度分布。这个优势，以及高计数率、低噪声的特点，使得 Mikrogap 探测器是至今为止需要高动态范围和精细衍射图案分析的 X 射线衍射和小角 X 射线散射的最佳选择。

辐射硬度是指探测器在没有永久损伤的情况下所能承受的最大辐射强度。与 MWPC 相比，Mikrogap 探测器具有优良的辐射硬度。探测器暴露在 $100\mu m$ 大小、计数率为 $8 \times 10^5 \, \mathrm{cps/mm^2}$ 的 X 射线光束下进行试验，当剂量累积达到 8×10^{11} 计数$/mm^2$ 时，探测器的性能始终没有变化。在此剂量水平以上，在辐射区域可以检测到气体增益稍微下降（10%），但对计数率和空间分辨率没有影响。这意味着 Mikrogap 探测器不太可能因为意外暴露在高强度的直射 X 射线光束下而损坏。在许多 X 射线实验室中，密闭气体探测器的一个实际问题是探测器需要周期性充气。例如一个典型的 MWPC 探测器需要在正常使用 3～5 年后重新加气。加速放气试验表明，在不充气的情况下，Mikrogap 探测器的使用寿命可长达 10 年。由于探测器气室内没有悬垂的导线，所以 Mikrogap 探测器对机械撞击和振动不像

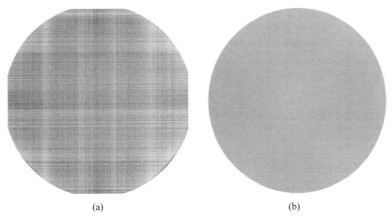

(a)　　　　　　　　　　　(b)

图 4.27　均一光源的 X 射线图像（见彩图）

(a) MWPC（Hi-Star）显示的垂直和水平条纹；

(b) Mikrogap 探测器（Våntec-500）显示强度的均匀分布

MWPC 那样敏感。

　　与其他气体探测器类似，由于电场的扭曲，Mikrogap 探测器边缘的点扩散函数的半高宽比中心位置要大。当转换空间中的电场线与 X 射线光子的方向不平行时，视差畸变就会发生。因此视差效应取决于光束在入口窗口的角度和位置。窗口曲率和电场应当按照样品与探测器之间的距离进行优化，以使视差效应最小化。

4.6.8　面探测器的比较

　　面探测器的选择取决于 X 射线衍射的应用、样品条件以及 X 射线的光束强度。除了几何特征，比如有效面积和像素格式外，探测器最重要的性能特征是其灵敏度、动态范围、空间分辨率和背景噪声。探测器的种类，不论是光子计数探测器还是积分探测器，在性能上均有很大的区别。光子计数探测器通常在低计数率下有很高的计数效率，而积分探测器在高计数率下效率很高，但是在低计数率下由于相对较高的背景噪声，计数效率并不高。

　　图 4.28 比较了 6 种不同探测器（MWPC、IP、CCD、Mikrogap、HPC 和 CPAD）的有效量子效率与入射 X 射线通量的函数关系。这些图并不是在严格控制条件下的比较实验中生成的，而是由各种参考文献中报道的值近似生成的[56,66]。来自特定供应商的探测器可能与曲线会有所偏离。但是，对于这 6 种探测器的相对特征仍然能给出合理的比较。两种积分探测器，IP 和 CCD 的曲线，是基于 30s 的积分时间给出的。MWPC 在局部入射光通量从单光子到 10^3 光子/（s・mm^2）时，量子效率高达 0.8。典型实验室 X 射线光源下多晶材料或粉末样品的衍射光强度恰好在这个区间之内。微区衍射更是如此，高灵敏度和低噪声对显示弱衍射图案十分关键。由于高计数率下的计数丢失，MWPC 的量子效率随着计数率的增加快速下降，很快在高于 10^3 光子/（s・mm^2）时达到饱和。因此，MWPC 不适合配合高强度 X 射线光源使用或收集强衍射信号，比如同步辐射光源。IP 影像板可以在 10 个光子以上的范围使用，但量子效率只有 0.2 或更低。如果数据的采集时间为 30s，X 射线的通量上限是 10^6 光子/（s・mm^2）。如果按比例减少积分时间，IP 可处理比 10^6 光子/（s・mm^2）高得多的 X 射线通量。IP 适用于高强度 X 射线光源的单晶 X 射线衍射，如旋转阳极靶或同步辐射

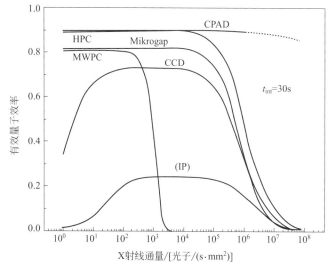

图 4.28　6 种探测器有效量子效率与入射 X 射线通量的函数关系对比
（MWPC、IP、CCD、Mikrogap、HPC 和 CPAD）

表 4.1　典型的 MWPC、CCD、CPAD、Mikrogap 和 HPC 探测器的技术参数（括号内为相似探测器技术参数）

探测器技术参数	MWPC	CCD	CPAD	Mikrogap	HPC
参考产品（供应商）	Hi-Star™（Bruker）	Apex Ⅱ™（Bruker）	Photon Ⅱ™（Bruker）	Vántec-500™（Bruker）	Eiger2R500k™（Dectris）
探测器有效面积	105mm圆形	62×62mm²	104×139mm²	140mm圆形	77.2×38.6mm²
缩倍	不适用	1∶1	不适用	不适用	不适用
像素格式	512×512,1024×1024	512×512,1024×1024, 2048×2048,4096×4096	768×1024	512×512,1024×1024, 2048×2048	1030×514
最大像素格式的像素尺寸	103μm	15μm	135μm	68μm	75μm
点扩散函数（半高宽）	460μm（35~1000μm）	75μm（30~120μm）	1像素（110μm荧光层）	230μm（70~300μm）	1像素
探测器量子效率	0.80　在8.04keV	0.74　在17.4keV	>0.90　在5~24keV	0.80　在8.04keV	>0.90　在8.04keV
响应范围	>10⁶	5×10⁴	>200000	>10⁸	>10⁹
最大计数/像素	不适用	5×10⁴	无计数率饱和	不适用	2.6×10⁶
总计数率	（1×10⁶ cps）	不适用			
最大值	4.2×10⁴ cps		1.6×10⁶ cps		
线性（10%偏差）	3.5×10⁴ cps		9×10⁵ cps		
局部计数率	（5×10⁵ cps/mm²）	不适用			
最大值	1.3×10⁴ cps/mm²		10⁶ cps/像素（0%偏差）	9×10⁵ cps/mm²	3.6×10⁸
线性（10%偏差）	1×10⁴ cps/mm²			5×10⁵ cps/mm²	
背景噪声	5×10⁻⁴ cps/mm²	暗电流<0.05e⁻（像素·s）	<0.17 光子 rms	5×10⁻⁴ cps/mm²	
计数噪声	无	8e⁻ rms	20e⁻ rms	无	无
读出时间	<0.2s	<1s 1k模式	0.014s	<0.2s	连续·4μs 死时间
能量范围	3~15keV	不适用	5~30keV	3~15keV	5.4~36keV
能量分辨率 ΔE/E	20%@8keV	不适用	不适用	20%@8keV	无
工作气体	Xe-CH₄	无	无	Xe-CO₂	无
冷却温度	不适用	-60℃	空冷	不适用	空冷
维护	3~5年需充气一次	无	无	无	无
质量	8.5kg	8kg	8.9kg	9kg	1.7kg

光源。对于弱衍射信号，影像板无法对噪声层附近的衍射数据进行解析。CCD 探测器可以在 10 到非常高的 X 射线光通量范围下使用，量子效率高达 0.7 或更高。如果数据采集时间为 30s，X 射线辐射的上限为 10^6 光子/（s·mm^2）。如果按比例减少积分时间，CCD 还可以处理比 10^6 光子/（s·mm^2）高得多的 X 射线通量。它适用于从单晶或多晶样品中收集中等到高强度的衍射。由于 CCD 具有相对较高的灵敏度和较高的局部计数率，因此它可以用于封闭靶 X 射线光源、转靶光源或同步辐射光源。但是由于在低通量下量子效率较低，以及存在暗电流噪声，CCD 不适合弱衍射信号的采集。

Mikrogap 探测器是高量子效率、低噪声和高计数率的最佳组合。在 X 射线光强度从单光子到接近 10^5 光子/（s·mm^2）时，量子效率大约为 0.8。它适合用于微区衍射，因为它的高灵敏度和低噪声对体现弱衍射信号至关重要。它同样能处理强衍射信号，或用于强 X 射线光源，比如转靶和同步辐射光源。因此 Mikrogap 探测器是大多数二维 X 射线衍射应用的最佳选择。HPC 和 CPAD 探测器在大范围的计数速率下均表现出较高的灵敏度，而且 CPAD 基本没有计数率的限制。

上述的比较仅仅是基于量子效率和计数率之间的关系。表 4.1 是根据用户或供应商发表的性能参数数据，列出了五种探测器技术的综合特征。括号中给出了从不同参考文献中得到的类似探测器技术的参数。

参 考 文 献

1. T. N. Blanton, "X-ray films as a two-dimensional detector for X-ray diffraction analysis", *Powder Diffraction*, *Vol.* **18**, *No 2*, June 2003.

2. H. P. Klug and L. E. Alexander, *X-ray Diffraction Procedures for Polycrystalline and Amorphous Materials*, John Wiley & Son, New York, 1974.

3. H. Johns, Aerospace: the aircraft gas turbine industry, *Industrial Applications of X-ray Diffraction*, edited by F. H. Chung and D. K. Smith, Marcel Dekker, New York, 2000, 129–178.

4. B. D. Cullity, *Elements of X-ray Diffraction*, 2nd ed., Addison-Wesley, Reading, MA, 1978.

5. Ron Jenkins and Robert L. Snyder, *Introduction to X-ray Powder Diffractometry*, John Wiley & Sons, New York, 1996.

6. G. Gandolfi, Discussion upon methods to obtain X-ray powder patterns from a single crystal, *Mineral. Petrog. Acta.*, Vol. **13**, 67–74, 1967.

7. R. W. Hendricks, An incident-beam ionization chamber and charge integration system for stabilization of X-ray diffraction experiments, *J. Appl Cryst.* (1972). **6**, 129.

8. M. Manther and W. Parrish, Energy dispersive X-ray diffractometry, in *Advances in X-ray Analysis*, Vol. **20**, 1–186. (1976).

9. R. D. Luggar, M. J. Farquharson, J. A. Horrocks, and R. J. Lacey, Multivariate analysis of statistically poor EDXRD spectra for the detection of concealed explosives, *X-ray Spectrometry,* Vol. **27**(2), Pages 87–94, 1998.

10. D. L. Bish and S. J. Chipera, Comparison of a solid-state Si detector to a conventional scintillation detector-monochromator system in X-ray diffraction analysis, *Powder Diffraction*, Vol. **4**, No 3, September 1989.

11. M. Stanton et al., The detective quantum efficiency of CCD and vidicon-based detectors for X-ray crystallographic applications, *J. Appl. Cryst.* (1992). **25**, 638–645.

12. N. M. Allinson, Development of non-intensified charge-coupled device area X-ray detectors, *J. Synchrotron Rad.* **1**, 54–62 (1994).

13. D. A. Gedcke, How counting statistics controls detection limits and peak precision, ORTEC Application Note AN59, 2001.

14. M. R. James and J. B. Cohen, Geometrical problems with a position-sensitive detector employed on a diffractometer, including its use in the measurement of stress, *J. Appl. Cryst.* (1979). **12**, 339–345.

15. H. E. Göbel, The use and accuracy of continuously scanning position-sensitive detector data in X-ray powder diffraction, *Advances in X-ray Analysis*, **24**, 123–138, 1980.

16. S. K. Byram, et al., A novel X-ray powder diffractometer detector system, *Advances in X-ray Analysis*, **20**, 529–545, 1976.

17. E. R. Wolfel, A novel curved position-sensitive proportional counter for X-ray diffractometry, *J. Appl. Cryst.* (1983). **16**, 341–348.

18. L. Castex, J. L. Lebrun, and S. Bras, A new model of X-ray position sensitive detector developed in France, *Advances in X-ray Analysis*, **24**, 139–141, 1980.

19. A. Kinne et al., Image plates as one-dimensional detectors in high resolution X-ray diffraction, *J. Appl. Cryst.* (1998). **31**, 446–452.

20. U. W. Arndt, X-ray position-sensitive detectors, *J. Appl. Cryst.* (1986). **19**, 145–163.

21. R. Durst et al., Readout structure and technique for electron cloud avalanche detectors, US Patent No. 6,340,819, Jan. 22, 2002.

22. D. M. Khazins, B. L. Becker, Y. Diawara, R. D. Durst, B. B. He, S. A. Medved, V. Sedov, and T. A. Thorson, A parallel-plate resistive-anode gaseous detector for X-ray imaging, *IEEE Trans. Nucl. Sci.*, **51**, (3), 943–947, June 2004.

23. L. Brügemann et al., New detector technology for super speed X-ray diffraction, The 3rd Symposium on Pharmaceutical Powder X-ray Diffraction, ICDD, Feb. 2000.

24. L. Brügemann et al., Vantec-1 hot humidity studies in parallel beam geometry, Bruker AXS Lab Report XRD53, 2004.

25. C. Ponchut, Characterization of X-ray area detectors for synchrotron beamlines, *J. Synchrotron Rad.* (2006). **13**, 195–203.

26. E. M. Westbrook, Performance characteristics needed for protein crystal diffraction X-ray detectors, *Proc. SPIE*, **3774**, 2–16 (1999).

27. M. O. Eatough, et al., A comparison of detectors used for microdiffraction applications, *Advances in X-ray Analysis*, **41**, 319–326, 1997.

28. A. C. Thompson, et al., X-ray data booklet, 2nd Edition, Center for X-ray Optics, Advanced Light Source, Jan. 2001.

29. D. Bourgeois, J. P. Moy, S. O. Svensson and A. Kvick, The point-spread function of X-ray image-intensifiers/CCD-camera and imaging-plate systems in crystallography: assessment and consequences for the dynamic range, *J. Appl. Cryst.* (1994). **27**, 868–877.

30. H. Fujita et al., A simple method for determining the modulation transfer function indigital radiography, *IEEE Trans. Med. Imag.* (1992). **11**, 34–39.

31. R. Lewis, Multiwire gas proportional counters: decrepit antiques or classic performers, *J. Synchrotron Rad.* (1994). **1**, 43–53.

32. R. W. Hendricks, The ORNL 10-meter small-angle X-ray scattering camera, *J. Appl. Cryst.* (1978). **11**, 15–30.

33. R. Hamlin et al., Characteristics of a flat multiwire area detector for protein crystallography, *J. Appl. Cryst.* (1981). **14**, 85–93.

34. C. R. Desper, An area-imaging proportional counter for X-ray diffraction, *Advances in X-ray Analysis*, **24**, 161–166 (1980).

35. Z. Derewenda and J. R. Helliwell, Calibration tests and use of a Nicolet/Xentronics imaging proportional chamber mounted on a conventional source for protein crystallography, *J. Appl. Cryst.* (1989). **22**, 123–137.

36. I. Tanaka et al., An automatic diffraction data collection system with an imaging plate, *J. Appl. Cryst.* (1990). **23**, 334–339.

37. H. Iwasaki et al., Time-resolved two-dimensional observation of the change in X-ray diffuse scattering from an alloy single crystal using an imaging plate on a synchrotron-radiation source, *J. Appl. Cryst.* (1990). **23**, 509–514.

38. K. Krause, Experience with commercial area detectors: a buyer's perspective, *J. Appl. Cryst.* (1992). **25**, 146–154.

39. N. Kamiya and H. Iwasaki, Development of a new imaging-plate diffractometer (IPD-WAS) for time-resolved crystallography with a laboratory X-ray source, *J. Appl. Cryst.* (1995). **28**, 745–752.

40. M. Thoms et al., An improved X-ray image plate detector for diffractometry, *Mat. Sci. Forum*, (1996). **228–231**, 107–112.

41. R. W. Ryon, et al., X-ray imaging: status and trends, *Advances in X-ray Analysis*, **31**, 35–52 (1987).

42. T. N. Blanton, X-ray diffraction orientation studies using two-dimensional detectors, *Advances in X-ray Analysis*, **37**, 367–373 (1993).

43. M. W. Tate, et al., A large-format high resolution area X-ray detector based on a fiber-optically bonded charge-coupled device (CCD), *J. Appl. Cryst.* **28**, 196–205 (1995).

44. Roger Durst, The design and characterization of CCD-based X-ray detectors for crystallography, Bruker AXS Technical Note SCD 5, DOC-T86-EXS005, (2008).

45. V. Valdna, R. D. Durst, High efficiency polycrystalline phosphors and method of making same, US Patent number 6254806 (2001).

46. Bruker AXS Technical Note SC-XRD 10, CMOS detectors unique performance benefits of the Photon 100 CMOS active pixel sensor, DOC-T86-EXS010, (2011).

47. Bruker AXS Technical Note SC-XRD 12, New Developments in Pixel Array Technology: Hybrid Photon Counting and Charge-Integrating Pixel Detectors, DOC-T86-EXS012, (2016).

48. E. F. Eikenberry, et al., A pixel-array detector for time-resolved x-ray diffraction, *J. Synchrotron Rad.* (1998). **5**, 252–255.

49. S. Basolo, et al., Application of a hybrid pixel detector to powder diffraction, *J. Synchrotron Rad.* (2007). **14**, 151–157.

50. C. Broennimann, et al., The Pilatus 1M detector, *J. Synchrotron Rad.* (2006). **13**, 120–130.

51. A. Ercan, et al., Analog pixel array detector, *J. Synchrotron Rad.* (2006). **13**, 110–119.

52. K. S. Shanks, Development of low-noise direct-conversion x-ray area detectors for protein microcrystallography, PhD dissertation, Cornell University, (2014).

53. A. Bergamaschi, et al., Beyond single photon counting X-ray detectors, *Nucl. Instr. And Meth.* A (2010), doi:10.1016/j.nima.2010.06.326.

54. K. Mathieson, et al., Charge sharing in silicon pixel detectors, *Nucl. Instr. And Meth.* A (2010) **487**, 113-122.

55. P. Maj, et al., Comparison of the charge sharing effect in two hybrid pixel detectors of different thickness, the 16th International Workshop on Radiation Imaging Detectors, June 22–26, 2014, Trieste, Italy.

56. R. Durst, Pixel array detectors: counting and integrating, http://www.cdifx.univ-rennes1.fr/RECIPROCS/ANF2016_Frejus/pdf/RECIPROCS2016_R_Durst_CPAD.pdf.

57. P. Kraft et al., Performance of single-photon-counting Pilatus detector modules, *J. Synchrotron Rad.* (2009), **16** (pt3), 368–375.

58. C. Le Bourlot, et al., Synchrotron X-ray diffraction experiments with a prototype hybrid pixel detector, *J. Appl. Cryst.* (2012). **45**, 38–47.

59. B. He, B. Noll and C. Campana, 2-D powder XRD applications with single crystal diffractometers – invited presentation, the 66th American Crystallography Association Annual Meeting, Denver, Co, July 22–26, (2016).

60. F. Sauli, GEM: A new concept for electron amplification in gas detectors, *Nucl. Instr. and Meth.* **A386**, p. 531, (1997).

61. A. Oed, Position sensitive detector with microstrip anode for electron multiplication with gases, *Nucl. Instr. and Meth.* **A263**, p. 351, (1988).

62. F. Aangelini, et al., The microgap chamber, *Nucl. Instr. and Meth.* **A335**, p. 69, (1993).

63. F. Bartol, et al., The CAT. Pixel proportional gas counter detector, *J. Phys. III France*, vol. **6**, p. 337, (1996).

64. Y. Giomatartis, Development and prospects of the new gaseous detector "Micromegas", *Nucl. Instr. and Meth.* **A419**, p. 239, (1998).

65. Y. Diawara, et al., Novel, photon counting detectors for X-ray diffraction applications, *Proc. SPIE*, **4784**, 358–364, (2002).

66. R. D. Durst, C. Campana, B. He, and J. Phillips, The use of CCD detectors for X-ray diffraction – invited, The 47th Annual Denver X-ray Conference, Colorado Springs, CO, August 3–7, (1998).

第5章

测角仪和样品台

5.1 测角仪和样品位置

5.1.1 引言

　　测角仪和样品位移台的功能是建立并控制入射光束、样品和探测器之间的几何关系。测角仪也是 X 射线源、X 射线光学部件、环境样品台、样品调整显微镜等多种部件的支撑基础。二维衍射仪的测角仪与传统衍射仪基本相同。第 2 章讨论的二维衍射仪的几何构造都承袭自传统 X 射线衍射仪。因此，传统衍射仪的大部分概念和方法都适用于二维衍射。在二维衍射系统中，至少需要三个旋转轴才能覆盖衍射仪中样品所有可能的方向。这三个旋转角可以通过欧拉几何、卡帕几何或其他几何来实现[1~7]。欧拉几何中的三个角是 ω、ψ 和 ϕ。典型的欧拉几何或卡帕几何四圆衍射仪除了样品的三个旋转轴外，还包括一个用于探测器摆角的轴。衍射仪中还可设置三个平移轴用于样品位移。由于历史原因和应用偏好，测角仪的几何存在许多变化，并不是所有的衍射仪都有完整的六个轴。由于应用需求和机械限制，每个轴都有一定的范围。这意味着某些轴的旋转角或坐标应该设置为常数或零。

5.1.2 二圆测角仪

　　基础的测角仪通常由两个平行方向的轴组成，并在仪器中心处相交。这两个轴可以用于

图 5.1　D8^{TM} 垂直测角仪（Bruker AXS）

不同配置的不同轴。最常见的配置是 $\theta\text{-}2\theta$ 和 $\theta\text{-}\theta$ 两种。在 $\theta\text{-}2\theta$ 配置中，入射光束的方向是固定的，一个轴用于样品旋转（ω），另一个轴用于探测器（2θ 或 2D 探测器的摆角 α）。在 $\theta\text{-}\theta$ 配置中，一个轴用于入射光束角（θ_1），上面装有光源和光学部件并带动它们移动，另一个轴用于探测器（θ_2）。由于布拉格角的准确度和精密度主要由这两个角决定，所以这两个轴称为测角仪的主轴。这两个轴垂直于实验室坐标定义的衍射仪平面 $X_{\text{L}}\text{-}Y_{\text{L}}$。基础测角仪的方向由衍射仪平面确定。如果衍射仪平面平行于实验室地面，则称水平测角仪或水平衍射仪；如果衍射仪平面垂直于地面，则称垂直测角仪或垂直衍射仪。图 5.1 显示了一个垂直方向的测角仪（Bruker AXS 的 D8^{TM} 测角仪）。D8 测角仪是一

个高精度的二圆测角仪，有独立的步进马达和 θ、2θ 圆的光学编码器。最小驱动步长为 $0.0001°$，角度重现性为 $\pm0.0001°$。D8 测角仪可以用于水平 $\theta\text{-}2\theta$、垂直 $\theta\text{-}2\theta$ 和垂直 $\theta\text{-}\theta$ 几何。两轴机械布置为内圆和外圆。每个圆都可用作 $\theta\text{-}\theta$ 几何的 θ_1 或 θ_2，但内圆通常用于样品台或 $\theta\text{-}2\theta$ 几何中更多轴的基础。

在二维衍射仪中，二圆测角仪可以设置 X 射线入射角和探测器摆角。在 $\theta\text{-}2\theta$ 配置中，入射角为 ω。为了使 $\theta\text{-}\theta$ 配置与之前衍射空间和探测器空间的定义一致，则 $\omega=\theta_1$，$\alpha=\theta_1+\theta_2$，其他参数的定义相同。

5.1.3 样品台

为了提高样品的定位和位移能力，可以在衍射仪的样品台上另外设置旋转轴和平移轴。用于样品定位和位移的样品台也是测角仪的一部分。例如，在三圆测角仪中，第三个轴通常用于样品旋转。图 5.2 显示了 Bruker D8 Discover GADDS^{TM}（常规面探测器衍射系统）中用于二维衍射系统的四个不同样品台的三维图。图 5.2(a) 固定 χ 角样品台，ϕ 轴与主轴呈固定角度 χ_g（$=54.74°$）。它通常安装在 $\theta\text{-}2\theta$ 配置测角仪的内圆上，形成三圆测角仪。为了得到完整的取向，在准直器下方实现全方位的 ω 旋转，χ 角固定在立方晶体的 [111] 和 [100] 方向之间（$\cos\chi_g=1/\sqrt{3}$）。固定 χ 角的样品台一直用于单晶衍射（SCD）。在常规的二维衍射几何中，与衍射仪平面的倾斜角为 ψ 角，图 5.2(a) 中 $\psi=90-\chi_g=35.26°$。固定 χ 角的样品台通常与测角仪头一起使用，可以在小范围内调节 XYZ，使小样品对准仪器中心。固定 χ 角的样品台适用于测试小样品的织构、应力和相组成[8]。旋转 ω 和 ϕ 可以模拟 Gandolfi 相机，获得单晶的衍射花样[9]。图 5.2(b) 显示了双位 χ 角样品台，其 ϕ 轴在衍射仪平面内，$\psi=0$（$\chi_g=90°$）。ϕ 轴也可以手动移动至固定倾斜角 $\psi=35.26°$（$\chi_g=54.74°$）。除了与固定 χ 角样品台类似的功能外，$\psi=0$ 时也适用于双轴应力张量的测量。

图 5.2(c) 为重型 XYZ 样品台。这个样品台可以承载大样品或多个样品。XYZ 马达可用于样品自动对准和衍射成像。图 5.2(d) 为 1/4 尤拉环。它通常安装在 $\theta\text{-}2\theta$ 配置的测角仪

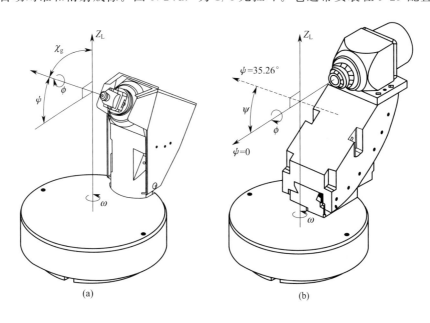

(a)   (b)

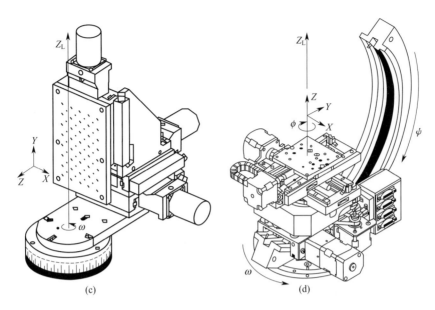

图 5.2　Bruker AXS 的各种样品台

(a) 固定 χ 角样品台；(b) 双位 χ 角样品台；(c) XYZ 样品台；(d) 1/4 尤拉环

的内圆（ω）上，形成四圆测角仪，具有所有的三个旋转轴（ω、ψ、φ）和三个平移轴（X、Y、Z）。1/4 尤拉环比上述三个样品台功能都强。表 5.1 给出了四个样品台的对比。二维衍射系统还有很多其他种类的样品台，它们的规格可以从供应商处获得。

表 5.1　样品台的规格及应用

样品台	固定 χ	双位 χ	XYZ 台	1/4 尤拉环
技术参数：				
ω		$-180°\sim+180°$（从基本测角仪）		
ψ	35.26°	0° 和 35.26°	0	$-7°\sim101°$
ϕ	360°连续	360°连续	0	360°连续
X	N/A	N/A	$-50mm\sim+50mm$	$-40mm\sim+40mm$
Y	N/A	N/A	$-50mm\sim+50mm$	$-40mm\sim+40mm$
Z	N/A	N/A	$-50mm\sim+50mm$	$-1mm\sim+2mm$
应用：				
物相鉴定	能，毛细管	能，毛细管	能	能
应力	能	能（双轴）	能	能（双轴）
织构	能	能	能（有限的）	能（最好）
面扫描	否	否	能	能
微区衍射	能	能	能	能
样品尺寸	小	小	大	中等
样品数量	单个	单个	多个	多个
自动调整	否	否	能	能

5.1.4　测角仪轴序列

　　为了将样品测试点移动到仪器中心，欧拉几何中的六个轴必须遵循特定的安放顺序。两个主轴是测角仪的基础，确定了衍射仪平面。它们在序列中具有相同的优先级。φ 轴是绕着衍射仪平面中的水平轴顺时针旋转的。φ 轴的方向由 ω 角决定，因此它直接固定在 ω

圆上。ϕ 轴方向由 ψ 轴和 ω 角共同决定，它固定在 ψ 圆上。ϕ 轴总是垂直于 ψ 轴。这三个旋转轴在仪器中心相交。三个平移轴仅能将样品的不同位置移动到仪器中心，而不会使任意一个轴移离仪器中心。根据定义，样品坐标会随着旋转轴变化，因此 XYZ 台应排在序列的最后固定，比如在 ϕ 轴上。因为 Z 轴与 ϕ 轴重叠，所以也可以在 Z 轴之前就先设置 ϕ 轴。X 和 Y 轴必须在 ϕ 轴上建立。因此，从基础测角仪到样品的轴序列为 $\omega \rightarrow \psi \rightarrow \phi \rightarrow (X，Y，Z)$ 或 $\omega \rightarrow \psi \rightarrow Z \rightarrow \phi \rightarrow (X，Y)$。括号中的轴具有相同的优先级，并且可以以任何相对顺序机械堆叠。

序列中任意一个轴都可以空缺。以图 5.2(c) 中的 XYZ 台为例，XYZ 轴直接固定在 ω 圆上，ψ 和 ϕ 轴是空缺的，可以认为是零。个别情况下，会不遵循上述序列，这会导致测角仪的特异行为。例如，当 ϕ 轴的顺序放在 X 和/或 Y 轴之前时，X 或 Y 方向的平移会使 ϕ 轴偏离仪器中心。此时旋转 ϕ 轴会将样品的不同部位带到仪器中心，样品上 X 射线照射的区域变成了一个圆圈而不是一个点。这种机械模式仅在需要通过 ϕ 轴旋转使样品振动来提高样本统计性时才会用到。

5.2   测角仪精度

在衍射仪中，样品方向和位置的准确性对于准确的数据收集和分析是必不可少的。该准确性主要取决于测角仪精度。影响样品方向和位置精度的最重要因素是误差球、角度准确度和精度[10]。

5.2.1   误差球

误差球定义为在所有可能的测角仪方向上覆盖无限小物体的所有可能位置的最小球形体积。在一些文献中，误差球被称为球形误差。最小球形体积意味着无限小的样品或物体已尽最大努力固定或移动到测角仪中心。换句话说，观察对象与仪器中心的偏差不是由于 XYZ 平移中的误差造成的。产生球形误差的原因很多，例如旋转轴的机械公差、轴的偏心、圆弧或圆的畸变。样品、测角仪组件、探测器和 X 射线源及光学部件的重量也对误差球有贡献。由于环境温度变化导致的测角仪组件之间的热膨胀不匹配也可能对误差球有贡献。误差球一般用其直径测量数值，但某些文献或某些供应商也会用球体半径表示。通过统计学方法可知，所有可能的测角仪角度处物体到仪器中心的距离具有正态分布。在这种情况下，误差球定义为仪器中心（平均值）的标准偏差 σ。例如，待测物体有 99.7% 的可能性进入 3σ 的误差球直径，有 95.4% 的可能性进入 2σ。在比较来自不同文献和供应商的误差球时需要小心。

测角仪的误差球是所有轴的叠加，可以在叠加序列的不同层次上进行测量。以 1/4 尤拉环为例，可以通过常规准直过程来观察误差球。图 5.3 描述了每个轴的准直过程。首先应对准 ϕ 轴，因为它是所有旋转轴中排在序列最后的轴，所以可以独立于其他轴来确定误差球。如图 5.3（a）～（c）所示，需要准直的物体固定在 ϕ 轴 $\psi = 90°$ 处，从水平方向观察。物体的位置是在物体的中心测量的。准直物体在 X 方向上的偏离可以通过在 $0° \sim 180°$ 之间旋转来观察，在 Y 方向上的偏离可以通过在 $90° \sim 270°$ 之间旋转来观察。物体可以通过 X 和 Y 方向的平移来对准到 ϕ 轴，直到 ϕ 轴旋转 $360°$ 时样品能固定在同一位置或仅有微小偏移。如图 5.3(c) 所示的微小偏移即为 ϕ 轴对误差球的贡献。物体在 ϕ 轴方向的高度在这一步无法确定，可以在稍后以 ψ 轴为中心旋转时得到。

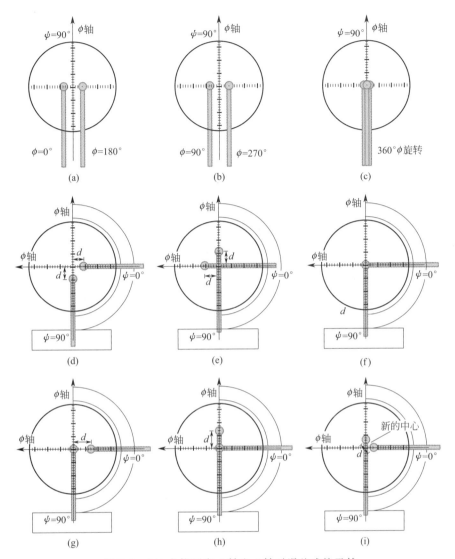

图 5.3　1/4 尤拉环中 ϕ 轴和 ψ 轴对误差球的贡献

　　在后面的准直中，ϕ 轴旋转产生的偏差可忽略，物体可看作 ϕ 轴上的一个点。原则上，ψ 圆的中心应该是所有 ψ 角上的物体位置的平均。为简便起见，假设只有物体高度（Z）随着 ψ 轴的转动而变化。如果 ϕ 轴在 Z 方向的偏差（d）在 $\psi=0°$ 和 $\psi=90°$ 时相同，如图 5.3 (d)、(e) 所示。ψ 圆的中心就是 ϕ 轴在 $\psi=0°$ 和 $\psi=90°$ 的交叉点，通过在 Z 方向上调整物体可使之与中心对齐，如图 5.3(f) 所示。当 Z 方向的偏差（d）在 $\psi=0°$ 和 $\psi=90°$ 两个方向上不相同时，如图 5.3(g)、(h) 所示，ψ 圆的中心由 Z 平移确定，这就引起两个物体之间的最小偏差（d'）分别在 $\psi=0°$ 和 $\psi=90°$。如图 5.3 (i) 所示，在这种情况下，ψ 圆心是两个物体位置之间的中点。

　　上述描述 ψ 圆对误差球贡献的内容是过于简化的模型。ψ 圆是通过沿着四分之一圆的开放环的移动来实现的，相对于轴承支撑的真实旋转轴，这种环往往会扭曲更多。如图 5.4 所示，ψ 旋转偏离包括三个部分：①ψ 旋转轴方向（当 $\phi=0$ 时 X 的方向）的轴向偏离；②Z 方向的径向偏离；③Y 方向的切向偏离。为了测量"真实"的误差球，应该从所有三个方向观察对象。这常常通过在两个相对校准显微镜间隔 90° 的 ω 位置之间旋转来实现。1/4 尤拉环样品台的几何中心即为覆盖了所有可能的 ϕ 和 ω 角位置的小球的球心。接着将 ω 圆的旋转中心对准这个中心，误差球也应该包括 ω 轴旋转的偏离。ω 轴是由高精度全轴承支承的主轴之一，因此偏离相对较小。综上，1/4 尤拉环样品台测角仪整体的误差球主要取决于 ϕ 圆的偏差。在集成系统时，将三个轴的测角仪中心均设为仪器中心。

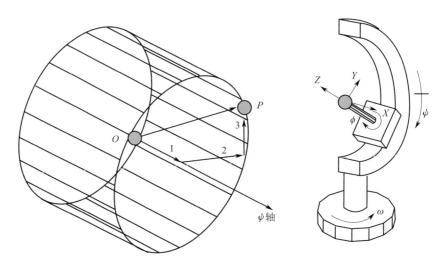

图 5.4   1/4 尤拉环样品台的 ϕ 轴对误差球贡献的三个部分

误差球的大小取决于 X 射线束的尺寸、样品尺寸和应用[11~13]。测角仪的误差球、X 射线束和样品观察系统都要交汇在仪器中心的一个小于样品和光束尺寸的区域内，以防样品位置错误或脱离 X 射线束的范围。为了获得较好的衍射数据，误差球应该远小于光束尺寸或样品（以其中较小的为准）。对于大而均匀的样品，只要将样品高度（Z）对准仪器中心，那么测角仪误差球就不会对相分析有什么影响。测试大而均匀平整的样品的织构时，测角仪中心的偏离会使衍射图谱的 2θ 产生偏差，但几乎不会影响其积分强度。因此，测角仪误差球就显得至关重要，需要使其尽可能小。微区衍射通常也需要较小的误差球。例如，使用 $10\mu m$ 的光束测试 $10\mu m$ 的样品时，需要让测角仪、X 射线束和样品观察系统的误差球在 $2\mu m$ 以内[11]。在三维图中可以更好地观察误差球，误差点云或包含误差点的体积的整体形状可以是高度各向异性的，而非球体[14]。误差体积的实际形状可以用来优化测角仪的使用。

样品和衍射仪部件的重量对误差球有较大的影响。更严格的误差球指标也应该明确样品的重量限制。由于重量平衡，测角仪轴在不同方向上可能对误差球的贡献不同。例如，水平衍射仪的基础测角仪主轴轴承在所有径向上的负载相对均匀。但在垂直测角仪中，主轴轴承的负载会显著增加误差球。较重的二维探测器通常安装在主轴上，这也可能使误差球更加严重，特别是误差球随着探测器距离变化时。测角仪的负载指标可以通过两个或多个值描述，通常是特定误差球值的负载极限和最大负载。在指定的负载极限内，可以保持特定的误差球。虽然在最大负载下不会对测角仪造成永久性损坏，但在该负载下无法维持特定的误差球。

5.2.2   角度准确度和精度

在科学、工程、工业和统计等领域都会定义和描述准确度和精度。通过反复测量一些稳定的标准样品[15]，可以确定衍射仪的准确度和精度。如果能够可重复地将样品方向、入射光束和探测器位置驱动到目标值，则测角仪就是准确且精密的。图 5.5 说明了欧拉几何中角度准确度和精度之间的关系。深灰色的点表示三个角度（ω、ψ、ϕ）下样品的目标位置。将测角仪反复驱动到目标点，每次到达的样品位置用浅灰色点表示。由于所有实验之间的变化，所获得的角位置（浅灰色点）形成一个集群。集群中心（平均值）与目标位置的偏差是角度准确度的度量，集群大小（变化量）是角度精度的度量。更准确地说，所有实验的标准差表示了角度精度。

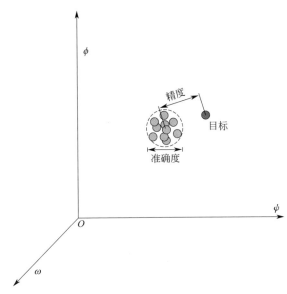

图 5.5　欧拉几何中角度准确度和精度

　　角度准确度取决于两种误差的综合，一种是来自每个轴的贡献，另一种是各轴之间角度误差的贡献。例如欧拉几何中，ω 与 ψ 轴、ψ 与 ϕ 轴之间的角度应该为 90°。这些轴之间的机械连接的垂直度会影响角的精度。轴之间的垂直度通常由机械精度决定，并在测角仪制造过程中完成调整。对于电动测角仪轴，其准确度和精密度取决于轴承、齿轮、步进马达、控制器、编码器和复位基准的设计和质量。例如，具有恰当的制造设置的光学编码器和复位基准主要决定角度准确度，而步进电机的步进间隔、驱动齿轮的精度和编码器的分辨率对精度至关重要。测角仪的不同轴可能对准确度和精度有不同要求。例如基础测角仪的两个主轴决定了布拉格角测量的准确度。角度准确度和精度应优于 0.001°，步长可低至 0.0001°。ψ 和 ϕ 轴最常用于样品旋转，因此其角度准确度和精度通常在 0.01°内。

　　齿隙是影响测角仪精度的另一个因素[10]。齿隙是两个相反驱动方向的角度准确度的差值。这是由于齿轮对的间隙和齿轮的弹性形变造成的。机械齿隙可以通过各种方法消除，如齿轮的弹性加载、使用一致的驱动方向进行数据扫描或光学编码器的闭环伺服马达控制。由于轴承上的稳定力矩负载，平衡块能有效减小齿轮负载、齿隙和误差球。图 5.6 显示了 Bruker AXS D8™ 垂直 θ-θ 配置的测角仪内、外圆的平衡块。配重（灰色部分）安装于与 X 射线源和探测器的重量和位置匹配的位置。测角仪前面的 X 射线源和光学部件（θ_1）与探测器（θ_2）的轨道通过连接杆与测角仪后面的配重组合起来。连接杆限制这两个轨道使其无法驱动到负角度。这在 θ-θ 反射模式时不成问题，但却阻止了使 X 射线源或探测器移动到底部，从而无法对水平样品进行垂直透射模式的测量。因此，设计了一种特殊的平衡系统，通过测角仪的内圆来耦合自重和配重。该设计允许系统在透射模式和反射模式之间自动切换[16]。

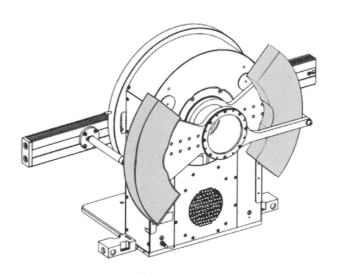

图 5.6   Bruker AXS D8^{TM} 垂直 θ-θ 测角仪内、外圆的平衡块

5.3   样品校准和可视化系统

样品校准系统是为了辅助用户将样品的精确位置对准仪器中心，在收集数据前监控样品的状态和位置。光学显微镜和视频显微镜均可用于样品调整和可视化。光学显微镜允许用户直接观察样品的放大图像，并且用十字线确定样品位置。但近年来光学显微镜逐渐被淘汰，并被视频显微镜所取代。视频显微镜系统主要包括显微镜头、CCD照相机和捕获图像的帧抓取器。由于视频图像可以在 X 射线安全罩关闭的情况下拍摄，所以视频显微镜可以在采集数据的过程中监控样品的状态和位置。显微镜最主要的指标是工作距离、放大倍数、视场和分辨率。工作距离是观察对象与物镜之间的距离，应有足够的空间。放大倍数应足以校准样品和观察系统的最小目标。视频显微镜的放大倍数由显微镜头的光学放大和视频放大两部分组成。显微镜头包含用于可变放大的光学变焦，变焦倍数可手动调节或通过电动马达自动调节。视频放大倍数是由显示尺寸和 CCD 尺寸的比值决定的。视场定义为可被视频显微镜观察到的物体区域大小。对于相同的视频显示尺寸，视场与放大倍数成反比。因此，变焦调节最重要的功能之一，就是在低放大倍数下获得最佳视场，在高放大倍数下更好地进行样品观测和校准。分辨率决定了可以观察到样品的细节。视频显微镜的分辨率主要由摄像机的像素分辨率决定。

图 5.7 显示了 Bruker GADD^{TM} 微区衍射系统的样品校准系统，由带变焦和激光束的视频显微镜组成。激光束与变焦视频光轴的交点预对准仪器中心，如图 5.7(a) 所示。图 5.7(b) 为集成电路芯片中金连接板的图像。当样品表面位于仪器中心时，激光光斑会落在十字中心。图 5.7(c) 为激光视频校准系统的照片。系统工作距离为78mm，光学放大倍数为 1～7 倍，总放大倍数为 40～280 倍（13″显示器），视场为 6～

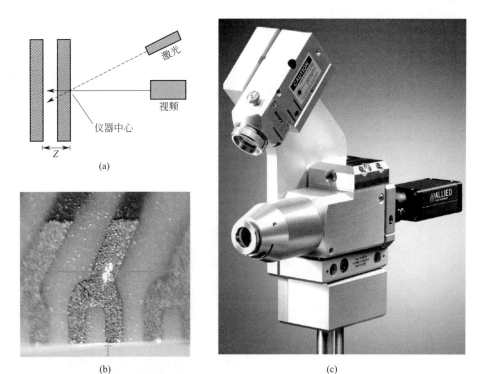

图 5.7　激光视频样品校准系统
（a）激光视频校准系统的工作原理；（b）金连接板上的激光光斑和十字光标图像；
（c）Bruker AXS 激光视频系统的照片

0.9mm，像素分辨率为 $768H×494V$。该系统与马达驱动 XYZ 样品台结合，通过软件控制可以自动将采样区域对准仪器中心[17]。这种配置对于多目标的微区衍射或衍射成像是必不可少的。

5.4　环境样品台

在受控的环境和温度条件下的 X 射线衍射可揭示在室温常态条件下无法测量的许多材料特性。因此，该技术也被称为非室温非常态 X 射线衍射，可用于测量相变、晶格热膨胀、化学反应、晶格缺陷、取向分布以及应力随温度的变化[18,19]。非室温非常态条件包括湿度、真空、气氛、低温或高温。最常用的非室温非常态样品台是高温样品台。

5.4.1　圆顶式高温台

非室温非常态条件下的二维 X 射线衍射具有速度快、角覆盖范围大等优点[20]。由于单次曝光可测量到完整的衍射图，二维衍射非常适合原位或时间分辨等应用。因此，二维衍射的环境样品台也应该对于入射光束和衍射线具有大的角度窗口。传统衍射仪的环境样品台通常具有有限的窗口开口，它可以与线探测器配合使用[21]，但是无法利用面探测器大立体角的优势。二维衍射的理想环境样品台应该具有覆盖样品表面所有可能方向的窗口。对于反射模式衍射，开口的立体角应为 2π（半球）。

图 5.8 为安装在 Bruker AXS D8 Discover GADDS™（Hi-Star™ 探测器）二维衍射仪 XYZ 台上的圆顶式高温台（Anton Paar DHS 900™）[22,23]。圆顶式高温台的设计轻

巧紧凑，适用于 1/4 尤拉环或 XYZ 样品台。加热板由耐高温氧化的镍铬合金制成，加热板含有 Ni(72%)、Cr(14%～17%)、Fe(6%～10%) 和 Mn(<1%)，因此必须注意加热板不能被 X 射线直射，否则使用 Cu 或 Co 靶时可能产生荧光辐射。该样品台可在最高 900℃ 高温下工作。通过 Ni-Cr 护套型热电偶测量温度，热电偶安装在加热板中心的样品安装面的下方。圆顶由 PEEK 制成，它是一种高性能聚合物，具有独特的机械性能、耐热性、耐化学性和高 X 射线穿透率。圆顶内的样品腔可以保持真空、空气或其他气氛。为了避免样品升温过程发生化学反应，样品腔可以充入惰性气体。由于 PEEK 的融化温度约 170℃，当在高于 200℃ 温度下使用该样品台时，需要用喷嘴向圆顶喷射冷却气体（最好是干净的压缩空气）。用铍金属制作的圆顶则可以在高真空下直接加热样品至 1200℃[24]。

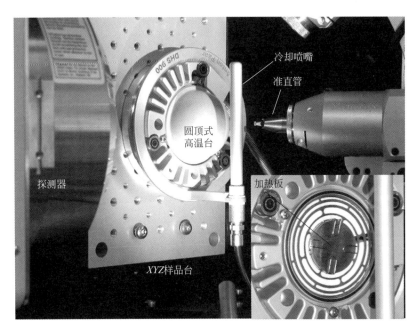

图 5.8   安装在 Bruker AXS D8 Discover GADDS[TM] 二维衍射仪上的圆顶式高温台（Anton Paar DHS 900[TM]）

5.4.2   变温样品台校准

从加热单元到样品，以及从样品流向腔体表面或冷却单元的热量会在腔体和样品内部产生不均匀的温度分布。集成到加热台的热电偶所测得的温度可能不是样品的真实温度。在与加热单元直接接触的样品表面和暴露在 X 射线下的样品面之间会存在温度梯度。温度梯度的大小取决于样品与加热单元之间接触面的热阻、通过样品的热导率以及样品周围的绝热性。

为了尽量减少样品的温差，热电偶应尽可能靠近样品位置安装，样品和加热单元之间应保持良好的热接触，衍射取样区与加热接触点之间的距离应保持最小，并且应通过良好的热绝缘（如真空）来减少从样品到周边环境的热流。

高温样品台可以用一种已知相变温度的物质来校准。表 5.2 列出了一些用于高温样品台校准的物质及其相变[19,25,26]。

表 5.2　用于高温样品台校准的物质[19,25,26] 及其相变

物质	温度/℃	相变	物质	温度/℃	相变
NH_4NO_3	84	正交-四方	K_2SO_4	586	正交-六方
NH_4NO_3	125	四方-立方	NaCl	801	熔体
KNO_3	129	三斜-三方	Bi_2O_3	820	熔体
KNO_3	334	熔体	Ag	962	熔体
CuCl	430	熔体	Au	1064	熔体
$PbTiO_3$	490	四方-立方	K_2SO_4	1076	熔体
SiO_2(石英)	573	α-β	CaF_2	1360	熔体

　　变温样品台也可通过安装在样品位置或嵌入样品中的热电偶直接测量来校准。使用嵌入或附着在样品上的热电偶进行校准，可获得更准确的温度读数，特别是对于热导率较低的样品。校准通常在衍射数据采集前进行，然后移除热电偶，以便在相同位置进行样品的数据采集。在无法将热电偶嵌入或附着在样品上时，可以将热电偶安装在预期的样品位置进行校准，并假设其与实际样品的加热条件相同。图 5.9 显示了安装在 Bruker AXS GADDS™ 衍射仪上的 Huber™ 热台的校准设置[27]。如图 5.9(b) 所示，热台采用 U 形加热器，内置热电偶进行温度测量和控制，在开普顿窗口形成封闭环境。仪器中心位置的样品与预埋的热电偶有一定的距离，因此预计样品与热电偶之间会有温度偏差。样品位置的实际温度由用 K 型热电偶的 Omega HH506R 数字温度计测量。热电偶的测量端安装在通常用来放置样品的仪器中心。通过控制软件将加热器的温度从 50℃ 升至 580℃，校准热电偶的温度读数在约 45s 之后稳定，波动小于 ±1℃。温度校准图显示了设定温度与实际样品温度（圆形）的关系（如图 5.10 所示）。设置温度和实际温度之差（三角形）对应右边的纵坐标。在这种特殊设置中，实际温度高于设置温度，这是由于嵌入式热电偶离仪器中心和热源较远。

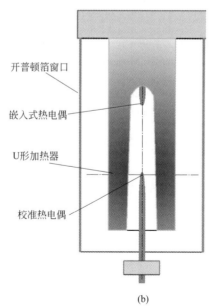

开普顿箔窗口

嵌入式热电偶

U形加热器

校准热电偶

(a)　　　　　　　　　　　　　(b)

图 5.9　热台校准

(a) Bruker AXS D8 Discover GADDS™ 衍射仪的热台（Huber™）
（热电偶安装在样品位置）；(b) 校准热电偶的位置示意图

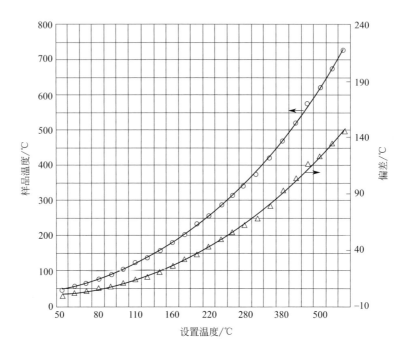

图 5.10   温度校准：温度曲线及其偏差

参 考 文 献

1. W. Busing and H. A. Levy, Angle calculations for 3- and 4-circle X-ray and neutron diffractometers, *Acta Cryst.* (1967). **22**, 457–464.

2. W. R. Massey Jr and P. C. Manor, A four-circle single crystal diffractometer with a rotating anode source, *J. Appl. Cryst.* (1976). **9**, 119–125.

3. D. J. Thomas, Modern equations of diffractometry. Goniometry, *Acta Cryst.* (1990). **A46**, 321–343.

4. M. Lohmeier and E. Vlieg, Angle calculations for a six-circle surface X-ray diffractometer, *J. Appl. Cryst.* (1993). **26**, 706–716.

5. E. Vlieg, Integrated intensities using a six-circle surface X-ray diffractometer, *J. Appl. Cryst.* (1997). **30**, 532–543.

6. P. Dera and A. Katrusiak, Towards general diffractometry. I. Normal-beam equatorial geometry, *Acta Cryst.* (1998). **A54**, 653–660.

7. G. Thorkildsen, H. B. Larsen and J. A. Beukes, Angle calculations for a three-circle goniostat, *J. Appl. Cryst.* (2006). **39**, 151–157.

8. N. S. P. Bhuvanesh and J. H. Reibenspies, A novel approach to microsample X-ray powder diffraction using nylon loops, *J. Appl. Cryst.* (2003). **36**, 1480–1481.

9. S. Guggenheim, Simulations of Debye–Scherrer and Gandolfi patterns using a Bruker Smart Apex diffractometer system, Bruker AXS Application Note 373 (2005).

10. M. F. Davis, C. Groter and H. F. Kay, On choosing off-line automatic X-ray diffractometers, *J. Appl. Cryst.* (1968). **1**, 209–217.

11. R. Sanishvili, A 7 mm mini-beam improves diffraction data from small or imperfect crystals of macromolecules, *Acta Cryst.* (2008). **D64**, 425–435.

12. I. C. Noyan et al., A cost-effective method for minimizing the sphere-of-confusion error of X-ray diffractometers, *Rev. Sci. Instrum.*, (1999). **70**, 1300–1304.

13. R. Moukhametzianov st. al., Protein crystallography with a micrometre-sized synchrotron-radiation beam, *Acta Cryst.* (2008). **D64**, 158–166.

14. P. Noiré et al., Sphere of confusion of a goniometer: measurements, techniques and results, *Diamond Light Source Proceedings*, (2010). **1**, e28, 1–4.

15. J. P. Cline, NIST standard reference materials for characterization of instrument performance, *Industrial Applications of X-ray Diffraction*, edited by F. H. Chung and D. K. Smith, Marcel Dekker, New York, (2000) 903–917.

16. B. B. He and R. C. Bollig, X-ray diffraction screening system convertible between reflection and transmission modes, US Patent No. 7,242,745, July 10, 2007.

17. J. Fink et al., X-ray micro diffractometer sample positioner, US Patent No. 5,359,640, Oct. 25, 1994.

18. S. T. Misture, E. A. Payzant, and C. R. Hubbard, Handout of high temperature XRD workshop, The 47th Annual Denver X-ray Conference, August 4, 1998.

19. M. Rodriguez, High-temperature and non-ambient X-ray diffraction, *Industrial Applications of X-ray Diffraction*, edited by F. H. Chung and D. K. Smith, Marcel Dekker, New York, (2000) 891–902.

20. L. J. Farrugia, P. Macchi, and A. Sironi, Reversible displacive phase transition in $[Ni(en)_3]^{2+}(NO_3^-)_2$: a potential temperature calibrant for area-detector diffractometers, *J. Appl. Cryst.* (2003). **36**, 141–145.

21. L. Brügemann et al., VANTEC-1 hot humidity studies in parallel beam geometry, Bruker AXS Lab Report XRD53, 2004.

22. R. Resel, A heating stage up to 1173 K for X-ray diffraction studies in the whole orientation space, *J. Appl. Cryst.* (2003). **36**, 80–85.

23. L. Brügemann, High temperature investigations with the D8 Discover using the DHS 900, Bruker AXS Inc., Lab Report XRD 40 (2001).

24. STC-Eulerian cradle – special temperature chamber with hemispherical beryllium-window for direct sample heating up to 1200°C in high vacuum, Materials Research Instruments (MRI), www.mri-gmbh.de, June 2002.

25. L. F. Connell, Jr. and J. H. Gammel, Hysteresis ranges of polymorphic transitions of some crystals, *Acta Cryst.* (1950). **3**, 75.

26. W. Ostertag and G. Fischer, Temperature measurements with metal ribbon high temperature X-ray furnaces, *Rev. Sci. Instrum.*, **39**, 888 (1968).

27. High-temperature attachment installation manual, Bruker AXS Inc., Doc#269-021902, 2001.

第**6**章

数据处理

6.1　引言

　　二维 X 射线衍射图包含大量信息，适用于多种应用。为准确解释和分析该衍射图，有必要进行一些数据处理[1~4]。根据处理目的不同，大多数数据处理过程分为以下几类。一些数据处理是为了消除或减小探测器缺陷引起的误差，比如非均匀探测器效率校正和探测器几何畸变校正。一些数据处理是为了消除仪器和样品几何形状带来的不良影响，如偏振校正、样品几何校正和吸收校正。为了分析一些在面探测器出现之前就已经建立应用的二维衍射图样，有时需要将二维帧转换为其他格式，以便能用传统的方法和软件显示并进一步分析。例如，当使用二维帧进行物相鉴定时，第一步就需要将二维帧积分成一维衍射谱，再利用衍射谱与 ICDD PDF 数据库进行搜索匹配[5~10]。还有一些处理是出于美观需求，主要用于报告和出版，如数据平滑处理。为拓宽二维探测器有限的 2θ 角度覆盖范围，可以在不同摆角处收集多个帧后合并，或者通过扫描二维探测器，采集扩展 2θ 角度后的二维图像。

6.2　非均匀响应校正

　　面探测器可以看作是一组点探测器阵列。每个像素都有自己的探测器计数曲线。计数曲线展示了像素的量子效率、线性度、信噪比和饱和度。理想的面探测器应具有 100% 相同像素量子效率和线性。如果所有像素的计数曲线相同（或者强度响应相同），那么可以认为这一面探测器是均匀的。遗憾的是，在各向同性光源下，多数面探测器在强度测量中会出现一些非均匀分布。非均匀响应可能来自制造缺陷、设计不足或是探测技术限制。例如，非均匀的荧光屏或者 CCD 探测器耦合光纤可能导致量子效率的不均匀[11]。由于从中心到边缘电场的变化，气体探测器边缘和中心之间可能具有不同的强度响应。如果得到所有像素的探测器计数曲线，就可以对强度响应的均匀性进行彻底校正。在实践中，这样做非常困难甚至难以实现，这是由于得不到每个像素的独立计数曲线。每一个像素的性能都受到相邻像素以及整个探测器环境的影响。强度响应非均匀性校正的可行方法是采集来自仪器中心处各向同性点光源的 X 射线图像，利用图像数据帧生成后期衍射帧的校正表。利用各向同性点光源采集的帧通常称为泛洪帧或者平面场像[12]，这种校正也被称为泛洪场校正或者平面场校正。另一种用于非均匀响应的校正是背景校正，即从数据帧中减去一个背景帧，背景帧是在没有 X 射线照射下采集的。积分型探测器，如 IP 或 CCD，都有较强的背景，在非均匀响应校正时需要考虑背景校正。而 MWPC 和 Mikrogap 等光子计数探测器的背景可以忽略，因此，无需进行背景校正。

6.2.1 校正源

用于泛洪场校正的 X 射线源应是均匀的球形辐射点光源。探测器上每个像素都应产生相同的亮度［以光子/（s·mrad^2）计］。为尽量减小强度响应非线性引起的误差，光源的辐射强度要与其动态范围内的介质相匹配。光源的光子能量应与用于衍射数据采集的 X 射线能量相同或相近，以保证校正和数据采集过程中的探测器表现一致。

可选择的校正源有很多，比如 X 射线管、放射性源、漫散射或者 X 射线荧光。辐射源包括^{55}Fe、^{63}Ni、^{109}Cd 和^{21}Am$^{[12,13]}$。由于光子能级特点，^{55}Fe 是衍射系统最常用的校正源。原子核俘获^{55}Fe 同位素的内层电子，转变为锰。^{55}Fe 辐射源可发射三种不同能量的 X 射线：能量为 5.9keV（80%）的 MnK$_\alpha$ 光子、能量为 6.2keV（20%）的 MnK$_\beta$ 光子、能量为 4.12keV 的极弱 K$_\alpha$ 逃逸光子。^{55}Fe 的半衰期为 2.741 年，衰变产物为锰。使用^{55}Fe 辐射源的一个有利因素是没有连续或者韧致 X 射线辐射。使用^{55}Fe 源校正面探测器非常方便，这是由于很容易将^{55}Fe 源安装到衍射仪样品台实际样品的位置。然而，^{55}Fe 源不一定满足所需的光子能量，其 X 射线通量只能匹配衍射数据采集动态范围的低端。由于较低的光子能量，通常所需^{55}Fe 的数量还不存在明显的外部暴露危险，但^{55}Fe 作为一种放射性物质，可能需要合法授权和安全处理程序。

X 射线荧光是替代辐射源的方法之一。在 X 射线束上放置荧光材料，就会产生荧光发射。如果被辐照区域是小点状，那么对应的荧光辐射可以认为是各向同性的点光源。选择荧光材料的 K 吸收边要比衍射所用 X 射线的波长略长。例如，CuK$_\alpha$ 入射到含有大量铁和钴的材料以及 MoK$_\alpha$ 入射到含铱的材料，都能产生强荧光。一般来说，当 X 射线管阳极材料的原子序数是样品元素的 2、3 或者 4 倍时，会产生强荧光。为了避免 X 射线衍射中局域高强度的影响，荧光材料应处于非晶态。可以通过将合金从液态过冷而形成玻璃态金属箔来得到非晶。例如，玻璃态铁箔含有 79% 的 Fe、16% 的 B 和 5% 的 Si。室温下的玻璃态铁较稳定，其中高浓度的 B 和 Si 有助于阻止结晶。玻璃态金属铁箔是各向同性源的理想候选材料。箔片可以恰好放置在衍射样品的位置，因此可以在非常准确的距离和位置处进行校正。然而，只有有限的几种过渡金属（Fe、Ni、Co、Mo）可以制作玻璃态合金箔。另一种可以替代玻璃态合金箔的物质是掺杂了特定荧光元素的非晶硼酸锂玻璃，掺杂浓度最高可达 10%$^{[13]}$。

在 CuK$_\alpha$ X 射线照射下，玻璃态铁箔会主要发射光子能量为 6.4keV 的 FeK$_\alpha$ X 射线。透射光束中主要是 CuK$_\alpha$ X 射线，与荧光相比弹性散射的 CuK$_\alpha$ X 射线可以忽略不计。用 Bruker Hi-Star 探测器对 $25\mu m$ 厚度的玻璃态铁箔进行测试$^{[14]}$ 的结果表明，来自玻璃相 Fe 的荧光泛洪场图像与^{55}Fe 的强度分布相同。封闭 X 射线管发出的 $0.3\sim0.5\mu m$ 光束入射玻璃态铁产生的荧光强度比入射^{55}Fe 产生的强度要亮得多。与典型的^{55}Fe 源相比，使用玻璃态铁箔校正可以将校正时间减少一个或两个数量级，具体取决于 X 射线束的尺寸和功率设置。铁箔必须安装在正常的样品位置。使用铁箔校正可以减小由于校正源和样品不一致所引起的安装误差。原则上任何 X 射线束尺寸均可用于校正，但不同辐射通量需要使用不同校正时间。为了获得足够多的计数统计信息，对于 1024×1024 帧，泛洪场帧的总计数至少要达到 10^7。建议使用相同的光路和光束尺寸进行校正和数据采集。为了使探测器位于辐射最均匀的部分，玻璃态铁箔应面向探测器，也就是说箔的表面应与探测平面平行。探测器位置必须远离透过箔片的光束。为避免探测器计数饱和，需要合理设置 X 射线发生器的功率。表 6.1 列出了使用 0.5mm 光束和 Hi-Star MWPC 探测器的推荐探测器摆角（铁箔从初始位置旋转相同的角度，垂直于光束）以及功率设置。类似的探测距离和摆角也适用于 Vântec-2000™ 和 Vântec-500™ 探测器。由于用不同的能量采集泛洪场和衍射图，因此两次操作对应的探测器偏压设置也有不同。

表 6.1   推荐探测器摆角及功率设置

样品-探测器距离/cm	探测器和 Fe 箔的旋转角	0.5mm 准直器的功率	样品-探测器距离/cm	探测器和 Fe 箔的旋转角	0.5mm 准直器的功率
6	50°	40kV/5mA	25	50°	40kV/20mA
10	50°	40kV/10mA	30	50°	40kV/20mA
15	50°	40kV/10mA	>35	50°	40kV/25mA
20	50°	40kV/15mA			

6.2.2   非均匀响应的校正算法

根据面探测器的特点，有许多不同的泛洪场校正算法。该校正是在从校正源采集得到的泛洪场帧基础上进行的。假设所有像素都有相同的响应曲线，那么最简单的泛洪场校正就是对所有像素的计数进行归一化处理。所有像素的归一化因子组成校正表，该表可以用作校正数据帧。其中像素 P_i 的归一化因子可以表示为：

$$N_i = \frac{M\Delta\Omega_i}{p_i\Omega} \tag{6.1}$$

式中，M 表示泛洪场图像中所有像素的总计数；Ω 是整个探测器面积的立体角；p_i 是泛洪场图像中 P_i 像素的测量计数，$\Delta\Omega_i$ 是 P_i 像素对应的立体角。根据第 4 章中的方程

$$\Delta\Omega_i = \frac{(\Delta x)^2 D}{(D^2 + x_i^2 + y_i^2)^{3/2}} \tag{6.2}$$

式中，D 是样品到探测器的距离；Δx 是像素尺寸；x_i 和 y_i 是相对于探测器中心像素 P_i 的位置坐标。由于归一化因子中已经考虑了每个像素的立体角，因此第 4 章提到的 $\cos^3\varphi$ 衰减引起的计数变化就不需要再做归一处理。采用各向同性源得到的校正图不是完整的平面，而是具有 $\cos^3\varphi$ 衰减效应。这是在一个所有像素的强度响应都相同的平板探测器上得到的结果。在后面的帧积分时应考虑 $\cos^3\varphi$ 衰减效应。校正表包含所有像素的归一化因子。每一个像素的校正计数可以根据以下公式来计算：

$$p_i^c = N_i \cdot p_i^m \tag{6.3}$$

式中，p_i^c 是数据帧中 P_i 像素的校正计数；p_i^m 是 P_i 像素的测量计数。在上述简单的归一化方法中，假设每一个像素的响应是所有零背景、不随时间变化入射光子的线性函数。而且每一个像素的强度响应与同时被 X 射线照射的其他像素没有关联。

对于气体探测器，如 MWPC，强度响应不是独立的，它受到 X 射线辐照时周围其他像素和整个探测器的影响。泛洪场校正操作并不是对每一个像素应用归一化因子，而是利用"橡胶片"在探测器 x 轴和 y 轴对应区域拉伸和收缩来微调计数光子的位置。经过校正后，计数总数保持不变，但会在像素中重新分布，使得来自各向同性源的图像在探测器上均匀分布。这主要是一个美化功能校正，让图像看起来更平滑。首先每一个像素分为子像素或者像

素子集。子像素在周围像素中再重新分布，以便"弱"像素覆盖更多子像素，"强"像素覆盖较少子像素。形成的新像素在探测器上具有近似相同的强度响应。以 Hi-Star^{TM} MWPC 探测器为例，整个探测器阵列规格是 16376×16376 个像素子集。在未校正的帧中，每一个像素由 512×512 模式下的 32×32 个像素子集或者 1024×1024 模式下的 16×16 个像素子集组成。泛洪场校正表是一组投影阵列，作用是将探测器子帧投影到每一个像素。在数据采集时，使用校正表将探测器子帧映射到像素，因此校正后的图像直接存储为 512×512 帧或者 1024×1024 帧。图 6.1 显示了使用 Bruker Hi-Star^{TM} MWPC 探测器收集的两帧图像，采用的是 0.5mm 点光束照射玻璃态金属铁箔产生的荧光辐射，样品到探测器的距离为 15cm。图 6.1(a) 是未经泛洪场校正的原始图像，可以看到非均匀响应。由于该图像来自各向同性源，因此可以生成泛洪场校正投影文件。图 6.1(b) 是在相同条件下采集得到的图像，但经过了泛洪场校正，也就是说在采集数据时加载了投影文件。这幅图像中的强度分布明显均匀。进行泛洪场校正时的样品-探测器距离必须与衍射数据采集时相同。但可以在不同的距离时收集多个空间校准文件，然后根据需要再选择使用。

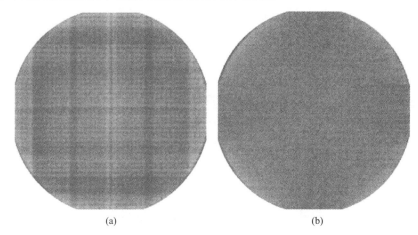

(a)　　　　　　　(b)

图 6.1　各向同性源的 X 射线图像（Bruker Hi-Star^{TM} MWPC 探测器）（见彩图）
(a) 未经泛洪场校正的原图；(b) 经过泛洪场校正的图像

6.3　空间校正

理想平板探测器中的每一个像素不仅具有相同的强度响应，还具有精确的位置。像素在 x、y 方向上整齐排列，间距相等。大多数情况下，假设探测区域完全由像素覆盖，因此 x 或者 y 方向上相邻两个像素之间的距离就等于像素大小。与这个完美像素阵列的偏差称为空间失真。在实际中，由于零件、设计或者制造上的缺陷，面探测器会在一定程度中呈现出空间畸变。空间畸变程度取决于探测技术的本质和局限性。1:1 倍放大 CCD 探测器的空间畸变可以忽略不计，但耦合光纤光锥的桶形失真可能会引入大量空间畸变[11]。由于扫描系统[15] 的不完善，成像板系统可能会产生空间畸变。由于窗口曲率和不完善的阳极导线丝[16]，气体探测器的空间畸变程度更为严重。为得到正确的 2θ 和 γ 值进行数据分析和积分，需要进行空间校正，以得到具有准确像素位置的衍射图像。

6.3.1　基准板与探测器平面

空间校正计算需要利用空间畸变的测量。利用位于仪器中心的均匀辐射点光源所采集的 X

射线图像以及固定在探测器前表面的基准板来进行空间畸变测量。泛洪场校正和空间校正对校正源的要求有所不同。泛洪场校正所用的点光源应具有各向同性亮度，其大小和位置不是很关键。空间校正所用的校正源应具有非常准确的位置、点状形状和较小的尺寸。但在实际应用中，泛洪场校正和空间校正往往会采用同一点光源。图 6.2 给出了 Mikrogap 探测器（Bruker Våntec-2000）的空间校正几何。基准板安装在探测器的前表面。该基准板由黄铜制成，在 x 和 y 方向上有精确分布的小孔。基准板平靠在探测器表面，小孔直径控制进入探测器的 X 射线。带有埋头孔的一侧对着校正源。校正源也必须放置在与采集数据时样品所在位置完全相同的位置。如果在测角仪上校正，该位置也就是仪器中心。该装置采集的 X 射线图像包含很多尖锐峰，对应着基准板上的小孔图像。由于基准板给出了峰的精确位置，空间校正后的图像就是采集图像在该平面上的投影。因此将基准板与探测器前表面的接触面定义为探测器平面。仪器中心到探测面之间的距离就是样品到探测器的距离 D。X 射线光子转化为电子或可见光的区域在探测平面的后面，该区域与探测器的物理组件相关联，例如 CCD 探测器中的荧光屏。由于是平面窗口，探测平面与荧光物质之间的间隙很小。而在气体探测器中，例如 Våntec-2000 探测器，探测区域是网格状。探测平面和网格之间的间隙要大得多，如图 6.2 中 G 所示。气体面探测器的有效面积由网格尺寸和窗口尺寸的有效面积共同决定。网格的尺寸通常略大于打开窗口的尺寸，或者以不同的形状覆盖了打开窗口。例如，正方形网格覆盖圆形窗口。因此，有效面积通常规定为窗口打开大小，但前提是网格尺寸相同或者更大。图中 W 是探测器的活动区域尺寸。探测平面 P 上投影图像的尺寸是一个变量，取决于样品到探测器的距离。

$$P = \frac{WD}{D+G} \tag{6.4}$$

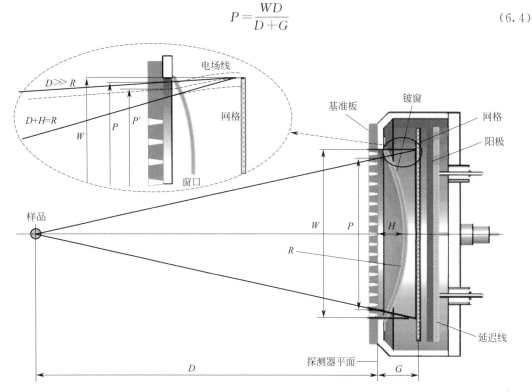

图 6.2　Mikrogap 探测器（Bruker Våntec-2000）空间校正几何

如果样品到探测器距离无限远，投影图像尺寸接近于有效面积。气室中的电场线不是直线，特别是在探测器边缘附近，因而实际关系更加复杂。窗口采用球面曲率设计，以减少视差效应。曲率半径 R 必须与最常用的样品到探测器距离相匹配，以最大限度地减少视差效应。H 是探测面和铍窗中心之间的间隙。当 $D+H=R$ 时，视差效应最小。实际样品到探测器的工作距离可以小于或大于窗口曲率半径。当 $D+H \ll R$ 时，视差效应会更严重，而当 $D+H > R$ 时，视差效应会更弱。图中的放大区域显示了弯曲的电场线。电离产生的电子沿着电场线漂移。结果表明，当 $D+H \leqslant R$ 时，弯曲电场线位于活动区域内，因此可以通过式（6.4）给出测量的图像尺寸。当 $D \gg R$ 时，边缘 X 射线对应的电场线会延伸到有效探测区域之外。到达网格边缘的电场线给出了修正后的投影尺寸 P'（$P' < P$）。因此，测量得到的图像尺寸可能略小于式（6.4）得到的值。

6.3.2　空间校正算法

空间校正是将空间畸变帧恢复为具有正确像素位置的图像帧。由于空间畸变，原始帧产生扭曲，因此空间校正也称为去扭曲过程[17]。空间校正的算法有很多[11,12,15]。在空间校正帧中，每一个像素是由基于空间校正表，查表找到对应像素的计数进行计算得到的。空间校正的过程如图 6.3 所示。图 6.3（a）为固定在探测器上基准板的小孔图形。小孔尺寸应足够小，以获得一个清晰图像，但同时应具有足够的尺寸，以保证传递足够的通量到探测器。x 和 y 方向上相邻小孔的中心距离应足够小，以捕获短距离空间畸变。但距离也要足够大，从而可以区分相邻的点，同时工艺上能精确加工。收集包含来自基准板斑点的图像。这些基准点显示了图像畸变，如图 6.3（b）所示。首先根据一个给定的阈值计算点的质心位置，该阈值能够区分小孔点与背景。对所有点的行和列建立索引，然后，将每一行和每一列中的点用以基准点作为控制点的多项式函数进行样条插值，得到平滑曲线连接起来。在大多数情况下，使用二阶多项式就能生成平滑曲线。根据基准板上相应小孔的已知位置，确定每个基准点的错位。被四个基准点和连接曲线包围的用阴影显示的区域，可以认为是图 6.3（a）中阴影正方形面积的畸变投影。另一方面，图 6.3（a）中的阴影正方形区域可以看作是图 6.3（b）中阴影区域的校正图像。因此，可以基于失真图像得到校正图像中所有像素的强度来进行校正。根据周围基准点的错位进行插值得到每个未畸变像素对畸变图像投影的曲线，如图 6.3（c）所示。在图 6.3（c）中，P'_j 是失真图像中的一个像素，用阴影正方形表示。四条曲线包围的阴影区域是像素 P_i 区域从校正图像到扭曲图像的投影。这个区域可能与畸变图像中的多个像素区域重叠。在这种情况下，像素 P_i 有四个像素的贡献，分别标记为 1、2、3、4。一般情况下，像素 P_i 的强度为

$$p_i = \sum_{j=k}^{l} p'_j r_{ij} \qquad (6.5)$$

式中，k 为失真图像中第一个像素对 P_i 的贡献数目；l 是最后一个像素对 P_i 的贡献数目；p'_j 是贡献像素的强度；r_{ij} 是有贡献区域与整个像素区域的面积比。p_i 是像素 P_i 的强度。根据空间校正表可以计算出所有像素的 r_{ij} 值。假设探测器的工作参数与实际衍射帧数据采集时相同，则由基准图像得到的查找表就可以应用于实际衍射帧中。计算每一个像素的贡献面积不是一种程序友好的方法。未失真图像中的像素有可能映射到失真图像中的矩形像素中[12]。弯曲边缘的像素近似用矩形像素表示。对于未失真图像中的某一个像素，计算每个边缘的中心投影位置。畸变图像中的这四个点可以定义矩形区域，然后可以根据矩形阴影重叠区域内的贡献像素确定 r_{ij} 值，再根据式（6.5）计算得到校正后像素的强度。这种算法可以减少程序设计和计算时间，但由于实际的边界是弯曲的，因而会引入误差。

另一种方法是将每一个像素的计数重新分布到一组相同的子像素中，如图 6.3（d）所

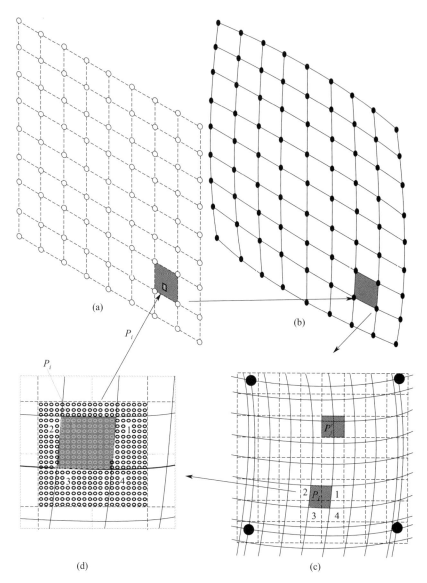

图 6.3　空间校正过程

（a）基准板上的小孔图形（投影到探测面）；（b）具有基准点和样条曲线的图像（显示了图像畸变）；

（c）插值曲线（定义了像素投影面积）；（d）贡献像素中的子像素

示。子像素是均匀分布在像素区内的离散点，用小圆圈表示。每个像素内的子像素总数是 M。有贡献的子像素是那些落在灰色区域，并用灰色填充圆所标记的子像素。像素 1、像素 2、像素 3 和像素 4 所贡献子像素的个数分别用 m_{i1}，m_{i2}、m_{i3} 和 m_{i4} 表示。一般情况下，像素 P_i 的强度表示为：

$$p_i = \sum_{j=k}^{l} p'_j \frac{m_{ij}}{M} = \frac{1}{M} \sum_{j=k}^{l} p'_j m_{ij} \tag{6.6}$$

根据空间校正表可以计算所有像素的 m_{ij} 值。

空间校准时的样品-探测器距离必须与衍射数据采集时所用距离相同。通常的做法是在不同的距离处采集多个空间校准文件，然后根据需要来使用。图 6.4（a）为用于空间校正的原始帧。图像采集利用了固定在 Bruker Hi-Star^{TM} MWPC 探测器上的基准板，样品到探测器的距离为 15cm，采用 0.5mm 点光束照射玻璃态金属铁箔，产生荧光辐射。从基准点的错位可以看出存在空间畸变。图 6.4（b）显示了已标定的基准点位置，在帧上所有的基准点都有正确标定。图 6.4（c）为将像素 x 和 y 坐标从原始值转换为校正值的空间校正表。图 6.4（d）为将像素 x 和 y 坐标从校正值转换为原始值的空间校正表。图 6.4（e）显示了校正帧中的基准点。行和列在正方形数组中对齐。图 6.5（a）为采用 Bruker Vântec-2000^{TM} Mikrogap 面探测器收集的基准帧，采用的是 0.5mm 点光束照射玻璃态金属铁箔，产生荧光辐射，样品到探测器的距离为 20cm。从基准点图中几乎看不到空间畸变。图 6.5

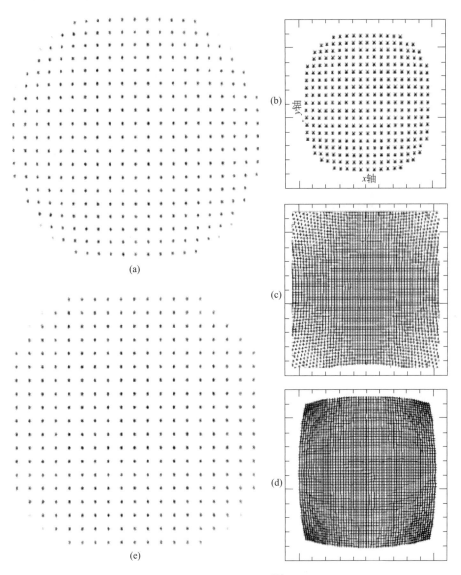

图 6.4　MWPC（Bruker Hi-Star^{TM}）的空间校正

（a）包含畸变基准点阵列的原始帧；（b）指标化的基准点；

（c）像素 x 和 y 坐标从原始值转换为校正值的空间校正表；（d）像素 x 和 y 坐标从校正值转换为原始值的空间校正表；

（e）校正帧中的基准点

（b）显示了指标化的基准点位置，在帧上所有的基准点都有正确标定。图 6.5（c）为将像素 x 和 y 坐标从原始值转换为校正值的空间校正表。图 6.5（d）为将像素 x 和 y 坐标从校正值转换为原始值的空间校正表。图 6.5（e）显示了校正帧中的基准点，这些点在正方方阵中完美对齐。Våntec-2000^{TM} 探测器在 20cm 处的整体畸变比 Hi-Star^{TM} 在 15cm 处要小得多。

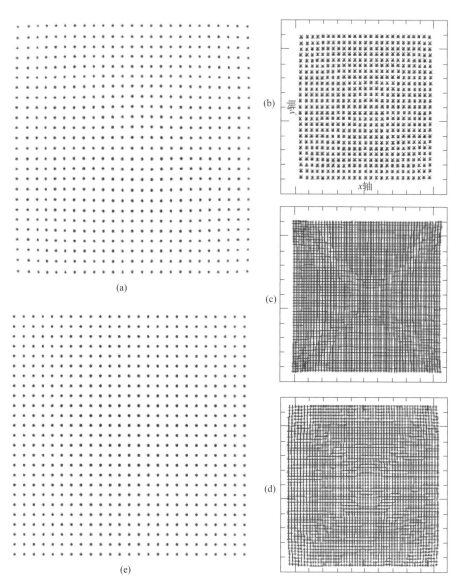

图 6.5　Mikrogap 面探测器（Våntec-2000^{TM}）的空间校正

（a）包含畸变基准点阵列的原始帧；（b）指标化的基准点；

（c）像素 x 和 y 坐标从原始值转换为校正值的空间校正表；

（d）像素 x 和 y 坐标从校正值转换为原始值的空间校正表；（e）校正帧中的基准点

6.4　探测器位置精度及校正

泛洪场校正和空间校正不仅能确保探测器中的所有像素对入射 X 射线具有相同的强度

响应，同时校正了像素在探测器中的位置。为了精确分析衍射图，还必须确定探测器在实验室坐标中的位置。平板探测器的位置由样品到探测器的距离 D 和探测器摆角 α 决定。D 是测角仪中心到探测平面的垂直距离，α 是衍射平面内偏离 X 射线直接光束的一个旋转角度。当 $\alpha=0$ 时，探测面与直射 X 射线束的交点定义为光束中心。可以根据探测面 x 和 y 坐标得到光束中心位置，分别为 x_c 和 y_c。探测器的距离 D、摆角 α 以及光束中心（x_c，y_c）都确定后，才能通过数据还原得到准确的 2θ 和 γ 值。在衍射仪中，可以手动或者电动调节 D，α 根据测角仪自动调节。由于测角仪都具有很高的准确度和精度，可以保证 α 的精度，不需要用户另外关注。但必须在每一个标准距离 D 处校准，才能得到样品到探测器距离 D 以及光束中心（x_c，y_c）的准确值。

6.4.1　探测器位置公差

机械安装、调整和马达驱动台共同决定衍射仪中探测器的准确位置。图 6.6 显示了在实验室坐标 $X_L Y_L Z_L$ 中探测器的位置。直射 X 射线束沿 X_L 轴传播，Z_L 向上与 Y_L 构成一个右手矩形坐标系。X_L 和 Y_L 轴定义衍射仪平面。探测器设置在轴上位置（$\alpha=0$）。探测器平面与 X_L 轴的交点为探测器上的光束中心。沿着 X_L 方向将 $X_L Y_L Z_L$ 平移样品到探测器的距离 D，就可以得到新坐标 XYZ。Y 轴和 Z 轴在探测器平面上。为了保持本书的一致性，探测器内的像素位置用 x，y 坐标表示。在特殊的探测器位置（$\alpha=0$），x 和 y 坐标分别与 Y 轴和 Z 轴平行。XYZ 坐标的原点位于光束中心（x_c，y_c）。探测器位置的准确性由六个公差参数确定，包括三个平移（X、Y、Z）和三个旋转（R_X、R_Y、R_Z）。R_X、R_Y 和 R_Z 是围绕 X、Y 和 Z 轴三个轴的旋转，也分别称为旋转、俯仰和偏摆。六个轴的误差投影到探测器平面上，以衍射斑点的偏移形式体现。判定公差的标准是根据每个轴的误差所产生的像素位移量。X 的误差对应于样品到探测器之间的距离。Y 和 Z 的误差会在探测器平面上产生相同数量的像素位移。三个旋转误差引起的像素位移在探测器平面内各不相同。位移量是旋转以及像素与探测器中心距离 r 的函数。在距离探测器中心最远的像素处出现最大位移。X 方向误差引起的探测器平面上像素位移取决于样品到探测器的距离 D 和中心距离 r。

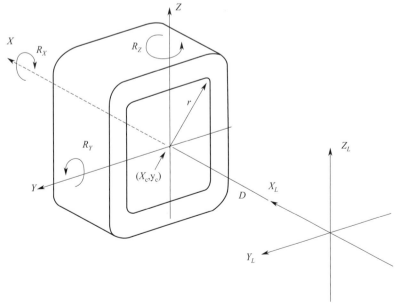

图 6.6　在实验室坐标下探测器的位置和决定探测器位置公差的六个公差参数

表 6.2 汇总了六个公差参数的具体描述和根据误差计算像素位移的公式。X、Y、Z、R_X、R_Y 和 R_Z 相对应的误差分别表示为 ΔX、ΔY、ΔZ、ΔR_X、ΔR_Y 和 ΔR_Z。由于可以通过探测器校准来校正误差，因此公差偏差可以多达几个像素。通过校准探测器距离和光束中心，可以对 ΔX、ΔY 和 ΔZ 的误差进行校正，因此公差范围相对较大。而 ΔR_X、ΔR_Y 和 ΔR_Z 的误差只能通过校正或校准进行部分补偿，所以公差要求更加严格。不同的应用使用不同的探测距离。ΔX、ΔR_X、ΔR_Y 和 ΔR_Z 引起的位移随 r 的增加和 D 的减小而增大，因此有必要给出最大像素到中心距离（$r_{\max}$）和最短探测器距离（$D_{\min}$）两种情况对应的公差。通常采集和保存在多个探测器距离时的探测校正和校准文件。当使用相应的探测器距离时，重新加载文件。因此，由重复性误差引起的像素位移不能进一步被纠正，必须将其保持在最低限度。应根据探测器类型和应用要求来确定公差和重复性。表 6.2 给出了每个误差引起的像素位移计算公式，以及 11cm 圆形探测器的公差和重复性。得到的公差是基于大约三个像素的像素位移，而重复性是基于一个像素的像素位移。

表 6.2 探测器位置公差和重复性

轴	描述	计算探测面位移的公式	$D_{\min}$=60mm 像素尺寸=0.11mm	
			公差 0.35mm	重复性 0.11mm
X	探测器距离	$(r/D)\Delta X$	0.38mm	0.12mm
Y	水平	ΔY	0.35mm	0.11mm
Z	垂直	ΔZ	0.35mm	0.11mm
R_X	旋转	$r\sin(\Delta R_X)$	0.37°	0.12°
R_Y	俯仰	$(r^2/D)\sin(\Delta R_Y)$	0.40°	0.13°
R_Z	偏摆	$(r^2/D)\sin(\Delta R_Z)$	0.40°	0.13°

6.4.2 探测器位置校准

探测器位置校准决定了探测器距离（D）、摆角（α）和光束中心（x_c，y_c）。通过适当的校准，可以精确计算像素的 2θ 和 γ 值以及衍射特征。探测器距离、摆角和光束中心的精确确定通过测量已知标准的衍射帧，并且比较测量的衍射环与根据峰位 2θ 和探测器位置计算的衍射环得到。任何具有高稳定性和锐利衍射线的多晶或粉末都可用作校准标样，例如刚玉、石英或硅。校准可以手动完成，将计算出的环重叠在测量的衍射帧上。通过调整探测器距离、摆角和光束中心的值，在出现最佳重叠时找到校准值。图 6.7 为采用二维衍射系统 Bruker GADDS^{TM}（通用面探测衍射系统），从刚玉（NISTSRM 676α-Al$_2$O$_3$）粉末样品中采集的衍射帧。软件显示了衍射帧和基于标准 d/I 文件（PDF 卡 46-1212）计算出的衍射环（白细线）。可通过鼠标或箭头键交互调整探测器距离、摆角和光束中心，直到所有计算环精确地集中在实验数据帧衍射环上。在小的 2θ 范围内，改变摆角或光束中心（特别是 x_c），以及移动相同计算环组的位置，可以产生几乎相同的效果。在这种情况下，摆角的误差可能被光束中心的误差所补偿，这称为探测器位置参数之间的耦合效应。为了精确校准并克服耦合效应，最好在不同摆角收集多个衍射帧。每个参数的校准灵敏度随摆角的变化而变化。例如，在较低的摆角或轴上位置采集的衍射帧对光束中心的灵敏度更高，而在较大摆角收集的帧对探测器距离更为敏感。在正负摆角采集衍射帧可以消除摆角和光束中心校准的耦合效应。

在两个以上的探测器距离（最好是在最短和最长的探测器距离）上收集具有适当衰减的直射光束图像，能独立确定摆角（α）。当直射光束图像位于探测器中心附近，且所有探测器距离光束中心（x_c，y_c）都一致时，可以确定摆角 $\alpha=0$。测角仪保证了其他摆角值的精度和重现性，精度通常优于 $0.01°$，重现性大于 $0.001°$。这种情况下，只需要利用已预先确定的摆角值校准探测器距离和光束中心。

还可以通过计算机程序自动完成校准。由图 6.7 中虚线框中各个部分首先确定校准帧衍射环的位置。基于探测器距离、摆角和光束中心的初始近似值可确定 $\Delta 2\theta$ 和 $\Delta \gamma$。然后计算该区域的强度重心位置，用 x_{ij} 和 y_{ij} 表示。对于校准样品中的尖峰和可忽略不计的择优取向，x_{ij} 和 y_{ij} 代表第 j 衍射环上的第 i 点。衍射环上这一点的残差为

$$r_{ij} = 2\theta_j - \cos^{-1} \frac{(x_{ij} - x_c)\sin\alpha + D\cos\alpha}{\sqrt{D^2 + (x_{ij} - x_c)^2 + (y_{ij} - y_c)^2}} \tag{6.7}$$

式中，$2\theta_j$ 是标样第 j 个衍射环对应的布拉格角。对残差平方求和，可以得到

$$S = \sum_{j=1}^{n} \sum_{i=1}^{m_j} r_{ij}^2 = \sum_{j=1}^{n} \sum_{i=1}^{m_j} \left[2\theta_j - \cos^{-1} \frac{(x_{ij} - x_c)\sin\alpha + D\cos\alpha}{\sqrt{D^2 + (x_{ij} - x_c)^2 + (y_{ij} - y_c)^2}} \right]^2 \tag{6.8}$$

式中，m_j 是第 j 个衍射环上的数据点数；n 是来自所有帧用于校准的衍射环的总数。利用非线性最小二乘回归确定探测器距离（D）、摆角（α）和光束中心（x_c，y_c）这三个参数。有许多可供使用的非线性最小二乘程序。典型的回归步骤是从初始估计值开始，然后通过逐步迭代调整给定区域中的参数，直到残差平方和达到最小值。需要注意的是，为了确定校准光束中心，假定任意 x，y 原点坐标，被校准的光束中心为 x_c，y_c。在本书的大部分内容中，假设 $x_c = y_c = 0$，因此 x，y 可以直接表示像素到光束中心的距离。

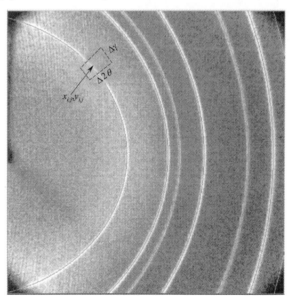

图 6.7　用刚玉的衍射帧进行探测器校准（见彩图）
计算环（紫红色）在测量衍射环上面

6.4.3　利用衍射环进行探测器旋转校准

如果衍射角 $2\theta = 90°$，衍射锥会变为一个平面，垂直于入射 X 射线光束（如图 6.8 所示）。平板二维探测器采集的该衍射环为一条垂直直线。如果没有"旋转"误差，那么直线衍射环应与探测器的 y 方向平行。因此，只要具有相同 x 坐标的像素都会采集到沿这个环的散射 X 射线，与 y 坐标无关。通过比较散射强度分布和像素阵列，得到"旋转"角度。实际上，衍射环的 2θ 不一定正好是 $90°$，但一般在 $90°$ 附近。图 6.9 显示了收集的刚玉样品

的 2θ 在 90°附近的两个衍射帧。图 6.9（a）所用探测器无旋转或存在微小旋转误差，模拟衍射环几乎与实验衍射环平行（如箭头所示）。图 6.9（b）帧是用存在清晰可见的旋转误差的探测器收集得到的，其模拟环与实际衍射环形成一定角度，从该角度可以计算出旋转角。

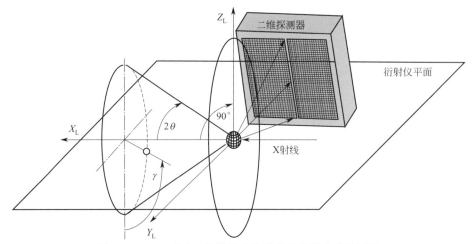

图 6.8　$2\theta=90°$时，衍射锥成为垂直于入射光束的平面

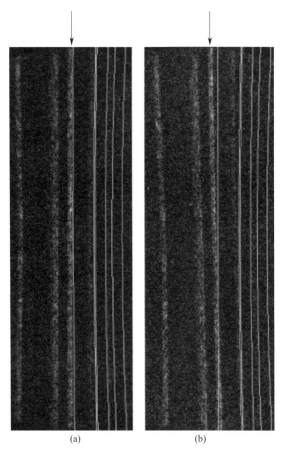

(a)　　　　　　　　　(b)

图 6.9　在近 90°收集的刚玉样品的二维衍射帧（见彩图）

（a）无旋转或存在微小旋转误差；（b）存在清晰可见的旋转误差

6.4.4　衍射锥的交点

多晶（粉末）样品可以得到一系列衍射锥。所有衍射锥共用同一个旋转轴，这也是入射 X 射线光束的轨迹。根据晶面间距 d 值可计算出所有衍射环的 2θ 值，但某一特定散射方向对应的 γ 值并不能从衍射环上直接得到。为了校准二维探测器的位置，还必须用 2θ 和 γ 值给出一些参考点，代表已知的散射方向。不同摆角的衍射锥之间的交点可以作为参考点。图 6.10 的左侧显示了一个单衍射锥。样品位于位置 O，直线 OC 是衍射锥的旋转轴，同时也是入射 X 射线的方向。2θ 决定圆锥的顶角。在图 6.10 的右侧中，三个不同的摆角对应的衍射锥相互重叠。假设中心的衍射锥摆角为零，而另外两个衍射锥分别在正方向和负方向上都有 $\Delta\alpha$ 的摆角，则线 OC、OC' 和 OC'' 分别代表三个衍射锥的旋转轴。随着衍射锥之间摆角的变化，两个衍射锥间的交线定义了特定的散射方向。例如，三个圆锥相交出现 OS 和 OS' 两个散射方向。三个衍射锥的交点一共可以确定六个散射方向，如图中黑点所示。无论二维探测器的位置如何，都可以精确确定所有散射方向，因此这些交点可以作为校准的参考。例如，探测器上点 P 的坐标可以表示为：

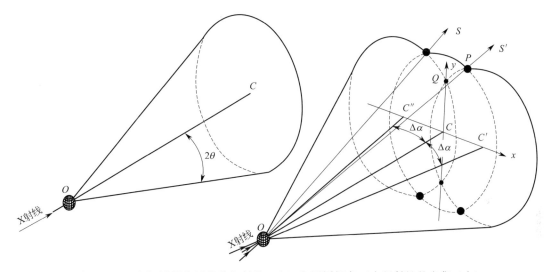

图 6.10　一个探测器位置的单衍射锥（左）和不同摆角三个衍射锥的交集（右）

$$X_P = D\tan\frac{\Delta\alpha}{2} \tag{6.9}$$

$$y_P = D\sqrt{\tan^2 2\theta - \tan^2\frac{\Delta\alpha}{2}} \tag{6.10}$$

四个黑点（大）的坐标分别用 $(x_P,\ y_P)$、$(-x_P,\ y_P)$、$(-x_P,\ -y_P)$ 和 $(x_P,\ -y_P)$ 表示。

具有正负摆角的两个圆锥相交得到点 Q 的坐标。探测器上点 Q 的坐标可以表示为：

$$y_Q = D\cos\Delta\alpha\sqrt{\tan^2 2\theta - \tan^2\frac{\Delta\alpha}{2}} \tag{6.11}$$

两个黑点（小）的坐标分别为 $(0,\ y_Q)$ 和 $(0,\ -y_Q)$。上述方程可用于计算特定情况下的交叉点坐标。根据以下公式计算点 P 的 γ 值：

$$\gamma_P = \arccos \frac{\tan \dfrac{\Delta\alpha}{2}}{\tan 2\theta} + 90° \tag{6.12}$$

γ_P 只取决于 2θ 和摆角差 $\Delta\alpha$，与实际摆角无关。因此，一般情况下，上式可以表示为：

$$\gamma_P = \arccos \frac{\tan \dfrac{\alpha_2 - \alpha_1}{2}}{\tan 2\theta} + 90° \tag{6.13}$$

式中，α_1 和 α_2 是采集衍射图像时的两个摆角，并假定 $\alpha_2 > \alpha_1$。四个交点的 γ 角分别是 γ_P、$-\gamma_P$、$180-\gamma_P$ 和 $180+\gamma_P$。然后根据 $(2\theta, \gamma)$ 关系，通过下式进而得到探测器上交点的坐标 (x, y)：

$$x = \frac{\cos\alpha \sin 2\theta \sin\gamma + \sin\alpha \cos 2\theta}{\cos\alpha \cos 2\theta - \sin\alpha \sin 2\theta \sin\gamma} D, (-\pi \leqslant \alpha \leqslant \pi, 0 \leqslant 2\theta < \pi) \tag{6.14}$$

$$y = \frac{-\sin 2\theta \cos\gamma}{\cos\alpha \cos 2\theta - \sin\alpha \sin 2\theta \sin\gamma} D, (-\pi \leqslant \alpha \leqslant \pi, 0 \leqslant 2\theta < \pi) \tag{6.15}$$

对于任意两个满足 $2\theta_1 + 2\theta_2 > \alpha_2 - \alpha_1$ 的 $(2\theta_1, \alpha_1)$ 和 $(2\theta_2, \alpha_2)$ 衍射环，假设 $\alpha_2 > \alpha_1$，基于各自的参数或计算机迭代来求解上述两个方程，就能得到一组交点坐标。

基于以上原则的各种方法，可以获得很多参考图像。例如，对于含有较大 d 值的粉末样品，如山蓟酸银，可以在多个摆角收集大量的交点。图 6.11 (a) 是山蓟酸银粉末的衍射图，探测距离为 30cm。由于晶面间距 d 较大（$d_{001} = 58.38$Å），可以观察到来自 $(00l)$ 晶面的一组同心和等间距的衍射环。图 6.11 (b) 为在三个摆角得到的三个类似有重叠的衍射图。图 6.11 (c) 是在透射模式下采集的单个刚玉衍射环，而图 6.11 (d) 是多个摆角得到的有重叠的衍射图。

图 6.12 为一个刚玉样品的网格交点实验示例，使用的是 Pilatus3 R100K-A2D 探测器。图 6.12 (a) 是在 $2\theta = 25.60°$ 处 (012) 衍射环的二维衍射帧，样品到探测器距离 $D = 14$cm，使用 CuK_α 辐射，摆角 $\alpha = 20°$。图 6.12 (b) 同时显示了摆角 $\alpha = 26°$ 处的 (012) 和 (104) 晶面衍射环。图 6.12 (c) 中可以看到由于帧重叠产生的交叉网格，这些帧是在 10 个摆角处采集的，分别为 $\pm18°$、$\pm20°$、$\pm22°$、$\pm24°$ 和 $\pm26°$。对没有位置误差的探测器，可以根据式 (6.9) ~式 (6.15) 计算交点坐标 (x, y)。从衍射图像可以估计测量帧上的交点，然后根据测量交点与计算交点之间的误差计算探测器的位置误差。为提高校准精度，需要在不同探测器摆角得到多个衍射环，从而得到大量交叉网格图像。为方便校准，可以存储已知校准过程和标准样品的一组交点作为参考。在校准过程中，只需要考虑测量产生的交点。

不同摆角采集到的衍射环之间的交点所计算出的散射角可作为校准探测器位置的参考。除了上一节所述的探测器距离和探测器中心外，还可以通过交点确定探测器的方向（旋转）误差，包括旋转、俯仰和偏摆。图 6.13 解释了校准的基本概念。图 6.13 (a) 中可以看出，在等摆角步长下收集的三个衍射环重叠，产生四个交点。如果探测器没有方向误差，则连接四个交点的方框是矩形。如果探测器有方向误差，那么矩形框的形状或方向都会发生扭曲。图 6.13 (b) 说明了 "旋转" 引起的矩形畸变（用灰色点表示）。图 6.13 (c) 显示由于 "俯仰" 而导致的失真。由于实际的像素-样品距离相对于探测器中心不对称，导致框的左右两侧长度不相等。类似地， "偏摆" 会导致框的顶部和底部的长度不相等，如图 6.13 (d) 所示。

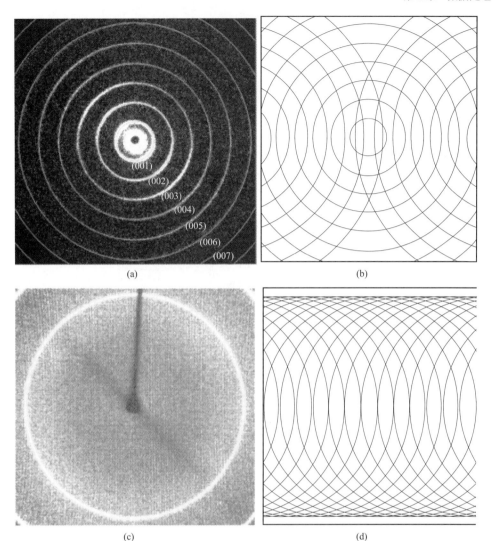

图 6.11 山嵛酸银粉末的衍射图（a）、三个摆角山嵛酸银衍射环的交点（b）、透射模式得到的单个刚玉衍射环（c）和多个摆角得到的衍射图重叠产生交点（d）（见彩图）

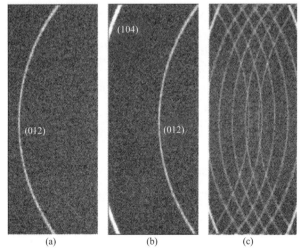

图 6.12 在两个摆角处测量的刚玉衍射环和在不同摆角处得到的多帧重叠产生的交叉网格（见彩图）

图 6.13 以简化模式说明了校正的概念。实际的探测器方向误差可以是旋转、俯仰和偏摆的任意组合。用于校正的交点可能远远超过四个，因此对所有可用的参考点进行适当拟合和迭代，就能更准确地计算探测器的方向误差。设置较小的摆角步长或利用含有较大面间距 d 的粉末样品如山嵛酸银，就可使用大量交点进行探测器的距离、位置、方向和空间失真等综合校正。首先基于衍射锥交点计算所有点的正确 x 和 y 坐标，然后拟合采集图像中的所有衍射环，得到交点的 x 和 y 坐标，再采用类似于上一节中的空间校正，在无需对探测器进行任何物理调整情况下，通过二维样条算法得到精确的衍射图。

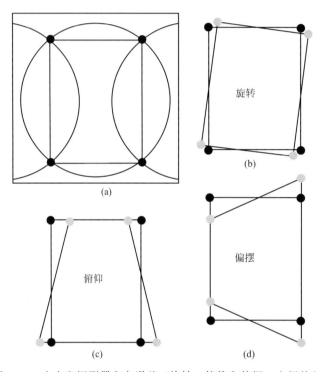

图 6.13   交点和探测器方向误差（旋转、俯仰和偏摆）之间的关系

6.5　帧积分

　　二维帧积分是一个数据还原过程，它将二维衍射帧转换为一维强度。在分析多晶材料的二维衍射帧时，通常有三种形式的积分，包括 γ 积分、2θ 积分和面积积分。γ 积分是对所选积分区域内每 2θ 步长（$\Delta 2\theta$）内的计数进行求和，生成一个随 2θ 变化的强度计数数据集合。γ 积分区域可以是一个由 2θ 范围和两个常量 γ 值限定的"楔形"，也可以是一个以 2θ 范围和垂直方向恒定像素数包围的"薄片"。积分区域也可以是整个帧的范围或其他选定区域。2θ 积分是沿着恒定 γ 线和两个不变 2θ 圆线之间，以给定的（$\Delta \gamma$）步长计数求和。2θ 积分产生一个随 γ 变化的强度计数数据集合。γ 积分通常用于物相识别，2θ 积分用于得到 γ 分布，适用于织构分析，在第 8 章中将对织构分析进行更详细的讨论。面积积分是对选定区域内的所有计数求和，通常用于得到样品某个区域内感兴趣的衍射特征图像。

6.5.1　帧积分的定义

　　楔形区域的 γ 积分可以表示为：

$$I(2\theta) = \int_{\gamma_1}^{\gamma_2} J(2\theta,\gamma)\mathrm{d}\gamma \qquad 2\theta_1 \leqslant 2\theta \leqslant 2\theta_2 \qquad (6.16)$$

或

$$I(2\theta) = \sum_{\gamma_1}^{\gamma_2} J(2\theta,\gamma) \qquad 2\theta_1 \leqslant 2\theta \leqslant 2\theta_2 \qquad (6.17)$$

式中，$J(2\theta,\gamma)$ 表示二维帧的二维强度分布，$I(2\theta)$ 是积分结果，取决于强度随 2θ 的变化。γ_1 和 γ_2 是积分的下限和上限。由于衍射帧的离散性质，式（6.17）对每 $\Delta 2\theta$ 步长内的计数进行求和。如果 γ 积分时的 γ_1 和 γ_2 是常数，则大多数 2θ 范围内的积分区域形状像一个楔形。如果对于轴上的帧或在低摆角收集的帧，γ 范围覆盖了完整的 $360°$，那么积分区域形状像一个环。如果积分的下限和上限是一个恒定的垂直像素范围，则积分区域形状像一个薄片。具有薄片区域的 γ 积分可以表示为

$$I(2\theta) = \int_{\gamma_1(2\theta,y_1)}^{\gamma_2(2\theta,y_2)} J(2\theta,\gamma)\mathrm{d}\gamma \qquad 2\theta_1 \leqslant 2\theta \leqslant 2\theta_2 \qquad (6.18)$$

或

$$I(2\theta) = \sum_{\gamma_1(2\theta,y_1)}^{\gamma_2(2\theta,y_2)} J(2\theta,\gamma) \qquad 2\theta_1 \leqslant 2\theta \leqslant 2\theta_2 \qquad (6.19)$$

式中，下限 γ_1 是 2θ 和常数 y_1 的函数，上限 γ_2 是 2θ 和常数 y_2 的函数。或者，可以由水平和垂直方向的像素范围决定的矩形来定义 γ 积分区域。对于边缘附近没有质量缺陷的探测器，可将全帧作为 γ 积分区域。

二维探测器采集的二维衍射帧包含一系列衍射环，如图 6.14 所示。二维探测器是 Hi-Star 探测器，样品到探测器距离 $D=7.5\mathrm{cm}$，摆角 $\alpha=-60°$。帧格式为 512×512 像素。样品为刚玉（$\alpha\text{-Al}_2\text{O}_3$）粉末，其衍射图案与 PDF 卡 46-1212 相一致。2θ 范围是 $20°\sim60°$，积分步长为 $0.05°$。图 6.14（a）为具有楔形区域的积分范围为 $60°\sim120°$ 的 γ 积分。图 6.14（b）显示了在相同 2θ 扫描范围（$20°\sim60°$）薄片状区域的 γ 积分，积分步长为 $0.05°$。下限 y_1 是积分范围内的最低像素位置，它低于探测器中心 100 个像素。上限 y_2 是积分范围内的最高像素位置，高于探测器中心 100 个像素。在选定 2θ 范围内，对楔形区、薄片区或其他区域进行 γ 积分，可以获得类似于传统衍射结果的衍射谱，然后使用传统的检索方法完成物相鉴定。但是由于存在择优取向，不同积分区域得到的相对强度可能出现差异。

从图 6.14 中可以看出，尽管 γ 积分范围有很大差异，但两个衍射图的总体强度大致相同。这是因为根据立体角对衍射谱进行了归一化。为了减少或消除积分强度对积分区间的依赖关系，可以通过像素数、弧长或立体角对每个 2θ 的积分值进行归一化。根据立体角归一化的 γ 积分可以表示为

$$I(2\theta) = \frac{\int_{\gamma_1}^{\gamma_2} J(2\theta,\gamma)(\Delta 2\theta)\mathrm{d}\gamma}{\int_{\gamma_1}^{\gamma_2}(\Delta 2\theta)\mathrm{d}\gamma} \qquad 2\theta_1 \leqslant 2\theta \leqslant 2\theta_2 \qquad (6.20)$$

由于 $\Delta 2\theta$ 是一个常数，这个方程可以写为

$$I(2\theta) = \frac{\int_{\gamma_1}^{\gamma_2} J(2\theta,\gamma)\mathrm{d}\gamma}{\gamma_2 - \gamma_1} \qquad 2\theta_1 \leqslant 2\theta \leqslant 2\theta_2 \qquad (6.21)$$

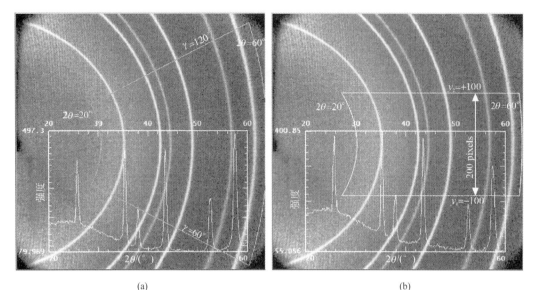

(a)   (b)

图 6.14   刚玉粉末的二维衍射帧（见彩图）

（a）楔形区域内积分范围为 60°~120°的 γ 积分；（b）由 200 个像素组成的薄片状区域的 γ 积分

或

$$I(2\theta) = \frac{\sum\limits_{\gamma_1}^{\gamma_2} J(2\theta, \gamma) \Delta \gamma}{\gamma_2 - \gamma_1} \qquad 2\theta_1 \leqslant 2\theta \leqslant 2\theta_2 \tag{6.22}$$

按照同样的 γ 积分规则，2θ 积分可以表示为

$$I(\gamma) = \int_{2\theta_1}^{2\theta_2} J(2\theta, \gamma) \mathrm{d}(2\theta) \qquad \gamma_1 \leqslant \gamma \leqslant \gamma_2 \tag{6.23}$$

或

$$I(\gamma) = \sum_{2\theta_1}^{2\theta_2} J(2\theta, \gamma) \qquad \gamma_1 \leqslant \gamma \leqslant \gamma_2 \tag{6.24}$$

式中，$I(\gamma)$ 是 γ_1 和 γ_2 范围内的强度积分结果，依赖于强度随 γ 的变化。面积积分可以表示为：

$$I = \int_{\gamma_1}^{\gamma_2} \mathrm{d}\gamma \int_{2\theta_1}^{2\theta_2} J(2\theta, \gamma) \mathrm{d}(2\theta) \tag{6.25}$$

或

$$I = \sum_{\gamma_1}^{\gamma_2} \sum_{2\theta_1}^{2\theta_2} J(2\theta, \gamma) \tag{6.26}$$

在下面的章节中，将讨论用于 γ 积分的各种算法，其原理也适用于 2θ 积分和面积积分。

6.5.2   帧积分算法——平面图像

γ 积分区域由位于 $2\theta_1$ 和 $2\theta_2$ 的两条圆锥形线以及位于 γ_1 和 γ_2 的两条 γ 线决定。对于每个积分步长，计算 2θ 和 Δ2θ 步长的锥形线。在第 2 章中已给出根据坐标 (x, y)，得到平板探测器任意点对应的 2θ 和 γ 值的计算公式：

$$2\theta = \arccos \frac{x \sin\alpha + D \cos\alpha}{\sqrt{D^2 + x^2 + y^2}}, (0 < 2\theta < \pi) \tag{6.27}$$

$$\gamma = \frac{x\cos\alpha - D\sin\alpha}{|x\cos\alpha - D\sin\alpha|}\arccos\frac{-y}{\sqrt{y^2 + (x\cos\alpha - D\sin\alpha)^2}}, (-\pi < \gamma \leqslant \pi) \qquad (6.28)$$

根据 2θ 和 γ 值,通过上述方程的反函数,可以计算得到探测器上任何一点的坐标 (x, y):

$$x = \frac{\cos\alpha\sin2\theta\sin\gamma + \sin\alpha\cos2\theta}{\cos\alpha\cos2\theta - \sin\alpha\sin2\theta\sin\gamma}D, \quad (-\pi \leqslant \alpha \leqslant \pi, 0 \leqslant 2\theta < \pi) \qquad (6.29)$$

$$y = \frac{-\sin2\theta\cos\gamma}{\cos\alpha\cos2\theta - \sin\alpha\sin2\theta\sin\gamma}D, \quad (-\pi \leqslant \alpha \leqslant \pi, 0 \leqslant 2\theta < \pi) \qquad (6.30)$$

把 2θ 或 γ 设置为积分区域的给定常数,可以计算圆锥线或 γ 线。对于薄片积分,下限 γ_1 是 2θ 和常数 y_1 的函数,上限 γ_2 是 2θ 和常数 y_2 的函数。γ_1 $(2\theta, y_1)$ 和 γ_2 $(2\theta, y_2)$ 两个函数都可以由式 (6.28) 计算。

能将多晶材料的二维帧还原为一维衍射图谱的积分软件和算法有很多[4,17,18]。Bresenham 首次提出了一种有效的算法,可在计算机上生成带有像素的线[19]。Bresenham 的线算法确定了应连接图像中的哪些像素,从而得到两个给定点之间的近似直线。后来对最初的算法进行了改进,也可用于绘制曲线。按照类似的方法,可将 Bresenham 算法用于二维帧积分。图 6.15 (a) 显示的是利用 Bresenham 算法进行 γ 积分。网格节点上的圆圈表示像素。2θ 处的弧线可以近似用一系列标记为圆内暗点的像素表示。积分是在 γ 区间对近似圆锥线上所有像素的简单求和。

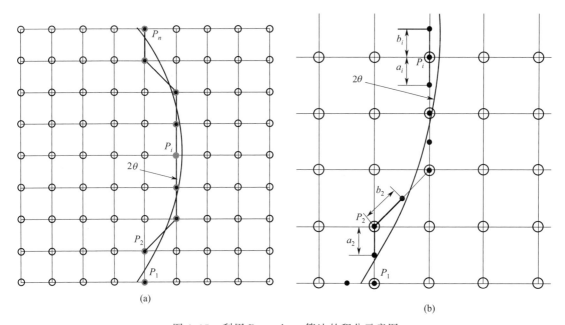

(a)　　　　　　　　　　　(b)

图 6.15　利用 Bresenham 算法的积分示意图

(a) 由一系列标记为圆内暗点的像素近似得到的圆锥线;(b) 改进后的算法,计算出每个像素的弧长

$$I(2\theta) = \sum_{i=1}^{n} p_i \qquad 2\theta_1 \leqslant 2\theta \leqslant 2\theta_2 \qquad (6.31)$$

式中,p_i 是第 i 个像素的计数;n 是 2θ 位置参与积分的像素总数。强度可以根据像素数量归一化为平均像素计数:

$$I(2\theta) = \sum_{i=1}^{n} p_i / n \qquad 2\theta_1 \leqslant 2\theta \leqslant 2\theta_2 \tag{6.32}$$

Siemens 修正算法可以通过弧长对积分强度进行归一化[17]。图 6.15（b）给出了此改进算法的示意图。改进后的算法必须同时考虑 Bresenham 算法中先前选择的像素和随后选择的像素。弧长由离上一个像素和下一个像素距离的一半近似得出。对于像素 P_2，弧长为 $a_2 + b_2$。对于像素 P_i，弧长是 $a_i + b_i$。弧线的归一化积分为：

$$I(2\theta) = \frac{\sum_{i=1}^{n} p_i (a_i + b_i)}{\sum_{i=1}^{n} (a_i + b_i)} \qquad 2\theta_1 \leqslant 2\theta \leqslant 2\theta_2 \tag{6.33}$$

也可以根据每个像素的立体角对积分强度归一化：

$$I(2\theta) \frac{\sum_{i=1}^{n} p_i \Delta\Omega_i}{\sum_{i=1}^{n} \Delta\Omega_i} \qquad 2\theta_1 \leqslant 2\theta \leqslant 2\theta_2 \tag{6.34}$$

式中，$\Delta\Omega_i$ 是根据式（6.2）得到的像素 P_i 的立体角。Bresenham 算法只使用了简单加法，因此可以快速完成。在计算机能力非常有限的情况下，这一点至关重要。但是，只有当像素尺寸小于 $\Delta 2\theta$ 步长时，才能获得令人满意的结果。当 $\Delta 2\theta$ 步长只是像素尺寸的一小部分时，由于使用同一组像素来近似相邻的圆锥曲线，可能会生成类似阶梯状的轮廓。

随着高性能计算机的普及，Bresenham 算法及其改进版本已经失去了原来的优势。Bresenham 算法将像素视为网格中的离散点，并且认为像素近似组成圆锥线，因此很难得到平滑准确的衍射曲线，尤其是当积分步长小于像素尺寸或计数强度比较低时。一个相对较新的方法是 bin 方法，它将像素看成在探测器中的连续分布。这种方法需要更强的计算机能力，即使积分 $\Delta 2\theta$ 步长明显小于像素尺寸也能得到更准确、更流畅的结果。图 6.16 说明了 bin 方法，图 6.16（a）显示了圆锥线和 $\Delta 2\theta$ 定义的区域，该区域也正是得到输出衍射曲线上数据点的积分区域。灰色区域的像素是有贡献的像素。根据 $\Delta 2\theta$ 和像素相对尺寸，每个贡献像素被划分为 1～3 帧。如果像素尺寸小于 $\Delta 2\theta$，同时整个像素都包含在积分步长内，那么一个像素只包含在一个帧中。图 6.16（b）显示了像素 P_1、P_3 和 P_i 的放大图像，其中 A_1、A_3 和 A_i 是积分步长内各个像素的面积。每个像素内的圆锥线可以近似为直线，通过简单的公式就能计算出 A_i 的值。积分可以由下式得到：

$$I(2\theta) = \sum_{i=1}^{n} p_i \frac{A_i}{(\Delta x)^2} = \frac{1}{(\Delta x)^2} \sum_{i=1}^{n} p_i A_i \qquad 2\theta_1 \leqslant 2\theta \leqslant 2\theta_2 \tag{6.35}$$

式中，p_i 是第 i 个像素的计数；Δx 是像素尺寸；n 是在 2θ 位置处参与积分的有贡献像素的总数。通过立体角对强度进行归一化，可得：

$$I(2\theta) = \frac{\sum_{i=1}^{n} p_i \frac{A_i}{(\Delta x)^2} \Delta\Omega_i \frac{A_i}{(\Delta x)^2}}{\sum_{i=1}^{n} \Delta\Omega_i \frac{A_i}{(\Delta x)^2}} = \frac{1}{(\Delta x)^2} \times \frac{\sum_{i=1}^{n} p_i A_i^2 \Delta\Omega_i}{\sum_{i=1}^{n} \Delta\Omega_i A_i} \qquad 2\theta_1 \leqslant 2\theta \leqslant 2\theta_2$$

$$\tag{6.36}$$

式中，每个像素的立体角度 $\Delta\Omega_i$ 可由式（6.2）得到，乘以灰色区域与恒定像素区域的

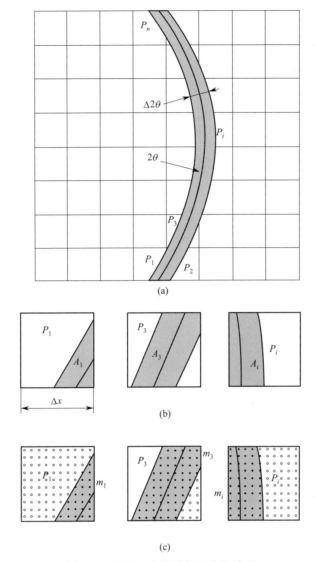

(a)

(b)

(c)

图 6.16　用 bin 方法进行积分的说明

（a）圆锥线和 $\Delta 2\theta$ 定义了积分区域；（b）每个有贡献像素分为 2～3 个子帧；（c）每个像素被划分为多个子像素

面积比可以得到有贡献（灰色）区域的立体角。考虑到第 i 个像素的 $\cos 3\varphi$ 衰减效应，可得：

$$\Delta\Omega_i = \frac{(\Delta x)^2 D}{(D^2 + x_i^2 + y_i^2)^{3/2}} = \frac{(\Delta x)^2}{D^2}\cos^3\varphi_i \tag{6.37}$$

式中，$\cos\varphi_i = \dfrac{D}{\sqrt{D^2 + x_i^2 + y_i^2}}$

积分方程也可以表示为：

$$I(2\theta) = \frac{1}{(\Delta x)^2} \times \frac{\sum\limits_{i=1}^{n} p_i A_i^2 \cos^3\varphi_i}{\sum\limits_{i=1}^{n} A_i \cos^3\varphi_i} \qquad 2\theta_1 \leqslant 2\theta \leqslant 2\theta_2 \tag{6.38}$$

上式中假定像素是正方形。对于矩形像素尺寸为 $\Delta x \times \Delta y$ 的平板探测器，用 $\Delta x \cdot \Delta y$ 替换 $(\Delta x)^2$。上述方法涉及将某一像素面积划分为不同 $\Delta 2\theta$ 区域的复杂算法。还有其他计算方法，也能实现相同的目标。一种是将每个像素的计数重新分配成一组相同的子像素，如图 6.16 (c) 所示。子像素是一些在像素区域内均匀分布的离散点，以空心圆或黑点标记。每个像素内的子像素总数为 M。有贡献的是那些在灰色区域（在 $\Delta 2\theta$ 范围内）并由黑点标记的子像素。P_1、P_3 和 P_i 中有贡献子像素的数量分别为 m_1、m_3 和 m_i。因此，积分可以写为

$$I(2\theta) = \sum_{i=1}^{n} p_i \frac{m_i}{M} = \frac{1}{M} \sum_{i=1}^{n} p_i m_i \qquad 2\theta_1 \leqslant 2\theta \leqslant 2\theta_2 \qquad (6.39)$$

假设某一个像素内所有子像素的立体角都相同，可以根据立体角对积分归一化处理：

$$I(2\theta) = \frac{\sum\limits_{i=1}^{n} p_i \dfrac{m_i}{M} \Delta \Omega_i \dfrac{m_i}{M}}{\sum\limits_{i=1}^{n} \Delta \Omega_i \dfrac{m_i}{M}} = \frac{1}{M} \times \frac{\sum\limits_{i=1}^{n} p_i m_i^2 \Delta \Omega_i}{\sum\limits_{i=1}^{n} m_i \Delta \Omega_i} \qquad 2\theta_1 \leqslant 2\theta \leqslant 2\theta_2 \qquad (6.40)$$

或

$$I(2\theta) = \frac{1}{M} \times \frac{\sum\limits_{i=1}^{n} p_i m_i^2 \cos^3 \varphi_i}{\sum\limits_{i=1}^{n} m_i \cos^3 \varphi_i} \qquad 2\theta_1 \leqslant 2\theta \leqslant 2\theta_2 \qquad (6.41)$$

子像素尺寸应至少小于积分步长 $\Delta 2\theta$。积分精度随着子像素尺寸的减小而提高，但计算时间也相应有所增加。子像素方法是一种更好的计算机编程方法，因为它仅根据 2θ 位置来计算子像素。

上述积分中用到的所有归一化方法，无论是按像素、弧度还是立体角，都会产生一个像素的强度级。由于像素比典型点探测器的有效面积小得多，归一化积分得到的衍射图像强度往往具有虚假的较低计数，即使相应 $\Delta 2\theta$ 范围内的真实计数要高得多。为了避免出现这种误导性结果，需要引入比例因子。例如，在 GADDS^{TM}（BukerAXS）软件中，对所有归一化积分结果引入一个 10 倍因子，但这还远远不足以反映真实的速度增益和统计增益影响。可以基于下面两方面因素选择合理的比例因子。一个是找到像素的个数，保证总有效面积与点检测器系统接收狭缝面积相等。例如，如果狭缝为 $0.1 \times 10 \text{mm}^2$，二维探测器的像素尺寸为 $0.1 \times 0.1 \text{mm}^2$，那么合理的比例因子为 100。

另一个考虑因素是保持总的统计计数不变。在这种情况下，比例因子应该是积分步长内的平均立体角与单个像素立体角的比值。虽然这种方法能更准确地反映出每个 $\Delta 2\theta$ 范围内的真实计数，但衍射曲线的强度还取决于 γ 积分范围。这意味着，在低 2θ 和远离 $2\theta = 90°$ 高的 2θ 角范围内相对强度将会更高，这正如本书第 4 章所述的 $\Delta \gamma$-2θ 关系。总体来说，还没有合理的公式使得基于二维帧的积分强度可与传统点探测器扫描兼容。最佳做法是意识到这些差异，尽量不要根据有误导性的强度级去直接比较。

6.5.3 帧积分算法——柱面图像

利用柱面探测器直接进行数据采集、合并多帧数据、一维或二维探测器扫描，可以获得柱面二维衍射图像。除了像素、2θ 和 γ 以及像素立体角之间的转换方程有区别外，柱面二维图像的积分原理与平面二维图像积分相同。可由以下公式计算 2θ 和 γ 值：

$$2\theta = \arccos\frac{D\cos\left(\dfrac{u}{D}\right)}{\sqrt{D^2+v^2}}, (0<2\theta<\pi) \qquad (6.42)$$

$$\gamma = \frac{u}{|u|}\arccos\frac{-v}{\sqrt{v^2+D^2\sin^2\left(\dfrac{u}{D}\right)}}, (-\pi<\gamma\leqslant\pi) \qquad (6.43)$$

式中，D 是柱面图像的半径。柱面二维图像的坐标（u，v）可以根据 2θ 和 γ 值计算得到：

$$v = \frac{-D\sin2\theta\cos\gamma}{\sqrt{1-\sin^2 2\theta\cos^2\gamma}} \qquad (6.44)$$

$$u = \frac{\sin\gamma}{|\sin\gamma|}D\arccos\left(\frac{\sqrt{D^2+v^2}}{D}\cos2\theta\right) \qquad (6.45)$$

上述两个方程可获得柱面图像上的积分域或者模拟衍射环。在给定 2θ 处，具有变量 γ 的柱面图像上可以画出代表衍射环的曲线。

对于根据立体角归一化的方程，第 i 个像素的 $\Delta\Omega_i$ 可以表示为

$$\Delta\Omega_i = \frac{\Delta u \cdot \Delta v \cdot D}{(D^2+v_i^2)^{3/2}} = \frac{\Delta u \cdot \Delta v}{D^2}\cos^3\varphi_i \qquad (6.46)$$

式中，

$$\cos\varphi_i = \frac{D}{\sqrt{D^2+v_i^2}}$$

6.6　多帧合并

在某一样品-探测器距离和摆角下，二维平板探测器采集的衍射帧仅覆盖有限的 2θ 和 γ 范围，具体取决于探测器的有效面积。为了扩大 2θ 覆盖范围，可以收集多个不同摆角的多个帧。每个摆角之间的步长应等于或小于单个二维帧所覆盖的 2θ 范围。利用上一节中讨论的 γ 积分，可以将每个二维帧还原得到一维衍射谱，然后将所有的一维衍射谱合并，得到所需 2θ 范围的单个衍射谱。理想的方法是合并多个帧来创建单个二维图像。合并后的图像可以更方便、更准确地显示和处理。

6.6.1　合并多帧

不同摆角收集的帧可以合并，然后显示在一个图像中。图 6.17（a）显示了一个具有三个连续摆角的二维探测器。为了获得持续覆盖的合并图像，两个相邻探测器位置之间的摆角步长（$\Delta\alpha$）应等于或小于单个探测器的角度覆盖范围（$\Delta2\theta$）。当 $\Delta\alpha=\Delta2\theta$ 时，两个相邻的探测平面在探测区域边缘相交。在实际应用中，为了避免某些探测器边缘附近较低质量的图像，并得到每帧足够多的积分区域，使用了相邻探测器位置之间一些重叠区域（$\Delta\alpha<\Delta2\theta$）。在这种情况下，相邻探测平面相交的角度等于摆角步长（$\Delta\alpha$）。在相交线以外区域收集的数据是冗余的。所有相邻探测器位置上的摆角步长（$\Delta\alpha$）不必相等，但通常设置为相等，除非仪器或实验条件不允许。图 6.17（b）显示了在上述探测器摆角收集三个帧后的合并图像。衍射帧采集使用的是 Bruker Photon II ™ 探测器，样品是 1mm 玻璃毛细管内 1μm 大小的 Al_2O_3 粉末，样品到探测器的距离为 9cm。探测器的有效面积为 103.9mm×138.5mm，

因此实际样品到探测器的距离应约为 100.6mm。单帧测得的角覆盖度约为 54.6°，采集三帧所用的摆角分别为 $\alpha=0$、40° 和 80°（$\Delta\alpha=40°$）。在合并的图像中，只显示两条相交线内的区域，而交点线之外的冗余区域不再使用。正如 2.3.2 部分中所讨论的，对不同的摆角，圆锥截面具有不同的形状。$\alpha=0$ 处第一帧采集的衍射环是圆的，第二帧和第三帧采集的衍射环可以是椭圆、抛物线或双曲线，具体取决于 2θ 和 α 的值。跨越两个衍射帧时，能观察到衍射环的不连续性（扭结），特别是当衍射环有很强的弯曲时，帧 1 和帧 2 之间的不连续性更明显。采用上述方法得到的合并图像主要用于显示。后续对每个单独帧进行数据积分，然后合并得到连续的衍射谱。利用每个原始帧相对应的摆角得到积分区域以及像素或子像素之间的 2θ 和 γ 转换。

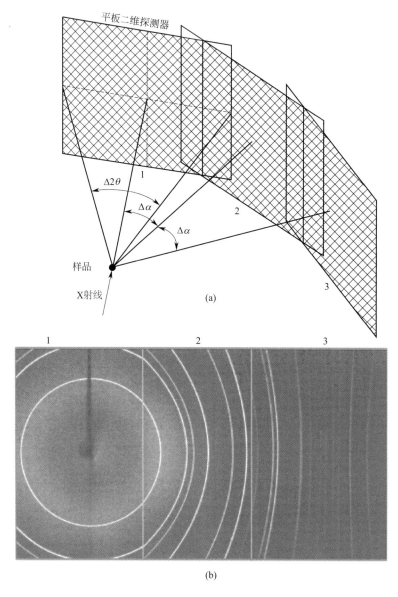

图 6.17　平板二维探测器采集到的多帧图像合并（见彩图）

（a）三个探测器摆角的示意图；（b）由三个平面帧合并的二维图像

6.6.2　平面二维帧的柱面投影

为了准确地将在每个探测器位置采集的所有帧合并到单个二维图像中，最好根据入射光束的散射角度将所有帧投影到圆柱体表面。如图 6.18 所示，探测器距离 D 和探测器摆角 α 确定了平板二维探测器的位置。交点 O 是探测器中心或像素位置 (x, y) 的原点。在图中，三个探测器位置分别表示为探测器 1、探测器 2 和探测器 3。位置 1 处的探测器摆角设为 $\alpha_1 = 0$，因此探测器中心位于实验室坐标轴 X_L 上。位置 2 和位置 3 处探测器的摆角按照步长 $\Delta\alpha$ 设置，因此摆角分别为 $\alpha_2 = \Delta\alpha$ 和 $\alpha_3 = 2\Delta\alpha$。在不同摆角处，探测器的 y 轴始终处于柱面上。圆柱体的半径与探测器距离 D 相等。通过从仪器中心（样品）到相应像素的直线将平面探测中的像素投影到柱面上，合并所有摆角采集的帧。直线的方向由 2θ 和 γ 给出的散射角或不同的一组角来确定。

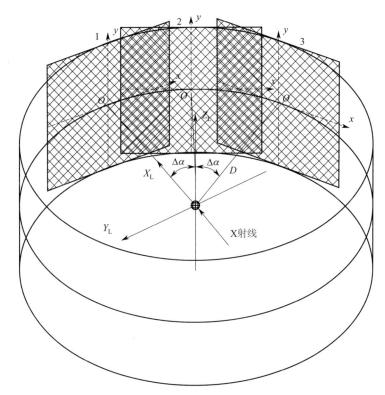

图 6.18　平板二维探测器采集的多帧图像在柱面上的投影

从投影图像能得到所有投影像素的正确散射角度。在连续的探测器位置上收集的所有投影图像都落在同一个柱面上。因此，柱面投影合并后的二维图像可以准确地显示衍射环，且没有任何失真和不连续，就好像衍射图形是由柱面探测器采集到的一样。一旦将多帧图像合并到柱面上，就能用平面二维图像显示衍射图，并且分析图像时不存在将像素位置转换成散射角 2θ 和 γ 时的不连续性。

平板二维探测器在柱面上的投影会引入探测面积和像素畸变。图 6.19（a）是将单帧投影到柱面上的几何示意图。如果平板二维探测器收集的图像形状是矩形（或正方形），柱面与平板二维探测器高度相同，柱面上投影图像的高度将与位于中心线（y 轴）处的平面图高度相同。但远离中心线时，投影图像高度会逐渐缩小。平板探测器的水平尺寸为 L，覆盖相

同 2θ 范围的柱面弧长为 C。

这两个长度之间的关系为:

$$C = D\,\Delta 2\theta = 2D\arctan\frac{L}{2D} \tag{6.47}$$

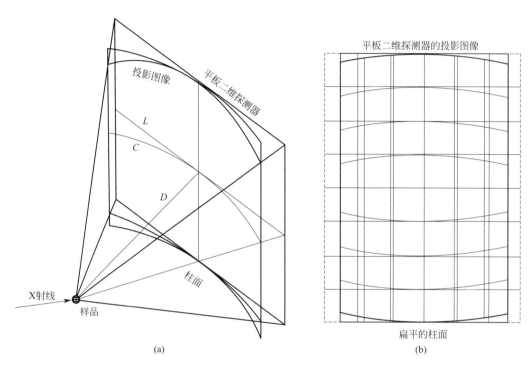

图 6.19   将平板二维探测器收集的单帧投影到柱面上
（a）投影几何；（b）投影的平面像

由于 C 总是小于 L，投影图像在水平方向上也会缩小。图 6.19（b）中给出了扁平柱面和投影图像。假设柱面图像中像素的形状和尺寸与平板二维探测器中的相同，那么投影像素的形状和尺寸也会相应发生改变，如网格框所示。如果平板二维探测器中像素的形状是正方形（或矩形），那么投影像素不再是正方形（或矩形），其形状和尺寸取决于平板探测器中原始像素的位置。但如果用柱面图像处理，从投影图像能得到所有投影像素的正确散射角度。

图 6.20 展示了在实验室坐标下将平面二维图像投影到柱面所用的几何和算法。X_L 轴与柱面的交点是柱面的原点。柱面上的图像用具有直角坐标系 u、v 轴的平面图像表示。用角度 β 和 ρ 定义任意散射光束 S 的方向。β 是 S 与 X_L 之间的夹角在衍射仪平面 X_L—Y_L 上的投影，ρ 是 S 与衍射仪平面的夹角。对于平板二维探测器，点 P（x，y）的散射角可以表示为

$$\rho = \arctan\frac{y}{\sqrt{x^2 + D^2}} \tag{6.48}$$

和

$$\beta = \alpha - \arctan\frac{x}{D} \tag{6.49}$$

对于柱面图像，点 P'（u，v）的散射角为

$$\rho' = \arctan \frac{\nu}{D} \tag{6.50}$$

和

$$\beta' = -\frac{u}{D} \tag{6.51}$$

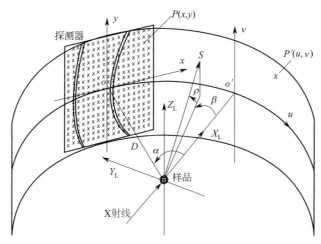

图 6.20　将平面二维图像投影到柱面上的几何和算法

平板二维探测器上的任意点都应投影到具有相同散射角的柱面上的点，即 $\rho = \rho'$，$\beta = \beta'$。因此，根据上述四个方程可得到如下投影方程：

$$u = D\left(\arctan \frac{x}{D} - \alpha\right) \tag{6.52}$$

$$\nu = \frac{Dy}{\sqrt{x^2 + D^2}} \tag{6.53}$$

当 $x=0$，$u=-D\alpha$，$\nu=y$ 时，式（6.52）给出了相对于柱面图像，平面图像的中心位置。式（6.53）表明 y 轴上的像素点投影到柱面图像上时，在衍射面以上具有相同的垂直位置。

上述方程可用于平板二维探测器从柱面（柱状图像）向平面图像的像素-像素投影。如图 6.21 所示，粗线框定义了二维平板探测器上像素投影到柱面图像上的像素。细线框定义了柱面图像中的像素，像素大小为 $\Delta u \times \Delta \nu$。基于前面描述的投影几何，平板二维探测器的每个像素都可以对柱面图像中的多个像素产生贡献。例如，平板二维探测器中的像素 $P(x, y)$ 对柱状图像中的 4 个像素有贡献。

直接从一个像素到另一个像素的投影方式太粗糙，无法得到准确投影。精确投影像素的方法有很多。例如，根据式（6.52）和式（6.53）计算像素 $P(x, y)$ 与像素 1、2、3 和 4 的重叠区域，然后根据面积比例将像素 $P(x, y)$ 采集的强度计数分别分配给像素 1、2、3、4。

计算每个像素的面积贡献不是一种程序友好的方法，很难计算边界为曲面像素的面积。一种替代方法是将平面二维图像中每个像素的计数重新分配为一组相同的子像素，如图 6.21 所示。子像素是均匀分布在像素区域内的离散点，用黑点标记。如果每个像素内的子像素总数为 M，则每个子像素的散射强度计数为像素总计数除以 M。将属于像素 1 的子像素（左上角区域内的点）分配给像素 1，将属于像素 2 的子像素（右上角区域内的点）分配

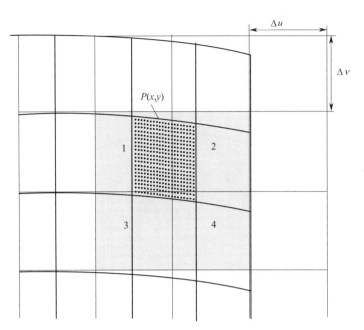

图 6.21　从二维平面图像到柱面图像的像素-像素投影

给像素 2，对像素 3 和 4 的处理也是一样的。依据式（6.52）和式（6.53）可将平面二维图像中每个子像素分配到柱面图像的像素中。选择足够的子像素个数，可以达到预期的投影精度。

6.6.3　重叠区域合并

在合并后的二维图像中，两个相邻探测器摆角采集帧的重叠区域可以简单忽略。然而，由于散射背景的不均匀性或特定探测器的灵敏度，在两个探测平面的交点处可以观察到一条锐利的接缝线。对重叠区域内的数据进行处理，使得相邻帧间可以平滑过渡。图 6.22（a）展示了圆形探测器采集的两帧合并后的柱面图像。图 6.22（b）为合并几何的俯视图。圆形帧的投影图像不再呈现为圆形，有效面积半径为 R。通过帧中心的垂直线为平板探测器的 y 轴。因为 y 轴也在柱面上，因此投影图像沿 y 轴的垂直维度同样为 R。穿过两帧的水平线是 x 轴在原始平面上的投影，同时也给出了探测平面与衍射仪平面的交点。重叠区域的水平方向大小随像素坐标 ν 变化：

$$l(\nu) = D\left(2\arctan\frac{\sqrt{R^2 - \nu^2}}{\sqrt{D^2 + \nu^2}} - \Delta\alpha\right) \tag{6.54}$$

在 $\nu = 0$ 处的最大重叠为：

$$l(\nu) = D\left(2\arctan\frac{R}{D} - \Delta\alpha\right) \tag{6.55}$$

两个圆形帧重叠区域的最大 ν 值为：

$$\nu_{\mathrm{m}} = \sqrt{R^2\cos^2\frac{\Delta\alpha}{2} - D^2\sin^2\frac{\Delta\alpha}{2}} \tag{6.56}$$

图 6.22（c）为用具有矩形有效面积二维探测器采集的两帧合并后的柱面图像。图 6.22

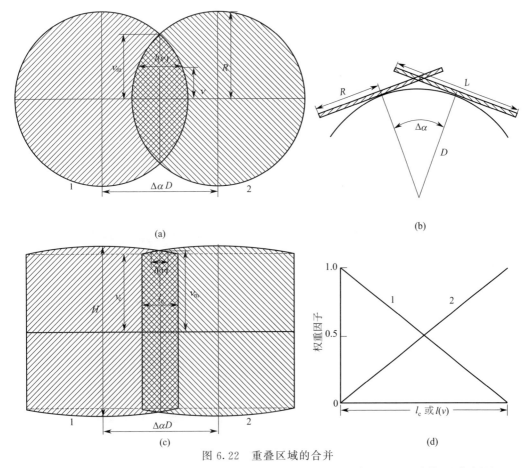

图 6.22 重叠区域的合并

（a）圆形有效面积的探测器；（b）矩形有效面积的探测器；（c）两个探测器的俯视图；（d）合并重叠像素的权重因子

（b）为合并几何的俯视图。矩形帧的投影图像不再是矩形。探测器有效面积高为 H，宽为 L。由于 y 轴就在柱面上，因此投影图像沿 y 轴的垂直尺寸与原始帧相同（$=0.5H$）。虚线表示从探测器边缘投影出的图像高度：

$$\nu_{c} = \frac{DH}{\sqrt{L^{2}+4D^{2}}} \tag{6.57}$$

在 $\nu=0$ 到 ν_{c} 之间重叠区域的水平尺寸是一个常数：

$$l = D\left(2\arctan\frac{L}{2D} - \Delta\alpha\right), (0 \leqslant \nu < \nu_{c}) \tag{6.58}$$

两个矩形帧重叠区域的最大 ν 值为：

$$\nu_{m} = H\cos\frac{\Delta\alpha}{2} \tag{6.59}$$

ν_{c} 与 ν_{m} 的重叠区域是一个小的拱形区域。在大多数情况下，只在 ν_{c} 定义的矩形区域内进行数据求值，从而忽略 $\nu > \nu_{c}$ 的重叠区域。如果该区域的数据也需要合并，则重叠区域的水平尺寸就是 ν 的函数：

$$l(\nu) = D\left(2\arccos\frac{2\nu}{H} - \Delta\alpha\right), (\nu_{c} < \nu \leqslant \nu_{m}) \tag{6.60}$$

　　为了生成平滑的合并帧，合并两帧时像素数需乘以权重因子，如图 6.22（d）所示。首先将两个平面帧投射到圆柱表面，得到左边（帧 1）和右边（帧 2）两个帧。对于任意 ν 值，在左端合并图像像素从第一帧取 100% 像素计数，从第二帧取 0%。在重叠区域中心，合并像素从两帧中分别取 50% 的像素计数。在右端，合并像素从第二帧中取 100% 的计数，从第一帧中取 0% 的计数。通过一帧到另一帧的渐变，创建一个平滑的最终二维合并图像。图 6.23 为合并柱面帧的平面图像，合并柱面帧时使用了图 6.17（b）中的同一组帧。单帧所测得的覆盖角为 54.6°，重叠范围约为 14.6°。从帧与帧之间平滑过渡，因而重叠区域内未见不连续现象。最终合并衍射帧可用于进一步的数据分析，就好像数据是由柱面探测器收集的一样。

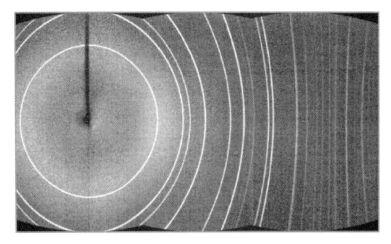

图 6.23　由 Bruker Photon II^{TM} 探测器采集的 $1\mu m$ Al_2O_3 粉末的三个
衍射帧合并后得到的柱面图像（见彩图）

6.7　二维扫描图像

　　多帧合并是扩展二维探测器角度范围的一种方法。另一种方法是在 2θ 范围内做二维探测器扫描。如图 6.24 所示，在数据采集过程中，矩形二维探测器在摆角上连续或小步扫描。探测器 y 轴在数据采集扫描过程中形成柱面。圆柱体的半径为样品到探测器的距离（D），探测器的边缘形成另一个半径为 E 的柱面。二维探测器扫描时所有像素的轨迹都落在两个柱面构成的空间内。由于不同探测器的位置和不同像素对应着可变的像素-样品距离以及立体角，如果在连续的探测器位置采集到的帧只是原始矩形帧的简单叠加，那么衍射环上会出现模糊效应，如图 6.25 所示。

　　为准确地将每个探测器位置采集到的帧合并为二维图像，最好根据入射光束的散射角将所有帧投影到柱面上[20]。在上一节中提到的将多帧合并到一个柱面图像上的算法同样可用于生成二维扫描图像。从投影图像中能得到所有投影像素正确的散射角度，而且在连续的探测器位置收集的所有投影图像都落在同一个柱面上。通过将柱面投影叠加得到的扫描图像可以准确地显示衍射环而不产生模糊效应，如图 6.26 所示。由于投影图像的拱形形状，在最终扫描图像的顶部和底部存在总曝光时间减少的区域。该区域的像素计数可以归一化，也可以忽略。最终扫描衍射帧可用于进一步的数据分析，就好像数据是由柱面探测器收集的一样。

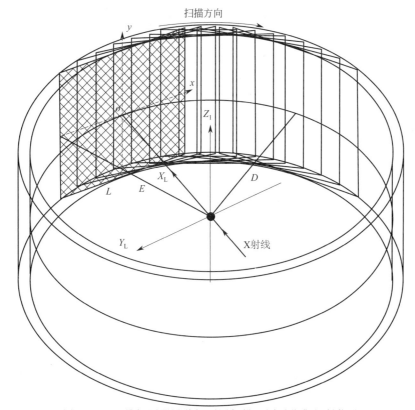

图 6.24　二维探测器沿着探测圆扫描，同时收集衍射信号

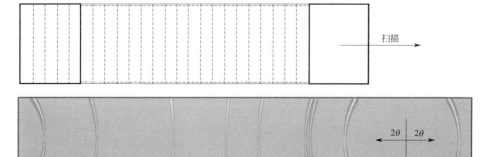

图 6.25　根据原始矩形帧简单叠加生成连续二维帧时产生的模糊效应

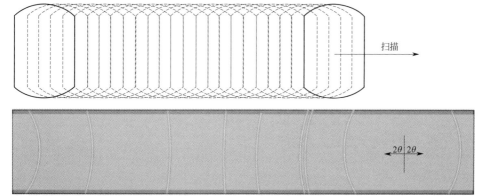

图 6.26　当把连续二维帧的柱面投影联合起来时，能得到准确的衍射环，且不产生任何模糊效应

图 6.27 给出了扫描图像的总曝光时间，以及每个连续位置，包括起始位置和结束位置。从图中可以看出，在曝光时间方面，左侧为渐强区域，右侧为渐弱区域。为了获得计数统计一致的二维衍射图，需要在期望 2θ 范围内采集曝光时间均匀的衍射图。普遍的做法是从相当于二维探测器 $\Delta 2\theta$ 的角度覆盖的欠行程处开始扫描，结束扫描时再过行程相同的范围。由于二维探测器的摆角 (α) 是以探测器的中心为基础的，所以实际的开始摆角 (α_1) 在 2θ 开始位置以下应该有 $\Delta 2\theta/2$ 的偏移量，摆角 (α_2) 在 2θ 最终位置以上也应该有相同的偏移量。如果仪器条件或实验不允许探测器出现欠行程和/或过行程，则应根据曝光时间或其他策略对最终图像进行归一化，以得到具有均匀曝光时间的二维图像[21]。

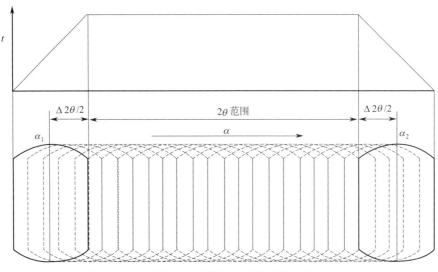

图 6.27　二维图像以及渐强和渐弱区域的曝光时间

图 6.28 显示了一个 Eiger 2 探测器以 γ 优化模式扫描得到的二维帧，涵盖所有 2θ 在 $20°\sim80°$ 范围内的衍射环，探测器距离为 150mm。

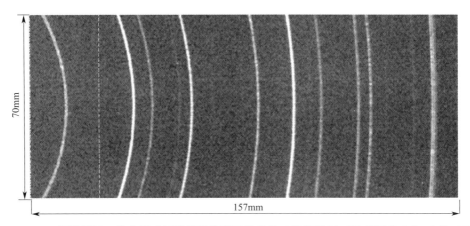

图 6.28　Eiger 2 探测器以 γ 优化模式扫描得到的刚玉样品的二维衍射图（2θ 范围为 $20°\sim80°$）（见彩图）

左侧虚线框内的区域为单帧的覆盖范围。将扫描步长为 $0.02°$ 的连续平面二维帧积分，得到二维衍射图样。由于是子像素精确投影，不存在模糊效应。活动区域的垂直尺寸为 77.25mm。最终二维图像中删除靠近顶部和底部曝光时间较短的区域。欠行程和过行程所覆盖的区域也被移除。因此最终的二维图非常准确，就像用半径为 150mm，70mm×157mm（弧长）的柱面探测器采集到的图像一样。

二维探测器扫描的目的是扩展 2θ 范围。数据采集扫描可以通过耦合扫描（θ_1-θ_2 联动）或探测器扫描（保持入射线固定，扫描探测器摆角）两种方式实现。耦合扫描改变样品相对入射光束的方向，结果是与样品取向信息相关的衍射图会丢失或模糊。耦合扫描可以提高采样统计量，相当于样品以 $\Delta\omega = 2\arctan(L/2D)$ 旋转摆动。对于应力或织构测量，通常不需要采用二维探测器扫描来扩展 2θ 范围。但如果确实需要进行二维扫描，则要固定入射角以保持样品的取向信息。

6.8 洛伦兹、偏振和吸收校正

对衍射帧进行洛伦兹、偏振、空气散射、铍窗和样品吸收校正，可以消除它们对布拉格峰和背景相对强度的影响。通常用洛伦兹-偏振因子表示相对强度对 2θ 角的依赖性，它是洛伦兹因子和偏振因子的组合。在二维衍射中，偏差因子是 2θ 和 γ 的函数，因此在二维帧中需要考虑，而洛伦兹因子仅是 2θ 的函数。洛伦兹因子校正可以在二维帧上进行，也可以在积分后的图谱上进行。为了获得与传统点探测衍射仪等效的相对强度，可以对帧或积分后的图谱应用反洛伦兹和反偏振校正。

6.8.1 洛伦兹校正

洛伦兹因子与传统衍射仪对应的因子相同。对于完全随机的样品，洛伦兹因子是[22]：

$$L = \frac{\cos\theta}{\sin^2 2\theta} = \frac{1}{4\sin^2\theta\cos\theta} \tag{6.61}$$

不同的衍射几何需用不同的方程来得到洛伦兹因子[23~25]。用洛伦兹因子对单个像素进行强度校正的公式如下：

$$p_c(x,y) = \frac{p_o(x,y)}{L} = 4\sin^2\theta\cos\theta p_o(x,y) \tag{6.62}$$

式中，$p_o(x,y)$ 为像素 $P(x,y)$ 的原始像素强度，$p_c(x,y)$ 为校正后的像素强度。根据式（6.27）可得到每个像素的 θ 角。正洛伦兹校正和反洛伦兹校正恰好相反，可以相互有效抵消。因此，如果期望得到传统 B-B 几何衍射仪等效的相对强度，则无需在积分前对帧进行洛伦兹校正，可利用与常规衍射仪采集到的衍射数据校正相类似的方法，直接对积分衍射谱进行洛伦兹校正。

6.8.2 偏振校正

当非偏振 X 射线被物质散射时，散射后的 X 射线是偏振的。衍射光束的强度受偏振的影响，称为偏振因子。非偏振 X 射线弹性散射的偏振因子为：

$$P = \frac{1+\cos^2 2\theta}{2} \tag{6.63}$$

式中，2θ 是散射角。在求晶体某一个衍射峰的偏振因子时，2θ 是布拉格角。如果使用衍射光束晶体单色器，所测量强度的整体偏振因子是单色器散射和样品散射的叠加。整体偏振因子取决于单色器反射和样品反射之间的方位关系。入射到单色器上的初级光束，从单色器出来的衍射光束，以及单色晶体面的法线（单色器的衍射矢量）所构成的平面，称为入射面。入射到样品上的光束，从样品出来的衍射光束，以及样品中衍射晶面的法线（样品的衍射矢量）所构成的平面，称为衍射面。如果入射面和衍射面是同一平面，那么总偏振因子为：

$$P = \frac{1 + \cos^2 2\theta_M \cos^2 2\theta}{2} \tag{6.64}$$

式中，$2\theta_M$ 为单色器晶体的布拉格角；2θ 为峰的布拉格角。使用入射光束单色器时，入射到样品的光束是来自该单色器的衍射光束。偏振因子可以方便地用入射到样品上的强度来表示。因此，对于入射光束使用单色器的常规衍射仪，并且入射面与衍射面一致时，偏振因子 P_I 为：

$$P_I = \frac{1 + \cos^2 2\theta_M \cos^2 2\theta}{1 + \cos^2 2\theta_M} \tag{6.65}$$

相应地，对于入射光束使用单色器的常规衍射仪，如果入射面垂直于衍射面，那么偏振因子 P_{II} 为：

$$P_{II} = \frac{\cos^2 2\theta_M + \cos^2 2\theta}{1 + \cos^2 2\theta_M} \tag{6.66}$$

在二维 X 射线衍射中，单色器衍射矢量和样品晶体衍射矢量不一定在同一平面或垂直平面上。因此，总的偏振因子是 2θ 和 γ 的函数。图 6.29 给出了在实验室坐标系 $X_L Y_L Z_L$ 下，单色器和探测器的几何关系。单色器的坐标为 $X Y'_L Z'_L$，是将实验室坐标沿着 X 轴负方向平移得到的。单色器晶体绕 Z 轴旋转 θ_M 角度。光源发出的 X 射线从负 X 方向以 $2\theta_M$ 的角度到达单色器。单色器的衍射光束沿 X_L 方向往前传播，这就是到达位于仪器中心 O 处样品的入射光束。包含单色器衍射矢量 $\boldsymbol{H}_M$ 的入射平面与 X_L-Y_L 衍射仪平面重合。样品到探测器的距离 D 和摆角 α 决定着面检测器的位置。像素 P（x，y）代表探测器上的任意像素。2θ 和 γ 是像素的衍射空间参数。衍射矢量 $\boldsymbol{H}_P$ 表示像素 P（x，y）探测到的散射 X 射线。角 ρ 是包含衍射矢量 $\boldsymbol{H}_P$ 的衍射面与包含单色器衍射矢量的入射平面之间的夹角。在这种特殊情况下，角 ρ 也是衍射平面与衍射仪平面 X_L-Y_L 之间的夹角。因为单色器或其他光束调节器件只能用于二维衍射系统的入射光束上，一般偏振因子可以表示为[26,27]：

$$P_G = \frac{(\cos^2 2\theta \cos^2 \rho + \sin^2 \rho)\cos^2 2\theta_M + \cos^2 2\theta \sin^2 \rho + \cos^2 \rho}{1 + \cos^2 2\theta_M} \tag{6.67}$$

式（6.27）中给出了每个像素的 2θ 角度，根据 2θ 和 γ 能分别计算得到 $\cos^2 \rho$ 和 $\sin^2 \rho$。根据式（6.28）得到每个像素的 γ 角。

第 2 章给出了实验系统中衍射矢量 $\boldsymbol{H}_p$ 的单位矢量，为：

$$\boldsymbol{h}_L = \begin{bmatrix} h_x \\ h_y \\ h_z \end{bmatrix} = \begin{bmatrix} -\sin\theta \\ -\cos\theta\sin\gamma \\ -\cos\theta\cos\gamma \end{bmatrix} \tag{6.68}$$

衍射矢量 $\boldsymbol{H}_p$ 在 Y_L-Z_L 平面上的投影就是矢量 $\boldsymbol{H}'_p$。矢量 $\boldsymbol{H}'_p$ 的单位矢量是

$$\boldsymbol{h}'_L = \begin{bmatrix} 0 \\ h'_y \\ h'_z \end{bmatrix} = \begin{bmatrix} 0 \\ -\sin\gamma \\ -\cos\gamma \end{bmatrix} \tag{6.69}$$

单位矢量 Y_L 可以表示为 $y_L = [0, 1, 0]$。于是

$$\cos\rho = \cos(\boldsymbol{h}'_L, y_L) = \boldsymbol{h}_L \cdot y_L = -\sin\gamma \tag{6.70}$$

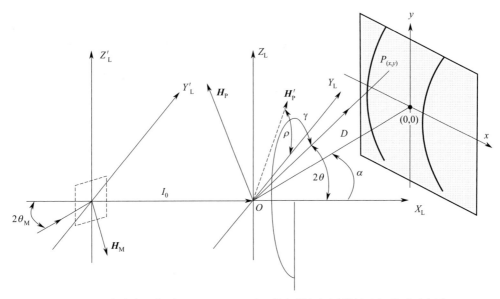

图 6.29　实验室坐标系（$X_L Y_L Z_L$）下，单色器与探测器的几何关系示意图

因此

$$\cos^2\rho = \sin^2\gamma \tag{6.71}$$

$$\sin^2\rho = \cos^2\gamma \tag{6.72}$$

将式（6.71）和式（6.72）代入式（6.67）中，即可得到关于 θ 和 γ 的二维 X 射线衍射的偏振因子：

$$P(\theta,\gamma) = \frac{(1+\cos^2 2\theta_M\cos^2 2\theta)\sin^2\gamma + (\cos^2 2\theta_M + \cos^2 2\theta)\cos^2\gamma}{1+\cos^2 2\theta_M} \tag{6.73}$$

与式（6.65）和式（6.66）相比，得

$$P(\theta,\gamma) = P_I\sin^2\gamma + P_{II}\cos^2\gamma \tag{6.74}$$

对于落在衍射仪平面上的像素，γ 取 90°或 270°，也就是 $\cos\gamma=0$，式（6.73）可简化为式（6.65）。因此，常规衍射的偏振方程是二维 X 射线衍射一般偏振方程的特例。利用偏振因子对像素强度进行校正，可得

$$p_c(x,y) = \frac{p_0(x,y)}{P(\theta,\gamma)} = \frac{(1+\cos^2 2\theta_M)p_0(x,y)}{(1+\cos^2 2\theta_M\cos^2 2\theta)\sin^2\gamma + (\cos^2 2\theta_M + \cos^2 2\theta)\cos^2\gamma} \tag{6.75}$$

式中，$p_0(x,y)$ 是像素 $P(x,y)$ 的原始像素强度，$P_c(x,y)$ 为校正后的强度，对特定单色晶体和辐射波长，$2\theta_M$ 是一个常数，如石墨单色器 CuK_α 辐射对应的 $2\theta_M=26.53°$。根据式（6.27）和式（6.28），分别得到每个像素的 θ 和 γ 角。对帧进行反偏振校正，可让积分后衍射谱的相对强度与常规衍射仪采集的强度等效。利用式（6.65）可以进行反偏振校正：

$$p_{rc}(x,y) = P_I\, p_c(x,y) = \frac{1+\cos^2 2\theta\cos^2 2\theta_M}{1+\cos^2 2\theta_M}p_c(x,y) \tag{6.76}$$

式中，$p_{rc}(x,y)$ 为反校正后的像素强度，$p_c(x,y)$ 为正校正后的像素强度。正校正和反校正可以组合得到如下方程：

$$p_{rc}(x,y)=\frac{P_I\,p_0(x,y)}{P(\theta,\gamma)}=\frac{(1+\cos^2 2\theta\cos^2 2\theta_M)p_0(x,y)}{(1+\cos^2 2\theta_M\cos^2 2\theta)\sin^2\gamma+(\cos^2 2\theta_M+\cos^2 2\theta)\cos^2\gamma}$$

$$(6.77)$$

由于正反洛伦兹校正相互抵消，上述方程可以认为是考虑了洛伦兹和偏振因子正反校正后的组合方程。以上方程均是基于单色器衍射矢量落在衍射仪平面上的几何而得到的。如果晶体单色器绕 Y'_L 轴旋转，即入射面垂直于衍射仪平面，则二维 X 射线衍射的偏振因子可以表示为：

$$P(\theta,\gamma)=\frac{(1+\cos^2 2\theta_M\cos^2 2\theta)\cos^2\gamma+(\cos^2 2\theta_M+\cos^2 2\theta)\sin^2\gamma}{1+\cos^2 2\theta_M}$$

$$(6.78)$$

在上述方程中，对于不同的单晶晶体，$\cos^2 2\theta_M$ 可以用 $|\cos^n 2\theta_M|$ 代替。二维 X 射线衍射偏振因子更一般的表达式为：

$$P(\theta,\gamma)=\frac{(1+|\cos^n 2\theta_M|\cos^2 2\theta)\sin^2\gamma+(|\cos^n 2\theta_M|+\cos^2 2\theta)\cos^2\gamma}{1+|\cos^n 2\theta_M|}$$

$$(6.79)$$

对于镶嵌晶体，如石墨晶体，$n=2$。大多数单色器晶体的指数 n 位于 $1\sim 2$ 之间。对于近乎完美的单色晶体，n 接近 $1^{[28]}$。所有上述求偏振因子的方程均适用于多层光学部件。然而，由于多层光学部件布拉格角度很小，$|\cos^n 2\theta_M|$ 接近 1。在这种情况下，偏振因子对 γ 依赖性减小。偏振因子近似等于

$$P(\theta,\gamma)\approx\frac{1+\cos^2 2\theta}{2}$$

$$(6.80)$$

此时可以对二维帧或者积分曲线进行偏振校正。而对于低偏振多层光学部件和非偏振毛细管光学部件，无需再进行正反洛伦兹偏振组合校正。

6.8.3 空气散射和铍窗吸收校正

X 射线受到 X 射线源和样品之间以及样品和探测器之间空气分子的散射后，产生空气散射。空气散射导致两种效应：X 射线强度衰减和衍射图的背景增加。在光学镜、单色器外壳、曲径接口或准直镜中封闭初级光束路径内的空气散射只会导致入射光束的衰减。为了减少衰减，可将封闭的光束路径用氦气$^{[29]}$填充或保持在真空中，从而不需要校正这部分空气散射。准直器尖端与样品之间的开放光束产生空气散射，这是空气散射的主要组成部分。样品与探测器之间的空间称为次级光束路径。在该路径中，来自衍射光束的空气散射也会产生背景，但由于探测器中心与边缘的光束路径长度不同，空气散射主要影响衍射图的非均匀衰减。

由开放入射光束路径产生的空气散射所导致的背景具有很强的 2θ 依赖性。虽然空气分子在空间中随机分布，但每一个分子内的原子之间还存在一个较佳距离。散射线不会出现峰值，随着 2θ 角的增加散射强度不断下降$^{[30\sim 32]}$。具体的散射线取决于开放初级光束路径的长度、光束尺寸和入射光束的波长。空气散射背景噪声校正有两种方法。一种方法是在没有样品情况下，使用与采集衍射帧相同的条件采集空气散射背景帧，然后从衍射帧中减去背景帧。另一种方法是从积分曲线中删除背景，这是由于背景与 2θ 相关。

空气吸收引起的衍射光束衰减依赖于样品与像素之间的距离。对于平板探测器，可通过以下方法进行空气吸收校正：

$$p_c(x,y)=p_0(x,y)\exp\left(\mu_{air}\sqrt{D^2+x^2+y^2}\right)$$

$$(6.81)$$

式中，$p_0(x,y)$ 为像素 $P(x,y)$ 的原始像素强度；$p_c(x,y)$ 为校正后的像素强度。探测器中心位于 (0，0) 处。μ_{air} 是空气的线吸收系数，μ_{air} 的值由辐射波长决定。近似地，对于 20℃海平面处含有 80%氮气和 20%氧气的空气来说，CuK_α 辐射波长对应的 $\mu_{air}=0.01cm^{-1}$。空气散射和吸收随波长的增加而增加。例如，CoK_α 对应的空气吸收系数 $\mu_{air}=0.015cm^{-1}$，CrK_α 对应的空气吸收系数 $\mu_{air}=0.032cm^{-1}$。MoK_α 对应的吸收系数只有 CuK_α 的十分之一，其值为 $\mu_{air}=0.001cm^{-1}$，因此，这种情况就没有必要进行空气吸收校正。也可以按照光束中心的吸收水平对吸收校正归一化，得到

$$p_c(x,y)=p_0(x,y)\exp\left[\mu_{air}\left(\sqrt{D^2+x^2+y^2}-D\right)\right] \tag{6.82}$$

在这种归一化校正中，并没有对每个像素进行全部空气散射衰减校正，而是校正到与探测器中心像素相同的衰减水平。这意味着探测器中心像素与其他像素之间的路径长度差异影响可以忽略不计。

铍窗吸收会在衍射图中产生不均匀的衰减。图 6.30 显示了铍窗校正几何，其中 R 是窗的曲率半径，D 是从样品到探测面间的样品-探测器距离。探测面也就是探测器的前表面和空间校正基准之间的接触面。H 是探测面与铍窗中心的间隙。窗的厚度为 t，当 $D+H=R$ 并且所有衍射 X 射线沿径向到达铍窗时，那么对所有像素，穿透厚度都为 t。在这种情况下，所有像素的铍窗吸收校正因子是一个常数，因此没有必要进行铍窗吸收校正。在图 6.30 中，$D+H>R$。对于距离探测器中心距离为 r 的任意像素，衍射 X 射线以相对于径向倾斜角度 κ 通过铍窗口。穿透厚度为

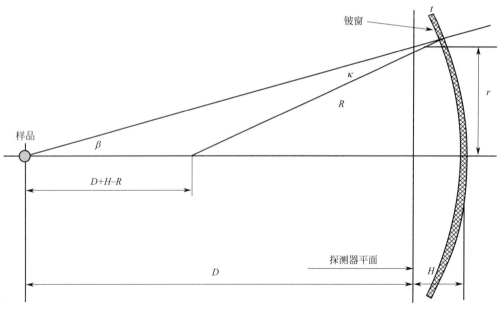

图 6.30　铍窗的吸收校正几何

$$\tau=\frac{t}{\cos\kappa} \tag{6.83}$$

根据几何关系，得

$$\frac{D+H-R}{\sin\kappa}=\frac{R}{\sin\beta} \tag{6.84}$$

和

$$\sin\beta = \frac{r}{\sqrt{D^2+r^2}} \tag{6.85}$$

式中，$r=\sqrt{x^2+y^2}$。然后得到任意像素的穿透厚度为

$$\tau = \frac{t}{\sqrt{1 - \frac{r^2}{D^2+r^2}\left(\frac{D+H}{R}-1\right)^2}} \tag{6.86}$$

当 $D+H < R$ 时，可以得到相同方程。当探测器位于样品-探测器之间的距离满足 $D+H=R$ 时，得到 $\tau=t$。对于一个平整的铍窗，当 R 趋于无穷时，上述方程变成：

$$\tau = \frac{t\sqrt{D^2+r^2}}{D} = \frac{t}{\cos\beta} \tag{6.87}$$

对应的修正为

$$p_c(x,y) = p_0(x,y)\exp(\mu_{Be}\tau) \tag{6.88}$$

式中，$p_0(x,y)$ 为像素 $P(x,y)$ 的原始强度；$p_c(x,y)$ 为校正后的强度；μ_{Be} 是铍的线吸收系数。CuK_α 波长对应的 μ_{Be} 值为 $1.86cm^{-1}$，而 CoK_α、CrK_α、MoK_α 对应的 μ_{Be} 值分别为 $2.82cm^{-1}$、$5.89cm^{-1}$、$0.453cm^{-1}$。也可以通过归一化到光束中心的吸收水平来进行铍窗吸收校正，得到

$$p_c(x,y) = p_0(x,y)\exp\left[\mu_{Be}(\tau-t)\right] \tag{6.89}$$

在这种归一化校正中，并没有对每个像素进行全部铍窗校正，而是校正到与探测器中心像素相同的衰减水平。这也意味着不考虑探测器中心像素与其他像素在穿透厚度上的差异。

6.8.4 样品吸收校正

样品对 X 射线的吸收会降低衍射强度。用来计算和校正不同外形和几何的样品吸收效应[27,33~41] 的方法有很多。可以通过透射系数（也称吸收系数）来测量吸收效应：

$$A = \frac{1}{V}\int_V e^{-\mu\tau}\, dV \tag{6.90}$$

式中，A 为透射系数；μ 为线吸收系数；τ 为样品中的总光束路径，包括入射光束路径和衍射光束路径。

6.8.4.1 反射模式

图 6.31（a）给出了平板样品的反射模式衍射图。平板的厚度为 t，反射面法向用单位矢量 $\boldsymbol{n}$ 表示，方向为 $\boldsymbol{S}_3$，其具体定义见第 2 章。入射光束用单位矢量 $\boldsymbol{S}_0$ 表示，衍射光束用单位矢量 $\boldsymbol{S}$ 表示。距离样品表面距离 z 处的体积单元 dV 样品中的光束路径长度 τ 为：

$$\tau = \left(\frac{1}{\cos\eta} + \frac{1}{\cos\zeta}\right)z \tag{6.91}$$

透射系数为[17,34]：

$$A = \frac{1 - \exp\left[-\mu t\left(\frac{1}{\cos\eta} + \frac{1}{\cos\zeta}\right)\right]}{\mu\left(\frac{\cos\zeta}{\cos\eta} + 1\right)} \tag{6.92}$$

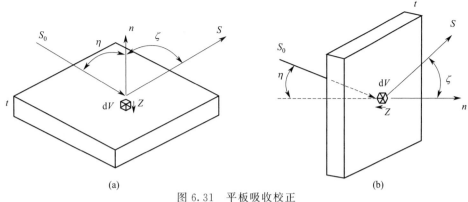

图 6.31　平板吸收校正

（a）反射模式；（b）透射模式

式中，η 为入射光束与样品表面法线的夹角；ζ 为衍射光束与样品法线的夹角。常规衍射仪的吸收校正中，入射光束、样品法线和衍射光束通常位于同一平面。在吸收方程中，常用 $\sin(\theta-\varphi)$ 代替 $\cos\eta$，用 $\sin(\theta+\varphi)$ 代替 $\cos\zeta$，φ 为倾角，使得入射角小于布拉格角 θ。在二维 X 射线衍射下，入射光束、样品法线和衍射光束不一定在同一个平面上，因此在方程中使用 $\cos\eta$ 和 $\cos\zeta$ 更方便。对于透射系数可忽略的厚板，上式改写为：

$$A=\frac{\cos\eta}{\mu(\cos\eta+\cos\zeta)} \tag{6.93}$$

对于二维 X 射线衍射，入射光束方向是唯一的，但同时存在不同方向的衍射光束。本书第 2 章给出了入射光束单位矢量、衍射光束单位矢量和样品法线单位矢量，分别是

$$\boldsymbol{s}_0=\begin{bmatrix}1\\0\\0\end{bmatrix},\boldsymbol{s}=\begin{bmatrix}\cos2\theta\\-\sin2\theta\sin\gamma\\-\sin2\theta\cos\gamma\end{bmatrix}$$

$$\boldsymbol{n}=\begin{bmatrix}-\sin\omega\cos\psi\\\cos\omega\cos\psi\\\sin\psi\end{bmatrix} \tag{6.94}$$

于是

$$\cos\eta=-\boldsymbol{s}_0\cdot\boldsymbol{n}=\sin\omega\cos\psi \tag{6.95}$$

$$\cos\zeta=\boldsymbol{s}\cdot\boldsymbol{n}=-\cos2\theta\sin\omega\cos\psi-\sin2\theta\sin\gamma\cos\omega\cos\psi-\sin2\theta\cos\gamma\sin\psi \tag{6.96}$$

尽管方程中各项前面均有一个负号，但对于反射模式，可以证明 $\cos\zeta$ 总是正值。在与 B-B 几何等效的几何关系中，有 $\omega=0$，$\psi=0$，$\gamma=90°$，$\cos\zeta=\cos\eta=\sin\theta$，透射系数为 $A_{\mathrm{BB}}=1/(2\mu)$。

在 B-B 几何中，透射系数与 θ 角无关。透射系数是一个常数，因此在计算相对强度[42]时通常可以忽略。式（6.92）和式（6.93）得到的透射系数还包含一个长度单位，如果用它们进行像素强度校正，会产生一定的歧义。为了让相对强度与 B-B 几何结果可比较，引入了一个新的透射系数。该透射系数是根据 B-B 几何透射系数 $A_{\mathrm{BB}}=1/(2\mu)$ 归一化后得到的。归一化透射系数就是一个数值因子，没有单位。在本章中把归一化后的透射系数记为 T。在反射衍射模式下，厚度 t 的平板样品的透射系数为

$$T = A/A_{BB} = \frac{2\cos\eta\left\{1-\exp\left[-\mu t\left(\frac{1}{\cos\eta}+\frac{1}{\cos\zeta}\right)\right]\right\}}{\cos\eta+\cos\zeta} \tag{6.97}$$

对于厚板或线吸收系数非常高的材料，可以忽略通过样品厚度的透射，则上式变为

$$T = \frac{2\cos\eta}{(\cos\eta+\cos\zeta)} \tag{6.98}$$

式（6.97）和式（6.98）适用于平板样品。当采用凹凸形状的样品时，吸收校正涉及更复杂的公式[43]。当曲面上的辐照面积小于曲率半径的一半时，曲面吸收影响可以忽略不计。因此，在这种情况下，平板样品的透射系数计算公式可以用于凹凸形状的样品。由于二维 X 射线衍射的光束尺寸一般小于 1mm，所以大多数情况下上述透射系数方程都可以使用。

根据式（6.97）和式（6.98）的比值，可以得到深度为 t 的表面层所贡献的衍射强度 G_t 为

$$G_t = 1 - \exp\left[-\mu t\left(\frac{1}{\cos\eta}+\frac{1}{\cos\zeta}\right)\right] \tag{6.99}$$

因此，根据 G_t 可以计算穿透深度 t，其大小为

$$t = \frac{-\ln(1-G_t)\cos\eta\cos\zeta}{\mu(\cos\eta\cos\zeta)} \tag{6.100}$$

若近似处理，只需要考虑衍射仪平面内的衍射（$\gamma=-90°$），忽略穿透对 γ 的影响，可得

$$t = \frac{-\ln(1-G_t)\sin\omega\sin(2\theta-\omega)\cos\psi}{\mu\left[\sin\omega+\sin(2\theta-\omega)\right]} \tag{6.101}$$

若衍射强度为 95% 和 50% 时，相应的穿透深度为

$$t_{95\%} = \frac{2.996\sin\omega\sin(2\theta-\omega)\cos\psi}{\mu\left[\sin\omega+\sin(2\theta-\omega)\right]} \tag{6.102}$$

和

$$t_{50\%} = \frac{0.693\sin\omega\sin(2\theta-\omega)\cos\psi}{\mu\left[\sin\omega+\sin(2\theta-\omega)\right]} \tag{6.103}$$

6.8.4.2 透射模式

图 6.31（b）为平板样品的透射模式衍射。样品的厚度为 t。反射表面法向用单位向量 n 表示，s_0 表示入射光束单位向量，s 表示衍射光束单位向量。η 为入射光束与样品表面法线的夹角，ζ 为衍射光束与样品法线的夹角。距离样品表面 z 处的 dV 体积单元样品中的光束路径长度 τ 为

$$\tau = \left(\frac{z}{\cos\eta}+\frac{t-z}{\cos\zeta}\right) = z\sec\eta + (t-z)\sec\zeta \tag{6.104}$$

根据 $A_{BB} = 1/(2\mu)$，归一化后的透射系数为[34,38]：

$$T = \frac{2\sec\eta\left[\exp(-\mu t\sec\eta)-\exp(-\mu t\sec\zeta)\right]}{\sec\zeta-\sec\eta}, \sec\zeta\neq\sec\eta \tag{6.105}$$

通常将入射角设置成垂直于样品表面，即 $\eta=0$。对于大多数透射模式的数据采集，上式变为：

$$T = \frac{2\left[\exp(-\mu t)-\exp(-\mu t\sec\zeta)\right]}{\sec\zeta-1} \tag{6.106}$$

当 $\eta=\zeta$ 时，分子分母均趋于 0，透射系数为：

$$T = 2\mu t\sec\zeta\exp(-\mu t\sec\zeta) \tag{6.107}$$

对于二维 X 射线衍射，入射光束方向是唯一的，但同时存在不同方向的衍射光束。本书第 2 章给出了入射光束单位矢量和衍射光束单位矢量，分别是

$$S_0 = \begin{bmatrix} 1 \\ 0 \\ 0 \end{bmatrix}, S = \begin{bmatrix} \cos2\theta \\ -\sin2\theta\sin\gamma \\ -\sin2\theta\cos\gamma \end{bmatrix} \tag{6.108}$$

样品法向单位矢量取决于样品相对于测角仪角度的装载方向。当样品装载方向满足 $\omega = \psi = \phi = 0$ 时，样品表面垂直于 X 射线，法线就是 X 射线光束方向。如第 2 章所定义，由于 n 的方向与 S_1 方向相反，所以任意测角仪角度对应的样品法向单位矢量为

$$n = \begin{bmatrix} \sin\omega\sin\psi\sin\phi + \cos\omega\cos\phi \\ -\cos\omega\sin\psi\sin\phi + \sin\omega\cos\phi \\ \cos\psi\sin\phi \end{bmatrix} \tag{6.109}$$

可得

$$\cos\eta = s_0 \cdot n = \sin\omega\sin\psi\sin\phi + \cos\omega\cos\phi \tag{6.110}$$

和

$$\begin{aligned}\cos\zeta = s \cdot n = & (\sin\omega\sin\psi\sin\phi + \cos\omega\cos\phi)\cos2\theta \\ & + (\cos\omega\sin\psi\sin\phi - \sin\omega\cos\phi)\sin2\theta\sin\gamma \\ & - \cos\psi\sin\phi\sin2\theta\cos\gamma \end{aligned} \tag{6.111}$$

一种常见的做法是将样品垂直于 X 射线，放置在测角仪角度为 $\omega = \psi = \phi = 0$ 处。因此，$\cos\eta = 1$，$\cos\zeta = \cos2\theta$，则透射系数为

$$T = \frac{2\cos2\theta\left[\exp(-\mu t) - \exp\left(-\dfrac{\mu t}{\cos2\theta}\right)\right]}{1 - \cos2\theta} \tag{6.112}$$

对于特定的样品厚度和吸收系数，透射系数是 2θ 的函数。为了求出透射系数最大时的样品厚度，令上式的一阶导数为 0，即：

$$\frac{\mathrm{d}T}{\mathrm{d}t} = \frac{2\cos2\theta}{1 - \cos2\theta}\left[-\mu\exp(-\mu t) + \frac{\mu}{\cos2\theta}\exp\left(-\frac{\mu t}{\cos2\theta}\right)\right] = 0 \tag{6.113}$$

则最大散射强度对应的样品厚度为

$$t = \frac{\cos2\theta\ln(\cos2\theta)}{\mu(\cos2\theta - 1)} \tag{6.114}$$

该式可用于选择透射模式衍射的最佳样品厚度。如测量 2θ 范围在 3°～50°之间，则理想的样品厚度满足 $\mu t = 0.8～1.0$。当 $2\theta \to 0$ 时，$t = 1/\mu$，在 2θ 较小范围内能得到最大的散射强度。

为了利用式（6.97）或式（6.98）进行反射模式像素-像素校正，或利用式（6.105）以及式（6.112）进行透射模式像素-像素校正，可以获得透射系数随角 θ、γ、ω、ψ 以及样品厚度 t 和线吸收系数 μ 变化的函数，即：

$$T = T(\theta, \gamma, \omega, \psi, t, \mu) = T(x, y, D, \alpha, \omega, \psi, t, \mu) \tag{6.115}$$

对于探测器上的任意像素，θ、γ 由式（6.27）和式（6.28）给出。然后用以下公式可对每个像素进行样品吸收校正

$$p_c(x, y) = p_0(x, y)/T(x, y, D, \alpha, \omega, \psi, t, \mu) \tag{6.116}$$

式中 $p_0(x, y)$ 为像素 $P(x, y)$ 吸收校正前的像素强度，$p_c(x, y)$ 为样品吸收校正后的强度。

6.8.5　强度校正组合

可将洛伦兹、偏振、空气散射、铍窗、样品吸收以及其他逐个像素强度校正组合起来，得到一个校正因子 C

$$C=C_L C_p C_{Air} C_{Be} C_s C_i C_j C_k \cdots \tag{6.117}$$

式中，C_L、C_p、C_{Air}、C_{Be}、C_s 分别为洛伦兹、偏振、空气散射、铍窗吸收和样品吸收效应的校正因子；C_i、C_j、C_k 为其他未指明强度效应的校正因子。若把相应的校正因子设为 1，这项效应就不起作用。校正可变为

$$p_c(x,y)=Cp_0(x,y) \tag{6.118}$$

式中，p_0（x，y）为像素 P（x，y）强度校正前的像素强度，p_c（x）为利用强度校正组合因子校正后的像素强度。表 6.3 总结了洛伦兹效应、偏振效应、空气散射效应、铍窗吸收和样品吸收效应的校正因子。当对二维衍射数据进行所有适当的校正后，任意粉末样品的相对强度都应能与 B-B 几何衍射仪采集的衍射谱强度相匹配。

表 6.3　像素强度的校正因子

影响	校正因子和说明
洛伦兹	$C_L = 4\sin^2\theta\cos\theta$ 为获得 B-B 几何同等像素强度，设 $C_L=1$
偏振	$C_p = \dfrac{(1+\cos^2 2\theta_M\cos^2 2\theta)\sin^2\gamma+(\cos^2 2\theta_M+\cos^2 2\theta)\cos^2\gamma}{(1+\cos^2 2\theta_M)}$ 入射单色器反射在衍射仪平面内 $C'_p = \dfrac{1+\cos^2 2\theta\cos^2 2\theta_M}{1+\cos^2 2\theta_M}$ 为获得 B-B 几何同等像素强度进行反向校正 对多层膜镜或毛细管光学部件，设 $C_p=C'_p=1$
空气散射	$C_{Air} = \exp\left[\mu_{air}\left(\sqrt{D^2+x^2+y^2}-D\right)\right]$ 归一化探测器中心像素的强度
铍窗吸收校正	$C_{Be} = \exp\left\{\mu_{Be} t\left(\sqrt{\dfrac{(D^2+x^2+y^2)R^2}{(D^2+x^2+y^2)R^2-(x^2+y^2)(D+H-R)^2}}^{-1}\right)\right\}$ 归一化探测器中心像素的强度
样品吸收 （平板样品的反射）	$C_S = \dfrac{\cos\eta+\cos\zeta}{2\cos\eta\cdot\{1-\exp[-\mu t(\sec\eta+\sec\zeta)]\}}$ $\cos\eta=\sin\omega\cos\psi$ $\cos\zeta=-\cos2\theta\sin\omega\cos\psi-\sin2\theta\sin\gamma\cos\omega\cos\psi-\sin2\theta\cos\gamma\sin\psi$ 通过 B-B 几何的吸收因子进行归一化
样品吸收 （平板样品的透射）	$C_S = \dfrac{\sec\zeta-\sec\eta}{2\sec\eta\left[\exp(-\mu t\sec\eta)-\exp(-\mu t\sec\zeta)\right]}$　　（$\sec\zeta\neq\sec\eta$） $C_S = \dfrac{\exp(\mu t\sec\zeta)}{2\mu t\sec\zeta}$　（$\sec\zeta=\sec\eta$） $\cos\eta=\sin\omega\sin\psi\sin\phi+\cos\omega\cos\phi$ $\cos\zeta=(\sin\omega\sin\psi\sin\phi+\cos\omega\cos\phi)\cos2\theta+(\cos\omega\sin\psi\sin\phi-\sin\omega\cos\phi)\sin2\theta\sin\gamma-\cos\psi\sin\phi\sin2\theta\cos\gamma$ 通过 B-B 几何的吸收因子进行归一化

参　考　文　献

1. S. N. Sulyanov, A. N. Popov, and D. M. Kheiker, Using a two-dimensional detector for X-ray powder diffractometry, *J. Appl. Cryst.* (1994) **27**, 934–942.

2. S. Scheidegger, A. Estermann, and W. Steurer, Correction of specimen absorption in X-ray diffuse scattering experiments with area-detector systems, *J. Appl. Cryst.* (1999) **33**, 35–48.

3. A. Cervellino, et al., Folding a two-dimensional powder diffraction image into a one-dimensional scan: a new procedure, *J. Appl. Cryst.* (2006) **39**, 745–748.

4. P. Boesecke, Reduction of two-dimensional small- and wide-angle X-ray scattering data, *J. Appl. Cryst.* (2007) **40**, 423–427.

5. R. Jenkins and R. L. Snyder, *Introduction to X-ray Powder Diffractometry*, 319–320, John Wiley, New York, 1996.

6. ICDD, Release 2007 of the Powder Diffraction File, http://www.icdd.com, 2008.

7. P. R. Rudolf and B. G. Landes, Two-dimensional X-ray diffraction and scattering of microcrystalline and polymeric materials, *Spectroscopy*, **9**(6), pp. 22–33, 1994.

8. A. Fujiwara, et al., Synchrotron radiation X-ray powder diffractometer with a cylindrical imaging plate, *J. Appl. Cryst.* (2000) **33**, 1241–1245.

9. B. B. He, Introduction to two-dimensional X-ray diffraction, *Powder Diffraction, Vol.* **18**, *No* 2, 71–90, June 2003.

10. G. Ning and R. L. Flemming, Rietveld refinement of LaB_6: data from μXRD, *J. Appl. Cryst.* (2005) **38**, 757–759.

11. M. W. Tate, et al., A large-format high resolution area X-ray detector based on a fiber-optically bonded charge-coupled device (CCD), *J. Appl. Cryst.* (1995) **28**, 196–205.

12. M. Stanton, et al., Correcting spatial distortions and non-uniform response in area detectors, *J. Appl. Cryst.* (1992) **25**, 549–558.

13. J. P. Moy, A novel technique for accurate intensity calibration of area X-ray detectors at almost arbitrary energy, *J. Synchrotron Rad.* (1996) **3**, 1–5.

14. B. B. He, Test report on Hi-Star calibration with glassy Fe foil, *Bruker AXS, April* **23**, 1997.

15. J. W. Campbell, Spatial-distortion corrections, for Laue diffraction patterns recorded on image plates, modeled using polynomial functions, *J. Appl. Cryst.* (1995). **28**, 43–48.

16. Z. Derewenda and J. R. Helliwell, Calibration tests and use of a Nicolet/Xentronics imaging proportional chamber mounted on a conventional source for protein crystallography, *J. Appl. Cryst.* (1989). **22**, 123–137.

17. Bruker AXS, General area detector diffraction software (GADDS) reference manual, doc# 269–017203, May, 1996.

18. A. B. Rodriguez-Navarro, XRD2DScan: new software for polycrystalline materials characterization using two-dimensional X-ray diffraction, *J. Appl. Cryst.* (2006) **39**, 905–909.

19. J. E. Bresenham, Algorithm for computer control of a digital plotter, *IBM Systems Journal*, Vol. **4**, No.1, January 1965, pp. 25–30.

20. B. B. He, et al., Method for collecting accurate X-ray diffraction data with a scanning two-dimensional detector, US Patent application, Dec 22, 2015, Publication number: US20170176355 A1.

21. B. B. He, Patent application: "Method to extend angular coverage for scanning 2D detector", filed to USPTO on April 5, 2017, Application number: US 15/479,335.

22. B. D. Cullity, *Elements of X-ray Diffraction*, 2nd ed., Addison-Wesley, Reading, MA, 1978.

23. H. P. Klug and L. E. Alexander, *X-ray Diffraction Procedures for Polycrystalline and Amorphous Materials*, 2nd ed., John Wiley and Sons, New York, 1974.

24. O. Robach et al., Corrections for surface X-ray diffraction measurements using the Z axis geometry: finite size effects in direct and reciprocal space *J. Appl. Cryst.* (2000). **33**, 1006–1018.

25. D. J. Thomas, Modern equations of diffractometry: diffraction geometry, *Acta Cryst.* (1992). **A48**, 134–158.

26. L. V. Azaroff, Polarization correction for crystal-monochromatized x-radiation, *Acta Cryst.* (1955). **8**, 701.

27. C. Giacovazzo, et al., *Fundamentals of Crystallography*, Oxford Science, New York, 1992.

28. K. A. Kerr and J. P. Ashmore, Systematic errors in polarization corrections for crystal-monochromatized radiation, *Acta Cryst.* (1974). **A30**, 176.

29. M. Polentarutti, R. Glazerb, and K. D. Carugo, A helium-purged beam path to improve soft and softer X-ray data quality, *J. Appl. Cryst.* (2004). **37**, 319–324.

30. M. Krieger, et al., Data collection in protein crystallography: capillary effects and background corrections, *Acta Cryst.* (1974). **A30**, 740.

31. M. Krieger and R. M. Stroud, Data collection in protein crystallography: experimental methods for reducing background radiation, *Acta Cryst.* (1976). **A32**, 653.

32. R. W. Alkire, et al., Re-thinking the role of the beamstop at a synchrotron-based protein crystallography beamline, *J. Appl. Cryst.* (2004). **37**, 836–840.

33. W. R. Busing and H. A. Levy, High-speed computation of the absorption correction for single crystal diffraction measurements, *Acta Cryst.* (1957). **10**, 180.

34. E. N. Maslen, X-ray absorption, *International Tables for Crystallography*, Vol. C, edited by A. J. C. Wilson, IUCR by Kluwer Academic Publisher (1992), 520–529.

35. S. Scheidegger, et al., Correction of specimen absorption in X-ray diffuse scattering experiments with area-detector systems, *J. Appl. Cryst.* (2000). **33**, 35–48.

36. W. Pitschke, Absorption corrections of powder diffraction intensities recorded in transmission geometry, *J. Appl. Cryst.* (1996). **29**, 561–567.

37. A. D. Zuev, Calculation of the instrumental function in X-ray powder diffraction, *J. Appl. Cryst.* (2006). **39**, 304–314.

38. C. R. Ross II, Measurement of powder diffraction sample absorption coefficients using monochromated radiation and transmission geometry, *J. Appl. Cryst.* (1992). **25**, 628–631.

39. R. M. F. Leal, et al., Absorption correction based on a three-dimensional model reconstruction from visual images, *J. Appl. Cryst.* (2008). **41**, online 6 June.

40. J. Collazo, et al., Microabsorption of X-rays in planar powder samples in the non-symmetric reflection case, *J. Appl. Cryst.* (1997). **30**, 312–319.

41. S. Sulyanov, A. Gogina, and H. Boysen, Spatial distribution of the absorption factor for an infinite cylindrical sample used with a two-dimensional area detector, *J. Appl. Cryst.* (2012). **45**, 93–97.

42. V. K. Pecharsky and P. Y. Zavalij, *Fundamentals of Powder Diffraction and Structural Characterization of Materials*, Kluwer Academic Publisher (2003), 193–196.

43. M. E. Hilley, Ed., *Residual Stress Measurement by X-ray Diffraction*, SAE J784a, Society of Automotive Engineers, Warrendale, PA, 1971, p. 38–45.

第7章

物相鉴定

7.1 引言

　　大部分固体材料具有结晶的周期性原子结构。晶体材料的衍射图谱包含许多衍射峰，这些衍射峰表示晶体的不同晶面。根据布拉格公式，衍射角越小则晶面间距越大，反之亦然。在不同 2θ 角或晶面间距值处呈现一组衍射峰的数据或图形称之为 X 射线衍射图谱。为了使所有晶面满足布拉格条件，晶体衍射实际上从多晶或粉末材料中产生，因此，衍射图谱也称为粉末衍射图谱。在材料科学中，物相被定义为包括晶体结构在内的具有相对均匀的化学组成和物理性能的部分。X 射线衍射样品可能是单相或多相的，通过对衍射图谱的分析可以确定样品的相组成，这个过程称为物相鉴定或定性分析。最有效的方法是将未知材料的衍射图谱和一系列标准衍射图谱进行比较。从 20 世纪 30 年代开始就有了标准衍射数据，并且逐渐发展成为包含成千上万种标准衍射图谱的数据库[1]。其中最全面的是由国际衍射中心（IC-DD）发布的粉末衍射卡片（PDF），它每年更新一次。PDF-2007 收集的材料数据超过了 550000 种。标准数据中包含有衍射、晶体学、目录数据以及实验仪器、采样条件和部分物理性能等[2]。

　　在收集固体粉末或多晶样品数据时，B-B 几何衍射仪最常用。但现在更多的是使用线或面探测器来收集数据，这主要是由于其扫描速度快，对样品尺寸要求小，更适合测试大晶粒尺寸或择优取向的样品。随着线和面探测器使用的增加，许多用户注意到用 B-B 几何系统与用线或面探测器系统收集的衍射图谱存在差异。在 B-B 几何中，2θ 的分辨率由衍射仪平面内的发散狭缝、接收狭缝决定，轴向发散度是由索拉狭缝决定的。而在线或面探测器衍射仪中，2θ 分辨率主要由探测器的空间分辨率和样品到探测器的距离决定的。在 B-B 几何中，衍射图谱通过扫描得到，但是有些 2θ 范围可以通过线或面探测器收集并合并在一起。2θ 分辨率可能由于 2θ 测试范围或样品几何不同而改变。利用线或面探测器进行样品织构测试的衍射图谱的相对强度与 B-B 几何得出的结果会大不相同。

　　研究这些差异的本质非常重要，这有利于正确理解用面或线探测器测量的衍射图谱，同时在必要时要对其进行标定。本章对传统 B-B 几何衍射仪与使用线或面探测器的衍射仪在衍射几何、X 射线光学部件、数据收集和处理策略等差异方面进行了比较。二维衍射在物相鉴定方面有很多优势[3~6]，比如它具有在 2θ 和 γ 方向大范围收集 X 射线的能力，使得它采集衍射数据的速度更快、统计性更好。点光束是照射在样品上的，因此所需的样品量较少。大面积探测器的使用可以在不移动样品和检测器的情况下进行大角度 2θ 采集，这更利于对样品相变过程进行原位测试。γ 方向上的衍射信息使得对大颗粒和有择优取向样品的分析更加准确。

当采用二维衍射进行物相鉴定时，第一步是将二维衍射帧积分成传统衍射图谱。该图谱可以用现有的传统 X 射线衍射概念来解释，物相鉴定可以通过各种软件来实现[7~12]。现有的各种算法和方法都可以对经过积分的衍射帧进行分析，包括用传统的峰形拟合和基本参数拟合、物相定量、晶格常数和指标化[13]。衍射结果可用于 PDF 数据库的检索。有关定性分析可以参考许多文献和书籍[1,8,9]，本章将聚焦二维衍射的一些特性和系统几何，数据收集策略，以及利用衍射峰相对强度、峰宽、晶粒尺寸和择优取向等数据分析。本章中描述的许多因素和校正算法有助于理解二维衍射相比传统 B-B 几何的特征。在大多数应用中，γ 积分图可以直接用于物相鉴定（无需校正）。

7.2 相对强度

任意多晶材料的衍射积分强度由下式给出：

$$I_{hkl} = k_1 \frac{p_{hkl}}{v^2}(\text{LPA})\lambda^3 F_{hkl}^2 \exp(-2M_t - 2M_s) \tag{7.1}$$

式中，k_1 是仪器常数，即实验峰强和计算峰强的比例因子；p_{hkl} 是晶面的多重性因子；v 是晶胞体积；（LPA）是洛伦兹偏振因子和吸收因子；λ 是 X 射线波长；F_{hkl} 是（hkl）晶面的结构因子；$\exp(-M_t - M_s)$ 是由于晶格热振动和弱静态位移引起的衰减因子[14,15]。

仪器常数是将理论计算的强度转换成实验观测积分强度的比例因子。仪器常数由仪器的特定配置、几何和许多仪器参数的设置决定。许多没有在上述关系式中明确表示的物理参数也在仪器常数中得到体现。洛伦兹偏振因子和吸收因子需要用第 6 章描述的二维衍射数据处理得到。其他不需要特殊处理的影响因子将在以下章节中予以简要介绍。

7.2.1 多重性因子

在晶格中，一个晶面（hkl）有多个等效晶面，这些等效晶面具有相同的原子排列和晶面间距以及不同的取向。这组等价的晶面称为同一族晶面，并用符号 {hkl} 表示。例如，在立方相中，所有晶面（100）、（010）、（001）、（$\overline{1}$00）、（0$\overline{1}$0）和（00$\overline{1}$）都属于晶面族 {100}。每一个等效晶面的 X 射线衍射在相同的布拉格角处产生相同的强度。因此，同一晶面族的总衍射强度等于一个等效晶面的衍射强度乘以等效晶面的数量。一个晶面族中等效晶面的数量称为多重性因子。多重性因子是密勒指数和晶格对称性的函数。晶面的密勒指数相同时，对称性越高的晶格其多重性因子越高，例如，晶面指数指标化为（hkl）的晶面，当 $h \neq k \neq l$ 时，立方晶体的多重性因子为 48，六方晶系的多重性因子为 24，而三斜晶体的多重性因子为 2。等效晶面中被称为 Friedel 对的反射面对晶面指数具有相同的形式，但符号相反，比如（hkl）和（$\overline{h}\,\overline{k}\,\overline{l}$）。不同晶系各晶面的多重性因子见表 7.1。

表 7.1   不同晶系不同密勒指数的多重性因子 p_{hkl}

晶系	hkl	hhl	$hh0$	$0kk$	hhh	$hk0$	$h0l$	$0kl$	$h00$	$0k0$	$00l$
立方	48[a]	24	12[b]	12[b]	8	24[a]	24[a]	24[a]	6	6	6
六方	24[a]	12[a]	6	—[c]	—	12[a]	12[a]	12[a]	6	6	2
三方	24[a]	12	6	—	—	12[a]	12	12	6	6	2
四方	16[a]	8	4	—	—	8[a]	8	8	4	4	2
正交	8	—	—	—	—	4	4	4	2	2	2

晶系	hkl	hhl	$hh0$	$0kk$	hhh	$hk0$	$h0l$	$0kl$	$h00$	$0k0$	$00l$
单斜	4	—	—	—	—	2	2	2	2	2	2
三斜	2	—	—	—	—	2	2	2	2	2	2

a. 每组具有相同布拉格角但不同结构因子晶面的多重性因子可能会分裂成二或四部分；

b. 表中合并的单元代表等效晶面,如(110)和(001)面在立方晶系中等效；

c. 填充"—"的单元表示非晶面形式计算的密勒指数,如四方晶系{111}不属于{hhh},但由于 $a=b\neq c$,故其属于{hhl}。

7.2.2 电子和原子散射

物质的 X 射线散射是电子散射的集体效应。自由电子散射光束强度可以根据汤姆逊方程给出

$$I = \left(\frac{e^4}{m^2 c^4}\right)\left(\frac{I_0}{R^2}\right)\left(\frac{1+\cos^2 2\theta}{2}\right) \tag{7.2}$$

式中, e 是一个电子的电荷 (1.60×10^{-19}C); m 是电子的质量 (9.11×10^{-31}kg); c 是光速 (3.00×10^8m/s); I_0 是入射光的强度; I 是散射光束的强度; R 是散射电子的距离 (m); 2θ 是入射光束和散射光束的夹角。$e^4/(m^2 c^4)=r_e^2$ 是一个常数 (7.94×10^{-26}cm^2), $r_e=e^2/(mc^2)$ 称为经典电子半径。I_0 和 I 都是空间和时间的平均值。$(1+\cos^2 2\theta)/2$ 是非偏振入射光束的偏振因子。

原子的 X 射线散射是原子中所有电子基于汤姆逊方程的净效应。原子的散射能力由散射因子给出

$$f = \frac{A_a}{A_e} \tag{7.3}$$

式中, f 是原子散射因子; A_a 为原子散射波的振幅; A_e 为单电子散射波的振幅。原子中电子位置的不同导致了不同电子散射波之间的相位差。因此, 原子散射因子仅在低角度正向散射时才趋近于总电子数 ($f=Z$)。原子散射因子随散射角的增大而减小。原子散射因子也是入射光束波长的函数。波长越短, 原子散射因子随散射角增大而减小得越快。原子散射因子通常表示为 $\sin\theta/\lambda$ 的函数, 它结合了散射角和波长对原子散射因子的影响。具有 n 个电子的原子散射因子由原子中电子的分布决定

$$f_n = \int_0^\infty 4\pi r^2 \rho_n(r) \frac{\sin kr}{kr} dr \tag{7.4}$$

式中, $\rho_n(r)$ 是电子电荷密度分布, 是电荷离原子中心距离的方程

$$\rho_n(r) = |\Psi_n^2| \tag{7.5}$$

Ψ_n 是薛定谔波函数。举一个最简单的例子, 氢原子在基态时, Ψ 可以由下式准确计算:

$$\rho(r) = |\Psi^2| = (\pi a_0^3)^{-1}\exp\left(-2\frac{r}{a_0}\right) \tag{7.6}$$

式中, a_0 是氢的波尔半径 (0.529Å), 氢原子的原子散射半径可以描述为

$$f_h = \left[1+\left(\frac{2\pi a_0 \sin\theta}{\lambda}\right)^2\right]^{-2} \tag{7.7}$$

当入射光束的波长明显小于吸收边时, 计算的原子散射因子 f 是有效的。当波长接近吸收边时, 会观察到共振效应, 此时 f 必须由下式进行修正

$$f = f_0 + \Delta f' + i\Delta f'' \tag{7.8}$$

式中, f_0 为没有异常散射的原子散射因子; $\Delta f'$ 和 $\Delta f''$ 分别为色散校正的实部和虚部。

异常散射在单晶衍射中非常重要，但在大多数多晶衍射中可以忽略。各种原子和离子的原子散射因子 f_0 和色散校正项 $\Delta f'$ 和 $\Delta f''$ 可在国际晶体学表中找到[16]。

7.2.3　结构因子

一个单胞的 X 射线衍射是指这个单胞中所有原子或离子，或者是这个单胞中所有电子的净效应。净效应可以表示为单胞中所有原子或离子散射的总和

$$F_{hkl} = \sum_1^N f_n \exp\left[2\pi i\left(hu_n + kv_n + lw_n\right)\right] \tag{7.9}$$

式中，F_{hkl} 是 hkl 晶面的结构因子；N 是单胞中的总原子数或离子数；f_n 是单胞中第 n 个原子或离子的散射因子；坐标（u_n，v_n，w_n）是单胞中第 n 个原子或离子的位置。（u_n，v_n，w_n）的值在 0 和小于晶胞参数单位（a，b，c）之间。另外晶胞参数（α，β，γ）不包括在结构因子的计算中。因此，结构因子与单胞的形状和大小无关。F_{hkl} 是一个包含实部和虚部的复函数。F_{hkl} 定义了单胞中所有散射原子的叠加波的振幅和相位。衍射图中（hkl）峰的积分强度与 $|F_{hkl}|^2$ 成正比，描述为

$$|F_{hkl}|^2 = F_{hkl}F_{hkl}^* = \left\{ \sum_1^N f_n \exp\left[2\pi i\left(hu_n + kv_n + lw_n\right)\right]\right\}$$
$$\times \left\{ \sum_1^N f_n \exp\left[-2\pi i\left(hu_n + kv_n + lw_n\right)\right]\right\} \tag{7.10}$$

式中，F_{hkl}^* 是 F_{hkl} 的复共轭。$|F_{hkl}|$ 的值被定义为

$$|F_{hkl}| = \frac{A_{hkl}}{A_e} \tag{7.11}$$

式中，A_{hkl} 是单胞中（hkl）晶面原子散射波的振幅；A_e 为一个电子散射波的振幅。结构因子的计算可以得到许多有趣的结果。例如，体心立方的晶胞包含两个原子，分别位于（000）和（1/2 1/2 1/2），其结构因子为

$$F = f\{1 + \exp\left[\pi i\left(h + k + l\right)\right]\} \tag{7.12}$$

因此，当（$h+k+l$）为偶数时，$F=2f$，当（$h+k+l$）为奇数时，$F=0$。这意味着体心立方任何 $h+k+l=0$ 的晶面都会产生消光。更多实例可参考文献[8,9]。

7.2.4　衰减因子

相对强度也受两个衰减因子的影响，一个是晶格热振动引起的 $\exp(-2M_t)$，另一个是弱静态位移引起的 $\exp(-2M_s)$。$\exp(-2M_t)$ 也称为德拜温度因子，由下式给出：

$$M_t = B_t\left(\frac{\sin\theta}{\lambda}\right)^2 \tag{7.13}$$

式中，$B_t = 8\pi^2 <\mu_t^2>$，其中 $<\mu_t^2>$ 是衍射平面法线方向上热振动的均方投影位移；θ 为布拉格角。随着温度和 $\sin\theta/\lambda$ 的增大，布拉格峰的衰减增大。弱静态位移引起的衰减系数具有相同的形式

$$M_s = B_s\left(\frac{\sin\theta}{\lambda}\right)^2 \tag{7.14}$$

式中，$B_s = 8\pi^2 <\mu_s^2>$，其中 $<\mu_s^2>$ 是衍射平面方向上弱静态的均方投影位移；θ 是布拉格角。例如，对于通过老化处理的没有严重静态畸变的固溶体，B_s 可以描述为[17]

$$B_s = 2a^2 D_1 c\left(1-c\right)\left(\frac{1+\nu}{1-\nu}\right)^2\left(\frac{1}{V} \times \frac{\partial V}{\partial c}\right)^2 \tag{7.15}$$

式中，a 是晶胞参数；D_1 是与晶体类型和缺陷类型相关的常数，比如面心立方结构的 $D_1=0.0587$，体心立方结构的 $D_1=0.0932$；c 是溶质原子分数；ν 是泊松比；$\dfrac{1}{V} \times \dfrac{\partial V}{\partial c}$ 是体积尺寸因子。由弱静态位移引起的布拉格峰强度衰减通常与漫反射背景有关[14]。弱位移由晶体中的缺陷导致，比如间隙和固溶原子中的点缺陷、位错、堆垛缺陷、短程有序簇或者晶格失配。由于缺陷的各向异性，漫散射图谱能更好地被二维探测器检测到[18,19]。残余应力引起的宏观尺寸位移主要导致峰的偏移而不是漫散射，弱位移引起的强度衰减在大多粉末衍射应用中可以被忽略。

7.3　衍射几何和分辨率

大多数传统 X 射线衍射仪采用 B-B 几何，其中样品表面法线总是入射光束与衍射光束的等分线。X 射线管的发散光束通过索拉狭缝和发散狭缝，然后以入射角 θ 照射到样品表面。和入射线对应的衍射射线以 2θ 角离开样品被照射表面，通过防散射狭缝和索拉狭缝并聚焦在接收狭缝处。点探测器可以安装在接收狭缝或晶体单色器后。B-B 几何中 2θ 的分辨率是由狭缝的尺寸控制的。小的发散狭缝可以得到高的 2θ 角分辨率，相反大的狭缝常用于数据的快速采集。

7.3.1　探测器距离和分辨率

在二维衍射系统中，2θ 分辨率通过不同的方法实现。使用平板二维探测器时，样品到探测器的距离可以灵活调节。探测器的分辨率是由第 4 章中讨论的像素尺寸和点扩散函数决定的。对于相同的探测器分辨率和探测器有效面积，在较大的距离下可以获得更高的分辨率，在较小的距离下可以获得更高的角度覆盖范围。样品到探测器的距离应该根据 2θ 范围和分辨率进行优化选择。当在要求的探测器距离下，2θ 范围不够时，可以收集几个连续的 2θ 帧，然后将积分后的图谱合并即实现大范围 2θ 角。图 7.1 显示了 NIST SRM 1976a 铝板的 4 个二维帧，使用的衍射仪是带有 Våntec-500^{TM} 的 Bruker D8 Discover^{TM}，探测器距离为 20cm，使用 Bruker DIFFRAC.EVA^{TM} 程序将帧进行合并。薄片积分区域由两条锥线和两条水平线确定。从合并的帧上积分得到的衍射图谱如图 7.1 所示。

7.3.2　散焦效应

对于单入射角的二维衍射系统，衍射线同时在二维范围内被测量，因此需要使用比最小 2θ 角小的入射角。由于反射角不总是与入射角相同，因此可以观察到几何像差（失真）。对于线探测器也是如此。当入射角小于反射角时就会发生散焦效应。图 7.2 给出了平板样品在反射模式下二维衍射的几何像差。平行入射光束照射到样品被反射并被二维探测器检测。在低入射角下，入射光束扫过比原始 X 射线束大得多的样品区域，如果衍射光束角度大于入射光束角度，导致衍射光束尺寸被散焦效应放大。如果观察衍射仪平面的横截面，反射模式衍射的散焦效应可以表述为

$$\frac{B}{b}=\frac{\sin\theta_2}{\sin\theta_1}=\frac{\sin(2\theta-\omega)}{\sin\omega} \tag{7.16}$$

式中，θ_1 为入射角；b 为入射光束尺寸；B 为衍射光束尺寸。B 与 b 的比值是几何像差（失真）的测量值，也称为散焦因子。原则上，散焦效应只发生在 $B/b>1$ 时。当 $\theta_2<\theta_1$ 时，反射光束实际上聚焦到探测器上。散焦效应发生在 $\theta_2>\theta_1$ 时，散焦因子随着 θ_2 增加或

θ_1 减小而增加。最大散焦出现在 $\theta_2 = 90°$ 处。对于 θ-2θ 配置，在上式中使用入射角 $\omega(=\theta_1)$。

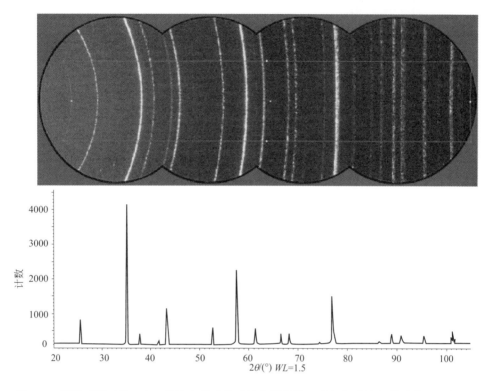

图 7.1   通过对刚玉的 4 个二维帧合并后得到的衍射花样以及积分后的衍射图谱（见彩图）

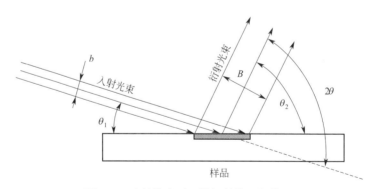

图 7.2   反射模式下二维衍射的几何像差

在发散狭缝和接收狭缝尺寸相同的 B-B 几何中，散焦因子总是 1。对于面探测器（或线探测器），入射光束在一定 2θ 角度是固定的，散焦因子随 2θ 变化。像德拜-谢乐相机这样的柱面探测器可以在大的 2θ 范围内收集衍射图谱。然而，散焦效应使它不能用于平板样品的宽 2θ 测量范围。图 7.3 对比了平板探测器与柱面探测器，图 7.3（a）显示了一个柱面探测器收集 $5° \sim 80°$ 平整样品的衍射花样，入射角必须保持在 $5°$ 或者更低。图 7.3（b）为一个平板探测器，用于采集相同 2θ 范围内的衍射花样。为了减小散焦效应，在 4 个不同入射角（$5°$、$15°$、$25°$、$35°$）下进行数据收集，相应的探测器摆角为（$10°$、$30°$、$50°$、$70°$）。图 7.3（c）是这两个配置的散焦因子对比。具有散焦因子（B/b）=1 的水平实线代表了 B-B 几何的情况，柱面探测器的散焦因子（虚线）随着 2θ 角的增加而连续增大到（B/b）＝11。这意味着 2θ 分辨率将是 B-B 几何的 1/10。对于图 7.3（b）所示的四步法平板探测器所采集的衍射花样，散焦因子在 1 附近波动，最差的结果也小于 3。通过正确选择数据采集方法，如 2θ 分辨率，散焦效应可以控制在合理的范围内。只有测试非常小的样品（类似于德拜-谢乐相机使用的样品），比如毛细管中的细线或粉末，才建议使用 2θ 范围大的柱面探测器。如果平整样品在反射模式下需要测量大的 2θ 范围，可以在不同的入射角（θ_1，ω）下对不同的 2θ 范围进行多帧采集以提高 2θ 的分辨率。

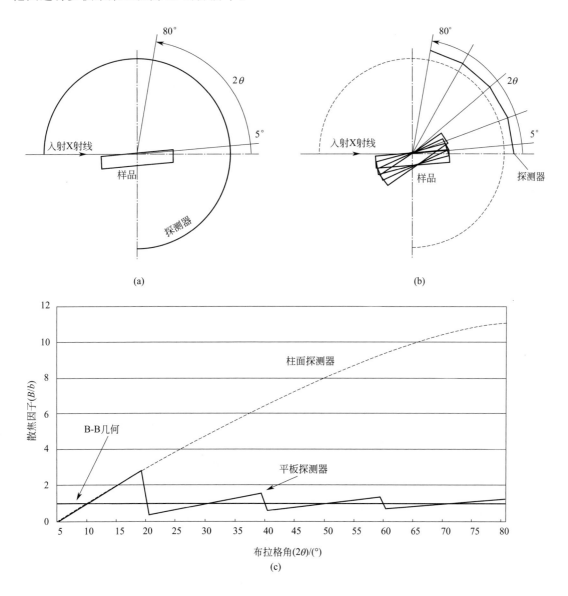

图 7.3　散焦效应

（a）5°入射角，柱面探测器；（b）可变入射角（5°、15°、25°、35°）
和探测器摆角（10°、30°、50°、70°）；（c）散焦因子对比

7.3.3 透射模式衍射

在透射模式中，几何像差具有不同的效应。图 7.4 展示了透射模式下平板样品的二维衍射像差（几何失真）。一束平行入射光束垂直于样品表面透过样品，衍射光束从样品的相反表面穿过样品。光束尺寸像差可以表示为

$$\frac{B}{b} = \cos2\theta + \frac{t}{b}\sin2\theta \tag{7.17}$$

式中，t 为样品厚度。当样品厚度小于入射光束尺寸 10% 时，所有 2θ 角的散焦因子均 $\leqslant 1$。透射样品的厚度与入射光束尺寸比一般可以忽略不计（$t \ll b$），因此 $(B/b) = \cos2\theta < 1$。当入射光束垂直于样品时，根本不会产生散焦效应。

图 7.5 是在反射模式和透射模式下分别收集的刚玉粉末衍射数据。图 7.5（a）是用 0.5mm 准直器和 5°入射角采集的数据。衍射环和积分图谱出现了严重的峰形展宽现象，特别是在高角时更明显。图 7.5（b）为透射模式下用相同光束尺寸采集的数据。衍射环和积分图没有显示出散焦效应。因此，该透射模式具有明显的高 2θ 分辨率。透射模式衍射还有其他优点，例如，初级光束的空气散射被样品阻挡而到达不了探测器，因此透射模式下低角度

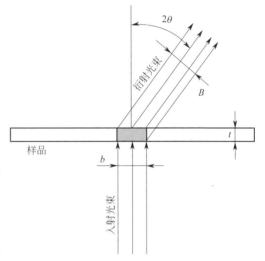

图 7.4   透射模式下二维衍射的几何失真

时背景也较低。然而，透射模式衍射数据采集对于样品厚度有限制。由第 6 章可知，当样品厚度 $t = 1/\mu$ 时，在低 2θ 角下达到最大散射强度，其中 μ 为线吸收系数。随着厚度的增加，散射强度急剧下降。如果样品不能达到要求的厚度时，透射模式衍射就无法实现。对于松散的粉末样品，样品架可能减弱入射光束并引入非晶背景，如图 7.5（b）所示。

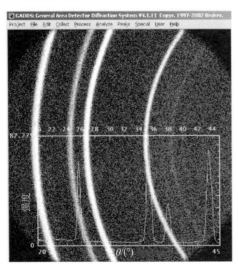

(a)

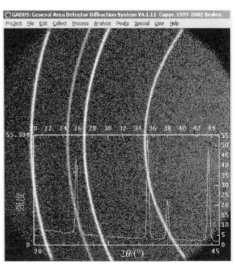

(b)

图 7.5   刚玉的衍射花样（见彩图）

(a) 5°入射角，反射模式；(b) 垂直入射的透射模式

7.4 采样统计性

粉末衍射中，每个反射面的晶粒数量必须足够大，以产生可重复的积分峰强。假设所有参与衍射的晶粒具有泊松分布和相同的强度贡献，由有贡献的晶粒数量（N_s）产生的积分峰强度标准差由 $\sqrt{N_s}$ 给出。测量精度简要地可以通过百分比标准偏差给出

$$\sigma\% = \frac{100}{\sqrt{N_s}}\% \tag{7.18}$$

参与衍射的晶粒数量越多，精度或采样统计性（也称为颗粒统计性）会更好。采样统计数据由样品的结构和测试仪器决定。对于完美的随机粉末样品，对衍射线有贡献的晶粒数量可以由下式给出：

$$N_s = p_{hkl}\frac{Vf_i}{v_i} \times \frac{\Omega}{4\pi} \tag{7.19}$$

式中，p_{hkl} 为衍射晶面的多重性因子；V 是有效采样体积；f_i 为测量晶粒的体积分数（对于单晶材料来说，$f_i=1$）；v_i 为单个晶粒的体积；Ω 为仪器方位角的角窗。多重性因子 p_{hkl} 有效地提高了特定晶面族（hkl）对积分强度有贡献的晶粒数量。单个晶粒的体积 v_i 是各个晶粒的平均尺寸或假设所有的晶粒具有相同的体积。假设球形的晶粒，v_i 能够被颗粒尺寸代替，即 $v_i = \pi d_i^3/6$，其中 d_i 是晶体颗粒的直径。有效采样体积与角窗结合构成了仪器窗口，这决定了在布拉格衍射中有贡献的多晶材料总体积。在二维衍射中，仪器窗口不仅取决于入射光束的大小和发散度，还受面探测器的探测面积和距离的影响。

采样统计性不应与第 4 章的计数统计性混为一谈，两者与衍射数据的质量都是息息相关的，并且非常重要，但会受到不同因素的影响。例如，假设入射光束的轮廓和大小相同，增加 X 射线源的亮度会提高计数统计性，但对于采样统计性不重要。在透射模式下，有效衍射体积不受入射深度的影响，上述规律更是如此。一些诸如有效采样体积、角窗、虚拟摆动等手段可以同时提高采样统计性和计数统计性。样品摆动可能提高采样统计性，但不一定能提高计数统计性。在相同的衍射条件下的相同样品，具有较高多重性因子晶体的衍射峰具有更好的采样统计性和计数统计性。增加数据采集时间和探测器灵敏度可以改善计数统计性，但不一定能改善采样统计性。

7.4.1 有效采样体积

有效采样体积在一些文献中也称为有效辐照体积。然而，有效采样体积似乎是一个更适合于二维衍射的术语。在传统衍射中，有效采样体积可由入射角和 2θ 角进行计算。在 B-B 几何中，有效采样体积是一个常数，但在二维衍射中，则是同时测量不同 γ 角下的 2θ 角得到的，是关于 2θ 和 γ 的函数。注意相同的仪器设置可能会导致不同的辐照体积。将波束截面面积与第 6 章给出的透射系数相乘并进行吸收校正，就能得到有效采样体积。对于 B-B 几何，有效采样体积由下式给出：

$$V = A_0 A_{BB} = \frac{A_0}{2\mu} \tag{7.20}$$

式中，A_0 为入射光束的截面积；$A_{BB} = 1/(2\mu)$ 为 B-B 几何的透射系数；μ 为线吸收系数。只有在入射和衍射光束没有发散的情况下，截面面积 A_0 为常数。这意味着发散狭缝和接收狭缝与焦斑相比具有相同或更小的尺寸。对于 B-B 几何来说，截面面积 A_0 应在样品表

面附近测量或者由辐照面积 A_i 给出，在特定的 2θ 角下 $A_0 = A_i/\sin\theta$。对于二维衍射来说，由于入射光束的低发散性，入射光束的截面面积在大多数情况下可以认为是一个常数。对于反射模式下的二维衍射，有效采样体积为

$$V = \frac{A_0 \cos\eta \left\{ 1 - \exp\left[-\mu t \left(\frac{1}{\cos\eta} + \frac{1}{\cos\xi} \right) \right] \right\}}{\mu(\cos\eta + \cos\xi)} \tag{7.21}$$

从式（6.95）和式（6.96）可知：$\cos\eta = \sin\omega\cos\psi$，$\cos\xi = -\cos2\theta\sin\omega\cos\psi - \sin2\theta\sin\gamma\cos\omega\cos\psi - \sin2\theta\cos\gamma\sin\psi$，$t$ 是样品厚度。在二维衍射中，通常使用点光束，所以光束截面积 $A_0 = \frac{1}{4}\pi b^2 \cos\eta$，其中 b 为入射光束直径。对于厚板或线吸收系数非常高的材料，透射样品的厚度可以忽略不计，则上式改写为

$$V = \frac{\pi b^2 \cos\eta}{4\mu(\cos\eta + \cos\xi)} \tag{7.22}$$

二维透射模式中，入射光垂直于样品表面时，可以得出

$$V = \frac{\pi b^2 \left[\exp(-\mu t) - \exp\left(-\frac{\mu t}{\cos2\theta} \right) \right]}{4\mu(1 - \cos2\theta)} \tag{7.23}$$

当 2θ 角非常小时，有效采样体积为

$$V = \frac{1}{4}\pi b^2 t \exp(-\mu t) \tag{7.24}$$

当 $t = 1/\mu$ 时，透射模式衍射的有效采样体积最大。由以上 5 个公式可以看出，有效采样体积与光束截面积成正比，且对线吸收系数越大的材料采样体积越小。在上述方程中，均假设为平行入射光束。当使用发散（或收敛）入射光束时，入射光束的尺寸应该在样品（或仪器）中心测量。

7.4.2　角窗

仪器的角窗是另一个决定对布拉格衍射有贡献晶粒数量的因素，角窗以立体角形式给出。对于任意多晶材料，对布拉格衍射的贡献比是通过仪器的角窗比给出的，即 Ω，由全立体角 4π 等分出。图 7.6 描绘了仪器的角窗。入射光束（$\mathbf{S}_0/\lambda$）与衍射平面成发散角 β_1，与垂直方向成 β_2。由于只有垂直于衍射矢量（$\mathbf{H}$）的一组（hkl）晶面的晶粒才满足布拉格条件，所以角窗是通过测量包含所有与入射光束发散对应的衍射矢量的立体角得到的，可由下式给出：

$$\Omega = \beta_1/\beta_2/\sin\theta = \beta^2/\sin\theta \tag{7.25}$$

式中，入射光束在两个方向发散相同时，$\beta = \beta_1 = \beta_2$。

在上式中，角窗的计算只考虑入射光束发散度的影响。采样统计性随入射光发散度的增大而增大。然而，增加光束发散度是有限制的，角窗对布拉格峰引入了仪器展宽效应，并与其他部分展宽效应混合在一起。入射光束的发散角应小于要求的 2θ 分辨率。到目前为止，我们的讨论均忽略了晶体的镶嵌结构特性。由仪器展宽和晶粒展宽共同贡献的角窗为

$$\Omega = (\beta_1 + \varepsilon)(\sin\theta + \varepsilon) \tag{7.26}$$

式中，ε 是晶粒摇摆曲线的半高宽。

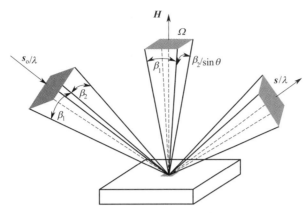

图 7.6　入射光束发散形成的仪器角窗

7.4.3　虚拟摆动

对于二维衍射来说，角窗不仅仅由入射光束的发散度决定，γ 积分也显著增大了角窗。当使用 γ 积分时，它实际上是对在不同衍射矢量范围内收集的数据进行积分。图 7.7 给出了 γ 积分范围 $\Delta\gamma$ 与 γ 积分范围内两端衍射矢量之间的夹角关系。入射光束矢量是 S_0/λ。γ 积分范围两端的衍射光束矢量分别为 S_1/λ 和 S_2/λ，两个衍射平面（P_1 和 P_2）分别由入射光束和两个衍射光束定义。两个衍射面的夹角是 $\Delta\gamma$，两端的衍射矢量（H_1 和 H_2）的单位衍射矢量分别为：

$$\boldsymbol{h}_{L1} = \begin{bmatrix} -\sin\theta \\ -\cos\theta\sin\gamma_1 \\ -\cos\theta\cos\gamma_1 \end{bmatrix}, \quad \boldsymbol{h}_{L2} = \begin{bmatrix} -\sin\theta \\ -\cos\theta\sin\gamma_1 \\ -\cos\theta\cos\gamma_2 \end{bmatrix}$$

于是得出

$$\cos\Delta\psi = \boldsymbol{h}_{L1} \cdot \boldsymbol{h}_{L2} = \sin^2\theta + \cos^2\theta\sin\gamma_1\sin\gamma_2 + \cos^2\theta\cos\gamma_1\cos\gamma_2$$

解上述方程并引入 $\Delta\gamma = |\gamma_2 - \gamma_1|$，可以得到这两个衍射矢量夹角为

$$\Delta\psi = 2\arcsin[\cos\theta\sin(\Delta\gamma/2)] \tag{7.27}$$

显然，如果在同一个衍射环上观察到对应的两个衍射点，也可以用上式计算两个衍射晶面之间的夹角。由于 γ 积分对采样统计性的影响相当于传统衍射仪在 ψ 轴上的角度摆动，故称为虚拟摆动，$\Delta\psi$ 为虚拟摆动角。在传统摆动中，机械运动会导致样品位置误差。由于数据收集过程中样品台没有真实的物理移动，虚拟摆动能够避免这些误差。

由入射光束发散和虚拟摆动贡献的角窗为：

$$\Omega = \beta\Delta\psi = 2\beta\arcsin[\cos\theta\sin(\Delta\gamma/2)] \tag{7.28}$$

式中，β 是入射光束的发散角。增加发散角可能引起仪器展宽而使 2θ 分辨率降低，但是虚拟摆动在不引起仪器展宽的前提下会提高样品的采样量。考虑到晶粒的镶嵌结构特性，角窗可以由下式给出：

$$\Omega = (\beta + \varepsilon)\left\{\arcsin[\cos\theta\sin(\Delta\gamma/2)] + \varepsilon\right\} \tag{7.29}$$

由于晶粒的摇摆曲线通常比仪器的角窗小得多，所以它对角窗的影响可以忽略不计。

7.4.4　样品摆动

对于粒径较大或择优取向的材料，或 X 射线光束尺寸较小的微区衍射，由于较差的计

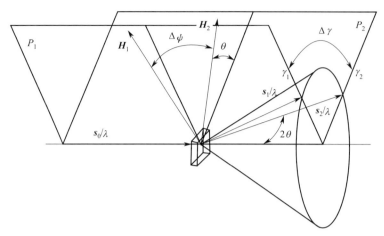

图 7.7 γ 范围（Δγ）和虚拟摆动角（Δψ）的关系

数统计，2θ 位置较难确定。对于有限的样本尺寸和 2θ 分辨率，靠增大光束尺寸或发散度很不实际。在这种情况下，通过样品平移或旋转可以使更多的晶粒满足衍射条件。平移摆动通常是通过沿平行于样品表面的方向移动样品来实现。在反射模式下，它是样本空间坐标的 XY 平面。摆动可以是一个方向的线性摆动，也可以是一个区域的扫描，也可以是沿着过滤板上样品轨迹的摆动。平移摆动通过累加每个采样点的有效采样体积来增加有效采样体积。对于反射模式下的线性摆动，由于入射光束沿入射光束的投影线（X 方向）在样品表面扩展，垂直方向（Y 方向）的摆动可以获得更好的采样统计增益。平移摆动通过增加样品尺寸或者减小入射光束尺寸来提高采样统计性是非常有效的，但对于具有择优取向的样品，平移摆动的效果非常有限或不起作用。因此，平移摆动可以在不影响极密度分布的前提下用于织构数据的采集。

角摆动是对仪器角窗的一种增强，通过角窗扫描摆动角实现该增强。任何三个旋转角度（ω，ψ，ϕ）或它们的组合都可以作为摆动角。摆动可以有效提高大颗粒和择优取向样品的采样统计性。一个极端的例子是如果使用模拟 Gandolfi 照相机使样品旋转得到足够的角窗，可以通过单晶样品得到粉末衍射图谱[20]。

图 7.8 给出了透射模式下使用 Bruker GADDS 衍射仪采集硅粉（NIST SRM 640c）的衍射图谱[21]，仪器配置为铜靶、石墨单色器、0.2mm 准直器和 Hi-Star™ MWPC 探测器。在选择的帧区域观察到 Si 的（100）衍射环。图 7.8（a）为样品在静态位置，X 射线垂直于样品表面的数据。对立方晶体结构来说，Si（100）晶面的多重性因子是 6。0.2mm 的光束直径会导致采样体积较小。由于采样统计性较差，只能观测到 Si（100）晶面的一个有斑点的衍射环。图 7.8（b）为在 $\Delta X \cdot \Delta Y = 1\text{mm}^2$ 区域内通过摆动采集的帧，这使得采样体积至少增加了 25 倍。改进后的采样能够观察到光滑的衍射环。图 7.8（c）是摆动角为 $\Delta\omega = \pm 10°$ 收集的图谱。由第 3 章可以看出 2θ 的 ω 摆动可以使仪器角窗提高 125 倍，因此能观察到光滑的衍射环。

图 7.8 也显示了（100）面每帧的积分峰强。γ 积分范围是 40°（$\gamma = -70° \sim 110°$）。虽然图 7.8（a）是一个多斑点的环，但是由于虚拟摆动效应，积分图和其他两个从二维帧积分得到的图谱一样平滑准确。峰的 $2\theta = 28.5°$，虚拟摆动角由式（7.27）给出，即 $\Delta\psi = 38.7$。考虑到入射光束的发散角为 $\beta = 0.16°$，虚拟摆动使仪器角窗提高了 240 倍。

因此，即使没有实际摆动，采样统计性也能予以提高。将三个衍射帧的 γ 积分图对比可知，样品摆动并不是必须的，因为虚拟摆动已经足够可以提高采样统计性。无论是平移摆动还是角摆动，其对样品主要起"修饰"作用。虚拟摆动是二维衍射物相鉴定最重要的优势之一。

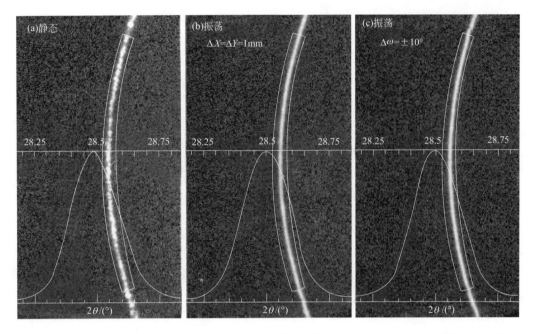

图 7.8　由 Bruker GADDS 衍射仪在透射模式下采集的硅粉（NIST SRM 640c）衍射帧（见彩图）

(a) 样品在静态位置；(b) 样品在 $\Delta X \cdot \Delta Y = 1\text{mm}^2$ 面摆动；(c) 样品以 $\Delta \omega = \pm 10°$ 角摆动

7.5　择优取向效应

物相鉴定通常针对理想的粉末或单晶进行。通常避免使用相对强度偏离理论计算或标准衍射数据的存在择优取向的材料。本章到目前为止，都是假设样品中晶粒的取向分布是完全随机的。在实际应用中，完全随机的样品很难制备，大多数粉末样品在一定程度上具有取向性（织构）。织构对衍射图谱相对积分强度的影响取决于衍射仪的几何。由于织构影响，传统衍射与二维衍射峰相对强度的差异很大。本节将分析这些差异的性质，并给出修正算法。

7.5.1　有织构时的相对强度

具有织构多晶材料的衍射积分强度为

$$I_{hkl} = k_1 \frac{p_{hkl}}{v^2} (\text{LPA}) \lambda^3 F_{hkl}^2 g_{hkl}(\alpha,\beta) \exp(-2M_t - 2M_s) \tag{7.30}$$

式中，$g_{hkl}(\alpha,\beta)$ 为归一化极密度函数。每个极方向（与衍射矢量方向相同）由径向角 α 和方位角 β 定义。对于随机分布粉末样品，$g_{hkl}(\alpha,\beta)=1$。归一化的极密度函数为

$$g_{hkl}(\alpha,\beta) = \frac{2\pi p_{hkl}(\alpha,\beta)}{\int_0^{2\pi} \int_0^{\frac{\pi}{2}} p_{hkl}(\alpha,\beta) \cos\alpha \, \mathrm{d}\alpha \, \mathrm{d}\beta} \tag{7.31}$$

式中，$p_{hkl}(\alpha, \beta)$ 为 (hkl) 晶面的极密度函数（或极图强度），其定义见第 8 章。该函数图在赤道平面上的立体投影称为极射赤面投影图，简称极图。上式中的积分是赤道平面上的半球，假设极图至少是关于平面对称的。g_{hkl} 在整个球上的平均值必须与随机粉末的平均值相同，如等于 1。

$$\langle g_{hkl}(\alpha, \beta) \rangle = \frac{\int_0^{2\pi} \frac{\pi}{2} g_{hkl}(\alpha, \beta) \cos\alpha \, d\alpha \, d\beta}{\int_0^{2\pi} \int_0^{\frac{\pi}{2}} \cos\alpha \, d\alpha \, d\beta} = 1 \tag{7.32}$$

或

$$\int_0^{2\pi} \int_0^{\frac{\pi}{2}} g_{hkl}(\alpha, \beta) \cos\alpha \, d\alpha \, d\beta = 2\pi \tag{7.33}$$

图 7.9 给出了 B-B 几何和二维衍射几何中衍射矢量与极密度函数的关系。对于 B-B 几何，入射光束的矢量为 $\boldsymbol{S}_0/\lambda$，衍射光束的矢量为 $\boldsymbol{s}/\lambda$，衍射矢量 $\boldsymbol{H}_{\text{B-B}}$ 始终垂直于样品表面。在 B-B 几何的积分强度方程中，应始终使用样品法线方向的极密度 $g_{hkl}\left(\frac{\pi}{2}, 0\right)$。当 $\alpha = \pi/2$，$g_{hkl}\left(\frac{\pi}{2}, \beta\right)$ 独立于 β 时，使用 $g_{hkl}\left(\frac{\pi}{2}, 0\right)$。有强织构时，样品某些晶面方向的极密度有可能非常低甚至趋向于零，即 $\left[g_{hkl}\left(\frac{\pi}{2}, 0\right) \to 0\right]$。这种情况下，B-B 几何收集的衍射图谱中该峰会消失。

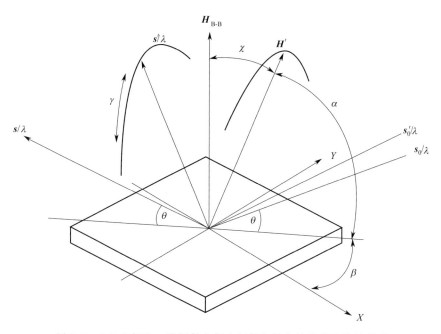

图 7.9　B-B 几何和二维衍射几何中衍射矢量和极密度函数的关系

在二维衍射中，单个入射光束矢量 $\boldsymbol{s}'_0/\lambda$ 产生多个衍射环。每个衍射环由连续分布的衍射光束组成，其中 $\boldsymbol{s}'/\lambda$ 表示一个衍射光束。相应的衍射矢量也形成一个环，$\boldsymbol{H}'$ 表示其中一个衍射矢量。极角（α，β）、样品方向（ω，ψ，ϕ）和衍射圆锥（2θ，γ）的关系由下式给出：

$$\alpha = \sin^{-1}|h_3| = \cos^{-1}\sqrt{h_1^2 + h_2^2}$$

$$\beta = \pm\cos^{-1}\frac{h_1}{\sqrt{h_1^2 + h_2^2}}\begin{cases}\beta \geqslant 0^\circ, h_2 \geqslant 0 \\ \beta < 0^\circ, h_2 > 0\end{cases} \tag{7.34}$$

式中，$\{h_1, h_2, h_3\}$ 是衍射矢量 $\boldsymbol{H}$ 的单位矢量分量。在特定的样品方向，当 (α, β) 和 $(2\theta, \lambda)$ 的关系可以由式 (7.34) 给出时，归一化的极密度函数 $g_{hkl}(\alpha, \beta)$ 可以由 $g_{hkl}(\theta, \lambda)$ 表示。二维衍射图谱由 λ 积分给出，因此峰的积分强度可由下式给出：

$$I_{hkl} = k_1\frac{p_{hkl}}{v^2}(LPA)\lambda^3 F_{hkl}^2\langle g_{hkl}(\Delta\gamma)\rangle\exp(-2M_t - 2M_s) \tag{7.35}$$

式中，$\langle g_{hkl}(\Delta\gamma)\rangle$ 是积分范围内的平均归一化的极密度函数：

$$\langle g_{hkl}(\Delta\gamma)\rangle = \frac{\displaystyle\int_{\gamma_1}^{\gamma_2}g_{hkl}(\theta, \gamma)\gamma\mathrm{d}\gamma}{\gamma_2 - \gamma_1} \tag{7.36}$$

式中，θ 在积分中为常数；γ_1 和 γ_2 分别是 γ 积分的积分上限和积分下限。由于织构效应是 γ 范围的平均，二维衍射由于织构较强而丢失峰值的可能性要比传统 B-B 衍射仪小得多。择优取向效应对二维衍射峰强的作用可由下式进行校正：

$$I_{hkl}^c = \frac{I_{hkl}^m}{\langle g_{hkl}(\Delta\gamma)\rangle} \tag{7.37}$$

式中，I_{hkl}^c 为校正后的强度，和一个随机样品的强度相当。I_{hkl}^m 为二维衍射在择优取向效应下测得的强度。假设根据表 6.3 算法对 B-B 几何等价像素强度进行像素校正，则对 B-B 几何积分后峰强的校正等价于用择优取向效应校正，即：

$$I_{hkl}^{BB} = \frac{g_{hkl}\left(\dfrac{\pi}{2}, 0\right)I_{hkl}^m}{\langle g_{hkl}(\Delta\gamma)\rangle} \tag{7.38}$$

7.5.2 纤维织构的强度校正

通过归一化极密度函数 $g_{hkl}(\alpha, \beta)$ 校正相对强度需要确定取向分布函数（ODF），从而计算出所有 (hkl) 峰的 $g_{hkl}(\alpha, \beta)$。对于一般织构来说，确定 ODF 非常耗时。由于纤维织构对 ϕ 角的依赖消失了，基于三个欧拉角的 ODF 可以显著得到简化。通常三维 ODF 会变成二维的，二维会变成一维的，这就是所谓的纤维织构图（FTP）或者简称纤维图[22]。每个 (hkl) 峰的极密度函数可以通过一系列的谐波方程确定。与常规三维 ODF 相比，用较少的实验数据和计算量就可以确定纤维织构的极密度函数。无论样品具有纤维织构还是在收集数据时对样品进行 ϕ 轴旋转，都可以通过纤维织构的极密度函数来校正这种影响。在数据收集时旋转样品会造成伪纤维织构。

纤维织构主要可以存在于两类材料中：一种是通过拉伸、锻压或挤压形成的金属丝或棒材，另一种是由物理或化学气相沉积（PVD 或 CVD）或其他沉积方法形成的薄膜。具有纤维织构的晶粒在材料中具有一个绕轴旋转对称的取向分布，称为纤维轴。纤维轴是金属线的轴线，对薄膜样品来说是样品表面法线。由于纤维轴的对称性，可以用一种更简单的算法来处理纤维织构对积分峰强度的影响[15,23]。对于具有纤维织构或者人为旋转的样品，极密度函数简化为一个单变量方程 $g_{hkl}(\chi)$。其中 χ 是图 7.9 中样品法线与极方向的夹角。

$$\chi = 90^\circ - \alpha \tag{7.39}$$

$$\chi = \cos^{-1}|h_3| \tag{7.40}$$

纤维织构的极密度函数可以表示为纤维图。由于纤维轴上的纤维织构极图是对称的，纤维图是极图的径向截面。纤维图或极图无法得到时，通过拟合一系列归一化的勒让德（Legendre）多项式，可以从离散强度测量中计算出纤维织构的极密度函数：

$$g_{hkl}(\chi) = \sum_{n=0}^{\infty} G_n^{hkl} \bar{P}_n(\cos\chi) \tag{7.41}$$

式中，$\bar{P}_n(\cos\chi)$ 是归一化的勒让德多项式；G_n^{hkl} 是取向函数的系数因子。上述连续函数可在某阶 n 收敛时截断。由于对称性，上述许多项可以消去。第零项 $G_0^{hkl}\,\bar{P}_0(\cos\chi)=1$。对于有限阶 N，可将连续函数改为：

$$g_{hkl}(\chi) = 1 + \sum_{n=1}^{N} \sum_{m=0}^{n} C_{hkl}^{nm}(\chi) A_{nm} \tag{7.42}$$

式中，A_{nm} 为取向函数的系数；$C_{hkl}^{nm}(\chi)$ 是由晶格对称性和连续函数阶数确定的系数。对每阶（$m<n$）来说系数的个数是有限的。对于立方晶体来说，当 m 是 4 的整数倍时所有奇数阶 A_{nm} 可以消去并且 $A_{nm}\neq0$。也不是所有没有消去的 A_{nm} 是独立的。将这些相关系数合并，可得

$$g_i(\chi) = 1 + \sum_{j=1}^{q} C_{ij}(\chi) A_j \tag{7.43}$$

式中，i 指定为不同（hkl）面；j 为未消去的独立系数的不同 nm 结合；q 为独立系数的总数；$C_{ij}(\chi)$ 是与取向函数系数 A_j 无关的独立系数。某一特定 χ 角测量的积分后的峰强可以表示为

$$I_{hkl}^m(\chi) = k I_{hkl}^c g_{hkl}(\chi) = k I_{hkl}^c g_i(\chi) \tag{7.44}$$

式中，k 是比例因子；$I_{hkl}^m(\chi)$ 是测量的积分峰强；I_{hkl}^c 是随机取向粉末样品的计算强度。将式（7.43）和式（7.44）结合，可得：

$$\sum_{j=1}^{q} C_{ij} A_j - \frac{1}{k} \times \frac{I_{hkl}^m(\chi)}{I_{hkl}^c} = -1 \tag{7.45}$$

只要已知超过 $q+1$ 个独立的 $I_{hkl}^m(\chi)$ 值，则取向函数系数 A_j 和比例因子 k 就可以通过最小二乘回归从线性方程中解出。对于立方结构，系数 $C_{hkl}^{nm}(\chi)$ 和 $C_{ij}(\chi)$ 表示为（hkl）和 χ 的最高 16 阶的函数，如 7.2 表所示。在热挤压成形的金属试样中，8 阶多项式与实验数据吻合较好[14,15]。高阶项只针对非常锐利的织构，文献 [24，25] 给出了高达 $n=22$ 和 $n=46$ 的高阶项。

表 7.2 立方结构 $n=16$ 阶的 C_{hkl}^{nm} 和 C_{ij}（χ）系数

$C_{hkl}^{nm}=C_{ij}$	表示为（hkl）和 χ 的函数
$C_{hkl}^{4,0}=C_{i1}$	$=\dfrac{4\pi\bar{P}_4(\cos\chi)}{(h^2+k^2+l^2)^2}[0.375(h^2+k^2+l^2)^2+0.625(h^4+k^4+l^4)-3.75(h^2k^2+l^2h^2+k^2l^2)]$
$C_{hkl}^{6,0}=C_{i2}$	$=\dfrac{4\pi\bar{P}_6(\cos\chi)}{(h^2+k^2+l^2)^3}[-0.3123(h^2+k^2+l^2)^3+1.3125(h^6+k^6+l^6)$ $-6.5625(h^4k^2+h^4l^2+k^4l^2+k^4h^2+l^4h^2+l^4k^2)+91.875h^2k^2l^2]$
$C_{hkl}^{8,0}=C_{i3}$	$=\dfrac{4\pi\bar{P}_8(\cos\chi)}{(h^2+k^2+l^2)^4}[0.2734375(h^2+k^2+l^2)^4+0.7265625(h^8+k^8+l^8)$ $-15.09375(h^6k^2+h^6l^2+k^6l^2+k^6h^2+l^6h^2+l^6k^2)$ $-3.28125(h^4k^2l^2+k^4l^2h^2+l^4h^2k^2)+33.359375(h^4k^4+l^4h^4+k^4l^4)]$

$C_{hkl}^{nm}=C_{ij}$	表示为 (hkl) 和 χ 的函数

$C_{hkl}^{10,0}=C_{i4}$

$$=\frac{4\pi\bar{P}_{10}(\cos\chi)}{(h^2+k^2+l^2)^5}[-0.2461(h^2+k^2+l^2)^5+1.2461(h^{10}+k^{10}+l^{10})$$
$$-21.2695(h^8k^2+h^8l^2+k^8l^2+k^8h^2+l^8h^2+l^8k^2)$$
$$+23.4609(h^6k^4+h^6l^4+k^6l^4+k^6h^4+l^6h^4+l^6k^4)$$
$$+508.9219(h^6k^2l^2+k^6l^2h^2+l^6h^2k^2)-622.6172(h^4k^4l^2+k^4l^4h^2+l^4h^4k^2)]$$

$C_{hkl}^{12,0}=C_{i5}$

$$=\frac{4\pi\bar{P}_{12}(\cos\chi)}{(h^2+k^2+l^2)^6}[0.2256(h^2+k^2+l^2)^6+0.7744(h^{12}+k^{12}+l^{12})$$
$$-34.3537(h^{10}k^2+h^{10}l^2+k^{10}l^2+k^{10}h^2+l^{10}h^2+l^{10}k^2)$$
$$+182.241(h^8k^4+h^8l^4+k^8l^4+k^8h^4+l^8h^4+l^8k^4)$$
$$+364.482(h^8k^2l^2+k^8l^2h^2+l^8h^2k^2)-293.2617(h^6k^6+l^6h^6+k^6l^6)$$
$$-879.7851(h^6k^4l^2+h^6l^4k^2+k^6l^4h^2+k^6h^4l^2+l^6h^4k^2+l^6k^4h^2)+4310.9162h^4k^4l^4]$$

$C_{hkl}^{12,4}=C_{i6}$

$$=\frac{4\pi\bar{P}_{12}(\cos\chi)}{(h^2+k^2+l^2)^6}[118.6522(h^8k^4+h^8l^4+k^8l^4+k^8h^4+l^8h^4+l^8k^4)$$
$$+711.8822(h^8k^2l^2+k^8l^2h^2+l^8h^2k^2)-332.20512(h^6k^6+l^6h^6+k^6l^6)$$
$$+1661.0289(h^6k^4l^2+h^6l^4k^2+k^6l^4h^2+k^6h^4l^2+l^6h^4k^2+l^6k^4h^2)$$
$$-8305.0741h^4k^4l^4]$$

$C_{hkl}^{14,0}=C_{i7}$

$$=\frac{4\pi\bar{P}_{14}(\cos\chi)}{(h^2+k^2+l^2)^7}[-0.2095(h^2+k^2+l^2)^7+1.2095(h^{14}+k^{14}+l^{14})$$
$$-44.0332(h^{12}k^2+h^{12}l^2+k^{12}l^2+k^{12}h^2+l^{12}h^2+l^{12}k^2)$$
$$+218.9013(h^{10}k^4+h^{10}l^4+k^{10}l^4+k^{10}h^4+l^{10}h^4+l^{10}k^4)$$
$$+1724.7982(h^{10}k^2l^2+k^{10}l^2h^2+l^{10}h^2k^2)$$
$$-207.1684(h^8k^6+h^8l^6+k^8l^6+k^8h^6+l^8h^6+l^8k^6)$$
$$-6413.0289(h^8k^4l^2+h^8l^4k^2+k^8l^4h^2+k^8h^4l^2+l^8h^4k^2+l^8k^4h^2)$$
$$-12041.3267(h^6k^6l^2+k^6l^6h^2+l^6h^6k^2)+44.10912(h^6k^4l^4+k^6l^4h^4+l^6h^4k^4)]$$

$C_{hkl}^{16,0}=C_{i8}$

$$=\frac{4\pi\bar{P}_{16}(\cos\chi)}{(h^2+k^2+l^2)^8}[0.1964(h^2+k^2+l^2)^8+0.8033(h^{16}+k^{16}+l^{16})$$
$$-61.5720(h^{14}k^2+h^{14}l^2+k^{14}l^2+k^{14}h^2+l^{14}h^2+l^{14}k^2)$$
$$+677.0004(h^{12}k^4+h^{12}l^4+k^{12}l^4+k^{12}h^4+l^{12}h^4+l^{12}k^4)$$
$$+1354.0008(h^{12}k^2l^2+k^{12}l^2h^2+l^{12}h^2k^2)-42151.974(h^6k^6l^4+k^6l^6h^4+l^6h^6k^4)$$
$$-2513.4977(h^{10}k^6+h^{10}l^6+k^{10}l^6+k^{10}h^6+l^{10}h^6+l^{10}k^6)$$
$$-7540.4936(h^{10}k^4l^2+h^{10}l^4k^2+k^{10}l^4h^2+k^{10}h^4l^2+l^{10}h^4k^2+l^{10}k^4h^2)$$
$$-3847.2529(h^8k^8+l^8h^8+k^8l^8)+44962.52(h^8k^4l^4+k^8l^4h^4+l^8h^4k^4)$$
$$+4449.5126(h^8k^6l^2+h^8l^6k^2+k^8l^6h^2+k^8h^6l^2+l^8h^6k^2+l^8k^6h^2)]$$

$C_{hkl}^{16,4}=C_{i9}$

$$=\frac{4\pi\bar{P}_{16}(\cos\chi)}{(h^2+k^2+l^2)^8}[371.1865(h^{12}k^4+h^{12}l^4+k^{12}l^4+k^{12}h^4+l^{12}h^4+l^{12}k^4)$$
$$-2227.1198(h^{12}k^2l^2+k^{12}l^2h^2+l^{12}h^2k^2)+4199.7141(h^8k^8+l^8h^8+k^8l^8)$$
$$-2449.8334(h^{10}k^6+h^{10}l^6+k^{10}l^6+k^{10}h^6+l^{10}h^6+l^{10}k^6)$$
$$+12249.167(h^{10}k^4l^2+h^{10}l^4k^2+k^{10}l^4h^2+k^{10}h^4l^2+l^{10}h^4k^2+l^{10}k^4h^2)$$
$$-7349.4995(h^8k^6l^2+h^8l^6k^2+k^8l^6h^2+k^8h^6l^2+l^8h^6k^2+l^8k^6h^2)$$
$$-73494.998(h^8k^4l^4+k^8l^4h^4+l^8h^4k^4)+68595.330(h^6k^6l^4+k^6l^6h^4+l^6h^6k^4)]$$

标准勒让德多项式函数 $\bar{P}_n(\cos\chi)$

$C_{hkl}^{nm}=C_{ij}$	表示为 (hkl) 和 χ 的函数
当 $\chi=0$ 时,$\bar{P}_n(\cos\chi)=\sqrt{\dfrac{2n+1}{2}}$	
当 $0<\chi\leqslant\dfrac{\pi}{2}$ 时,$\bar{P}_n(\cos\chi)$ 可以通过勒让德多项式计算,$\bar{P}_n(\cos\chi)=\sqrt{\dfrac{2n+1}{2}}P_n(\cos\chi)$	
勒让德多项式 $P_n(\cos\chi)$ 可以通过递推公式计算,$P_{n+1}(\cos\chi)=\dfrac{2n+1}{n+1}\cos\chi P_n(\cos\chi)-\dfrac{n}{n+1}P_{n-1}(\cos\chi)$	
其中,$P_0(\cos\chi)=1$,$P_1(\cos\chi)=\cos\chi$	

图 7.10 为 Cu-Be 合金样品的极密度分布,也称为峰(111)、(200)、(220)的纤维织构图。样品是从垂直直径为 2.22cm 的热挤压棒的轴线切割下来的 0.24cm 圆盘。这使纤维轴与表面法线对齐。在 $\chi=0$ 处采集 17 个峰的相对峰强,并取 3 个样品的平均值。根据相对峰强计算了高达 16 阶的取向函数系数。通过这些系数可以计算任意 (hkl) 峰的极密度函数。实线和虚线分别是经过仪器角窗校正和不经过仪器角窗校正计算的极密度函数。在不同 χ 角测量的(111)、(200)和(220)的极密度实验数据点也绘制在计算的极密度函数线上。$g_{hkl}=1$ 的水平线表示随机的粉末样品。择优取向效应对峰强的影响很大程度上取决于 χ 角。在 $\chi=0$ 处能观察到最大效应,并且 $g_{111}(0)/g_{220}(0)\approx10$。而在 $\chi=20°$ 和 50°附近,三个晶面的 $g_{hkl}(\chi)$ 都趋近于 1。B-B 几何衍射仪在 $\chi=0$ 时的极密度代表择优取向效应,而二维衍射的择优取向效应以任意角的 $g_{hkl}(\chi)$ 表示,这取决于数据收集时的几何设置。

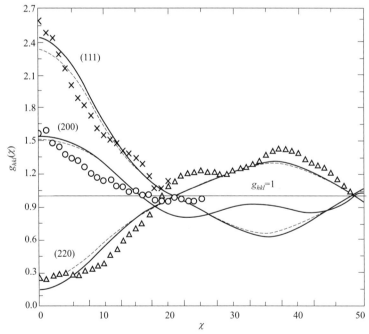

图 7.10 Cu-Be 合金热挤压棒(111)、(200)和(220)峰的计算和测量纤维织构图

纤维织构 γ 积分峰强度校正的平均归一化极密度函数 $\langle g_{hkl}(\Delta\gamma)\rangle$ 可由下式给出:

$$\langle g_{hkl}(\Delta\gamma)\rangle=\frac{\displaystyle\int_{\gamma_1}^{\gamma_2}g_{hkl}\left[\chi(\gamma)\right]\gamma\mathrm{d}\gamma}{\gamma_2-\gamma_1} \tag{7.46}$$

式中，$\chi = \cos^{-1} | \sin\theta\cos\psi\sin\omega - \cos\theta\cos\psi\cos\omega - \cos\theta\cos\gamma\sin\psi |$，$\theta$、$\psi$、$\omega$ 对已知的二维帧是常数。

参 考 文 献

1. R. Jenkins and R. L. Snyder, *Introduction to X-ray Powder Diffractometry*, 319–320, John Wiley, New York, 1996.

2. ICDD, Release 2007 of the Powder Diffraction File, http://www.icdd.com, 2008.

3. P. R. Rudolf and B. G. Landes, Two-dimensional X-ray diffraction and scattering of microcrystalline and polymeric materials, *Spectroscopy*, **9**(6), pp. 22–33, 1994.

4. S. N. Sulyanov, A. N. Popov, and D. M. Kheiker, Using a two-dimensional detector for X-ray powder diffractometry, *J. Appl. Cryst.* (1994) **27**, 934–942.

5. A. Fujiwara, et al., Synchrotron radiation X-ray powder diffractometer with a cylindrical imaging plate, *J. Appl. Cryst.* (2000) **33**, 1241–1245.

6. Bob B. He, Introduction to two-dimensional X-ray diffraction, *Powder Diffraction*, 2003, **18** (2) 71–85.

7. G. W. Brindley, *The X-ray Identification and Crystal Structures of Clay Minerals*, 2nd ed., edited by G. Brown, Mineralogical Society, 1961.

8. B. D. Cullity, *Elements of X-ray Diffraction*, 2nd ed., Addison-Wesley, Reading, MA, 1978.

9. V. K. Pecharsky and P. Y. Zavalij, *Fundamental of Powder Diffraction and Structure Characterization of Materials*, Kluwer Academic Publishers, Boston, MA, 2003.

10. Bruker AXS, DIFFRACplus SEARC software, http://www.bruker-axs.com.

11. MDI, JADE, http://www.materialsdata.com/products.htm.

12. The Collaborative Computational Projects (CCP14), http://www.ccp14.ac.uk.

13. G. Ning and R. L. Flemming, Rietveld refinement of LaB_6: data from μXRD, *J. Appl. Cryst.* (2005) **38**, 757–759.

14. B. He, X-ray Diffraction from Point-Like Imperfection, Ph.D dissertation, Virginia Tech, 1992, 93–125.

15. B. He, S. Rao, and C. R. Houska, A simplified procedures for obtaining relative X-ray intensities when a texture and atomic displacements are present, *J. Appl. Phys.* **75**, (9), May 1994.

16. A. J. C. Wilson, edited, *International Tables for Crystallography, Vol. C: Mathematical, Physical and Chemical Tables*, Kluwer Academic, Dordrecht, Netherlands, 1992.

17. M. A. Krivoglaz, *Theory of X-ray and Thermal-Neutron Scattering by Real Crystals*, Plenum Press, New York, 1969, p234.

18. S. Scheidegger, et al., Correction of specimen absorption in X-ray diffuse scattering experiments with area-detector systems, *J. Appl. Cryst.* (2000). **33**, 35–48.

19. B. J. Campbell, Elucidation of zeolite microstructure by synchrotron X-ray diffuse scattering, *J. Appl. Cryst.* (2004). **37**, 187–192.

20. S. Guggenheim, Simulations of Debye–Scherrer and Gandolfi patterns using a Bruker Smart Apex diffractometer system, Bruker AXS Application Note 373 (2005).

21. J. P. Cline, NIST standard reference materials for characterization of instrument performance, *Industrial Applications of X-ray Diffraction*, edited by F. H. Chung and D. K. Smith, Marcel Dekker, New York, (2000) 903–917.

22. H. J. Bunge, *Texture Analysis in Materials Science, Butterworth*, London (1983).

23. R. D. Angelis, et al., Quantitative description of fiber textures in cubic metals, *Advances in X-ray Analysis*, **42**, 510–520 (2000).

24. R. J. Roe, Inversion of pole-figures for materials having cubic-crystal symmetry, *J. Appl. Phys.* **37**, 2069 (1966).

25. S. Rao and C. R. Houska, Quantitative analysis of fiber texture in cubic films, *J. Apply. Phys.* **54**, 1872 (1983).

第8章

织构分析

8.1 引言

大多数天然或人工固体材料都是多晶的，它由很多不同尺寸、形状和取向的小晶粒组成。每个晶粒就是一个各向异性的单晶，这是由其原子在三维空间周期性的排列造成的。多晶材料的性质来自单晶、晶界和材料里晶粒的取向分布。晶粒随机分布的材料具有各向同性的性质，但很少有材料是这样的。多数情况下，晶粒分布是各向异性的（取向的），称为择优取向或织构。晶粒随机取向的样品是没有织构的。根据取向程度的不同，样品织构有弱、中和强之分。单晶具有最强的择优取向。许多材料的织构影响或决定它们的电、光或机械性质。一些制造工艺也会改变材料的织构。因此对织构的测量和解释在材料科学研究中非常重要。

可以通过传统的用点探测器的衍射仪进行织构测量，一次测量只能得到某个样品方向的晶粒取向分布，而把样品转到所有方向进行测量就可以得到全部的织构信息。用二维探测器进行织构测量比用一维探测器更具有优势[1~7]：可以同时测量一定角度范围内几个晶面的取向分布，并在短时间内获得最佳结果；可以通过旋转样品扫描测量不同相之间或者薄膜基底与薄膜不同层之间的取向关系；可以直接从二维帧图上观察和比较织构。

8.2 极密度和极图

通常把理想的随机取向粉末的 XRD 结果作为衍射峰相对强度的基础。多晶材料一般不是由随机取向晶粒组成的，往往把其晶粒取向分布与理想材料的偏离作为织构或择优取向来测量。通常用特定晶面的极图来代表样品的织构。假设所有的晶粒体积相同，每个"极点"代表满足图 8.1(a) 布拉格条件的晶粒。极点一般用衍射矢量（H_{hkl}）的单位矢量表示。对比图 8.1(b) 中随机取向粉末的衍射峰可知，其强度差别来自织构，而位置的移动则来自应力。某样品方向上满足布拉格条件晶粒的数量可能比理想样品多或者少，积分强度也是类似的。样品可能受压应力或者拉应力，因此相应方向上的晶面间距会变小或变大，同时峰的位置也会相应地变化。

二维衍射图在每个 γ 角都包含两个重要参数：积分强度 I 和布拉格角 2θ。图 8.2 中有两个衍射锥，其中一个是前向衍射，另一个是后向衍射。常规的没有应力的理想粉末衍射锥的 2θ 角和衍射强度在所有 γ 方向上是恒定的。粗线环是因为应力而发生畸变的衍射锥。样品存在应力时，2θ 成为 γ 和样品取向（ω，ψ，ϕ）的函数，即 $2\theta = 2\theta (\gamma, \omega, \psi, \phi)$，它由应力张量决定。衍射锥畸变和应力张量的关系将在第 9 章的应力分析中予以讨论。对存在

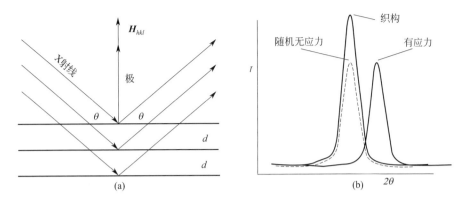

图 8.1　极的定义（a）和织构导致的衍射峰强度变化及应力导致的峰位置移动（b）

织构的样品而言，由于极密度的各向异性分布，衍射强度会沿着 γ 方向变化。强度是 γ 和样品取向（ω，ψ，ϕ）的函数，即 $I = I(\gamma, \omega, \psi, \phi)$，也就是说强度只取决于晶粒取向分布函数（ODF）。

　　织构是测量样品中所有晶粒相对于样品方向的取向分布（例如金属薄板的轧向方向，或者薄膜基底的法向方向）。X 射线衍射表征织构涉及对某晶面在相对于样品方向的所有倾角下的峰强测量。通常需要测量 $1 \sim 4$ 个独立晶面（不同 hkl 值）来量化材料的主要取向分布。

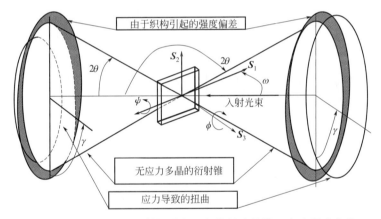

图 8.2　应力导致的衍射锥畸变和织构导致的沿 γ 方向强度变化

　　将每个（hkl）线的强度对极射赤面投影里的样品坐标作图，可以给出晶粒取向相对于样品方向的定性结果，这些极射赤面投影线称作极图。如图 8.3(a) 所示，轧向（RD）沿样品坐标 $\boldsymbol{S}_2$ 方向，横向（TD）沿坐标 $\boldsymbol{S}_1$ 方向，板面法向（ND）沿坐标 $\boldsymbol{S}_3$ 方向。以原点为 O 且具有单位半径的球为例，代表任意极点方向（即衍射矢量方向）的单位矢量从原点 O 开始，到球上的 P 点结束。极点方向由径向角（α）和方位角（β）表示。在一些文献中，径向是样品法向和极点方向的夹角（χ）。P 点的极密度通过 P 和 S 点之间的直线投影到位于赤道平面的 P' 点上。所有方向上的极密度通过极射赤面投影到赤道平面上。如图 8.3(b) 所示，二维极密度投影到赤道平面后称作极图。方位角（β）投影到极图上就是极图中心距离样品方向 $\boldsymbol{S}_1$ 的夹角。径向角（α）以非线性的比例投影到极图上。假如 O 到 P' 的距离为 r，那么 r 为

$$r = \tan\left(\frac{\pi}{4} - \frac{\alpha}{2}\right) \tag{8.1}$$

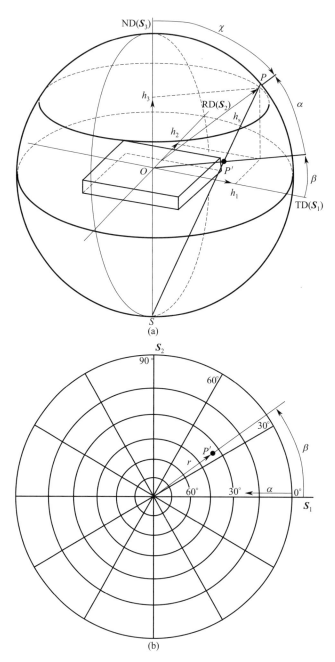

图 8.3 极点方向角 α 及 β（a）和极图中的极射赤面投影（b）

这里假设极图半径为 1。当把极密度绘入半径为 R 的极图时，P' 点的位置由 β 和下式 r 表示：

$$r = R\tan\left(\frac{\pi}{4} - \frac{\alpha}{2}\right) = R\tan\frac{\chi}{2} \tag{8.2}$$

为了方便绘图和从极图上读出角度，可把径向角（α）绘制在等角度间距的比例尺上（类似二维极点坐标系），除到原点的距离外，可以线性比例（$r = 2\chi R/\pi$）表示径向角。其他极图投影的类型包括垂直投影（$r = R\sin\chi$）和等面积投影 $[r = \sqrt{2}R\sin(\chi/2)]$，前者是把极点以平行于样品法线的方向投影到极图上。极图的投影必须正确地标记，避免混淆[8]。

8.3　基本公式

8.3.1　极角

极点方向可由径向角 α 和方位角 β 表示。α 和 β 都是 γ、ω、ψ、ϕ 及 2θ 的函数。如图 8.3 (a) 所示，作为单位矢量的极点有三个分量 h_1，h_2 和 h_3，分别平行于三个样品方向 TD (S_1)，RD (S_2) 和 ND (S_3)。极角 (α，β) 可由单位矢量分量通过下述极点投影方程计算得到：

$$\alpha = \arcsin|h_3| = \arccos\sqrt{h_1^2 + h_2^2}$$

$$\beta = \pm\arccos\frac{h_1}{\sqrt{h_1^2 + h_2^2}} \quad \begin{cases} \beta \geqslant 0°, h_2 \geqslant 0 \\ \beta < 0°, h_2 < 0 \end{cases} \tag{8.3}$$

式中，α 介于 0°到 90°之间（$0° \leqslant \alpha \leqslant 90°$）。$\beta$ 有两个角度范围（当 $h_2 \geqslant 0$ 时，$0° \leqslant \beta \leqslant 180°$；当 $h_2 < 0$ 时，$-180° \leqslant \beta < 0°$）。反射模式下当样品表面是 S_1—S_2 面时，$h_3 > 0$。透射模式下可能 $h_3 < 0$。这种情况下，用与衍射矢量关于 S_1—S_2 面对称的极点作极图投影。在 α 角的计算公式中，h_3 取绝对值。当 $h_2 = 0$ 时，根据不同的 h_1 值，β 可能有两个值（当 $h_1 \geqslant 0$ 时 $\beta = 0°$；当 $h_1 < 0$ 时 $\beta = 180°$）。在许多文献中，样品法线和极点方向之间的夹角常用 χ 表示，而不是图 8.3(a) 中的 α。

$$\chi = 90° - \alpha \tag{8.4}$$

且

$$\chi = \arccos|h_3| \tag{8.5}$$

在欧拉空间中，单位矢量的分量 $\{h_1, h_2, h_3\}$ 可用样品方向 (ω，ψ，ϕ) 和衍射角 (2θ，γ) 表示：

$$h_1 = \sin\theta(\sin\phi\sin\psi\sin\omega + \cos\phi\cos\omega) + \cos\theta\cos\gamma\sin\phi\cos\psi - \cos\theta\sin\gamma(\sin\phi\sin\psi\cos\omega - \cos\phi\sin\omega)$$

$$h_2 = -\sin\theta(\cos\phi\sin\psi\sin\omega - \sin\phi\cos\omega) - \cos\theta\cos\gamma\cos\phi\cos\psi + \cos\theta\sin\gamma(\cos\phi\sin\psi\cos\omega + \sin\phi\sin\omega)$$

$$h_3 = \sin\theta\cos\psi\sin\omega - \cos\theta\sin\gamma\cos\psi\cos\omega - \cos\theta\cos\gamma\sin\psi$$

$$\tag{8.6}$$

在极图中，沿着衍射环的 2θ 积分强度分布可以转化为沿着曲线的极密度分布。这条曲线上每个点的 α 和 β 由 ω、ψ、ϕ、γ 和 2θ 计算得到。样品的方向 (ω，ψ，ϕ) 和衍射环的 2θ 是不变的，只有 γ 角随着探测器的尺寸和距离变化。图 8.4 是传统衍射和二维衍射的对比。使用传统 X 射线衍射仪时，在每个样品角度都测量衍射矢量 H_{hkl}，因此得到的是样品方向的函数。如图 8.4 所示的 ω 扫描，其衍射矢量标记为 $H_{hkl}(\omega)$。例如，在 7 个不同的 ω 位置，只测试了 7 个极点（黑点）。因此传统衍射仪需要扫描大量的样品方向来收集数据。有多种收集策略可以用测到的极密度点来填充极图。例如，六边形网格和螺旋线法可以不同样品方向收集到的极密度数据点来填充极图[9]。而二维衍射仪可以在每个样品角度测试大量极点（粗线）。每个样品方向下测量的衍射矢量 H_{hkl} 不是单个的点，而是相应 γ 范围的分布。此时，衍射矢量是样品方向和 γ 值的函数，如 ω 扫描的 H_{hkl} (ω，γ)。每次曝光都能生成一个一维极点的投影。对于同样的 7 个 ω 位置，测量的极点可以大面积地投影到极图。因此，用二维探测器测量极图时，扫描步长越小，极图分辨率越高，同时测试时间也会大幅减少。

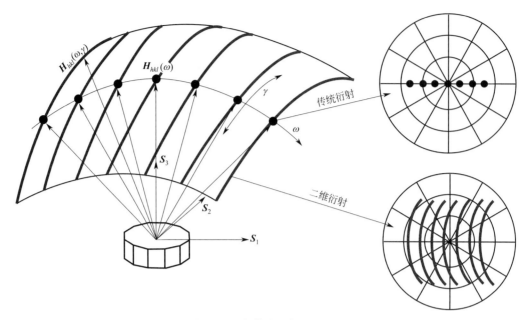

图 8.4　极图测试中传统衍射和二维衍射对比

8.3.2　极密度

存在织构的样品中，(hkl) 晶面衍射环的 2θ 积分强度是 γ 和样品取向（ω，ψ，ϕ）的函数，即 $I_{hkl}=I_{hkl}(\omega,\psi,\varphi,\gamma,\theta)$，它由取向分布函数决定。从极图投影关系可以得到积分强度和极角之间的关系：

$$I_{hkl}(\alpha,\beta)=I_{hkl}(\omega,\psi,\varphi,\gamma,\theta) \tag{8.7}$$

在极角（α，β）处的极密度正比于相同角度时的积分强度：

$$P_{hkl}(\alpha,\beta)=K_{hkl}(\alpha,\beta)I_{hkl}(\alpha,\beta) \tag{8.8}$$

式中，$I_{hkl}(\alpha,\beta)$ 是极点方向为（α，β）的 (hkl) 峰的 2θ 积分强度；$K_{hkl}(\alpha,\beta)$ 是比例因子，它包括吸收、偏振、背景和多种仪器校正因子，这些因子都包含在积分强度里；$P_{hkl}(\alpha,\beta)$ 是极密度分布函数。吸收校正、偏振校正和探测器相关校正在前面的章节已有讨论。背景校正可以在对 2θ 积分时完成。由极射赤面投影法绘制的极图可通过对极密度函数作图得到。

归一化的极密度函数代表整个极球衍射强度积分的一部分。归一化的极密度函数如下：

$$g_{hkl}(\alpha,\beta)=\frac{2\pi P_{hkl}(\alpha,\beta)}{\int_0^{2\pi}\int_0^{\frac{\pi}{2}}P_{hkl}(\alpha,\beta)\cos\alpha\,\mathrm{d}\alpha\,\mathrm{d}\beta} \tag{8.9}$$

假设极图关于赤道平面对称，则上式的积分位于赤道平面上方的半球上。$g_{hkl}(\alpha,\beta)$ 对整个球的平均必定与理想粉末的值相同，即等于 1。

$$\langle g_{hkl}(\alpha,\beta)\rangle=\frac{\int_0^{2\pi}\int_0^{\frac{\pi}{2}}g_{hkl}(\alpha,\beta)\cos\alpha\,\mathrm{d}\alpha\,\mathrm{d}\beta}{\int_0^{2\pi}\int_0^{\frac{\pi}{2}}\cos\alpha\,\mathrm{d}\alpha\,\mathrm{d}\beta}=1 \tag{8.10}$$

或

$$\int_0^{2\pi}\int_0^{\frac{\pi}{2}}g_{hkl}(\alpha,\beta)\cos\alpha\,\mathrm{d}\alpha\,\mathrm{d}\beta=2\pi \tag{8.11}$$

随机取向分布样品的极密度函数是不变的。除极密度外，假设样品和仪器条件相同，则比例因子可由实验收集到的理想样品的积分强度获得。

$$K_{hkl}(\alpha,\beta) = \frac{P}{I_{hkl}^{\mathrm{Random}}(\alpha,\beta)} \tag{8.12}$$

式中，P 是理想样品的极密度常数。实际上，它可以是一个任意的比例因子。极密度函数为：

$$P_{hkl}(\alpha,\beta) = \frac{P I_{hkl}(\alpha,\beta)}{I_{hkl}^{\mathrm{Random}}(\alpha,\beta)} \tag{8.13}$$

如果存在织构的样品和理想样品的实验条件完全一样，当 $P=1$ 时，归一化的极密度函数为：

$$g_{hkl}(\alpha,\beta) = \frac{I_{hkl}(\alpha,\beta)}{I_{hkl}^{\mathrm{Random}}(\alpha,\beta)} \tag{8.14}$$

未经任何校正的存在织构的样品的积分强度可用极射赤面投影法绘出"未校正"的极图。同样，随机取向分布的样品可以绘出只包含需要校正因子的"已校正"的极图。将"未校正"的极图除以"已校正"的极图可以得到归一化的极图。只有可以获得相近的随机取向样品时，才能用上述方法进行归一化。

8.4　数据采集策略

8.4.1　单次 ϕ 扫描

二维衍射的每次曝光都可以生成一个一维极密度扫描图，可以设置数据采集策略得到最佳的极图覆盖区域。极图覆盖的区域可以根据 2θ 角、探测器摆角、探测器尺寸及距离、测角仪角度及扫描步长进行模拟。图 8.5 是 GADDS^{TM}（Bruker AXS）软件生成的 Hi-Star 探测器的扫描方案。图 8.5(a) 是 $2\theta=40°$、$\omega=20°$、$\psi=35.26°$（固定样品台的 $\chi_g=54.74°$）

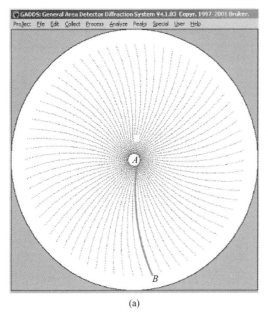
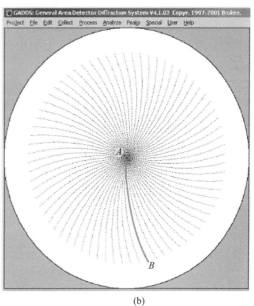

(a)　　　　　　　　　　　　　　　(b)

图 8.5　数据采集策略

(a) 设 $2\theta=40°$，$\omega=20°$，$\psi=35.26°$，极图中心有一个孔；(b) 调整 $\omega=23°$，$\psi=30°$，极图中心全覆盖

且 $D=7\text{cm}$ 时步长为 $5°$ 的 ϕ 扫描。真实的数据采集可以用更小的步长，比如 $1°\sim2°$。在 $\phi=0°$ 的一次曝光可以生成一维极图，如图 8.5 中 AB 曲线所示。通过完整旋转 $360°$ 可以得到极图，但如模拟图所示，这种数据采集策略测得的极图中心有一个孔。中心的极密度代表垂直样品表面的衍射矢量。特别是对于纤维织构，得到极图中心区域的极密度信息非常重要。极图中心 $\alpha=90°$，因此得到中心完全填满极图的条件是曲线 AB 的极密度由以下条件收集：

$$\alpha=\sin^{-1}h_3=90°$$

或 $$h_3=\sin\theta\cos\psi\sin\omega-\cos\theta\sin\gamma\cos\psi\cos\omega-\cos\theta\cos\gamma\sin\psi=1 \tag{8.15}$$

为了避免采集过多的数据，最佳的方法是把 A 点放在极图的中心，即：

$$h_3^A=\sin\theta\cos\psi\sin\omega-\cos\theta\sin\gamma_A\cos\psi\cos\omega-\cos\theta\cos\gamma_A\sin\psi=1 \tag{8.16}$$

假如把图 8.5(a) 中的参数调整为 $\omega=23°$，$\psi=30°$（假设测角仪可以作 ψ 旋转，例如用尤拉环或者卡帕台），保持 $2\theta=40°$，$D=7\text{cm}$ 和 $5°$ 步长作 ϕ 扫描，并且在相同探测器测量 γ 值，A 点的 $\gamma_A=-122°$，于是 $h_3^A\cong1$。采用这种测量方案可以得到图 8.5(b) 的结果，极图的中心填满了极密度数据。数据采集参数的设置可以通过试错或根据上式计算的方法进行优化。

8.4.2 多重 ϕ 扫描

有时，由于探测器距离较大和探测器面积有限，单次 ϕ 扫描已不能覆盖足够的极角。通常要对包含几个晶面的数据采集策略进行优化。可以在几个不同样品倾角下，通过 ϕ 扫描收集一组极图数据。图 8.6 是对 Si(100) 片上磁控溅射的 Cu 薄膜进行织构测量的仪器和结果[5]。图 8.6(a) 是配置面探测器 Hi-Star™、1/4 圆尤拉环和激光视频定位系统的 Bruker AXS GADDS 衍射仪。TEM 测得的薄膜厚度为 $3\mu\text{m}$。图 8.6(b) 是采集的 Cu 薄膜的一帧衍射图。当使用 Cu 靶、探测器的距离是 10cm 时，能同时采集 (111)、(200) 和 (220) 三个晶面的衍射环，因此能同时测量到三个极图。单晶硅基底的衍射点也能被探测器收集到。图中也包含 Si(311) 的衍射点。由于尤拉环的旋转空间有限，探测器的距离设定为 10cm 时，单次 ϕ 旋转已不能得到合适的极角范围。这时需要在不同的样品方向进行两次 ϕ 扫描得到极图。

图 8.7 是 Cu 薄膜的数据采集策略。(111)、(200) 和 (220) 三个晶面的 2θ 角分别为 $43.3°$、$50.4°$ 和 $74.1°$。表中列出了 A、B 和 C 三种扫描策略，D 是探测器的距离，α 是探测器的摆角（不应和极角 α 混淆），ω 和 ψ 决定样品的法向。每种扫描方式都分别给出了两个 ϕ 扫描，$\Delta\phi(\text{s})$ 是得到图 8.7 中结果所用的扫描步长，$\Delta\phi(\text{c})$ 是数据采集时的真实步长。A 的扫描步长是 $1°$，而 B 和 C 的扫描步长是 $2°$。由于 A 覆盖的是外部圆环，需要更小的扫描步长才能获得与内部圆环（$2°$ 步长）相当的数据点密度。图 8.7(a) 和 (b) 分别显示的是采用 A、B 扫描方式经过两次 ϕ 扫描得到的 (111) 和 (200) 极图的数据点。数据点之间的极密度通过内插得到。可以看出 (111) 和 (200) 的极图中心都有一小孔，但是这个孔足够小，所以内插能够覆盖这些中心的孔。当用相同的扫描方式去收集 (220) 的极图时，如图 8.7(c) 所示，其中心有一个大孔。因此需要采用第 3 个在不同的探测器角度和样品法线方向上的 ϕ 扫描 (C)。这样 A+C 扫描方式的两个 ϕ 扫描就能覆盖整个极图。总的来说，需要 3 种 ϕ 扫描才能得到 (111)、(200) 和 (220) 三个极图。

数据采集策略可通过试错或者计算得到。好的数据采集策略可以节约时间，并提高极图的数据点覆盖范围。现在通常用 ω 和 ψ 来设置样品的法线方向，并用 ϕ 扫描来完成极图数据点的覆盖。用 ω 扫描或者 ϕ 扫描也可以测量极图，但不能覆盖整个圆形区域。如果只对极图的局部区域感兴趣（比如在工业控制中），这种扫描方法也是可行的。推荐用自动控制的 ϕ 扫描来测量织构。数据采集的步长取决于织构的强度和织构测量的目的。对于弱的织构或者金属部件的质量控制，步长为 $5°$ 的 ϕ（或 ω、ψ）扫描就够了。对于强的织构，例如外延薄膜，必须采用 $1°$ 或者更小的扫描步长。

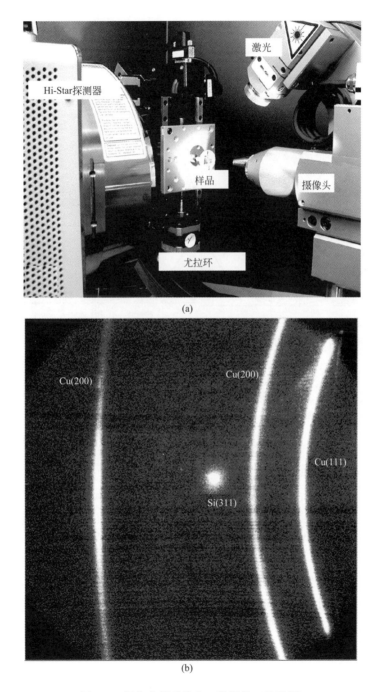

图 8.6　织构分析系统和二维图像（见彩图）

（a）Cu 薄膜样品安装在 GADDS^{TM} 系统上（Bruker AXS）；（b）每帧图有三个 Cu 的衍射线和一个 Si 的衍射点

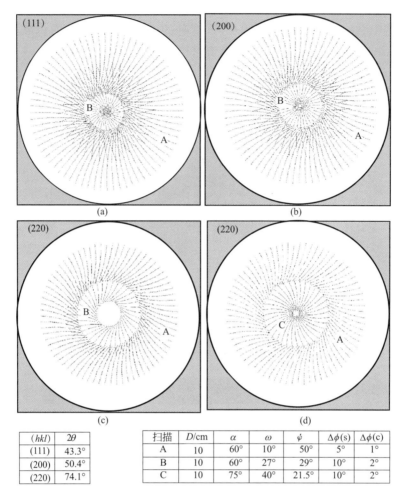

(hkl)	2θ
(111)	43.3°
(200)	50.4°
(220)	74.1°

扫描	D/cm	α	ω	ψ	Δφ(s)	Δφ(c)
A	10	60°	10°	50°	5°	1°
B	10	60°	27°	29°	10°	2°
C	10	75°	40°	21.5°	10°	2°

图 8.7　使用两个 φ 扫描的 Cu 薄膜的数据采集策略

(a)（111）极图采用 A+B 扫描策略；(b)（200）极图采用 A+B 扫描策略；

(c)（220）极图采用 A+B 扫描策略；(d)（220）极图采用 A+C 扫描策略

8.4.3　φ 和 ω 联用扫描

也可用 φ 和 ω 联用扫描的策略采集数据。图 8.8 是由 GADDS^{TM}（Bruker AXS）给出的反射模式下收集 Al 样品的 φ 和 ω 联用扫描方法。使用 Hi-Star 探测器进行 φ 扫描时 $α=50°$，$ω=20°$，$ψ=55°$ 且 φ 的步长为 5°。φ 扫描的数据点包括（111）、（200）和（220）的极密度，但都会在中心留有一个"孔"。孔里缺少的极密度可以通过 ω 扫描填充，其中 $α=50°$，$ω=5°\sim65°$，$ψ=0°$ 且 ω 的步长为 2.5°。与单纯的 φ 扫描相比，φ 和 ω 联用扫描的数据采集策略可以大大节约时间。但是由于 ω 扫描带来入射角的更大变化，假如没有对吸收进行正确校正，则在 φ 和 ω 重叠区域或边界的极图可能会包含一些缺陷。

8.4.4　测角仪 φ 旋转方向

二维衍射仪中的 φ 旋转定义为左手旋转，因此在样品坐标 $S_1S_2S_3$ 中看到的衍射矢量是右手旋转。对二维衍射数据进行解释和评估的算法都是基于本书第 2 章的几何约定。φ 旋转方向不会给物相鉴定带来问题。但是对与样品方向有关的应用，必须使用正确的测角仪几何

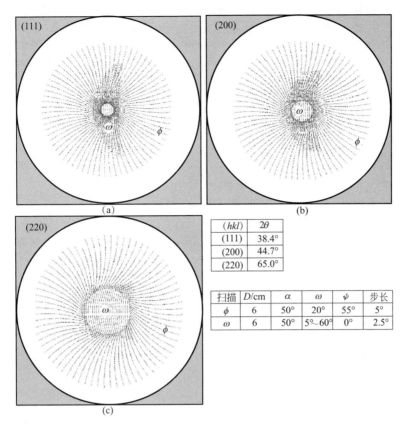

(hkl)	2θ
(111)	38.4°
(200)	44.7°
(220)	65.0°

扫描	D/cm	α	ω	ψ	步长
ϕ	6	50°	20°	55°	5°
ω	6	50°	5°~60°	0°	2.5°

图 8.8　ϕ 扫描和 ω 扫描联用收集 Al 样品的织构数据

约定，特别是 ϕ 旋转方向，才能保证结果的正确性。织构是跟样品方向密切相关的应用之一。图 8.9 是 Bruker GADDS^{TM} 软件模拟出的错误的 ϕ 旋转对在 $2\theta=43.3°$，$D=10$cm 且 $\alpha=60°$ 收集到的 Cu(111) 晶面极图的影响。区域 1 是在 $\omega=10°$ 和 $\psi=50°$ 且 $\Delta\phi=3°$ 时，ϕ 从 10° 到 67° 的正扫描结果。区域 3 是在 $\omega=10°$ 和 $\psi=50°$ 且 $\Delta\phi=-3°$ 时 ϕ 从 -10° 到 -67° 的负扫描结果。显然，这两个区域不关于 S_2 轴对称。假如 ϕ 旋转覆盖整个 360°，那么正和负 ϕ 扫描将覆盖相同的"圆环"区域。中心的孔可以被 $\alpha=60°$、$\psi=0°$ 且 $\phi=0°$ 时，步长 $\Delta\omega=3°$ 的从 5° 到 38° 的 ω 扫描覆盖，如区域 2 所示。区域 2 不受 $\phi=0°$ 时 ϕ 旋转方向的影响。但是如果采用相反的 ϕ 旋转方向，那么 ω 扫描区域与 ϕ 扫描区域叠加的结果将不同。

只要 ϕ 角的定义是正确的，无论正 ϕ 扫描还是负 ϕ 扫描都可以得到正确的极图。但是如果 ϕ 角的方向反向为右手方向，极点将会映射到错误的区域，那么极图将会扭曲，并相对于样品方向出现错误的取向。错误的 ϕ 旋转所造成极图扭曲的程度及形式也和数据的收集策略有关。例如有清晰和典型极图的轧制金属板，对其单次 ϕ 扫描所得到的极图，可以结合对称和旋转操作进行纠正。对于绝大多数未知的和弱的织构，错误的 ϕ 扫描所得到的极图必然错误，并且会误导其相对于样品方向的取向关系。错误的 ϕ 和 ω 联用扫描得到的极图将更混乱，以至于无法通过旋转或者对称操作进行校正。

8.4.5　透射模式

前面介绍了基于反射模式衍射的多重扫描数据收集策略。在样品形状和尺寸允许情况下，可以用透射模式测量织构。图 8.10 是用透射模式衍射进行织构测量的示意图。样品厚

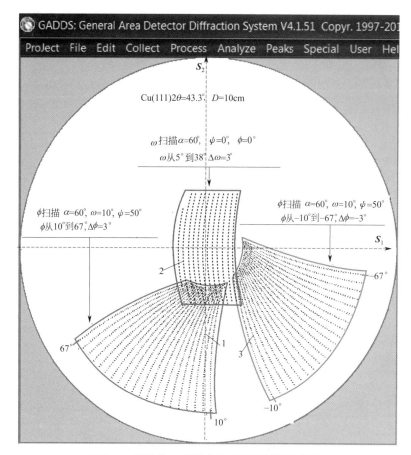

图 8.9 错误的 φ 旋转方向对极图投影的影响

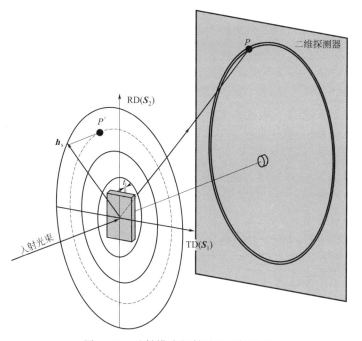

图 8.10 透射模式衍射时的织构测量

度（t）应足够薄以获得合适的衍射强度。样品的厚度取决于其线吸收系数。最佳样品厚度是 $1/\mu$。几倍于最佳厚度样品的测量时间会变长。衍射环上 P 点强度投影到极图上是极密度点 P'。P' 点在极图的位置取决于单位衍射矢量 h_s。完整衍射环强度分布投影到极图上成为虚线圆圈所示的极密度分布。图中入射 X 射线垂直于样品表面，因此极密度投影到极图边界的同心圆上。随着样品旋转，测到的极密度可以覆盖极图的更多面积。典型的样品旋转方式是绕样品的 S_1 和 S_2 轴进行旋转。为了收集透射模式下的完整衍射环，旋转角度应该低于 $90°-2\theta$，并且远离样品法线方向正向或者负向旋转。

　　图 8.11 给出的是使用透射模式测量 3mm 厚 Al 板的织构。该仪器使用密封靶 MoK_α、石墨单色器、单轴旋转样品台和 Bruker SMART 1000 CCD 探测器（距离为 2.7cm）。图 8.11(a) 为其中的一张衍射图。由于探测器距离短，可以收集包括（111）、（200）、（220）和（311）面在内的大于 4 个完整的衍射环。单个旋转轴定义为 ω 轴。在透射模式下，不改变样品坐标，$\omega=90°$ 时样品垂直于入射光方向。图 8.11(b) 的（200）极图是由步长为 $\Delta\omega=5°$，从 42.5° 到 142.5° 进行连续 ω 扫描得到的 20 张帧图生成的。随着连续扫描，每个扫描步长的中心值都被用来计算极图。方案中蓝色的圆环代表 $\omega=90°$ 时（实际收集的 ω 角范围是 87.5°~92.5°）帧图的投影。（111）和（220）的方案比较相似，这是因为三个环都是完整的。当单个旋转角定义为 ϕ 时，样品的坐标和极图投影需要重新定义，这是由于在标准的二维衍射几何中 ϕ 轴定义为样品法线方向（S_3）上的旋转轴。图 8.11 中（c）、（d）和（e）分别是（111）、（200）和（220）晶面的极图。示意图和测到的极图显示透射模式下测试区域从样品法线（极图中心）开始，最高能到 90°，但会在极图中心留下空白区域。这与反射模式相反，后者容易在靠近外缘处留下圆形空白。不管是哪种情况，假如之前采集到多个不完整的极图，极图的缺失区域都能通过 ODF 重建。完整的极图测量也许可以通过合并反射模式和透射模式的数据得到，但由于样品吸收和几何对称性，可能会造成极图不连续和其他缺陷。

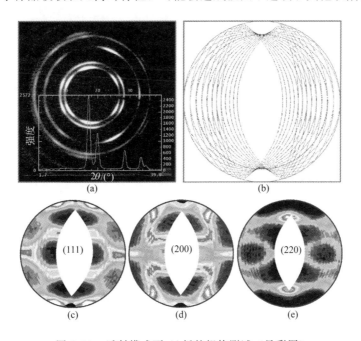

图 8.11　透射模式下 Al 板的织构测试（见彩图）

（a）二维衍射帧；（b）由帧图生成的（200）极图；（c）（111）极图；（d）（200）极图；（e）（220）极图

8.4.6　与点探测器比较

以 Cu 薄膜为例，二维织构数据采集策略的有效性可与点探测器相比。图 8.12(a) 采用的是图 8.7(a) 中 (111) 极图的数据采集策略，扫描步长为 $\Delta\phi$(s)。所显示的极图中包含的数据帧或曝光的数量是 108 个。图 8.12(b) 是点探测器的数据采集策略。在相同方位角分辨率且径向步长为 5°时，共需 973 个测量点来覆盖相同的极图区域。要使径向分辨率相同，必须显著增加数据点。如图 8.7 所示，若用面探测器收集 (111)、(200) 和 (220) 三个极图，共需要 144 次曝光，而使用点探测器则需要 2919 次。这时，使用面探测器的极图测量速度会比点探测器快约 20 倍。如果进行更高分辨率的测试，使用面探测器时只需要降低方位角步长，而使用点探测器则需要减小方位角和径向角的数据扫描步数。以图 8.7 中的数据采集步长 $\Delta\phi$(c) 为例，分辨率提高 5 倍时，面探测器完成所有三个极图的测量只需要 720 个数据帧。当单帧的曝光时间为 5s 时，数据采集时间只有 1h。但是使用点探测器时，如果极图分辨率提高 5 倍，将需要测量 72975 个数据点。当单个数据点曝光时间为 5s 时，总的数据收集时间将大于 100h，这样长的时间对于大多数极图研究是非常不现实的。因此，二维衍射仪比采用点探测器的传统衍射仪更适合测量高分辨率的极图[1]。

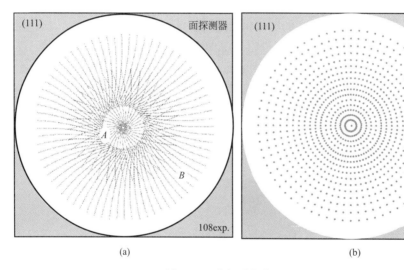

图 8.12　数据采集策略对比

（a）面探测器策略；（b）点探测器策略

8.5　织构数据处理

8.5.1　2θ 积分

衍射帧包括像素强度，并且每个像素都对应一组 2θ 和 γ 值。为了把衍射强度分布投影到极图上，需要计算衍射强度与 2θ、γ 及样品取向（ω，ψ，ϕ）的函数，即 $I = I(2\theta, \gamma, \omega, \psi, \phi)$。对于特定的衍射环，$2\theta$ 是常数或在分析织构时假定其为常数，并且每帧图的样品取向（ω，ψ，ϕ）不变。因此，帧图中晶面的极密度信息只与 γ 相关，即 $I = I(\gamma)$。沿衍射环的衍射强度是二维分布的，因此，需要对 2θ 方向衍射环附近的衍射强度进行积分，从而将二维信息转变为一维函数 $I(\gamma)$。

图 8.13(a) 给出了在织构分析时采集到的一个铝线的衍射帧。探测器距离为 6cm，且

采用 Cu 光源时，能同时测量到（111）、（200）、（220）、（311）和（222）晶面的 5 个衍射环，因此可以同时测量 5 个极图。三个方框定义了高低角度以及衍射环的 2θ-γ 范围。在这个例子中，三个方框有相同的 γ 范围，即 $\gamma_1 = 55°$ 且 $\gamma_2 = 125°$。选择衍射环的 2θ 范围时，低角度和高角度的设定应基于峰的宽度和相邻衍射峰之间的可用角度。假设 2θ 曲线是正态分布，半高宽为 2.35σ，标准偏差为 σ。两倍的半高宽就能覆盖 98% 的峰强度，三倍的半高宽则能覆盖 99.9% 的峰强度。在织构测量得到的一系列帧中，2θ 图的半高宽随着入射角改变。2θ 范围应该至少两倍于最宽峰的半高宽。2θ 范围也应该足够宽，这样可以覆盖由样品中残余应力导致的 2θ 移动。图 8.13（b）是（220）晶面对图 8.13（a）中 $\Delta\gamma$ 部分的 2θ 积分。（220）峰的半高宽大约是 $0.5°$，位置接近 $65.4°$，且选择了 $3°$ 的 2θ 范围（$2\theta_1 = 64°$ 和 $2\theta_2 = 67°$），这大约是 6 倍的半高宽。同时，在低角度和高角度都有大的背景区域，所以低角度和高角度的 2θ 范围选择了 $3°$（$2\theta_{L1} = 58°$，$2\theta_{L2} = 61°$，$2\theta_{H1} = 70°$，$2\theta_{H2} = 73°$）。图 8.13（c）是 2θ 积分强度分布与 γ 的关系图。背景可以根据低角度和高角度的积分强度情况予以计算或去除，当其贡献很小时甚至可以忽略。

未经过背景校正的 2θ 积分可以表示为：

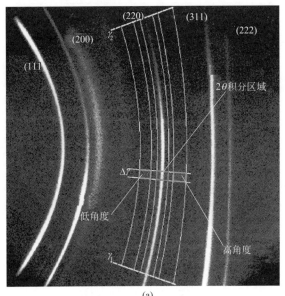

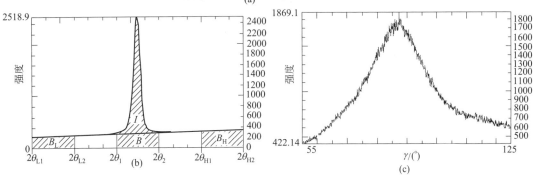

图 8.13　极图数据处理（见彩图）

（a）Al 样品的一帧衍射图［包括（220）衍射环的 2θ-积分］；（b）显示角度和峰的 2θ
积分曲线；（c）积分强度分布与 γ 的关系图

$$I(\gamma) = \int_{2\theta_1}^{2\theta_2} J(2\theta,\gamma) \mathrm{d}(2\theta) \qquad \gamma_1 \leqslant \gamma \leqslant \gamma_2 \qquad (8.17)$$

或

$$I(\gamma) = \sum_{2\theta_1}^{2\theta_2} J(2\theta,\gamma) \qquad \gamma_1 \leqslant \gamma \leqslant \gamma_2 \qquad (8.18)$$

式中，$J(2\theta,\gamma)$ 是二维帧图中的二维强度分布。$I(\gamma)$ 是强度与 γ 函数的积分。$2\theta_1$ 和 $2\theta_2$ 是积分的下限和上限，在 2θ 积分时是不变的。由于衍射帧图的离散性，可以用式(8.18)来统计每 $\Delta\gamma$ 步的计数。可以用类似公式对背景作 2θ 积分：

$$B_{\mathrm{L}}(\gamma) = \sum_{2\theta_{\mathrm{L}1}}^{2\theta_{\mathrm{L}2}} J(2\theta,\gamma), B_{\mathrm{H}}(\gamma) = \sum_{2\theta_{\mathrm{H}1}}^{2\theta_{\mathrm{H}2}} J(2\theta,\gamma) \qquad \gamma_1 \leqslant \gamma \leqslant \gamma_2 \qquad (8.19)$$

式中，$B_{\mathrm{L}}(\gamma)$ 和 $B_{\mathrm{H}}(\gamma)$ 分别是图 8.13(b) 中 $\Delta\gamma$ 内的低角度和高角度的积分强度。假设 2θ 峰附近的背景是线性变化的，峰的背景 $B(\gamma)$ 可由下式给出：

$$\begin{aligned} B(\gamma) = & B_{\mathrm{L}}(\gamma) \frac{(2\theta_2 - 2\theta_1)(2\theta_{\mathrm{H}2} + 2\theta_{\mathrm{H}1} - 2\theta_2 - 2\theta_1)}{(2\theta_{\mathrm{L}2} - 2\theta_{\mathrm{L}1})(2\theta_{\mathrm{H}2} + 2\theta_{\mathrm{H}1} - 2\theta_{\mathrm{L}2} - 2\theta_{\mathrm{L}1})} + \\ & B_{\mathrm{H}}(\gamma) \frac{(2\theta_2 - 2\theta_1)(2\theta_2 + 2\theta_1 - 2\theta_{\mathrm{L}2} - 2\theta_{\mathrm{L}1})}{(2\theta_{\mathrm{H}2} - 2\theta_{\mathrm{H}1})(2\theta_{\mathrm{H}2} + 2\theta_{\mathrm{H}1} - 2\theta_{\mathrm{L}2} - 2\theta_{\mathrm{L}1})} \end{aligned} \qquad (8.20)$$

这样扣除背景后的强度分布为：

$$I(\gamma) = \sum_{2\theta_1}^{2\theta_2} J(2\theta,\gamma) - B(\gamma) \qquad \gamma_1 \leqslant \gamma \leqslant \gamma_2 \qquad (8.21)$$

第 4 章中 γ 积分的算法可以通过交换关系式中的 γ 和 2θ，从而调整为 2θ 积分。可以用立体角归一化的算法确保探测器任意面积上的积分强度一致。可以根据式 (8.3) 的极角把 2θ 积分强度分布投影到极图上。当通过不同扫描由多个数据点重叠极图像素时，如图 8.7 所示，由两个扫描覆盖，其平均值应该被投影到极图像素上。图 8.14 是 Al 板的极密度投影和极图处理过程。二维衍射数据由配备 Hi-Star^{TM} 面探测器和 1/4 圆尤拉环的 GADDS^{TM} 系统收集。Al 板表面与样品坐标系的 $\boldsymbol{S}_1$—$\boldsymbol{S}_2$ 面一致，RD 与 $\boldsymbol{S}_2$ 方向平行。（a）行给出了 (111)、(200) 和 (220) 三个晶面的极密度投影。由于 ϕ 扫描的步长较大（5°），所测试的极密度数据点有很大的间隔，极图外部边缘的间隔甚至大到 18 个像素。

8.5.2　吸收校正

所有影响相对强度的因子，例如洛伦兹、偏振、空气散射、铍窗和样品吸收，都会影响极密度。这些因子的校正方法在第 6 章有介绍。为了提高相对极密度的精度，在进行 2θ 积分前需要对衍射帧图进行部分或者全部校正。这些因子中最重要的是样品吸收，这是由于极图通常收集几个不同入射角的数据（如图 8.7 所示）。如果样品吸收没有得到正确校正，两个不同入射角的极密度区域间就会有一条脊线。在 2θ 积分前后都可以进行吸收校正。校正式为：

$$I_{\mathrm{S}}(\gamma) = C_{\mathrm{S}}(\gamma) I(\gamma) \qquad (8.22)$$

式中，$I_{\mathrm{S}}(\gamma)$ 是吸收校正后的强度分布；$C_{\mathrm{S}}(\gamma)$ 是吸收校正系数。例如，平板样品反射模式下的吸收校正系数为：

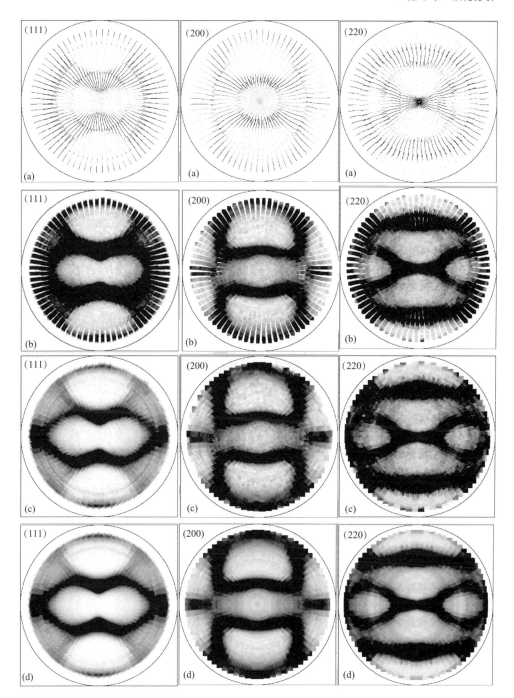

图 8.14 极图处理过程

(a) 投影到极图上的 2θ 积分极密度；(b) 5 个像素半宽方框的内插；
(c) 同一方框的二次内插；(d) 根据劳厄对称性（mmm）进行的对称性处理

$$C_S(\gamma) = \frac{\cos\eta + \cos\zeta}{2\cos\eta\{1 - \exp[-\mu t(\sec\eta + \sec\zeta)]\}} \qquad (8.23)$$

式中，$\cos\eta = \sin\omega\cos\psi$，

且 $\qquad \cos\zeta = -\cos2\theta\sin\omega\cos\psi - \sin2\theta\sin\gamma\cos\omega\cos\psi - \sin2\theta\cos\gamma\sin\psi$

对于特定的 2θ 积分强度分布，其他角都是常数，所以 $C_S(\gamma)$ 对任意 2θ 积分曲线都是 γ 的函数。

对于成分和晶体结构相同且随机取向的样品，都能通过实验校正吸收及其他影响相对强度分布的仪器因素。通过同样的方法和实验条件收集随机取向样品的"极图"。根据式（8.13）和式（8.14），用随机取向样品的"极图"对存在织构的样品极图进行归一化，就能得到校正的极图。

8.5.3　极图内插

可以数位影像格式的图片保存和显示极图。像素位置 (α, β) 代表极图的取向。如图 8.14(a) 行所示，由于数据扫描步长间隔，帧图的极密度数据点并不一定都能填充极图的所有像素。不应把没有数据值的像素与极密度为零的像素混淆。一种区别方法是将极密度值加 1 来储存像素，没有投影数据的像素值则为 0。为了生成平滑的极图，没有投影的像素可以通过周围像素的插值填充。可以用一个明确的方框内插，足以填满没有投影的像素。需要正确选择方框尺寸，太小不能填充所有未投影的像素，太大则可能在处理锐利极图时产生模糊效应。方框的尺寸可以通过试错的方法得到，并至少应该与相邻投影像素线之间的最大像素间隔一样大。图 8.14(b) 行是用 4.1 版本的 GADDS^{TM} 软件对 (a) 行内插的结果。软件允许的内插方框的一半宽度是 5 个像素。显然，该方框并没有大到能覆盖最大的间隙，所以在极图的边缘仍然会有小的间隙。图 8.14(c) 行是用相同尺寸的方框再次内插后的结果。所测试的极密度点之间所有的间隙通过这次内插都可以填满。对于比这个样品更锐利的织构，可以使用更小的 ϕ 扫描步长。当 ϕ 的步长小于 2.5°时，一次内插就应该能够覆盖该间隙。

8.5.4　极图对称性

晶体的劳厄对称性使所有的极图都应该对称。可以用对称性来填充没有测到的极图像素或者平滑极图。例如，正交材料表现出 mmm 对称性，所以只需要收集 1/8 或者 1/4 极球即可生成整个极图。可用来进行极图数据处理的劳厄对称性主要有以下几种：三斜 $(\bar{i})$、单斜 $(2/m)$、正交 (mmm)、四方 $(4/m、4/mmm)$、三方 $(\bar{3}、\bar{3}m)$、六方 $(6/m、6/mmm)$ 和立方 $(m\bar{3}、m\bar{3}m)$。高对称性的极图可以用低对称性的去处理。例如，用 $2/m$ 或 mmm 处理六方极图，用 mmm 处理立方极图。在对称性处理中，所有对称等价的极图像素由所测得像素的平均值填充。对于没有测到的极图像素，对称处理是用所有等价像素的平均值填充。对于测到的像素，这个过程就是一个平滑作用。图 8.14(d) 行是对 (c) 行极图进行对称性处理后的结果。由于 (c) 行极图方位角 β 是完整的，对称性处理可以使极图更加对称和平滑。

8.5.5　极图归一化

由 2θ 积分计算出的极密度含有不同 (hkl) 峰相对强度的比例因子。例如，晶面（111）和（222）应该有完全相同的取向分布，但由于相对强度不同，其 2θ 积分强度也会明显不同。如式（8.9）所示，应该对极图进行归一化，这样它就可以表示为理想粉末的极密度值。理想粉末的极密度在任意方向都是 1。实际上，理想粉末的极密度可以定义为不同的值，例如 100。可以通过任意比例对极图进行赝归一化后予以显示。

8.6　取向分布函数

单个极图只能确定特定晶面法线方向的取向分布，而取向分布函数（ODF）则是晶面取向分布的完整表达。ODF 可以由几个独立的极图求得。相应地，所有极图也可以通过

ODF 计算出。

8.6.1　欧拉角和欧拉空间

　　三个欧拉角可定义刚体相对于参考轴的取向。如图 8.15(a) 所示，晶粒坐标的取向通过三个欧拉角 $\{\varphi_1, \Phi, \varphi_2\}$ 表示[10]。样品坐标通过笛卡尔坐标系 XYZ 表示（等同于之前的 $S_1S_2S_3$ 坐标），其中 X—Y 平面平行于样品表面。当三个欧拉角都等于 0 时，晶粒坐标 $X'Y'Z'$ 与相应的样品坐标 XYZ 重叠。晶粒坐标相对于样品坐标的取向可通过下述方法获得：晶粒坐标系先绕 Z 轴旋转 φ_1 角，此时晶粒坐标与 X_1Y_1Z 重叠。接着晶粒坐标系绕 X_1 轴旋转 Φ 角。在第二次旋转后，晶粒坐标与 X_1Y_2Z' 重叠。接着晶粒坐标系进一步绕着 Z' 轴旋转 φ_2 角。最终晶粒的方向坐标 $X'Y'Z'$ 可由三个欧拉角表示：

$$g = \{\varphi_1, \Phi, \varphi_2\} \tag{8.24}$$

　　式中，g 代表三个欧拉角的组合，不能把它与归一化的极密度函数 $g_{hkl}(\alpha, \beta)$ 混淆。尽管欧拉角 $\{\varphi_1, \Phi, \varphi_2\}$ 与样品旋转的欧拉角 $\{\omega, \psi, \varphi\}$ 有相同的旋转顺序，但是不应将彼此混淆。欧拉角 $\{\varphi_1, \Phi, \varphi_2\}$ 定义为与样品坐标相对应的晶粒取向，而 $\{\omega, \psi, \varphi\}$ 则对应于实验室坐标的样品方向。用点探测器时，单个极点或衍射矢量的极密度数据是根据每个样品方向测量的，因此晶粒的取向和样品方向有直接关系。当用面探测器时，每个样品方向都有一系列的 g 值。如图 8.15(b) 所示，欧拉角 $\{\varphi_1, \Phi, \varphi_2\}$ 可表示为三维笛卡尔坐标，也指取向空间或者欧拉空间。欧拉空间中任意点 P 代表一个晶粒取向 g 。相同取向 g 的晶粒数量认为是在 P 点的密度。三维晶粒取向代表晶体织构，由 ODF 表示，它是取向 g 的密度函数。

$$f(g) = f(\varphi_1, \Phi, \varphi_2) \tag{8.25}$$

　　由于这三个坐标都是角度值，欧拉空间的三个轴都有 2π 的周期性。晶体的对称性使欧拉空间可以分为几个子区域。例如，在三个轴的 $\pi/2$ 范围内的区域，每个区域都包含完整的

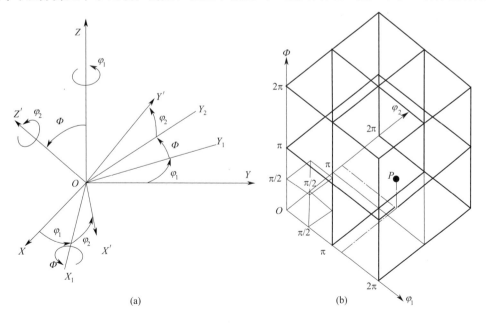

图 8.15　欧拉角和欧拉空间
(a) 在样品坐标系里定义晶粒取向的欧拉角；(b) 在笛卡尔坐标系里由欧拉角定义的欧拉空间

ODF 信息。

根据定义，ODF 是晶粒沿某 g 方向取向的体积分数。

$$f(g) = \frac{1}{V} \times \frac{dV(g)}{dg} \qquad (8.26)$$

式中，V 是样品体积；dV 是样品中取向介于 g 和 $g+dg$ 之间的体积。假如所有晶粒的形状和尺寸相同，取向分布函数可以表示为：

$$n(g) = \frac{1}{N} \times \frac{dN(g)}{dg} \qquad (8.27)$$

式中，N 是样品中晶粒的总数量；dN 是取向介于 g 和 $g+dg$ 之间的晶粒总数量。

8.6.2 ODF 计算

ODF 不能直接测量，但可以通过一系列极图数据进行计算。通过极图或者极密度数据得到 ODF 的方法有很多[11~13]。一种是谐函数方法，它将 ODF 表示为广义球谐函数的级数：

$$f(g) = \sum_{l=0}^{\infty} \sum_{m=-l}^{+l} \sum_{n=-l}^{+l} C_l^{mn} T_l^{mn}(g) \qquad (8.28)$$

式中，C_l^{mn} 是 ODF 系数，也称 C 系数；$T_l^{mn}(g)$ 是广义球谐函数；l 是级数的阶；m 和 n 表示独立 C 系数阶的有限数。l、m、n 相当于 ODF 与三个欧拉角的关联。其中 n 与 φ_1 相关，m 与 φ_2 相关。l 是用独立 C 系数的有限数拟合实验得到的极密度数据的有限数。对无穷级数必须截取其中的一部分去拟合测量的数据点。

$$f(g) = \sum_{l=0}^{L} \sum_{m=-l}^{+l} \sum_{n=-l}^{+l} C_l^{mn} T_l^{mn}(g) \qquad (8.29)$$

式中，L 是最大阶数（有些文献也称为度或者级），它由极图数量和 ODF 分辨率决定。一些 $T_l^{mn}(g)$ 项会因晶体对称性消失，因此对同阶的高对称性晶体来说，计算 ODF 所需的极图数量会少些。表 8.1 列出了可以根据不同对称性的极图数量求解的级数的阶[14]。

表 8.1 不同极图数量谐函数的阶数

极图数量(n)	立方	六方	四方	三方	正交
2	22	10	6	4	2
3	34	16	10	8	4
4	34	22	14	10	6
5	34	22	18	14	8
6	34	22	22	16	10
7	34	22	22	20	12
8	34	22	22	22	14
>8	46	22	22	22	$2(n-1)$, $n<13$ 时 22, $n \geq 13$ 时

为了总览 ODF 的值，通常用垂直于欧拉空间某方向上的一组截面的等值线表示，也称欧拉线。图 8.16 是从图 8.14(c) 行的三个极图计算出来的 ODF。没有用 (d) 行的极图计算 ODF，是因为不需要对极图作对称处理。对称性已包含在用球谐函数级数计算 ODF 的过程中。ODF 可以由 0°~90° 之间以 5° 每步等 φ_1 得到的 19 个截面图表示。ODF 也可以等 φ_2 或 Φ 截面图来表示。

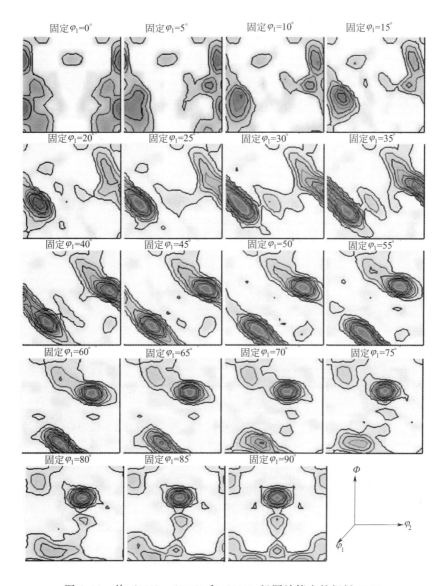

图 8.16　从（111）、（200）和（222）极图计算出的铝板 ODF

8.6.3　从 ODF 计算极图

从极图可以计算 ODF，相反从 ODF 也可以计算极图。图 8.17 显示了用于计算 ODF 的极图以及从 ODF 计算出的极图。图 8.17(a) 行是图 8.14(c) 行铝板样品（111）、（200）和（220）面以等高线表示的极图。通过把 2θ 积分强度分布投影到极图，并且由内插填充间隙，可以得到测量的极图。极图测试时 χ 角最大到接近 $85°$（$\alpha = 5°$），因此极图是不完整的（如图中虚线圆所示）。由于入射角和反射角较低，$\chi > 85°$ 区域的极密度非常难以测量。但是根据晶体的对称性，足以用这三个不完整的极图来计算 ODF。ODF 计算利用了极密度信息中的冗余度和来自测量极图晶体的对称性，因此 ODF 表征织构更具统计性和完整性。重新计算得到的（111）、（200）和（220）面的极图［如图 8.17(b) 所示］是完整、对称和光滑的。通常采用上述步骤由不完整极图或极密度数据得到完整的极图。只要得到 ODF，就可以计算其他任意方向的极图。图 8.17(c) 给出的是计算出的（311）、（331）和（420）面的极图。

结构因子为零的晶面的极图不能通过 X 射线衍射直接测量，但可以通过其他晶面测量的极图得到的 ODF 计算出。

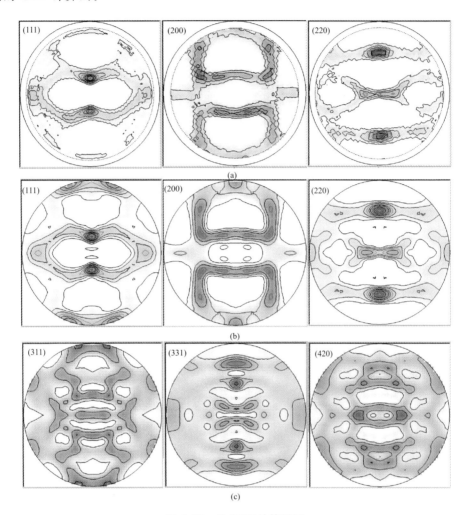

图 8.17　从 ODF 计算极图

（a）三个测量极图的等高线；（b）从 ODF 重新计算相同晶面的极图；（c）计算未测量晶面的极图

8.7　纤维织构

如果织构相对于样品方向有旋转对称性，这种织构称为纤维织构或丝织构。样品方向包含的对称轴称为纤维轴。当纤维轴沿着 ND（S_3）方向时［如图 8.3（a）］，极密度函数与方位角 β 无关。纤维织构常存在于以下两种材料：通过拉伸或者挤出形成的金属线或棒；通过物理或者化学沉积得到的薄膜。纤维轴是指金属线的轴向线的轴和薄膜的法线方向。当样品绕其法线旋转时，也会人为形成纤维织构。这种功能非常有用，可以通过样品旋转来简化织构的相对强度校正。具体已在第 7 章物相鉴定中进行了介绍。

8.7.1　纤维织构的极图

图 8.18 给出了由图 8.6 和图 8.7 的实验条件和数据采集策略，得到的 Si 基底上磁控溅射 Cu 薄膜的极图和纤维织构 ODF。图 8.18（a）给出了（111）、（200）和（220）晶面的三个

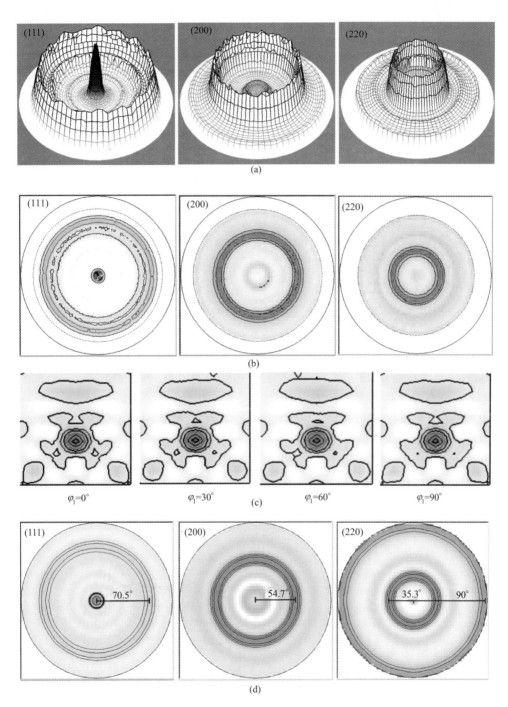

图 8.18　纤维织构的极图和 ODF

(a) 三个测量极图的三维表面图；(b) 三个测量极图的等高线；

(c) 四个截面处的 ODF；(d) 从 ODF 计算得到的极图

测量极图的三维表面图。(111) 的极密度分布集中在极图中央。(200) 和 (220) 的极密度分布分别集中在 (200) 面及 (220) 面与 (111) 面夹角所对应的区域。这意味着 (111) 面基本平行于膜，或 [111] 方向与纤维轴或样品法线方向一致。这种织构称为

（111）纤维织构。图 8.18（b）给出了三个测量极图的等高线。图 8.18（c）给出了 $\varphi_1=$ 0°、30°、60° 和 90° 的四个 ODF 的截面图（0°～90°，间隔 5°，共 19 个截面图）。由于纤维轴处于样品坐标的 Z 轴，或者说样品法线是欧拉空间的 φ_1 轴，ODF 与 φ_1 轴不相关。ODF 的 18 个截面（仅显示了 4 个）几乎显示同样的图。图 8.18（d）给出了从与测量极图相同面的 ODF 计算出的三个极图。测量的极图覆盖最大到 $\chi=80°$ 的角度范围，但是计算的极图却能覆盖 χ 最大到 90° 的所有角度。计算的完整极图显示了立方晶系中沿平面法线角之间的极密度分布[15]。（111）极图显示极密度集中分布在中心和离中心 70.5° 的环上，这是由于（111）面之间的夹角为 0° 或者 70°32′。（200）极图分别显示极密度集中分布在离圆心 54.7° 的环上，这是由于（111）和（200）面的夹角是 54°74′。（220）极图分别显示极密度集中分布在离中心为 35.3° 和 90° 的两个环上，这是由于（220）和（111）面的夹角是 35°16′ 或者 90°。

由于纤维织构的极密度关于纤维轴或者样品法线方向对称，纤维织构可以用纤维织构图（FTP）表示。在第 6 章物相鉴定的织构校正部分有 FTP 的描述和示例。

8.7.2　纤维织构的 ODF

在纤维织构中，可以有效简化 ODF。如果在欧拉空间中纤维轴沿 Z 轴，则与欧拉角 φ_1 的关联性会消失，这样通常三维 ODF 可以由它的二维截面图表示。同样，二维极图可用一维纤维图表示。纤维织构的 ODF 可以通过极少的实验数据和计算获得。第 7 章曾简单讨论过立方材料纤维织构的 ODF 计算，更详细的论述见参考文献 [15～17]。

图 8.19 给出的是热挤压 Cu-Be 合金棒归一化后的 ODF，$\bar{w}(\Omega,\psi)$ [16,17]。纤维织构的 ODF 可以简化为二维分布，ODF 可以图 8.19（a）的等高线或图 8.19（b）的三维表面图表示。欧拉角表示为 $\{\phi,\Omega,\psi\}$，分别与 $\{\varphi_1,\Phi,\varphi_2\}$ 定义相同。归一化的 ODF 可以通过测量 17 个峰的相对强度，经 16 阶球谐函数计算得到。不同峰的曲线可以由 ODF 计算出，其中三个曲线已在第 7 章中与测量数据进行了对比。

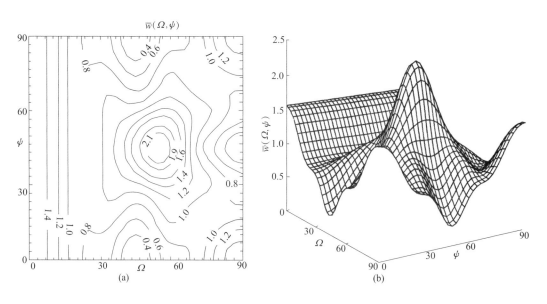

图 8.19　Cu-Be 合金纤维织构归一化后的 ODF

（a）等高线；（b）三维表面图

8.8 聚合物织构

通常 X 射线衍射能够提供长程有序、短程有序或者完全无序材料中的原子排列信息。聚合物中原子排列可能是无定形的，也可能是长程有序的，或介于两者之间。聚合物可能是无定形、结晶或中间相的混合物。特别是晶相可能存在特定的取向分布，并影响聚合物的性能。因此聚合物样品散射 X 射线的强度和空间分布十分复杂。二维探测器收集衍射图的全面性，使得二维衍射系统更适用于聚合物分析[18～22]。这一点在处理存在取向的聚合物时更加有用。

8.8.1 聚合物数据采集策略

测量聚合物织构可以用透射或者反射模式。聚合物的密度比较低，其穿透深度可能有几毫米厚，该深度主要取决于其线吸收系数 μ。样品的最佳厚度大约为 $1/\mu$，但是也能观察到比这厚几倍样品的衍射信号。用大面积二维探测器能观察到几个完整的衍射环。例如，直径 140mm 的探测器距离样品 70mm 时，可以观察到完整衍射环的最大角度达 $43°$，这基本覆盖大多数聚合物的衍射峰。当入射线垂直样品表面时，极密度投影到极图边缘的环上。当样品绕其表面某轴旋转时，测到的极密度会覆盖极图上更大的区域。最大旋转角应小于 $90-2\theta$。相对低的 2θ 角可以允许远离法线方向大的旋转角，这样可以获得较大的极图区域。透射极图能轻松覆盖外圆区域（$\chi=90°$ 或 $\alpha=0$），但不能够覆盖极图的中心区域。

当样品太厚无法穿透或者需要极图的中心区域时，推荐采用反射模式收集数据。反射模式下采用正确的数据采集策略，极图能够覆盖从中心到某个 χ 角（$\chi<90°$）的范围。由于较低入射角或出射角引起样品的吸收增大或样品表面较高的粗糙度，很难收集近边界圆的极密度。因此，反射模式下收集的极图通常无法覆盖近外圆的区域。例如，大多数测得的极图能覆盖到 $\chi=70°\sim85°$ 范围。这与透射模式下中心区域的空白相反。完整的极图可以通过结合反射和透射模式进行测量，但在反射和透射模式结合的区域可能有不连续或者其他瑕疵。多数情况下，不需要收集完整的极图。完整的极图可以由 ODF 生成。ODF 可由多个不同晶面不完整的极图计算出。

8.8.2 聚合物薄膜的极图

X 射线衍射，特别是二维衍射，已广泛应用于聚合物薄膜的织构分析[20, 23]。图 8.20 是双轴取向 BOPE 薄膜经多种双向拉伸后的极图[24]。0.75mm 厚的 BOPE 片在 116℃ 由双轴拉伸器进行拉伸。样品首先在 MD 方向单轴拉伸，在 TD 方向保持零应变。标记为 1×0 和 3×0 的样品分别在 MD 方向的应变为 1 和 3。这里用的工程应变表示为 $\varepsilon=(l-l_0)/l_0$，其中 l_0 是拉伸方向的初始长度；l 是拉伸后的长度。一组单轴拉伸后应变为 3 的样品进一步在 TD 方向上进行拉伸，此时在 MD 方向维持零应变。标记为 3×1、3×2 和 3×4 的双轴拉伸样品在 TD 方向的应变分别为 1、2 和 4。总之，样品由其双轴拉伸时的应变量标记，即 $\varepsilon_{MD}\times\varepsilon_{TD}$。

可以用配备 $I\mu S^{TM}$ Cu 微焦斑光源和 Vântec-500^{TM} 二维探测器的 Bruker D8 DIS-COVER^{TM} 二维衍射仪进行织构测量。探测器距离为 19.8cm，在 $360°$ 范围进行连续 ϕ 扫描收集数据。由于探测器距离较大，由不同倾角（ψ）下进行的两个 ϕ 扫描可以得到极图的 χ 角。不同 ψ 角下以不同的 ϕ 扫描步长（$\Delta\phi$）得到极图数据点的均匀分布。（110）极图是在倾角 $\psi=20°$ 和 $65°$ 时，步长分别为 $\Delta\phi=5°$ 和 $3°$ 时采集的，这时极图能覆盖 $\chi=70°$ 的范围。用 CuK$_\alpha$ 光源时，（110）、（200）和（020）三个晶面衍射环的 2θ 角分别是 $21.4°$、$23.6°$ 和 $36.0°$。用基于分量法的 MulTex^{TM} 软件进行数据处理[4]。测量了每个样品（110）、（200）

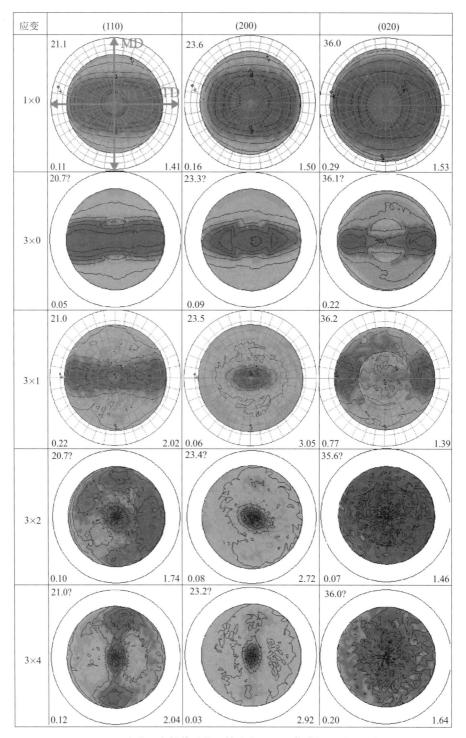

应变	(110)	(200)	(020)
1×0	21.1 ... 0.11 ... 1.41	23.6 ... 0.16 ... 1.50	36.0 ... 0.29 ... 1.53
3×0	20.7? ... 0.05	23.3? ... 0.09	36.1? ... 0.22
3×1	21.0 ... 0.22 ... 2.02	23.5 ... 0.06 ... 3.05	36.2 ... 0.77 ... 1.39
3×2	20.7? ... 0.10 ... 1.74	23.4? ... 0.08 ... 2.72	35.6? ... 0.07 ... 1.46
3×4	21.0? ... 0.12 ... 2.04	23.2? ... 0.03 ... 2.92	36.0? ... 0.20 ... 1.64

图 8.20　经多种双向拉伸后的双轴取向 BOPE 薄膜的极图（见彩图）

和（020）面的三个极图。红色代表最高极密度，绿色代表最低极密度。一些在高、低 ψ 倾角数据点边界处的极图会有假影（鬼影）。如果在更短的探测器距离下用单次 ϕ 扫描来收集数据，可以避免这些鬼影。

正交 BOPE 的点阵参数为 $a=0.741\mathrm{nm}$，$b=0.495\mathrm{nm}$ 和 $c=0.255\mathrm{nm}$。（200）晶面垂直

晶轴 a，因此极图代表 a 轴的取向分布。类似地，(020) 极图代表 b 轴的取向分布。对于样品 1×0 和 3×0，随着应变的增加表现出强的织构，(110) 的极密度沿 TD—ND 面集中；(200) 集中在 ND 以及 ND 与 TD 间的某一方向；(020) 集中在 ND 与 TD 间的某一方向。对于样品 3×1、3×2 和 3×4，当样品 3×0 经第二个方向（TD）拉伸后，所有的三个极图均显示取向的重新排列。例如，(110) 极密度重新集中在 ND 方向，以及介于 ND 与 MD 之间的某一方向；(200) 极密度集中在 ND 方向。值得注意的是，上述分析是基于不完整的极图，这里 $\chi=70°$ 以上的极密度分布是无法通过测量的极图予以明确显示。

晶链轴（c 轴）的取向分布与聚合物薄膜的机械及阻隔性能密切相关。因此，得到代表 c 轴的 (002) 极图极其重要。但是 (002) 极图不能通过 X 射线衍射直接测量。根据 (110)、(200) 和 (020) 的三个极图，可以通过 MulTex^{TM} 软件从 ODF 计算出 (002) 的极图。图 8.21 给出了计算出的 5 个样品的 (002) 极图。样品 1×0 的 (002) 极图显示晶链轴移向拉伸方向（MD），对经过大尺度拉伸的 3×1 样品，其极图高度集中在拉伸方向。TD 方向的拉伸（样品 3×1）使晶链取向散开，然而再进一步拉伸（样品 3×2）会使大多数晶链重新排列到 TD 方向。经过大尺度拉伸后（样品 3×4），所有的晶链沿 TD 方向排列。总的来说，晶链（c 轴）倾向于沿着拉伸方向调整，并且第二个方向的拉伸决定上述调整。

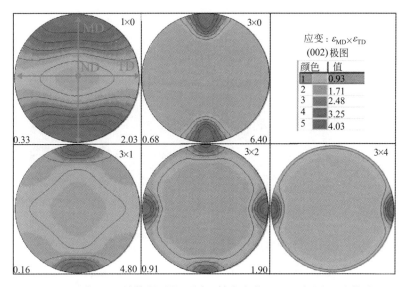

图 8.21　从 ODF 计算得到的不同双轴应变的 (002) 极图（见彩图）

8.9　二维衍射测量织构的其他优势

二维衍射在织构测量方面与传统一维衍射相比有许多优势。快速和同时测量几张极图的优势在本章已有详细讨论。下面介绍其他优势。

8.9.1　取向关系

二维衍射能够测试单相、多相、单晶或者这几种混合物的织构，可以得到不同的相之间、或者薄膜和基底之间的取向关系，并且可以同时测量所有相（例如图 8.6 和图 8.7）。在某些角度 Si 基底的衍射斑也会出现在二维帧上。对 Si 晶面的极图分析可以揭示基底材料的取向。图 8.22 给出了 Cu(111) 薄膜面和 Si(400) 基底面的二维极图（a）和三维表面图（b）。Si(400) 基底的三个

锐利点显示硅晶圆的切割方向为（111）。Cu(111) 在极图中心的极密度最大，表明它是强的
(111) 纤维织构。薄膜纤维轴和基底之间的取向关系，可以通过多个极图组合清晰地表示。对于
多层薄膜样品，不同层薄膜和基底之间的取向关系可通过叠加它们的极图获得。

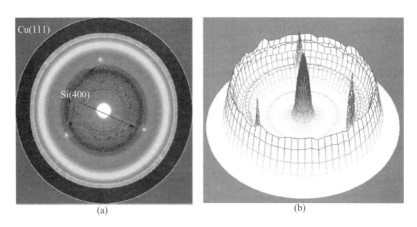

图 8.22　Cu(111) 薄膜面和 Si(400) 基底面的极图组合（见彩图）

（a）二维投影极图；（b）三维表面图

8.9.2　织构的直接观察

可以直接由数据处理前的二维衍射帧定性地给出织构和晶粒尺寸信息。图 8.23(a) 和

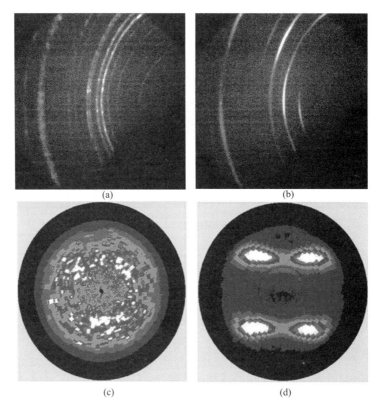

图 8.23　不同微结构 γ-TiAl 合金的二维帧和（111）极图（见彩图）

（a）和（c）为粗晶粒、弱织构；（b）和（d）为细晶粒、强织构

（b）给出了不同微结构的两种 γ-TiAl 合金的衍射帧，一个是粗晶粒、弱织构，另一个是细晶粒、强织构[6, 25]。图 8.23（a）是斑点状的衍射环，并且强度变化较小，可以迅速判断此为粗晶粒、弱织构的样品。而（b）则是光滑的衍射环，并且强度变化较大，因此是细晶粒、强织构的样品。图 8.23（c）和（d）是上述样品对应的（111）面的极图，（c）中极图具有分散的强度分布，其高的极密度点对应的是粗晶粒，（d）则由于强织构而使极密度分布更加集中。

参 考 文 献

1. H. J. Bunge and H. Klein, Determination of quantitative, high resolution pole-figures with the area detector, *Z. Metallkd.* (1996) **87** (6), 465–475.

2. K. L. Smith and R. B. Ortega, Use of a two-dimensional, position sensitive detector for collecting pole-figures, *Adv. X-ray Anal.* (1993) **36,** 641–647.

3. T. N. Blanton, X-ray diffraction orientation studies using two-dimensional detectors, *Adv. X-ray Anal.* (1994) **37**, 367–373.

4. K. Helmings, M. Lyubchenko, B. He, and U. Preckwinfel, A new method for texture measurements using a general area detector diffraction system, *Powder Diffraction*, **18** (2), June 2003, 99–105.

5. B. B. He, K. Xu, F. Wang, and P. Huang, Two-dimensional X-ray diffraction for structure and stress analysis, *Residual Stresses VII*, (Proc. of the 7th Int. Conf. on Residual Stresses, Xian, China, 14–17 June 2004), *Mat. Sci. Forum*, **490–491** (July 2005), 1–6.

6. Bob B. He, Introduction to two-dimensional X-ray diffraction, *Powder Diffraction*, **18** (2), June 2003.

7. H. R. Wenk and S. Grigull, Synchrotron texture analysis with area detectors, *J. Appl. Cryst.* (2003). **36**. 1040–1049.

8. M. Birkholz, *Thin Film Analysis by X-ray Scattering*, Wiley-VCH, Weinheim (2006), 191–195.

9. A. C. Rizzie, T. R. Watkins, and E. A. Payzant, Elaboration on the hexagonal grid and spiral trace schemes for pole-figure data collection, *Powder Diffraction*, **23** (2), June 2008.

10. H. Weiland, A. Pitas, U. Preckwinkel, K. Smith, and B. He, A texture measurement instrument for industrial process control, presentation at the 12th International Conference on Textures of Materials, August 9–13, 1999, Montreal, Canada.

11. H. J. Bunge, *Texture Analysis in Materials Science,* Butterworth, London (1983).

12. Ed. by H. J. Bunge and C. Esling, *Advances and Applications of Quantitative Texture Analysis*, DGM Oberursel (1991).

13. S. Matthies, H. R. Wenk, and G. W. Vinel, Some basic concepts of texture analysis and comparison of three methods to calculate orientation distributions from pole-figures, *J. Appl. Cryst.* (1988), **21**, 285–304.

14. Bruker AXS, Texture evaluation program user's manual, TEXEVAL 2.0, doc# M85-E03010, Nov, 2000.

15. R. M. Bozorth, Orientations of crystals in electrodeposited metals, *Phys. Rev.* **26**, 390 (1925).

16. B. He, *X-ray Diffraction from Point-Like Imperfection*, Ph.D dissertation, Virginia Tech, 1992, 93–125.

17. B. He, S. Rao, and C. R. Houska, A simplified procedures for obtaining relative X-ray intensities when a texture and atomic displacements are present, *J. Appl. Phys.* **75**, (9), May 1994.

18. P. R. Rudolf and B. G. Landes, Two-dimensional X-ray diffraction and scattering of microcrystalline and polymeric materials, *Spectroscopy*, **9**(6), pp. 22–33, July/August 1994.

19. W. H. De Jeu, *Basic X-ray Scattering For Soft Matter*, Oxford Univ. Press, 2016.

20. N. E. Widjonarko, Introduction to advanced X-ray diffraction techniques for polymeric thin films, *Coatings*, (2016), **6**, 54, doi:10.3390/coatings6040054.

21. S. Ran, X. Zong, D. Fang, B. S. Hsiao, B. Chua, and R. Ross, Novel image analysis of two-dimensional X-ray fiber diffraction patterns: example of a polypropylene fiber drawing study, *J. Appl. Cryst.* (2000). **33**, 1031–1036.

22. D. Raabe, N. Chen, and L. Chen, Crystallographic texture, amorphization, and recrystallization in

rolled and heat treated polyethylene terephthalate (PET), *Polymer* (2004) **45**, 8265–8277.

23. J. H. Butler, S. M. Wapp, and F. H. Chambon, Quantitative pole-figure analysis of oriented polyethylene films, *Adv. X-ray Anal.* (2000) **43.--141-150**.

24. Y. Tang, M. Ren, H. Shi, D. Gao, and B. He, X-ray pole-figure analysis on biaxially oriented polyethylene films with sequential biaxial drawing, presented at the 66th annual Denver X-ray Conference, August 2017 and submitted to *Adv. X-ray Anal.* (2018) **61.**

25. B. He, Application of two-dimensional X-ray diffraction, *Handout distributed in Denver X-ray Conference Workshop on Two-dimensional XRD*, 2001, 2003, 2005, 2007.

第9章

应力测量

9.1 引言

多晶固体材料由大量多种尺寸、形状和取向的晶粒组成。当固体材料受力变形时，其晶粒会发生形状或尺寸的改变。假设作用在单个晶粒上的应力可以代表该固体材料的应力，则可以通过晶粒中晶面间距 d 的变化来测量应力。应力分为张应力和压应力，分别可以拉大和缩小相应晶面的间距。晶面间距的变化可以根据布拉格定律，通过测量衍射峰的位置给出。因此，可以把晶面间距 d 作为材料形变程度的量度。严格地说，应力是不能够通过 X 射线衍射直接测得的，但可以通过测量材料的弹性应变获得。通常，用 X 射线衍射方法测量的是材料的残余应力。然而，就测量原理和方法而言，残余应力和施加的应力之间是没有区别的。

用 X 射线衍射测量残余应力分为常规法和二维法。常规法通常使用点或线探测器。可以通过计算利用特定晶面衍射峰的位移测到的应变值计算应力或应力张量。这些衍射峰是在样品有取向（ψ，ϕ）时测量的。而使用二维衍射仪测量残余应力，则是基于应力张量与衍射圆锥畸变方向的基本关系。衍射峰 2θ 的位移是沿着衍射环的。由于衍射环包含比传统衍射峰更多的数据点，二维衍射测量应力的精度会更高，并且收集数据更快，特别是对于强织构、大晶粒、微区样品以及弱衍射的样品，以及在应力分布和应力张量测量等方面具有较大的优势。本章将首先介绍传统方法的原理，继而再介绍二维方法。

9.1.1 应力

应力测量的是对单位面积固体施加的变形力。图 9.1 说明了应力和应变的定义。从图 9.1(a) 可以看出施加在固体平面 A_0 的外力 F，该力可以分解为两个分量：垂直于平面的 F_n、相切于平面的 F_t。为了抵消这个力，从力守恒的角度来看，必然要存在一个与该外力大小相等的内力。假设力是均匀地分布在平面 A_0 的法线方向，即 F_n 方向，则该法向的应力（称作正应力）可以由下式给出：

$$\sigma = \frac{F_n}{A_0} \tag{9.1}$$

如果该力是指向表面 A_0 的，则该正应力是负值，反之则是正值。有两种正应力，即拉应力和压应力。拉应力是正值，可以使固体在应力方向上尺寸变长。压应力是负值，可以在应力方向上产生收缩。相应地，切应力由下式给出：

$$\tau = \frac{F_t}{A_0} \tag{9.2}$$

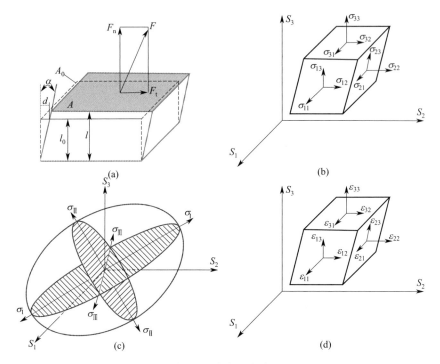

图 9.1 应力和应变

(a) 施加在面积 A_0 上的力；(b) 一个体积单元的应力分量；(c) 应力椭球和主应力；(d) 一个体积单元的应变分量

在上述应力计算时，会用到原始的表面 A_0，从原始表面计算的应力称为工程应力。实际上由于变形，A_0 会变为 A ［见图 9.1(a)］。如果把式(9.1) 和式(9.2) 中的 A_0 替换为 A，就可以得到所谓的真实应力。在 X 衍射应力测量中，多数情况下会忽略 A_0 与 A 的差异，因而在实际应用中也不必加以区分。本章中，除非另有说明，否则都采用真实应力的概念。

应力的国际单位是帕（Pa），即 N/m^2，该单位与压强单位一致，都是测量单位面积上的力。对多数金属材料来说，应力通常在 MPa 量级，即 MN/m^2 或 N/mm^2。对聚合物或其他软性材料来说，应力一般在 kPa 量级。其他单位可以通过以下等式转换成 MPa：

$$1GPa=1000MPa=1000000kPa$$

$$1ksi(1000\ lbf/in^2)=6.895MPa$$

$$1kgf/mm^2=9.807MPa$$

以上为应力的简单模型，一个体积单元的应力在样品坐标系 $S_1S_2S_3$ 下包含 9 个分量，可由下式给出[1,2]：

$$\sigma_{ij}=\begin{bmatrix}\sigma_{11}&\sigma_{12}&\sigma_{13}\\\sigma_{21}&\sigma_{22}&\sigma_{23}\\\sigma_{31}&\sigma_{32}&\sigma_{33}\end{bmatrix} \qquad (9.3)$$

当样品坐标以 XYZ 表示时，方向指数 1 和 2 可以表示为 x 和 y。指数相同的分量表示正应力，指数不同的分量表示切应力。有些文献中也会把切应力 σ 用 τ 表示。这 9 个应力分量组成一个二阶应力张量。图 9.1(b) 显示了单位体积上九个分量组成的立方体，它在应力作用下发生了扭曲变形。三个正应力分量与样品的三个坐标轴平行，并且与样品表面垂直。其他六个切应力分量位于垂直于样品坐标轴的三个平面内。第一个指数代表切应力分量的作用面，第二个指数代表切应力分量的方向。如果切应力的方向指向样品坐标方向，即第一和第二指数一致时，切应力是正值，反之为负值。在应力平衡状态下，切应力维持以下关系：

$$\sigma_{12}=\sigma_{21}, \sigma_{23}=\sigma_{32}, \sigma_{31}=\sigma_{13} \tag{9.4}$$

因此，在固体中仅需要六个独立分量就可以描述其应力状态。用 X 射线衍射法测量应力时，通常把应力处理为以下几种状态：

① 单轴状态：除了一个正应力分量外，其他应力分量均为零。

$$\sigma_{ij}=\begin{bmatrix}\sigma_{11}&0&0\\0&0&0\\0&0&0\end{bmatrix}, \sigma_{ij}=\begin{bmatrix}0&0&0\\0&\sigma_{22}&0\\0&0&0\end{bmatrix}, \sigma_{ij}=\begin{bmatrix}0&0&0\\0&0&0\\0&0&\sigma_{33}\end{bmatrix}$$

这种状态下，方向指数可以省略，由 σ 表示应力。由于 σ_{33} 处于样品表面的法线方向，通常不予考虑。

② 双轴状态：所有非零分量处于一个平面内，如在 $S_1—S_2$ 平面。

$$\sigma_{ij}=\begin{bmatrix}\sigma_{11}&\sigma_{12}&0\\\sigma_{21}&\sigma_{22}&0\\0&0&0\end{bmatrix}$$

这是样品表面常见的应力状态，在样品表面法线方向不施加使其平衡的力。由于 X 射线的穿透深度有限，通过 X 射线衍射方法测到的应力大多是这种状态。

③ 具有切应力的双轴态：除 $\sigma_{33}=0$ 外，其他分量不一定为零。

$$\sigma_{ij}=\begin{bmatrix}\sigma_{11}&\sigma_{12}&\sigma_{13}\\\sigma_{21}&\sigma_{22}&\sigma_{23}\\\sigma_{31}&\sigma_{32}&0\end{bmatrix}$$

这是 X 射线应力分析的一般和典型情况，这是由于 X 射线穿透深度有限，样品表面法线方向上的应力通常为零。在这种情况下，即使得不到准确的无应力影响的晶面间距，也能够对应力进行测量。一些文献中也把这种应力状态认为是一般的三轴态。然而，对于一般三轴态的测量需要获得准确的无应力影响的晶面间距，因此有必要把这两种状态加以区分。

④ 等轴态：这是双轴应力状态在 $\sigma_{11}=\sigma_{22}=\sigma$ 时的特殊情况，其应力张量可以表示为：

$$\sigma_{ij}=\begin{bmatrix}\sigma&0&0\\0&\sigma&0\\0&0&0\end{bmatrix}$$

在等轴态时，不存在面内（$S_1—S_2$）切向分量。这种应力状态通常存在于经过表面处理（如喷丸）后的金属部件表面，或者是存在于无织构或有纤维织构的薄膜中。在此状态下正应力分量在平面内的任何方向上都具有相同的值。

⑤ 三轴态：这是式(9.3)表示的状态，它只存在于固体内或金属部件的下表面。受 X 射线穿透深度的限制，这种应力状态通常不能用 X 射线衍射法直接测量。它可以通过逐层剥离的方法一层层地测量。当然，可以用同步辐射高能 X 射线或中子衍射等方法进行测量。由于在这种应力状态下无法通过测量确定无应力影响的晶间距，因此必须已知准确的晶面

间距才能测量三轴应力。

⑥ 等三轴态：这是三轴态在 $\sigma_{11}=\sigma_{22}=\sigma_{33}=\sigma$ 时的特殊情况，其应力张量可以表示为：

$$\sigma_{ij}=\begin{bmatrix}\sigma & 0 & 0 \\ 0 & \sigma & 0 \\ 0 & 0 & \sigma\end{bmatrix}$$

在等三轴态时没有切向分量。任意方向上的应力分量具有相同值，且任何方向均无切向分量。这种应力状态通常存在于固体中，应力均匀地分布在固体的表面并且在任何位置都垂直于表面，就像在压力作用下浸在流体中的固体。因此，等三轴态也指静应力态。在有限的静压下，压力不会引起相变，晶格常数在所有方向都是线性和成比例地变化。因此，静压下的衍射花样看起来与无应力时相同，区别在于晶胞体积的差异。

应力张量可以表示为两个其他应力张量的和：平均静应力张量（体积应力张量或平均正应力张量）和应力偏量：

$$\sigma_{ij}=\begin{bmatrix}\sigma_{11} & \sigma_{12} & \sigma_{13} \\ \sigma_{12} & \sigma_{22} & \sigma_{23} \\ \sigma_{13} & \sigma_{23} & \sigma_{33}\end{bmatrix}=\begin{bmatrix}\sigma_{m} & 0 & 0 \\ 0 & \sigma_{m} & 0 \\ 0 & 0 & \sigma_{m}\end{bmatrix}+\begin{bmatrix}\sigma_{11}^{d} & \sigma_{12}^{d} & \sigma_{13}^{d} \\ \sigma_{12}^{d} & \sigma_{22}^{d} & \sigma_{23}^{d} \\ \sigma_{13}^{d} & \sigma_{23}^{d} & \sigma_{33}^{d}\end{bmatrix} \qquad (9.5)$$

这里，σ_{m} 为平均应力，由下式给出

$$\sigma_{m}=\frac{\sigma_{11}+\sigma_{22}+\sigma_{33}}{3} \qquad (9.6)$$

σ_{ij}^{d} 是应力偏量。静应力张量倾向于改变晶体的体积，而应力偏量倾向于改变晶体的形状。

上述应力分量是在样品坐标系下的表达。它也可以在任意笛卡尔坐标中予以表达，该笛卡尔坐标以倾斜的方式远离样品坐标。在其中一种笛卡尔坐标下，应力张量可以用三个正应力分量表示：

$$\begin{bmatrix}\sigma_{I} & 0 & 0 \\ 0 & \sigma_{II} & 0 \\ 0 & 0 & \sigma_{III}\end{bmatrix}$$

图 9.1(c) 给出了相对于样品坐标的应力张量椭球。三个主应力 σ_{I}、σ_{II} 和 σ_{III}（也称为特征值）处于三个主轴（椭球体的轴）上。当应力张量在主轴上时，则不存在切应力分量。三个主应力值的大小顺序如下：

$$\sigma_{I}>\sigma_{II}>\sigma_{III} \qquad (9.7)$$

应力分量取决于它们所在的坐标。主应力对应力张量来说是唯一的。根据主应力，可以非常容易地评价和比较弹性介质在某处的应力状态。可以通过应力张量在样品坐标中的分量计算主应力分量（特征值）及其在样品坐标中的方向（特征向量）。具体的计算方法见附录 9.1。

9.1.2 应变

应变是由应力引起的固体的变形。它也可以通过尺寸和形状的变化计算。类似地，有切应变和正应变。正应变是根据固体沿法向应力方向长度的变化计算得到的。图 9.1 (a) 示意了在正应力（F_n）方向，固体长度从 l_0 向 l 的变化。正应变由下式给出：

$$e_n = \frac{l - l_0}{l_0} = \frac{\Delta l}{l_0} \tag{9.8}$$

式中，e_n 是测量方向的正应变，在拉伸时其为正，压缩时为负。它的定义是从初始长度到最终长度的相对变化量，通过该定义计算的应变称为工程应变。如果以一系列增量的方式来施加负载，则由每个增量带来的应变总和并不等于从初始长度到最终长度的应变。真实应变，也称作自然应变或对数应变，它是与应变过程无关的最终应变值，其定义如下：

$$\varepsilon_n = \ln \frac{l}{l_0} = \ln(1 + e_n) \tag{9.9}$$

多数固体材料都有非常小的弹性极限。例如，大部分钢的弹性极限小于 0.002（0.2%），因此通过 X 射线衍射测量到的应变值通常都很小。在实践中，对于如此小的应变值，工程正应变和真实正应变之间没有太大差异。

切应变通常采用如下两种定义：①受切应力的两个相互垂直参考轴的角度变化；②在单位距离处相互平行平面的相对位移。图 9.1(a) 给出了在切应力（F_t）作用下沿固体边缘变形线与原始线的夹角 α，它也是水平边和垂直边之间的角度变化。工程切应变 γ 由下式给出：

$$\gamma = \alpha \tag{9.10}$$

或者根据单位距离平行平面的位移计算：

$$\gamma = \frac{d}{l_0} = \tan\alpha \tag{9.11}$$

如果角度是弧度且切应变远小于 1，那么以上两种定义的切应变值相同。真实的切应变，也称作平均应变，由下式给出：

$$\varepsilon_t = \frac{\gamma}{2} \tag{9.12}$$

切应变不能通过 X 射线衍射直接测量，但是可以基于弹性理论从其他方向的正应变计算获得。切应变和正应变都包含两个长度单位的比，且这两个单位可以被消除。因此，应变是无量纲的，它可以表示为小数或分数。

图 9.1(d) 给出了样品坐标系 $S_1 S_2 S_3$ 下单位体积应变张量的所有分量。

$$\varepsilon_{ij} = \begin{bmatrix} \varepsilon_{11} & \varepsilon_{12} & \varepsilon_{13} \\ \varepsilon_{21} & \varepsilon_{22} & \varepsilon_{23} \\ \varepsilon_{31} & \varepsilon_{32} & \varepsilon_{33} \end{bmatrix} \tag{9.13}$$

与应力张量相似，下标指数相同的为正应变分量，不同的是切应变分量。这组分量即应变张量，为二阶张量。应变分量方向的定义与应力张量相同。在应变平衡时，切应变分量必须满足如下关系：

$$\varepsilon_{12} = \varepsilon_{21}, \varepsilon_{23} = \varepsilon_{32}, \varepsilon_{31} = \varepsilon_{13} \tag{9.14}$$

因此，应变张量中也有六个独立的分量。

9.1.3　弹性和胡克定律

应力是不能通过 X 射线衍射直接测量的，它需要通过测到的应变计算得到。因此，应力和应变的关系十分重要，该关系由弹性理论给出。当固体的变形在弹性极限内时，应力和应变成比例关系（胡克定律）。一般情况下，材料是各向异性的。例如，大多数单晶或强织构的材料，应力和应变的关系取决于应力分量相对于材料原子排布的方向。应力应变的关系由胡克定律给出：

$$\sigma_{ij} = C_{ijkl}\varepsilon_{kl} \tag{9.15}$$

式中，C_{ijkl} 是弹性刚度系数。应力应变关系也可由下式给出：

$$\varepsilon_{ij} = S_{ijkl}\sigma_{kl} \tag{9.16}$$

式中，S_{ijkl} 是弹性柔量。对于大多数没有或有轻微织构的多晶材料，可以把弹性行为看成各向同性的，把结构看成宏观尺度上是均匀的，这种近似非常实用和合理。此时，应力应变关系则更加简单。在用 X 射线衍射方法测量应力时，除特别说明外，都是假定在宏观尺度上弹性是各向同性的。

在单轴应力状态下，只有 $\sigma_{11} \neq 0$，由胡克定律可以给出：

$$\varepsilon_{11} = \frac{\sigma_{11}}{E} \tag{9.17}$$

式中，E 是常数，称为杨氏模量。当固体在应力方向上拉伸应变 ε_{11} 时，它也会相应在其垂直方向上收缩。

$$\varepsilon_{22} = \varepsilon_{33} = -\frac{\nu}{E}\sigma_{11} = -\nu\varepsilon_{11} \tag{9.18}$$

式中，ν 为泊松比。当受切应力时，切应变和切应力满足如下关系：

$$2\varepsilon_t = \gamma = \frac{\tau}{G} \tag{9.19}$$

这里 G 是常数，称作切向模量或刚性模量。在均匀的各向同性材料中，杨氏模量 E，泊松比 ν 和切向模量 G 满足如下关系：

$$G = \frac{E}{2(1+\nu)} \tag{9.20}$$

因此，杨氏模量和泊松比足以用来描述均匀的各向同性材料应力和应变的关系。在三轴状态时，应力和应变的关系为：

$$\begin{aligned}
\varepsilon_{11} &= \frac{1}{E}\big[\sigma_{11} - \nu(\sigma_{22}+\sigma_{33})\big] \\[4pt]
\varepsilon_{22} &= \frac{1}{E}\big[\sigma_{22} - \nu(\sigma_{33}+\sigma_{11})\big] \\[4pt]
\varepsilon_{33} &= \frac{1}{E}\big[\sigma_{33} - \nu(\sigma_{11}+\sigma_{22})\big] \\[4pt]
\varepsilon_{12} &= \frac{1+\nu}{E}\sigma_{12}, \varepsilon_{23} = \frac{1+\nu}{E}\sigma_{23}, \varepsilon_{31} = \frac{1+\nu}{E}\sigma_{31}
\end{aligned} \tag{9.21}$$

9.1.4 X 射线弹性常数和各向异性因子

通过 X 射线衍射测量应力的常用方法是使用另一组宏观弹性常数：S_1 和 $1/2S_2$，它们由式(9.22)给出：

$$\frac{1}{2}S_2 = (1+\nu)/E \quad \text{和} \quad S_1 = -\nu/E \tag{9.22}$$

尽管多晶材料在宏观尺度上可以看作各向同性，X 衍射测量残余应力的方法仍然是通过测量满足布拉格条件的特定晶粒方向的应变实现的。在晶粒尺度上应变与应力的关系通常与宏观尺度不同。因此，鉴于弹性的各向异性，通过测量不同衍射晶面得到的应力值可能会有差异。如果在测量时使用相同的衍射晶面并且使用一致的弹性系数，这种差异在工业应用上可以忽略。当需要考虑弹性各向异性效应时，宏观弹性常数应该被一组特定晶面的弹性常数 $S_1^{\{hkl\}}$ 和 $1/2S_2^{\{hkl\}}$ 取代，称之为 X 射线弹性常数（XEC）。多数材料的 XEC 可以从文献查到或测量出或由宏观弹性常数计算出[3]。对于立方晶系的材料，可以由下式计算出 XEC：

$$\frac{1}{2}S_2^{\{hkl\}} = \frac{1}{2}S_2[1 + 3 \times (0.2 - \Gamma(hkl)\Delta]$$

$$S_1^{\{hkl\}} = S_1 + \frac{1}{2}S_2 \times [0.2 - \Gamma(hkl)]\Delta \tag{9.23}$$

式中，
$$\Gamma(hkl) = \frac{h^2k^2 + k^2l^2 + l^2h^2}{(h^2 + k^2 + l^2)^2}, \Delta = \frac{5 \times (A_{RX} - 1)}{3 + 2A_{RX}}$$

在下面有关应力测量的方程中，都会用到宏观应力常数和 X 射线应力常数，但具体用哪种则取决于实际的应用。各向异性因子 A_{RX} 是材料弹性各向异性的量度。一些常见立方结构材料的各向异性因子列于表 9.1 中。它也可以由不同方向的两组 XEC 值计算出，尤其是在如下情况时：

$$A_{RX} = \frac{\frac{1}{2}S_2^{\{h00\}}}{\frac{1}{2}S_2^{\{hhh\}}} \tag{9.24}$$

表 9.1　一些常见立方结构材料的 A_{RX} 值

材料	A_{RX}	材料	A_{RX}
体心立方铁基材料	1.49	面心立方镍基材料	1.52
面心立方铁基材料	1.72	面心立方铝基材料	1.65
面心立方铜基材料	1.09		

9.1.5　残余应力

根据应力的来源可以把应力分成两种[4]。其中一种是由外力作用引起的，当随着外力的施加，应力会发生变化，而一旦撤除外力，应力也随即消失（称为残余应力）。X 射线测量的往往是残余应力，它是由固体不同区域之间的内力引起的。残余应力是在没有外力或外力撤除后仍存在的力。固体在平衡时净力和力矩必须为零，因此残余应力必须守恒。这意味着固体内某区域若存在压应力则其他区域必然会存在拉应力。例如，薄膜的残余应力必然要与衬底的应力相平衡。因此残余应力要特指某区域的残余应力。

残余应力的产生原因很多，通常与材料的制造过程相关。机械成型过程的不均匀塑性变形，如轧制、热压、研磨和机械抛光，都可能产生残余应力。机械处理时施加到材料上的力会产生弹性形变或塑性形变。由于材料的不均匀塑性变形，在撤除外力后，弹性形变和相应的应力不能够完全释放。此外，材料不同区域热不兼容性也会产生残余应力。例如，薄膜和基体如果热膨胀系数不同，把它们从无应力的温度转到有温差的温度环境，就会产生残余应力。热处理如淬火，也会由于不均匀地降温速度和相变产生残余应力。对于多数机械部件，表面的压应力可以防止或延缓裂纹的萌生和传播。因此可以通过一些表面处理，如钢构件的氮化和碳化、离子注入和金属表面喷丸等，来有意地制造残余应力[5~8]。

根据应力平衡区域的尺度，可以把残余应力分为宏观和微观两类。一些学者也会把它分为三类[9]。图 9.2 画出了三种相对于晶粒尺寸的残余应力。第一类应力 σ_{rs}^{I}，也被称为宏观

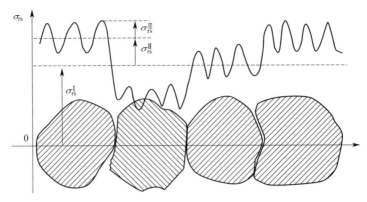

图 9.2　三种残余应力相对于晶粒尺寸的示意图

残余应力，是通过对大量晶粒测量得到的残余应力，它是晶粒尺寸平均在 1 到几毫米尺度的应力。这种应力一般在构件的不同区域平衡，它可以通过布拉格角的变化测量。第二种应力 σ_{rs}^{II}，称为微观应力，它是通过测量一个或几个晶粒得到的，它是平均尺寸在微米量级晶粒的应力。如果 X 光尺寸小到与晶粒相当，这类应力也会产生 X 射线衍射峰的位移。第三类应力 σ_{rs}^{III}，也称为微观应力，是尺寸在 $1\sim100nm$ 范围晶粒的应力。这类应力往往是由晶体缺陷如位错、堆垛、间隙团簇和原子替代等引起的。它不会引起衍射峰位置的移动，可以通过对衍射峰展宽和峰形状的测量获得[10~16]。从对二维帧的 γ 积分得到的衍射花样就可以用来做峰形和峰宽分析。本章主要介绍第一类应力的 X 射线分析方法。

9.2　X 射线应力分析原理

9.2.1　应变和布拉格定律

　　X 射线应力分析基于以下两种基本理论：弹性理论（定义应力和应变关系）、X 射线衍射理论（给出原子排布与衍射花样的关系）。布拉格定律是应力分析的基础。图 9.3 描绘了应变和衍射角之间的关系。

　　蓝点代表无应变时晶体的原子位置，蓝色水平线代表其晶面。对于无应变的晶体，布拉

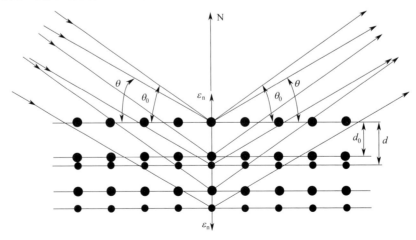

图 9.3　基于布拉格定律的应变测量示意图（见彩图）

格方程如下：

$$2d_0\sin\theta_0=\lambda \tag{9.25}$$

式中，θ_0 是布拉格角；d_0 是晶面间距；λ 是入射光波长。N 代表晶面法线方向。红点、红线和红色标记的符号代表存在应变时晶体的布拉格条件。当应变指向法线方向，ε_n 加在晶体上时，晶面间距从 d_0 变为 d，此时布拉格方程为

$$2d\sin\theta=\lambda \tag{9.26}$$

式中，θ 是应变下的晶体衍射角。晶面法线方向上的应变 ε_n，可以由下式给出：

$$\varepsilon_n=\frac{d}{d_0}-1=\frac{\sin\theta_0}{\sin\theta}-1=\frac{\lambda}{2d_0\sin\theta}-1 \quad （工程应变）$$

或
$$\varepsilon_n=\ln\frac{d}{d_0}=\ln\frac{\sin\theta_0}{\sin\theta}=\ln\frac{\lambda}{2d_0\sin\theta} \quad （真实应变） \tag{9.27}$$

在弹性范围内 d_0 和 d 的差异非常小，基本可以忽略不计。对于能量色散衍射，布拉格角是一个常量，应变可以由下式得到：

$$\varepsilon_n=\ln\frac{\lambda}{\lambda_0}=\ln\frac{\lambda}{2d_0\sin\theta_0} \tag{9.28}$$

式中，λ 是有应变晶体峰值处的波长，λ_0 是无应变晶体峰值处的波长。对布拉格方程 $2d\sin\theta=\lambda$ 进行微分，可以得到应力计算公式的另一种表达方式 $2d\cos\theta\partial\theta+2\sin\theta\partial d=0$。为避免与晶面间距的符号混淆，用符号 ∂ 来代替微分符号 d。当 Δd 和 $\Delta\theta$ 非常小时，可以分别将 ∂d、$\partial\theta$ 和 θ 替换为 Δd、$\Delta\theta$ 和 θ_0，于是得到下式：

$$\varepsilon_n=-\Delta\theta\cot\theta_0 \tag{9.29}$$

因此，只有垂直于晶面的法向应变分量才能通过 X 射线衍射方法测量。切应变则通过计算各个方向的正应变获得。无论是正应力还是切应力，都是通过测量应变获得的。

9.2.2 应变测量

沿晶面法线方向的正应变可以通过测量 2θ 的变化获得。通过测量样品坐标系下不同方向的正应变，可以计算出所需方向的应变。如果测量到足够的应变，则可以确定测量点的应变张量。图 9.4 给出了正应变方向与样品坐标的关系。ϕ 是绕样品法线 S_3 的旋转角，ψ 是样品正应变方向与 L-S_3 平面的倾角。在样品坐标系下描述正应变张量关系的基本方程如下[2]：

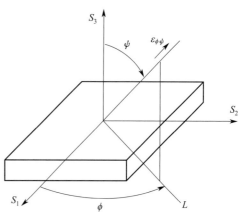

图 9.4 在样品坐标系下用 X 射线衍射法测量应变的原理图

$$\varepsilon_{\phi\psi}=\varepsilon_{11}\cos^2\phi\sin^2\psi+\varepsilon_{12}\sin2\phi\sin^2\psi+\varepsilon_{22}\sin^2\phi\sin^2\psi+$$
$$\varepsilon_{13}\cos\phi\sin2\psi+\varepsilon_{23}\sin\phi\sin2\psi+\varepsilon_{33}\cos^2\psi \tag{9.30}$$

式中，$\varepsilon_{\phi\psi}$ 是由 ϕ 和 ψ 角定义的应变方向，ε_{11}、ε_{12}、ε_{22}、ε_{13}、ε_{23} 和 ε_{33} 是应变张量的分量。式(9.30) 可以由 $\varepsilon_{\phi\psi}$ 方向的单位矢量导出。单位矢量为：

$$\boldsymbol{h}_{\phi\psi}=\begin{bmatrix} h_1^{\phi\psi} \\ h_2^{\phi\psi} \\ h_3^{\phi\psi} \end{bmatrix}=\begin{bmatrix} \cos\phi\sin\psi \\ \sin\phi\sin\psi \\ \cos\psi \end{bmatrix} \tag{9.31}$$

于是，应变 $\varepsilon_{\phi\psi}$ 与应变张量的关系如下：

$$\varepsilon_{\phi\psi}=\varepsilon_{ij}h_i^{\varphi\psi}h_j^{\varphi\psi} \tag{9.32}$$

上式中单位矢量应变张量的标量积是张量中所有分量的和乘以具有 1 和 2 指数的单位矢量的分量。式（9.30）就是通过用 1、2、3 代替 i 和 j，由式（9.32）扩展出的。应变可以由以下两个公式测得，它们的差别很小。

$$\varepsilon_{\phi\psi}=\frac{d_{\phi\psi}-d_0}{d_0}=\frac{\lambda}{2d_0\sin\theta}-1\approx-\Delta\theta\cot\theta_0$$

或

$$\varepsilon_{\phi\psi}=\ln\frac{d_{\phi\psi}}{d_0}=\ln\frac{\sin\theta_0}{\sin\theta}=\ln\frac{\lambda}{2d_0\sin\theta} \tag{9.33}$$

式（9.30）是应变张量分量的线性方程。如果可以测量六个独立的应变，则可以通过求解该线性方程获得应变张量，或者如果能够测量六个以上的独立分量，则可以用线性最小二乘法求解。只有当测量到一些完全不同方向的应变时，才能用上述方法求解。

9.2.3　应力测量

通常应力可以通过测量应变，由胡克定律计算得到。对于均匀的各向同性弹性材料，仅有两个独立的弹性常量，因此可由下式计算应力[2,3]：

$$\varepsilon_{\phi\psi}=-\frac{\nu}{E}(\sigma_{11}+\sigma_{22}+\sigma_{33})+\frac{1+\nu}{E}(\sigma_{11}\cos^2\phi+\sigma_{12}\sin2\phi+\sigma_{22}\sin^2\phi)\sin^2\psi+$$

$$\frac{1+\nu}{E}(\sigma_{13}\cos\phi+\sigma_{23}\sin\phi)\sin2\psi+\frac{1+\nu}{E}\sigma_{33}\cos^2\psi \tag{9.34}$$

考虑到晶粒的各向异性，式（9.34）可改写为[17]：

$$\varepsilon_{\phi\psi}^{\{hkl\}}=S_1^{\{hkl\}}(\sigma_{11}+\sigma_{22}+\sigma_{33})+\frac{1}{2}S_2^{\{hkl\}}(\sigma_{11}\cos^2\phi+\sigma_{12}\sin2\phi+\sigma_{22}\sin^2\phi)\sin^2\psi+$$

$$\frac{1}{2}S_2^{\{hkl\}}(\sigma_{13}\cos\phi+\sigma_{23}\sin\phi)\sin2\psi+\frac{1}{2}S_2^{\{hkl\}}\sigma_{33}\cos^2\psi \tag{9.35}$$

式中，$\varepsilon_{\phi\psi}^{\{hkl\}}$ 是给定晶面 $\{hkl\}$ 的应力，$S_1^{\{hkl\}}$ 和 $1/2S_2^{\{hkl\}}$ 是晶面的 XEC。应力是样品方向（ϕ,ψ）下的值。上式适用于点探测器或一维位敏探测器。如果测量出六个独立的应变值，则可以直接求解线性方程获得应力张量。而测量到六个以上独立值后，即可通过线性最小二乘法求解应力张量。

多数情况下，X 射线应力测量的是材料的表面。材料的穿透深度与入射角相关。$\psi=0$ 时，当入射角和衍射角等于布拉格角 θ 时的穿透深度最大，为：

$$t=-\frac{\sin\theta\ln(1-G_t)}{2\mu} \tag{9.36}$$

式中，μ 为线性吸收系数；G_t 为厚度 t 的表面层贡献的总衍射强度的分数，通常为 0.95。如：由 CrKα 波长测量的 Fe(211) 面的穿透深度 $t=16\mu m$。由于 X 射线穿透深度有限，样品的正应力减小为零，$\sigma_{33}=0$。沿 L 方向应力的分量是正应力 σ_ϕ 和切应力 τ_ϕ（图 9.4），它们可以由样品坐标系下的应力张量分别给出：

$$\sigma_\phi = (\sigma_{11}\cos^2\phi + \sigma_{22}\sin^2\phi + \tau_{12}\sin2\phi) \tag{9.37}$$

$$\tau_\phi = (\sigma_{13}\cos\phi + \sigma_{23}\sin\phi)$$

于是式（9.33）可以简化为：

$$\varepsilon_{\phi\psi}^{\{hkl\}} = S_1^{\{hkl\}}(\sigma_{11}+\sigma_{22}) + \frac{1}{2}S_2^{\{hkl\}}\sigma_\phi\sin^2\psi + \frac{1}{2}S_2^{\{hkl\}}\tau_\phi\sin2\psi \tag{9.38}$$

此时的应力状态为双轴切向态，切向双轴（具有切应力的双轴态）在双轴应力态下，$\tau_\varphi = 0$，于是：

$$\varepsilon_{\phi\psi}^{\{hkl\}} = S_1^{\{hkl\}}(\sigma_{11}+\sigma_{22}) + \frac{1}{2}S_2^{\{hkl\}}\sigma_\phi\sin^2\psi \tag{9.39}$$

对于已知样品，测量的应变是 $\sin^2\psi$ 的线性函数。通过取 $\sin^2\psi$ 的一阶导数，可得：

$$\frac{\partial\varepsilon_{\phi\psi}^{\{hkl\}}}{\partial(\sin^2\psi)} = \frac{1}{2}S_2^{\{hkl\}}\sigma_\phi = m \tag{9.40}$$

式中，m 是 $\varepsilon_{\phi\psi}^{\{hkl\}}$-$\sin^2\psi$ 线的斜率，如图 9.5（a）所示。于是，

$$\sigma_\varphi = \frac{m}{\frac{1}{2}S_2^{\{hkl\}}} \tag{9.41}$$

代入宏观弹性常数，式（9.41）可表示为：

$$\sigma_\varphi = \frac{m}{\frac{1}{2}S_2} = \frac{mE}{1+\nu} \tag{9.42}$$

通过在几个 ψ 倾角下收集（hkl）峰的衍射花样，可以由最小二乘法拟合 $\varepsilon_{\phi\psi}^{\{hkl\}}$-$\sin^2\psi$ 线的斜率，并且根据斜率和弹性常数计算出应力。通过测量 $\varphi = 0$ 和 $\varphi = 90°$ 的曲线，可以分别得到正应力的分量 σ_{11} 和 σ_{22}。这种方程常被称作 $\sin^2\psi$ 法。$\varepsilon_{\phi\psi}^{\{hkl\}}$-$\sin^2\psi$ 线在 $\varepsilon_\phi^{\{hkl\}}$ 轴上的截距就是 $\psi = 0$ 的应变，即

$$\varepsilon_{\phi,\psi=0}^{\{hkl\}} = S_1^{\{hkl\}}(\sigma_{11}+\sigma_{22}) \tag{9.43}$$

在切向双轴应力（仅 $\sigma_{33} = 0$）情况下，切应变导致 $\varepsilon_{\phi\psi}^{\{hkl\}}$-$\sin^2\psi$ 图的线性关系产生偏差 [如图 9.5（b）所示]。根据倾角 ψ 的正负，该偏差也出现正负。因此，它也被称作 ψ 分裂。切应力 τ_ϕ 可以由 ψ 分裂量计算出。假设测量了在正负 ψ 角下的应变 $\varepsilon_{\phi\psi}^{\{hkl\}}$，减去由式（9.35）得到的 ψ^+ 和 ψ^-，同时假定 $\sin2\psi^- = -\sin2\psi^+$，可得：

$$\Delta\varepsilon_{\phi\psi} = \frac{\varepsilon_{\phi\psi^+}^{\{hkl\}} - \varepsilon_{\phi\psi^-}^{\{hkl\}}}{2} = \frac{\frac{1}{2}S_2^{\{hkl\}}\tau_\phi(\sin2\psi^+ - \sin2\psi^-)}{2} = \frac{1}{2}S_2^{\{hkl\}}\tau_\phi\sin2\psi^+ \tag{9.44}$$

不考虑其他情形时，图 9.5（c）是 $\Delta\varepsilon_{\phi\phi}$ 与 $\sin2\psi^+$ 的图。从对数据点的线性拟合可得到该线的斜率，切应力就可由下式给出：

$$\tau_\psi = \frac{\partial(\Delta\varepsilon_{\phi\psi})}{\partial(\sin2\psi^+)} \times \frac{1}{\frac{1}{2}S_2^{\{hkl\}}} = \frac{b}{\frac{1}{2}S_2^{\{hkl\}}} \tag{9.45}$$

式中，b 是 $\Delta\varepsilon_{\phi\phi}$-$\sin2\psi^+$ 线的斜率。当 $\psi = 45°$ 时，$\sin2\psi^+$ 最大，所以可选择 $\psi = 45°$ 测量切应力。ψ 进一步增大反而不易于求解。可以通过分别测量 $\phi = 0°$ 和 $\phi = 90°$ 的线得到切应力分量 σ_{13} 和 σ_{23}。如图 9.5（d）所示，当存在织构、应力梯度或成分梯度时，$\varepsilon_{\phi\psi}^{\{hkl\}}$-$\sin^2\psi$ 图会偏离直线。

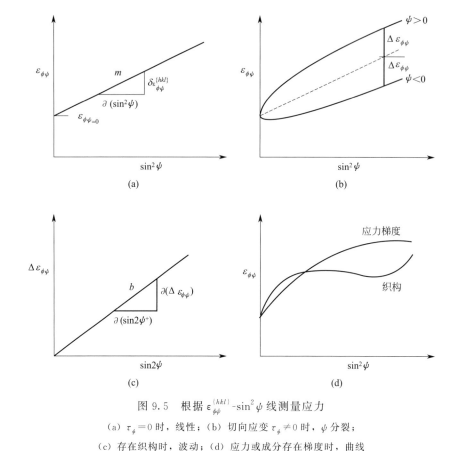

图 9.5   根据 $\varepsilon_{\phi\psi}^{\{hkl\}}$-$\sin^2\psi$ 线测量应力

（a）$\tau_\phi=0$ 时，线性；（b）切向应变 $\tau_\phi\neq0$ 时，ψ 分裂；

（c）存在织构时，波动；（d）应力或成分存在梯度时，曲线

9.2.4   不用 d_0 的应力测量

在 $\varepsilon_{\phi\psi}^{\{hkl\}}$-$\sin^2\psi$ 线中，应变 $\varepsilon_{\phi\psi}^{\{hkl\}}$ 由式（9.31）给出，这就需要测出 d 或 2θ 以及零应力下的 d_0 或 $2\theta_0$。但 d_0 不是总能得出的。对多数金属或合金，由于成分、工艺和实验室温度的差异，很难得到精确的 d_0 或 $2\theta_0$。假设用不十分精确的 d_0' 代替 d_0 去计算 $\varepsilon_{\phi\psi}^{\{hkl\}}$，根据应变定义，可得

$$\varepsilon_{\phi\psi}^{\{hkl\}}=\ln\frac{d_{\phi\psi}^{\{hkl\}}}{d_0}=\ln\frac{d_{\phi\psi}^{\{hkl\}}}{d_0'}\times\frac{d_0'}{d_0}=\ln\frac{d_{\phi\psi}^{\{hkl\}}}{d_0'}+\ln\frac{d_0'}{d_0}=\varepsilon_{\phi\psi}'^{\{hkl\}}+\varepsilon_{ph} \tag{9.46}$$

式中，$\varepsilon_{ph}=\ln\dfrac{d_0'}{d_0}$ 是由 d_0' 误差引起的赝静压应变，其作用是样品似乎首先在静压应变 ε_{ph} 下发生形变，然后在所有方向上 (hkl) 晶面间距从 d_0 变到 d_0'。该作用可由下式描述：

$$\varepsilon_{\phi\psi}'^{\{hkl\}}=S_1^{\{hkl\}}(\sigma_{11}+\sigma_{22})+\frac{1}{2}S_2^{\{hkl\}}\sigma_\phi\sin^2\psi-\varepsilon_{ph} \tag{9.47}$$

对 $\sin^2\psi$ 求导，可得：

$$\frac{\partial\varepsilon_{\phi\psi}'^{\{hkl\}}}{\partial(\sin^2\psi)}=\frac{1}{2}S_2^{\{hkl\}}\sigma_\phi=m' \tag{9.48}$$

d_0 误差只会抬高 $\varepsilon_{\phi\psi}^{\{hkl\}}$-$\sin^2\psi$ 直线，不会改变其斜率（$m=m'$）。因此在双轴应力状态

或双轴切应力态下，无需精确的 d_0 值。通常用在 $\psi=0$ 时测到的 $d_{\psi=0}^{\{hkl\}}$ 代替 d_0。同样地，用 $d\text{-}\sin^2\psi$ 线的斜率可以测量应力。根据工程应变的定义，在双轴应力状态下，可得：

$$\frac{d_{\phi\psi}^{\{hkl\}}-d_0}{d_0}=S_1^{\{hkl\}}(\sigma_{11}+\sigma_{22})+\frac{1}{2}S_2^{\{hkl\}}\sigma_\phi\sin^2\psi \tag{9.49}$$

通过对 $\sin^2\psi$ 求 $d_{\phi\psi}^{\{hkl\}}$ 的一阶导数，可得：

$$\frac{\partial d_{\phi\psi}^{\{hkl\}}}{\partial(\sin^2\psi)}=\frac{1}{2}S_2^{\{hkl\}}d_0\sigma_\phi=m'' \tag{9.50}$$

式中，m'' 是图 9.6(a) 所示 $d\text{-}\sin^2\psi$ 线的斜率。当分母中 d_0 被 $d_{\phi,\psi=0}^{\{hkl\}}$ 代替时，可得：

$$\sigma_\phi=\frac{m''}{\frac{1}{2}S_2^{\{hkl\}}d_{\phi,\psi=0}^{\{hkl\}}} \tag{9.51}$$

正如图 9.6(b) 所示，$d\text{-}\sin^2\psi$ 线中的 ψ 分裂由下式给出：

$$\Delta d_{\phi\psi}=\frac{d_{\phi\psi^+}^{\{hkl\}}-d_{\phi\psi^-}^{\{hkl\}}}{2}=\frac{\frac{1}{2}S_2^{\{hkl\}}d_0\tau_\phi(\sin2\psi^+-\sin2\psi^-)}{2}=\frac{1}{2}S_2^{\{hkl\}}d_0\tau_\phi\sin2\psi^+ \tag{9.52}$$

切应力可由下式计算：

$$\tau_\phi=\frac{\partial(\Delta d_{\phi\psi})}{\partial(\sin2\psi^+)}\frac{1}{\frac{1}{2}S_2^{\{hkl\}}d_{\phi,\psi=0}^{\{hkl\}}}=\frac{b'}{\frac{1}{2}S_2^{\{hkl\}}d_{\phi,\psi=0}^{\{hkl\}}} \tag{9.53}$$

式中，b' 是 $\Delta d_{\phi\psi}\text{-}\sin2\psi^+$ 线的斜率，d_0 近似为 $d_{\phi,\psi=0}^{\{hkl\}}$。如果使用真实应变时可不用此近似。

从式(9.35) 可得：

$$\varepsilon_{\phi\psi}^{\{hkl\}}=\ln\frac{d_{\phi\psi}^{\{hkl\}}}{d_0}=S_1^{\{hkl\}}(\sigma_{11}+\sigma_{22})+\frac{1}{2}S_2^{\{hkl\}}\sigma_\phi\sin^2\psi+\frac{1}{2}S_2^{\{hkl\}}\tau_\phi\sin2\psi \tag{9.54}$$

或

$$\ln d_{\phi\psi}^{\{hkl\}}=S_1^{\{hkl\}}(\sigma_{11}+\sigma_{22})+\frac{1}{2}S_2^{\{hkl\}}\sigma_\phi\sin^2\psi+\frac{1}{2}S_2^{\{hkl\}}\tau_\phi\sin2\psi+\ln d_0 \tag{9.55}$$

于是：

$$\sigma_\phi=\frac{\partial(\ln d_{\phi\psi}^{\{hkl\}})}{\partial(\sin^2\psi)}\times\frac{1}{\frac{1}{2}S_2^{\{hkl\}}}=\frac{m^*}{\frac{1}{2}S_2^{\{hkl\}}} \tag{9.56}$$

式中，m^* 是 $\ln d\text{-}\sin^2\psi$ 线的斜率，如图 9.6(c) 所示。根据真实应变定义，应力可以在不使用 d_0 和近似时计算。切应力 τ_ϕ 可由 $\ln d\text{-}\sin^2\psi$ 图中的 ψ 分裂量计算。如果能够测量到 ψ^+ 和 ψ^- 的 $d_{\phi\psi}^{\{hkl\}}$，通过减去式(9.53)，并假定 $\sin2\psi^-=-\sin2\psi^+$，可得：

$$\Delta\ln d_{\phi\psi}=\frac{\ln d_{\phi\psi^+}^{\{hkl\}}-\ln d_{\phi\psi^-}^{\{hkl\}}}{2}=\frac{\frac{1}{2}S_2^{\{hkl\}}\tau_\phi(\sin2\psi^+-\sin2\psi^-)}{2}=\frac{1}{2}S_2^{\{hkl\}}\tau_\phi\sin2\psi^+ \tag{9.57}$$

切应力可由下式计算：

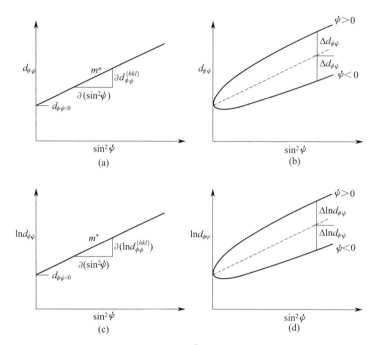

图 9.6   根据 $d\text{-}\sin^2\psi$ 关系测量应力

(a)$\tau_\phi=0$ 时，$d\text{-}\sin^2\psi$ 图；(b) $\tau_\phi\neq0$ 时，$d\text{-}\sin^2\psi$ 图；(c) $\tau_\phi=0$ 时，$\ln d\text{-}\sin^2\psi$ 图；(d) $\tau_\phi\neq0$ 时，$\ln d\text{-}\sin^2\psi$ 图

$$\tau_\phi=\frac{\partial(\Delta\ln d_{\phi\psi})}{\partial(\sin2\psi^+)}\times\frac{1}{\frac{1}{2}S_2^{\{hkl\}}}=\frac{s^*}{\frac{1}{2}S_2^{\{hkl\}}} \tag{9.58}$$

式中，s^* 是 $\Delta\ln d_{\phi\psi}\text{-}\sin2\psi^+$ 线的斜率，d_0 在计算时也不再需要。

9.2.5 ψ 倾角和测角仪

用 $\sin^2\psi$ 法测量应力时需要 ψ 倾斜，而应力张量的测量则至少需要两个旋转轴来实现 ψ 角倾斜和 ϕ 角旋转。ψ 倾角是样品法线与衍射矢量的夹角。欧拉几何有三个样品旋转角（ω，ψ，ϕ），因此 ψ 倾角可由图 9.7(a) 所示的两种方法得到。一种是同倾法（也称为 ω 旋转法或 ω 测角仪法），样品法线 S_3 和衍射矢量同处于衍射仪平面。ω 旋转轴垂直于包含入射和衍射光束的测角仪平面。另一种方法是侧倾法（也称为 ψ 旋转法或 ψ 测角仪法），在 ψ 非零时，样品法线 S_3 在衍射仪平面外。样品法线 S_3 和衍射仪矢量都位于垂直衍射仪平面的平面内。

在同倾法中 ψ 角可以通过平行于测角仪主轴的轴旋转得到，这种方式适用于大多数衍射仪。在 $\theta\text{-}2\theta$ 衍射仪中，通过样品的 ω 旋转可得 ψ 倾角。即：

$$\psi_{\text{tilt}}=\omega-\theta \tag{9.59}$$

式中，下标 "tilt" 用于区分 ψ 倾角和测角仪 ψ 角。当 $\omega=\theta$ 时，衍射矢量和样品法线处于同一方向，此时 $\psi_{\text{tilt}}=0$。在 $\theta\text{-}\theta$ 衍射仪中，ψ 倾角是入射角 θ_1 和探测器角 θ_2 的差，它由下式给出：

$$\psi_{\text{tilt}}=\frac{\theta_1-\theta_2}{2} \tag{9.60}$$

入射光、衍射光和样品的几何关系在 $\theta\text{-}2\theta$ 和 $\theta\text{-}\theta$ 测角模式下是一致的。随着 ψ 倾角的变

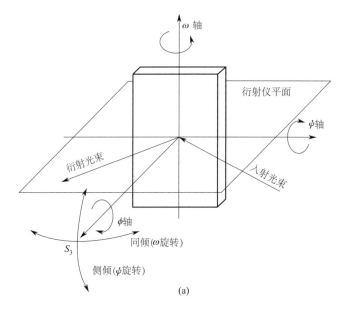

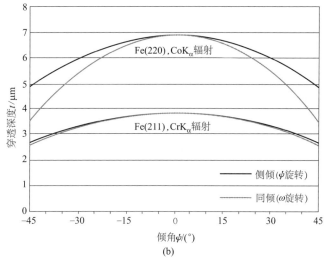

图 9.7 ψ 倾角和穿透深度

(a) 同倾 (ω 旋转) 法或侧倾 (ψ 旋转) 法；(b) 不同倾斜模式下的穿透深度

化，样品的入射角也会发生改变。同时，由于散焦效应，X 射线照射面积和穿透深度都会显著改变。当 $\omega < \theta$ 时，上述影响在负 ψ 倾角下更加严重。低入射角的测量对样品调整误差更加敏感。因此，同倾法适用于样品具有轻微的应力梯度和相对均匀的表面应力分布。对切应力的测量则同时需要正的和负的 ψ 倾角。通过对样品沿 ϕ 轴旋转 180°，可得：

$$\tau_{\phi+\pi} = \left[\sigma_{13}\cos(\phi+\pi) + \sigma_{23}\sin(\phi+\pi)\right] = (\sigma_{13}\cos\phi + \sigma_{23}\sin\phi) = -\tau_{\phi} \tag{9.61}$$

$$\frac{1}{2}S_2^{\{hkl\}}\tau_{\phi+\pi}\sin 2\psi^+ = -\frac{1}{2}S_2^{\{hkl\}}\tau_{\phi}\sin 2\psi^+ = \frac{1}{2}S_2^{\{hkl\}}\tau_{\phi}\sin 2\psi^- \tag{9.62}$$

这意味着，通过对 180°旋转后样品的正 ψ 倾角测量产生的误差，与对在负 ψ 倾角下 $\varepsilon_{\phi\psi}^{\{hkl\}}$-$\sin^2\psi$ 图中直线进行测量的误差相同。因此，测量负 ψ 倾角的结果与测量样品沿 ϕ 轴 180°旋转后正 ψ 倾角的结果一致。

在侧倾模式下，ψ 倾斜通过与测角仪主轴垂直的衍射仪平面内的旋转轴实现。因此，侧倾法需要一个额外的旋转轴。该轴在欧拉几何中称作 ψ 轴。某些系统中也称之为 χ 轴。所以有些文献也将侧倾法称作 χ 法。对于 θ-2θ 测角仪，侧倾法是在 $\omega = \theta$ 时测量的，而在 θ-θ 测角仪下，则是 $\theta_1 = \theta_2 = \theta$。$\psi$ 倾角直接由测角仪的 ψ 角或 χ 角给出。

使用点探测器时的穿透深度，或者使用二维探测器时在衍射仪平面的穿透深度（$\gamma = -90°$，且忽略穿透深度对 γ 的依赖性），可由下式给出：

$$t = \frac{-\ln(1-G_t)\sin\omega\sin(2\theta-\omega)\cos\psi}{\mu[\sin\omega+\sin(2\theta-\omega)]} \tag{9.63}$$

式中，G_t 是深度为 t 的表面层衍射强度分布的分数。穿透深度取决于衍射角 2θ 及 ψ 倾方式，而 2θ 和 ψ 倾方式决定了 ω 和 ψ 的值。图 9.7(b) 给出了钢的相对衍射强度 50% 的峰在不同 ψ 倾模式下的穿透深度。两种模式下，CrK$_\alpha$ 波长下 Fe(211) 晶面（$2\theta \approx 156°$）的穿透深度变化很小。但是如果在 CoK$_\alpha$ 波长下测量（220）晶面（$2\theta \approx 124°$），其深度变化就很大。高倾角下侧倾时的穿透深度变化幅度较小，而同倾时在 $\psi = \pm 45°$ 时，穿透深度从 3.5μm 变到了 6.9μm。总之，侧倾法的穿透深度变化幅度相对较小，而同倾法则较大，这种变化在低 2θ 角时更加明显。由于入射角变化较小，侧倾法中样品位置高低的敏感程度要小于同倾法。例如，$2\theta \approx 156°$ 时，在 $\psi = \pm 45°$ 时，侧倾法的入射角为 $43.8°$。但同倾模式下，当 ψ 从 $-45°$ 变到 $+45°$ 时，入射角会从 $35°$ 变到 $123°$。由于机械限制，一些衍射仪不能实现 ψ 倾角既有正又有负。这时，可以将样品沿 ψ 轴旋转 $180°$，通过测量负 ψ 来代替测量正 ψ，反之亦然。

9.2.6 使用面探测器的 $\sin^2\psi$ 法

由面探测器采集的衍射数据也可用来测量应力，方法依然是基于传统方法，如 $\sin^2\psi$ 法等。可以使用通过 γ 积分获得与线探测器或点探测器扫描相一致的衍射线。图 9.8 给出了通过 Bruker GADDS^{TM} 微区衍射测量的实例。弹簧线圈直径为 10mm，线圈间节距为 4mm，弹簧线直径 0.7mm，弹簧由沉淀硬化不锈钢 17-7PH 制成。弹簧内表面的残余应力是使用 Cr 靶和 0.3mm 准直器测量的。将 α 相（211）晶面的衍射环用于应力测量。用激光视频调整系统定位弹簧的内表面。图 9.8(a) 显示激光穿过弹簧线圈在弹簧线上形成一个小亮点。图 9.8(b) 显示把样品表面调整到仪器中心的图像，判断依据是十字星与激光亮点重合。对应于 $\pm 45°$ 之间每隔 $15°$ 共 7 个 ψ 角，通过旋转 ω 角共收集到七幅衍射帧。在 14min 内采集完全部帧图（每幅 2min）。图 9.8(c) 给出了 γ 积分区间 2θ 从 $150°$ 到 $160.5°$，γ 从 $80°\sim100°$ 的帧图。入射光通过弹簧线圈的间隙到达样品表面，同样衍射光通过间隙到达面探测器。由虚线标记的低计数区域是弹簧线圈的阴影。由于弹簧线圈较细并且光束尺寸较小，衍射信号很微弱，但是通过 γ 积分也能够产生足够的计数用来计算 2θ 值。这样就可用测到的七组衍射线以 $\sin^2\psi$ 法分析应力。图 9.8(d) 给出了 d-$\sin^2\psi$ 线，应力测量值是 $-864(\pm48)$MPa。对同一样品分别在 ψ 角间隔 $5°$（其他条件相同）时，测量到的应力值则是 $-875(\pm31)$MPa。

以上实例说明使用面探测器也可用传统方法测量应力。γ 积分甚至可以从弱信号中获得比较好的衍射峰，采用面探测器测量应力的速度要比采用点或线探测器都快，特别是在测量小尺寸样品时更是如此。但是，同传统方法相比，其劣势是在一个样品方向上只能测量一个应力值。尽管衍射线是对衍射环的 γ 积分，但是必须限制 γ 积分的范围。在上例中，测量

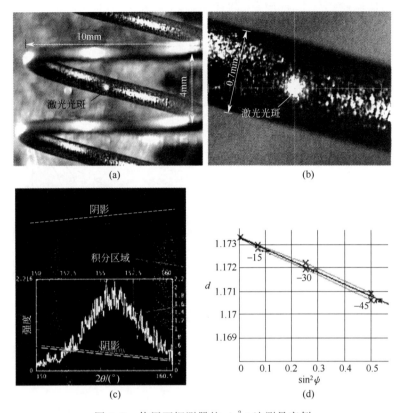

图 9.8　使用面探测器的 $\sin^2\psi$ 法测量实例

（a）弹簧内表面的激光光斑；（b）激光视频系统调整图；（c）有弹簧线圈阴影的衍射帧；（d）d-$\sin^2\psi$ 线

的 2θ 值实际是 $\Delta\gamma=20°(80°\sim100°)$ 范围内 γ 积分的平均值，但把它看作是在衍射仪平面（$\gamma=90°$）收集的，这会造成 2θ 移动灵敏度的"拖尾效应"。因此，不能用传统方法处理完整的衍射环。

9.3　二维衍射应力分析原理

在测量残余应力时，二维衍射系统比传统的一维衍射仪拥有更大的优势[18~34]。首先测量时间会显著降低，这是因为二维衍射每次数据采集（曝光）都能够获得大段的衍射环。同时，二维衍射数据有更大的角度覆盖范围，因此非常利于分析高度织构化的材料。γ 积分也能够帮助平滑由于大晶粒、小样品或弱衍射而引起的粗糙的衍射图谱。包含应力张量和衍射圆锥失真（扭曲）关系的二维基本方程是利用二维衍射系统测量应力的基础。二维基本方程可以用在反射模式和透射模式下。双轴应力测量时，无应力条件下近似的 d 和 2θ 也不会引起应力计算误差。真实无应力条件下的 d 值可根据赝静应力关系计算。二维测量方法和传统方法在理论和应用上均一致。

9.3.1　应力测量的二维基本方程

无应力多晶样品的衍射圆锥是一个常规圆锥，其中 2θ 是常数。应力会使衍射圆锥的形状发生扭曲。图 9.9 画出了一个正向衍射和一个反向衍射的衍射圆锥。黑线表示的是无应力时粉末样品的常规衍射圆锥，它的 2θ 角在所有 γ 角下都是常数。$\{hkl\}$ 环是由于应力而扭曲的衍射圆锥的横截面。对于存在应力的样品，2θ 是关于 γ 和样品方位 (ω, ψ, ϕ) 的方程，即 $2\theta = 2\theta(\gamma, \omega, \psi, \phi)$。上述方程由应力张量唯一决定。对晶面族 $\{hkl\}$ 的衍射圆锥来说，存在一个衍射矢量圆锥。衍射环上的某点 P，其对应的衍射矢量点为 P'。通过 2θ 位移测到 P 点的应变为 $\varepsilon_{(\gamma, \omega, \psi, \phi)'}^{\{hkl\}}$，根据真实应变的定义可得：

$$\varepsilon_{(\gamma, \omega, \psi, \phi)}^{\{hkl\}} = \ln\frac{d}{d_0} = \ln\frac{\sin\theta_0}{\sin\theta} = \ln\frac{\lambda}{2d_0\sin\theta} \tag{9.64}$$

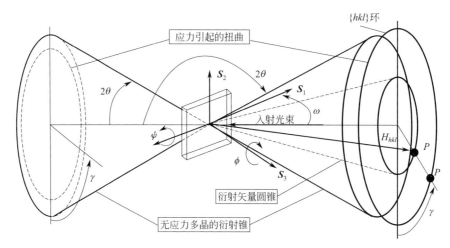

图 9.9   由应力引起的衍射圆锥扭曲

式中，d_0 和 θ_0 是无应力时的值；d 和 θ 是衍射环 $(\gamma, \omega, \psi, \phi)$ 上某点的测量值。$\varepsilon_{(\gamma, \omega, \psi, \phi)'}^{\{hkl\}}$ 在样品坐标 $S_1 S_2 S_3$ 中的方向可由 H_{hkl} 的单位矢量分量获得：

$$\boldsymbol{h}_S = \begin{bmatrix} h_1 \\ h_2 \\ h_3 \end{bmatrix} \tag{9.65}$$

在第 2 章欧拉几何中的单位矢量分量可由下式给出：

$$\begin{aligned} h_1 = &\sin\theta(\sin\phi\sin\psi\sin\omega + \cos\phi\cos\omega) + \cos\theta\cos\gamma\sin\phi\cos\psi - \\ &\cos\theta\sin\gamma(\sin\phi\sin\psi\cos\omega - \cos\phi\sin\omega) \\ h_2 = &-\sin\theta(\cos\phi\sin\psi\sin\omega - \sin\phi\cos\omega) - \cos\theta\cos\gamma\cos\phi\cos\psi + \\ &\cos\theta\sin\gamma(\cos\phi\sin\psi\cos\omega + \sin\phi\sin\omega) \\ h_3 = &\sin\theta\cos\psi\sin\omega - \cos\theta\sin\gamma\cos\psi\cos\omega - \cos\theta\cos\gamma\sin\psi \end{aligned} \tag{9.66}$$

作为二阶张量，应变测量值和应变张量分量的关系如下：

$$\varepsilon_{(\gamma, \omega, \psi, \phi)}^{\{hkl\}} = \varepsilon_{ij} h_i h_j \tag{9.67}$$

上式中，单位矢量下应变标量的积等于所有张量的分量乘以其对应第 1 和 2 下标指数分量的加和。式(9.67) 在 i、j 为 1、2 和 3 时的扩展式为：

$$\varepsilon_{(\gamma, \omega, \psi, \phi)}^{\{hkl\}} = h_1^2\varepsilon_{11} + 2h_1 h_2\varepsilon_{12} + h_2^2\varepsilon_{22} + 2h_1 h_3\varepsilon_{13} + 2h_2 h_3\varepsilon_{23} + h_3^2\varepsilon_{33} \tag{9.68}$$

或根据真实应变定义得：

$$h_1^2\varepsilon_{11} + 2h_1 h_2\varepsilon_{12} + h_2^2\varepsilon_{22} + 2h_1 h_3\varepsilon_{13} + 2h_2 h_3\varepsilon_{23} + h_3^2\varepsilon_{33} = \ln\left(\frac{\sin\theta_0}{\sin\theta}\right) \tag{9.69}$$

式中，θ_0 为无应力时的值；θ 为衍射环上 $(\gamma,\omega,\psi,\phi)$ 位置点的测量值；$\{h_1,h_2,h_3\}$ 是应变 $\varepsilon_{(\gamma,\omega,\psi,\phi)}^{\{hkl\}}$ 的单位矢量分量。根据文献 [24～27,29,30]，用二维衍射测量应力的基本方程为：

$$f_{11}\varepsilon_{11}+f_{12}\varepsilon_{12}+f_{22}\varepsilon_{22}+f_{13}\varepsilon_{23}+f_{23}\varepsilon_{23}+f_{33}\varepsilon_{33}=\ln\left(\frac{\sin\theta_0}{\sin\theta}\right) \tag{9.70}$$

式中，f_{ij} 是应变系数，即 $f_{ij}=\begin{cases} h_{ij}^2\,,\ i=j \\ 2h_ih_j\,,\ i\neq j \end{cases}$

θ 和 $\{h_1,h_2,h_3\}$ 是 $(\gamma,\omega,\psi,\phi)$ 的函数。通过在 $0°\sim360°$ 取 γ 值，利用上式可建立衍射圆锥畸变与应变张量的关系。因此，上式即为二维 X 射线衍射测量应力的基本方程。根据应力-应变关系、应力状态和特殊条件，可由上式推导出其他很多方程。基本方程和由其推导出的方程在下文统称为二维方程，以区别于传统方程。这些方程有两种用途：一是通过应变值和对应的方向计算应变或应变张量的分量，此时需要测量不同方向的应变，至少是与未知分量一样多的独立方向的应变；二是计算在特定样品方向 (ω,ψ,ϕ) 下，已知应力（或应变）张量的衍射环扭曲（对应于整个 γ 角 $360°$ 范围内所有方向的正应变）。以上两种用途将在后面章节中予以讨论。

根据以上基本方程，可由二维衍射系统测量应变张量。通常，应力张量可以根据胡克定律由应变张量计算出。对于均匀的各向同性弹性体，仅存在两种弹性张量：杨氏模量 E 和泊松比 ν，或宏观弹性常数 $1/2S_2$ 和 S_1，其中 $1/2S_2=(1+\nu)/E, S_1=-\nu/E$，于是式 (9.70) 可改写成：

$$-\frac{\nu}{E}(\sigma_{11}+\sigma_{22}+\sigma_{33})+\frac{1+\nu}{E}(\sigma_{11}h_1^2+\sigma_{22}h_2^2+\sigma_{33}h_3^2+2\sigma_{12}h_1h_2+2\sigma_{13}h_1h_3+2\sigma_{23}h_2h_3)=\ln\left(\frac{\sin\theta_0}{\sin\theta}\right)$$
$$\tag{9.71}$$

或

$$S_1(\sigma_{11}+\sigma_{22}+\sigma_{33})+\frac{1}{2}S_2(\sigma_{11}h_1^2+\sigma_{22}h_2^2+\sigma_{33}h_3^2+2\sigma_{12}h_1h_2+2\sigma_{13}h_1h_3+2\sigma_{23}h_2h_3)=\ln\left(\frac{\sin\theta_0}{\sin\theta}\right)$$
$$\tag{9.72}$$

如果将上述基本方程改写为下式的线性形式，则更加实用。

$$p_{11}\sigma_{11}+p_{12}\sigma_{12}+p_{22}\sigma_{22}+p_{13}\sigma_{13}+p_{23}\sigma_{23}+p_{33}\sigma_{33}=\ln\left(\frac{\sin\theta_0}{\sin\theta}\right) \tag{9.73}$$

式中，p_{ij} 是应力系数，由下式给出：

$$p_{ij}=\begin{cases} (1/E)\left[(1+\nu)f_{ij}-\nu\right]=\dfrac{1}{2}S_2f_{ij}+S_1, i=j \\ (1/E)(1+\nu)f_{ij}=\dfrac{1}{2}S_2f_{ij}, i\neq j \end{cases}$$

其中

$$f_{ij}=\begin{cases} h_{ij}^2, i=j \\ 2h_ih_j, i\neq j \end{cases}°$$

可得：

$$p_{ij}=\begin{cases} (1/E)\left[(1+\nu)h_i^2-\nu\right]=\dfrac{1}{2}S_2h_i^2+S_1,\ i=j \\ 2(1/E)(1+\nu)h_ih_j=2\dfrac{1}{2}S_2h_ih_j,\ i\neq j \end{cases} \tag{9.74}$$

为了简化，在式中使用宏观弹性常数 $1/2S_2$ 和 S_1，但是如果考虑到晶粒的各向异性，通常会用特定晶面的 XEC 表示，即 $S_1^{\{hkl\}}$ 和 $1/2S_2^{\{hkl\}}$。用 XEC 表示时，式(9.72) 可改为：

$$S_1^{\{hkl\}}(\sigma_{11}+\sigma_{22}+\sigma_{33})+\frac{1}{2}S_2^{\{hkl\}}(\sigma_{11}h_1^2+\sigma_{22}h_2^2+\sigma_{33}h_3^2+2\sigma_{12}h_1h_2+2\sigma_{13}h_1h_3+2\sigma_{23}h_2h_3)=\ln\left(\frac{\sin\theta_0}{\sin\theta}\right)$$

$$(9.75)$$

二维衍射应力测量基本方程是应力张量的线性方程，可以通过测到的六个独立的应变求解该应力张量的线性方程。如果能够得到多于六个值，则可以用线性最小二乘法予以计算。为了计算结果的可靠性，应该测量完全不同方向上的应变值。假如衍射矢量是在较小立体角范围内测量的，采用最小二乘法计算时可能会不收敛或误差较大。此时，需要测量不同方向的数据，详细的数据采集策略将在本章后面章节予以介绍。

上述基本方程在不同应力状态或不同仪器配置时可以做出适当的简化和修改。例如，用 $\cos\alpha$ 方法也可以给出相应的应力基本方程[34]。在下节中，可以证明传统的应力基本方程是二维衍射基本方程的一个特例。

9.3.2　传统理论与二维理论的关系

为明确传统理论同二维理论的关系，首先比较两种方式下数据采集时的衍射仪配置。传统衍射图是由点探测器在衍射仪平面做扫描，或由位敏探测器直接在衍射仪平面采集数据。二维衍射数据则是由探测器平面的衍射强度分布组成。在任意固定 γ 角下，衍射强度沿 2θ 角的分布都是与传统衍射仪收集的数据相一致的衍射图。图 9.10 给出了二维探测器和常规探测器的关系。二维探测器在 $\gamma=90°$ 和 $\gamma=-90°(270°)$ 收集到的数据等效于在传统衍射仪平面收集的衍射图。因此，可以用 $\gamma=90°$ 和 $\gamma=-90°$ 的二维帧模拟传统衍射图谱。已经证明传统的应力基本方程是二维应力基本方程的特例。同样地，传统的探测器可以视为二维探测器的有限部分。根据具体情形，当使用二维探测器时，可以选择使用任意一种理论计算应力。用传统理论时，可以在 $\gamma=90°$ 和 $\gamma=-90°$ 收集衍射图，通常需要对有限的 γ 范围内的数据进行积分。这样做的缺点是只能用到部分衍射环计算应力。当用二维理论时，可以用整个衍射环进行应力计算。

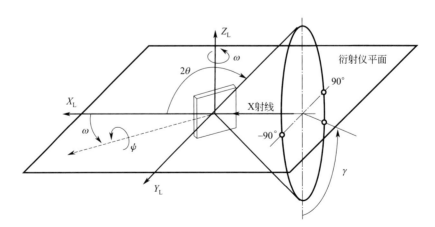

图 9.10　衍射圆锥和衍射仪平面

应力和应变测量的二维基本方程定义了衍射圆锥扭曲与应力和应变张量的关系，它适用于传统方法和二维衍射方法。唯一的区别是传统方法用的是衍射仪平面上的数据点，而二维衍射法用的是所有有效数据点。如图 9.10 所示，传统衍射在衍射仪平面是受限的。在探测器负摆角 $\gamma=90°$ 和正摆角 $\gamma=-90°$（$=270°$）采集到的衍射数据都在衍射仪平面上。考虑到正负探测器摆角和同倾与侧倾模式，可以用四种配置来模拟传统方法。如在 ψ-衍射仪探测器的正摆角范围，可以得到如下条件：

$\gamma=-90°$，用正探测器摆角

$\omega=\theta$，用 ψ 衍射仪时固定 ω 位置

$\psi'=\psi$ 通过 ψ 旋转得到 ψ 倾角

$\phi'=\phi+90°$ 使用 ψ 衍射仪时，在 $\phi=0$ 时，在 S_1 方向倾斜 $90°$ 方向

在上述条件时，样品坐标系下单位矢量分量变成：

$$h_1 = \sin\theta(\sin\phi\sin\psi\sin\omega+\cos\phi\cos\omega)+\cos\theta\cos\gamma\sin\phi\cos\psi-$$
$$\cos\theta\sin\gamma(\sin\phi\sin\psi\cos\omega-\cos\phi\sin\omega)$$
$$=\sin\psi'\cos\phi'$$

$$h_2 = -\sin\theta(\cos\phi\sin\psi\sin\omega-\sin\phi\cos\omega)-\cos\theta\cos\gamma\cos\phi\cos\psi+$$
$$\cos\theta\sin\gamma(\cos\phi\sin\psi\cos\omega+\sin\phi\sin\omega)$$
$$=\sin\psi'\sin\phi'$$

$$h_3 = \sin\theta\cos\psi\sin\omega-\cos\theta\sin\gamma\cos\psi\cos\omega-\cos\theta\cos\gamma\sin\psi$$
$$=\cos\psi'$$

把上述结果代入式（9.69）和式（9.72）中，并用 $\varepsilon'_{\phi\psi}$ 替换 $\ln(\sin\theta_0/\sin\theta)$，则可以得到传统方法测量应力和应变的基本方程。即：

$$\varepsilon'_{\phi,\psi}=\varepsilon_{11}\cos^2\phi'\sin^2\psi'+\varepsilon_{12}\sin2\phi'\sin^2\psi'+\varepsilon_{22}\sin^2\phi\sin^2\psi'+$$
$$\varepsilon_{13}\cos\phi'\sin2\psi'+\varepsilon_{23}\sin\phi'\sin2\psi'+\varepsilon_{33}\cos^2\psi' \tag{9.76}$$

$$\varepsilon'_{\phi,\psi}=S_1(\sigma_{11}+\sigma_{22}+\sigma_{33})+\frac{1}{2}S_2(\sigma_{11}\cos^2\phi'+\sigma_{22}\sin^2\phi'+\sigma_{12y}\sin2\phi')\sin^2\psi'+$$
$$\frac{1}{2}S_2(\sigma_{13}\cos\phi'+\sigma_{23}\sin\phi')\sin2\psi'+\frac{1}{2}S_2\sigma_{33}\cos^2\psi' \tag{9.77}$$

可见，二维衍射应变（应力）基本方程是描述应变（应力）张量与衍射圆锥扭曲关系的一般方程。当用它来处理传统衍射仪测量到的单个衍射图时，二维基本方程就是传统方程。对于其他三种配置亦如此。以上结果表明二维基本方程涵盖了传统基本方程给出的所有关系，换言之，传统基本方程是二维基本方程的一个特例。表 9.2 总结了可模拟传统衍射仪的四种二维衍射条件。

表 9.2　二维衍射中与传统衍射仪相当的测角仪条件

探测器摆角	ω 衍射仪	ψ 衍射仪
正：$\alpha>0$ $\gamma=-\pi/2$	$\psi=0$ $\psi'=\theta-\omega$ $\phi'=\phi$	$\omega=\theta$ $\psi'=\psi$ $\phi'=\phi+\pi/2$
负：$\alpha<0$ $\gamma=\pi/2$	$\psi=0$ $\psi'=\pi-(\theta+\omega)$ $\phi'=\phi$	$\omega=\pi-\theta$ $\psi'=\psi$ $\phi'=\phi+\pi/2$

9.3.3　不同应力状态下的二维方程

二维基本方程可以用来测量一般三轴应力状态的应力，其中必须确定六个应力张量

的分量。使用该方程时，必须已知零应力时精确的 d_0 或 $2\theta_0$。鉴于 X 射线浅的穿透深度，通常不能用 X 射线衍射测量三轴应力状态，只能测量材料表面非常薄层的应力。因此，可以假定此薄层内表面法线方向上的平均正应力为零。在 $\sigma_{33}=0$ 时，应力张量有五个非零分量：

$$\sigma_{ij} = \begin{bmatrix} \sigma_{11} & \sigma_{12} & \sigma_{13} \\ \sigma_{12} & \sigma_{22} & \sigma_{23} \\ \sigma_{13} & \sigma_{23} & 0 \end{bmatrix}$$

一些文献中也将此应力状态标记为三维态。为了将其与一般三轴应力状态区别开来，我们将它命名为切向三轴应力态。如果测量到五个以上的独立应变，同时零应力时 θ_0 已知，则可用以下线性方程式计算这五个应力张量分量。

$$p_{11}\sigma_{11} + p_{12}\sigma_{12} + p_{13}\sigma_{13} + p_{22}\sigma_{22} + p_{23}\sigma_{23} = \ln\left(\frac{\sin\theta_0}{\sin\theta}\right) \tag{9.78}$$

然而，对于大部分金属和合金，由于成分、工艺和实验室温度等差异，很难得到准确的 d_0 或 2θ。假设把不准确的零应力布拉格角 θ_0' 用在 $\ln(\sin\theta_0/\sin\theta)$ 中，就会计算出错误的应力值。这种错误值在本质上与方向无关，就像静应力一样。换言之，d_0 或 $2\theta_0$ 误差的影响就像晶面在各个方向均匀地被压缩或被拉伸。因此，该错误值也称作赝静应力，用 σ_{ph} 表示。$\sigma_{33}=0$ 时，应力张量可以由下式表示：

$$\sigma_{ij}' = \begin{bmatrix} \sigma_{11} & \sigma_{12} & \sigma_{13} \\ \sigma_{12} & \sigma_{22} & \sigma_{23} \\ \sigma_{13} & \sigma_{23} & 0 \end{bmatrix} + \begin{bmatrix} \sigma_{ph} & 0 & 0 \\ 0 & \sigma_{ph} & 0 \\ 0 & 0 & \sigma_{ph} \end{bmatrix} = \begin{bmatrix} \sigma_{11}+\sigma_{ph} & \sigma_{12} & \sigma_{13} \\ \sigma_{12} & \sigma_{22}+\sigma_{ph} & \sigma_{23} \\ \sigma_{13} & \sigma_{23} & \sigma_{ph} \end{bmatrix} \tag{9.79}$$

把式 (9.79) 代入基本式 (9.73)，可得：

$$p_{11}(\sigma_{11}+\sigma_{ph}) + p_{12}\sigma_{12} + p_{22}(\sigma_{22}+\sigma_{ph}) + p_{13}\sigma_{13} + p_{23}\sigma_{23} + p_{33}\sigma_{ph} = \ln\left(\frac{\sin\theta_0}{\sin\theta}\right)$$

$$p_{11}\sigma_{11} + p_{12}\sigma_{12} + p_{22}\sigma_{22} + p_{13}\sigma_{13} + p_{23}\sigma_{23} + (p_{11}+p_{22}+p_{33})\sigma_{ph} = \ln\left(\frac{\sin\theta_0}{\sin\theta}\right)$$

$$p_{ij} = \begin{cases} (1/E)[(1+\nu)f_{ij} - \nu] = \dfrac{1}{2}S_2 f_{ij} + S_1, & i=j \\ (1/E)(1+\nu)f_{ij} = \dfrac{1}{2}S_2 f_{ij}, & i \neq j \end{cases}$$

$$\begin{aligned} p_{11} + p_{22} + p_{33} &= (1/E)[(1+\nu)(f_{11}+f_{22}+f_{33}) - 3\nu] \\ &= (1/E)[(1+\nu)(h_{11}^2+h_{22}^2+h_{33}^2) - 3\nu] \\ &= \frac{1-2\nu}{E} = \frac{1}{2}S_2 + 3S_1 = p_{ph} \end{aligned}$$

其中 $h_{11}^2 + h_{22}^2 + h_{33}^2 = 1$。于是，可得切向双轴应力状态下的线性方程：

$$p_{11}\sigma_{11} + p_{12}\sigma_{12} + p_{22}\sigma_{22} + p_{13}p_{13} + p_{23}\sigma_{23} + p_{ph}\sigma_{ph} = \ln\left(\frac{\sin\theta_0}{\sin\theta}\right) \tag{9.80}$$

式中，系数 $p_{ph} = (1-2\nu)/E = 1/2 S_2 + 3S_1$，$\sigma_{ph}$ 是由近似 d_0' 导致的赝静应力常量。在这种情况下，不需要准确的零应力 d 值就可以计算应力，而误差可以通过 σ_{ph} 测算。由于 σ_{ph} 也是一个未知数，因此将需要六个或更多独立的应变测量值。利用测量的应力张量分量，任意 ϕ 角的一般正应力 (σ_ϕ) 和切应力 (τ_ϕ) 可由下式给出：

$$\sigma_\phi = \sigma_{11}\cos^2\phi + \sigma_{12}\sin 2\phi + \sigma_{22}\sin^2\phi \tag{9.81}$$

$$\tau_\phi = \sigma_{13}\cos\phi + \sigma_{23}\sin\phi \tag{9.82}$$

双轴应力状态下，$\sigma_{33} = \sigma_{13} = \sigma_{23} = 0$，于是

$$p_{11}\sigma_{11} + p_{12}\sigma_{12} + p_{22}\sigma_{22} + p_{\mathrm{ph}}\sigma_{\mathrm{ph}} = \ln\left(\frac{\sin\theta_0}{\sin\theta}\right) \tag{9.83}$$

在上式中，需要四个或更多应变测量值。双轴应力状态相当于 d-$\sin^2\psi$ 图中的直线。切向双轴应力是在 $+\psi$ 侧和 $-\psi$ 侧数据点有分裂时的情形。对于 $\sigma_{11} = \sigma_{22} = \sigma$ 的等轴应力态，没有 S_1—S_2 面内的切向分量，即 $\sigma_{12} = 0$。由此可得：

$$(p_{11} + p_{22})\sigma + p_{\mathrm{ph}}\sigma_{\mathrm{ph}} = \ln\left(\frac{\sin\theta_0}{\sin\theta}\right) \tag{9.84}$$

上式中需要两个或更多的应变测量值。这种应力状态通常存在于经过表面处理的金属部件表面，如喷丸、无织构或纤维织构的薄膜等。在此应力状态下，只有正应力分量，且在平面内任意方向该分量都具有相同的值。

以上关于切向双轴应力、双轴应力和等轴应力状态的方程，都是基于 $\sigma_{33} = 0$。当射线穿透深度较大以及样品为多相或多层材料时，则不能简单地假定 $\sigma_{33} = 0$。因此，三轴应力状态 $(\sigma_{33} \neq 0)$ 的应力张量可由下式给出：

$$
\begin{aligned}
\sigma'_{ij} &= \begin{bmatrix} \sigma_{11} & \sigma_{12} & \sigma_{13} \\ \sigma_{12} & \sigma_{22} & \sigma_{23} \\ \sigma_{13} & \sigma_{23} & \sigma_{33} \end{bmatrix} + \begin{bmatrix} \sigma_{\mathrm{ph}} & 0 & 0 \\ 0 & \sigma_{\mathrm{ph}} & 0 \\ 0 & 0 & \sigma_{\mathrm{ph}} \end{bmatrix} \\[2mm]
&= \begin{bmatrix} \sigma_{11}-\sigma_{33} & \sigma_{12} & \sigma_{13} \\ \sigma_{12} & \sigma_{22}-\sigma_{33} & \sigma_{23} \\ \sigma_{13} & \sigma_{23} & 0 \end{bmatrix} + \begin{bmatrix} \sigma_{\mathrm{ph}}+\sigma_{33} & 0 & 0 \\ 0 & \sigma_{\mathrm{ph}}+\sigma_{33} & 0 \\ 0 & 0 & \sigma_{\mathrm{ph}}+\sigma_{33} \end{bmatrix} \\[2mm]
&= \begin{bmatrix} (\sigma_{11}-\sigma_{33})+(\sigma_{\mathrm{ph}}+\sigma_{33}) & \sigma_{12} & \sigma_{13} \\ \sigma_{12} & (\sigma_{22}-\sigma_{33})+(\sigma_{\mathrm{ph}}+\sigma_{33}) & \sigma_{23} \\ \sigma_{13} & \sigma_{23} & \sigma_{\mathrm{ph}}+\sigma_{33} \end{bmatrix} \\[2mm]
&= \begin{bmatrix} \sigma'_{11}+\sigma'_{\mathrm{ph}} & \sigma_{12} & \sigma_{13} \\ \sigma_{12} & \sigma'_{22}+\sigma'_{\mathrm{ph}} & \sigma_{23} \\ \sigma_{13} & \sigma_{23} & \sigma'_{\mathrm{ph}} \end{bmatrix}
\end{aligned} \tag{9.85}
$$

显然，

$$\sigma'_{11} = \sigma_{11}-\sigma_{33}, \sigma'_{22} = \sigma_{22}-\sigma_{33} \text{ 和 } \sigma'_{\mathrm{ph}} = \sigma_{\mathrm{ph}}+\sigma_{33} \tag{9.86}$$

把式(9.86)代入式(9.73)，可得：

$$p_{11}(\sigma'_{11}+\sigma'_{\mathrm{ph}}) + p_{12}\sigma_{12} + p_{22}(\sigma'_{22}+\sigma'_{\mathrm{ph}}) + p_{13}\sigma_{13} + p_{23}\sigma_{23} + p_{33}\sigma'_{\mathrm{ph}} = \ln\left(\frac{\sin\theta_0}{\sin\theta}\right)$$

$$p_{11}\sigma'_{11} + p_{12}\sigma_{12} + p_{22}\sigma'_{22} + p_{13}\sigma_{13} + p_{23}\sigma_{23} + (p_{11}+p_{22}+p_{33})\sigma'_{\mathrm{ph}} = \ln\left(\frac{\sin\theta_0}{\sin\theta}\right)$$

由于 $p_{11} + p_{22} + p_{33} = p_{\mathrm{ph}}$，可得：

$$p_{11}\sigma'_{11} + p_{12}\sigma_{12} + p_{22}\sigma'_{22} + p_{13}\sigma_{13} + p_{23}\sigma_{23} + p_{\mathrm{ph}}\sigma'_{\mathrm{ph}} = \ln\left(\frac{\sin\theta_0}{\sin\theta}\right) \tag{9.87}$$

把式(9.86) 代回到式(9.87)，可得赝静应力状态下的线性三轴应力方程：

$$p_{11}(\sigma_{11} - \sigma_{33}) + p_{12}\sigma_{12} + p_{22}(\sigma_{22} - \sigma_{33}) + p_{13}\sigma_{13} + p_{23}\sigma_{23} + p_{\mathrm{ph}}(\sigma_{\mathrm{ph}} + \sigma_{33}) = \ln\left(\frac{\sin\theta_0}{\sin\theta}\right)$$

$$\tag{9.88}$$

在这种情况下，可以在没有准确 d_0 的情况下测量应力，因为任何误差都将计入赝静应力项中。由 $\sigma_{11} - \sigma_{33}$、$\sigma_{22} - \sigma_{33}$ 和 $\sigma_{\mathrm{ph}} + \sigma_{33}$ 给出的未知应力可被视为单项，通过最小二乘法进行评估，但是 σ_{11}、σ_{22} 和 σ_{33} 的准确值是无法得到的。比较式(9.80) 和式(9.88)，可以看出两个线性方程中均有相同的系数。因此，可以用相同的运算或软件程序求解上述方程，但是当 $\sigma_{33} \neq 0$ 时，需要用 $\sigma_{11} - \sigma_{33}$、$\sigma_{22} - \sigma_{33}$ 和 $\sigma_{\mathrm{ph}} + \sigma_{33}$ 代替 σ_{11}、σ_{22} 和 σ_{ph}。

9.3.4 零应力时的真实晶面间距

在双轴或切向双轴应力状态下的二维应力方程中，假设 σ_{33} 为零，因此可用近似的 d_0 或 $2\theta_0$ 来计算应力。d_0 或 $2\theta_0$ 的误差只对 σ_{ph} 有贡献。应力测量值与输入的 d_0 或 $2\theta_0$ 无关。这可以通过 Almen 条带实验予以证明。Almen 条带是一条非常薄的金属带，用于对喷丸强度进行量化。Almen 条带是以发明此方法的 John O. Almen 的名字命名的[35]，在此基础上很多人也进行了进一步的修改[36]。该条带被置于喷丸腔内，里面的机械部分也被喷丸处理过。可以通过条带的形变来测量喷丸带来的压应力。在该实验中，通过 GADDS^{TM} 衍射系统测量残余应力，该系统的配置为 CrK$_\alpha$ 辐射（$\lambda = 2.2897$Å），发生器电压/电流 35kV/50mA，准直器 0.5mm。应力测量参数为：$E = 210$GPa，$\nu = 0.28$，$A_{\mathrm{RX}} = 1.49$。每次应力测量均使用 ψ 分别在 $-45°$、$-30°$、$-15°$、0、$15°$、$30°$ 和 $45°$（ω 从 $57°$ 到 $147°$，步长为 $15°$）时的七幅衍射帧。用图上的（211）环计算应力。图 9.11 显示了使用在 1.165Å 至 1.175Å 范围内不同的 d_0' 测量的双轴应力张量。应力张量与 d_0' 无关（$\sigma_{11} = 623$MPa，$\sigma_{12} = 638$MPa，$\sigma_{22} = 80$MPa）。所测的应力分量为图中的水平线。σ_{11} 和 σ_{22} 线几乎重叠，而 σ_{12} 都非常小。应力状态可以被认为是等轴的。σ_{ph} 随 d_0' 变化。

真实的零压力下 d_0 值对应于 σ_{ph} 线和零应力的交叉点。假设用 d_0' 代表初始值，真实的

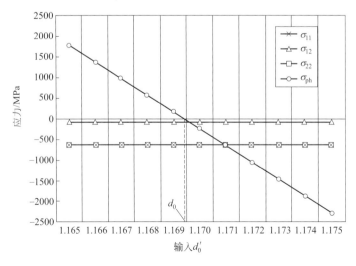

图 9.11 根据输入的 d_0' 测量的双轴应力张量和赝静应力

d_0 或 $2\theta_0$ 可以通过下式由 σ_{ph} 计算出：

$$d_0 = d_0' \exp\left(\frac{1-2\nu}{E}\sigma_{ph}\right) \tag{9.89}$$

$$\theta_0 = \arcsin\left[\sin\theta_0' \exp\left(\frac{2\nu-1}{E}\sigma_{ph}\right)\right] \tag{9.90}$$

必须注意的是 σ_{ph} 值里包含测量误差，真实的零应力 d_0 值也是如此。如果实验的目的是确定 d_0，则应先使用无应力的标样校准仪器。

9.3.5　衍射圆锥扭曲模拟

二维基本方程可以模拟给定样品方向上特定应力张量引起的衍射圆锥扭曲[37]。模拟的圆锥扭曲可以显示为二维的扭曲环。该扭曲环的可视化显示有助于理解应力状态、材料弹性（各向异性）和样品取向对衍射圆锥的影响。同时，也有助于通过测量最敏感取向范围的数据，进而规划测量策略。从基本方程

$$p_{11}\sigma_{11} + p_{12}\sigma_{12} + p_{22}\sigma_{22} + p_{13}\sigma_{13} + p_{23}\sigma_{23} + p_{33}\sigma_{33} = \ln\left(\frac{\sin\theta_0}{\sin\theta}\right)$$

可得：

$$\theta = \arcsin(e^{-D}\sin\theta_0) \tag{9.91}$$

式中，　　　　$D = p_{11}\sigma_{11} + p_{12}\sigma_{12} + p_{22}\sigma_{22} + p_{13}\sigma_{13} + p_{23}\sigma_{23} + p_{33}\sigma_{33}$

困难在于衍射环上 2θ 角是需要计算的未知值，但是还需要 2θ 值确定单位矢量的分量 $\{h_1, h_2, h_3\}$，以便确定应力系数 p_{ij}。θ 和 θ_0 之间的差决定了测量的应变，但它在决定单位矢量方向时的作用可忽略不计，为了模拟，在 D 的计算式中可用 θ_0 代替 θ，可得：

$$\theta = \arcsin(e^{-D_0}\sin\theta_0) \tag{9.92}$$

式中：

$$D_0 = p_{11}^0\sigma_{11} + p_{21}^0\sigma_{12} + p_{22}^0\sigma_{22} + p_{13}^0\sigma_{13} + p_{23}^0\sigma_{23} + p_{33}^0\sigma_{33}$$

通过取 $k=0$，可从表 9.3 中给出的等式计算 p_{ij}^0，该公式便于用计算机编程。首先计算参数 (a,b,c)，然后计算参数 (A, B, C)，最后计算应力系数 p_{ij}^k。为方便起见，由 (A, B, C) 代替 $\{h_1^k, h_2^k, h_3^k\}$。通过用 $S_1^{\{hkl\}}$ 和 $1/2S_2^{\{hkl\}}$ 替换宏观弹性常数 S_1 和 $1/2S_2$，引入弹性各向异性。

表 9.3　应力系数方程

$p_{11}^k = \dfrac{1}{2}S_2 A^2 + S_1$	$p_{12}^k = \dfrac{1}{2}S_2 \times 2AB$
$p_{22}^k = \dfrac{1}{2}S_2 B^2 + S_1$	$p_{13}^k = \dfrac{1}{2}S_2 \times 2AC$
$p_{33}^k = \dfrac{1}{2}S_2 C^2 + S_1$	$p_{23}^k = \dfrac{1}{2}S_2 \times 2BC$
$a = \sin\theta_i\cos\omega + \sin\chi\cos\theta_i\sin\omega$	$A = a\cos\phi - b\cos\psi\sin\phi + c\sin\psi\sin\phi$
$b = -\cos\chi\cos\theta_i$	$B = a\sin\phi + b\cos\psi\cos\phi - c\sin\psi\cos\phi$
$c = \sin\theta_i\sin\omega - \sin\chi\cos\theta_i\cos\omega$	$C = b\sin\psi + c\cos\psi$
其中，$\dfrac{1}{2}S_2 = (1+\nu)/E, S_1 = -\nu/E$	

上述方程通常足以用来模拟衍射圆锥扭曲。在需要精确衍射环时，可以通过以下迭代方程生成模拟衍射环：

$$\theta_{k+1} = \arcsin(\mathrm{e}^{-D_k}\sin\theta_k) \qquad k = 0,1,2,\cdots \tag{9.93}$$

式中，$D_k = p_{11}^{k}\sigma_{11} + p_{21}^{k}\sigma_{12} + p_{22}^{k}\sigma_{22} + p_{13}^{k}\sigma_{13} + p_{23}^{k}\sigma_{23} + p_{33}^{k}\sigma_{33}$

必须注意的是，当计算 D_0 时，θ_0 对于所有衍射环都是常数，而 θ_1，θ_2，θ_3，$\cdots$则是 γ 的函数。式中 $\sin\theta_0$ 项应始终相同。迭代从 $k=0$ 开始，直到满足以下停止条件：

$$\theta_{k+1} - \theta_k < \delta\theta \quad (在所有 \gamma 角)$$

式中，$\delta\theta$ 必须达到所需的精度。通常，一次或两次迭代就可以实现优于 $0.01°$ 的精度。衍射环的精确模拟通常用于根据测量的应力张量相对于模拟环显示测得的数据点。这是观察测量数据点的分散以评估测量质量的方法。如果使用近似的 d_0'，σ_{ph} 项应包含在公式中，即：

$$D_k = p_{11}^{k}\sigma_{11} + p_{21}^{k}\sigma_{12} + p_{22}^{k}\sigma_{22} + p_{13}^{k}\sigma_{13} + p_{23}^{k}\sigma_{23} + p_{\mathrm{ph}}\sigma_{\mathrm{ph}} \tag{9.94}$$

式中，常数 $p_{\mathrm{ph}} = 1/2 S_2 + 3 S_1$，$p_{\mathrm{ph}}\sigma_{\mathrm{ph}}$ 项是常量。当 $\sigma_{33} = 0$ 时，$p_{33}^{k}\sigma_{33}$ 可以省略。

模拟衍射环可以显示为雷达图或 $2\theta\text{-}\gamma$ 分布曲线。图 9.12 给出了 Fe(211) 峰的模拟衍射环，条件为：CrK_α 辐射，$E = 210\mathrm{GPa}$，$\nu = 0.28$，$d_0 = 1.1702\text{Å}$，$\lambda = 2.2597\text{Å}$，样品方向设置为 $\omega = 90°$，$\psi = 0$，这样便于入射光垂直于样品表面。应力张量 $\sigma_{11} = -1000\mathrm{MPa}$，$\sigma_{22} = 1000\mathrm{MPa}$。图 9.12(a) 是雷达图，其径向方向为 2θ，γ 是方位角。完美的圆环对应于 $2\theta_0 = 156°$，这可以认为是零应力样品的衍射环。图中有两个扭曲的环，一个是实线衍射环，

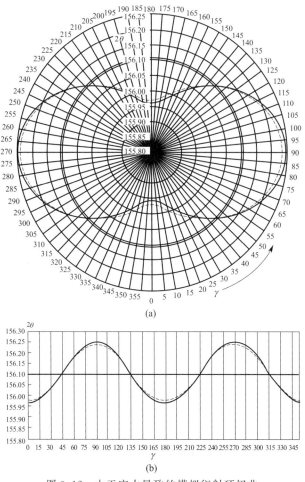

图 9.12　由于应力导致的模拟衍射环扭曲

（a）雷达图；（b）$2\theta\text{-}\gamma$ 分布曲线

它是基于各向同性假设，用宏观弹性常数计算出的。虚线代表的衍射环是基于各向异性假设，用 XEC 计算出的。在该模型中，XEC 是由宏观弹性常数、晶面指数 $\{hkl\}$ 和各向异性因子 $A_{RX}=1.49$ 得到的。2θ 范围从中心到外圆被放大到 $155.80° \sim 156.25°$，这样可以轻易观察到来自零应力环的 2θ 位移。

在样品旋转角 $\phi=0°$ 时，由于压应力分量 $\sigma_{11}=-1000\text{MPa}$，拉应力分量 $\sigma_{22}=1000\text{MPa}$，$2\theta$ 在水平或垂直方向分别增大或减小。由于旋转轴垂直于双轴应力平面，ω 和 ψ 旋转会改变扭曲的衍射环形状，ϕ 旋转将会使衍射环绕它的中心轴旋转但不改变形状。以上条件在 $\phi=45°$ 的衍射环与 $\phi=0°$ 且切应力分量 $\sigma_{12}=1000\text{MPa}$（其他分量为零）时的一样。当 ϕ 偏移 $45°$ 时，上述两个应力条件是等效的。值得注意的是，实际的衍射环变化在二维探测器上是相反的，这是因为衍射圆锥的顶角在后向反射（$2\theta>90°$）时是（$180°-2\theta$）的两倍。换言之，平板探测器以摆角 $\alpha=180°$ 装在后向衍射位置时，X 射线光束通过探测器到达样品。探测器的中心代表 $2\theta=180°$，像素离中心越远，2θ 角越小于 $180°$。图 9.12（b）是 2θ 相对于方位角 γ 的位移。在 $\gamma=0°$、$90°$、$180°$ 和 $270°$ 附近，会观察到大部分的 2θ 位移。

图 9.13 给出了 ω 和 ψ 扫描下 Fe（211）峰在两种应力条件下的模拟图，其中 $E=210\text{GPa}$，$\nu=0.28$，$d_0=1.1702\text{Å}$，$\lambda=2.2897\text{Å}$。各向异性因子 A_{RX} 被设置为 1，因此只显示各向同性模型。正如图 9.12 所示，各向同性模型和各向异性模型差异很小，在模拟时可以忽略。绿线圆环是零应力样品（θ_0）的衍射环。其他是相应扫描角度的扭曲衍射环。四个雷达图与模拟条件的对应关系见表 9.4。

表 9.4　图 9.13 的模拟条件

雷达图	应力状态	测角仪角度	扫描角度
（a）	$\sigma_{11}=\sigma_{22}=1000\text{MPa}$	$\omega=90°,\phi=0°$	$\psi=0°,15°,30°,45°$
（b）	$\sigma_{11}=\sigma_{22}=1000\text{MPa}$	$\psi=0°,\phi=0°$	$\omega=90°,75°,60°,45°$
（c）	$\sigma_{11}=1500\text{MPa}$	$\omega=0°,\phi=0°$	ψ 任意
（d）	$\sigma_{11}=1500\text{MPa}$	$\psi=0°,\phi=0°$	$\omega=90°,75°,60°,45°$

图 9.13（a）显示的是双轴应力条件 $\sigma_{11}=\sigma_{22}=1000\text{MPa}$ 时，$\psi=0°$、$15°$、$30°$、$45°$ 的扭曲衍射环。由于 2θ 角较高（$\approx156°$），衍射矢量与 X 射线光束之间的夹角为 $12°$。当 $\psi=0°$ 时，样品正对着衍射光，由于泊松收缩沿衍射环的应变均是压应变，且大小相等，因此 $\psi=0°$ 的扭曲环是一个 2θ 比 $2\theta_0$ 大的圆。$\psi=15°$ 时，该环仍然是压应变状态，但与 X 射线方向没有对称关系，环的顶部比底部具有更大的 2θ 位移。$\psi=30°$ 时，沿衍射环的应变大部分是压应变，但是底部接近零即扭曲环基本与零应力环重叠。$\psi=45°$ 时，底部应变为拉应变（$2\theta<2\theta_0$），顶部仍然是压应变，且 2θ 位移量均较小。图 9.13（b）是在同样应力条件下做的 ω 扫描。该图显示当样品做 ω 角旋转并远离初始的样品与光束垂直方向时，衍射环扭曲是一致的，区别只是把图（a）旋转 $90°$。对于等轴应力，ψ 扫描和 ω 扫描对衍射圆锥扭曲具有相同的敏感度。

如图 9.13（c）所示，在单轴应力条件 $\sigma_{11}=1500\text{MPa}$ 时，所有 ψ 角的衍射环扭曲相同。任意 ψ 角时，单轴应力方向均垂直于 X 射线束。沿衍射环的应变均为压应变，但在垂直于单轴应力的方向上更强。图 9.13（d）是相同单轴应力条件下的 ω 扫描。衍射环的扭曲随 ω 角的旋转变化巨大。$\omega=90°$ 时，衍射环同图 9.13（c）一致。$\omega=75°$ 时，

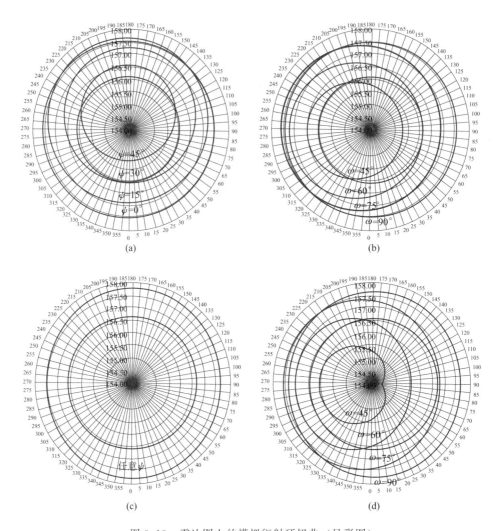

图 9.13　雷达图上的模拟衍射环扭曲（见彩图）

(a) 用 ψ 扫描的等轴态；(b) 用 ω 扫描的等轴态；(c) 用 ψ 扫描的单轴态；(d) 用 ω 扫描的单轴态

应变为压应变（$2\theta > 2\theta_0$），但是在 $\gamma = 90°$ 附近接近于零。$\omega = 60°$ 时，左半部分应变为拉应变（$2\theta < 2\theta_0$），右半部分仍然是压应变（$2\theta > 2\theta_0$）。$\omega = 45°$ 时，所有应变均为拉应变（$2\theta < 2\theta_0$）。当单轴应力条件 $\sigma_{22} = 1500\text{MPa}$ 时，预计 ω 扫描和 ψ 扫描对衍射环扭曲的影响是互换的。

9.3.6　测角仪 ϕ 旋转方向

二维衍射仪中的 ϕ 旋转定义为左手旋转，这样衍射矢量也是在样品坐标 $S_1S_2S_3$ 中的右手旋转。对二维衍射数据的运算和处理都是基于第 2 章定义的空间几何。对于物相鉴定，ϕ 旋转方向不会带来任何问题，但对于一些用到样品方向的分析，测角仪的配置特别是 ϕ 旋转方向对结果的正确性影响极大。此外，在对单位衍射矢量方程同时有奇和偶的解释时，也可以通过以下实验证明上述说法。图 9.14 为测量某 Al_2O_3 涂层时，正确的 [图 9.14(a)] 和错误的 [图 9.14(b)] ϕ 旋转方向。错误的 ϕ 旋转得到的值是通过旋转 ϕ 从正确的值中得到的，它只会带来 ϕ 旋转的影响，而不会引入其他仪器或统计误差。正确的应力结果是

$\sigma_{11}=958.4\text{MPa}$，$\sigma_{22}=954.2\text{MPa}$。可以看出尽管存在差异，但由于应力状态几乎是等轴的，这些差异并不明显。通过比较图 9.14(c) 和 (d) 的主应力方向，可以看出 σ_{I} 和 $\sigma_{11}(\boldsymbol{S}_1)$ 的夹角有 8° 的差别。如果 ϕ 旋转方向不对，则应力值和主应力方向都可能是错误的，特别是在 σ_{11} 和 σ_{22} 差异较大的应力状态下时。

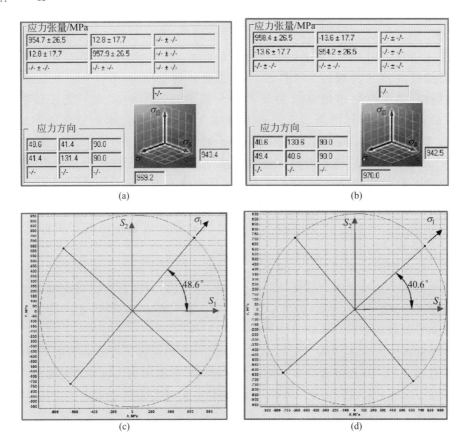

图 9.14　错误的 ϕ 旋转方向对应力结果和主应力方向的影响

9.4　二维衍射测量应力的步骤

二维衍射应力测量涉及衍射系统配置的选择、数据收集策略、数据校正和积分以及应力计算，大部分用传统衍射仪测量应力的概念和策略都适用于二维衍射。本书将关注二维衍射测量应力的一些新概念和应用。

9.4.1　仪器要求与配置

多数二维衍射仪都能用于测量应力，其整体功能取决于 X 射线光源、光路、测角仪、样品台和探测器的指标。

光源通常是点光源封闭管，或者是带有点光束准直器的线光源。对于薄膜或微区应力分析，可用旋转阳极靶以获得足够大的衍射强度。由于多数面探测器的能量分辨率有限，需选择正确的靶材以避免样品荧光。例如，避免用 CuK_α 测量含有大量 Fe 或 Co 的样品，用 CoK_α 应避免 Mn、Cr 和 V，用 CrK_α 应避免 Ti、Sc 和 Ca。X 射线光斑的尺寸和发散度也需考虑，大尺寸和高发散的光斑可以提高样品数据的统计性，但是大光斑尺寸会降低空间分辨率，高发散度也会降低角度分辨率。因此应根据样品和晶粒尺寸选择合适的光斑尺寸和发散狭缝，其选择标准之一是能够从衍射图获得精确的 2θ 值。对于晶粒尺寸较大的样品，光斑尺寸和发散角较大时能够提高样品的统计性。后面也会讨论到另外一种改善样品统计性的方法，即通过 γ 积分的虚拟摆动。

第 4 章介绍的任意面探测器都可用来测量应力。目前，以下三种二维探测器常被用来测量应力：IP、MWPC 和 CCD。文献 [21,23,32] 报道了用 IP 测量应力的方法。一些研究人员也论述了用 MWPC 进行应力测量的优势[24~26,28~30]。用于应力测量面探测器的最重要特征应该是灵敏性、线性、计数速度和高空间分辨率。应力测量多数针对多晶金属材料，通常测量高角度衍射峰，因此衍射强度一般较弱。光子计数探测器，例如 MWPC 和微隙探测器，灵敏度很高且基本无噪声，因此非常适合于实验室光源，比如封闭管和转靶光源。对于含铁金属样品，通常用 Cr 靶或 Co 靶，以避免荧光。这时，MWPC 是最佳选择，这是因为它处理高能 X 射线和高计数率的能力非常强大。空间分辨率取决于衍射峰的半高宽。实践中，如果图谱上有足够的计数，空间分辨率 3~6 倍的半高宽可以有效地用于准确测定峰位。空间分辨率的进一步降低则不一定能够进一步改善峰位测量的精度。用于应力测量的衍射峰通常较宽，因此多数面探测器的空间分辨率是满足要求的。

测角仪和样品台的选择也是基于样品尺寸、重量以及待测的应力或应力张量分量。例如，测量大块样品的某一正应力分量时，可以把大的 XYZ 样品台放在只有两个主轴的测角仪中。ω 扫描可以通过 θ-2θ 或 θ-θ 配置的两个主轴实现。在垂直 θ-θ 配置中，ω 扫描通过入射光束和探测器的移动实现，样品保持不动，这对大尺寸样品非常有利。ω 扫描时需要光源和探测器同时移动。水平 θ-2θ 配置具有不需要移动光源的优势，它非常适用于旋转阳极靶，同时也便于移动重的二维探测器。在二维应力测量时，数据采集也可以采用传统方法中的同倾法和侧倾法。两个主轴只能用于同倾法（ω 扫描）。侧倾法需要 ψ 轴（ψ 扫描）。ψ 扫描的入射角变化较小，穿透深度与 ω 扫描基本相当。为测量全部应力张量分量，还需要 ϕ 轴。

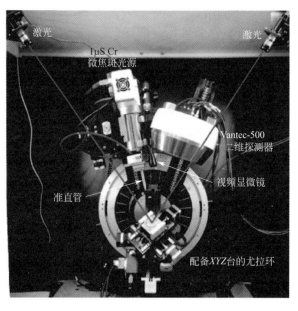

图 9.15　垂直 θ-θ 配置的用于应力分析的二维衍射系统（Bruker D8 Discover）

需要把 XYZ 样品台固定到样品的测量位置作面扫描。样品调整附件如激光视频系统，可以用来把测量点精确到仪器中心。

图 9.15 是 Bruker D8 Discover θ-θ 二维衍射系统的照片。Iμs Cr 微焦斑光源和准直器装在初级测角臂上（θ_1）。Vàntec-500^{TM} 二维面探测器装在次级测角臂上（θ_2）。尤拉环样品台可以在 ψ 和 ϕ 方向上旋转样品，也可以在 XYZ 方向上移动样品。此外，还有双激光视频定位系统可以把样品调节到仪器中心位置。

9.4.2　数据采集策略

X 射线衍射可以通过测量应力引起的晶面间距变化来测量应力。衍射矢量是待测晶面的法线方向，但不是总能在想要的测量方向上得到衍射矢量。在反射模式下，比较容易得到样品表面法线方向的衍射矢量，或远离法线倾斜的衍射矢量，但不能得到样品表面方向的衍射矢量。对于表面平面或双轴状态下的应力，可以利用弹性理论，通过计算其他方向上的应变得到。最终应力结果可以认为是从其测量值外推得到的。传统的 $\sin^2\psi$ 方法，通常需要从 $-45°$ 至 $45°$ 的几个 ψ 角，二维衍射也是如此。对应于数据扫描的衍射矢量，通过类似于极图中的极密度分布的形式投影为二维图。该二维图称为数据收集策略方案，或简称为方案。

图 9.16 为在数据扫描时根据衍射矢量（H_{hkl}）或样品坐标 $S_1S_2S_3$ 给出的传统方法与二维方法的比较。对于传统衍射，根据 ω 旋转 $-45°$、$-30°$、$-15°$、$0°$、$15°$、$30°$、$45°$ 共七个衍射矢量方向倾斜角可以测量七个正应变。这七个方向，以实心点表示，应力分量的方向以圆表示，由于七个实心点沿水平方向排列，应力张量 σ_{11} 可以通过对七个测量点外推得到（$\sin^2\psi$ 法）。两个实心圆连接方向代表 σ_{11} 方向。但通过垂直方向（S_2）的类似外推却得不到 σ_{22}。两个实心圆连接方向代表 σ_{22} 方向。$\sin^2\psi$ 法在作 $\sin^2\psi$ 图时还需要沿半径方向分布的其他数据点。对二维衍射来说，可以假定七幅衍射帧是以相同的倾角测到的。在每个倾角处沿衍射环测量的应变都可以对应于 γ 范围的一条曲线绘制成方案。由于七条曲线沿水平方向分布，可以沿七条曲线方向外推得到应力张量 σ_{11}。原则上，由于测量的应变也在垂直方向（S_2）有些覆盖，因此也可以计算应力分量 σ_{22}。但在实践中，除非 γ 角覆盖范围很大，否则不适合测量 σ_{22}。

该方案可以像极图一样把衍射矢量绘制在二维图上。每个衍射矢量方向都是由径向角 α 和方位角 β 决定。α 和 β 是 γ、ω、ψ、φ 和 2θ 的函数。极点由某个单位矢量确定，有三个分量 h_1、h_2 和 h_3，分别平行于样品方向 $S_1S_2S_3$。极角（α，β）可以通过以下极扫描方程由单位矢量分量计算：

$$\alpha = \sin^{-1}|h_3| = \cos^{-1}\sqrt{h_1^2 + h_2^2}$$

和
$$\beta = \pm\cos^{-1}\frac{h_1}{\sqrt{h_1^2 + h_2^2}} \quad \begin{cases} \beta \geqslant 0°, h_2 \geqslant 0 \\ \beta < 0°, h_2 < 0 \end{cases} \tag{9.95}$$

式中，$0° \leqslant \alpha \leqslant 90°$，$0° \leqslant \beta \leqslant 180°$（当 $h_2 > 0$ 时），或 $-180° \leqslant \beta < 0°$（当 $h_2 < 0$ 时）。通过评估方案中的应变分布，可以制定对预期应力分量合适的数据收集策略。

图 9.17 显示了六种 Fe(211) 峰的数据收集方案，采用 CrK$_\alpha$ 辐射，零应力的 $2\theta_0 = 156°$，应力测量使用 Bruker D8 Discover 二维衍射系统，Hi-Star MWPC 探测器，θ-2θ 测角仪，方案由 GADDS 软件生成。探测器位置设在 $\alpha = -145°$ 摆角，样品到探测器距离为

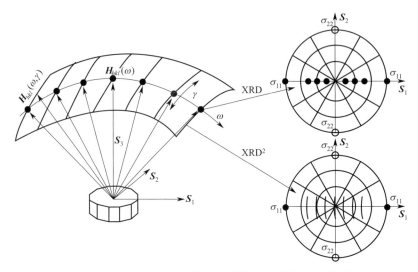

图 9.16   用传统方法和二维方法测量应力时的衍射矢量分布

15cm。位于衍射环中心的衍射矢量落在 $\omega = 102°$和 $\psi = 0°$时的方案中心。六种方案的测角仪角度和可测量的应力分量列于表 9.5。

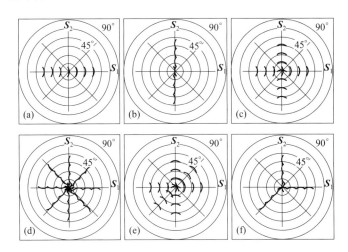

图 9.17   数据收集策略方案

(a) ω 扫描；(b) $\psi + \phi$（180°）扫描；(c) $\omega + \phi$（90°）扫描；(d) $\psi + \phi$（45°）扫描；

(e) $\omega + \phi$（45°）扫描；(f) $\psi + \phi$（90°+135°）扫描

表 9.5   六种方案的测角仪角度和可测量的应力分量

方案	测角仪角度:扫描范围(步长)			可测量的应力分量
	$\omega/(°)$,$\alpha = -143$	$\psi/(°)$	$\phi/(°)$	
（a）	57~147(15)	0	0	σ_{11},σ_{13}
（b）	102	0~45(15)	0~180(180)	σ_{22},σ_{23}
（c）	57~147(15)	0	0~90(90)	σ_{11},σ_{22},σ_{13},σ_{23}
（d）	102	0~45(15)	0~315(45)	σ_{11},σ_{12},σ_{22},σ_{13},σ_{23}
（e）	57~147(15)	0	0~90(45)	σ_{11},σ_{12},σ_{22},σ_{13},σ_{23}
（f）	102	0~45(15)	90,180,315	σ_{11},σ_{12},σ_{22},σ_{13},σ_{23}

注：扫描角度以扫描范围和步长表示。

方案（a）仅用于 ω 扫描，扫描角度从 $57°$ 到 $147°$，步长为 $15°$，对应于测量的应变的衍射环沿水平方向分布。这些环在样品法线（方案中心）相对应的 $-45°$ 到 $+45°$ 倾角处穿过水平线。显然，这组数据更便于计算应力分量 σ_{11} 和 σ_{13}。在这种收集策略下，不需要 ψ 和 ϕ 轴。这种策略类似于传统的同倾法，它可以通过测角仪的两个主轴实现。

方案（b）中，尤拉环被限制在 $-7°$ 到 $101°$ 之间（ψ），因此 ψ 扫描覆盖 $0°$ 到 $45°$，步长为 $15°$。$\phi=180°$ 时，从 $0°$ 到 $45°$ 的 ψ 扫描等同于 $0°$ 到 $-45°$ 的 ψ 扫描，测量的环沿垂直方向分布，且每个环都与垂直线相切。这种数据适合计算应力分量 σ_{22} 和 σ_{23}。该数据收集策略需要测角仪的 ψ 轴（或 χ 轴），但不需要 ϕ 轴，这种方法等同于侧倾法，具有相对一致的入射角和穿透深度。

方案（c）是方案（a）的增强版。在 $\phi=90°$ 时的 ω 扫描非常利于 σ_{22} 和 σ_{23} 的计算，因此可以用 $\phi=0°$ 或 $\phi=90°$ 的数据计算双轴应力张量。由于 $\phi=0°$ 或 $\phi=90°$ 的衍射环扭曲对应力张量 σ_{12} 不敏感，方案（c）适合分析等轴应力状态。

方案（d）是方案（b）的增强版。ϕ 每隔 $45°$ 做 ψ 扫描，得到的 8 个 ϕ 角的数据正好可以在对称分布上全覆盖这个方案图。使用这种策略收集的数据可以用来计算完整的双轴应力张量的分量，以及切应力（σ_{11}，σ_{12}，σ_{22}，σ_{13}，σ_{23}）的分量。

方案（e）是在方案（c）中加入一个 $\phi=45°$ 的 ω 扫描，使得数据适用于计算具有切应力（σ_{11}，σ_{12}，σ_{22}，σ_{13}，σ_{23}）的完整双轴应力张量分量。

方案（f）是一种节约时间的策略，ψ 只扫描 $\phi=90°$、$180°$ 和 $315°$ 这三个角。两个 ϕ 角的环与 S_1 和 S_2 对齐，第三个 ϕ 角环与前两个环成 $135°$ 角。这类似于应变计花环的结构。该数据适用于具有切应力（σ_{11}，σ_{12}，σ_{22}，σ_{13}，σ_{23}）的完整双轴应力张量分量计算。选用 $\phi=90°$、$180°$ 和 $315°$ 处的三个角是为了便于直观地描述此方案，实际使用的往往是 $\phi=0°$、$90°$ 和 $225°$ 角。这三个角也可以是 $120°$ 均分的 ϕ 角。以上讨论的方案只是一些实例。对于垂直 θ-θ 配置的等效数据，收集策略是使用 $\theta_1=78°$。应充分考虑感兴趣的应力分量、衍射仪配置、样品尺寸、探测器尺寸和分辨率测量精度、数据收集时间，从而选定合适的方案。

9.4.3　数据积分和峰位测定

二维衍射应力测量是基于应力张量分量与衍射圆锥扭曲关系的基本方程。对于存在应力的样品，2θ 是 γ 和样品方向（ω，ψ，ϕ）的函数，如 $2\theta=2\theta(\gamma,\omega,\psi,\phi)$，并且该方程由应力张量唯一确定。数据积分和峰位评估的目的是沿着各种样品的扭曲衍射环产生一组数据点，以便通过求解线性方程或通过最小二乘法计算应力分量。应力测量的数据积分是对几个限定的子区域进行 γ 积分，以生成代表相应区域的衍射图。峰的位置可以通过程序评估这些数据点或用绘图函数把这些点拟合成图形。图 9.18 给出了对钢衍射花样的数据积分。衍射环是沿 {211} 晶面的，在 CoK_α 辐射下，零应力的 $2\theta_0$ 接近 $99.8°$。总积分区域由 $2\theta_1=97°$、$2\theta_2=102.5°$、$\gamma_1=-65°$ 和 $\gamma_2=-115°$ 框出。按照 $\Delta\gamma=5°$ 的间隔，把总积分区域分为 10 个子区域，扭曲的衍射环上的某个数据点来自对应区域。对子区域的 γ 积分可以产生衍射图，2θ 值也来自该图。子区域的大小和数量的设置则是根据数据帧的状况。子区域尺寸越大，参与积分的计数越多，则积分图越好。γ 积分也会产生拖尾现象，这是因为在单个子区域尺寸的计数常被看作是子区域中心的单个 γ 值。在该子区域 2θ 的偏移是被平均化的。子区域尺寸应该大到足以产生平滑的衍射峰，但是不能大到引入显著的拖尾效应。对于包含高像素计数的衍射帧，积分的子区域可以足够小，例如 $\Delta\gamma \leqslant 2°$，这样仍然会形成平滑的图。由于微区、小样品或短采集时间形成的低像素计数的衍射帧，选择合适的子区域尺寸非常重要。子区域尺寸可以通过观察积分图的平滑度或比较不同尺寸的应力结果和标准偏差来确定。

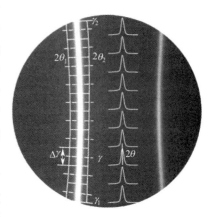

图 9.18   应力测量的数据积分（见彩图）

每个子区域峰的评估都可以使用传统的算法。对积分图的校正可以在运算前或者计算期间进行。吸收校正消除了辐照面积和衍射几何对测量强度分布的影响。已知材料的吸收和辐射水平取决于样品的入射角和反射角。对于二维衍射，反射角是每个帧的 γ 函数。同样地，偏振效应也是 γ 的函数。因此，偏振和吸收校正应该在积分前进行。详细的校正已在第 6 章数据处理中予以讨论。如果数据收集时只用到 ψ 和 ϕ 扫描或在使用时可以容忍误差，则不需要吸收校正。

多数情况下，用于应力测量的射线包含 $K_{\alpha 1}$ 和 $K_{\alpha 2}$ 波长，这时计算应力要用到平均波长。对于峰宽较宽的样品，来自 $K_{\alpha 1}$ 和 $K_{\alpha 2}$ 辐射的衍射峰会并在一起，可以用一个 K_{α} 线来计算晶面间距，这时误差会较小。如果峰宽较窄时，衍射峰会不对称或分为两个与 $K_{\alpha 1}$ 和 $K_{\alpha 2}$ 对应的峰，这种情况在高 2θ 角度时更容易发生，这种现象称作 $K_{\alpha 1}$-$K_{\alpha 2}$ 双峰或 K_{α} 双峰[38]。这时峰形拟合要包括 $K_{\alpha 1}$ 和 $K_{\alpha 2}$，通常的做法是扣除 $K_{\alpha 2}$ 峰后，用 $K_{\alpha 1}$ 峰和 $K_{\alpha 1}$ 波长计算晶面间距。因此，校正也称对 $K_{\alpha 2}$ 校正或 $K_{\alpha 2}$ 扣除。$K_{\alpha 1}$ 和 $K_{\alpha 2}$ 的线形通常一致，只是强度不同，$K_{\alpha 2}$ 与 $K_{\alpha 1}$ 线的强度比为 0.5。可以在寻峰前或者寻峰时扣除 $K_{\alpha 2}$，这取决于寻峰算法[39,40]。如果入射光中已扣除过 $K_{\alpha 2}$，例如使用通道切割单色器时，则不再需要扣除 $K_{\alpha 2}$。

如果衍射峰背景很强或者寻峰的一些算法对背景非常敏感时，比如 $K_{\alpha 2}$ 剥离、峰值拟合、峰强和积分强度计算，则需要进行背景校正。背景校正可以消除对衍射峰峰形无贡献的散射强度，它是基于高角端和低角端背景强度的线性强度分布通过减法来实现的。背景区域应与 2θ 峰保持有效距离，这样背景校正才不会截断衍射线形状。低背景和高背景的 2θ 范围应该根据 2θ 峰的宽度和可用背景来确定。根据正态分布规律，2θ 范围是半高宽的两倍时，能够覆盖 98% 的峰强度，3 倍时能够覆盖 99.9%，因此背景强度应该由远离峰位且是 $1\sim$ 1.5 倍半高宽距离处的强度确定。如果衍射峰只在峰的一侧包含背景时，背景可以由有效背景外推得到或者采用平坦的背景，当背景形状低或由背景造成的误差可被容忍时，可以忽略背景校正。

对衍射峰的平滑可以用来减小在背景处理、$K_{\alpha 2}$ 剥离和计算峰位时计数统计的影响。平滑不是必须或有益的，因为它只能对峰形起到美化作用，甚至有时会使峰形失真。

寻峰有多种方法，如重心法、滑移重心法，峰形拟合函数则包括抛物线、Pseudo-Voigt 和 Pearson Ⅶ 函数[3,17,41]。在重心法（有时也称作中心法）中，衍射峰形的重心被计算出来并用来作为峰的位置。计算峰值时要减去背景值（阈值），该阈值一般是峰高的 20%。低的阈值可能会使峰值不准。滑移重心法是一种改进的方法，它通过迭代过程提高精度。首先，计算出对应于若干阈值的重心（峰位值）。这些阈值由用户定义，通常为 $10\%\sim80\%$ 之间。再计算一系列对应于每个阈值的应力值及其相应的标准偏差。然后通过对第一步得到的所有重心加权平均确定峰位。每个重心的权重和对应应力值的标准偏差成反比。最后通过峰位计算得到最终应力值。

当通过峰形拟合法确定峰位时，峰形上的所有数据点，通过最小二乘法被拟合成含有几个未知参数的方程。峰位通过拟合结果的参数给出。常用高斯、柯西（或洛伦兹）、Voigt、Pseudo-Voigt 以及 Pearson Ⅶ 函数等[42]。这些函数适合具有大量数据点的完整峰形。拟合质量取决于测量峰与拟合函数之间的一致性。在这些函数中，Pearson Ⅶ 函数适合多种形状[43]。

Pearson Ⅶ 函数由下式给出：

$$P(x)=H\left[1+4(2^{1/m}-1)\left(\frac{x-x_0}{W}\right)^2\right]^{-m} \tag{9.96}$$

式中，H 是确定峰高的比例因子；W 是半高宽；m 为形状参数。当 $m=1,2$ 或 ∞ 时，峰形是如图 9.19 所示的柯西、修正的洛伦兹或高斯形状。其他 m 值代表上述函数的转换或组合。为避免混淆测量的峰值 2θ 和零应力 $2\theta_0$，用 x 代表 2θ 变量，x_0 表示测量的 2θ 峰值。通过非线性最小二乘法把峰形拟合成上述函数的过程，会得到 H、W、m 和峰位值。对于使用 $K_{\alpha1}$ 得到的峰形，或扣除了 $K_{\alpha2}$ 的峰形，用式(9.96) 足以拟合该峰形。对于 $K_{\alpha1}K_{\alpha2}$ 双峰，则改为下式：

$$P(x)=H\left[1+4(2^{1/m}-1)\left(\frac{x-x_{01}}{W}\right)^2\right]^{-m}+rH\left[1+4(2^{1/m}-1)\left(\frac{x-x_{02}}{W}\right)^2\right]^{-m} \tag{9.97}$$

式中，r 是 $K_{\alpha2}$ 与 $K_{\alpha1}$ 强度的比值，通常为 0.5；x_{01} 和 x_{02} 是与 $K_{\alpha1}$ 和 $K_{\alpha2}$ 线对应的峰位。假设 $K_{\alpha1}$ 和 $K_{\alpha2}$ 线具有相同的形状，H、m 等参数取相同值。既然 x_{01} 和 x_{02} 不是两个真实的独立变量，且计算应力只用到 $K_{\alpha1}$ 线的峰位，可以用下式替代 x_{02}

$$x_{02}=2\arcsin\left(\frac{\lambda_2}{\lambda_1}\sin\frac{x_{01}}{2}\right) \tag{9.98}$$

式中，λ_1 和 λ_2 分别是 $K_{\alpha1}$ 和 $K_{\alpha2}$ 波长。这表明只需 H、W、m 和峰位就可以拟合任何峰。实际使用时，只有形状上能看出双峰或峰有不对称时才作双峰的分离。对于宽峰，不需要扣除 $K_{\alpha2}$，可以用单个 Pearson Ⅶ 函数和平均波长来确定峰位和计算应力。

非线性最小二乘法通常必须经过多次迭代求解。迭代从参数的初始值开始，然后不断迭代修正参数，直到满足收敛标准。由于平方和会出现多重极小值或局部极小值，非线性最小二乘回归可能会振荡。通过使用类似样品的最佳拟合参数，可以快速收敛和稳定，例如，可以将 m 值设为常数。基于原始数据或其他分析手段选择初始参数也会使拟合更加稳定一致，例如使用最大计数作为初始 H 值，利用重心法得到原始峰位 Q_0 等。

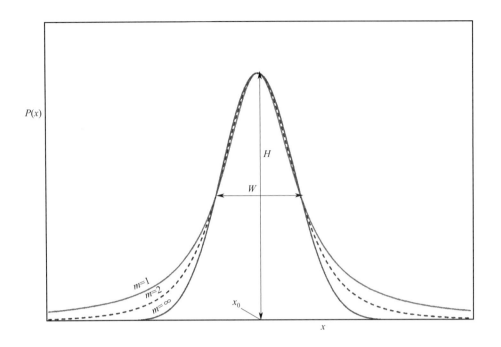

图 9.19　Pearson Ⅶ 函数，$m=1$，2，∞

9.4.4　应力测量

经过积分和寻峰后的最终数据集应包含许多描述衍射环形状的数据点。每个测量数据点包含三个测角仪角（ω，ψ，ϕ）和衍射环位置（γ，2θ）。可以用衍射线峰强或积分强度来计算应力。通常数据点的数量大于未知应力分量的数量，这样就可用线性最小二乘法计算应力。在通用最小二乘回归中，第 i 数据点的残差定义为：

$$r_i = y_i - \hat{y}_i \tag{9.99}$$

式中，y_i 是观察值；$\hat{y}_i$ 是拟合值；r_i 是残差（被定义为观察值和拟合值之间的差值）。剩余方差和如下式：

$$S = \sum_{i=1}^{n} r_i^2 = \sum_{i=1}^{n} (y_i - \hat{y}_i)^2 \tag{9.100}$$

式中，n 是数据点的数量；S 是最小二乘回归中最小化的剩余方差和。在应力测量时，观察值是在每个数据点测到的应变，即

$$y_i = \ln\left(\frac{\sin\theta_0}{\sin\theta_i}\right) \tag{9.101}$$

拟合值由下式给出：

$$\hat{y}_i = p_{11}\sigma_{11} + p_{12}\sigma_{12} + p_{22}\sigma_{22} + p_{13}\sigma_{13} + p_{23}\sigma_{23} + p_{33}\sigma_{33} + p_{\text{ph}}\sigma_{\text{ph}} \tag{9.102}$$

其中，所有可能的应力张量和应力系数都是广义线性方程。由于响应值函数是未知应力分量的线性方程，可以通过线性最小二乘回归求解。为便于编程，所有应力分量

都包含在线性方程中，但不能同时为非零值。例如，赝静应力在三轴应力状态下应设为零。在不同应力状态下，应力分量可以设置为未知数（x），也可以设为零，具体如表 9.6 所示。

表 9.6 用最小二乘回归求解未知应力分量

应力状态	σ_{11}	σ_{12}	σ_{22}	σ_{13}	σ_{23}	σ_{33}	σ_{ph}
三轴态	x	x	x	x	x	x	0
双轴态	x	x	x	0	0	0	x
切向双轴态	x	x	x	x	x	0	x

标记为未知（x）的应力分量可以通过最小二乘法计算，但每个应力分量的可靠性和准确性则取决于数据收集策略。某方向的正应力可以通过设置双轴应力状态计算，但是只能使用所需方向分量的数据。例如，σ_{11} 应在 $\phi = 0°$ 处作 ω 扫描，σ_{22} 则在 $\phi = 0°$ 处作 ψ 扫描。特定方向上的具有切向的正应变可以通过切向双轴应力态的设置予以计算。因此，σ_{11} 和 σ_{13} 应在 $\phi = 0°$ 处做 ω 扫描，σ_{22} 和 σ_{23} 则是在 $\phi = 0°$ 处做 ψ 扫描。

9.4.5 织构和大晶粒尺寸的影响

计算应力时，假设所有数据点具有相同的质量，并且在最小二乘回归时使用同样的数据点。当衍射环沿 γ 角是光滑和连续时，这样处理是合理的。这就要求样品没有强的织构，同时晶粒尺寸相对小且均匀。这样，不同 γ 角的积分图才会平滑且形状一致。反之，不同衍射点的图会在强度、平滑度和形状上有较大变化。由低质量衍射图估计的 2θ 有较大误差，会更加影响应力计算。图 9.20(a) 给出了一个有取向（织构）Cu 膜样品的衍射图。对 Cu（222）衍射环的积分区域是 $2\theta_1 = 93°$、$2\theta_2 = 97.5°$、$\gamma_1 = -72.5°$、$\gamma_2 = -107.5°$。以 $\Delta\gamma = 2.5°$ 间隔把积分区域分成 14 个子区域。对 $\gamma = -106.25°$ 的子区域进行 γ 积分，可以产生一个平滑的衍射图，其相对峰强为 598，该点的 2θ 值也很精确。由于 Cu 膜有很强的织构，$\gamma = -73.75°$ 的衍射图强度只有 87.5。低衍射强度通常与样品的统计性差有关，这是因为在这个方向上只有少量晶粒对衍射强度有贡献。从这种衍射图获得的 2θ 值会有较大误差，如果不加区别地使用上述数据点，就会把 2θ 的误差引入到应力计算结果中。

图 9.20(b) 给出了搅拌摩擦焊接的铝板过渡区域的衍射图。对 Al（311）衍射环的积分范围是 $2\theta_1 = 137°$、$2\theta_2 = 142°$、$\gamma_1 = 65°$ 和 $\gamma_2 = 115°$。以 $\Delta\gamma = 5°$ 把它分为 10 个子区域。在 $\gamma = 67.5°$ 能够给出平滑的衍射图，其相对峰强为 607.5，由此得到的 2θ 比较准确。由于晶粒尺寸较大，衍射环上有很多亮斑。$\gamma = 87.5°$ 的强度只有 87.8。由于参与衍射的晶粒很少，导致衍射峰形状很粗糙，由此得到的 2θ 会引起较大应力测量误差。

可以避免或者降低与织构或晶粒尺寸相关的误差。一种方法是检查衍射环，在作最小二乘回归前去除一些不好的数据点。但是这种方法很烦琐，并且有很多主观因素。另一种方法是设置峰强或积分强度阈值。阈值可以设置为强度级别或最高强度的某百分比。只有强度在阈值以上的数据才可用于最小二乘法处理。强度加权最小二乘法更加复杂，将在下节讨论。图 9.20(a) 还显示了硅衬底上一个很强的 Si（422）单晶的数据点。该点非常靠近 Cu（311）衍射环，因此如果用 Cu（311）就会产生较大的误差。这种情况下，还需要设置强度上限。

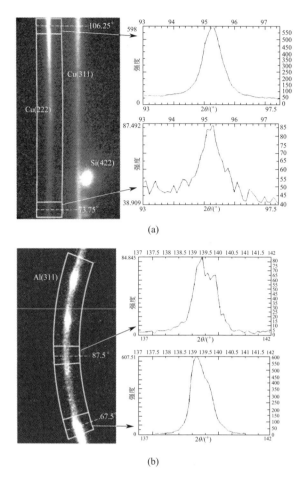

(a)

(b)

图 9.20   衍射图的质量（见彩图）

（a）强织构；（b）大晶粒尺寸

9.4.6   强度加权最小二乘法

强度加权最小二乘法是计算应力的最佳方法。该法中，衍射环上数据点的权重与衍射强度成正比，这与参与衍射的晶粒数量直接相关。因此，测量应力时，高质量数据点对结果的影响程度比低质量要高。在加权最小二乘剩余方差和中引入加权因子[44]：

$$S = \sum_{i=1}^{n} w_i r_i^2 = \sum_{i=1}^{n} w_i (y_i - \hat{y}_i)^2 \tag{9.103}$$

式中，w_i 是权重因子。峰高或积分强度可以作为权重因子。权重因子可以图形拟合的标准偏差的形式表示：

$$w_i = \frac{1}{\sigma_i^2} \tag{9.104}$$

式中，σ_i 是第 i 个数据点上的图形拟合标准偏差。低偏差的数据点对应力计算的影响比高偏差要大。考虑到图形强度和图形拟合误差的作用，权重因子可以改写为：

$$w_i = \frac{I_i}{\sigma_i^2} \tag{9.105}$$

式中，I_i 可以是峰高或积分强度。在这种情况下，同时具有高强度和良好图形拟合的数据点对应力计算结果的影响程度，比低强度和/或不良图形拟合得要大。可以把强度阈值与加权最小二乘法结合起来用，可用高强度阈值去消除大晶粒或单晶衬底上强衍射斑点的影响。

9.4.7　零应力样品和标样

有很多仪器因素会影响测量精度，比如误差球、样品表面高度误差、X 射线光学部件和探测器位置（旋转、俯仰和偏摆）调整误差。当上述任何一个或多个因素超出规范时，都会带来测量错误或不可接受的误差。可以用零应力样品来校正仪器。如果仪器零点调整较好，则应力值应为零或者在给定的偏差内。

图 9.15 给出了用二维衍射仪测量零应力 Fe 粉的照片[45]。仪器零点调整好后，在测量应力前，首先要快速地测量 Fe 粉。收集 ψ（$=0°$，$15°$，$30°$ 和 $45°$）和 ϕ（$0\sim360°$，间隔 $45°$）组合的 32 幅帧图，每帧采集时间为 60s。应力测量值是：$\sigma_{11} = 12.9\mathrm{MPa}$，$\sigma_{22} = 9.3\mathrm{MPa}$，标准偏差为 12.4MPa。对 Almen 条带样品测量 65h 后，再次测量 Fe 粉，以检查系统的精度。经过 180s 成像，测得的应力值分别是：$\sigma_{11} = 8.4\mathrm{MPa}$，$\sigma_{22} = 10.2\mathrm{MPa}$，标准偏差为 8.6MPa。结果符合 D8 Discover 衍射仪的精度要求。

零应力样品通常是细的纯金属或合金粉末，具有与待测样品或部件相似的元素或组分。例如，用粒径几微米的 Fe 粉来校正测量含铁金属的仪器。也可以用经过完全退火处理且无强的织构，粒度较细的金属件作为零应力样品。要求相似元素或组分的原因在于：一是可能具有相同的晶面，这样便于仪器设置和在数据收集时使用相同的条件；二是具有相同的弹性常数，便于计算仪器误差。例如，如果用零应力 Fe 粉测得的上述衍射仪最大误差为 12.9MPa，对于其他含铁金属的应力误差也应该在相同范围。

其他粉末样品，如刚玉、LaB_6、硅、石英，只要它们在制备时没有残余应力和取向，也可用作零应力样品，这种样品通常用于仪器指标校正。当用它来评估应力测量的误差时，要注意以下三点：首先，零应力标样应该有相对较强的衍射峰，且与相邻的峰完全分开，其 2θ 角应接近待测样品，这样在仪器校正后可以在同样配置下直接用来测量；其次，标样应与待测样品的吸收系数相近；最后，也是最重要的，如果仪器设置为测量特定材料的应力，应该使用特定样品的弹性常量，而不是零应力样品，在这种情况下，可以把零应力标样提供的衍射峰（d 值）作为应变的量度，仪器误差对应力的实际影响通过待测样品的弹性进行评估。由于应力值是通过待测应变计算的，因此用零应力样品评估的测量误差不能代表不同弹性常数样品的测量误差。例如，考虑到校正仪器是为了测量结晶度约 50% 的聚乙烯聚合物（PP）的应力[46]，用 PP 25.7°（006）衍射峰计算应力。可以用刚玉（012）的 25.6° 的衍射峰来校正仪器。在 TD 方向双轴取向 PP 膜的杨氏模量是 3880MPa，在 MD 方向为 2400MPa。刚玉（012）晶面的杨氏模量为 414938MPa，比聚合物高两个量级。如果用刚玉的弹性常量来校正仪器，且误差以应力单位给出，这个误差的应力值可能大于聚合物的应力值。

衍射仪应力测量精度也可以通过测量已知应力或应力张量的样品确定。这类样品可以从一些公认的实验室或供应商处得到，并且样品应力值是经过良好校准的仪器或替代方法测量的。稳定性是应力测量校准的重要指标。例如，在 Almen 带上喷丸强化产生的残余应力 18 年来几乎没有变化[45]。

9.4.8　动态样品高度调整

测角仪的误差球和探测器位置误差不能避免。它不仅取决于所有轴承对旋转轴和平移台的公差，还取决于样品重量和仪器配置。样品的重量会使机械部件产生额外的位移。测角仪可以调整到一个可以接受的误差球，但是在测量过重样品时可能会超出标准。探测器位置误差也随着摆角和探测器距离而变化，特别在立式测角仪中更是如此。幸运的是，大多数的误差由重力和弹性形变造成，是可重复的。因此，球形误差可以用一种动态样品高度调整的办法予以补偿。

对于具有自动样品高度调整的衍射系统（通常包括激光视频定位系统和电动 z 轴平移平台），样品高度可以在任意方向自动调节。但是对于有电动 z 平移但是没有自动调整功能的系统，可以通过在每个样品方向使用校准的 z 值来实现自动调整。使用零应力粉末样品可以增加调整精度。以 32 帧数据采集策略（$\psi=0°$、$15°$、$30°$ 和 $45°$ 和 $\phi=0\sim360°$，间隔 $45°$ 的组合）为例，每个点的标准 z 值在给定的 2θ 值通过调整 z 测量获得。将这 32 个校准 z 值储存在仪器中。以后可以用这些校准的 z 值去定位样品。用这些数据计算的应力，其来自测角仪误差球的误差最小。

9.4.9　用零应力样品校正

如上所述，零应力样品可用来验证或校正仪器的应力测量精度。动态样品高度调整可以补偿样品高度误差。对于使用二维衍射的应力测量，为了跟随衍射环的扭曲，沿衍射环各个子区域的 2θ 值被定为应力计算的数据点。仪器误差对每个数据点（子区域）的影响不一定相同。因此，可以针对每个数据点，用零应力样品进行校正。该方法被称作所有数据点修正（ADPC）或综合仪器校正。

图 9.21 说明了 ADPC 的概念。下图是 32 帧采集方案，是 $\psi=0°$、$15°$、$30°$ 和 $45°$ 和 $\phi=0\sim360°$（间隔 $45°$）的组合。32 个弧是投射到样品表面（S_1S_2）上所有单位衍射矢量的取向分布。左上角给出零应力铁粉的 3 个衍射图，衍射环上数据点 A、B、C 对应三个方案（粗线）。每个衍射环上的 10 个点代表 10 个子区域的积分和峰形拟合结果。从 32 帧图可以得到这样的 320 个数据点。右上角给出了对应于左上角数据在直角坐标系的三个 2θ-γ 分布曲线。十字标记的是每个子区域的数据。水平黑线和灰线分别代表输入的 $2\theta_0$ 和计算的 $2\theta_0$。尽管 2θ 的平均测量值与输入 $2\theta_0$ 非常接近，但是每个数据点的 2θ 值却与平均值有较大的差异。可以看到，从左到右（沿 γ 角），2θ 值偏大或偏小。该偏差来源于仪器误差，如光路不准、误差球或探测器的转动。

如果仪器是完美无误差的，则零应力 Fe 粉的所有 2θ 的测量值应该是常数（$2\theta_0$）。假设数据采集时间足够并且忽略统计误差，测量值偏离 $2\theta_0$ 的误差则来自仪器误差。在最小二乘回归时，观测值是每个数据点的真实应变测量值：

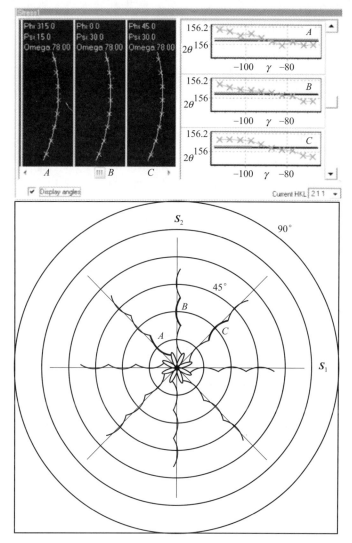

图 9.21 在不同方向测量到的无应力 2θ 值

$$y_i = \ln\left(\frac{\sin\theta_0}{\sin\theta_i}\right) \qquad (9.106)$$

式中，零应力的 $2\theta_0$ 被视为常数；θ_i 为第 i 个数据点的测量值。假设用不准的仪器测量零应力（SF）样品，上述测量值则为

$$y_i^{\mathrm{SF}} = \ln\left(\frac{\sin\theta_0}{\sin\theta_i^{\mathrm{SF}}}\right) \qquad (9.107)$$

该观测值可以视为赝应变，其中 θ_i^{SF} 是零应力样品第 i 个数据点的测量值。

当使用相同的仪器对未知应力样品进行测量时，观测值包含真实应变和赝应变的贡献。假设仪器误差（赝应变下）对零应力样品和有应力样品测量时都一样，则可把赝应变从观察值中去除：

$$y_i = \ln\left(\frac{\sin\theta_0}{\sin\theta_i}\right) - \ln\left(\frac{\sin\theta_0}{\sin\theta_i^{\mathrm{SF}}}\right) = \ln\left(\frac{\sin\theta_i^{\mathrm{SF}}}{\sin\theta_i}\right) \qquad (9.108)$$

通过用零应力 θ_i^{SF} 替代 θ_0 可以消除仪器误差。

应力测量的校正可以由以下步骤完成：首先，收集和处理所有数据点的 $2\theta_i^{\text{SF}}$，然后在相同的仪器条件和数据收集策略下收集有应力样品的全部数据，在最小二乘回归中用 $2\theta_i^{\text{SF}}$ 代替 $2\theta_0$ 来计算应力值。只要仪器条件不变，在后面应力测量时可用相同的 $2\theta_i^{\text{SF}}$。零应力样品的组成和晶体结构应与待测应力样品一致。比如，对含铁金属用零应力的 α 相铁粉，在输入 $2\theta_i^{\text{SF}}$ 后就无需再输 d_0 或 $2\theta_0$。对零应力样品和有应力样品来说，实际的 d_0（或 $2\theta_0$）不需要一样，其差异仅对赝静应力项 σ_{ph} 有贡献，这样测量的应力值就不受影响。

9.4.10 应力标样校正

仪器的精度可以通过与应力标样的比对来验证和比较。与上一节相同，所有点数据校正也可以通过应力标样完成。在最小二乘回归中，观察值是每个点的应变测量值：

$$y_i = \ln\left(\frac{\sin\theta_0}{\sin\theta_i}\right) \tag{9.109}$$

拟合值由下式给出：

$$\hat{y}_i = p_{11}\sigma_{11} + p_{12}\sigma_{12} + p_{22}\sigma_{22} + p_{13}\sigma_{13} + p_{23}\sigma_{23} + p_{33}\sigma_{33} + p_{\text{ph}}\sigma_{\text{ph}} \tag{9.110}$$

不同应力状态的应力分量 p_{ij} 既可设为表 9.6 所列的未知 x，也可设为零。假设用不准的仪器测量应力标样，则观察值为：

$$y_i^{\text{SS}} = \ln\left(\frac{\sin\theta_0}{\sin\theta_i^{\text{SS}}}\right) \tag{9.111}$$

式中，θ_i^{SS} 是应力标样第 i 点的测量值。标样的拟合值由下式给出：

$$\hat{y}_i^{\text{SS}} = p_{11}\sigma_{11}^{\text{SS}} + p_{12}\sigma_{12}^{\text{SS}} + p_{22}\sigma_{22}^{\text{SS}} + p_{13}\sigma_{13}^{\text{SS}} + p_{23}\sigma_{23}^{\text{SS}} + p_{33}\sigma_{11}^{\text{SS}} + p_{\text{ph}}\sigma_{\text{ph}}^{\text{SS}} \tag{9.112}$$

当使用相同仪器对未知应力的样品进行测量时，观测值中既包含有测量的真实应变又包含仪器误差引起的赝应变。假设仪器误差（赝应变）对标样和待测样是相同的，可以根据标样和待测样的差异重写剩余方差和：

$$S = \sum_{i=1}^{n} R_i^2 = \sum_{i=1}^{n} (Y_i - \hat{Y}_i)^2 \tag{9.113}$$

式中，n 为数据点的数量；S 是最小化的方差和。此时，观测值是应力标样和待测样应变测量值的差：

$$Y_i = y_i - y_i^{\text{SS}} = \ln\left(\frac{\sin\theta_0}{\sin\theta_i}\right) - \ln\left(\frac{\sin\theta_0}{\sin\theta_i^{\text{SS}}}\right) = \ln\left(\frac{\sin\theta_i^{\text{SS}}}{\sin\theta_i}\right) \tag{9.114}$$

相应地，拟合值的差由下式给出：

$$\begin{aligned}\hat{Y}_i = \hat{y}_i - \hat{y}_i^{\text{SS}} = &\, p_{11}(\sigma_{11} - \sigma_{11}^{\text{SS}}) + p_{12}(\sigma_{12} - \sigma_{12}^{\text{SS}}) + p_{22}(\sigma_{22} - \sigma_{22}^{\text{SS}}) \\ &+ p_{13}(\sigma_{13} - \sigma_{13}^{\text{SS}}) + p_{23}(\sigma_{23} - \sigma_{23}^{\text{SS}}) + p_{33}(\sigma_{33} - \sigma_{33}^{\text{SS}}) + p_{\text{ph}}\sigma_{\text{ph}}'\end{aligned} \tag{9.115}$$

式中，$\sigma_{\text{ph}}' = \sigma_{\text{ph}} - \sigma_{\text{ph}}^{\text{SS}}$，不需要将其视为两个变量。在式（9.115）中，应力系数 p_{ij} 对标样和待测样都一样。2θ 偏移对应力系数（或单位衍射矢量方向）的影响忽略不计。由于标样的 σ_{ij}^{SS} 已知，可以用上式计算待测样的应力值。仪器误差可以通过使用标样和待测样测量值的差值予以消除。

只要仪器条件不变，在接下来的应力测量中可以使用同一组 $2\theta_i^{\text{SS}}$ 和 σ_{ij}^{SS} 值。标样的组成和晶体结构应该与待测样相同。理想情况下，标样应与待测样在材料、形状、尺寸、制备工艺方面都相同，只是标样的应力值已经在特定条件下由公认的实验室或通过其他可靠的方法精确测量了出来。

如果把 σ_{ij}^{SS} 设为零，用标样校正仪器的算法与用零应力样品一致。因此，通过设置合适的 σ_{ij}^{SS} 值或将其设为零，可用相同的程序进行仪器误差校正，加权线性最小二乘法也可与上述仪器校正相结合。除仪器误差校正外，当零应力样品或标样具有与待测样品同样的形状时，样品表面和形状引起的误差也可以有效地去除。

9.5　实例

9.5.1　二维方法与传统方法的比较

通过 X 射线衍射对多晶材料的应力测量是基于单个或多个样品方向的应变测量。应变通过计算许多晶粒特定晶面 $\{hkl\}$ 的平均晶面间距得到。参与衍射的晶粒数量越多越有利于精度和采样统计性（也指晶粒统计性）。采样统计性与样品晶体结构和仪器相关。对于完美的随机取向的粉末样品，参与衍射的晶粒数量由下式给出：

$$N_s = \frac{p_{hkl}V\Omega}{4\pi v} = \frac{3p_{hkl}V\Omega}{2\pi^2 d^3} \tag{9.116}$$

式中，p_{hkl} 是衍射面的多重性因子；V 是有效采样体积；v 是平均晶粒体积；d 是平均晶粒直径；Ω 是仪器的角窗，该窗口主要取决于入射光的发散度。多重性因子 p_{hkl} 可有效提高参与衍射晶面族 (hkl) 的晶粒数量。因此，优先选用多重性因子较大的晶面族。图 9.22 画出了使用点探测器和面探测器时参与衍射的晶粒情况。使用传统点探测器时，参与衍射晶粒有限，只有满足布拉格条件的晶粒才会参与。在二维衍射系统中，满足布拉格条件的衍射线以 γ 角分布在衍射环上，因此参与衍射的晶粒较多。γ 越大，参与衍射晶粒越多，其精度和统计性也就越好。

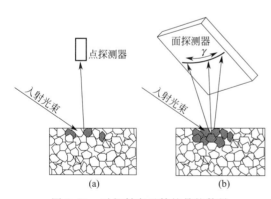

图 9.22　对衍射有贡献的晶粒数量
(a) 点探测器；(b) 面探测器

以碳钢辊子端面的残余应力测量为例。辊子是直径 3/4in（1in=0.0254m），长 1in 的圆柱体。应力数据取自辊端的中心。样品放置在 GADDS 微焦斑衍射系统的 XYZ 平台上。CrK_α 辐射，共采集 $\omega = 33°$、$48°$、$63°$、$78°$、$93°$、$108°$ 和 $123°$ 七帧图像（对应 ψ 倾斜 $69°$、$54°$、$39°$、$24°$、$9°$、$6°$，同时探测器摆角为 $-21°$）。例如图 9.23 (a) 为 $\omega = 123°$ 的衍射图像，用 γ 范围在 $67.5° \sim 112.5°$ 的 (211) 衍射环分析应力。首先，对图像沿 γ 积分，间隔为 $\Delta\gamma = 5°$，共得到九个衍射图。各 γ 值的衍射图是在 $\gamma - 1/2\Delta\gamma$ 到 $\gamma + 1/2\Delta\gamma$ 范围的积分。

例如 $\gamma = 70°$ 的衍射图是 $67.5° \sim 72.5°$ 的 γ 积分。每个 γ 角的 2θ 峰位通过 Pearson Ⅶ 函数拟合得到。从七张帧图中可以得到 2θ (γ) 形式的 63 个数据点。

七张帧图在 $\gamma = 90°$ 的数据点（ω 衍射仪的典型数据），可以用来计算应力（$\sin^2\psi$ 法）。为了比较利用二维衍射方法提高数据点量带来的增益，在每帧图上取 3、5、7 和 9 个数据点进行应力计算。传统的 $\sin^2\psi$ 法和二维法的结果比较如表 9.7 所列，其对比图如 9.23 (b) 所示。测到的应力是压应力，不同方法得到的应力值比较吻合。二维法的统计误差更小，且

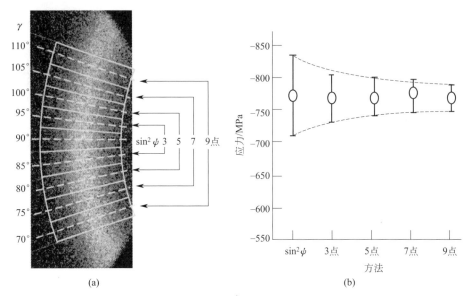

图 9.23　用二维方法和 $\sin^2\psi$ 法的应力计算（见彩图）

（a）从衍射环上得到的数据点；（b）用不同方法和不同数据点数量测到的应力值及其标准偏差

误差随着所取数据点数量的增加而降低。

表 9.7　用传统 $\sin^2\psi$ 法和二维法测量的应力值比较

方法	$\sin^2\psi$	使用不同数量数据点的二维法			
每帧数据点	1 点	3 点	5 点	7 点	9 点
全部数据点	7 点	21 点	35 点	49 点	63 点
应力/MPa	-776 ± 62	-769 ± 38	-775 ± 33	-777 ± 26	-769 ± 23

9.5.2　样品摆动和虚拟摆动

当材料晶粒尺寸较大或用小光束尺寸的微区衍射时，由于计数统计性较差，衍射圆是扭曲的。传统的方法是摆动样品（平移摆动或角摆动），以使更多的晶粒满足衍射条件。换句话说，摆动的目的是使更多的晶粒满足衍射条件，这里要求衍射晶面的法线方向与仪器衍射矢量一致。通过旋转或平移进行样品摆动也可以用在二维衍射中[47,48]，其目的是提高残余应力的测量精度。

对于二维探测器，当使用 γ 积分生成衍射图时，实际是对各种衍射矢量范围内收集的数据进行积分。由于 γ 积分对样品统计性的影响等同于传统衍射仪中在 ψ 轴的角摆动，因此该影响也称作虚拟摆动，$\Delta\psi$ 是虚拟摆动角。如第 7 章所述，虚拟摆动角 $\Delta\psi$ 可以通过积分范围 $\Delta\gamma$ 计算。

$$\Delta\psi = 2\arcsin[\cos\theta\sin(\Delta\gamma/2)] \qquad (9.117)$$

对于应力均匀平行分布在表面的大而平的样品表面，机械摆动能够有效地提高数据质量。但是对于粗糙或弯曲的样品表面，机械运动可能会导致某些样品位置误差。当每个应力测量都限制在狭小的空间时，机械摆动则不适合作应力面扫描。由于数据采集时没有样品台的物理运动，虚拟摆动可以避免这种误差。

图 9.24 给出了 SS304 不锈钢在 CrK_α 辐射下的二维衍射帧。大的晶粒尺寸导致（220）衍射环的不连续（斑点）。从 80° 到 100° 的 γ 积分会得到平滑的衍射线，从而可以精确地确定 2θ 值。在

这种情况下，$\Delta\gamma=20°$，$\theta=64°$，于是虚拟摆动角 $\Delta\psi=8.7°$。γ 积分是对 γ 范围内德拜环取的平均值，平均是在取向分布范围内进行的，而不是体积分布。用二维理论测量应力时，由于 γ 范围较大，虚拟摆动效应进一步得到加强。更重要的是，这种效应在二维方法中是固有的，沿衍射环的数据点几乎被视为它们的准确 γ 角，但是在传统方法中，虚拟摆动则是外在的。但不要紧，如果积分图是来自二维帧或物理角摆动，仍然可以视为在一个方向上收集数据。因此，测量的 2θ 值其实是 γ 积分范围或角摆动范围的平均值，即所谓的拖尾效应。例如，图 9.24 的 2θ 值是 $\Delta\gamma=20°$（$80°\sim100°$）的平均值，但却把它当作在衍射仪平面（$\gamma=90°$）收集的。然而，在二维方法中，虚拟摆动范围是所选衍射环的总范围，拖尾效应只存在于比 $\Delta\gamma$ 更小的步长中。例如，同样在图 9.24 中，以二维方法用 $\gamma=70°\sim110°$（$\Delta\gamma=4°$）的范围，会有 10 个数据点。虚拟摆动范围是 $40°$，但是拖尾效应仅发生在大于 $\Delta\gamma=4°$ 的范围，并且 $\Delta\gamma$ 步长越小，拖尾效应越不明显。

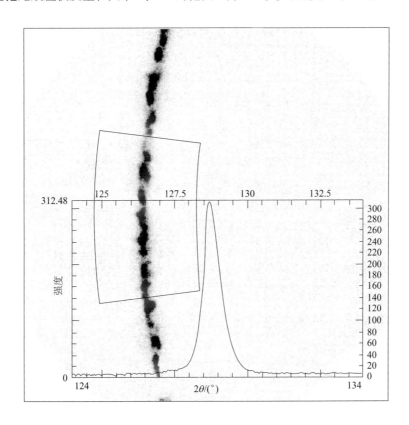

图 9.24　SS304 不锈钢板的斑点状衍射环上通过 γ 积分，在 $\Delta\gamma=20°$ 范围虚拟摆动产生的平滑衍射图

9.5.3　焊件应力的面扫描

可以用二维衍射仪[49] 测量搅拌摩擦焊接样品的残余应力面分布。通过 XYZ 样品台选择面扫描区域和步长。基于用户选择的应力分量，可以处理应力结果，并把它画在网格中。搅拌摩擦焊是一项创新的焊接技术[50]。如图 9.25（a）所示，可以通过在两块材料之间机械地翻转非消耗的焊接工具，从而形成焊缝。在焊接过程中，材料始终保持固相。

焊接工具产生足够的摩擦热以软化接触区域的材料，通过把工具前面区的材料转移到后面并混合在一起，从而实现两片材料的连接。由于接头是固态形式的，搅拌摩擦焊不产生凝固缺陷。用中子衍射研究了 Al-6061-T6 搅拌摩擦焊件的残余应力分布[51]，以及焊接速度的

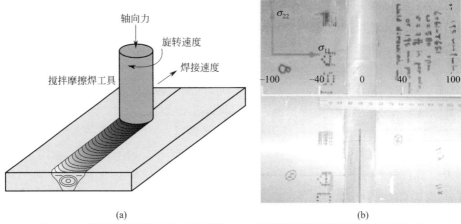

(a)   (b)

图 9.25　搅拌摩擦焊接工艺的示意图（a）和搅拌摩擦焊接的铝合金试样（b）

影响。残余应力分布是穿过焊缝中心线的双峰形状，峰值位于热影响区的中间。搅拌摩擦焊件 Al-6061-T651 样品的残余应力分布是用二维 X 射线衍射系统测量的。

　　利用搅拌摩擦焊接技术在旋转速度 580r/min 时，分别以焊接速度 113mm/min 和 195mm/min 制备了两个试样，标记为 113 和 195。原始样品尺寸为 200mm（长）×607mm（宽）×9.5mm（厚）。每个样品再被切成三个 200mm×200mm 的片，并把中间那片用于应力测量，如图 9.25（b）所示。对残余应力进行面扫描时，在距中心线 0~40mm 范围内，采用 1mm 步长扫描，从 40mm 到边缘范围，采用 5mm 步长扫描。把横跨焊接区的横向作为样品方向 S_1，纵向作为 S_2 方向。

　　用于应力测量的仪器是 Bruke D8 Discover GADDS 衍射仪，并配置 1/4 圆尤拉环。用 CrK$_\alpha$ 测量铝（311）面的应力。X 射线束的直径是 0.8mm。每个衍射帧在各个 ψ 和 ϕ 角的采集时间为 30s，每个应力数据点有 5 帧图。样品放在尤拉环的 XYZ 台上，如图 9.26（a）所示。图 9.26（b）是激光光斑的放大图，该点通过激光视频定位系统与仪器中心对齐。

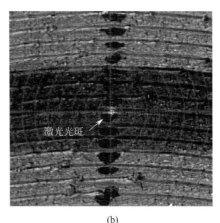

(a)   (b)

图 9.26　装载在尤拉环 XYZ 样品台上的试样和通过激光视频系统调整的
扫描点（a）及面扫描区域的放大图（激光光斑指向仪器中心）（b）（见彩图）

　　除应力测量外，利用面探测器收集的衍射帧可以揭示微观结构[52]。图 9.27 给出三个典型的衍射帧，分别位于原始材料、搅拌区以及两个区的界面处。原始铝板在距中心线

18～100mm 范围内具有大晶粒和强织构，因此衍射环沿环方向有明显的强度变化和斑点图案。在搅拌摩擦区，严重的塑性形变产生细小且几乎无织构的晶粒，结果使衍射环非常光滑且几乎没有强度波动。距离中心线 16～17mm 材料的衍射环代表原始材料和搅拌摩擦材料的混合。

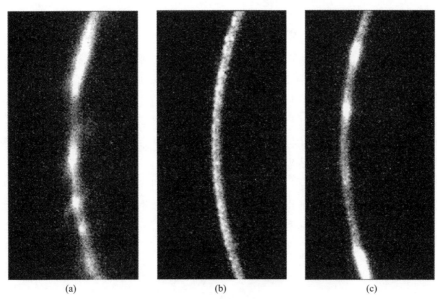

图 9.27　在三个典型区域收集的衍射帧（见彩图）

（a）原始材料；（b）搅拌摩擦区；（c）混合区

残余应力面扫描是针对顶部和底部表面进行的。横向（σ_{11}）应力分散在零应力线周围并且无任何变化趋势。纵向 σ_{22} 上的正应力分量如图 9.28 所示。在图 9.28(a) 中，距离中心 40mm 的纵向（σ_{22}）应力形成与焊接中心对称的双峰。样品 113 和 195 几乎相同。用中子衍射也能观测到类似的分布[51]。同大晶粒尺寸相比，相对小的 X 光束尺寸是使数据产生严重分散的原因。从样品边缘到焊接中心线的顶部表面和底部表面的纵向应力面扫描如图 9.28(b) 所示。从样品边缘到距中心线 40mm 处的顶部表面具有小的压应力。底部表面在相同范围内也具有压应力。然而，从40mm 到中心线区域则表现出强的拉应力，且在中心线的最大值到 250MPa 以上。

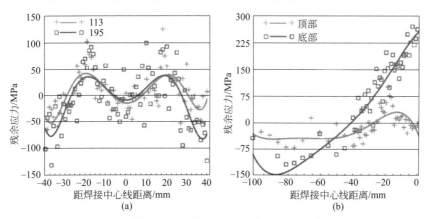

图 9.28　搅拌摩擦焊接铝合金板的残余应力面扫描

（a）两个样品接缝中心线 40mm 内的顶面上的 σ_{22}；（b）从样品边缘到焊接中心线的顶面和底面的 σ_{22}

9.5.4　薄膜的残余应力

　　有限衍射体积、应力突变或应变梯度、择优取向、各向异性晶粒形状以及不均匀相和微观结构分布导致的弱衍射信号，都对 X 射线方法精确测量应力产生挑战[53~55]。当用传统 X 衍射仪测量应力时，$\sin^2\psi$ 法通常用来计算样品表面特定 ϕ 方向的残余应力，即 σ_ϕ。d 与 $\sin^2\psi$ 的非线性关系通常与薄膜有关，会产生较差的测量结果。对于已知材料，X 射线穿透深度取决于入射角，入射角越低，穿透深度越浅。对薄膜样品，保持低的入射角可以得到薄膜层的大部分 X 射线散射线。这在传统的 $\sin^2\psi$ 法中是很难或不可能实现的。ψ 倾斜是通过两种衍射仪设置实现的：一种是同倾（ω 衍射仪），其中 ψ 旋转轴垂直于包含入射和衍射光束的衍射仪平面；另一种是侧倾（ψ 衍射仪），ψ 旋转轴在衍射仪平面内。使用 ω 衍射仪，在数据采集时入射角是变化的，因此入射角不能始终保持低角度收集数据。使用 ψ 衍射仪时，入射角由布拉格角 θ 决定，因此入射角也不能很小，除非使用一个 2θ 角非常小的峰进行应力测量。图 9.29 给出了样品坐标下的衍射矢量分布，其中紫色线是用 $\sin^2\psi$ 法测量应力，红色线是用低入射角（针对高、低 2θ 角）的二维衍射法测量应力。半球覆盖了所有可能的衍射矢量方向。$\sin^2\psi$ 法只能测量沿纵向线的衍射矢量。N 是样品法线。$\phi=0°$ 时，衍射矢量分布沿纵向线穿过 S_1 坐标和 N，这代表典型的 ω 测角仪，相应地穿过 S_2 和 N 代表 ψ 测角仪。对于任何特定的 ϕ 角，应力 σ_ϕ 通过沿相应纵向线的衍射扫描测得，即通过绕 ϕ 轴旋转样品，使得对应的纵向线与衍射仪的类型匹配。

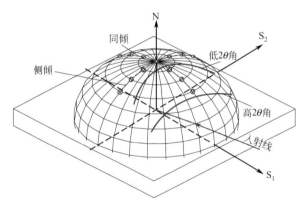

图 9.29　两种方法在样品坐标系下的衍射矢量分布（见彩图）

$\sin^2\psi$ 法（紫色）和在高、低 2θ 角（红色）都具有低入射角的二维法

　　与传统的薄膜应力测量方法相比，二维衍射法有很多优点。采用二维衍射时，应力测量是基于应力张量和衍射圆锥扭曲之间的直接关系。衍射矢量在每次测量时覆盖更多的方向，并且不必像常规 $\sin^2\psi$ 法所要求的那样沿经线方向分布。原则上，任意方向分布的衍射矢量数据都可以用来计算应力。这可以在同等或小范围入射角下测量一组衍射数据。因此，可以控制 X 衍射线的穿透深度，以达到薄膜或衬底的某层。可以通过测量各种入射角下的应力来给出应力梯度。图 9.29 还说明采用二维衍射法在低入射角度的衍射矢量分布。矢量分布取决于入射角和 2θ 值。该图给出了一个低 2θ 角和一个高 2θ 角的矢量分布。在用低入射角测量应力时，可以使用低角或高角（2θ）。通过适当的 ϕ 旋转，衍射矢量在应力测量时可以具有良好的角度覆盖范围。

　　薄膜残余应力测量的一个实例是，测量微弧氧化制备的 TiO_2 薄膜[31,56,57]。编号为 1

到 4 的样品经过脉冲直流电流处理，频率为 100Hz，占空比 20%，电压分别是 240V、350V、400V 和 450V，薄膜厚度为 5μm。四个薄膜都含有金红石和锐钛矿，金红石含量随着电压增大而增加。用二维衍射法测量 TiO_2 薄膜的残余应力，ω 角固定在 15°。这代表在 ψ=0° 时入射角为 15°，在其他 ψ 处的入射角小于 15°。图 9.30 给出了一幅衍射帧，其中在入射角 15° 时，用收集到的锐钛矿（101）的衍射峰（2θ≈25.3°）计算应力。用同一幅衍射帧上 Ti（101）峰（2θ≈40.2°）测量较低穿透深度处的基底应力。在固定 ω 角为 54.5° 时，通过测量 Ti（211）峰（2θ≈109.1°）来测量应力。这代表在 ψ=0° 的入射角为 54.5°，在其他 ψ 角时，入射角略小于 54.5°。测量结果代表的是穿透深度较大时 Ti 基底的残余应力。结果列于表 9.8 中。

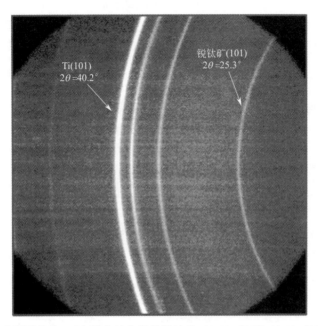

图 9.30　用于应力测量的在 15°入射角处收集的锐钛矿（101）和 Ti（101）的衍射峰（见彩图）

表 9.8　TiO_2 薄膜和 Ti 基底的残余应力　　　　　　　　　单位：MPa

样品应力	1 号:240V			2 号:350V			3 号:400V			4 号:450V		
	σ_{11}	σ_{12}	σ_{22}	σ_{11}	σ_{12}	σ_{22}	σ_{11}	σ_{12}	σ_{22}	σ_{11}	σ_{12}	σ_{22}
TiO_2 薄膜	−40	−20	−78	−341	−28	−237	−330	−51	−224	−640	131	−538
Ti(101)	−457	−1	−467	−331	−20	−331	−433	−30	−378	−646	253	−285
Ti(211)	−269	2	−315	−273	−26	−263	−332	−36	−285	−156	5	−90

结果表明，来自基底和薄膜残余应力的所有法向分量都是压应力。面内切应力 σ_{12} 远小于相应正应力分量 σ_{11} 和 σ_{22}，并且具有相同的误差水平，因此可以得出结论：所有样品都包含等轴应力。较大 X 射线穿透深度处基底的残余应力值小于较小穿透深度处。这是由 Ti 基底中的应力梯度引起的。Ti（211）应力的平均标准偏差为 9%，Ti（101）为 12%。1 号样品 Ti 薄膜的残余应力具有相同的标准偏差，可以忽略。2 号和 4 号样品上 TiO_2 薄膜的平均标准偏差为 20%。来自 TiO_2 薄膜的相对弱的衍射强度是标准偏差较大的主要原因。

逐层剥离技术常用于测量表面以下的残余应力梯度[58~62]，也可以通过改变入射角非破坏性地测量 X 射线最大穿透深度范围内的应力分布。对于已知材料的二维衍射，X 射线的穿透深度与其线性吸收系数 μ、测角仪角 ω 和 ψ、2θ 以及方位角 γ 有关。近似地，只考虑衍射仪平面内的衍射并忽略 γ 对穿透深度的作用。衍射强度分数 G_t 在穿透深度 t 处由下式给出[63]：

$$G_t = 1 - \exp\left\{ -\mu t \left[\frac{1}{\sin\omega\cos\psi} + \frac{1}{\sin(2\theta-\omega)\cos\psi} \right] \right\} \tag{9.118}$$

对于一阶近似，可以假设由每个单位厚度单元对衍射圆锥的点贡献，与来自该单元衍射强度的分数成正比。因此，假设应力深度梯度是线性的，对应于总衍射强度 50% 的穿透深度 t 处的应力值也是全部穿透时的衍射加权平均应力。因此，$G_t = 0.5$ 时

$$t = \frac{0.693\sin\omega\sin(2\theta-\omega)\cos\psi}{\mu[\sin\omega + \sin(2\theta-\omega)]} \tag{9.119}$$

图 9.31 为一系列不同入射角 t_1，t_2，…，t_i，…，t_n 的应力值，其中 t_1 对应最低入射角。这种在 t 上的分布会延伸到更大的深度，因此只考虑每个深度 t_i 的应力分布。在 t_1 时，可得

$$\sigma_1 = \sigma_{<1>} \tag{9.120}$$

假设在 t_2 的平均应力是 t_1 层和 $t_2 - t_1$ 层的贡献叠加，即

$$\sigma_{<2>} = \sigma_{<1>}\left[1 - \exp\left(-\frac{t_1}{t_2} \right) \right] + \sigma_2 \exp\left(-\frac{t_1}{t_2} \right) \tag{9.121}$$

于是，可得计算深度 t_i 应力值的通式

$$\sigma_i = [\sigma_{<i>} - \sigma_{<i-1>}]\exp\left(\frac{t_{i-1}}{t_i} \right) + \sigma_{<i-1>} \tag{9.122}$$

上式是一个相当简化的近似式。还有更加复杂的应力深度剖面分析的算法[58~62,64,65]。

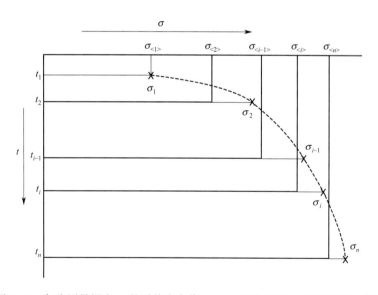

图 9.31   每个测量深度 t_i 的平均应力值 $\sigma_{<i>}$，相应深度 t_i 处的计算应力值

9.5.5   用多个 {hkl} 衍射环测量残余应力

面探测器的衍射帧通常包含多个衍射环，因此可以用多个 {hkl} 晶面族的衍射环测量应力。首先，这样可以增加应力计算的数据点，从而提高采样统计性。其次，由于不同的取

向分布来自不同的 $\{hkl\}$ 晶面，某一 $\{hkl\}$ 面的微弱衍射信号很可能通过另一个 $\{hkl\}$ 面的强衍射信号进行补偿。还有很多其他情况，比如薄膜或强织构的样品，用多条衍射线可以获得更好的应力测量结果。应力结果受择优取向和弹性各向异性的影响较小。通过使用多个衍射环，还可以在不减小角度覆盖范围的情况下减小倾角的数量。图 9.32（a）给出了具有多个 $\{hkl\}$ 线的示意图。$2\theta_1$、$2\theta_i$ 和 $2\theta_n$ 分别对应晶面 $\{h_1k_1l_1\}$、$\{h_ik_il_i\}$ 和 $\{h_nk_nl_n\}$ 的衍射环。使用多个环的目的是把多个环生成的线性方程组合起来，并使用最小二乘法对其求解，以获得应力分量。当用多个 $\{hkl\}$ 时，除了每个 $\{hkl\}$ 环有不同的 2θ 值之外，所有应力状态的线性方程都与单个 $\{hkl\}$ 相同。第 i 环的切向双轴应力线性方程由下式给出：

$$p_{11}\sigma_{11}+p_{12}\sigma_{12}+p_{22}\sigma_{22}+p_{13}\sigma_{13}+p_{23}\sigma_{23}+p_{\mathrm{ph}}\sigma_{\mathrm{ph}}=\ln\left(\frac{\sin\theta_{0i}}{\sin\theta_i}\right) \tag{9.123}$$

式中，θ_{0i} 是 $\{h_ik_il_i\}$ 环的输入零应力值。这样，每个 $\{hkl\}$ 环在每个数据点都可以生成线性方程，所有这些方程都可以由最小二乘法来求解。当用多个 $\{hkl\}$ 线计算应力时，关键是所有 $\{hkl\}$ 线的晶格对称性和各向异性弹性要一致。例如，在双轴应力时，每条线初始 d_0（或 $2\theta_0$）的误差只能产生赝静应力（膨胀或收缩）形变，而不是畸变。在计算时为了保持相同的赝静应力分量，所有 $\{hkl\}$ 线的初始零应力 $2\theta_0$ 值必须与其晶格结构一致。例如，对于立方结构，应保持以下关系：

$$\frac{\sin\theta_{01}}{\sqrt{h_1^2+k_1^2+l_1^2}}=\cdots=\frac{\sin\theta_{0i}}{\sqrt{h_i^2+k_i^2+l_i^2}}=\cdots=\frac{\sin\theta_{0n}}{\sqrt{h_n^2+k_n^2+l_n^2}} \tag{9.124}$$

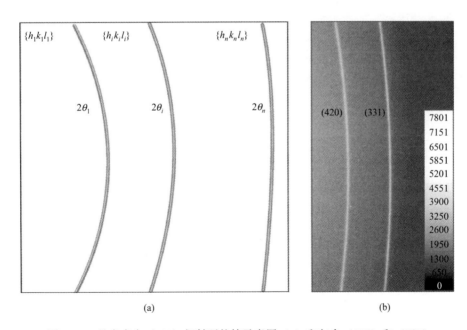

图 9.32　具有多个 $\{hkl\}$ 衍射环的帧示意图（a）和包含（331）和（420）衍射环 Cu 膜的衍射帧（b）

为了使初始 d_0（或 $2\theta_0$）值保持一致，对于某个 $\{hkl\}$ 应仅有一个 $2\theta_0$ 值被设为初始的零应力值，其他 $\{hkl\}$ 环的零应力 $2\theta_0$ 值可以由上式给出。对于立方晶体，把 $\{h_1k_1l_1\}$

的 $2\theta_0$ 值用作初始的输入值，其他 $\{hkl\}$ 环的 $2\theta_0$ 值可以由下式给出：

$$\theta_{0i} = \arcsin\left(\frac{\sqrt{h_i^2 + k_i^2 + l_i^2}}{\sqrt{h_1^2 + k_1^2 + l_1^2}} \sin\theta_{01}\right) \quad i = 2, 3, \cdots, n \tag{9.125}$$

对于其他非立方晶格，θ_{0i} 和 θ_{01} 的关系列于表 9.9 中。在处理完选定 $\{hkl\}$ 衍射环的所有数据点后，可以通过线性方程式(9.123)的最小二乘回归或所选应力状态的等效值来计算。其中 $\ln(\sin\theta_0/\sin\theta)$ 分别由 $\ln(\sin\theta_{0i}/\sin\theta_i) i = (1, 2, \cdots)$ 代替。

表 9.9   用多个 $\{hkl\}$ 衍射环分析应力的 θ_{0i} 方程

晶系	方程
立方	$\theta_{0i} = \arcsin\left(\dfrac{\sqrt{h_i^2 + k_i^2 + l_i^2}}{\sqrt{h_1^2 + k_1^2 + l_1^2}} \sin\theta_{01}\right)$
四方	$\theta_{0i} = \arcsin\left[\dfrac{\sqrt{h_i^2 + k_i^2 + (a/c)^2 l_i^2}}{\sqrt{h_1^2 + k_1^2 + (a/c)^2 l_1^2}} \sin\theta_{01}\right]$
六方	$\theta_{0i} = \arcsin\left[\dfrac{\sqrt{4h_i^2 + 4h_i k_i + 4k_i^2 + 3(a/c)^2 l_i^2}}{\sqrt{4h_1^2 + 4h_1 k_1 + 4k_1^2 + 3(a/c)^2 l_1^2}} \sin\theta_{01}\right]$
菱形(三方)	$\theta_{0i} = \arcsin\left[\dfrac{\sqrt{(h_i^2 + k_i^2 + l_i^2)\sin^2\alpha + 2(h_i k_i + k_i l_i + h_i l_i)(\cos^2\alpha - \cos\alpha)}}{\sqrt{(h_1^2 + k_1^2 + l_1^2)\sin^2\alpha + 2(h_1 k_1 + k_1 l_1 + h_1 l_1)(\cos^2\alpha - \cos\alpha)}} \sin\theta_{01}\right]$
正交	$\theta_{0i} = \arcsin\left[\dfrac{\sqrt{h_i^2 + (a/b)^2 k_i^2 + (a/c)^2 l_i^2}}{\sqrt{h_1^2 + (a/b)^2 k_1^2 + (a/c)^2 l_1^2}} \sin\theta_{01}\right]$
单斜	$\theta_{0i} = \arcsin\left(\dfrac{\sqrt{\dfrac{h_i^2}{a^2} + \dfrac{k_i^2 \sin^2\beta}{b^2} + \dfrac{l_i^2}{c^2} - \dfrac{2h_i l_i \cos\beta}{ac}}}{\sqrt{\dfrac{h_1^2}{a^2} + \dfrac{k_1^2 \sin^2\beta}{b^2} + \dfrac{l_1^2}{c^2} - \dfrac{2h_1 l_1 \cos\beta}{ac}}} \sin\theta_{01}\right)$
三斜	$\theta_{0i} = \arcsin\left[\dfrac{\sqrt{\begin{array}{l}\dfrac{h_i^2}{a^2}\sin^2\alpha + \dfrac{k_i^2}{b^2}\sin^2\beta + \dfrac{l_i^2}{c^2}\sin^2\gamma + \dfrac{2k_i l_i}{bc}(\cos\beta\cos\gamma - \cos\alpha) \\ + \dfrac{2l_i h_i}{ca}(\cos\gamma\cos\alpha - \cos\beta) + \dfrac{2h_i k_i}{ab}(\cos\alpha\cos\beta - \cos\gamma)\end{array}}}{\sqrt{\begin{array}{l}\dfrac{h_1^2}{a^2}\sin^2\alpha + \dfrac{k_1^2}{b^2}\sin^2\beta + \dfrac{l_1^2}{c^2}\sin^2\gamma + \dfrac{2k_1 l_1}{bc}(\cos\beta\cos\gamma - \cos\alpha) \\ + \dfrac{2l_1 h_1}{ca}(\cos\gamma\cos\alpha - \cos\beta) + \dfrac{2h_1 k_1}{ab}(\cos\alpha\cos\beta - \cos\gamma)\end{array}}} \sin\theta_{01}\right]$

如果考虑弹性常数的各向异性效应，则应在应力系数 p_{ij} 和 p_{ph} 中使用每个 $\{hkl\}$ 环的 XEC、$1/2S_2\{hkl\}$ 和 $S_1\{hkl\}$。

下面是用 1.4Å 同步辐射光源和 CCD 探测器测量一个 Cu 膜的实例。厚度为 1μm 的高度织构的 Cu 膜沉积在专用基底上。选用（331）或（420）单峰进行应力计算，并与同时用上述两个峰的结果进行比较。图 9.32（b）是在 30s 内收集到的部分衍射帧，样品安放在应变加载台上，在不同加载下收集衍射帧。在每个加载下收集 $\omega = 106.1°$ 和 $79.5°$ 的两个衍射帧，每个衍射帧包含（331）和（420）两个衍射环。Cu 的宏观弹性常数 $E = 129800\text{MPa}$，$\nu = 0.343$。各向异性因子 $A_{RX} = 1.09$，各向异性弹性常量为 S_1｛331｝ $= -2.576 \times 10^{-6}/\text{MPa}$，$1/2S_2$｛331｝ $= 1.015 \times 10^{-5}/\text{MPa}$，$S_1$｛420｝ $= -2.618 \times 10^{-6}/\text{MPa}$，$1/2S_2$｛420｝ $= 1.045 \times 10^{-5}/\text{MPa}$。图 9.33 显示了使用 Bruker LEPTOS^{TM}6.01 软件对（331）和（420）进行数据分析时的设置。图中显示了（331）的积分范围，（420）范围除 2θ（$118°\sim 122°$）不同外，与（331）是一样的。

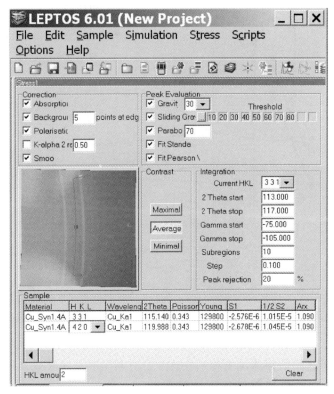

图 9.33　使用 LEPTOS 软件进行数据积分的区域和应力计算的设置

图 9.34 给出了不同加载应变下的应力测量值。顶部的三条实线是用三种不同设置计算的应力值，一个只用（331）环，一个只用（420）环，另一个同时用（331）和（420）环。随着加载量的增加，这三条线遵循同样的趋势。（331）和（420）的差异可能来自各向异性弹性，即使引入了各向异性因子 1.09 仍存在上述差异。标准偏差也显示在图中，右边是刻度。（331）＋（420）的标准偏差相对只有（331）或（420）要小。考虑到对（331）＋（420）数据点的最小二乘回归必须覆盖这两个环之间的差异，其统计误差实际上会远小于（331）或（420）。

应力和加载应变的关系初期是线性的，虚线代表来自（331）＋（420）数据点的应力和加载应变的线性关系。该线性关系一直保持到大概 500MPa，对应于 Cu 膜的屈服点，这略高于材料的屈服强度（471MPa）。材料屈服强度由通过微拉伸试验机测量的聚酰亚胺基底上的各种厚度 Cu 薄膜的一系列应力-应变曲线获得的经验方程给出[66]。两者的差异可能是由于薄膜的杨氏模量通常比单晶 Cu 低 20％。虽然没有测量未加载时的应力，但可以通过外推估计为 320MPa。

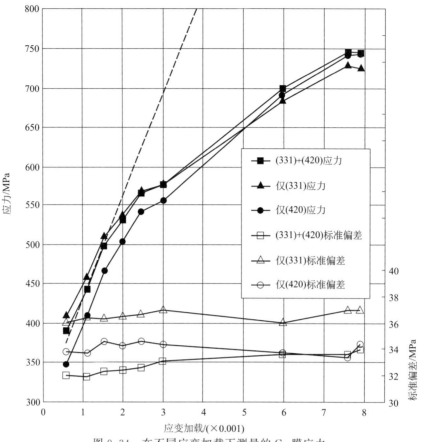

图 9.34　在不同应变加载下测量的 Cu 膜应力

9.5.6　单倾角法

由于二维探测器的角度覆盖范围较大，可以用单个 ψ 倾角测量残余应力。单倾角法可以避免与 ψ 旋转相关的样品高度误差，这在测量低 2θ 角峰的应力时尤其重要。另一个优势是在恒定的入射角下材料的穿透深度相当，这十分有利于测量薄膜或是具有较陡应力梯度样品。通常，高 2θ 角峰的位移更加显著且对样品高度误差不太敏感，因此会优先选择此类峰。但是对于薄膜、涂层或聚合物材料，可能无法获得高 2θ 角或者适合的衍射峰来进行应力测量。对于低 2θ 角的峰，用传统的 $\sin^2\psi$ 法测量应力非常困难甚至不太可能实现。采用同倾法时，倾角范围也是有限的，倾角必须小于 θ，才能使入射光或反射光照到样品表面。而采用侧倾法，样品表面的真实入射角会更小，测量结果对样品的高度误差非常敏感。

图 9.35 描绘了用点（零维）探测器和

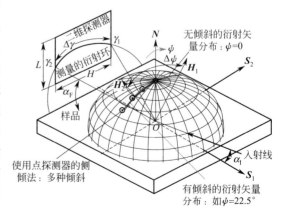

图 9.35　零维和二维探测器的衍射矢量分布

二维探测器收集衍射图的衍射矢量分布。半球代表所有从原点 O 到样品坐标 $S_1 S_2 S_3$ 的可能方向。使用点探测器在 $\psi = 0°$ 时，衍射矢量指向样品的法线方向 N。为了测量应力，样品必须倾斜在几个不同的 ψ 角，例如 $0°$、$15°$、$30°$ 或 $45°$（标记为 ⊙）。使用二维探测器时，衍射矢量的轨迹覆盖粗线所示的范围。衍射矢量 H_1 和 H_2 对应于探测器覆盖的衍射环上 γ_1 和 γ_2 的两个极值，$\Delta\psi$ 是衍射矢量分布的全部角度范围，$\Delta\gamma$ 是 γ 角范围。单倾 ψ 角时，例如 $22.5°$，衍射矢量的覆盖范围如灰线所示。当探测器距离适当时，低 2θ 角的衍射环，也可以覆盖到足够的角度范围以使用单倾法测量应力。用于应力测量的完整数据收集可以在多个 ψ 下进行，例如间隔 $45°$ 做 $360°$ 扫描。因此，只能在固定的 ψ 角用 ϕ 扫描收集衍射数据集。对于大多数欧拉几何测角仪，ϕ 轴通常建立在具有非常小的误差球的精密轴承上，而 ψ 轴旋转通过圆形轨道实现，该轨道往往具有更加显著的误差球。避免 ψ 旋转可以显著降低数据收集时的样品高度变化，从而提高测量精度。

衍射矢量分布范围由探测器距离 D、探测器高度 H、探测器宽度 L、布拉格角 2θ 和摆角 α 确定。为了获得平板探测器的 $\Delta\psi$，首先通过以下两个隐式计算 γ_1 和 γ_2：

$$H(\cos\alpha\cos2\theta - \sin\alpha\sin2\theta\sin\gamma_1) + 2D\sin2\theta\cos\gamma_1 = 0 \tag{9.126}$$

$$H(\cos\alpha\cos2\theta - \sin\alpha\sin2\theta\sin\gamma_2) - 2D\sin2\theta\cos\gamma_2 = 0 \tag{9.127}$$

这样，$\Delta\psi$ 可以通过 $\Delta\gamma = |\gamma_2 - \gamma_1|$ 由下式计算：

$$\Delta\psi = 2\arcsin[\cos\theta\sin(\Delta\gamma/2)] \tag{9.128}$$

可见，这与虚拟摆动的方程相同。在典型的平板二维探测器配置中，摆角（无论正与负）设在 2θ 附近（$|\alpha| = 2\theta$），这样平板探测器和柱面探测器之间的像差就会很小，特别是当探测器尺寸 H 小于 D 时更明显。在这种情况下，平板探测器的 $\Delta\gamma$ 可以从柱面探测器的方程中近似得出，其误差可以忽略不计。柱面探测器的 $\Delta\gamma$ 可由下式给出：

$$\Delta\gamma = 2\arcsin\frac{H}{\sin2\theta\sqrt{4D^2 + H^2}} \tag{9.129}$$

式中，D 可以用于柱面探测器的半径，因为它等于平板探测器中样品到探测器的距离。把式（9.129）与式（9.128）合并，可得：

$$\Delta\psi = 2\arcsin\left(\frac{H}{2\sin\theta\sqrt{4D^2 + H^2}}\right) \tag{9.130}$$

如果衍射环在探测器侧边被切断，则测量的 γ 范围可能受到探测器宽度 L 的限制，特别是当低 2θ 角的衍射环以及在探测器宽度远小于探测器高度 H 时（$L \ll H$），受限更加明显。当 γ 范围受探测器宽度限制时，$\Delta\gamma$ 可由下式得到：

$$\Delta\gamma = 2\arccos\frac{\cos2\theta(2D\sin\alpha + L\cos\alpha)}{\sin2\theta(L\sin\alpha - 2D\cos\alpha)} \tag{9.131}$$

将上式与式（9.128）合并，可得

$$\Delta\psi = 2\arcsin\left\{\cos\theta\sin\left[\arccos\frac{\cos2\theta(2D\sin\alpha + L\cos\alpha)}{\sin2\theta(L\sin\alpha - 2D\cos\alpha)}\right]\right\} \tag{9.132}$$

图 9.36（a）给出了平板和柱面二维探测器衍射矢量分布范围 $\Delta\psi$ 与 2θ 的关系。平板探测器到样品的距离以及柱面探测器的半径都是 $20cm$，探测器的高度（垂直于衍射仪平面）也都是 $12cm$。可见，这两个图几乎相同。只要平板探测器的宽度 L 大于 $6cm$，都是这种情形。平板探测器宽度 $L = 3cm$ 并且 $|\alpha| = 2\theta$ 时，如图 9.36（a）中实线所示，$\Delta\psi$ 覆盖范围在低 2θ 角区是减小的。对于宽度 L 较小的探测器，$\Delta\psi$ 覆盖范围可以通过使用如下范围的

小摆角 α 予以提高：

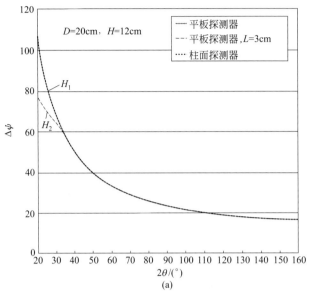

(a)

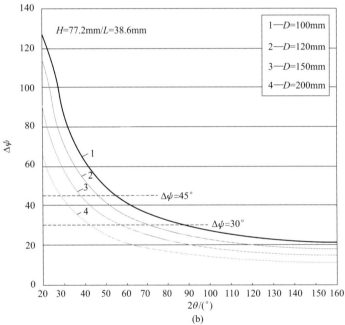

(b)

图 9.36   衍射矢量分布范围 $\Delta\psi$ 与 2θ 的关系

(a) 平板和柱面探测器；(b) γ 优化取向的 Eiger 2R 500k^{TM} 探测器

$$2\theta - \arctan\frac{L}{2D} < |\alpha| < 2\theta \qquad (9.133)$$

图 9.36(b) 给出了在不同探测器距离和 γ 优化方向（$H = 77.2\text{mm}$ 和 $L = 38.6\text{mm}$）下，Eiger 2R 500k^{TM} 探测器计算的衍射矢量分布范围 $\Delta\psi$ 与 2θ 的关系。柱面探测器的 $\Delta\psi$-2θ 线也可以通过上式计算，并且误差可忽略不计。用单倾角测应力时，$\Delta\psi > 30°$ 是可以接受的，但是最理想的覆盖范围是 45° 及以上。较短的探测器距离可以提高 $\Delta\psi$。通常，$\Delta\psi$ 在低 2θ 角度下要大。因此，单倾法更适合中间或较低的 2θ 角度。

ψ 倾时，入射角由下式得到：

$$\alpha_1 = \arcsin(\sin\omega\cos\psi) \tag{9.134}$$

出射角 α_F 随 γ 值变化：

$$\alpha_F = \arcsin(-\cos2\theta\sin\omega\cos\psi - \sin2\theta\sin\gamma\cos\omega\cos\psi - \sin2\theta\cos\gamma\sin\psi) \tag{9.135}$$

式中，α_F 在反射模式下是正值。尽管出射角可变，它可能会影响到沿 γ 的散射强度，但是不影响应力分析，这是由于对每个数据点都是在相同 γ 值时评估其 2θ 变化量。数据采集时 ϕ 旋转不能改变入射角和出射角，因此穿透深度是不变的。

图 9.37 给出了由 GADDS 软件生成的单倾角测试方案。图 9.37(a) 是 PE 聚合物的 (020) 衍射帧，$2\theta = 36.3°$，$\psi = 22.5°$，探测器到样品的距离 $D = 20\text{cm}$。图 9.37(b) 是 Al_2O_3 (116) 衍射帧，$2\theta = 57.5°$，$\psi = 22.5°$ 和 $D = 15\text{cm}$。弧表示对应于数据集的衍射矢量轨迹，S_1 和 S_2 是两个样品的方向。间隔线（粗虚线）标记的是在 $\phi = 0°$ 处收集的帧所覆盖的衍射矢量范围。以 $45°$ 间隔 ϕ 旋转共收集 8 帧时，单倾角方案会产生更加复杂对称分布的全方位覆盖。由以上策略收集的数据可以用来计算全部双轴应力张量的分量。每帧收集的衍射环覆盖了从样品法线附近到接近 $45°$ 高倾角的矢量方向分布。用单倾角法测量应力时探测器的转动误差非常敏感，该误差可以在收集数据前进行测量和校正。

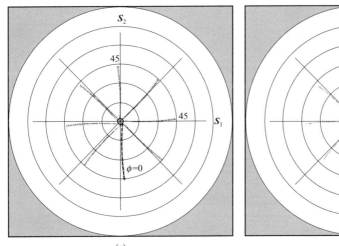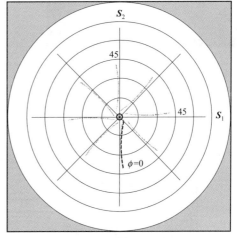

图 9.37　单倾角 $\psi = 22.5°$ 和 $45°$ 间隔完全 ϕ 旋转的数据收集方案

(a) PE 聚合物 (020)，$2\theta = 36.3°$，$D = 20\text{cm}$；(b) Al_2O_3 (116)，$2\theta = 57.5°$，$D = 15\text{cm}$

用配有尤拉环和 Våntec500 二维面探测器的 Bruker D8Discover X 射线衍射系统，对专用切削刀片上厚 $1\mu\text{m}$ 的 Al_2O_3 涂层的残余应力进行了测量。在应力分析时，使用 CuK_α 辐射，$2\theta = 57.5°$ 的 (116) 晶面的衍射环以及 Bruker DIFFRAC. LEPTOS 7.9 软件。图 9.38 给出了数据分析的参数设置。数据积分范围是 2θ 从 $56°$ 至 $59°$，γ 从 $-115°$ 至 $-65°$。$50°$ 的 γ 范围被分成 10 个子区域，每个子区域为 $5°$。每个子区域的数据被积分成一个衍射圆，用 Pearson Ⅶ 函数拟合峰形和确定 2θ 峰位。图 9.39 给出了利用一组数据点分析应力的结果。(a) 上方的表是二维帧的拟合数据点。(b) 上方的表是在 γ-2θ 直角坐标系下（放大 2θ 刻度）拟合的数据点，其中黑粗线代表 $2\theta_0$，十字及线表示每个子区域的图形拟合数据点，曲线（细）表示通过应力结果计算的衍射环。十字在曲线（细）周围的分散代表数据的质量，影响着应力结果的标准偏差。探测器的任意转动误差都会改变拟合数据点和曲线（细）的趋势，从而影响应力结果。单击任意数据点，积分图显示在"(c)"区。每帧采集 60s，全部数据收集时间是 8min。测到的应力值

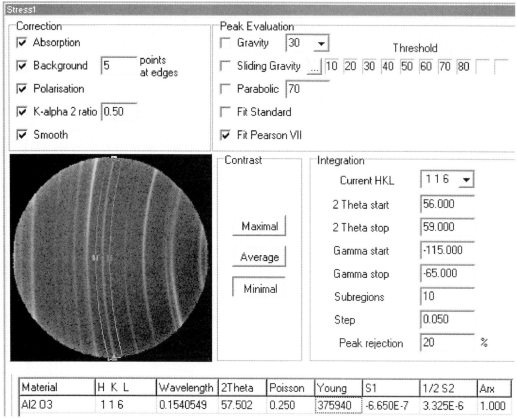

图 9.38　使用 LEPTOS 软件对切削刀片上 $1\mu m$ 厚的 Al_2O_3 涂层进行数据分析的设置

显示在"（d）"区，分别是 $\sigma_{11}=954.7 MPa$，$\sigma_{22}=957.9 MPa$，标准偏差 26.5MPa（<3%）。

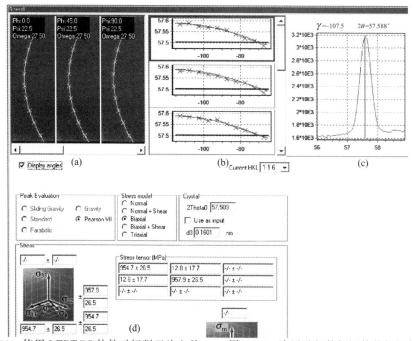

图 9.39　使用 LEPTOS 软件对切削刀片上的 $1\mu m$ 厚 Al_2O_3 涂层进行数据评估数据评估结果

　　单倾角法特别适合聚合物中的残余应力或加载应力测量。用 X 射线衍射测量应力时，聚合物样品必须含有足够的结晶相。聚合物的衍射峰通常出现在低角度。例如，聚乙烯（PE）聚合物在 2θ 约 21.4°、23.6°和 36.3°处有三个衍射环（CuK_α 辐射），分别对应晶面（110）、（200）和（020）。即使用 36.3°的峰，应力测量误差也较大，这是由多个样品倾斜角的误差球引起的。单倾角法可以解决这个问题。聚合物应力测量的另外一个挑战是较小应力值。然而，由于杨氏模量偏低，如高密度聚乙烯的杨氏模量仅为 1070MPa，与金属相比，其 2θ 位移（应变）更加显著。由于穿透深度大，聚合物的零正应力的假设（样品表面 $\sigma_{33}=0$）可能不如金属准确。

　　采用单倾角法测量高密度聚乙烯（HDPE）管上残余应力时[67]，使用 $I_\mu S$ Cu 微焦斑光源，Våntec500 二维探测器和 $\theta\text{-}\theta$ 测角仪。HDPE 管直径为 32mm，壁厚为 3mm。从管上切下来的样品长度为 50mm。测量了管外面以及沿轴方向共 7 个点的残余应力。为了避免切削刃附近的松弛效应，测量从距一端 10mm 的位置开始，每隔 5mm 测一个点，到距另一端 10mm 处结束。利用图 9.37（a）的数据收集策略，每点收集八个帧。图 9.40 给出了用 LEPTOS 软件对一个测量点数据分析的设置以及拟合结果。测得的应力在管子挤压方向上是拉应力，并且这 7 个点的变化幅度在 1.3～2.2MPa 之间，在轴向上是压应力，变化幅度在 6.5～8.1MPa 之间。

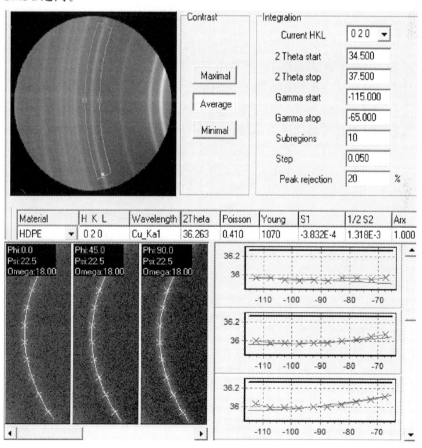

图 9.40　用 LEPTOS 软件对 HDPE 管进行数据分析的设置以及拟合结果

　　总之，对于薄膜、涂层或聚合物，当高 2θ 角的衍射峰不可用或不合适时，低 2θ 角的峰也可用于分析应力。低 2θ 角的衍射环在固定倾角时，衍射矢量分布能够满足应力或应力张量测量的角度覆盖范围。在数据采集时不需要变化，只需要 ϕ 旋转，样品高度要保持绝对不变，数据采集时间可以缩短。单倾角法是只针对二维衍射系统的独特方法，可以用中低角衍射峰，对薄膜、涂层和聚合物进行快速准确的残余应力测量。

9.5.7　重复性和重现性研究

重复性和重现性测试长期以来被许多行业视为标准，尤其在汽车工业[68~70]。重复性和重现性是一种用于评估测量系统精度的统计质量控制方法。通过评估几个操作员（鉴定人）对一定数量的零件（试验）进行大量测量的结果，最后生成一份估算测量系统重复性和重现性逐项变化以及整个系统变化的报告。

在本研究中评估残余应力的测量系统是 Bruker 二维衍射系统 GADDS[71,72] 该系统可用以下任一方法测量残余应力：传统方法和二维方法。测量时仪器配置如下：CrK$_\alpha$ 辐射（λ ＝2.2897Å），发生器电压/电流为 35kV/50mA，仅带前针孔的 0.5mm 准直器。应力测量参数为：(211) 峰的 $2\theta = 156°$，$E = 210000\text{MPa}$，$\nu = 0.28$，$A_{RX} = 1.49$。每次应力测量时，在 $\psi = -45°$、$-30°$、$-15°$、$0°$、$15°$、$30°$、$45°$（ω 为 $57° \sim 147°$，间隔步长为 $15°$）处共取 7 帧，每帧的采集时间是 1min。一次应力测量用时 7min。衍射系统首先要用零应力样品校准，其测量值为 $0 \pm 12\text{MPa}$。校准结果表明该系统已调整好。

残余应力测量时使用十个 Almen 条带，其硬度为 55°HRC，并使用 S170 铸钢钢丸对其两面分别喷丸处理 30min。由三个操作人员分别对每个样品测量三次，共获得 90 个残余应力结果。用传统 $\sin^2\psi$ 法测量应力时，软件中有四种拟合峰的方法，方法不同其结果也有差异。例如，对于 1 号样品，A 操作人员分别用重心法、滑移重心法和曲线拟合法测出的应力值为 -647MPa、-649MPa 和 -643MPa。而使用传统法与二维法的差异则较小。用二维法对同一数据使用高斯拟合得到的应力值是 -644MPa。图 9.41 给出了使用传统 $\sin^2\psi$ 法和二维法的关系。为了保持一致性，把曲线拟合法得到的应力值作为重复性和重现性的标准。90 次测量的平均值为 $-627.8 \pm 19.4\text{MPa}$，平均标准偏差为平均应力值的 3.1%。

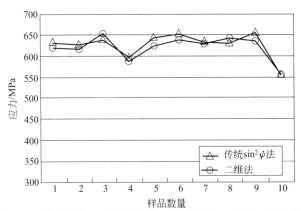

图 9.41　传统法与二维法的比较（10 个样品，每个测量 9 次）

重复性和重现性测量的条件包括三个操作人员、十个部件和三个试验。每个操作员测量的每个样品的 R_1 由三次实验的最大值减去最小值得出。每个操作员的平均 R_{A1}、R_{B1} 和 R_{C1} 是由每个操作员的 10 次 R_1 平均得出。重复性和重现性的标准公式总结如下[70,72,73]。

重复性：仪器偏差（$E.V.$）是同一操作员使用同一仪器（量具）在相同部件上测量相同参数时的测量值偏差。

$$E.V. = \overline{R} \times K_1 \tag{9.136}$$

式中，$\overline{R}$ 是所有操作员的平均值，三次试验的 $K_1 = 3.05$。

重现性：操作员偏差（$A.V.$）是指不同操作员使用相同仪器测量相同部件的相同参数产生的平均值偏差：

$$A.V. = \sqrt{(\overline{X}_{diff} K_2)^2 - (E.V.)^2 / nt} \tag{9.137}$$

式中，$\overline{X}_{diff}$ 是每个操作员测量的平均值范围，三个操作员的 $K_2 = 2.70$，$n = 10$ 是部件的数量，$t = 3$ 是试验次数。

量具精度（测量误差）：重复性和重现性（$R\&R$）是测量系统误差，它代表着测量值与真实值之间的差异，是 $E.V.$ 和 $A.V.$ 的结合。

$$R\&R = \sqrt{(E.V.)^2 + (A.V.)^2} \tag{9.138}$$

部件偏差（$P.V.$）：是不同部件或样品测量值的偏差。这种偏差是由不同部件之间"真实值"的差异引起的。它不代表测量系统的精确性，但对测量值的变化有贡献：

$$P.V. = \sqrt{(\overline{R}_p K_p)^2 - (E.V.)^2 / t} \tag{9.139}$$

式中，$\overline{R}_p = (R_{A2} + R_{B2} + R_{C2}) / 3$，$R_{A2}$、$R_{B2}$ 和 R_{C2} 是每位操作者测量到的部件平均值范围。$K_p = 1.66$（十个部件，三次试验时）。

总偏差（$T.V.$）：是由测量系统误差和部件（样品）偏差引起的总的测量值偏差。它是 $R\&R$ 和 $P.V.$ 的组合：

$$T.V. = \sqrt{(E.V.)^2 + (A.V.)^2 + (P.V.)^2} \tag{9.140}$$

表 9.10　三个操作员对十个样品分别测量三次得到的重复性和重现性结果

次数	操作员 A			操作员 B			操作员 C		
	试验 1	试验 2	试验 3	试验 1	试验 2	试验 3	试验 1	试验 2	试验 3
1	643	651	655	625	629	623	619	632	627
2	627	611	618	633	637	625	636	633	631
3	634	638	638	633	644	624	657	649	652
4	586	584	577	590	598	589	610	624	615
5	657	644	647	638	654	639	639	639	649
6	665	658	655	669	660	658	639	640	640
7	637	635	642	653	655	649	603	625	617
8	620	616	620	638	643	633	637	645	642
9	651	655	669	644	655	651	676	657	651
10	561	557	557	536	511	525	592	581	580
重复性	重现性		部件偏差		总偏差		重复性和重现性		
$E.V. = 34.67$	$A.V. = 14.52$		$P.V. = 173.89$		$T.V. = 177.91$		$R\&R = 37.59$		
$T.V.\% = 19.49\%$	$T.V.\% = 8.16\%$		$T.V.\% = 97.74\%$		Avg$= 627.84$		$T.V.\% = 21.13\%$		
Avg$\% = 5.52\%$	Avg$\% = 2.31\%$		Avg$\% = 27.70\%$		Avg$\% = 28.34\%$		Avg$\% = 5.99\%$		

表 9.10 列出了所有应力测量结果和 $R\&R$ 测试结果。由于应力的符号对 $R\&R$ 无影响，因此应力值都是绝对值而没有符号。结果表明 $R\&R$ 为 37.6MPa，是 90 次测量的平均残余应力值（627.8MPa）的 6%。$R\&R$ 的两个分量：$E.V. = 34.7$MPa，$A.V. = 14.5$MPa。$T.V.$ 比较大，为 177.9MPa，其中绝大部分来自 $P.V.$。如果将 $T.V.$ 设为 100%，则 $P.V.$ 是 97.7%，$R\&R$ 为 21.1%。值得注意的是，由于平方根的关系，所有分量不能简单

加和为 100％。

附录 9.1　从应力张量计算主应力

附录 9.1.1　计算主应力

主应力分量 σ_I、σ_II 和 σ_III，也称特征值，可以由以下张量计算：

$$\begin{bmatrix} \sigma_{11} & \sigma_{12} & \sigma_{13} \\ \sigma_{12} & \sigma_{22} & \sigma_{23} \\ \sigma_{13} & \sigma_{23} & \sigma_{33} \end{bmatrix}$$

计算公式和步骤如下：

（1）计算系数 I_1、I_2 和 I_3：

$$I_1 = \sigma_{11} + \sigma_{22} + \sigma_{33}$$

$$I_2 = \sigma_{11}\sigma_{22} + \sigma_{22}\sigma_{33} + \sigma_{33}\sigma_{11} - \sigma_{12}^2 - \sigma_{23}^2 - \sigma_{13}^2$$

$$I_3 = \sigma_{11}\sigma_{22}\sigma_{33} + 2\sigma_{12}\sigma_{23}\sigma_{13} - \sigma_{11}\sigma_{23}^2 - \sigma_{22}\sigma_{13}^2 - \sigma_{33}\sigma_{12}^2$$

（2）计算系数 R、Q 和 T：

$$R = \frac{1}{3}I_1^2 - I_2$$

$$Q = \frac{1}{3}I_1 I_2 - I_3 - \frac{2}{27}I_1^3$$

$$T = \left(\frac{1}{27}R^3\right)^{\frac{1}{2}}$$

（3）计算系数 S 和 α：

$$S = (R/3)^{\frac{1}{2}}$$

$$\alpha = \arccos(-Q/2T)$$

（4）计算三个主应力：σ_{p1}、σ_{p2} 和 σ_{p3}：

$$\sigma_{p1} = 2S\cos(\alpha/3) + I_1/3$$

$$\sigma_{p2} = 2S\cos[(\alpha/3) + 120°] + I_1/3$$

$$\sigma_{p3} = 2S\cos[(\alpha/3) + 240°] + I_1/3$$

（5）把三个主应力 σ_{p1}、σ_{p2} 和 σ_{p3} 按常规顺序排列，即：

$$\sigma_\mathrm{I} \geqslant \sigma_\mathrm{II} \geqslant \sigma_\mathrm{III}$$

附录 9.1.2　计算主应力的方向余弦（特征向量）

确定了应力张量的三个主应力后，主应力的方向可通过下式求解：

$$\begin{bmatrix} (\sigma_{11} - \sigma_p) & \sigma_{12} & \sigma_{13} \\ \sigma_{12} & (\sigma_{22} - \sigma_p) & \sigma_{23} \\ \sigma_{13} & \sigma_{23} & (\sigma_{33} - \sigma_p) \end{bmatrix}\begin{bmatrix} l_p \\ m_p \\ n_p \end{bmatrix} = 0, p = 1,2,3$$

式中，l_p、m_p 和 n_p 为主应力 σ_p 的方向余弦，p 分别取值为 1、2 和 3。l_p、m_p 和 n_p 的值可以通过求解三个线性方程得到，该线性方程分别取 $p=1,2,3$。确定方向余弦的步骤如下：

（1）计算第一行确定的行列式的代数余子式

$$a = \begin{vmatrix} (\sigma_{22} - \sigma_p) & \sigma_{23} \\ \sigma_{23} & (\sigma_{33} - \sigma_p) \end{vmatrix} = (\sigma_{22} - \sigma_p)(\sigma_{33} - \sigma_p) - \sigma_{23}^2$$

$$b = - \begin{vmatrix} \sigma_{12} & \sigma_{23} \\ \sigma_{13} & (\sigma_{33} - \sigma_p) \end{vmatrix} = \sigma_{13}\sigma_{23} - \sigma_{12}(\sigma_{33} - \sigma_p)$$

$$c = \begin{vmatrix} \sigma_{12} & (\sigma_{22} - \sigma_p) \\ \sigma_{13} & \sigma_{23} \end{vmatrix} = \sigma_{12}\sigma_{23} - \sigma_{13}(\sigma_{22} - \sigma_p)$$

（2）计算 k 因子

$$k = \frac{1}{\sqrt{a^2 + b^2 + c^2}}$$

（3）计算方向余弦或特征向量

$$l_p = ak \quad m_p = bk \quad n_p = ck$$

对所有三个主应力，重复步骤（1）～（3），得到特征向量：

$$\begin{bmatrix} l_1 & m_1 & n_1 \\ l_2 & m_2 & n_2 \\ l_3 & m_3 & n_3 \end{bmatrix} \text{或} \begin{bmatrix} \cos^{-1} l_1 & \cos^{-1} m_1 & \cos^{-1} n_1 \\ \cos^{-1} l_2 & \cos^{-1} m_2 & \cos^{-1} n_2 \\ \cos^{-1} l_3 & \cos^{-1} m_3 & \cos^{-1} n_3 \end{bmatrix}$$

附录 9.2　应力测量参数

X 射线测量应力的参数包括晶格常数、d 值、密勒指数、X 射线波长（靶材）、零应力 $2\theta_0$、杨氏模量 E、泊松比 ν 和各向异性因子 A_{RX}。另外，宏观弹性常数 S_1 和 $1/2S_2$，可以由 E 和 ν 算出。晶面特定的弹性常数 XEC，包括 $S_1^{\{hkl\}}$ 和 $1/2S_2^{\{hkl\}}$，可以通过 E、ν 和 A_{RX} 计算，也可以在文献中查到。下表列出一些常见材料的参数。应力计算软件，例如 Bruker LEPTOS，也会包含常用材料的数据。由于 E 和 ν [或 $S_1^{\{hkl\}}$ 和 $1/2S_2^{\{hkl\}}$] 是应力测量的关键参数，因此鼓励测量者通过实验获得上述参数的可靠值。

材料	$a(lc)$	$<d_{hkl}>$	$\{hkl\}$	靶材	$2\theta_0$	E	ν	A_{RX}
单位	Å	Å			(°)	MPa		
铁素体和马氏体(bcc)	2.866	1.170	211	Cr	156.0	210000	0.28	1.49
奥氏体(fcc)	3.571	1.013 1.263	220 220	Co Cr	124.1 130.2	193000	0.3	1.72
铝(fcc)	4.049	1.031 0.798 1.221 0.929 0.826	222 420 311 331 422	Co Cu Cr Co Cu	120.5 149.8 139.5 148.7 137.7	70600	0.345	1.65
铜(fcc)	3.615	1.278 1.044 0.829	220 222 331	Cr Co Cu	127.3 118.1 136.7	129800	0.343	1.09
硅 金刚石结构(fcc)	5.431	1.246	311	Cr	133.6	167200	0.221	

续表

材料	$a(lc)$	$<d_{hkl}>$	$\{hkl\}$	靶材	$2\theta_0$	E	ν	A_{RX}
单位	Å	Å			(°)	MPa		
α-黄铜(fcc)	3.680	0.918	531	Co	154.0	100600	0.35	
		0.828	533	Cu	136.9			
		1.301	220	Cr	123.4			
		0.920	400	Co	153.2			
		0.823	420	Cu	139.1			
β-黄铜(bcc)	2.945	1.202	211	Cr	144.6	74000	0.29	
		0.930	310	Co	146.4			
		0.850	222	Cu	130.1			
铬(bcc)	2.884	1.177	211	Cr	153.0	279000	0.21	
		1.020	220	Co	122.7			
		0.912	310	Cu	115.3			
镍(fcc)	3.529	1.248	220	Cr	133.7	199500	0.312	
		1.019	222	Co	122.9			
		0.810	331	Cu	145.0			
钛(α-hcp)	2.951 /4.686	1.247	112	Cr	133.3	120200	0.361	
		0.918	114	Co	154.6			
		0.821	213	Cu	139.5			
锰(hcp)	3.210 /5.210	1.366	112	Cr	113.9	44700	0.291	1.52
		0.976	105	Co	133.1			
		0.899	213	Cu	118.0			
铜(bcc)	3.147	1.285	211	Cr	126.0	324800	0.293	
铌(bcc)	3.307	0.995	310	Co	128.0	104900	0.397	
		0.841	321	Cu	132.6			
		1.348	211	Cr	116.3			
		1.045	310	Co	117.7			
银(fcc)	4.086	0.884	321	Cu	121.2	82700	0.367	
		1.231	311	Cr	136.9			
		0.938	331	Co	145.2			
		0.834	422	Cu	134.9			
金(fcc)	4.079	1.230	311	Cr	137.1	78000	0.44	
		0.936	331	Co	145.8			
		0.833	422	Cu	135.4			
钨(bcc)	3.165	1.292	211	Cr	124.9	411000	0.28	1.00
		0.914	222	Co	156.8			
		0.791	400	Cu	155.0			

参 考 文 献

1. S. P. Timoshenko and J. N. Goodier, *Theory of Elasticity*, McGraw-Hill, New York, 1970.

2. I. C. Noyan and J. B. Cohen, *Residual Stress*, Springer-Verlag, New York, 1987.

3. J. Lu, *Handbook of Measurement of Residual Stress*, The Fairmont Press, Lilburn, GA, 1996.

4. N. M. Walter et al., *Residual Stress Measurement by X-ray Diffraction* – SAE J784a, Society of Automotive Engineering, 1971.

5. E. J. Mittemeijer, The relation between residual macro- en microstresses and mechanical properties of case-hardened steels, *Case-Hardened Steels: Microstructural and Residual Stress Effects*, edited by D. E. Diesburg, TMS-AIME, Warrendale, Pa., USA, 1984, 161–187.

6. C. K. Lowe-Ma and M. J. Vinarcik, Selected applications of X-ray diffraction in the automotive industry, *Industrial Applications of X-ray Diffraction*, edited by F. H. Chung and D. K. Smith, Marcel Dekker, New York, 2000, 179–192.

7. A. P. Voskamp and E. J. Mittemeijer, Residual stress development and texture formation during rolling contact loading, *Industrial Applications of X-ray Diffraction*, edited by F. H. Chung and D. K. Smith, Marcel Dekker, New York, 2000, 813–846.

8. S. I. Rao, B. He, and C. R. Houska, X-ray diffraction analysis of concentration and residual stress gradients in nitrogen-implanted niobium and molybdenum, *J. Appl. Phys.*, **69** (12) 15 June 1991.

9. M. R. James and J. B. Cohen, The measurement of residual stresses by X-ray diffraction techniques, *Treatise on Materials Science and Technology*, Vol. **19** Part A, edited by H. Herman, 1980.

10. T. Adler and C. R. Houska, Simplifications in X-ray line-shape analysis, *J. Appl. Phys.* (1979), **50** (5), 3282–3287.

11. C. R. Houska, Least-square analysis of X-ray diffraction line shapes with analytic functions, *J. Appl. Phys.* (1981), **52** (2), 748–754.

12. R. Delhez et al., Determination of crystallite size and lattice distortions through X-ray diffraction line profile analysis: recipes, methods and comments, *Fresenius Z Anal Chem.* (1982) **312**, 1–16.

13. S. Rao and C. R. Houska, X-ray diffraction profiles described by refined analytical functions, *Acta Cryst.* (1986). **A42**, 14–19.

14. D. Balzar, Profile fitting of X-ray diffraction lines and Fourier analysis of broadening, *J. Appl. Cryst.* (1992). **25**, 559–570.

15. R. W. Cheary and A. Coelho, A fundamental parameters approach to X-ray line-profile fitting, *J. Appl. Cryst.* (1992). **25**, 109–121.

16. D. Balzar et al., Size-strain line-broadening analysis of the ceria round-robin sample, *J. Appl. Cryst.* (2004). **37**, 911–924.

17. EN 15305:2008, *Non-destructive Testing – Test Method for Residual Stress analysis by X-ray Diffraction*, European Standard, July 2008.

18. G. M. Borgonovi, Determination of residual stress from two-dimensional diffraction pattern, *Non-destructive Methods for Material Property Determination*, edited by C. O. Ruud and R. E. Green, Jr., Plenum Publishing Corporation, 47–57, 1984.

19. G. M. Borgonovi and C. P. Gazzara, Stress measurement with two-dimensional real-time system, *Advances in X-ray Analysis*, **32**, 397–406, 1989.

20. M. A. Korhonen, V. K. Lindroos, and L. S. Suominen, Application of a new solid state X-ray camera to stress measurement, *Advances in X-ray Analysis*, **32**, 407–413, 1989.

21. Y. Yoshioka and S. Ohya, X-ray analysis of stress in a localized area by use of image plate, *Advances in X-ray Analysis*, **35**, 537–543, 1992.

22. N. Fujii and S. Kozaki, Highly sensitive X-ray stress measurement in small area, *Advances in X-ray Analysis*, **36**, 505–513, 1993.

23. Y. Yoshioka and S. Ohya, X-ray analysis of stress in a localized area by use of image plate, Proceedings of ICRS-4, Baltimore, USA, 1994.

24. B. B. He and K. L. Smith, A new method for residual stress measurement using an area detector, *Proceedings of The Fifth International Conference on Residual Stresses (ICRS-5)*, Edited by T. Ericsson et al., pp. 634–639, Linkoping, Sweden, 1997.

25. B. B. He and K. L. Smith, Fundamental equation of strain and stress measurement using 2D detector, *Proceedings of 1998 SEM Spring Conference on Experimental and Applied Mechanics*, Houston, USA, 1998.

26. B. B. He, U. Preckwinkel, and K. L. Smith, Advantages of Using 2D Detectors for Residual Stress Measurement, *Advances in X-ray Analysis*, **42**, 429–438, 1998.

27. A. Kämpfe et al., X-ray stress analysis on polycrystalline materials using two-dimensional detectors, *Advances in X-ray Analysis*, **43**, 54–65, 1999.

28. B. B. HE, *The 20th ASM Heat Treating Society Conference Proceedings*, Vol. 1, pp. 408–417, St. Louis, Missouri, 2000.

29. Bob B. He, "Introduction to two-dimensional X-ray diffraction", *Powder Diffraction*, *Vol. 18, No. 2*, June 2003.

30. M. Francois, Unified description for the geometry of X-ray stress analysis: proposal for a consistent approach, *J. Appl. Cryst.* (2008). **41**, 44–55.

31. B. He, K. Xu, F. Wang, and P. Huang, Two-dimensional X-ray diffraction for structure and stress analysis, *ICRS-7 Proceeding, Mat. Sci. Forum*, **490–491**, 1–6, 2005.

32. T. Sasaki, Y. Kanematsu, and Y. Hirose, Determination of volume fraction of constituents in deformed stainless steel by means of image plate, ICRS-7 Proceeding, *Mat. Sci. Forum*, **490–491**, 190–193, 2005.

33. G. Geandier et al., Benefits of two-dimensional detectors for synchrotron X-ray diffraction studies of thin film mechanical behavior, *J. Appl. Cryst.* (2008). **41**, 1–13.

34. T. Miyazaki and T. Sasaki, A comparison of X-ray stress measurement methods based on the fundamental equation, *J. Appl. Cryst.* (2016). **49**, 426–432.

35. John O. Almen, Shot blasting test, US Patent number 2350440, (1944).

36. R. A. Thompson, Almen strip, US Patent number 5731509, (1998).

37. B. B. He and K. L. Smith, Computer simulation of diffraction stress measurement with 2D detectors, *Proceedings of 1998 SEM Spring Conference on Experimental and Applied Mechanics*, Houston, USA, 1998.

38. H. P. Klug and L. E. Alexander, *X-ray Diffraction Procedures*, John Wiley and Sons, New York, 1974.

39. R. Delhez, E. J. Mittemeijer, An improved $\alpha 2$ elimination, *J. Appl. Cryst.*, **8**–609-611, 1975.

40. W. Pfeiffer: The role of the peak location method in X-ray stress measurement, *Proc. of the 4th Int. Conf. on Residual Stresses.* SEM, Bethel, CT, USA, (1994)148-155.

41. J. M. Sprauel and H. Michaud, Global X-ray method for determination of stress profiles, *Materials Sciences forum*, **404–407**, 19–24, 2002.

42. W. Parrish, Powder and related techniques, *International Tables for Crystallography*, Vol. C, edited by A. J. C. Wilson, IUCR by Kluwer Academic Publisher (1992), 42–79.

43. V. N. Naidu and C. R. Houska, Profile separation in complex powder patterns, *J. Appl. Cryst.* (1982). **15**, 190–198.

44. E. Prince and P. T. Boggs, Least squares, *International Tables for Crystallography*, Vol. C, edited by A. J. C. Wilson, IUCR by Kluwer Academic Publisher (1992), 594–604.

45. B. B. He, Accuracy and stability of 2D-XRD for residual stress measurement, *Proceedings of the 10th International Conference on Residual Stresses*, Sydney, Australia, July **2–7**, 2016.

46. Y. Shi, C. Zheng, M. Ren, Y. Tang, L. Liu, and B. He, Evaluation of principal residual stress and its relationship with crystal orientation and mechanical properties of polypropylene films, *Polymer* **123**, 137–143, 2017.

47. O. Takakuwa, H. Soyama, Optimizing the conditions for residual stress measurement using a two-dimensional XRD method with specimen oscillation, *Advances in Materials Physics and Chemistry*, (2013), **3**, 8–18.

48. T. Miyazaki, Y. Fujimoto, and T. Sasaki, Improvement in X-ray stress measurement using Debye–Scherrer rings by in-plane averaging, *J. Appl. Cryst.* (2016). **49**, 241–249.

49. B. B. He, X. L. Wang, W. Tang, and Y. Chao, Stress mapping using a two-dimensional diffraction system, *Proc. of the SEM Annual Conference on Experimental and Applied Mechanics*, June 4–6, 2001, Portland, Oregon, 547–550.

50. W. M. Thomas, *International Patent Application*, No. PCT/GB92/02203, June 10, 1993.

51. X.-L. Wang et al., Neutron diffraction study of residual stresses in friction stir welds, *Proceedings of the 6th Intn'l Conference on Residual Stresses*, Oxford, UK, 2000.

52. I. J. Fiala and S. Nemecek, X-ray diffraction imaging as a tool of mesostructure analysis, *Advances in X-ray Analysis*, **44**, 24–31, 2001.

53. I. C. Noyan, Defining residual stresses in thin film structure, *Advances in X-ray Analysis*, **35**, 461–473, 1992.

54. L. Yu, B. Hendrix, K. Xu, J. He, and H. Gu, X-ray residual stress measurement in thin films with crystallographic texture and grain shape, *Mat. Res. Soc. Symp. Proc.* Vol. 403, 1996.

55. V. Hauk, Stress evaluation on materials having non-linear lattice strain distribution, *Advances in X-ray Analysis*, **27**, 101–120, 1984.

56. P. Huang, K. Xu, B. He, and Y. Han, An investigation of residual stress of porous titania layer by microarc oxidation under different voltages, *ICRS-7 Proceeding, Materials Science Forum*, **490–491**, 552–557, 2004.

57. B. B. He, Measurement of residual stresses in thin films by two-dimensional XRD, *Proceedings of the 7th European Conference on Residual Stresses*, September 13–15, 2006 Berlin, Germany.

58. I. Kraus and N. Ganev, Residual stress and stress gradients, *Industrial Applications of X-ray Diffraction*, edited by F. H. Chung and D. K. Smith, Marcel Dekker, New York, 2000, 793–811.

59. C. L. Azanza Ricardo, M. D'Incau, and P. Scardi, Revision and extension of the standard laboratory technique for X-ray diffraction measurement of residual stress gradients, *J. Appl. Cryst.* (2007). **40**, 675–683.

60. V. Hauk and B. Kruger, A new approach to evaluate steep stress gradients principally using layer remove, *Material Science Forum*, **347–349**, 80–82, 2000.

61. H. K. Tonshoff, J. Ploger, and H. Seegers, Determination of residual stress gradients in brittle materials using an improved spline algorithm, *Material Science Forum*, **347–349**, 83–88, 2000.

62. J. Koo and J. Valgur, Layer growing/removing method for the determination of residual stresses in thin inhomogeneous discs, *Material Science Forum*, **347–349**, 89–94, 2000.

63. B. D. Cullity, *Elements of X-ray Diffraction*, Addison Wesley, Reading, MA, 1978.

64. V. Hauk, *Structural and Residual Stress Analysis by Non-destructive Methods*, Elsevier, Amsterdam 1997.

65. M. Stefenelli et al., X-ray analysis of residual stress gradients in TiN coatings by a Laplace space approach and cross-sectional nanodiffraction: a critical comparison, *J. Appl. Cryst.* (2013). **46**, 1378–1385.

66. D. Y. W. Yu and F Spaepen, The yield strength of thin copper films on Kapton, *J. Appl. Phys.* (2004) **95** (6), 2991–2997.

67. M. Ren, C. Zheng, Y. Shi, Y. Tang, and B. He, Residual stress measurement of high-density polyethylene pipe with two-dimensional X-ray diffraction, presented at the 66th annual Denver X-ray Conference, August 2017 and submitted to Adv. X-ray Anal. (2018) **61.**

68. General Motors, *Statistical Process Control Manual*, Warren, MI, 1986, pp. 3-1–11.

69. J. W. Sinn, Introduction and overview of statistical process control, *Proceeding of Electrical/Electronics Insulation Conference*, Chicago, IL, Oct. 1993, pp. 729–36.

70. C. S. Ackermann, Evaluating destructive measurements using gage R & R. *Proceedings of 1993 IEEE/Semi-advanced Semiconductor Manufacturing Conference and Workshop*, Boston, Oct. 1993, pp. 101–5.

71. B. B. He, K. L. Smith, U. Preckwinkel, and W. Schultz, Micro-area residual stress measurement using a two-dimensional detector, *Materials Science Forum Vols. 347–349 (2000) pp. 166–171*, *Proceedings of the 5th European Conference on Residual Stresses*, The Netherlands, September 28–30, 1999.

72. B. B. He, K. L. Smith, U. Preckwinkel, and W. Schultz, Gage R&R study on residual stress measurement system with area detector, *Materials Science Forum Vols. 347–349 (2000) pp. 101–106, Proceedings of the 5th European Conference on Residual Stresses*, The Netherlands, September 28–30, 1999.

73. T. J. Kazmierski, *Statistical Problem Solving in Quality Engineering*, McGraw-Hill, New York, 1995.

第**10**章

小角 X 射线散射

10.1 引言

小角 X 射线散射现象是首次在 20 世纪 30 年代被发现的[1~3]，并且纳米材料的研究进一步促进了小角散射技术的发展。小角散射是分析纳米材料的可靠且经济的手段，它可以获得液体、粉末或块体材料在 1~100nm 范围内的颗粒尺寸及其分布、形状和取向等信息，这可以帮助科学家和工程师们进一步了解并提高其性能[2,3]。由点探测器例如克拉基相机收集的一维传统小角散射数据，是散射强度随散射角的变化曲线[4]，它适合分析各向同性或有部分取向的样品，聚合物、纤维、层状材料、单晶或生物材料的各向异性信息更适合用二维小角散射数据进行分析。对点焦斑 X 射线和面探测器的测试结果不需要进行消模糊校正[5~7]。经过一次曝光就可以得到理想的小角散射数据，因此可以轻松得到材料的结构信息。有许多文献介绍了传统一维小角散射的仪器配置及数据分析内容[8,9]。本章将介绍一些二维小角散射的基础知识，其优势、特点、理论发展及应用实例也在很多文献中有介绍[10~41]。

10.1.1 小角 X 射线散射理论

小角 X 射线散射和广角 X 射线散射的原理相同，都是研究样品内部与电子分布函数相关的相干散射。区别在于广角散射的角度范围是 $0.5°\sim180°$，而小角散射则是 $0°\sim2°$ 或 $0°\sim3°$。广角散射通常分析长周期的材料，其 d 值范围在 $1\sim10\text{Å}$（小于 1nm）。多数无机和有机材料的晶体结构尺寸都在上述范围。由于结构尺度与散射图像成反比，小角散射图像会含有相对大尺度的结构信息，通常其尺度在 $10\sim1000\text{Å}$（1~100nm）范围。其散射强度包含颗粒尺寸及分布、颗粒形状和取向等结构信息，颗粒内不一定都是长程有序的结构（晶体）。但小角散射图像也可能包含衍射的特征。小角散射结果包含的信息有层间距、旋转半径、大尺寸结构、长程有序或柱状结构的排列方式及其直径和柱间距。小角散射可分析的样品类型包括聚合物、纤维、木材、试剂、表面活性剂、脂质体、膜、生物材料、液晶、催化剂、陶瓷、玻璃以及含不同类型颗粒的溶液。

10.1.2 小角散射通式及参数

小角散射图像代表由点对点电子密度变化引起的散射信号的改变。该改变可由 X 射线照射体积（V）的散射振幅表示。振幅的转换式如下：

$$A(\vec{q}) = A_e(\vec{q}) \int_v \rho(\vec{r}) \exp(-i\vec{q} \cdot \vec{r}) \mathrm{d}^3\vec{r} \tag{10.1}$$

式中，$\vec{q}$ 是散射矢量，其模是 $q = |\vec{q}| = \dfrac{4\pi}{\lambda}\sin\theta$；$A_e(\vec{q})$ 是单电子的散射振幅；$\vec{r}$ 是某

点相对于任意原点的矢量；$\rho\ (\vec{r})$ 为电子密度的空间分布。小角散射处理的是远大于原子间距的尺寸范围，所以 $\rho\ (\vec{r})$ 可近似为样品位置 $\vec{r}$ 的连续变量。实际测量强度由振幅 $A\ (\vec{q})$ 及其复共轭 $A^{*}\ (\vec{q})$ 表示：

$$I(\vec{q}) = A(\vec{q}) \cdot A^{*}(\vec{q}) = I_0 \left| \int_V \rho(\vec{r}) \exp(i\vec{q} \cdot \vec{r}) \mathrm{d}^3 \vec{r} \right|^2 \tag{10.2}$$

式中，常数 I_0 由仪器条件决定。强度分布与 $\vec{q}$ 的函数由电子密度分布相关的结构决定。因此，可以通过分析小角散射图像得到电子密度分布相关的结构信息。例如，当散射是球对称时，$I(\vec{q})$ 的值只与 q 相关，则：

$$I(q) = 4\pi \int_0^{\infty} p(r) \frac{\sin qr}{qr} \mathrm{d}r \tag{10.3}$$

式中，$p\ (r)$ 称作距离分布函数（PDDF），它给出了颗粒内部相互距离介于 r 和 $r + \mathrm{d}r$ 之间的不同电子对的数量。与电子密度空间分布函数 $\rho(\vec{r})$ 类似，$p\ (r)$ 也是结构函数，并且可以通过散射强度的逆变换得到：

$$p(r) = \frac{1}{2\pi^2} \int_0^{\infty} I(q) qr \sin(qr) \mathrm{d}q \tag{10.4}$$

上式直接给出了散射强度 $I(q)$ 和 $p(r)$ 之间的关系。本章参考文献部分列出了更多有关小角散射理论和公式的参考书及文献。

10.1.3　X 射线光源和光学部件

二维小角散射测量的散射信号是在 360° 全方位角范围内同时收集的。不同的光谱纯度、光束发散度、光束尺寸和光束横截面，对光源和光学部件的要求也不同。因此小角散射测量时需要长光路、低发散度及小尺寸的焦斑，光源通常是封闭靶或旋转阳极靶，并且优先选择焦斑小且能量高的靶材作为光源。常用的是 Cu、Co 和 Cr 靶。尽管 CrK_{α} 线的角分辨率比 CuK_{α} 要高，但其更强的吸收和散射反而不利于测量。因此，CuK_{α} 光源仍是首选。选择靶材时还应考虑要尽量避免产生荧光。由于散射角较小，$K_{\alpha 1}$ 和 $K_{\alpha 2}$ 的散射总是重叠在一起。通过石墨晶体或多层膜镜做的单色器可以提高其光谱纯度。另外，准直系统是仪器的最关键部分，它限定了光束的尺寸、形状和发散度，同样也决定了仪器的分辨率。图 10.1（a）是含有针孔狭缝、样品、光束挡板和探测器的准直系统。光束挡板阻挡了由平行光和发散光组成的初级光束（入射光束）。最大角度分辨率 $\alpha_{\max}$ 为：

$$\alpha_{\max} = \alpha_1 + \alpha_2 \tag{10.5}$$

式中，α_1 是入射光的最大角发散度（在第 3 章图 3.14 中定义为 β）；α_2 是 X 射线的最大角度偏差，它由样品上的光斑尺寸（S）、探测器的分辨单元（r）和样品到探测器的距离（D）共同决定。

$$\alpha_2 = \frac{S + r}{D} \tag{10.6}$$

分辨率 R（定义为理论最大布拉格晶面间距）由下式给出：

$$R = \lambda / \alpha_{\max} \tag{10.7}$$

式中，λ 是 X 射线的波长。当晶面间距小于 R 时，相邻布拉格衍射峰的角度差大于 $\alpha_{\max}$。实际分辨率也受光束挡板直径（B_S）的限制，光束挡板的分辨率极限 R_{BS} 为

$$R_{BS} = \lambda \frac{2L}{B_S} \tag{10.8}$$

针孔狭缝的散射是由第二针孔狭缝材料的散射引起的。部分针孔狭缝散射区域被防散射针孔狭缝（第三针孔狭缝）阻挡。防散射针孔的尺寸应该足够小，这样可以阻挡尽量多的针孔狭缝散射，但也不能小到触碰到初级光束。针孔狭缝散射，也称作寄生散射，是光束挡板阴影周围的光晕。如果样品的散射信号比寄生散射强很多，或光晕均匀地分散在光束挡板周围时，寄生散射不会影响分辨率。可以采用高平行光束（如 Göbel 镜）、小尺寸针孔狭缝和较佳的针孔狭缝组合来降低寄生散射。

光束挡板的横截面设计如图 10.1（a）所示。光束挡板的作用是阻止直射光打在探测器上。其直径（B_S）应能有效阻挡直射光（包括平行与发散部分）。实际使用时，光束挡板的尺寸要比探测器上的光斑尺寸大几倍，这样才能容忍光路调整误差并能挡住光束轮廓的拖尾部分。锥形光束挡板直径较大的一侧应该正对着初级光束，这样可以阻挡直射光或光束挡板边缘的散射光。

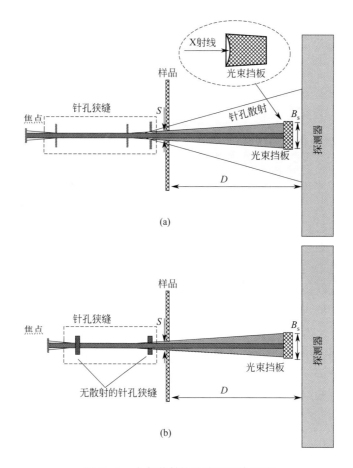

图 10.1　小角散射针孔狭缝准直系统
（a）传统的三针孔准直系统；（b）配备两个无散射针孔狭缝的准直系统

寄生散射的后果非常严重，它会导致高背景、图像瑕疵以及由大光束挡板尺寸引起的低分辨率极限（R_{BS}）。用无散射的针孔狭缝能有效解决上述问题[42]。如图 10.1（b）所示，配备两个无散射针孔狭缝的准直系统能缩小仪器的长度和去除大部分寄生散射，同时小尺寸光束挡板的使用提高了仪器的分辨率极限。

10.2　二维小角散射系统

大多数用于广角散射的二维 X 射线衍射系统都可以进行二维小角散射数据采集，是否在测试时使用特殊附件取决于所需要的分辨率和数据质量。小角散射系统的角度分辨率基本取决于 X 射线光束的平行性、尺寸以及探测器的分辨率。第一和第二针孔狭缝间距离的增大能提高入射光束平行性，并降低寄生散射。第 4 章介绍的面探测器大部分都能用于二维小角散射数据的采集，区别在于对其要求更高。高的散射强度和光束挡板边缘直射光束的拖尾现象，以及散射强度会随散射角度增大而快速减弱，这就要求面探测器必须具有足够的动态响应范围，才能够同时记录光束挡板附近的高计数和高阶花样的低计数。高强度和低噪声的光子计数探测器更适用于实验室二维小角散射系统。另外，还要求探测器具有高的空间分辨率。小角散射图谱尽管测量的角度范围较小，但却包含丰富的结构信息。因此足够高的角度分辨率才能揭示散射谱图的细节。该分辨率可以通过高的探测器空间分辨率（r）、长的次级光路（D）和小的光束尺寸（S）实现。探测器的点扩散函数决定其空间分辨率，通常使用的是最高像素分辨率。光斑小会降低采样统计性。采样体积近似等于样品厚度和样品上光斑尺寸的乘积。光斑尺寸应该大到能覆盖足够多的颗粒。当需要增加光斑尺寸来提高样品统计性时，应该正比增加次级光路的长度来保持其角度分辨率。次级光路应维持真空或者氦气环境，这样可以降低其中空气分子散射线的进一步散射和衰减。这种配置通常只用在专用小角散射系统中。

10.2.1　小角散射附件

最简单的二维小角散射系统，是在广角散射二维衍射仪探测器中心的正前方安装一个光束挡板。图 10.2 给出的是小角散射附件。图 10.2(a) 是安装在 Hi-Star^{TM} MWPC 探测器上的光束挡板。该光束挡板通过尼龙线固定在两个线性移动的接头上。通过接头上的千分尺可以把光束挡板精确调节到 X 射线光束的中心。使用该附件可以在相对短的样品到探测器距离（15～30cm）收集 CuK$_\alpha$ 波长的小角散射数据。空气对 X 射线的吸收和散射使得无法在长距离下使用该附件。波长增大会迅速增加空气散射。因此不推荐在开放的空气下收集 CrK$_\alpha$ 波长的小角散射数据。为了降低空气散射，可将氦气光路和光束挡板如图 10.2(b) 那样安装在一起。20℃下 CuK$_\alpha$ 波长时，空气的线吸收系数 μ_{air} 是 0.01cm^{-1}，是同样条件下氦气（$\mu_{He} \approx 4.7 \times 10^{-5}$ cm^{-1}）的近 200 倍。此外，X 射线窗口材料麦拉膜或者铍金属也会产生散射和吸收。

有学者对比研究了空气和氦气光路中收集的固体 SiO$_2$ 气凝胶样品的小角散射[43]。测试时均使用 CuK$_\alpha$ 光源，样品到探测器距离均为 30cm，测试时间均为 100s。图 10.2(c) 左右两侧分别是在空气和氦气下收集的二维图像。显然，空气散射增大了背景。图 10.2(d) 为方位角（γ）的积分散射强度与 q 的关系。$q > 0.12$Å^{-1} 区域占主导的是由空气散射带来的高背景。q 在 0.06Å^{-1} 附近有一个拐点，其对应的实空间尺寸（d）约为 10Å。可以看出，氦气光路附件大幅降低了小角散射的背景，$q = 0.4$Å^{-1} 的背景强度大约降低了 75%。

用氦气光路进行测试时样品到探测器距离可以增至 30～40cm。距离更大时（如 60cm）则需要真空光路，但真空度不需要太高。大气压下空气密度是 0.4mbar 真空时空气密度的近 2500 倍。

表 10.1 列出了由第 3 章表 3.6 中的光束发散度（α_1）、样品上的光斑尺寸（S）和最大

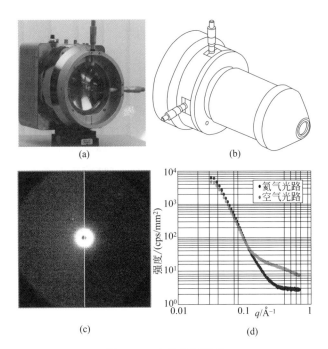

(c)   (d)

图 10.2   小角散射附件

(a) 安装在 Hi-Star MWPC 探测器上的光束挡板

(b) 氦气光路；(c) 有空气散射背景的二维帧（左）和氦气光路下的

二维帧（右）；(d) 有空气散射背景的积分强度

角度分辨率（α_{max}）计算得到的不同准直器尺寸（0.05～0.5mm）的分辨率（R）以及光束挡板分辨率极限（R_{BS}）。计算时假定探测器的空间分辨率和光束挡板直径分别为 0.2mm 和 4mm。样品到探测器距离在氦气和真空光路中分别为 300mm 和 600mm。可以看出，多数情况下光束挡板尺寸决定了分辨率。光束挡板直径（4mm）和准直器尺寸把分辨率限制在 200～250Å（氦气光路，样品到探测器距离 30cm）以及 300～450Å（真空光路，样品到探测器距离 60cm）。氦气和真空光路都需通过窗口密封。窗口材料的选择很关键，它要求透过性及机械强度高并且寄生散射弱[44,45]。

表 10.1   不同小角散射配置时的分辨率

样品到探测器距离			$L=300\text{mm}$			$L=600\text{mm}$		
准直器	$\alpha_1/(°)$	S/mm	$\alpha_{max}/(°)$	$R/\text{Å}$	$R_{BS}/\text{Å}$	$\alpha_{max}/(°)$	$R/\text{Å}$	$R_{BS}/\text{Å}$
石墨单色器								
0.05	0.04	0.071	0.09	951	231	0.07	1320	462
0.10	0.08	0.143	0.15	599	231	0.11	770	462
0.20	0.16	0.286	0.26	344	231	0.21	420	462
0.30	0.23	0.418	0.34	257	231	0.28	311	462
0.50	0.27	0.639	0.43	207	231	0.35	255	462
Göbel 镜								
0.05	0.04	0.071	0.09	951	231	0.07	1320	462
0.10	0.06	0.131	0.12	716	231	0.09	963	462
0.20	0.06	0.231	0.14	620	231	0.10	872	462
0.30	0.06	0.331	0.16	546	231	0.11	797	462
0.50	0.06	0.531	0.20	442	231	0.13	680	462

10.2.2　专用小角散射系统

高分辨小角散射测量需要专用系统。通常二维小角散射系统包括长的入射光路（目的是准直初级光束）、第三针孔狭缝（可精确调整，目的是去除寄生散射）以及长的样品到探测器距离（次级光路，目的是增大角分辨率）。初级光路、样品室和次级光路都抽真空以消除空气散射。二维探测器是该专用系统的核心部件，它要求有效面积大、空间分辨率高且噪声水平低。图 10.3 给出了一种二维小角散射系统（Bruker AXS NanoStar^{TM}），图 10.3(a) 是整个系统的侧视图，图 10.3(b) 是沿光路方向所有部件的俯视图[37]。图 10.3(a) 中未示出光源，它可以是细焦点封闭靶或旋转阳极靶。多层膜光学镜把 X 射线单色成 K_α 线，并且把光源发出的发散 X 射线转为二维平行光束。由于多层膜单色器的低布拉格角和交叉耦合配置，使得初级光束的偏振可以忽略不计。第三针孔狭缝可以控制光束的发散度，以提供最小寄生散射的纯净光束。第一与第二针孔狭缝间的较大距离使得平行光的发散度非常低。第三针孔狭缝也称作防散射针孔狭缝，其孔径应大于第一和第二狭缝。此外，正确对准后应没有直射光可以到达该针孔狭缝，因此直射光在第三针孔狭缝不应产生散射，其作用是阻止来自第二针孔狭缝的散射光。

试样安装在 XY 样品台上，允许同时放置几个样品，并且可以在收集数据时对样品摆动，从而提高采样统计性。另外，还可以允许通过 X 射线束扫描样品，进而把小角散射花样映射到样品位置，以生成扫描图像。在参考样品轮上可以装玻碳或其他参考样品。样品室可以同入射光路和次级光路一起抽真空，也可以使用高透过性材料制成的窗口与其分开，以便在样品室内填充其他气体或加压。

该系统的次级光路是模块化的，它允许改变样品到探测器的距离。例如通常采用 650～2000mm 的距离进行小角散射测量，在测量广角散射时则尽量靠近样品室。广角散射配置下 MWPC Hi-Star^{TM} 或者 Mikrogap Våntec-2000^{TM} 探测器可测量到 40°（2θ）的信号。光束挡板通常采用吸收系数高且荧光弱的材料制作（例如金、钽、钨或 Pb-Sb 合金）。光束挡板尺寸的选择往往基于光束尺寸和发散度。它通常由两根开普顿线以 90°交叉的形式固定在某个位置，其位置可以用千分尺通过真空接口调节。

10.2.3　探测器校正和系统校准

对二维探测器需进行非一致效率（泛洪场）和几何失真（空间）校正，有关其详细描述见第 6 章。由于无法将探测器从入射光方向移开，不能把非晶态荧光材料（如玻璃态铁箔）用作校正源（标样）。因此必须用诸如 ^{55}Fe 之类的放射源来收集校正帧图。

为了准确确定光束中心和样品到探测器距离，需要测量标样的衍射谱。在低角度进行探测器校正时，推荐使用山嵛酸银[CH$_3$(CH$_2$)$_{20}$COOAg]作为标样[46]。它晶面间距较大（$d_{001}=58.38$Å），（001）晶面的一组衍射峰均匀地分布在低角区，可用作标准 2θ 角的参考。面探测器收集到的一组同心且等间隔的衍射环可用于校准样品到探测器距离和光束中心。图 10.4 是样品到探测器距离在 30cm 时收集到的山嵛酸银粉末的衍射帧。可以观察到（001）的七级衍射。根据光束中心（x，y）及样品到探测器距离（D）可得到（001）晶面的 d 值，通过该晶面间距可以生成标准的衍射环。环的大小和位置可以通过调整光束中心和距离来改变。当标准衍射环和测量环重叠时，即完成了光束中心（x，y）及样品到探测器距离（D）的校准。这个例子中校准后的光束中心位于（$x=517$，$y=509$），样品到探测器距离 $D=30.20$ cm。光束挡板的阴影应该

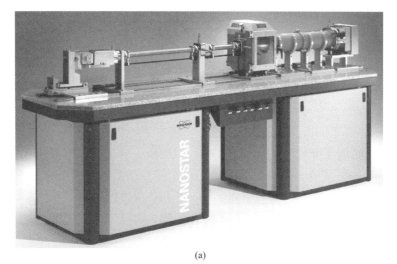

(a)

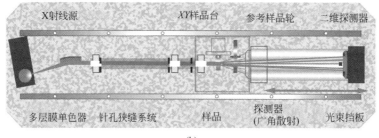

(b)

图 10.3　二维小角散射系统（Bruker AXS NanoStar™）

(a) 侧视图；(b) 沿光路方向所有部件的俯视图

与衍射环同心，否则需进行调整。

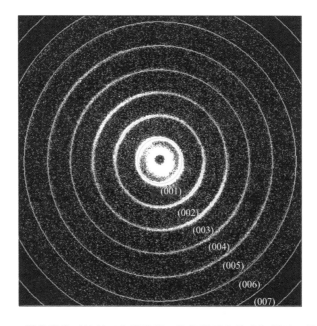

图 10.4　低角度校正材料（山嵛酸银）的衍射环和校准衍射环（见彩图）

10.2.4　数据采集和积分

γ 积分可以将二维小角散射帧转换成散射强度与散射角度的曲线图。各向同性材料的 γ 积分范围可以是完整的方位角，各向异性则可以用有限的 γ 积分范围来得到特定方向的散射。已知 2θ 范围的 2θ 积分，表明该 2θ 范围的散射是方位角 γ 的函数。散射强度与方位角的曲线图反映样品的形状和取向信息。

图 10.5（a）给出了用 Bruker NanoStar ™测量的大鼠尾部肌腱的部分散射帧。由于该

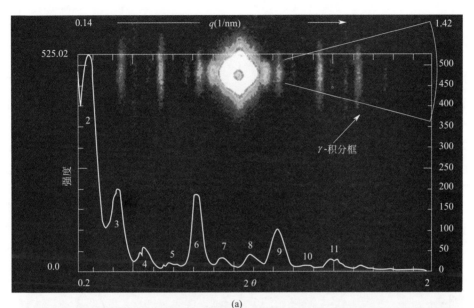

(a)

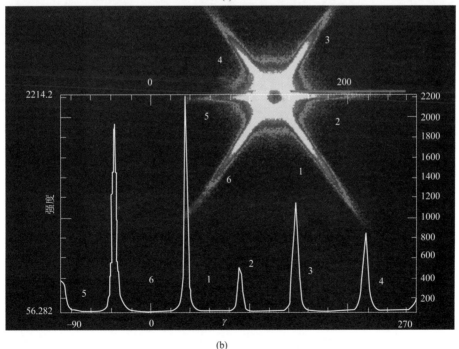

(b)

图 10.5　二维小角散射帧的积分[49]（见彩图）

（a）大鼠尾部肌腱帧图的 γ 积分；（b）单晶铜内部片状氧化铁沉积物帧图的 2θ 积分

图表现出非常强的各向异性特征，γ 积分在 $75°\sim105°$（γ 区间）和 $0.2°\sim2°$（2θ 区间）进行（对应 q 区间为 $0.14\sim1.42nm^{-1}$）。积分曲线中给出了从 2 级到超过 11 级的散射峰。

图 10.5（b）是铜单晶中片状氧化铁沉积物的小角散射图[47~49]。每个散射条纹对应的是氧化铁相对于铜晶格的方向。在 $2\theta=0.6°\sim2.4°$ 和完整的方位角（$\gamma=0°\sim360°$）范围进行了 2θ 积分，积分图是强度分布与方位角的函数。通过该图可以准确测量上述六个条纹之间的角度。大量有取向的样品都可以测量到类似的图。通过三维小角散射谱的重构，可以给出氧化铁沉积物相对于单晶铜的精确形状和方向[49,50]。

10.3 应用实例

10.3.1 溶液中的颗粒

溶液中悬浮颗粒通常是随机取向的，因此可以在整个 γ 范围或任意选定的 γ 范围对散射图进行积分。不同范围的 γ 积分可以得到相似的曲线，只是对整个方位角的积分会使采样统计性更佳。图 10.6 是溶液中颗粒的两个实例[51]。溶液装在石英毛细管中，并在密封后置于真空样品室。对其散射强度（相对纯溶液的强度）进行归一化。图 10.6（a）给出了由甲苯溶液中球状金颗粒的二维散射帧得到的散射强度与散射矢量的关系图。金颗粒表面硫醇涂层可以让其悬浮在有机溶剂（甲苯）中。其散射曲线可以通过球形颗粒尺寸高斯分布来拟合。图 10.6（b）给出了平均半径为 $25Å$ 的球形金颗粒尺寸的高斯分布。

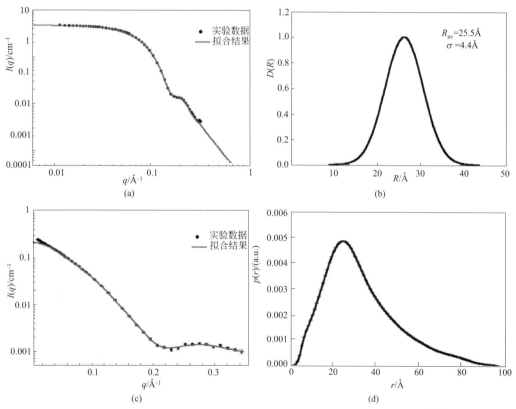

图 10.6 溶液样品的小角散射数据（经允许摘自 Bruker AXS 应用报告[51]）

（a）球状金颗粒甲苯溶液散射曲线；（b）球状金颗粒尺寸分布；

（c）水溶液中蛋白颗粒的散射曲线；（d）水溶液中蛋白颗粒的距离分布函数

　　小角散射可以用来研究浓蛋白溶液及其混合物的结构和动力学特征，以及它们的主要相互作用力、聚集现象、液液相分离、晶体生长和玻璃相形成行为[52,53]。图 10.6（c）是水溶液中 β-乳球蛋白的散射图。该蛋白的分子量是 18300，介于单体和二聚体之间。其散射数据与单体-二聚体平衡态或更大聚集体的结果一致。该曲线是间接傅里叶变化的拟合值。图 10.6（d）是拟合的距离分布函数，即 $p(r)$。$p(r)$ 函数的贡献来自单体、二聚体，小部分来自更大的聚集体。

10.3.2　扫描小角散射和透射测量

　　样品特定区域的结构信息分布图可以通过扫描小角散射技术来测量[54~60]。图 10.7(a) 是扫描小角散射测量系统的示意图。样品以微米级的步长相对于 X 射线光束移动，与此同时收集样品指定区域内不同位置的二维小角散射帧。样品在每个位置点的透射率可以生成 X 射线扫描图像，可以选择图像相应点处的样品位置收集小角散射信号。图 10.7(b) 给出了部分人脊椎骨的 X 射线扫描图像，并在图像上取三个点，分别进行了小角散射测量[54~56]。为确保扫描图像测量点的重复性，在 X 射线扫描图像和小角散射测量时，需将样品固定在自动的 XY 样品台上。也可以通过扫描小角散射，获得基于二维小角散射图给定区域的强度或其他特征的纳米结构图像。该样品台可以使样品沿 x、y 方向自动移动。根据所需的空间分辨率和光束尺寸选择最小扫描步长。对不均匀样品进行小角散射扫描时，必须测量材料的透射系数，以便针对其密度变化进行数据归一化。典型的操作步骤如下：首先在样品后面插入玻碳箔来拍摄 X 射线扫描图像。样品在每个位点的透射率与其散射强度成正比。可以通过测量两个散射帧得到玻碳的透射系数（T_{GC}），其中一个帧在收集时光路中只有吸收片，另一个则既有吸收片又有玻碳。T_{GC} 可由下式给出：

$$T_{GC} = \frac{I_{Abs+GC}}{I_{Abs}} \qquad (10.9)$$

　　式中，I_{Abs} 是只有吸收片时整个探测器的积分强度；I_{Abs+GC} 是有吸收片和玻碳时相应的积分强度。样品上每个位点的透射率 $T_{x,y}$ 由下式给出：

$$T_{x,y} = \frac{I_{x,y+GC} - T_{GC} I_{x,y}}{I_{GC} - T_{GC} I_0} \qquad (10.10)$$

　　式中，$I_{x,y+GC}$ 是有样品和玻碳时的积分强度；$I_{x,y}$ 是只有样品时的积分强度；I_{GC} 是只有玻碳时的积分强度；I_0 是无样品及玻碳时的背景强度。背景收集只适用于固体样品。对于液体样品，只需要同时收集液体及其容器的背景。

10.4　二维小角散射的创新

10.4.1　同时测量透射和小角散射

　　上节介绍的扫描小角散射法需要先扫描插入玻碳的样品，从而得到每个扫描位点的透射系数，然后移除玻碳再收集扫描小角散射数据。实际上有多种同时测量透射和小角散射的技术[29,61]，并发展了同时测量的创新方法[62,63]。在透射测量时，通常使用光束挡板以防止直射光照到探测器上。但是在该创新方法中，通过调整光束挡板，可以让直射光通过其中心。图 10.8 是改造后的光束挡板示意图（Bruker SAXSEye ™）。位于光束挡板内的直径为 B_L 的通孔可以让直射光通过。针孔狭缝和衰减器可以控制通过光束挡板的直射光尺寸和强度。针孔狭缝直径是 d，衰减器厚度是 t_0。

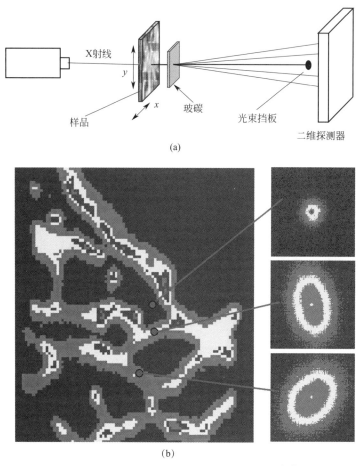

(a)

(b)

图 10.7　扫描小角散射（经允许摘自 Bruker 应用报告[50]）（见彩图）

（a）配置 XY 样品台的小角散射系统；（b）给定位点的 X 射线扫描图像和小角散射图

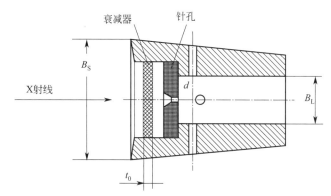

图 10.8　改造后的光束挡板示意图

透过样品的直射光通过衰减器穿过光束挡板，透过的尺寸用针孔予以限制

透过上述挡板，入射光的积分强度可由下式近似给出：

$$I_0 = kP_G \frac{d^2}{s^2} \exp(-t_0 \mu) \tag{10.11}$$

式中，k 是由小角散射系统决定的比例系数；P_G 是 X 射线发生器的功率；μ 是衰减器的线吸收系数；s 是移去光束挡板后探测器上入射光斑的尺寸。尽管积分强度 I_0 由针孔狭缝直径 d 和衰减器厚度 t_0 共同决定，但两者作用不同。针孔狭缝可以使一小部分直射光透过光束挡板。适当厚度的衰减器可以将透过的光衰减到探测器饱和度以下。当测试 I_0 时，d 和 t_0 的最佳组合使测量的 I_0 不超过单个像素的最大计数率，同时在测量较厚样品时能有足够的计数统计。理想情况是使 I_0 接近最大线性计数率。

在 Bruker D8 Discover GADD^{TM} 系统上使用 SAXSEye^{TM} 进行测量的条件是：Cu 靶，40kV/40mA，准直器尺寸 0.3mm，探测器到样品距离 150mm，光束挡板尺寸 B_S＝4mm 以及 B_L＝2mm，针孔狭缝直径 d＝30μm，Al 箔衰减器厚度 t_0＝60μm。后面两个条件是通过逐渐增加功率及减小衰减器的厚度来获得的。SAXSEye 可以使光束挡板定位更加方便准确，当得到最大透射强度时就表示已经把光束挡板调整到了光束的中心位置。I_0 测量时的最大计数率是 125cps，该计数率低于探测器的线性计数率。用上述条件测量了 0.2mm 厚的取向聚酯膜各层的透射系数。强度 I_0 是在加样品前、测试后以及取下样品后三次测量的平均值。结果表明：24h 内的强度波动低于 3%，因此可以将加样品前的强度作为 I_0，这不会引入太大的误差。图 10.9 是 6 层取向聚酯膜的放大帧图。光束挡板阻挡了大部分透过的直射光。被白的"甜甜圈"状光束挡板阴影环绕的暗的中心点（暗度与亮度成正比）代表透射强度。该强度是用户指定中心像素位置及半径的圆形区域内的积分强度。

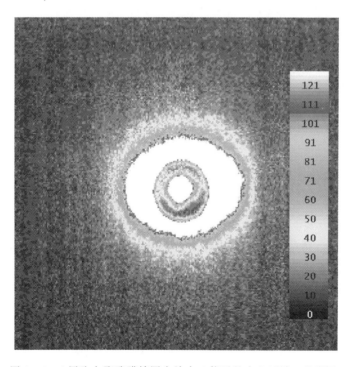

图 10.9　6 层取向聚酯膜帧图在放大 8 倍后的中心区域（见彩图）
光束挡板阴影里的亮斑代表透射系数

对不同层厚（从 1 至 14）薄膜的透射率进行了测量。第 n 层膜的透射系数由下式给出：

$$\Delta T_n = \frac{I_n}{I_{n-1}} \tag{10.12}$$

式中，I_n 是透过 n 层薄膜和 SAXSEye 的直射光的总计数；ΔT_n 是第 n 层膜的透射系数，由连续测试的强度比计算出。平均每层的透射系数是 87.3%，标准偏差为 1.3%。单层的透射系数 T_1 由下式给出：

$$T_1 = \exp(-\mu t) \tag{10.13}$$

式中，t 是单层的厚度。根据测到的平均透射率，可知聚酯膜的线吸收系数为 $6.79\mathrm{cm}^{-1}$。n 层膜的透射系数可由下式给出：

$$T_n = \exp(-\mu n t_1) = T_1^n \tag{10.14}$$

或 $$\ln T_n = n \ln T_1 \tag{10.15}$$

上式表明，n 层总透射系数的对数与层数成正比。图 10.10 是透射系数与层数的关系图。该图是线性的，并且几乎完美相关（相关系数达到 0.999）。

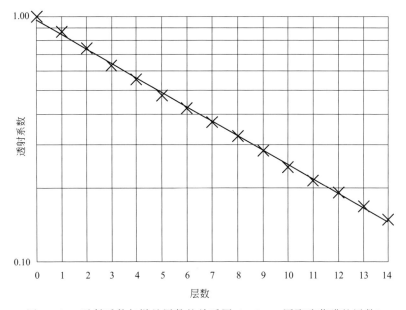

图 10.10   透射系数与样品层数的关系图（0.2mm 厚聚酯薄膜的层数）

10.4.2   垂直小角散射系统

光路在垂直方向（传统的是水平方向）的二维小角散射系统有一些特殊优势[64]。它允许通过重力作用将样品安放在水平 XY 样品台上，这非常有利于松散粉末或溶液样品的测量。通过与视频显微镜或光学显微镜结合使用，可以精确地观察并将样品放置到 X 射线光束上。垂直系统的配置及操作类似于典型的透射电子显微镜，因此更方便观察和操纵样品。

图 10.11 给出了垂直小角散射测量系统的示意图。该系统包含光源、光学部件、带针孔准直的初级光路、XY 样品台、显微镜、次级光路、光束挡板和二维探测器。光源位于系统的底部，可以是封闭靶或旋转阳极靶，并且优先选择点焦斑。光学部件可以是晶体单色器、毛细管、滤光片、X 射线镜子或镜子组，也可以是任何能将 X 射线调成目标光谱和分布轮廓的装置。初级光路包含三个用于准直和抑制寄生散射的针孔狭缝，其位置可以相对 X 射线光束独立调整。为了最大程度提高 X 射线的透射率，初级光束应处于真空或充满低密

度气体（如氦气）的环境中。样品室可以是空气、真空或其他环境。打开样品室的门可以安装或取下样品。样品室也可通过隔膜与初级光路或次级光路分开。隔膜通常用吸收系数低的材料（如铍或者开普顿膜）制作。因此，样品室内部的环境可以不同于初级或次级光路。样品室还可以有其他传感器或附件接口。

样品室内安装有精准的 XY（或 XYZ）样品台。XY 样品台的移动可以通过手动或远程操作自动完成。样品可以放在支架、薄膜或者尼龙网上，也可以机械固定在支架上或粘在装载盒上。理想状态是把样品装在样品台上时，由其支撑材料造成的 X 射线衰减最小。光学或视频显微镜也安装在样品室中。次级光路处于真空状态，这样可以有效消除空气散射。高敏感度、低噪声和高分辨的二维探测器位于系统的顶部，其正前方的光束挡板可防止探测器受直射光照射。光束挡板可以是常见，也可以是用于透射测试的改进型[62,63]。样品室的外壳可以设计一个或多个不同尺寸和形状的附件接口，这些接口可以连接不同的测量设备或环境样品台。例如，可以连接第二个二维探测器，这样就可以利用该系统同时测量小角散射和广角散射。

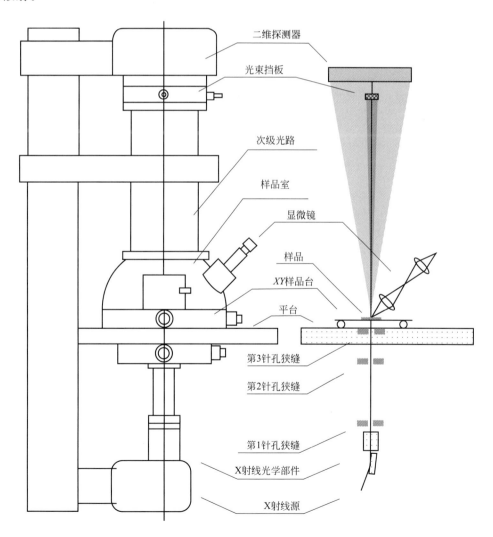

图 10.11　垂直小角散射测量系统示意图

参 考 文 献

1. A. Guinier and G. Fournet, *Small-Angle Scattering of X-rays*, John Wiley, New York, 1955.

2. L. E. Alexander, *X-ray Diffraction Methods in Polymer Science*, Krieger Publishing Company, Malabar, Florida, 1985.

3. F. J. Baltá-Calleja and C. G. Vonk, *X-ray Scattering of Synthetic Polymers*, Elsevier Science Publishing Company, New York, 1989.

4. G. Fritz and A. Bergmann, SAXS instruments with slit collimation: investigation of resolution and flux, *J. Appl. Cryst.* (2006). **39**, 64–71.

5. O. Glatter, A new method for the evaluation of small-angle scattering data, *J. Appl. Cryst.* (1977). **10**, 415–421.

6. O. Glatter, Small-angle techniques, *International Tables for Crystallography, Volume C*, edited by A. J. C. Wilson, pp. 89–112, Kluwer Academic Publishers, Dordrecht, The Netherlands, 1995.

7. R. A. Register and S. L. Cooper, Smearing effects in 'pinhole' collimation with one-dimensional detection, *J. Appl. Cryst.* (1988). **21**, 550–557.

8. O. Glatter and O. Kratky, eds. *Small Angle X-ray Scattering* (Academic Press, New York, 1982).

9. H. P. Klug and L. E. Alexander, *X-ray Diffraction Procedures for Polycrystalline and Amorphous Materials*, 1st ed., John Wiley, New York, 1954.

10. R. W. Hendricks, The ORNL 10-meter small-angle X-ray scattering camera. *J. Appl. Cryst.* (1978). **11**, 15–30.

11. J. Schelten and R. W. Hendricks, Recent developments in X-ray and neutron small-angle scattering instrumentation and data analysis, *J. Appl. Cryst.* (1978). **11**, 297–324.

12. J. S. Higgins and R. S. Stein, Recent developments in polymer applications of small-angle neutron, X-ray and light scattering, *J. Appl. Cryst.* (1978). **11**,346–375.

13. T. Furuno, H. Sasabe, and A. Ikegami, A small-angle X-ray camera using a two-dimensional multiwire proportional chamber, *J. Appl. Cryst.* (1987). **20**, 16–22.

14. G. D. Wignall, J. S. Lin, and S. Spooner, Reduction of parasitic scattering in small-angle X-ray scattering by a three-pinhole collimating system, *J. Appl. Cryst.* (1990). **23**, 241–245.

15. J. S. Pedersen, D. Posselt, and K. Mortensen, Analytical treatment of the resolution function for small-angle scattering, *J. Appl. Cryst.* (1990). **23**, 321–333.

16. A. R. Faruqi, R. A. Cross, and J. Kendrick-Jones, Solution small-angle X-ray scattering studies on myosin with a multiwire area detector, *J. Appl. Cryst.* (1991). **24**, 852–856.

17. F. Né et al., Characterization of an image-plate detector used for quantitative small-angle-scattering studies, *J. Appl. Cryst.* (1993). **26**, 763–773.

18. P. Fratzl and A. Daxer, Structural transformation of collagen fibrils in corneal stoma during drying: an X-ray scattering study, *Biophys. J.* (1993). **64**, 1210–1214.

19. A. Gupta, I. R. Harrison, and J. Lahijani, Small-angle X-ray scattering in carbon fibers, *J. Appl. Cryst.* (1994). **27**, 627–636.

20. M. W. Tate et al., A large-format high resolution area X-ray detector based on a fiber-optically bonded charge-coupled device (CCD), *J. Appl. Cryst.* (1995). **28**, 196–205.

21. D. J. Hughes et al., Time-resolved simultaneous SAXS/WAXS of the drawing of polyethylene at the Daresbury SRS, *J. Synchrotron Rad.* (1996). **3**, 84–90.

22. V. Le Flanchec et al., Two-dimensional de-smearing of centrosymmetric small-angle X-ray scattering diffraction patterns, *J. Appl. Cryst.* (1996). **29**, 110–117.

23. S. Pollzzi et al., Two-dimensional small-angle X-ray scattering investigation of stretched borosilicate glasses, *J. Appl. Cryst.* (1997). **30**, 487–494.

24. J. A. Pople, P. A. Keates, and G. R. Mitchell, A two-dimensional X-ray scattering system for in-situ time-resolving studies of polymer structures subjected to controlled deformations, *J. Synchrotron Rad.* (1997). **4**, 267–278.

25. Z. Bu et al., A small-angle X-ray scattering apparatus for studying biological macromolecules in solution, *J. Appl. Cryst.* (1998). **31**. 533–543.

26. B. B. He, K. Smith, U. Preckwinkel, and H. F. Jakob, Small angle X-ray scattering systems with point focus and area detector, *American Crystallography Association Annual Meeting*, Washington, DC,· 1998.

27. S. Ran et al., Novel image analysis of two-dimensional X-ray fiber diffraction patterns: example of a polypropylene fiber drawing study, *J. Appl. Cryst.* (2000). **33**, 1031–1036.

28. T. Fujisawa, Y. Inoko, and N. Yagi, The use of a Hamamatsu X-ray image intensifier with a cooled CCD as a solution X-ray scattering detector, *J. Synchrotron Rad.* (1999). **6**, 1106–1114.

29. S. Seifert et al., Design and performance of a ASAXS instrument at the Advanced Photon Source, *J. Appl. Cryst.* (2000). **33**, 782–784.

30. I. Zizak et al., Investigation of bone and cartilage by synchrotron scanning-SAXS and -WAXD with micrometer spatial resolution, *J. Appl. Cryst.* (2000). **33**, 820–823.

31. D. Pontoni, T. Narayanana, and A. R. Rennieb, High-dynamic range SAXS data acquisition with an X-ray image intensifier, *J. Appl. Cryst.* (2002). **35**, 207–211.

32. P. Fratzl, Small-angle scattering in materials science – a short review of applications in alloys, ceramics and composite materials, *J. Appl. Cryst.* (2003). **36**, 397–404.

33. T. Kamiyama et al., Change in the nanostructure of Al base alloy ribbons in response to tensile stress – a small angle X-ray scattering study, *J. Appl. Cryst.* (2003). **36**, 464–468.

34. Volker Urban et al., Two-dimensional camera for millisecond range time-resolved small-and wide-angle X-ray scattering, *J. Appl. Cryst.* (2003). **36**, 809–811.

35. A. Orthen et al., Development of a two-dimensional virtual-pixel X-ray imaging detector for time-resolved structure research, *J. Synchrotron Rad.* (2004). **11**, 177–186.

36. E. Mathew, A. Mirza, and N. Menhart, Liquid-chromatography-coupled SAXS for accurate sizing of aggregating proteins, *J. Synchrotron Rad.* (2004). **11**, 314–318.

37. J. S. Pedersen, A flux- and background-optimized version of the Nanostar small-angle X-ray scattering camera for solution scattering, *J. Appl. Cryst.* (2004). **37**, 369–380.

38. C. A. Dreiss, K. S. Jack, and A. P. Parker, On the absolute calibration of bench-top small-angle X-ray scattering instruments: a comparison of different standard methods, *J. Appl. Cryst.* (2006). **39**, 32–38.

39. P. L. Guzzo et al., Two-dimensional small-angle X-ray scattering from as-grown and heat-treated synthetic quartz, *J. Appl. Cryst.* (2007). **40** (Supplement), s132–137.

40. P. Boesecke, Reduction of two-dimensional small- and wide-angle X-ray scattering data, *J. Appl. Cryst.* (2007). **40** (Supplement), s423–427.

41. W. Ruland and B. M. Smarsly, Two-dimensional small-angle X-ray scattering of self-assembled nanocomposite films with oriented arrays of spheres: determination of lattice type, preferred orientation, deformation and imperfection, *J. Appl. Cryst.* (2007). **40**, 409–417.

42. Incoatec Product Flyer, SCATEX – Scatterless pinholes for home-lab systems, IDO-F20-005A (2015), *Incoatec GmbH*, www.incoatec.de.

43. K. Erlacher, SAXS experiments using the D8 Discover with GADDS, Bruker Lab report, May 2005.

44. S. J. Henderson, Comparison of parasitic scattering from window materials used for small-angle X-ray scattering: a better beryllium window, *J Appl. Cryst.* (1995). **28**, 820–826.

45. L. Lurio et al., Windows for small-angle X-ray scattering cryostats, *J. Synchrotron Rad.* (2007). **14**, 527–531.

46. T. C. Huang, H. Toraya, T. N. Blanton, and Y. Wu, X-ray powder diffraction analysis of silver behenate, a possible low-angle diffraction standard, *J Appl. Cryst.* (1993). **26**, 180–184.

47. P. Fratzl, F. Langmayr, and O. Paris, Evaluation of 3D small-angle scattering from non-spherical particles in single crystals, *J. Appl. Cryst.* (1993). **26**, 820–826.

48. O. Paris, P. Fratzl, F. Langmayr, G. Vogl, and H. G. Haubold, Internal oxidation of Cu-Fe. I. small-angle X-ray scattering study of oxide precipitation, *Acta Metall. Mater.* (1994). **42**, 2019–2026.

49. P. Fratzl and H. F. Jakob, Nanostar: small-angle X-ray scattering on alloys, Bruker AXS Lab Report XRD **37**, L86-E00037, 2002.

50. P. Fratzl and H. F. Jakob, Nanostar: small-angle X-ray scattering with area detector, Bruker AXS Application Note #359, A89-E00001, 2000.

51. J. S. Pedersen and K. Erlacher, Nanostar: small-angle X-ray scattering from solutions, Bruker AXS Application Note #369, A88-E00009, 2004.

52. A. Stradner and P. Schurtenberger, Nanostar: small-angle X-ray scattering (SAXS) on proteins, Bruker AXS Application Note #367, A88-E00008, 2004.

53. K. Erlacher and P. Doppler, Nanostar: SAXS studies on drug components embedded in a polymer matrix, Bruker AXS Lab Report XRD **50**, L88-E00050, 2004.

54. P. Fratzl et al., Position-resolved small-angle X-ray scattering of complex biological materials, *J. Appl. Cryst.* (1997). **30**, 765–769.

55. H. F. Jakob, Nanostructure of Natural Cellulose and Cellulose Composites, Ph.D. dissertation, Universität Wien, Austria, April, 1996.

56. B. B. He, H. F. Jakob, K. Smith, and U. Preckwinkel, *SAXS with area detector and scanning – SAXS, Proceedings SAXS99*. Brookhaven, NY, USA, 1999.

57. A. Gourrier, Scanning X-ray imaging with small-angle scattering contrast, *J. Appl. Cryst.* (2007). **40** (Supplement), s78–82.

58. Y. Kajiura et al., Structural analysis of single wool fibre by scanning microbeam SAXS, *J. Appl. Cryst.* (2005). **38**, 420–425.

59. O. Paris et al., Scanning-SAXS: a tool for structural characterization of complex materials at the micrometer and the nanometer scale, *Acta Cryst.* (2002). **A58** (Supplement), c25.

60. G. A. Maier, G. Wallner, R. W. Lang, and P. Fratzl, Scanning X-ray scattering study on structural changes at crack tips in PVDF, *Acta Cryst.* (2005). **A61**, c391.

61. T. Morita et al., Apparatus for the simultaneous measurement of the X-ray absorption factor developed for a small-angle X-ray scattering beamline, *J. Appl. Cryst.* (2007). **40**, 791–795.

62. B. B. He and K. L. Smith, An innovation in transmission coefficient measurement, *Advances in X-ray Analysis*, (1999) **43**, 281–286.

63. B. B. He and K. L. Smith, Beam scattering measurement system with transmitted beam energy detection, US Patent No. 6,136,592, Dec. 19, 2000.

64. B. B. He and R. D. Schipper, Vertical small angle X-ray scattering system, US Patent No. 6,956,928, Oct. 18, 2005.

第**11**章

组合筛选

11.1 引言

11.1.1 组合化学

组合化学是一种快速的同时合成和分析大量不同物质的创新方法，该概念大约形成于四十年前[1~5]。与传统制备和测试一种或几种新材料方法不同，组合技术允许制备、测试、评价和存储数十数百甚至数千种材料或化合物。组合合成和快速筛选使新材料的发现更加高效[6]。组合化学是合成与测试化合物的技术和科学，它可以快捷、低成本地发现新药和新材料[7]。近十年来，它在荧光粉、催化剂、沸石和新药等的发现及合成方面取得了优异的成果[3~9]，组合化学一直是最具有活力和发展最快的领域。这种概念和技术也对半导体、超导、催化剂和聚合物等其他领域产生了影响。鉴于该技术的可靠性和过程一致性，组合化学可用于组合材料库研究，通过组合方法可使材料研究的效率和质量得到显著提高。组合过程也可以在计算机控制下变得更加高效。

11.1.2 高通量筛选

随着材料合成效率的提高以及组合技术的促进作用，高效地筛选合成出材料库中的样品成为一项挑战。对大量样品的表征需要高通量筛选技术，以测试和评价整个组合材料库的化学组成、结构和性质的变化。许多专有组合材料库的设计不仅要考虑材料工艺，还需要快速和明确地对其进行表征。X射线衍射由于射线的可穿透性、对样品的非破坏性、快速数据采集以及衍射图谱中包含材料的丰富信息等特点，成为最合适的快速筛选技术之一。在制药工业中，粉末X射线衍射已成为药物发现和过程控制的基本手段[10~18]。X射线衍射，特别是二维X射线衍射，可用于高速、高精度地分析组合材料库的结构信息[19~21]。

本章介绍了用XRD组合筛选的方法以及相应的系统和装置，该方法和系统设计基于二维X射线衍射理论。同时还介绍了满足特殊筛选需求的多种配置和组件，并且介绍了使用XRD和拉曼（Raman）的组合筛选技术。

11.2 用于高通量筛选的二维衍射系统

二维衍射是高通量组合筛选的优选方法之一。用于组合筛选的二维衍射系统应包含最新的可进行高通量表征的硬件，这有助于筛选多种分析参数。当用传统衍射仪分析组合材料库时，只能对每个样品池进行单独测量。多数情况下，组合材料库不适合放在传统衍射仪上，所以在组合反应过程后可能需要从组合材料库中移除这些材料。每个样品池中的样品量通常会比标准样品架所需的量要少。由于反应产物往往是松散的粉末甚至是溶液，组合材料库必须保持水平状态。专门用于组合材料库的高通量筛选的 X 射线衍射系统应该能够放置各种尺寸和设计的组合材料库样品板。理想状态下，材料应该在组合材料库样品板上无干扰地测量，并且可以在材料工艺步骤之间甚至过程中进行测量。X 射线光学部件、探测器和系统配置应该能够测量少量样品并且要限制在组合材料库样品池中。系统应当能够把样品板上的每个样品自动精确地移动到测量位置（仪器中心）。软件也应该能够收集、存储、检索、分析和呈现组合筛选的数据[20~22]。

11.2.1　反射几何中的筛选技术

图 11.1（a）是用于反射模式下高通量组合筛选的二维 X 射线衍射系统示意图，图 11.1（b）是 Bruker D8 Discover GADDS™ CS（组合筛选）的实物图。所有组件均安装在垂直的 θ-θ 测角仪上。X 射线管和光学器件安装在一个导轨上，称为 θ_1 导轨。用石墨单色器或多层膜镜对光束进行单色化。通过针孔准直器或单毛细管把 X 射线束准直到 $50 \sim 1000\mu m$。二维探测器安装在另一侧导轨上，称为 θ_2 导轨。采用 Hi-Star™ 多线程探测器，分辨率为 $100\mu m$ 或 $200\mu m$，帧尺寸为 1024×1024 或 512×512。探测器到样品的距离在 $6 \sim 30cm$ 之间。较短的距离可以得到较大的角度覆盖范围（6cm 时范围为 $65°$），较长的距离可以得到较高的角度分辨率（30cm 时，分辨率为 $0.02°$）。二维探测器可以高速、高灵敏度、低噪声且实时地收集大面积的衍射花样。二维衍射图像中包含有关材料结构、物相含量、晶体取向和应力的信息。

垂直的 θ-θ 测角仪和水平安装的 XYZ 台可以轻松地放置样品板。XYZ 台上的水平板可以容纳各种尺寸的组合材料库样品板。激光视频系统与 XYZ 台一起可以把样品板上每个样品池自动、精确地移动到仪器中心[23]。衍射结果可以依据所选的参数处理及绘制到筛选的网格中。

仪器中心是入射光与探测器中心线的交点。系统基于预定的 XYZ 网格点自动、有序地将组合材料库的每个样品池放入仪器中心。如图 11.2 所示，系统还可以通过输入起始点的 XY 坐标，结束点的 XY 坐标和每个样品池的间距（Δx 和 Δy）生成 XYZ 网格点。每个样品池的样品高度（Z 坐标）由激光视频系统确定。激光束和显微镜的光学轴与仪器中心相截，这样样品位置可以通过样品图像上的激光点位置确定。样品的表面与仪器中心之间的距离，通过计算激光点与十字准星之间的偏移量得出。样品高度可以自动调整，方便将样品表面移动到仪器中心。由于可以在关闭射线防护罩的情况下捕获视频图像，因此视频显微镜能够记录在数据收集期间每个样品池的图像和位置。

图 11.3 给出了一种筛选结果，包括针对 96 孔组合材料库样品板的任意筛选参数。在高通量 X 射线衍射筛选中，可以测量化学组分和结构相近的成百上千种粉末衍射图谱。这需要对衍射数据进行综合处理和分析，以揭示其化学成分、工艺和结构的复杂关系。建议用综合算法分析数据，自动将图谱进行归类，并进行分析和识别包含未知多型体的任意样品[24~27]。可以用标样进行混合物定量分析[28]。结果可以通过树形图、饼图、基于主成分的分数图等表示。上述方法已用在药物和无机化合物筛选中，分析步骤也已集成到 Bruker AXS 商用 PolySNAP™ 软件中[29~33]。该软件可以运行多达 1500 种样品的数据，可以进行定性分析、通过与否分析、相似性分析、混合物自动检测、非晶相自动检测以及混合物的定量分析。

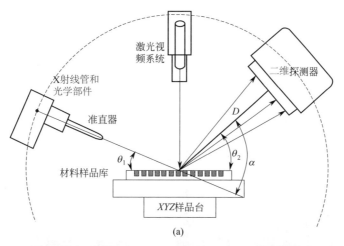

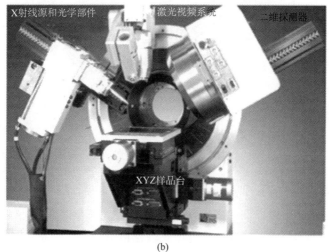

图 11.1　用于组合筛选的二维 X 射线衍射系统

（a）示意图；（b）Bruker D8 Discover GADDS^{TM} CS 实物图

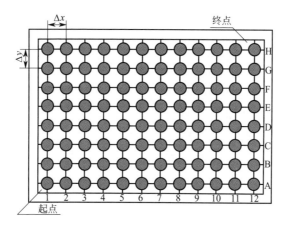

图 11.2　通过设置起点、终点及步长确定网格点

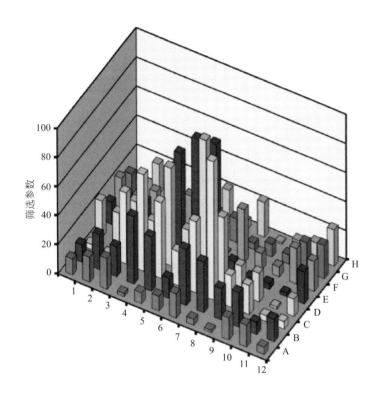

图 11.3   筛选参数与样品池的对应关系

11.2.2   自动伸缩阻光刀

在很多组合筛选应用中，例如药物化学中的多晶型研究以及石油工业中的催化剂开发，典型的 2θ 测量范围是 $2°\sim60°$。对于反射模式二维衍射，衍射线是在二维角度范围内同时测量的，因此 X 射线入射角必须低于最小 2θ 值。但是，入射角的散焦效应会降低 2θ 分辨率，并且可能产生样品池间的数据交叉。图 11.4 给出了反射模式下二维衍射筛选的几何。在平面样品表面可以观测到低入射角带来的散焦效应。如果观察测角仪平面的截面，则散焦因子（B/b）由下式给出：

$$\frac{B}{b}=\frac{\sin\theta_2}{\sin\theta_1}=\frac{\sin(2\theta-\omega)}{\sin\omega} \tag{11.1}$$

式中，θ_1 是入射角，b 是入射光束尺寸；B 是衍射光束尺寸；（B/b）是散焦因子。当 $\theta_2<\theta_1$ 时，衍射光束聚焦到探测器。散焦效应随着 θ_2 增大或 θ_1 降低而增加。最大散焦出现在 $\theta_2=90°$。对于 θ-2θ 配置，在等式中用入射角 ω 表示。由于散焦效应，入射光束在样品表面扩散到远大于原始 X 射线光束尺寸的区域。在组合筛选应用中，样品池彼此非常靠近。因此，散焦可能会产生衍射数据的交叉，即测量的衍射图谱中不仅包含想要的样品池内材料的信息，还可能包含邻近样品池内材料的信息。这种交叉往往发生在 X 射线辐照面积大于样品池尺寸以及相邻样品池间距的总和时。当把样品池间距的一半作为安全边界时，照射到样品上的光斑尺寸应小于相邻样品池的距离，这样才能避免数据的交叉，如：

$$\frac{b}{\sin\theta_1} < \Delta x \tag{11.2}$$

避免数据交叉的一种方案是减小光束尺寸，但这会牺牲衍射强度。这种交叉只发生在以低入射角收集数据时。因此只需要在这些角度减小光束尺寸。另一种方案是在低角度时插入阻光刀，并在高角度时移除它。自动伸缩阻光刀非常适用于上述方案，从而提高分辨率并消除数据的交叉[34,35]。

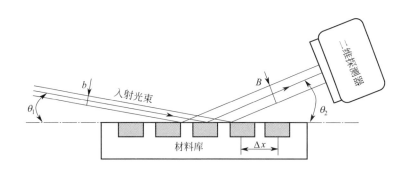

图 11.4　二维 X 衍射（反射模式）的散焦和交叉

图 11.5 为一种 Bruker D8 Discover 二维衍射仪（GADDS™）的自动伸缩阻光刀。在传统衍射系统中，阻光刀通常安装在样品台上。组合筛选要求将阻光刀安装在单独的固定基座上，以使其不随样品移动。可以将每个样品池移到仪器中心，并采用同样的阻光刀设置进行测量。如图所示，阻光刀有两种操作位置：缩回位置和伸出位置。在调整时必须把每个样品池暴露在激光和视频摄像头中。处在缩回位置的自动伸缩阻光刀刀口允许对样品进行自动调整。在阻光刀伸出时进行衍射图谱测量。通过调节旋钮调整阻光刀的倾斜角度，在刀口和样品表面间形成平行间隙，用千分尺可以调节间隙大小。刀口相对于样品表面以 3° 的起跳角移动，这样可以使缩回操作期间刀口和样品表面之间的间隙逐渐增大，以降低刀口撞击相邻样品池的风险。

图 11.5　用于组合筛选的 Bruker D8 Discover 二维衍射仪的自动伸缩阻光刀

图 11.6 说明了阻光刀在伸出位置时的功能。θ_1 和 θ_2 分别是入射和衍射角，δ 是阻光刀到样品表面的距离。部分入射 X 射线被阻光刀阻挡，不能到达阻光刀右侧的相邻样品池。来自阻光刀左侧的相邻样品池的衍射信号也可以被阻光刀阻挡住。因此，只有特定区域的衍射信号可以到达探测器。阻光刀也能够防止直射光照射到探测器。

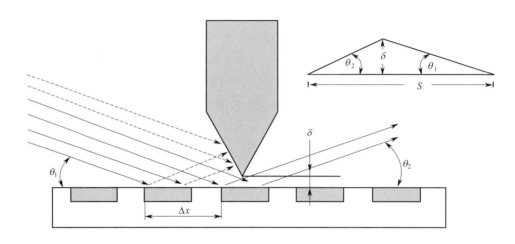

图 11.6　通过刀口位置可以调节产生衍射信号的区域

图 11.6 中三角形给出了衍射区域 S 和入射角 θ_1、衍射角 θ_2 以及阻光刀到样品表面距离 δ 的关系：

$$S = \delta(\cot\theta_1 + \cot\theta_2) \tag{11.3}$$

对于已知的样品池间距 Δx，以阻光刀与样品表面距离的一半作为安全边界，则所需的距离由下式给出：

$$\delta \leqslant \frac{\Delta x}{\cot\theta_1 + \cot\theta_2} \tag{11.4}$$

如果使用 θ_1 和 θ_2，应使用其最低可能角度进行此计算。可以用刚玉粉末样品测试自动伸缩阻光刀的性能。样品到探测器的距离设置为 15cm，铜靶（40kV/50mA）、石墨单色器、0.5mm 的针孔准直器，分别在使用或不使用阻光刀的情况下收集数据，入射角 $\theta = 1°$，探测器在 $\theta_2 = 29°$ 处收集数据。刀口到样品表面的距离大约为 0.05mm。图 11.7 给出了通过对两幅二维帧图进行 γ 积分得到的衍射花样。为了便于比较，将使用阻光刀的衍射花样放大 1.5 倍（灰色线）。左上角列表中显示的是半高宽值，不用阻光刀（黑色线）时的半高宽比用阻光刀时要大很多。阻光刀显著提高了角度分辨率。使用阻光刀的衍射花样背景也非常低。

数据是否交叉可以通过专用的微区衍射调整和筛选工具进行测试。工具由三根直径 1mm，间距 5mm 的铜线组成。0.5mm 光束和 5mm 间距时没有数据交叉的最小入射角 $\theta_1 = 6°$。图 11.8 给出了在入射角 $\theta_1 = 4°$，探测器在 $\theta_2 = 41°$ 处的两张二维帧。第一张是在无阻光刀的情况下收集的。（111）和（200）峰都呈现出三个峰。中间的峰是调整到仪器中心的铜线带来的，另外两个是其相邻铜线的。第二张图是在使用阻光刀时收集的，未发现数据的交叉。

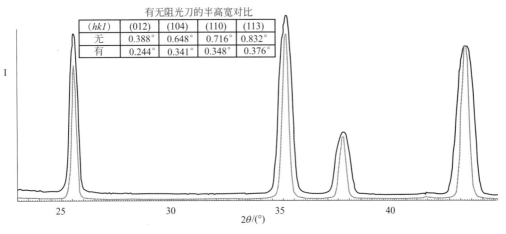

(hkl)	(012)	(104)	(110)	(113)
无	0.388°	0.648°	0.716°	0.832°
有	0.244°	0.341°	0.348°	0.376°

有无阻光刀的半高宽对比

图 11.7　刚玉粉末的衍射花样（黑色线为无阻光刀，灰色线为有阻光刀）

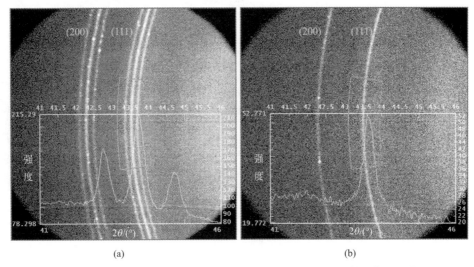

(a)　　　　　　　　　　　　　　(b)

图 11.8　组合筛选验证工具（1mm 铜线，间距 5mm）的衍射图像（见彩图）

（a）无阻光刀时信号产生交叉；（b）使用阻光刀时无信号交叉

11.2.3　透射几何的筛选

　　透射模式二维衍射可以减少或消除散焦效应及数据交叉干扰。在反射模式下，X 射线以低入射角照射到平面样品上时，会产生散焦效应。对于同样的入射角，低 2θ 角的衍射光束比高 2θ 角的衍射光束会更加锐利。在入射光束垂直于样品表面的透射模式中，则不存在散焦效应。有关透射模式的详细描述以及与反射模式的对比详见第 7 章。在组合筛选中，一般选透射模式以避免散焦效应。

　　组合筛选透射模式二维衍射有多种应用，包括用于组合化学材料库的筛选。图 11.9（a）给出了用于组合筛选透射模式下二维衍射系统的示意图，图 11.9（b）是 Bruker D8 Discover GADDS[TM]CST（组合筛选透射）的实物图[36]，该系统使用在垂直二圆测角仪上。安装在侧面的 XYZ 样品台可以为光源、光路和探测器提供足够的空间，同时提供 X、Y、Z 方向的平移，以便进行组合材料库扫描和样品调整。激光视频系统安装在测角仪的一个主轴上。入射光垂直于样品，因此照射到样品上的光面积与 X 射线光束尺寸相当，并且可以使光束汇聚到目标测量区域。在组合筛选应用中，样品池彼此相互靠近。因此，透射模式衍射还可以避免相邻样品的交叉干扰。

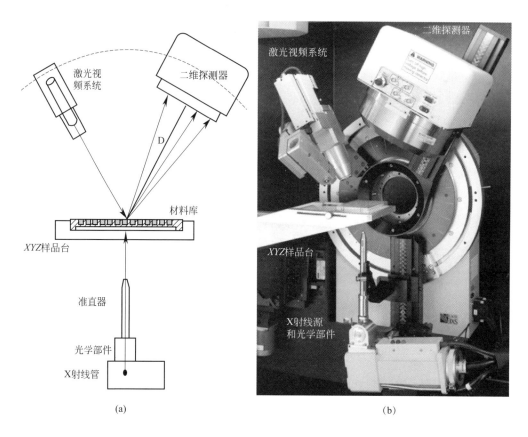

(a)　　　　　　　　　　　　　　　(b)

图 11.9　用于组合筛选的透射模式二维衍射系统

(a) 示意图；(b) Bruker D8 Discover GADDS^{TM}CST 实物图

透射系统有两种配置：垂直 θ-2θ 几何和垂直 θ-θ 几何。在 θ-2θ 几何中，光源和光学部件固定不动，二维探测器可以由马达驱动到所需的角度。当测量低角度数据时，可以将光束挡板安装在测角仪的固定底座上，以保护探测器免受直射光的影响。在 θ-θ 几何中，初级光束（光源和光学部件）和探测器都可以独立驱动，以达到相对于直射光束的各种探测器摆角。对于给定的摆角，入射光束和探测器可以同步移动，以实现相当于传统衍射仪 ω 摆动相同的样品摆动效果。在 θ-θ 配置中，光束挡板必须机械地连接到入射光束，使得在 θ_1 运动时，挡板停置于直射光束中。

通常根据样品板以及制备方式选择使用反射或透射模式。在反射模式中，二维探测器在样品平面的同一侧，与入射光进入样品的位置相同。反射模式在样品的一个表面要有开放的空间，以便入射线的射入和衍射线的射出。这种模式适用于大多数组合材料库样品板。图 11.10 是几种材料库样品板方案和相应的用于组合筛选的系统配置。方案（a）是不能透射的样品板。透射光路径被厚的样品板材料或样品板上用于材料制备处理等的其他部件所阻挡。这类样品板只能用于反射模式。假如样品表面只能暴露在样品板底部，有一种特殊的配置可以使入射光从底部照向样品，并且探测器置于样品板下面，这种配置可以通过把方案

（a）颠倒过来实现。

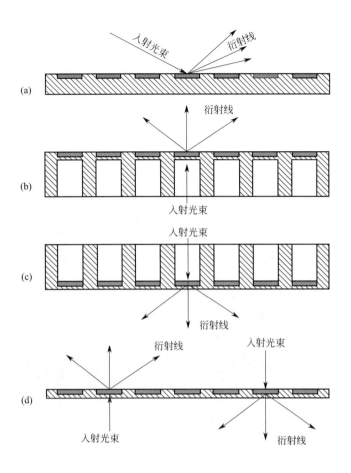

图 11.10　几种材料库样品板方案
（a）没有透射光路径；（b）光束向上配置的透射路径；
（c）光束向下配置的透射路径；（d）同时有向上和向下光束配置的透射路径

　　透射模式需要 X 射线从样品一侧表面射入，二维探测器在另一侧收集数据。透射模式需要在样品表面的两侧都有开放的空间，以便安装光学部件和探测器。多数情况下，样品通过一个薄的样品板材料使其固定。入射光和衍射光都会在该材料作用下产生衰减，并且该材料也会对数据背景有贡献。因此，该材料应当尽可能薄，用轻（低密度）元素材料制成且为无定形状态，比如麦拉膜或康普顿箔。方案（b）给出了一种组合材料库样品板的结构，窄的光束从下面射向样品，样品上方要有开放的空间。这种结构可以使入射光从下面进入样品板，在样品板上方测量衍射线。方案（c）是窄的入射光束从样品上方射入，在样品下方要有开放的空间，这是一种光束向下的配置。方案（d）是在样品上方和下方都要有开放空间的方案，光束向上和向下都可以。在样品板设计时需考虑 XRD 组合筛选的策略。例如，组合材料库可以包含多种功能层，其中用于筛选的层可以在收集 XRD 数据时从组件中移除出来。

　　透射模式 X 射线系统可以进行模块化设计，以便在光束向上和向下两种配置间切换。

如图 11.1 所示，透射模式数据的收集，可以通过把样品板旋转 $90°$，从而实现在反射模式下收集。同样地，如图 11.9 所示，也可以在透射模式下收集反射模式的衍射数据。这样可以设计一个自动实现反射-透射转换，同样保持样品台水平的系统，以实现在同一个系统中进行反射和透射模式测试[37]。图 11.11 是 Bruker AXS D8 Discover™ HTS（高通量筛选）的照片。该系统可以在样品台水平放置时，实现反射和透射模式测量。反射模式（a）下，光源和光学部件以及二维探测器位于样品板的同一侧（顶部）。从反射模式到透射模式的切换，可以简单地通过把光源和光学部件从样品板的同一侧（顶部）驱动到相对一侧（底部）来实现。

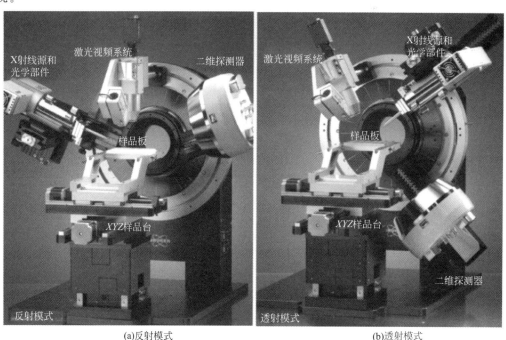

(a)反射模式　　　　　　　　　　　　　　　　　(b)透射模式

图 11.11　具有自动反射和透射切换模式的系统（Bruker AXS D8 Discover™ HTS）

11.3　二维衍射和拉曼的组合筛选

二维衍射可以与其他材料表征技术结合起来进行组合筛选，例如与拉曼光谱联用。与大多数分析技术不同的是，X 射线衍射和拉曼光谱都是无损检测方法，几乎不需要样品制备，因此可以在样品自然状态下进行简单快速分析。上述两种方法是互补的，X 射线衍射给出的是原子排列信息，而拉曼光谱可以测量由化学组成和化学键引起的特征振动频率[38,39]。理想状态下，有效衍射体积内应包含 $10^8 \sim 10^{10}$ 个完全随机取向的晶粒。然而，有时由于择优取向和样品量少带来的统计性差等因素，当两种晶型具有非常相似的衍射花样时，则很难对其进行区分。这时仅仅依靠 XRD 则无法区分由于晶体结构变化或择优取向、晶粒尺寸甚至仪器零点调整误差等引起的衍射峰强度的相对变化，而拉曼光谱或其他振动光谱技术，可有助于清晰地区分不同晶型[40]。

对于复杂化合物需要不同的模型来区分材料的物理化学特性，因此没有一种技术能够满足药物生产和表征的所有分析需求[41]。基于光谱和衍射技术的组合筛选方法对于药物开发是非常重要的，这是因为控制活性原料的多形态可以获得稳定的产品质量。在专利申请中，常用两种及以上的分析手段去鉴别固体物质。例如，共晶的权利描述是 2θ 在 $10.6°$ 和 $12.1°$ 有衍射峰，同时，拉曼峰是在约 735cm^{-1} 和 809cm^{-1} 处[42]。

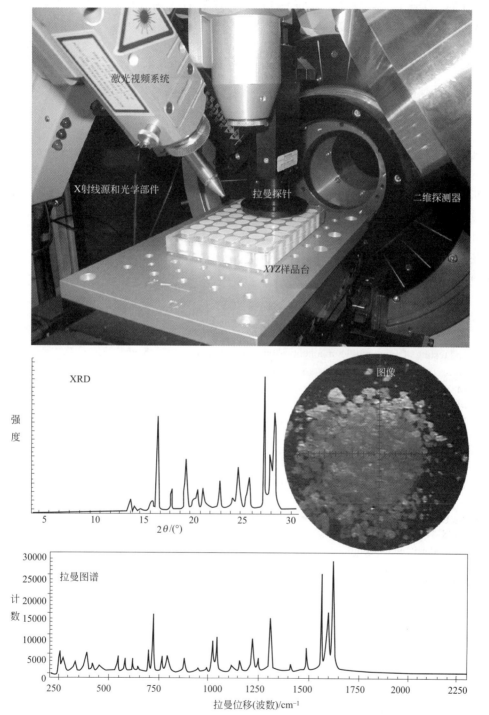

图 11.12　组合筛选系统（Bruker AXS D8 ScreenLab™）和
卡马西平粉末的 XRD、拉曼图谱及光学图像

图 11.12 是一种组合筛选系统（Bruker AXS D8 ScreenLab™），它包含一个二维 X 射

线衍射仪，一个拉曼光谱仪和一个视频显微镜。卡马西平粉末的光学图像、XRD 和拉曼图谱显示在仪器图片下方。X 射线探测器、激光光源、拉曼探针和一个自动放大的视频显微镜都集成在同一个平台上，这样来自同一样品同一区域的 X 射线衍射图谱、拉曼图谱和光学图像就可以同时或依次进行测量。这三种测量方法都是无损的，也不需要特殊的样品制备，其结果是互补的。XYZ 样品台可以将每个样品池移动到相应的测量位置。激光视频系统可以自动地将样品调整到仪器中心。此外，光学视频成像可以给出样品的表面状态、颜色和形状信息。这三种测量方法都是相对快速的。因此，将三种功能整合在一台仪器中非常有利于材料的高通量组合筛选[43,44]。

一旦将固态材料的表征数据收集储存起来，就可以对样品进行分类或用统计的图像匹配软件进行量化。除了快速评价大量数据外，对每个独立测量结果的分析可以达到分子水平。将软件与硬件系统结合起来，可以处理多种技术测量的数据，并综合分析这些结果[45]。已有的结果表明组合筛选方法比单独 XRD 或单独拉曼能够更好地分辨物质结构，可以提高纯相或混合相的鉴定精度，对数据的综合分析也能够突出和强化单独分析中任何不一致的结果。组合技术不只局限在 XRD 和 Raman 联用，还可以扩展到近红外光谱（NIR）、X 射线荧光光谱（XRF）、差式扫描量热（DSC）等。

参 考 文 献

1. J. J. Hanak, The "multiple sample concept" in materials research: synthesis, compositional analysis and testing of entire multicomponent systems, *J. Mater. Sci.*, 1970, **5**, 964–971.

2. N. K. Terrett, *Combinatory Chemistry*, Oxford University Press, New York, 1998.

3. M. S. Lesney, The red queen's race: combinatorial chemistry feeds the need for speed, *Today's Chemist at Work*, January, 1999, **8** (1) 36–43.

4. R. Brown, Worldwide alliance pursues discovery tools, *Today's Chemist at Work*, January, 1999, **8** (1) 48–50.

5. J. S. MacNeil, Innovating in the material world, *Today's Chemist at Work*, December, 1999, **8** (12) 22–28.

6. R. Dagani, A faster route to new materials, *Chemical & Engineering News*, March **8**, 1999, 51–60.

7. S. Borman, Reducing time to drug discovery, *Chemical & Engineering News*, March **8**, 1999, 33–48.

8. X. D. Xiang et al., A combinatorial approach to materials discovery, *Science*, 1995, **268** (5218), 1738–1740.

9. B. Jandeleit, et al., Combinatorial materials science and catalysis, *Angew. Chem., Int. Ed. Engl.* 1999, **38**, 2494–2535.

10. J. Bernstein, Pharmaceuticals: development and formulation, *Industrial Applications of X-ray Diffraction*, edited by F. H. Chung and D. K. Smith, Marcel Dekker, New York, 2000, 527–538.

11. J. Anwar, Pharmaceuticals: design and development of drug delivery systems, *Industrial Applications of X-ray Diffraction*, edited by F. H. Chung and D. K. Smith, Marcel Dekker, New York, 2000, 539–553.

12. B. Litteer and D. Beckers, Increasing application of X-ray powder diffraction in the pharmaceutical industry, *American Laboratory*, June 2005, 22–24.

13. S. Yin et al., Simulated PXRD patterns in studies of the phase composition and thermal behavior of bulk crystalline solids, *American Pharmaceutical Review*, 2003, **6** (2), 80–85.

14. M. Davidovch et al., Detection of polymorphism by powder X-ray diffraction: interference by preferred orientation, *American Pharmaceutical Review*, 2004, **7** (1), 10–16.

15. P. J. Desrosiers, The potential of perform: an integrated approach to preformulation allows researchers to complete this crucial step earlier in the drug development process, *Modern Drug Discovery*, January, 2004.

16. S. Yin et al., Bioavailability enhancement of a COX-2 inhibitor, BMS-347070, from a nanocrystalline dispersion prepared by spray-drying, *J. Pharm. Sci.*, 2005, **94** (7), 1598–1607.

17. S. Yin et al., In-situ variable temperature powder X-ray diffraction and thermal analysis, *American Pharmaceutical Review*, 2005, **8** (2), 56–62.

18. S. Yin, C. J. Pommier, and R. P. Scaringe, The role of PXRD in QbD and PAT, PPXRD-6 organized by ICDD, Barcelona, Spain, February **19–22**, 2007.

19. J. Klein, C. W. Lehmann, H-W. Schmidt, and W. F. Maier, Combinatorial material libraries on the microgram scale with an example of hydrothermal synthesis, *Angew. Chem., Int. Ed. Engl.* 1998, **37** (24), 3369–3372.

20. B. B. He et al., XRD rapid screening system for combinatorial chemistry, *Advances in X-ray Analysis*, 2001, **44**, 1–5.

21. B. B. He, L. Brügemann, and U. Preckwinkel, Rapid combinatorial screening by means of X-ray diffraction, *Business Briefing: Pharmatech*, 2003.

22. R. D. Durst and B. B. He, Diffraction system for biological crystal screening, US Patent No. 6,836,532, Dec. 28, 2004.

23. J. Fink et al., X-ray micro diffractometer sample positioner, US Patent No. 5,359,640, Oct. 25, 1994.

24. C. J. Gilmore, G. Barr, and J. Paisley, High-throughput powder diffraction. I. A new approach to qualitative and quantitative powder diffraction pattern analysis using full pattern profiles, *J. Appl. Cryst.* (2004). **37**, 231–242.

25. G. Barr, W. Dong, and C. J. Gilmore, High-throughput powder diffraction. II. Applications of clustering methods and multivariate data analysis, *J. Appl. Cryst.* (2004). **37**, 243–252.

26. G. Barr, W. Dong, C. Gilmore, and J. Faber, High-throughput powder diffraction. III. The application of full-profile pattern matching and multivariate statistical analysis to round-robin-type data sets, *J. Appl. Cryst.* (2004). **37**, 635–642.

27. G. Barr, W. Dong, and C. J. Gilmore, High-throughput powder diffraction. IV. Cluster validation using silhouettes and fuzzy clustering, *J. Appl. Cryst.* (2004). **37**, 874–882.

28. T. G. Fawcett et al., Using PDF-4+/Organics to discover and analyze polymorphs, PPXRD-7 organized by ICDD, Orlando, FL, February **26**, 2008.

29. G. Barr, W. Dong, and C. J. Gilmore, PolySNAP: a computer program for analyzing high-throughput powder diffraction data, *J. Appl. Cryst.* (2004). **37**, 658–664.

30. G. Barr, C. J. Gilmore, and J. Paisley, SNAP-1D: a computer program for qualitative and quantitative powder diffraction pattern analysis using the full pattern profile, *J. Appl. Cryst.* (2004). **37**, 665–668.

31. G. Barr, W. Dong, C. J. Gilmore, A. Parkin, and C. C. Wilson, dSNAP: a computer program to cluster and classify Cambridge Structural Database searches, *J. Appl. Cryst.* (2005). **38**, 833–841.

32. PolySNAP: High-throughput XRD data analysis for research, development and production control, Bruker AXS Handout, Order No. DOC-H88-EXS010, 2007.

33. M. Norman et al., Characterization of insulin microcrystals using powder diffraction and multivariate data analysis, *J. Appl. Cryst.* (2006). **39**, 391–400.

34. B. B. He and F. F. Jin, X-ray diffraction screening system with retractable X-ray shield, US Patent No. 6,718,008, Apr. 6, 2004.

35. B. B. He et al., Retractable knife-edge for XRD combinatorial screening, *Advances in X-ray Analysis*, 2004, **47**, 194–199.

36. B. B. He, R. C. Bollig, and H. M. L. Brügemann, Transmission mode X-ray diffraction screening system, US Patent No. 6,859,520, Feb. 22, 2005.

37. B. B. He and R. C. Bollig, X-ray diffraction screening system convertible between reflection and transmission modes, US Patent No. 7,242,745, Jul. 10, 2007.

38. D. A. Long, *Raman Spectroscopy*, McGraw-Hill, 1977.

39. D. J. Gardiner and P. R. Graves, *Practical Raman Spectroscopy*, Springer-Verlag, 1989.

40. B. Sarsfield et al., When spectroscopy is better than powder X-ray diffraction for crystal form analysis of active pharmaceutical ingredients, *American Pharmaceutical Review*, 2007, **10** (1), 16–23.

41. L. D. Peter et al., Quantitative PXRD and complementary techniques: improving resolution for multicomponent compact systems using contemporary chemometric methods, PPXRD-7 organized by ICDD, Orlando, FL, February **25–28**, 2008.

42. E. H. Barash, Trends in solid form patents: cocrystal IP opportunities and challenges, PPXRD-6 organized by ICDD, Barcelona, Spain, February **19–22**, 2007.

43. B. B. He, C. S. Frampton, and F. W. Burgäzy, Combinatorial screening system with X-ray diffraction and Raman spectroscopy, US Patent No. 7,269,245, Sep. 11, 2007.

44. B. He, C. Frampton, J. Sawatzki, A. Kern, C. Gilmore, and G. Barr, Combined XRD and Raman combinatorial screening system, PPXRD-6 organized by ICDD, Barcelona, Spain, February **19–22**, 2007.

45. G. Barr and C. Gilmore, How to combine PXRD, Raman and other 1-D data in high throughput studies, PPXRD-6 organized by ICDD, Barcelona, Spain, February **19–22**, 2007.

第**12**章

其他应用

12.1 结晶度

12.1.1 简介

聚合物材料的结晶度对材料的许多性质会产生影响，如机械强度、不透明性和热性能等。结晶度的测量能够提供非常有价值的信息，可用于材料研究和材料加工时的质量控制[1~6]。晶体和非晶体都会产生 X 射线散射，但空间中的散射强度分布由材料中的原子排列决定。晶体材料具有长程有序，其衍射花样包含许多尖峰，其对应于满足布拉格定律的晶面。非晶材料（固体或液体）不像晶体那样具有长程有序，其原子间距离由于原子紧密堆积而具有窄的分布。在这种情况下，散射的 X 射线强度形成一个或两个最大值，在 2θ 范围内具有非常宽的分布，它反映了原子距离的分布。来自包含非晶和结晶固体材料的衍射花样包含非晶相的宽背景和结晶相的尖锐峰。

在含有结晶相和非晶相的材料中，把结晶相的质量分数称为结晶度。假设材料中每相的 X 射线散射强度与其质量分数成正比，并且可以在 2θ 范围内测量所有相的散射强度，那么结晶度可以通过结晶峰的积分强度与总散射强度的比来确定[7~10]❶。因此，对非晶和晶体衍射花样的分解方法是获得与其他技术如核磁共振（NMR）和量热法一致的可靠结晶度的关键[2,11]。X 射线测量结晶度的定义为结晶峰强度与结晶峰及非晶峰强度和的比：

$$x_{pc} = \frac{I_{crystal}}{I_{crystal} + I_{amorphous}} \times 100\% \tag{12.1}$$

式中，x_{pc} 是结晶度；$I_{crystall}$ 是所有结晶峰的积分强度；$I_{amorphous}$ 是非晶散射的积分强度。图 12.1 显示了非晶材料、结晶材料和它们混合物的二维衍射帧。非晶材料会产生强的

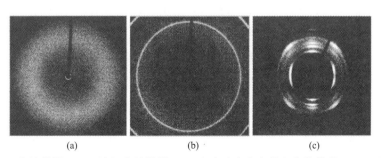

(a)　　　　　　　　　(b)　　　　　　　　　(c)

图 12.1　非晶散射（a）、随机多晶散射（b）和有取向的多晶和非晶散射（c）（见彩图）

---

❶　如果晶体和非晶体的化学组成相同（如晶体 SiO_2 和非晶体 SiO_2），该方法计算的结晶度较准确。否则，应对晶体和非晶体进行定量计算。因此，准确的结晶度定义为：结晶相含量与结晶相及非晶相含量总和的比值。——译者注

漫射晕，当 γ 积分时会产生非常宽的"馒头峰"。多晶材料会产生锐利的衍射环，它可以积分成尖锐的强峰。而包含有取向的结晶相和非晶相的材料会产生宽背景和尖锐衍射花样的混合，强度是 2θ 和 γ 的函数。图 12.2(a) 给出了聚合物样品积分后的衍射图谱，由尖锐的结晶峰和宽的非晶背景组成。图 12.2(b) 对结晶峰和非晶背景进行了分离，峰面积代表相应的积分强度。

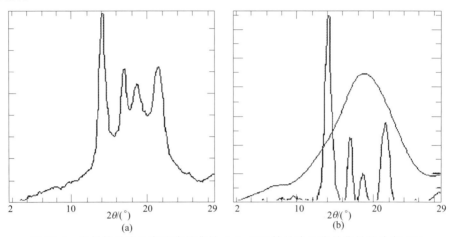

图 12.2   尖锐结晶峰及宽的非晶背景（a）和对结晶峰及非晶背景的分离（b）

12.1.2   传统衍射与二维衍射的对比

结晶度测量的精度取决于积分后的衍射线形。由于多数结晶样品具有择优取向，使得常规衍射仪测量的结果一致性较差。图 12.3 显示了有取向多晶样品的二维衍射帧。衍射是在透射模式下测量的，X 射线束垂直于样品表面。图 12.3(a) 给出了对部分区域（类似于点探测器收集的数据）积分后的衍射图谱，从图中仅可以观察到一个结晶峰。如果样品是其他取向，也可能测量到不同的峰或没有峰。图 12.3(b) 是对几乎所有 γ 区域积分得到的衍射图，总共有四个结晶峰。显然，如果不考虑择优取向，用常规衍射仪测量的结晶度是不一致的。但是取向对从二维帧所有范围积分得到的衍射图是没有影响的，因此，二维系统可以更准确地测量结晶度，并且其结果一致性更好[12,13]。

12.1.3   散射校正

除了来自样品中结晶和非晶相散射外，测量到的总强度还包括空气散射、样品架散射（例如毛细管玻璃散射）和康普顿（或非相干）散射。样品和样品架的空气散射可以通过测量与样品相同条件的"空白"帧（测量时间除外）来实现。值得注意的是，在透射模式下测量时不得在空白帧和数据帧之间移动光束挡板。图 12.4 为这种校正的一个实例。图 12.4 中，（a）是从包括空气散射的尼龙片收集的透射帧，（b）是在没有样品的情况下收集的空气散射帧，（c）是减去空气散射后的帧。

如果没有准确的校准（阻挡初级光束），光束挡板也会引起相当大的散射。另外一种空气散射效应来自入射光束散射，它是样品几何形状的函数。最好的方法是在尽可能靠近入射光束准直器的尖端放置样品来减少这种影响，或者在透射模式下使用比入射光束大得多的样品板，以便阻挡初级光束的空气散射。这就消除了探测器的阴影，即在样品之前的空气散射吸收。

康普顿或非相干散射对背景强度也有实质性贡献。如果不进行校正，则结晶度值会较低，特别是对于聚合物材料更是如此。康普顿散射可以通过内部法和外部法进行建模和消除。如果测试的是相同材料并且其密度变化不超过 20%，则不需要这种校正。关于校正康普顿效应的更多讨论可以参考有关文献[1,14~17]。

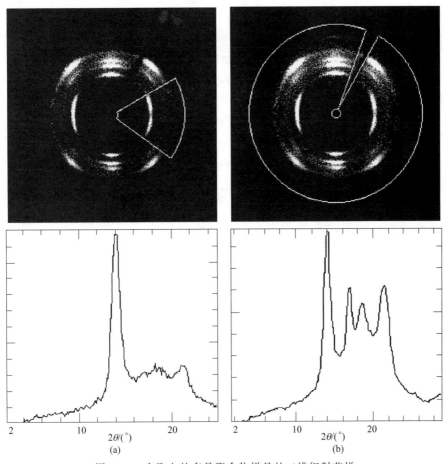

图 12.3　有取向的多晶聚合物样品的二维衍射花样

(a) 对部分二维帧区域（类似于点探测器收集的数据）

积分后的衍射图；(b) 对全部二维帧积分后的衍射图

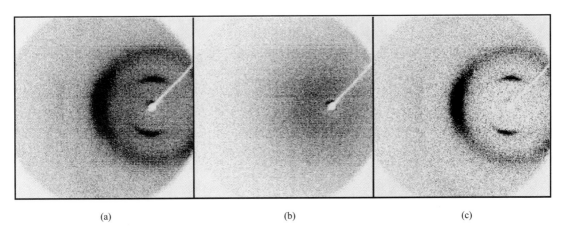

图 12.4　有空气散射的尼龙样品帧 (a)、不加

样品的空气散射帧 (b) 和减去空气散射的尼龙样品帧 (c)

12.1.4 内部法和外部法

当结晶和非晶衍射峰有重叠时应使用内部法，特别是帧中包含连续的德拜环时，绝对不能使用外部法。虽然内部法可用于校正有取向的峰，但外部法更适用。对于如图 12.5(a) 所示的无取向的材料，可以选择独立的积分区域作为非晶和结晶的区域。所有区域的起始和结束 γ 值必须相同，否则以 γ 值差异为界限的区域也被认为是非晶的。为了确定结晶区域和非晶区域的边界，将这些区域积分成衍射谱，并且使用谱线拟合来对结晶和非晶峰进行去卷积。在结晶区域中，可以用线性边界将结晶强度和无定形背景分开。非线性背景拟合（例如二阶多项式）可以当作曲面来分离结晶强度和背景强度。于是结晶度可以用内部法由下式计算：

$$x_{pc} = 100\% \times \frac{I_{crystalline\ region} - I_{background}}{I_{crystalline\ region} + I_{amorphous\ region}} \tag{12.2}$$

式中，$I_{crystalline\ region}$ 是包含结晶峰和背景的结晶区域的积分强度；$I_{background}$ 是结晶区域的背景强度；$I_{amorphous\ region}$ 是非晶区域的积分强度。

外部法计算的结晶度是用户定义区域内的百分比。必须指定仅非晶区域和晶态加非晶区域。图 12.5(b) 显示的是外部法。外部法主要用于有取向的聚合物。非晶区域，而不是包含晶体和非晶体的区域，将提供关于非晶散射程度的最佳信息。这些值用于非晶外部函数的下限和上限。相同的 2θ 限制也可用于结晶区域。用 2θ 积分检查结晶区域以确定设置晶体散射的 γ 边界。注意，结晶区域也包含非晶散射。但是，该区域不得与先前选择的非晶区域重叠。如果把非晶区域的面积按比例缩放到结晶区域，则非晶的 γ 范围不需要与晶体的 γ 范围相同。与内部法不同，在结晶区域中可以存在多个取向的结晶峰。非晶区必须在其边界内没有晶体散射。如果样品含有无取向的晶粒，则不可能具有纯的非晶区域，并且外部法将包括这些分散在非晶成分中的点，这会使得测量的结晶度偏小。如果随机取向的材料数量是恒定的，则把该方法作为结晶度测量方法仍然是有效的。于是结晶度可以用外部法由下式计算：

$$x_{pc} = 100\% \times \frac{I_{crystalline\ region} - I_{amorphous\ region}}{I_{crystalline\ region}} \tag{12.3}$$

式中，$I_{crystalline\ region}$ 是包含结晶峰和背景的结晶区域的积分强度；$I_{amorphous\ region}$ 是非晶区域的积分强度。

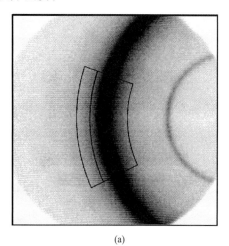 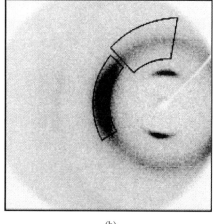

(a)   (b)

图 12.5　γ-尼龙粉末的内部法（a）和 γ-尼龙纤维的外部法（b）

12.1.5 完全法

外部法和内部法都是采用用户指定的帧数据区域来测定结晶度的方法。当在测量的方位角上存在晶体和非晶区域的重叠时，最好使用完全法。完全法通过直接从原始帧提取非晶背景来计算结晶度，其计算式如下：

$$x_{pc} = 100\% \times \frac{I_{\text{original frame}} - I_{\text{background frame}}}{I_{\text{original frame}}} \tag{12.4}$$

式中，$I_{\text{original frame}}$ 是包含晶体和非晶散射帧的积分强度；$I_{\text{background frame}}$ 是背景帧的积分强度。这种用于背景估计的方法是基于形态学的处理。衍射图案的非晶背景可以用复合形态学操作来估计，称为"滚球算法"[18,19]。如图 12.6 所示，操作可以在物理上解释为采用"球"并将其向上压靠在帧的强度表面下侧。通过跟踪每个像素处"球"所达到的最高点来找到背景。只要"球"足够大，它就不能进入与峰相对应的正偏移。但是，"球"可以很好地跟踪背景。由于"球"可能被尖锐的噪声"尖峰"压下，因此需要通过平滑背景来降低噪声。"球"的半径是用户定义的最优估算背景参数。为了使各种无定形背景水平和结晶峰的清晰度具有灵活性，实际上使用"滑动椭圆体"代替"滚球"。半径和高度参数影响表征无定形背景的滑动椭圆体形状。半径参数越小，背景表面越接近帧图像。高度参数影响滑动椭圆体的形状。高度参数相对于半径越小，椭圆体越平坦。高度为零表示平盘状，等于半径参数则表示球体。对于尖锐的结晶峰，可以使用更大的高度参数来使椭圆体更好地适应非晶强度表面。半径应该是尽可能小的值，但也不能太小，否则将把结晶的特征峰覆盖在背景中。

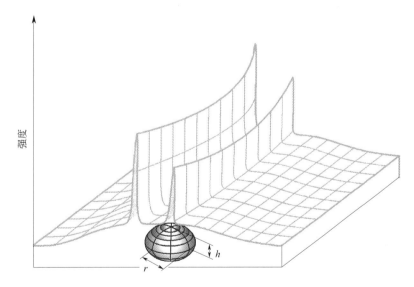

图 12.6 "滚球算法"示意图

图 12.7 说明了用完全法进行尼龙纤维结晶度测量的数据处理过程。（a）是去除了空气散射的原始帧，（b）是去除了空气散射的平滑帧，（c）是通过滚球算法从（b）生成的非晶背景帧，（d）是仅包含晶体散射的帧，通过从（a）中减去（c）生成。该实例的结晶度由下式给出：

$$x_{pc} = 100\% \times \frac{I_a - I_c}{I_a} = 100\% \times \frac{I_d}{I_a} \tag{12.5}$$

式中，I_a、I_c 和 I_d 分别是帧（a）、（c）和（d）的积分强度（总帧数）。

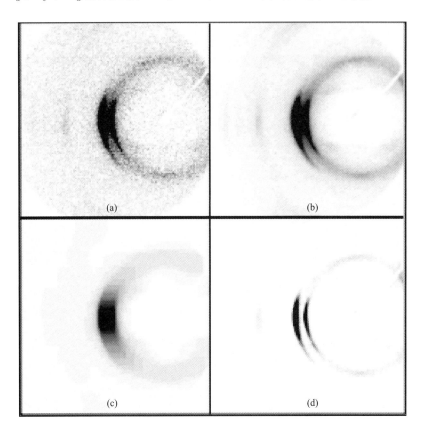

图 12.7　尼龙纤维结晶度测量的数据处理
（a）去除空气散射的原始帧；（b）去除空气散射的平滑帧；
（c）由（b）生成的非晶背景帧；（d）晶体的散射帧

12.2　晶粒尺寸

12.2.1　简介

多晶材料的性质取决于晶粒和晶界的性质。多晶材料的晶粒尺寸对其性质会产生重大影响，如热、机械、电、磁、电阻和化学性质。例如，多晶金属和合金的机械强度很大程度上取决于晶粒尺寸。金属的变形是由外力下的位错和其他缺陷引起的。不同的晶体取向和晶界是位错和其他晶体缺陷的障碍。因此，具有更小晶粒尺寸的金属具有更多的晶界以阻止位错运动。对于大多数金属材料，其屈服强度 σ_y 和晶粒尺寸 d 之间的关系可以用 Hall-Petch 方程描述[20]：

$$\sigma_y = \sigma_0 + k_y d^{-1/2} \tag{12.6}$$

式中，σ_0 和 k_y 对一个特定材料来说是常数。晶粒尺寸可以通过许多技术测量，例如用光学显微镜或电子显微镜测量抛光和蚀刻表面的晶粒尺寸。自谢乐（Scherrer）及随后的 Stokes&Wilson 和 Warren&Averbach 发展测量晶粒尺寸的理论和方法以来，用 X 射线衍射测量晶粒尺寸已有超过 100 年的历史。这些测量方法都基于衍射线展宽和线形分析。许多出版物都有关于晶粒尺寸及其分布的线形分析法的详细讨论[21~24]。本节将简要介绍通过线形分析进行晶粒尺寸测量的方法。晶粒尺寸测量的另一种方法是使用微束 X 射线和二维探测器采集的具有斑点的衍射图[25,26]。线形分析用的是 2θ 衍射谱,而对具有斑点的二维衍射帧的分析则是基于 γ 积分后的衍射谱,这也称为 γ 线形分析。线形分析适用于小于 100nm（1000Å）的晶粒尺寸,而 γ 线形分析适合用微束 X 射线测量 100nm 到几十微米的晶粒尺寸。因此,该技术被归类为微束 X 射线衍射（MXRD）。

12.2.2　晶粒尺寸引起的衍射线展宽

当晶粒尺寸小于 100nm 时,可以观察到衍射峰的展宽。晶粒尺寸通过测量衍射峰的展宽,由谢乐公式给出:

$$B = \frac{C\lambda}{t\cos\theta} \tag{12.7}$$

式中,λ 是 X 射线波长,Å；B 是衍射峰的半高宽（以弧度表示）,它用于仪器展宽和应变展宽校正；θ 是布拉格角；C 是一个常数,通常设为 0.9~1.0,取决于晶粒形状[24]；t 是晶粒尺寸,Å。上式显示晶粒尺寸与峰宽之间为反比关系。峰越宽,晶粒尺寸越小。尽管粒径小于 100nm 时出现衍射峰展宽,但实际当展宽大于仪器展宽时,谢乐公式可以准确地计算小于 30nm 的晶粒的平均尺寸。

峰形展宽通常归因于晶粒尺寸、微应变和仪器引起的展宽。在晶粒尺寸计算中,仅考虑由晶粒尺寸引起的衍射峰展宽。仪器展宽由许多仪器参数决定,例如 X 射线焦斑、光学部件、准直器尺寸、光束发散度和探测器分辨率。通常用 NIST SRM 660 标样 LaB₆ 测量仪器展宽。LaB₆ 标样是无应变的,且粒径大于 1μm。使用该标样测量的整个峰宽都是仪器的展宽。也可用 NIST SRM 640 硅粉标样测量仪器展宽。当使用二维探测器时,必须以相同的入射角（ω 角）收集标样和未知样的数据,以避免散焦效应。建议将入射角设置为 θ 值,这时散焦因子为 1（类似于 B-B 几何）。对于 2θ 低于 25° 的衍射,可以选择 ω 值大于 θ,以避免低入射角时由大的 X 射线束照射面积引起的仪器展宽。可以通过测量未知晶粒尺寸的峰形展宽以及用标样测量的仪器展宽,来计算由晶粒引起的展宽。从未知峰宽中减去标样峰宽的公式取决于衍射峰的形状。有许多复杂的算法可以从测量的峰形和仪器展宽中去除晶粒的展宽,其中一些涉及全谱的傅里叶分析[21~41]。根据衍射峰是否适合高斯或柯西（洛伦兹）函数,给出了两种特殊的简化公式。这两个函数中半高宽有不同的数学含义。对高斯线形,

$$B^2 = U^2 - S^2 \tag{12.8}$$

而对柯西线形,则

$$B = U - S \tag{12.9}$$

式中,B 是用谢乐公式计算晶粒尺寸时校正过的半高宽,U 和 S 分别是未知峰和标样峰的半高宽。图 12.8(a) 是 LaB₆ 标样的二维帧和 γ 积分图。所示峰的峰形拟合结果表明高斯线形的半高宽为 0.162°,柯西线形下是 0.133°。图 12.8(b) 是来自半导体薄片带上 Cu (111) 峰的二维帧和 γ 积分图。用柯西函数拟合的峰位为 $2\theta = 43.455°$,半高宽为 0.300°。使用 LaB₆ 校正仪器展宽,用柯西函数拟合的半高宽为 0.133°,校正后的半高宽为 0.167°,而用谢乐公式算出的晶粒尺寸为 512Å。尽管入射光束形状是高斯分布,但通常二维探测器使用柯西线形。两个拟合函数之间的差异随着晶粒尺寸的减小而变小。例如,假设

样品的衍射峰为 $2\theta=30°$，半高宽为 $2.83°$，测量的 LaB_6 半高宽为 $0.09°$，用高斯拟合的晶粒尺寸是 29Å，而柯西拟合的则是 30Å。现在，假设未知样的峰宽为 $0.26°$，这会得到 348Å（高斯拟合）和 545Å（柯西拟合）的晶粒尺寸（两个方程均假设没有应变展宽）。

如果怀疑材料具有微应变，则应使用 Warren-Averbach 法或单线法。该方法通常涉及衍射峰形状的分析，由此可以分离晶粒尺寸和微应变引起的贡献。材料中的微应变增加了线宽。由晶粒尺寸和晶格畸变引起宽度的反卷积是基于 Warren-Averbach 法。该方法需测量某晶面族的多重完整峰形，例如（100）、（200）、（300）峰。总之，标样和未知样的峰形被去卷积为傅里叶系数，然后对其进行校正以获得仪器展宽。绘制傅里叶系数与（hkl）反射线的函数，获得晶粒尺寸贡献和微应变贡献，由此获得平均晶粒尺寸和均方根微应变。单线法基于具有额外假设的 Warren-Averbach 方法，即晶粒尺寸展宽具有柯西分布，而微应变展宽具有高斯分布。当只有一个衍射峰可用于分析时，可以使用单线法，条件是未知样品中存在晶粒尺寸和微应变效应。单线法也提供晶粒尺寸分布，但需假设微应变是恒定的。由于谢乐公式法和 Warren-Averbach 法背后的推导和假设不同，因此从上述方法获得的平均晶粒尺寸值也会存在差异。在许多应用中（如质量控制），重现性比绝对精度更重要。

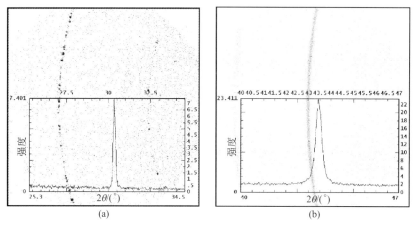

图 12.8   用于晶粒尺寸分析的二维帧和 γ 积分图
(a) NIST SRM 660 标样 LaB_6；(b) 来自半导体薄片带的 Cu (111) 峰

当使用二维探测器收集晶粒尺寸分析数据时，样品到探测器的距离要长，这样可以实现最大分辨率。这时，由晶粒尺寸引起的峰展宽才不会被检测器的点扩散函数所掩盖。应使用小光束尺寸和低收敛度来减少仪器展宽。对随机取向材料（例如细粉末）测量晶粒尺寸时，无需旋转或摆动样品。如果必须对样品进行旋转或摆动（如强织构样品），则应在相同的测量条件下收集标样数据。如果用透射模式测量晶粒尺寸，待测样品和标样的厚度要一致。

12.2.3   利用 γ 方向线形分析计算晶粒尺寸

利用线形分析计算晶粒尺寸是基于衍射强度分布是 2θ 的函数。用于线形分析的衍射图谱既可以通过配有点或线探测器的常规衍射仪获得，也可通过面探测器收集的二维衍射帧的 γ 方向积分获得。

面探测器的实用性使得从衍射环的衍射斑点直接分析晶粒尺寸成为可能。图 12.9 给出两种晶粒尺寸有机玻璃样品的原子力显微镜（AFM）图像和二维衍射帧[42]。小晶粒样品的二维衍射帧是平滑的衍射环，而大晶粒则是有斑点的衍射环。晶粒尺寸可以通过衍射环的斑点来测量，即 γ 方向的线形分析[43]。

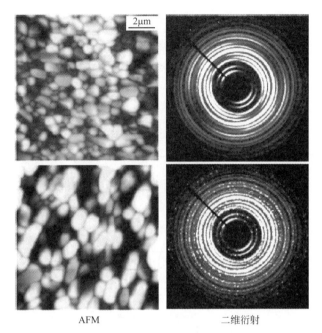

AFM　　　　　　二维衍射

图 12.9　两种晶粒尺寸有机玻璃样品的原子力显微镜图像和二维衍射帧（见彩图）
经许可转载自文献 [42]

线形分析适用于小于 100nm 的晶粒尺寸，而 γ 线形分析更适合 $0.1 \sim 100\mu m$ 的较大晶粒，具体取决于入射光束尺寸、发散度、样品形状和尺寸、仪器几何和探测器分辨率。术语"粒度"通常用于该尺寸范围。γ 线形分析基于抽样统计。对于其他应用而言被认为"差"的采样统计数据实际上非常适合确定晶粒尺寸。采样统计数据由样品结构和仪器确定。完美的随机取向粉末样品，对测量衍射线有贡献的晶粒数量可由下式给出：

$$N_S = p_{hkl} \frac{Vf_i}{v_i} \times \frac{\Omega}{4\pi} \tag{12.10}$$

式中，p_{hkl} 是衍射面的多重性因子；V 是有效采样体积；f_i 是被测晶粒的体积分数，对于单相材料 $f_i = 1$；v_i 是第 i 相晶粒的体积；Ω 是仪器立体角的角窗；Vf_i/v_i 是在有效体积内测量的晶粒数量；$\Omega/4\pi$ 是满足布拉格条件的有效体积比例。多重因子 p_{hkl} 相当于增加了对 (hkl) 晶面积分强度有贡献的晶粒数量。单个晶粒的体积 v_i，是各种晶粒尺寸的平均值或假设所有晶粒具有相同的体积。假设颗粒是球形，v_i 可以用颗粒尺寸代替，$v_i = \pi d_i^3 / 6$，其中 d_i 是晶粒的直径。有效采样体积和角窗的组合构成了仪器窗口，其确定了对衍射图案有贡献的多晶材料的总体积。在二维衍射中，仪器窗口由入射光束尺寸和发散度以及 γ 角度范围（探测器面积和样品到探测器距离）决定。如图 12.10 所示，角窗 Ω 由下式给出：

$$\Omega = \beta_1\beta_2 = 2\beta \arcsin[\cos\theta\sin(\Delta\gamma/2)] \tag{12.11}$$

式中，β_1 是 2θ 方向上的仪器角度范围；β_2 是 γ 方向上的仪器角度范围，或者是方位角度 $\Delta\gamma$ 对应的衍射矢量角度范围。如果忽略探测器的仪器展宽影响，2θ 方向的仪器角度范围由入射角（$\beta_1 = \beta$）的发散度决定。颗粒展宽也可能影响上述关系，但由于 γ 方向线形分析主要用于处理相对较大的晶粒，因此颗粒展宽可忽略不计。

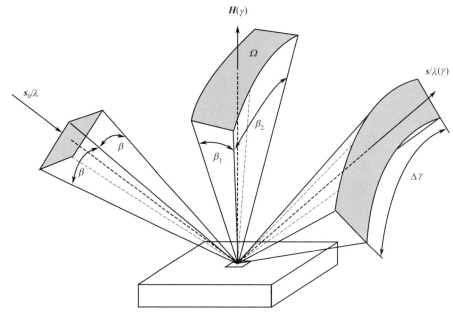

图 12.10　二维衍射仪器窗口

反射模式二维衍射中，有效采样体积表示为：

$$V = \frac{A_0 \cos\eta}{\mu(\cos\eta + \cos\zeta)} = \frac{\pi b^2 \cos\eta}{4\mu(\cos\eta + \cos\zeta)} \tag{12.12}$$

$$\cos\eta = \sin\omega\cos\Psi$$

$$\cos\zeta = -\cos2\theta\sin\omega\cos\Psi - \sin2\theta\sin\gamma\cos\omega\cos\Psi - \sin2\theta\cos\gamma\sin\Psi$$

式中，A_0 是入射线的横截面；μ 是线吸收系数。在二维衍射中，通常使用圆形点光源，因此光束横截面 $A_0 = 1/4\pi b^2$，b 是入射光束直径。对于晶粒尺寸测量，无需将样品法线偏离衍射仪平面，因此可以设置 $\psi = 0$。有效采样体积总是 2θ 和 γ 的函数。在反射模式中，衍射环往往分布在以 $\gamma = -90°$ 为中心的 γ 范围内。图 12.11 显示了在 $\omega = \theta$ 时，有效采样体积 $\cos\eta/(\cos\eta + \cos\zeta)$ 的相对变化与 2θ 和 γ 的函数关系。2θ 为 $20° \sim 140°$，γ 在 $-60° \sim -120°$ 范围内，采样体积变化很小，从 0.425 到 0.5。当 2θ 和 γ 为 $-90°$ 时，接近 0.5。有效采样体积的变化基本可以忽略，一般近似采用 $\gamma = -90°$ 时的值。当 $\psi = 0°$，有效体积为：

$$V = \frac{A_0 \sin\omega}{\mu[\sin\omega + \sin(2\theta - \omega)]} = \frac{\pi b^2 \sin\omega}{4\mu[\sin\omega + \sin(2\theta - \omega)]} \tag{12.13}$$

如果在 $\omega = \theta$ 时采集数据，上式进一步简化为：

$$V = \frac{A_0}{2\mu} = \frac{\pi b^2}{8\mu} \tag{12.14}$$

把式（12.14）和式（12.11）代入式（12.10），可以得到第 i 相的晶粒体积为：

$$v_i = \frac{p_{hkl}f_i A_0 \beta \arcsin[\cos\theta\sin(\Delta\gamma/2)]}{4\pi\mu N_s} \tag{12.15}$$

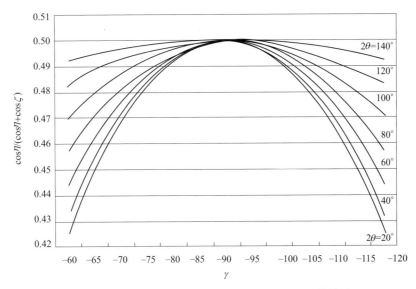

图 12.11 有效采样体积相对变化与 2θ 和 γ 的函数关系

式中，N_s 是在仪器窗口和有效采样体积内对衍射图有贡献的晶粒数。对于含有一种物相的材料，$f_i=1$，用晶粒颗粒直径 $d(v=\pi d^3/6)$ 替代 v_i，那么晶粒尺寸则表示为：

$$d=\left\{\frac{3p_{hkl}A_0\beta\arcsin[\cos\theta\sin(\Delta\gamma/2)]}{2\pi^2\mu N_s}\right\}^{1/3} \tag{12.16}$$

引入一个涵盖所有的数值常数、入射光发散度以及仪器校准因子的比例因子。反射模式下，晶粒尺寸方程表示为：

$$d=k\left\{\frac{p_{hkl}b^2\arcsin[\cos\theta\sin(\Delta\gamma/2)]}{2\mu N_s}\right\}^{1/3} \tag{12.17}$$

假设仪器在 2θ 方向的展宽已知时 $k=\left(\dfrac{3\beta}{8\pi}\right)^{\frac{1}{3}}$，也可以把 k 当作校准因子，此校准因子可以通过测试已知标样的二维衍射图确定。由于沿衍射环仅可以分辨出有限数量的衍射斑点，因此从上式可以看出，如果要确定较小的晶粒尺寸，则应该使用较小的 X 射线光斑和低多重性的衍射峰。

对于二维衍射透射模式，入射光垂直于样品表面，有效采样体积为：

$$V=\frac{\pi b^2\cos2\theta\left[\exp(-\mu t)-\exp\left(-\dfrac{\mu t}{\cos2\theta}\right)\right]}{4\mu(1-\cos2\theta)} \tag{12.18}$$

式中，t 是样品厚度。对于较小的 2θ 角度，有效采样体积近似为：

$$V=A_0 t\exp(-\mu t)=\frac{1}{4}\pi b^2 t\exp(-\mu t) \tag{12.19}$$

透射模式下，当 $t=1/\mu$ 时，有效采样体积最大。从上式可知，有效采样体积正比于光束截面，并随材料的吸收系数增加而降低。式(12.18) 和式(12.19) 中，有效采样体积考虑了采样统计性以及它们对散射强度的影响。对于晶粒尺寸分析，吸收对样品的影响在反射模式和透射模式中是不同的。在反射模式中，线吸收系数决定了入射光在样品中的衰减速度，但是没有明确的穿透深度值。因此，不得不采用有效采样体积。在入射光垂直于样品表面的透射模式中，线吸收系数影响相对散射强度（计数统计），但不影响实际采样体积。换句话说，光路路径内的所有样品体积都对衍射有贡献。因此，在透射模式中，只要样品足够薄，吸收效应可以忽略。那么实际采样体积则简化为：

$$A_0 t = \frac{1}{4}\pi b^2 t \tag{12.20}$$

上式假设采用的是平行光。如果使用发散光，那么需要确定在样品处（仪器中心）的光斑尺寸。把式(12.20) 和式(12.21) 代入式(12.10)，那么第 i 相的晶粒体积表示为：

$$v_i = \frac{p_{hkl}f_i A_0 t\beta\arcsin[\cos\theta\sin(\Delta\gamma/2)]}{2\pi N_s} \tag{12.21}$$

对于含有一种物相的材料，$f_i=1$，用晶粒颗粒直径 $d(V=\pi d^3/6)$ 替代 v_i，那么晶粒尺寸则表示为：

$$d = \left\{\frac{3p_{hkl}b^2 t\beta\arcsin[\cos\theta\sin(\Delta\gamma/2)]}{4\pi N_s}\right\}^{1/3} \tag{12.22}$$

如果引入涵盖所有数值常数、入射光发散度以及仪器校准因子的比例因子。透射模式下，晶粒尺寸则表示为：

$$d = k\left\{\frac{p_{hkli}b^2 t\arcsin[\cos\theta\sin(\Delta\gamma/2)]}{N_s}\right\}^{1/3} \tag{12.23}$$

式中，假设仪器在 2θ 方向的展宽已知时 $k=\left(\frac{3\beta}{4\pi}\right)^{\frac{1}{3}}$，也可以把 k 当作校准因子，此校准因子可以通过测试已知标样的二维衍射图确定。通过式(12.17) 或式(12.23) 可知，晶粒尺寸分析即是确定衍射环上晶粒的数量。

图 12.12 给出了 LaB$_6$ 标样的二维衍射图谱，采用的仪器是 GADDS^{TM} CST 二维衍射仪，Cu 靶，测量模式为透射模式。二维探测器（Hi-Star^{TM}）距离仪器中心 23.75cm。光束（针孔准直器）尺寸 b 为 200μm。系统校准应使用准确的样品厚度值。一种方法是根据测量的透射系数计算样品厚度，这种方法对于粉末样品尤其实用。计算得到 LaB$_6$ 的线吸收系数为 1138cm^{-1}(0.1138μm^{-1})，测试得到 LaB$_6$ 的透射率为 0.45，那么 LaB$_6$ 样品的厚度 t 为 7.0μm。LaB$_6$ 的 SEM 分析表明，LaB$_6$ 颗粒由尺寸范围为 2~5μm 的晶粒聚集而成[44]。平均晶粒尺寸 d 为 3.5μm。二维图谱中包含 (100)、(110)、(111) 三个晶面的德拜环。2θ 积分曲线（γ 线形）显示在二维图下方。作者建议通过 γ 线形与阈值线的交点数来计算晶粒的数量。该线可以是基于平均强度或背景的水平直线。例如，可以用水平直线来表示 γ 线形的平均强度。γ 线形与该水平线的两个交叉点代表一个晶粒。为了消除择优取向以及仪器对 γ 方向总强度波动的影响，这里采用了趋势线作为阈值曲线。在图 12.12 中，强度趋势线为 γ 线形的二阶多项式拟合曲线。晶粒的数量计算为 γ 线形和趋势线交叉点数量的一半。由于 LaB$_6$ 样品平均晶粒尺寸已知，可以使用全部三个衍射环来校准仪器。

LaB$_6$ 标样校准结果列于表 12.1 中。在该校准中，平均比例因子 k 为 0.12。如果测试条件基本相同，则该系统可用于测量未知材料的晶粒尺寸。0.2mm 准直器的发散度（在第 3 章中给出）为 0.164°（或以弧度为单位：0.00286）。k 值为：

$$k = \left(\frac{3\beta}{4\pi}\right)^{1/3} = \left(\frac{3\times 0.00286}{4\pi}\right)^{1/3} = 0.088$$

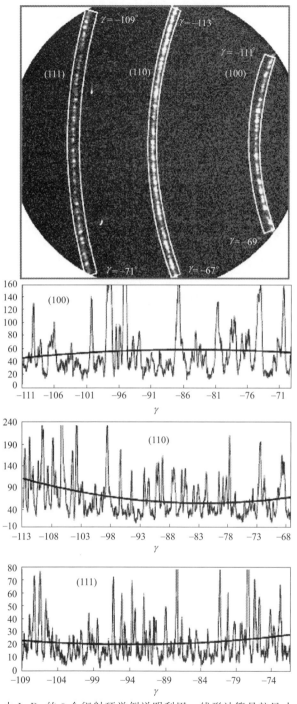

图 12.12 由 LaB_6 的 3 个衍射环举例说明利用 γ 线形计算晶粒尺寸（见彩图）

它超过校准值 0.1201 的 2/3。在这种情况下，入射光束发散度是 2θ 方向上仪器窗口的主要部分。这种差异是由许多因素造成的，包括晶粒数 N_s、样品厚度 t、探测器分辨率和其他仪器误差。因此，始终需要用已知标样校准系统，标样最好具有与待测样品相似的样品几何形状和晶粒尺寸。反射模式下要选择与待测样品线吸收系数相近的标样，以便具有相似的穿透性。

表 12.1   利用 LaB_6 标样得到的用于计算晶粒尺寸的仪器校准参数

(hkl)	p_{hkl}	2θ	$\Delta\omega$	N_s	k
(100)	6	21.36	38	23	0.1217
(110)	12	30.38	46	41	0.1106
(111)	8	37.44	42	38	0.1281

上述示例是为了解释 γ 方向线形分析和校准技术。某百分比强度的趋势线也可用于计算交叉点。百分比越低，分析对弱衍射点越敏感，但受背景噪声的影响更大。最重要的是标样和待测样品的阈值线需保持一致。通过增加样品到探测器的距离，可以改善晶体斑点在 γ 方向的分辨率。减小光束尺寸、光束发散度和样品厚度可以减少沿 γ 方向衍射斑点的数量，从而减少对 γ 方向分辨率的需求。使用多重性因子小的衍射线也降低了对 γ 分辨率的要求。当衍射环中衍射斑点非常少时，较大的光束尺寸或样品摆动（通过旋转或平移）可以提高统计性。但是，必须用已知晶粒尺寸的标准样品，在相同条件下校准仪器。反射模式方程中考虑了线吸收系数，而透射模式中则考虑了样品厚度的影响。理论上，标样的线吸收系数和厚度应与待测样品一致。线吸收系数或厚度差异对 γ 方向图谱的影响程度尚未有系统的研究。但是为了减少由这种差异引起的任何未知因素或几何误差，可以利用轻质和无定形材料稀释标准样品，来制备不同吸收系数的标样。例如，通过与不同量的淀粉混合，可以制备具有各种线吸收系数或匹配厚度的稀释 LaB_6 样品[45]。

利用衍射峰的半高宽，通过谢乐公式计算晶粒尺寸的方法仅适用于晶粒尺寸小于 100nm 的情况。而 γ 方向线形分析是一种补充方法，通过适当的仪器和数据收集策略可以将晶粒尺寸测量范围扩展到几毫米。本节利用 γ 方向线形评估晶粒尺寸的算法基于一种简化模型。该模型中，忽略晶粒尺寸分布、γ 方向的峰强度变化、重叠斑点的统计和择优取向等诸多因素。最近在实验和优化模型方面取得的一些进展为这种方法提供了更多的参考[46~49]。

12.3   残余奥氏体

温度高于 723℃时，碳在 γ-铁中的间隙固溶体叫奥氏体。奥氏体具有面心立方结构，因此原子堆积更密。奥氏体中碳含量可高达 2%，也可以含有其他元素作为间隙或替代固溶。低于 723℃时，奥氏体通常分解成铁素体、碳在 α-铁中的固溶体和渗碳体（Fe_3C）。铁素体具有体心立方结构和较少密堆。铁素体中碳含量低得多，在 723℃ 时最大为 0.025%。当以低于阈值的冷却速度淬火时，碳和其他合金元素可能延迟或阻止相变过程。奥氏体不是分解成铁素体和碳化物，而是转变为不稳定的体心四方相，称为马氏体。在室温下，一些未转变奥氏体残留在钢部件中。残余奥氏体对钢的力学性能有显著影响，如尺寸稳定性、耐磨性、裂纹萌生和扩展以及疲劳寿命。通常需要测量含有马氏体、铁素体和碳化物的样品中残余奥氏体的体积分数。X 射线衍射定量是确定残余奥氏体体积分数的最佳方法之一[50]。

X 射线衍射法通常不区分马氏体和铁素体，两者都被称为 α 相。假设在任一相中都不存在择优取向，并且碳化物的衍射强度可忽略不计，残余奥氏体（RA）的体积分数可由下式计算：

$$RA = \left(\frac{I_\gamma/R_\gamma}{I_\gamma/R_\gamma + I_\alpha/R_\alpha} \right) \times 100\% \tag{12.24}$$

式中，I_γ 和 I_α 分别为 γ 相和 α 相的积分强度；R_γ 和 R_α 分别为 γ 相和 α 相的反射因子。i 相的反射因子正比于其理论相对强度，由下式给出：

$$R_i^{hkl} = \frac{p_{hkl}}{V^2}(LP)F_{hkl}^2 \exp(-2M) \tag{12.25}$$

式中，p_{hkl} 是晶面 (hkl) 的多重因子；V 是晶胞的体积；(LP) 是洛伦兹偏振因子；F_{hkl}^2 是晶面 (hkl) 的结构因子；$\exp(-2M)$ 是 Debye-Waller 因子或温度因子。反射因子 R 可以从上面的等式计算或在文献中找到[51]。

如果存在碳化物相，则可用下式计算残余奥氏体的体积分数：

$$RA = \left(\frac{I_\gamma/R_\gamma}{I_\gamma/R_\gamma + I_\alpha/R_\alpha + I_C/R_C} \right) \times 100\% \tag{12.26}$$

式中，I_C 是测量的碳化物积分强度；R_C 是碳化物的反射因子（理论相对强度）。对于多个 γ 相和 α 相的峰以及多个碳化物，可以通过同一物相的平均强度比来修正上式：

$$\langle I_i/R_i \rangle = \frac{1}{n} \sum_{j=1}^{n} (I_i/R_i)_j \tag{12.27}$$

式中，n 是 i 相测量的衍射峰数量，并且 $(I_i/R_i)_j$ 是 i 相的第 j 个峰的强度比。用二维探测器测量残余奥氏体具有快速的数据采集、良好的采样统计和更低的检出限等优势[52]。通过虚拟摆动也可以减少择优取向。图 12.13（a）显示了使用 APEX II^{TM}CCD 探测器和 MoK$_\alpha$ 辐射收集的钢辊二维衍射帧。图 12.13（b）是利用二维衍射帧，在 $21.2°\sim39.7°$的 2θ 范围和 $80°\sim100°$的 γ 范围积分得到的一维 XRD 图（扣除背景），其中（200）、（220）、（311）为残余奥氏体峰，（200）和（211）为马氏体峰。这五个峰相互不重叠，因此全部用于残余奥氏体的测量[53]。其他峰可能太接近而无法分开，如马氏体（110）和奥氏体（111）的 2θ 值分别为 $20.20°$和 $19.68°$，马氏体（310）和奥氏体（400）分别为 $46.16°$和 $46.52°$。应当避免使用这些重叠峰，这会导致积分强度的不准确。γ 积分图已经在 γ 积分范围进行了归一化，因此强度与 γ 范围无关。在这种情况下，用于常规衍射的反射因子可用于计算残

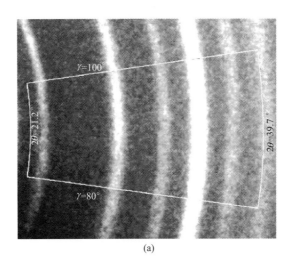

(a)

图 12.13

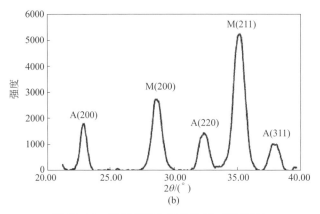

图 12.13　钢辊的残余奥氏体量（见彩图）

(a) 二维衍射帧（CCD 探测器采集）；(b) γ 方向积分图

(200)、(220)、(311) 为残余奥氏体衍射峰，(200) 和 (211) 为马氏体衍射峰

余奥氏体。表 12.2 列出了峰位（2θ）、文献 [51] 中的反射因子、测量的积分强度以及强度与反射因子的比值。钢辊中的残余奥氏体测量值为 21.3%。此示例显示了测量的基本概念。由于公开的反射系数基于 B-B 几何，为了提高精度，应采用第 7 章中给出的修正来获得与 B-B 几何相当的积分强度。

表 12.2　钢辊的残余奥氏体测量

相	(hkl)	2θ	$R^{[51]}$	I	I/R	$\langle I/R \rangle$
马氏体	200	28.72	288.6	278618.3	965.4	1053.7
	211	35.36	530.0	605242.4	1142.0	
奥氏体	200	22.78	644.3	124335.5	193.0	285.1
	220	32.42	376.7	148181.2	393.4	
	311	38.22	390.0	104891.8	269.0	

注：$RA = 21.3\%$。

　　每相的积分强度可以通过对每个峰在限定区域内进行面积积分获得。然后通过测量具有已知百分比残余奥氏体（和碳化物）的样品来确定反射系数。用于校准的具有不同残余奥氏体百分比样品的数量应该与待测定反射因子的数量相同或更多。通过实验校准由面积积分确定的积分强度是最佳方案。通过实验确定的"反射因子"包含所有仪器因子或校正。只要仪器条件和积分区域相同，就不需要进一步校正。可以使用的每个相的最大积分面积应与校准区域一致。如果使用低噪声光子计数检测器，则无需扣除背景。

12.4　晶体取向

　　第 8 章介绍了多晶材料中晶粒取向分布的研究。在某些情况下，晶粒取向相关的特征可以利用二维图谱直接分析，而无需进行复杂的织构分析。例如，晶面相对于样品的方向、两个晶面之间的夹角以及硅晶片的斜切角等。

12.4.1　相对样品的取向

　　对于任何衍射特征，例如衍射点，衍射晶面相对于样品的方向可以由二维图的衍射点位置（2θ，γ）和样品方向（ω，ψ，φ）计算。图 12.14 显示了一个强衍射点的二维衍射图和样品坐标中晶面的方向。可以通过衍射点的位置（重心）得到 2θ 和 γ 的值。晶面的法线方向由单位矢量 $\boldsymbol{h}_s$ 表示，具有分别平行于三个试样方向 $\boldsymbol{S}_1$、$\boldsymbol{S}_2$ 和 $\boldsymbol{S}_3$ 的三个分量 h_1、h_2 和

h_3。晶面取向相对于样品坐标的关系则由径向角 α 和方位角 β 表示：

$$\alpha = \arcsin h_3,\ \beta = \pm \arccos \frac{h_1}{\sqrt{h_1^2 + h_2^2}} \begin{cases} \beta \geqslant 0°, h_2 \geqslant 0 \\ \beta < 0°, h_2 < 0 \end{cases} \tag{12.28}$$

式中，α 取值在 $-90°$ 到 $90°$ 之间（$-90° \leqslant \alpha \leqslant 90°$），$\beta$ 取值有两个范围（当 $h_2 \geqslant 0$ 时，$0° \leqslant \beta < 180°$；当 $h_2 < 0$ 时，$-180° \leqslant \beta \leqslant 0°$）。当 $h_2 = 0$ 时，β 值取决于 h_1 的值（当 $h_1 \geqslant 0$ 时 $\beta = 0°$，当 $h_1 < 0$ 时 $\beta = 180°$）。式(12.28) 与极图测试基本方程相似，差别在于 α 值可正可负。当样品表面与 $S_1 - S_2$ 平面一致时，用反射衍射的条件是 $h_3 > 0$。$h_3 < 0$ 时可以用透射式。利用样品方向（ω，ψ，φ）以及衍射角（2θ，γ），可以计算欧拉空间的基矢 $\{h_1, h_2, h_3\}$：

$$h_1 = \sin\theta(\sin\phi\sin\psi\sin\omega + \cos\phi\cos\omega) + \cos\theta\cos\gamma\sin\phi\cos\psi$$
$$\quad - \cos\theta\sin\gamma(\sin\phi\sin\psi\cos\omega - \cos\phi\sin\omega)$$
$$h_2 = -\sin\theta(\cos\phi\sin\psi\sin\omega - \sin\phi\cos\omega) - \cos\theta\cos\gamma\cos\phi\cos\psi$$
$$\quad + \cos\theta\sin\gamma(\cos\phi\sin\psi\cos\omega + \sin\phi\sin\omega)$$
$$h_3 = \sin\theta\cos\psi\sin\omega - \cos\theta\sin\gamma\cos\psi\cos\omega - \cos\theta\cos\gamma\sin\psi \tag{12.29}$$

上述方法只能获得晶面法线的方向，而不能获得晶体的方向。必须获得晶体的至少一个非平行晶面的取向，才能定义晶体取向。

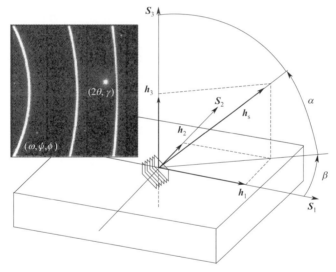

图 12.14　一个强衍射点的二维衍射图和样品坐标中晶面的方向（见彩图）

12.4.2　晶面夹角

对于二维衍射图中的任何点（或花样），其相应衍射晶面的法线方向由单位矢量 $\boldsymbol{h}_S$ 给出。对于任何两个衍射点 a 和 b，其单位矢量为：

$$\boldsymbol{h}_S^b = \begin{bmatrix} h_1^b \\ h_2^b \\ h_3^b \end{bmatrix}, \boldsymbol{h}_S^a = \begin{bmatrix} h_1^a \\ h_2^a \\ h_3^a \end{bmatrix} \tag{12.30}$$

该单位矢量之间的夹角为：

$$\cos\alpha = \frac{\boldsymbol{h}_S^a \cdot \boldsymbol{h}_S^b}{|\boldsymbol{h}_S^a| |\boldsymbol{h}_S^b|} = \boldsymbol{h}_S^a \cdot \boldsymbol{h}_S^b \tag{12.31}$$

如果单位矢量 $|\boldsymbol{h}_S^a| = |\boldsymbol{h}_S^b| = 1$，那么：

$$\alpha = \arccos(h_1^a h_1^b + h_2^a h_2^b + h_3^a h_3^b) \tag{12.32}$$

衍射点 a 和 b 不一定来自同一二维图谱，因此单位矢量中的五个参数（2θ，γ，ω，Ψ，ϕ）可以不同。该式可用于计算任何两个衍射花样之间的角度。例如，来自相同或不同晶体的两个晶面族之间的角度、薄膜的晶面与基底晶面之间的角度。如果两个点来自相同的衍射环，则其中四个参数（2θ，ω，Ψ，ϕ）都相同。然后可以根据两个点之间的 γ 差异（$\Delta\gamma$）计算两个点的夹角：

$$\alpha = 2\arcsin[\cos\theta \sin(\Delta\gamma/2)] \tag{12.33}$$

12.4.3 单晶片的斜切角

单晶的斜切角定义为晶体表面平面和晶面（hkl）之间的角度。例如，Si(111) 面和 Si 晶片表面之间的角度被称为 Si 晶片（111）斜切角。斜切角可以通过二维衍射方法测量，如图 12.15 所示。在图 12.15(a) 中，晶面 $ABCD$ 与晶体表面之间的斜切角为 α。入射线 $\boldsymbol{s}_0$ 与晶体表面的夹角为 ω。在样品围绕其表面法线 N 连续旋转 ϕ 时收集数据。如果存在斜切角，只有两个 ϕ 角度满足布拉格条件，例如，在 $ABCD$ 和 $A'B'C'D'$ 位置处的晶面。图 12.15(b) 中可以观察到两个衍射斑点，每个衍射斑点分别对应于衍射光束 $\boldsymbol{s}_1$ 和 $\boldsymbol{s}_2$。可以通过 2θ 积分从二维帧评估两个点之间的间隔 $\Delta\gamma$。两个衍射矢量 $\boldsymbol{H}_1$ 和 $\boldsymbol{H}_2$ 分别由入射线 $\boldsymbol{s}_0$ 和两个衍射光束 $\boldsymbol{s}_1$ 和 $\boldsymbol{s}_2$ 确定。两个衍射矢量 $\boldsymbol{H}_1$ 和 $\boldsymbol{H}_2$ 代表 $ABCD$ 和 $A'B'C'D'$ 位置处晶面的法线方向。斜切角 α 是 $\boldsymbol{H}_1$ 和 N 之间的角度，或者是 $\boldsymbol{H}_2$ 和 N 之间的角度。表示 N、$\boldsymbol{H}_1$ 和 $\boldsymbol{H}_2$ 的单位矢量为：

$$\boldsymbol{n} = \begin{bmatrix} 0 \\ 0 \\ 1 \end{bmatrix}, \boldsymbol{h}_s(\gamma_1) = \begin{bmatrix} h_1(\gamma_1) \\ h_2(\gamma_1) \\ h_3(\gamma_1) \end{bmatrix}, \boldsymbol{h}_s(\gamma_2) = \begin{bmatrix} h_1(\gamma_2) \\ h_2(\gamma_2) \\ h_3(\gamma_2) \end{bmatrix} \tag{12.34}$$

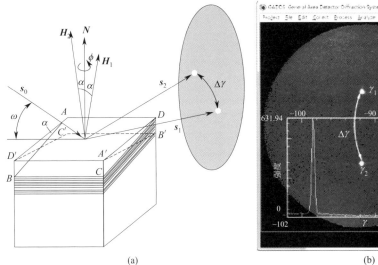
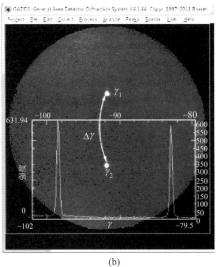

(a)   (b)

图 12.15 斜切角的测量（见彩图）

（a）测试几何；（b）具有两个衍射斑点的二维图谱

则有

$$\cos\alpha = \boldsymbol{n} \cdot \boldsymbol{h}_s(\gamma_1) = h_3(\gamma_1), \cos\alpha = \boldsymbol{n} \cdot \boldsymbol{h}_s(\gamma_2) = h_3(\gamma_2) \tag{12.35}$$

测量斜切角无需倾斜样品，因此 $\psi = 0$。反射模式中，$\omega > 0$，γ 应为负 $(-180 < \gamma < 0)$。考虑到 $\gamma_1 = -(90° - \Delta\gamma/2)$ 和 $\gamma_2 = -(90° + \Delta\gamma/2)$，则有

$$\alpha = \arccos[\sin\theta\sin\omega + \cos\theta\cos\omega\cos(\Delta\gamma/2)] \tag{12.36}$$

如果入射角设定为 $\omega = \theta$，则可将上式进一步简化为：

$$\alpha = 2\arcsin[\cos\theta\sin(\Delta\gamma/4)] \tag{12.37}$$

对于具有零斜切角 $(\alpha = 0)$ 的单晶晶片，衍射仪平面上只有一个衍射点 $(\gamma = -90°)$。衍射矢量在样品法线方向上，当 $\omega = \theta$ 时满足布拉格条件，并且 ϕ 旋转不会改变布拉格条件。当存在斜切角时，$\omega = \theta$ 不一定满足布拉格条件。当入射线与晶面成 θ 角时，是否满足布拉格条件取决于 ω 和 ϕ 的组合。ω 角应该在 θ 附近，通常是 $\omega = \theta$，因此 ϕ 旋转可以使晶面满足布拉格条件。ϕ 旋转在 360° 内会有两个不同的 ϕ 角度可以满足布拉格条件，如所示的晶面位置 $ABCD$ 和 $A'B'C'D'$。斜切角越大，两个衍射斑之间的间隔 $(\Delta\gamma)$ 越大。

12.5　薄膜分析

厚度从几埃（Å）到几个微米（μm）薄膜的性质与块状材料会明显不同。X 射线衍射广泛用于表征各种类型的薄膜，包括单层膜、涂层和多层膜。前面章节中大部分的理论和方法可用于薄膜体系。然而，X 射线对于薄膜的穿透能力强，所以仪器的配置、数据采集和评价方法可能不同于块状材料。

12.5.1　掠入射 X 射线衍射

掠入射 X 射线衍射（GIXRD）是常用于薄膜分析的方法[54,55]。图 12.16（a）是点探测器的 GIXRD 配置。Göbel 镜将发散光转变为平行光。平行入射光也可以由其他 X 射线源和光学部件生成。入射角 α_1 保持在低角度（掠入射），可以控制入射 X 射线的穿透深度，所以大多数散射发生在薄膜内部，很少有基底散射的贡献。最佳的掠入射角由薄膜厚度 (t) 和薄膜材料的线吸收系数 (μ) 决定：

$$\alpha_1 \approx \arcsin(\mu t) \tag{12.38}$$

掠射角应该高于全反射的临界角，该角度通常为 1°～3°，这取决于入射 X 射线的波长。线焦点通常与点探测器配合使用。在如此低的角度下，入射 X 射线在相同的入射角度 θ 覆盖更大样品面积。索拉狭缝（其中的金属片垂直于衍射仪平面且沿衍射仪中心和探测器之间的方向排列）放置在点探测器前面。该索拉狭缝也称为索拉片准直器、索拉准直器或次级准直器。散射线可能指向不同的方向，但只有由索拉狭缝确定的 2θ 方向的散射光才能到达点探测器。索拉狭缝可以在收集衍射信号时保持高的分辨率。根据索拉狭缝的长度和相邻金属片之间间隙的不同，可以得到不同的角度分辨率，例如 0.1°、0.2°、0.3° 或 0.4°。Göbel 镜只能准直平行于衍射仪面的光束。为了去除轴向发散，应像 B-B 几何一样在入射和/或出射光路放置索拉狭缝。在数据收集过程中，入射光束方向不变，探测器和索拉狭缝做 2θ 扫描。尽管入射光覆盖整个样品，采集到的衍射图谱角度分辨率与索拉狭缝和扫描步长定义的分辨率一致。

图 12.16（b）是使用二维探测器的 GIXRD 配置，入射光束也是平行光。看起来与
12.16（a）中的入射光束完全相同，但是可以用点焦点光源、狭缝或圆孔准直器（图中未显
示）来获得点光束。在二维衍射系统中，衍射线可以同时在二维区域测试，因此无需在二维
探测器前加索拉狭缝。较大照射范围内的 X 射线散射线无法通过索拉狭缝。相反，所有在
二维探测器覆盖范围（$\Delta 2\theta$）内的信号被同时收集。因此，数据采集速度显著高于点探测器
系统，但是 2θ 分辨率会明显下降。

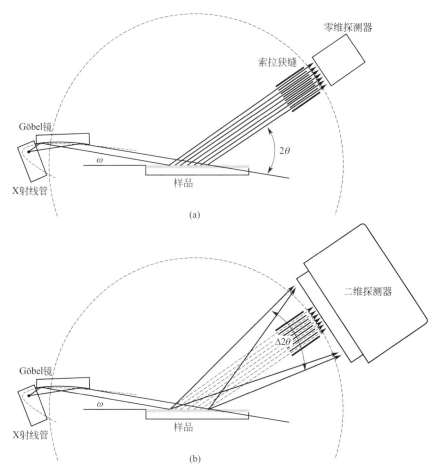

图 12.16   点探测器 GIXRD 测试示意图（a）和二维探测器 GIXRD 测试示意图（b）

面内掠入射 X 射线衍射（IP-GIXRD）在一些文献中也称为掠入射面内衍射（GIIXD）
或者非共面 GIXRD[52]。相应地，衍射矢量在衍射平面内（$\Psi = 0$）的 GIXRD 称为面外
GIXRD（OP-GIXRD）或者共面 GIXRD。面内和面外 GIXRD 被广泛用于表征样品表面、
薄膜和涂层。使用二维探测器可以同时获得面外（OP）方向和面内（IP）方向的衍射
信息[56]。

图 12.17 是配置二维探测器的掠入射 X 射线衍射几何。（a）是样品方向设置在 $\psi = 0°$ 且
样品表面法向在衍射仪面内的标准几何。在 $\psi = 0°$ 处的样品法向是 $\boldsymbol{n}_o$。二维图像上的阴影区
域（从探测面背面看好像探测面是透明的）代表被样品表面阻挡的散射方向。对于只有点探
测器或者带二维探测器的衍射仪只考虑衍射仪平面内（$\gamma = -90°$）的衍射，当 $\omega = \theta$ 时衍射
矢量垂直于样品表面。在这种几何里，入射角 ω（θ-2θ 配置）或 θ_1（θ-θ 配置）和出射角

α_F（定义为衍射光束与样品表面之间的夹角）随 γ 值的变化而改变：

$$\alpha_F = \arcsin(-\cos2\theta\sin\omega - \sin2\theta\sin\gamma\cos\omega) \tag{12.39}$$

对于测角仪平面内的衍射光束（$\gamma = -90°$），$\alpha_D = 2\theta - \omega$。衍射矢量和样品表面之间的夹角（$\alpha_H$）为

$$\alpha_H = \arcsin(\sin\theta\sin\omega - \cos\theta\sin\gamma\cos\omega) \tag{12.40}$$

对于 2θ 角小于探测器尺寸覆盖范围的衍射图谱，γ 在二维帧上有一个更大的范围。因此，衍射图谱可能覆盖从面内（q_{xy}）到面外（q_z）方向的一个较宽的范围。同样的衍射几何也用于为获得更佳分辨率而采用更长的探测器距离，以及为消除空气散射而使用真空光路的掠入射小角散射（GISAXS）。

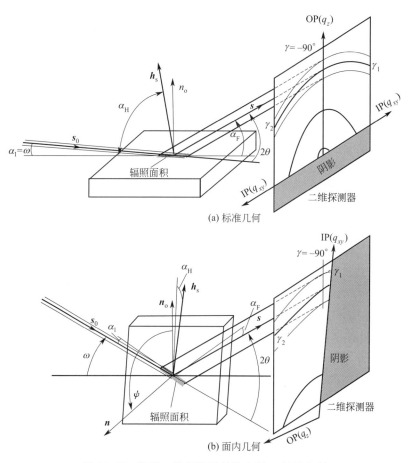

图 12.17　配置二维探测器的掠入射 X 射线衍射

图 12.17(b) 是二维 GIXRD 的面内几何。掠入射角度通过 ψ 旋转获得。当 ψ 接近 $90°$ 时，衍射矢量与样品表面有一个非常小的角度（当 $\omega = \theta$ 时，为 $90° - \psi$）。入射光束、衍射光束和样品法线的单位矢量表述如下：

$$\boldsymbol{s}_0 = \begin{bmatrix} 1 \\ 0 \\ 0 \end{bmatrix}, \boldsymbol{s} = \begin{bmatrix} \cos2\theta \\ -\sin2\theta\sin\gamma \\ -\sin2\theta\cos\gamma \end{bmatrix} 和 \boldsymbol{n} = \begin{bmatrix} -\sin\omega\cos\psi \\ \cos\omega\cos\psi \\ \sin\psi \end{bmatrix} \tag{12.41}$$

已知

$$\sin\alpha_I = \cos(90° - \alpha_I) = -\boldsymbol{s}_0 \cdot \boldsymbol{n} = \sin\omega\cos\psi \tag{12.42}$$

则入射角为

$$\alpha_1 = \arcsin(\sin\omega\cos\psi) \tag{12.43}$$

出射角 α_F 随 γ 值变化。假设

$$\sin\alpha_F = \cos(90° - \alpha_F) = \boldsymbol{s} \cdot \boldsymbol{n}$$
$$= -\cos2\theta\sin\omega\cos\psi - \sin2\theta\sin\gamma\cos\omega\cos\psi - \sin2\theta\cos\gamma\sin\psi \tag{12.44}$$

可以得到

$$\alpha_F = \arcsin(-\cos2\theta\sin\omega\cos\psi - \sin2\theta\sin\gamma\cos\omega\cos\psi - \sin2\theta\cos\gamma\sin\psi) \tag{12.45}$$

尽管 arcsin 的三个项都带有负号，但是 α_F 在反射模式下是正值。α_F 为负时表示散射方向被样品表面遮挡，在二维图上会有一个阴影区域。当 ψ 接近 90°（但不在 90°时），衍射环的 γ 范围从接近 $\gamma = -90°$ 的值开始。例如，当 $\omega = 30°$，$2\theta = 60°$ 且 $\psi = 89°$ 时，掠入射角 α_1 是 0.5°，衍射光束在 $\gamma = -90°$ 的出射角也是 0.5°。"亮"区域与阴影区域之间边界的 γ 值是 $\gamma_1 \approx -89.43°$，此外，γ_2 取决于探测器尺寸。

衍射矢量和样品表面之间的角度由下式给出：

$$\alpha_H = \arcsin h_3 = \arcsin(\sin\theta\cos\psi\sin\omega - \cos\theta\sin\gamma\cos\psi\cos\omega - \cos\theta\cos\gamma\sin\psi) \tag{12.46}$$

对于 $\omega = 30°$，$2\theta = 60°$，$\psi = 89°$ 且 $\gamma = -90°$ 的上述样品，衍射矢量和样品表面之间的夹角 $\alpha_H = 90° - \psi = 1°$。对应于阴影边界（$\gamma_1 \approx -89.43°$）的最小 α_H 角是 0.5°。由于掠入射角不能是 0°，衍射矢量能接近样品的表面，但永远不可能在平面内。

将 ψ 设置为 90°附近可以近似得到面内条件，通过多个二维帧或者用二维探测器扫描可以测试更大的 2θ 范围。该配置可用来收集二维衍射数据进行物相鉴定、应力和织构测试。使用图 12.17 中的（a）或者（b）配置，样品上的照射区域为一个长条形状，会导致 2θ 分辨率降低，尤其当收集大角度 2θ 衍射图谱时分辨率降低更明显。面内和面外 2θ 分辨率的详细分析可参考文献 [57]。

图 12.18 是在不同的衍射仪和配置时测试的 10nm 厚 Si 片上 NiSi 薄膜的衍射数据对比[58]。（a）为面外 GIXRD 配置收集的二维图谱（OP-GIXRD²）；（b）为面内 GIXRD 配置收集的二维图谱（IP-GIXRD²）；（c）是 IP-GIXRD² 积分得到的一维图谱和常规的零维探测器用 OP-GIXRD¹ 模式得到的一维图谱的对比。可以看出 OP-GIXRD² 的衍射图谱很弱，以致于黄色箭头标注的三个峰很难看到。IP-GIXRD² 能在 30min 内（三张各用 10min 收集的帧）获得宽 2θ 范围的强衍射图谱，而用常规零维衍射仪收集衍射图谱则用了 12h。尽管 2θ 分辨率有所降低且背景高，但 IP-GIXRD² 仍然是进行快速薄膜表征的较佳方法。

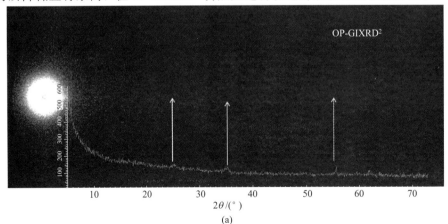

(a)

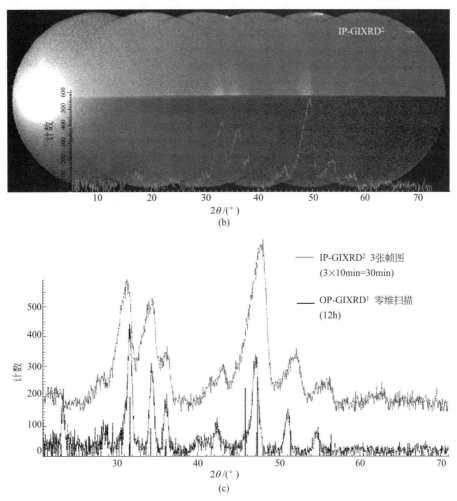

图 12.18　Si 片上 10nm 多晶 NiSi 薄膜的衍射数据[58]（见彩图）

(a) OP-GIXRD[2]；(b) IP-GIXRD[2]；(c) IP-GIXRD[2] 和 OP-GIXRD[1] 的对比

12.5.2　使用二维探测器的反射法

X 射线反射法，也称为 X 射线反射率（XRR），常被用来测试厚度、密度和基底上单层薄膜或多层薄膜的粗糙度[59~61]。当 X 射线以低于或等于临界角 θ_c 的角度入射时，会发生全反射。临界角随材料的电子密度不同而不同。因此，材料的密度可由临界角确定。当入射角度高于临界角时，入射 X 射线穿透样品，反射强度随着入射角度增加迅速降低。样品表面的反射以及不同层之间的界面和基底生成相干条纹。相干条纹的周期和强度的衰减与薄膜或多层膜的厚度和粗糙度有关。由于 X 射线反射来自电子密度的差别，当不同层间的电子密度或者层与基底间的电子密度无差别时，XRR 方法则无法使用，但是却能表征结晶和非晶材料。

样品表面和薄膜与基底间的界面所反射的 X 射线的干涉会引起反射强度随入射角度的振荡。反射强度可对特定波长 λ 下的 2θ（或 θ）作图，或者对 q（$q = 4\pi\sin\theta/\lambda$，是散射矢量 Q 的数值）作图。基底上薄膜的厚度可用下式近似得出：

$$t \approx \frac{\lambda}{2} \times \frac{1}{\Delta\theta} \approx \frac{\lambda}{\Delta(2\theta)} \approx \frac{2\pi}{\Delta q_z} \qquad (12.47)$$

式中，$\Delta(2\theta)$ 是反射率曲线中两个相邻最大 2θ 值的角度差。Δq_z 是反射率曲线用 q 表示时的差值，角标 z 表示散射矢量垂直于样品表面。上式是描述反射率曲线和单层膜厚度之间关系的简化近似表达式。更复杂的数学模型通常用在反射率评价软件里。多层的反射率是层间和层与基底间界面干涉的综合，这需要更复杂的模型拟合 XRR 图谱。样品表面粗糙度和界面粗糙度带来漫散射，反射强度随着表面和界面的粗糙度上升更迅速地下降。因此，表面粗糙度和界面粗糙度能通过反射率曲线的下降评价。

全外部反射比相干条纹强度要高几个数量级。可观察到的最大厚度受限于 2θ 分辨率。由零维探测器在收集临界角以下或附近的信号时，可在光路中放置一个吸收片。2θ 分辨率可由加在零维探测器前面的索拉狭缝控制。当使用二维探测器时，吸收片可放置在入射光路，但是在二维探测器前放置索拉狭缝会破坏其使用优势和目的。这也是一般较少用二维探测器测量反射率的原因。随着具有高动态响应范围和高分辨率二维探测器的出现，使用二维探测器测试 XRR 在不远的将来可能会更普遍。图 12.19 是使用二维探测器通过测试 XRR 分析薄膜厚度的例子。图 12.19(a) 为 4 个不同厚度薄膜样品的二维图谱，图 12.19(b) 是对积分后 XRR 曲线的拟合结果。

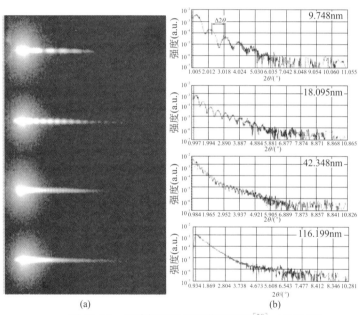

(a)　　　　　　　　　(b)

图 12.19　二维探测器测试薄膜厚度[58]　（见彩图）

(a) 二维 XRR 图谱；(b) 由积分图得到的厚度

12.5.3　倒易空间面扫描

倒易空间面扫描（RSM）是一种可视化的分析高度取向结构的衍射花样、晶体缺陷和薄膜漫散射的强大工具[57,62~65]。用配置零维探测器的传统衍射仪测试 RSM 的时间非常长，这是因为每次曝光只能测量倒易空间中的一个点。从二维衍射图案生成的 RSM 数据点可以覆盖倒易空间中一定范围的二维区域。三维空间中的 RSM 可以通过使用具有能量分辨的二维探测器和具有宽谱或可调能量的 X 射线来收集[66]。这需要二维探测器具有很高的像素分辨率及高能量覆盖范围和分辨率，但目前的探测器技术还做不到。最佳的替代方法是通过样品旋转，利用二维扫描覆盖整个倒易空间来得到三维空间的 RSM 数据。

图 12.20 为二维探测器测试 RSM 的示意图。倒易空间中二维探测器的覆盖范围是以 C 为中

心的厄瓦尔德球面上的网格区域。该区域的大小由二维探测器的 2θ 和 γ 角度范围决定。该区域相对于厄瓦尔德球的位置由探测器摆角 α 确定（未在图中示出，但如果从探测器中心测量则等于 2θ）。通过 ω、ψ、ϕ 旋转，厄瓦尔德球相对于样品方向的位置在实验室坐标（由入射 X 射线束和衍射仪平面确定）系中会发生变化。在初始样品方向（$\omega=\psi=\phi=0$）时，旋转轴与三个样品轴 S_1、S_2 和 S_3 平行（未标记在图中，但分别与 q_x、q_y、q_z 轴重叠）。但是由于旋转轴的堆叠顺序，旋转轴的方向可以通过其他旋转而改变。所有旋转轴的影响已经在第 2 章中作了说明。

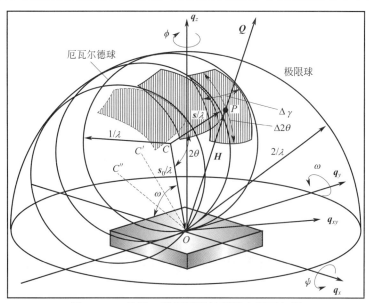

图 12.20　使用二维探测器的倒易空间面扫描

在经典的示意图中，晶体位于厄瓦尔德球的中心。衍射光束矢量 s/λ 在点 O 处结束。为了清楚地说明入射光束和样品之间的取向关系，将样品旋转中心平移到点 O。随着样品的旋转以及厄瓦尔德球的旋转，O 点始终保持在仪器中心。对于所有可能的样品方向，厄瓦尔德球覆盖半径为 $2/\lambda$ 的球，称为极限球。对于反射模式衍射，只有样品表面上方极限球的一半可用。对于覆盖范围内的任意点 P，入射光束矢量 s_0/λ 和衍射光束矢量 s/λ 都始于点 C，但分别终于点 O 和 P。入射光束和衍射光束之间的角度是 2θ。从 O 到 P 的矢量是衍射矢量 $\boldsymbol{H}$，衍射光束矢量与衍射矢量在厄瓦尔德球面上的点 P 处相交。考虑到二维探测器所有像素的衍射矢量，二维衍射的覆盖范围可以投影在厄瓦尔德球的表面上。为简化起见，该区域标记在 $\Delta 2\theta$ 和 $\Delta\gamma$ 的角度范围内。实际覆盖范围取决于探测器的尺寸和形状，但其投影到倒易空间后不可能具有这种规则形状。以点 C、C' 和 C'' 为中心的厄瓦尔德球表示在三个不同 ω 值处的厄瓦尔德球。通过多次扫描二维帧可以获得三维倒易空间图。三维 RSM 可以通过改变欧拉角（ω，ψ，ϕ）中的任何一个或多个来实现。

RSM 的构建是通过将二维帧中的像素或小区域对应的散射强度（计数，Counts）数据投影到衍射空间中，然后再投影到倒易空间中，即：

$$I(x,y) \Rightarrow I(2\theta,\gamma) \Rightarrow I(\boldsymbol{H}) \tag{12.48}$$

数据点的位置由衍射矢量确定。由于 RSM 通常以样品坐标显示，则：

$$\boldsymbol{H} = \frac{2\sin\theta}{\lambda}\boldsymbol{h}_s = \frac{2\sin\theta}{\lambda}\left\{\begin{array}{c} h_1 \\ h_2 \\ h_3 \end{array}\right\} \tag{12.49}$$

式中，h_s 是衍射矢量的单位矢量，h_s 在样品坐标中存在三个分量 $\{h_1, h_2, h_3\}$。RSM 通常显示在 Q 空间，且 $Q = 2\pi H$。把 s_0、s 和 H 分别乘以 2π 后，图 12.20 中的坐标会变为 k_0、k 和 Q。这样 RSM 可由下式描述：

$$I(Q) = I(q_x, q_y, q_z) \tag{12.50}$$

式中，q_x、q_y 和 q_z 是以样品方向表示的 Q 矢量的三个分量，可以通过以下等式从二维衍射图 $(2\theta, \gamma)$ 和样品方向 (ω, ψ, ϕ) 获得：

$$q_x = \frac{4\pi\sin\theta}{\lambda}\big[\sin\theta(\sin\phi\sin\psi\sin\omega + \cos\phi\cos\omega) + \cos\theta\cos\gamma\sin\phi\cos\psi$$
$$- \cos\theta\sin\gamma(\sin\phi\sin\psi\cos\omega - \cos\phi\sin\omega)\big] \tag{12.51}$$

$$q_y = \frac{4\pi\sin\theta}{\lambda}\big[-\sin\theta(\cos\phi\sin\psi\sin\omega - \sin\phi\cos\omega) - \cos\theta\cos\gamma\cos\phi\cos\psi$$
$$+ \cos\theta\sin\gamma(\cos\phi\sin\psi\cos\omega + \sin\phi\sin\omega)\big] \tag{12.52}$$

$$q_z = \frac{4\pi\sin\theta}{\lambda}\big[\sin\theta\cos\psi\sin\omega - \cos\theta\sin\gamma\cos\psi\cos\omega - \cos\theta\cos\gamma\sin\psi\big] \tag{12.53}$$

上式是二维衍射的通用 RSM 方程。一些特殊情况下，可以使用简化的方程。例如，二维 RSM 包含面外方向 (q_z) 和特定的面内方向 (q_{xy})，则 q_z 具有相同的等式，但是

$$q_{xy} = \frac{4\pi\sin\theta}{\lambda}\sqrt{1 - (\sin\theta\cos\psi\sin\omega - \cos\theta\sin\gamma\cos\psi\cos\omega - \cos\theta\cos\gamma\sin\psi)^2} \tag{12.54}$$

使用零维探测器的衍射可以认为是上述一般方程的特殊情况。二维帧中 $\gamma = -90°$ 处的衍射强度等于用零维探测器收集的衍射强度。当 $\psi = \phi = 0$ 时，上式可简化为：

$$q_x = \frac{2\pi}{\lambda}\big[\cos\omega - \cos(2\theta - \omega)\big] \tag{12.55}$$

$$q_z = \frac{2\pi}{\lambda}\big[\sin\omega + \sin(2\theta - \omega)\big] \tag{12.56}$$

以上二式给出了使用点探测器常规衍射仪的各种扫描类型的 Q 矢量，并且在 θ-2θ 或 θ-θ 配置中只有两个主轴。例如，通过固定 2θ 扫描 ω 的摇摆曲线，通过固定 ω 扫描 2θ 的探测器扫描，或同时扫描 2θ 和 ω 的耦合扫描（径向扫描或 $\omega/2\theta$ 扫描）。$\theta = \omega$ 耦合扫描（对称 $\theta/2\theta$ 扫描）时，设 $q_x = 0$，仅在 q_z 方向上扫描。

由二维帧构建的 RSM 的分辨率取决于任何一个或多个欧拉角组合的扫描步长、入射 X 射线束的尺寸和平行度，以及探测器像素分辨率。使用现代测角仪可以轻松实现精细扫描，并且入射光束可以通过各种光学部件进行调节，例如单色器、针孔或狭缝。因此，像素尺寸和探测器距离成为影响 RSM 分辨率的最关键因素。与二维探测器中的任意像素相关的 2θ 分辨率由下式给出：

$$\Delta 2\theta = \frac{D}{D^2 + x^2 + y^2}\Delta x \tag{12.57}$$

式中，D 是样品到探测器的距离；x 和 y 是探测器中像素单元的位置；Δx 是假设正方形像素的像素尺寸。厄瓦尔德球面上相应像素的分辨率可以在 Q 空间中给出：

$$\Delta q = \frac{2\pi}{\lambda} \times \frac{D\Delta x}{D^2 + x^2 + y^2} \tag{12.58}$$

式中，Δq 是由二维探测器覆盖的厄瓦尔德球面上的最佳分辨率。其他仪器因素也会影响实际分辨率。假设仪器展宽的唯一贡献来自光束尺寸为 b 的平行入射光束，则分辨率为：

$$\Delta q = \frac{2\pi}{\lambda} \times \frac{D\sqrt{\Delta x^2 + b^2}}{D^2 + x^2 + y^2} \tag{12.59}$$

例如，对于探测器像素尺寸为 $75\mu m$，$b = 50\mu m$，$D = 200mm$ 和 $\lambda = 0.154059nm$，厄瓦尔德球面（$x = y = 0$）中心的最佳 RSM 分辨率为 $0.0184nm^{-1}$。

可以通过多种方式测量和显示二维衍射的 RSM。通过将像素强度用在相应的倒易空间点可以获得三维倒易空间面扫描。对于不同的样品方向，由所有像素或所选区域内的像素记录的散射强度可以被投影到最大半径为 $2/\lambda$（极限球）的球体内的三维倒易空间。极限球的实际半径小于 $2/\lambda$，因为大多数衍射仪不能达到 $180°(2\theta)$。对于外延结构、异质结构、超晶格、微应变和其他晶体缺陷的研究，测量布拉格反射附近的高分辨率 RSM 很有必要。例如，可以在布拉格峰之外观察到与晶体缺陷相关的漫散射，这需要高分辨率二维衍射系统，该系统应具有尺寸小且亮度高的平行入射 X 射线束、高精度的测角仪以及高分辨率和高动态范围的二维探测器。

通过二维数据集构建 RSM 的软件有很多。比如 MAX3D，它是一个软件包，可用于读取一系列二维帧，并提供可视化的三维倒易空间。图 12.21 为 MAX3D 构建的 RSM 投影视图的六个示例，并且可以通过直接访问软件或网站来实现三维可视化[67,68]。

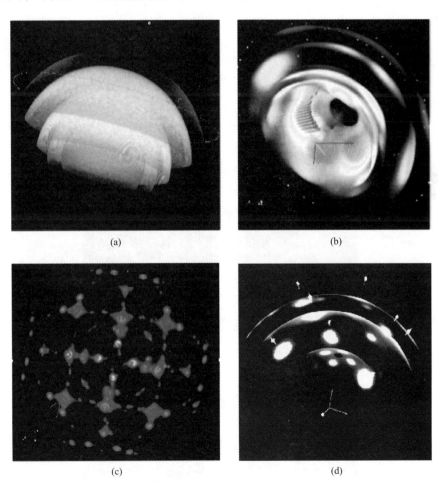

(a)

(b)

(c)

(d)

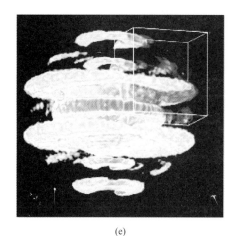 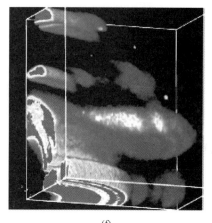

(e)   (f)

图 12.21　由 MAX3D 构建的三维 RSM（在不同样品旋转角度下采集二维帧）[67,68]（见彩图）

(a) 随机的刚玉粉；(b) 具有轧制结构的 Au/Pt 纳米层薄板；(c) Si 衬底上的 GaAs 纳米线；

(d) 衬底上具有织构的外延薄膜；(e) 挤出变形的聚丙烯；(f) 具有更高分辨率的 (e) 放大图

　　在多种样品方向收集的二维帧可以合并为积分的 RSM。积分 RSM 可以是在收集单次曝光数据时对样品旋转或是对不同样品方向收集的二维帧进行积分。以 q_x、q_y、q_z 表示的 Q 矢量随着在不同样品方向收集的二维帧而变化，但是衍射空间（2θ，γ）值与样品方向保持相同。因此，积分 RSM 可以更好地显示在衍射空间，换言之，以原始二维帧格式显示。积分 RSM 没有特定（或准确）的样品方向参考，而是一个涵盖样品方向的组合衍射图。理论上，通过 Gandolf 方法或角度摆动收集的二维帧即是在衍射空间中显示的积分 RSM。图 12.22 显示了用 GADDS[TM] 系统得到的积分 RSM，其二维探测器为 Hi-Star。样品为 SrTiO$_3$（001）基底上生长的 200nm BiFeO$_3$ 薄膜，ω 扫描范围是 8°～30°，探测器到样品距离 $D = 6$cm[69]。积分 RSM 显示了来自薄膜和基底的所有衍射点、面内外延关系以及杂质相。由于积分 RSM 实际上是二维衍射图，因此可以通过 γ 积分得到一维衍射图谱并做进一步分析，例如物相分析。积分 RSM 也可以 q-γ 坐标显示，其中 $q = 4\pi\sin\theta/\lambda$。

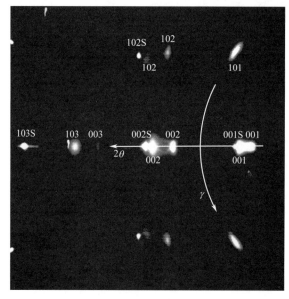

图 12.22　积分 RSM [SrTiO$_3$(001) 基底上生长的 200nm BiFeO$_3$ 薄膜][69]（见彩图）

参 考 文 献

1. L. E. Alexander, *X-ray Diffraction Methods in Polymer Science*, Krieger Publishing Company, Malabar, FL, 1985.

2. N. Kasai and M. Kakudo, *X-ray Diffraction by Macromolecules*, Kodansha and Springer, Tokyo, 2005, 393–417.

3. N. S. Murthy and H. Minor, General procedure for evaluating amorphous scattering and crystallinity from X-ray diffraction scans of semi-crystalline polymers, *Polymer* **31**, 996–1002 (1990).

4. N. S. Murthy, H. Minor, M. K. Akkapeddi, and B. V. Buskirk, Characterization of polymer blends and alloys by constrained profile-analysis of X-ray diffraction scans, *J. Appl. Polym. Sci.* **41**, 2265–2272 (1990).

5. K. B. Schwartz et al., Crystallinity and unit cell variations in linear high-density polyethylene, *Adv. in X-ray Anal*, 1995–**38**, 495–502.

6. N. S. Murthy and R. Barton Jr., Polymer Industry, *Industrial Applications of X-ray Diffraction*, edited by F. H. Chung and D. K. Smith, Marcel Dekker, New York, 2000, 495–509.

7. S. Krimm and A. V. Tobolsky, Quantitative X-ray studies of order in amorphous and crystalline polymers. Quantitative X-ray determination of crystallinity in polyethylene, *J. Polymer Sci.*, 1951, **7**, 57–76.

8. C. G. Vonk, Computerization of Ruland's X-ray method for determination of the crystallinity in polymers, *J. Appl. Cryst.* (1973). **6**, 148–152.

9. S. Polizzi et al., A fitting method for the determination of crystallinity by means of X-ray diffraction, *J. Appl. Cryst.* (1990). **23**, 359–365.

10. C. G. Vonk and G. Fagherazzi, The determination of the crystallinity in glass-ceramic materials by the method of Ruland, *J. Appl. Cryst.* (1983). **16**, 274–276.

11. F. H. Chung and R. W. Scott, A new approach to the determination of crystallinity of polymers by X-ray diffraction, *J. Appl Cryst.* (1973). **6**, 225–230.

12. J. A. Pople, P. A. Keates, and G. R. Mitchell, A two-dimensional X-ray scattering system for in-situ time-resolving studies of polymer structures subjected to controlled deformations, *J. Synchrotron Rad.* (1997). **4**, 267–278.

13. Percent crystallinity in polymer, Bruker AXS Lab Report No. L86-E00005, 2000.

14. S. Ran et al., Novel image analysis of two-dimensional X-ray fiber diffraction patterns: example of a polypropylene fiber drawing study, *J. Appl. Cryst.* (2000). **33**, 1031–1036.

15. M. Shimazu and A. Watanabe, Effective elimination of the Compton component in amorphous scattering by experimental means, *J. Appl. Cryst.* (1974). **7**, 531–535.

16. W. Ruland, X-ray determination of crystallinity and diffuse disorder scattering, *Acta Cryst.* (1961). **14**, 1180–1185.

17. P. Pattison, P. Suortti, and W. Weyrich, An X-ray spectrometer for inelastic scattering experiments. III. Design and performance, *J. Appl. Cryst.* (1986). **19**, 353–363.

18. S. R. Sternberg, Biomedical image processing computer. *IEEE Computer Society*, 1983, **6**, 22–34.

19. S. R. Sternberg, Greyscale morphology, *Computer Vision, Graphics, and Image Processing*, 1986, **35**, 333–355.

20. D. R. Askeland and P. P. Phule, *The Science and Engineering of Materials*, Thomson, 2003.

21. S. Rao and C. R. Houska, X-ray particle-size broadening, *Acta Cryst.* (1986). **A42**, 6–13.

22. A. J. C. Wilson, Some further considerations in particle-size broadening, *J. Appl. Cryst.* (1971). **4**, 440–443.

23. T. Ungár, Warren-Averbach applications, *Industrial Applications of X-ray Diffraction*, edited by F. H. Chung and D. K. Smith, Marcel Dekker, New York, 2000, 847–867.

24. H. P. Klug and L. E. Alexander, *X-ray Diffraction Procedures for Polycrystalline and Amorphous Materials*, John Wiley & Son, New York, 1974, 618–708.

25. B. D. Cullity, *Elements of X-ray Diffraction*, 2nd ed., Addison-Wesley, Reading, MA, 1978.

26. R. P. Goehner et al., Microbeam crystallographic and element analysis, *Industrial Applications of X-ray Diffraction*, edited by F. H. Chung and D. K. Smith, Marcel Dekker, New York, 2000, 869–890.

27. G. Allegra and S. Brückner, Crystallite-size distributions and diffraction line profiles near the peak maximum, *Powder Diffraction*. (1993), **8**(2), 102–106.

28. H. Ebel, Crystallite size distributions from intensities of diffraction spots, *Powder Diffraction*. (1988), **3**(3), 168–171.

29. J. I. Langford, The variance and other measures of line broadening in powder diffractometry. I. Practical considerations, *J. Appl. Cryst*. (1968). **1**, 48–59.

30. J. I. Langford, The variance and other measures of line broadening in powder diffractometry. II. Determination of particle size, *J. Appl. Cryst*. (1968). **1**, 131–138.

31. J. P. Urban, X-ray measurements of strain and mosaic particle size in annealed tungsten powder, *J. Appl. Cryst*. (1975). **8**, 459–464.

32. J. I. Langford and A. J. C. Wilson, Scherrer after sixty years: A survey and some new results in the determination of crystallite size, *J. Appl. Cryst*. (1978). **11**, 102–113.

33. T. Adler and C. R. Houska, Simplifications in X-ray line-shape analysis, *J. Appl. Phys*. (1979), **50** (5), 3282–3287.

34. C. R. Houska, Least-square analysis of X-ray diffraction line shapes with analytic functions, *J. Appl. Phys*. (1981), **52** (2), 748–754.

35. R. Delhez et al., Determination of crystallite size and lattice distortions through X-ray diffraction line profile analysis: recipes, methods and comments, *Fresenius Z Anal Chem*. (1982) **312**, 1–16.

36. S. Rao and C. R. Houska, X-ray diffraction profiles described by refined analytical functions, *Acta Cryst*. (1986). **A42**, 14–19.

37. D. Balzar, Profile fitting of X-ray diffraction lines and Fourier analysis of broadening, *J. Appl. Cryst*. (1992). **25**, 559–570.

38. R. W. Cheary and A. Coelho, A fundamental parameters approach to X-ray line-profile fitting, *J. Appl. Cryst*. (1992). **25**, 109–121.

39. T. Ungár, J. Gubicza, G. Ribárik, and A. Borbély, Crystallite size distribution and dislocation structure determined by diffraction profile analysis: principles and practical application to cubic and hexagonal crystals, *J. Appl. Cryst*. (2001). **34**, 298–310.

40. D. Balzar et al., Size-strain line-broadening analysis of the ceria round-robin sample, *J. Appl. Cryst*. (2004). **37**, 911–924.

41. Z. W. Wilchinsky, Effect of crystal, grain, and particle size on X-ray power diffracted from powders, *Acta Cryst*. (1951). **4**, 1–9.

42. L. Yu, Polymorphs and glasses of organic molecules, presentation provided by Professor Lian Yu, University of Wisconsin – Madison, School of Pharmacy & Dept. of Chemistry, (2011).

43. B. B. He, Materials characterization from diffraction intensity distribution in the γ-direction, *Powder Diffraction*, (2014), **29** (2), 113–117.

44. S. W. Freiman and N. M. Trahey, NIST Certificate of standard reference material 660a, lanthanum hexaboride powder for line position and line shape standard for powder diffraction, September **13**, 2000.

45. T. Ida and K. Kimura, Effect of sample transparency in powder diffractometry with Bragg–Brentano geometry as a convolution, *J. Appl. Cryst*. (1999). **32**, 982–991.

46. B. Ingham, Statistical measures of spottiness in diffraction rings, *J. Appl. Cryst*. (2014). **47**, 166–172.

47. K. G. Yager and P. W. Majewski, Metrics of graininess: robust quantification of grain count from the non-uniformity of scattering rings, *J. Appl. Cryst*. (2014). **47**, 1855–1865.

48. M. S. Bramble1, R. L. Flemming, and P. J. A. McCausland, Grain size, 'spotty' xrd rings, and chemin: two-dimensional x-ray diffraction as a proxy for grain size measurement in planetary materials, *45th Lunar and Planetary Science Conference* (2014) 1658.

49. S. Thakral, N. K. Thakral, and R. Suryanarayanan, Estimation of drug particle size in intact tablets by 2-dimensional X-ray diffractometry, *Journal of Pharmaceutical Sciences*, (2017) 1–8. DOI: https://doi.org/10.1016/j.xphs.2017.08.021.

50. C. F. Jatczak, Retained austenite and its measurement by X-ray diffraction – SAE 800426, *Society of Automotive Engineering*, 1980.

51. Standard practice for X-ray determination of retained austenite in steel with near random crystallographic orientation, designation: E 975–03, *ASTM International*, 2003.

52. D. Stephan, G. Grosse, and K. Wetzig, Simultaneous position-resolved determination of phase and stress distributions by means of an X-ray diffractometer with a two-dimensional position-sensitive detector, *J Appl. Cryst.* (1995). **28**, 561–567.

53. J. D. Makinson et al., Diffracting particle size analysis of martensite-retained austenite microstructure, *Adv. in X-ray Anal.* 2000.–**43**, 326–331.

54. M. Birkholz, Thin Film Analysis by X-ray Scattering, Wiley-VCH, Weinheim, 2006, 143–182.

55. B. K. Tanner, et al., Grazing incidence in-plane X-ray diffraction in the laboratory, *Adv. in X-ray Anal.* 2004.–**47**, 309–314.

56. H. Morioka, et al., In situ observation of the fatigue-free piezoelectric microcantilever by two-dimensional X-ray diffraction, *Jpn. J. Appl. Phys.* **48** (2009) 09KA03.

57. M. Schmidbauer et al., A novel multidetection technique for three-dimensional reciprocal-space mapping in grazing-incidence X-ray diffraction, *J. Synchrotron Rad.* (2008). **15**, 549–557.

58. J. Giencke, Innovative applications for XRD^2, McMaster University and Bruker XRD^2 Seminar, June **12**, 2013.

59. J. Daillant and A. Gibaud, *X-Ray and Neutron Reflectivity: Principles and Applications.* Springer, (2009).

60. J. Als-Nielsen, D. McMorrow, *Elements of Modern X-Ray Physics*, Wiley, New York, (2001).

61. M. Tolan, *X-Ray Scattering from Soft-Matter Thin Films*, Springer, (1999).

62. D.-M. Smilgies and D. R. Blasini, Indexation scheme for oriented molecular thin films studied with grazing-incidence reciprocal-space mapping, *J. Appl. Cryst.* (2007). **40**, 716–718.

63. S. T. Mudie, et al., Collection of reciprocal space maps using imaging plates at the Australian National Beamline Facility at the Photon Factory, *J. Synchrotron Rad.* (2004). **11**, 406–413.

64. N. Stribeck and U. Nöchel, Direct mapping of fiber diffraction patterns into reciprocal space, *J. Appl. Cryst.* (2009). **42**, 295–301.

65. S. Bauer, et al., Three-dimensional reciprocal space mapping with a two-dimensional detector as a low-latency tool for investigating the influence of growth parameters on defects in semi-polar GaN, *J. Appl. Cryst.* (2015). **48**, 1000–1010.

66. T. W. Cornelius, et al., Three-dimensional diffraction mapping by tuning the X-ray energy, *J. Synchrotron Rad.* (2011). **18**, 413–417.

67. J. Britten, W. Guan, MAX3D – a program for the visualization of reciprocal space, http://max3d.mcmaster.ca., *IUCr Commission on Crystallographic Computing Newsletter*, No. 8, November 2007, 96–108.

68. J. Britten, W. Guan, and V. Jarvis, Visualization of 3D reciprocal space with MAX3D, Invited presentation at NYU-Bruker XRD Workshop, June 15–16, 2011.

69. K. Saito, et al., Introduction to thin film analysis with XRD^2, Bruker marketing presentation, 2005.

第13章
创新与发展

13.1 引言

在过去 30 年里，二维 X 射线衍射取得了长足的发展，二维探测器也已经应用在多种 X 射线衍射技术中。前面章节中已经介绍了其中的一些应用成就，在这些应用中，尽管二维衍射已经展现出许多优势，但是其发展历程还是相对较短，预计会在以下两方面有更大的创新和发展：①探测器技术、X 射线光源和光学部件、计算能力和软件的发展；②二维衍射图像解释和数据分析理论的发展。本书第一版中提到的三个创新和发展，将在本版中予以局部更新和保留，即线探测器通过扫描的方式收集二维衍射数据、三维探测器的概念及其潜在应用、二维衍射数据分析的途径和方法。其中，用线探测器收集二维衍射数据已经实现，其他两个还处于概念阶段，仍需进一步的发展和试验。

许多创新与发展已收录在本版的前面章节中。本章将再举一个例子：高分辨二维 X 射线衍射。对二维衍射发展的预测非常困难，但可以肯定的是二维衍射的潜力仍然是无限的。

13.2 用于二维衍射的扫描线探测器

13.2.1 工作原理

二维探测器是二维衍射系统的必要组成部分[1~3]。本节介绍了一种利用线探测器的创新性的二维衍射几何和设计[4]。线探测器垂直安装在衍射仪平面上。在数据采集时，线探测器沿着探测圆扫描的同时收集衍射图。连续的探测器位置处的线信号可以形成二维衍射图像，该图像可由二维衍射理论处理和分析。

如图 13.1 所示，线探测器垂直于衍射仪平面安装。在静止状态下，探测器沿垂直线收集从样品散射的 X 射线。收集数据的同时，探测器在一定角度范围内进行扫描，探测线的轨迹形成一个圆柱形表面，即二维衍射图像。为了分析线探测器扫描收集到的二维衍射数据，需要计算衍射图像上每个像素点的 2θ 和 γ 角。如图 13.2 所示，线探测器的位置由探测器距离 D 和探测器摆角 α 决定。探测器距离 D 是衍射仪平面内探测线到仪器中心的距离。探测器摆角 α 是衍射仪平面内 X_L 轴与从原点到探测器延伸线之间的角度值。对于线探测器上给定点 $P(x, y, z)$，该点在衍射空间的位置由实验室坐标中的 (x, y, z) 确定，其中 z 是从衍射仪平面到探测器上该点的距离，并且

$$x = D\cos\alpha$$
$$y = D\sin\alpha$$

(13.1)

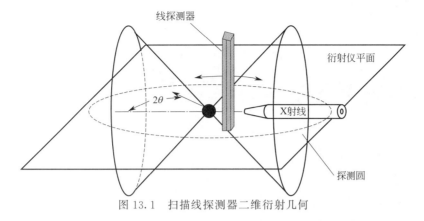

图 13.1　扫描线探测器二维衍射几何

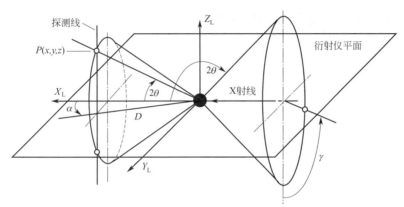

图 13.2　衍射空间中线探测器位置和线探测器上的点

像素的 γ 和 2θ 由下式计算：

$$\gamma = \begin{cases} \arccos \dfrac{-z}{\sqrt{z^2 + D^2 \sin^2 \alpha}} & -\pi \leqslant \alpha < 0 \\[3mm] \pi + \arccos \dfrac{z}{\sqrt{z^2 + D^2 \sin^2 \alpha}} & 0 \leqslant \alpha \leqslant \pi \end{cases} \tag{13.2}$$

并且

$$2\theta = \arccos \dfrac{D \cos\alpha}{\sqrt{D^2 + z^2}} \tag{13.3}$$

在收集数据时，线探测器沿着探测圆扫描，同时收集衍射信号。图 13.3 是用线探测器收集数据的示意图。连续探测器位置处的线信号组成了二维衍射图像。横轴相当于探测器的摆角 α，纵轴对应于像素高度 z。用式(13.2) 和式(13.3) 可以把每个像素点位置（α 和 z）转化成衍射空间的一个点（γ 和 2θ）。这样就可以用二维衍射理论显示和分析该图像，也可以用其他方程计算相同和不同衍射几何的衍射空间参数（γ 和 2θ）。之前用于物相鉴定、应力分析、织构分析和其他应用的算法都适用于线探测器扫描得到的衍射图像，但专门针对平板二维探测器几何发展的一些算法除外。

13.2.2　线探测器扫描的优势

利用线探测器扫描进行二维衍射分析有很多优势。除了具有二维探测器的大多数功能外，还包括但不限于如下优势：

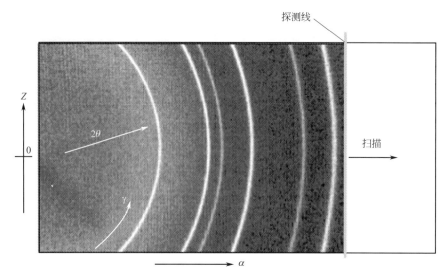

图 13.3   二维衍射图像的示意图（见彩图）

（1）低成本

利用当前技术，使用线探测器的成本通常远小于面探测器。这种低成本优势使得更多的用户可以进行二维衍射分析。

（2）高分辨率

至少有三个因素可以使线探测器扫描具有更高的分辨率。首先，线探测器的像素尺寸更小，对应的分辨率也就更高。其次，典型的测角仪扫描步长可以比二维探测器的像素尺寸小。最后，可以在线扫描方向增加狭缝以控制探测线的宽度。

（3）无散焦效应

低入射角（$<\theta$）收集衍射峰时，使用二维探测器会发生散焦效应。当用线探测器扫描时，入射角 θ_1 可以同时随着探测器扫描角 α 改变，从而在衍射仪平面始终保持 $\theta_1 = \theta_2$。这时，散焦效应可以用散焦因子常数 1 进行消除。

（4）减少衍射光束的空气散射

由于样品与二维探测器之间存在开放空间，空气散射进入探测器后会对衍射背景强度贡献较大。入射光束的空气散射强度与入射光路的长度成正比，该长度为样品到光束准直器出口的距离。如图 13.4 所示，使用线探测器时空气散射线可以通过散射屏蔽器予以阻挡。准直器出口和样品之间初级光束的空气散射会被该屏蔽器阻挡。同样地，来自衍射线的散射也会被阻挡。来自样品的衍射线只有在特定方向才能通过该散射屏蔽器的狭窄通道到达线探测器。

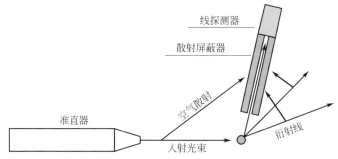

图 13.4   线探测器的入射光束和衍射光的空气散射屏蔽示意图

（5）探测器侧的次级单色器

入射光谱的纯度和来自样品的荧光辐射是二维探测器背景强度的来源，如用 CuK_α 辐射测量铁或铁合金时，背景会较强。大多数二维探测器具有非常有限的能量分辨率，因此不能在二维探测器前的衍射光路上安装单色器。但是，却可以在线探测器前加装专门的单色器，例如图 13.5 中的多层膜单色器。OE 和 EG 是衍射仪平面内从样品到该多层膜单色器以及从该多层膜单色器到线探测器的衍射线。AC 线是 OE 和 EG 线在多层膜单色器表面的投影。OF 和 FK 是位于衍射仪平面上方，从样品到多层膜单色器以及从多层膜单色器到线探测器的衍射线。样品与多层膜单色器的距离（OE）为 r，探测器到多层膜单色器的距离是 s。r 和 s 都是在衍射仪平面内的测量值。F 和 E 之间的距离为 h，K 和 G 之间距离为 z，分别对应于衍射光束在多层膜单色器和探测器上的接触点，可得：

$$z = \frac{r+s}{r} h \tag{13.4}$$

$\angle OEA$ 和 $\angle GEC$ 是多层膜单色器在衍射仪平面内的布拉格角，$\angle OEA = \angle GEC = \theta_0$。$\angle OFA$ 和 $\angle KFB$ 是多层膜单色器在衍射仪平面上方 h 位置的布拉格角，$\angle OFA = \angle KFB = \theta_h$。$\theta_h$ 由下式给出：

$$\sin\theta_h = \frac{r}{\sqrt{r^2 + h^2}} \sin\theta_0 \tag{13.5}$$

相应地，多层膜单色器的 d 值分布由下式给出：

$$d = \frac{\sqrt{r^2 + h^2}}{r} d_0 \tag{13.6}$$

式中，d_0 是多层膜单色器在衍射仪平面内的 d 值。采用该 d 值分布设计的多层膜单色器就可以安装在线探测器前面。

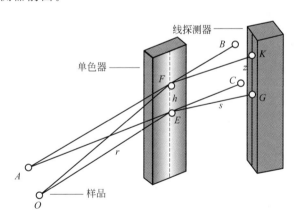

图 13.5　安装在线探测器前的多层膜单色器

（6）模拟点探测器

线探测器也可以用作传统的点探测器。通过使用有限的探测面积及相应的发散狭缝、防散射狭缝及索拉狭缝，可以模拟点探测器的功能把线探测器用在 B-B 聚焦几何和平行光束几何中。

（7）可变探测器距离

一些二维衍射系统会使用柱面二维探测器，例如柱面 IP。柱面探测器设计为固定的半径。线探测器的扫描轨迹可以形成一个柱面，通过改变探测器距离 D 可以实现柱面半径的改变。短距离可以获得大的角度覆盖范围，长距离可以获得较高的角度分辨。

13.3 三维探测器

13.3.1 探测器的第三维度

在第 4 章中，已讨论了零维（点探测器）、一维（线探测器）和二维（面探测器）探测器，这自然会引出三维探测器的概念。但是，三维探测器不是零维、一维和二维探测器的直接扩展。如所述的理想（4π）探测器，二维探测表面能够提供在真实空间捕捉 X 射线所需的最大维度数。在真实空间可以扩展到三维，如堆叠一组相同的半透明二维探测器以提高性能，这已被当作是三维探测器[5]。尽管这种探测器已经从对信号的二维面感应扩展到三维体积感应，但在二维探测器的不同层探测 X 射线的目的是提高二维空间分布中探测 X 射线的质量，并不是增加一个第三维度。在物理和数学上增加与二维图像正交的参数（即第三维度）是可行的，并且很有价值，比如增加入射光子的能量维度。现在能量色散分辨三维 X 射线探测器已经取得了一些令人鼓舞的结果[6]，在 $75\mu m \times 75\mu m$ 像素尺寸和 256×256 帧尺寸上已经实现了 $\Delta E = 150eV$ 的光谱分辨率。与用于单色 X 射线探测的二维探测器相比，能量分辨三维探测器也被称作 X 射线的彩色相机。在当前技术条件下，构建与二维探测器在探测面积、空间分辨率、计数率和读出速度上相当，并且又与专门的能量色散点探测器在能量分辨率方面相当的三维探测器仍然面临较大的技术挑战。本节不讨论三维探测器的制造技术，而是关注其几何概念和潜在应用。

13.3.2 三维探测器几何

图 13.6 描绘了基于能量色散的三维探测器几何和一些定义。三维探测器的传感器是一个二维像素陈列，每个像素的作用类似一个能量色散点探测器。x、y 是实空间坐标值，像素由 $P(x, y)$ 表示。坐标 z 代表一个虚拟的维度，并且可以波长 λ 或光子能量 E 的函数给出。每个能量色散像素测量的 X 射线光子都可以在相应能量间隔内以计数的形式显示出来。完整的三维数据集可以视为三维图像。三维图像中最小可区分的体积元素被称为体素（体积元素的简写），表示三维空间中规则网格上的值，这类似于表示二维图像数据的像素。在图 13.6 中，由像素 $P(x、y)$ 测量的数据包含一系列体素，例如 $V(x, y, z)$、$V'(x, y, z')$，和 $V''(x, y, z'')$，所有体素都有坐标 (x, y)。具有相同 (x, y) 的一系列体素也称为体素列。术语 "体素" 经常用在三维科学数据的可视化和分析中。三维图像中体素的尺寸可以用来描述分辨率。例如，三维 X 射线探测器可以由 $512 \times 512 \times 512$ 个体素定义，每个体素的尺寸是 $100\mu m \times 100\mu m \times 100eV$。通常假定所有的体素具有相同的尺寸和形状。体素的值是一个体素面积内和能量（或波长）范围内测量到的计数。体素的位置由其中心位置给出，体素的边界正好在相邻体素沿三个坐标方向中心的一半处。

包含相同 z 值体素三维图像的切片可以形成一个二维图像，该图像等效于在相同能量水平下由二维探测器采集的帧。因此，每个平行于探测器平面的切片可以同样的方式处理成二维图像。在三维图像数据分析中，需要将 $(x、y、z)$ 坐标转换成衍射参数。假设第三个维度给定为波长（λ），则 $V(x、y、z)$ 处体素的空间坐标 $(2\theta, \gamma)$ 可由下式给出：

$$2\theta = \arccos \frac{x\sin\alpha + D\cos\alpha}{\sqrt{D^2 + x^2 + y^2}}, (0 < 2\theta < \pi) \tag{13.7}$$

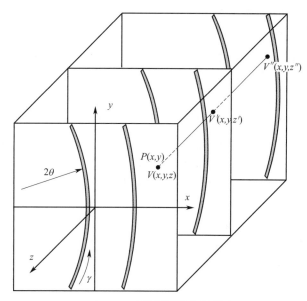

图 13.6　三维探测器几何概念

$$\gamma = \frac{x\cos\alpha - D\sin\alpha}{|x\cos\alpha - D\sin\alpha|}\arccos\frac{-y}{\sqrt{y^2 + (x\cos\alpha - D\sin\alpha)^2}}, (-\pi < \gamma \leqslant \pi) \qquad (13.8)$$

$$\lambda = z \qquad (13.9)$$

式中，D 是样品到探测器的距离；α 是摆角。因此体素 $V(x \, , \, y \, , \, z)$ 可以表示为体素 $V(2\theta \, , \, \gamma \, , \, \lambda)$。在样品坐标 $S_1 S_2 S_3$ 中，相应地每个像素的单位衍射矢量的分量 $\{h_1 \, , \, h_2 \, , \, h_3\}$ 可由下式计算：

$$h_1 = \sin\theta(\sin\phi\sin\psi\sin\omega + \cos\phi\cos\omega) + \cos\theta\cos\gamma\sin\phi\cos\psi$$
$$- \cos\theta\sin\gamma(\sin\phi\sin\psi\cos\omega - \cos\phi\sin\omega)$$
$$h_2 = -\sin\theta(\cos\phi\sin\psi\sin\omega - \sin\phi\cos\omega) - \cos\theta\cos\gamma\cos\phi\cos\psi$$
$$+ \cos\theta\sin\gamma(\cos\phi\sin\psi\cos\omega + \sin\phi\sin\omega)$$
$$h_3 = \sin\theta\cos\psi\sin\omega - \cos\theta\sin\gamma\cos\psi\cos\omega - \cos\theta\cos\gamma\sin\psi \qquad (13.10)$$

与同一体素列中体素相关的衍射矢量具有相对样品坐标相同的单位矢量，但振幅不同，可由下式给出：

$$\left|\frac{s - s_0}{\lambda}\right| = \frac{2\sin\theta}{\lambda} = \frac{1}{d} \qquad (13.11)$$

式中，矢量 s_0/λ 和 s/λ 分别代表入射和衍射光束；d 是满足布拉格条件的晶面间距。显然在体素列中的所有体素代表样品空间的相同方向，但是每个体素表示不同晶面间距 d 的晶面的衍射。

在前面章节中已经讨论了二维探测器的许多优势。三维 X 射线图像包含许多不同能级的二维图像切片。因此三维探测器仍然保留了二维探测器的所有优点，三维探测器可以在很宽的能量范围内收集衍射花样。实验室或同步辐射光源的全部或大范围的辐射光谱都可用来进行 X 射线衍射分析。使用三维探测器时无需对光源进行单色化。特征 X 射线，如 K_α 和 K_β，都可以用作能量标准的参考。来自样品的荧光则是不可避免的。相反，来自样品材料的吸收边或荧光可以用作能量标准的参考，或者作为材料的重要信息予以分析，这使得利用三维探测器同时收集 XRD 和 XRF 数据成为了可能。

13.3.3　三维探测器和倒易空间

　　零维、一维和二维探测器分别被称为点、线和面探测器。自然地，三维探测器可以称作体探测器。以上四种探测器的比较可以由图 13.7 厄瓦尔德球上的倒易空间给出。图 13.7(a) 对比了点、线和面探测器。对厄瓦尔德球上的点探测器来说，入射光束矢量 s_0/λ 和衍射光束矢量 s/λ 都是从 C 点开始，分别止于 O 点和 P 点，入射光束与衍射光束的夹角是 2θ。从 O 到 P 的矢量是衍射矢量 H。点 P 可以用来表示点探测器。对线探测器来说，入射光束矢量仍然是 s_0/λ，但是线探测器测量到的衍射矢量末端（对应于 $\Delta 2\theta$ 范围）是沿厄瓦尔德球上的曲线 L 分布的，曲线 L 代表线探测器。对面探测器来说，衍射矢量在厄瓦尔德球二维面积上的分布与 $\Delta 2\theta$ 和 $\Delta \gamma$ 相对应。面 A 代表面探测器。由于使用的是单一波长，点 P、线 L 和面 A 都位于相同的厄瓦尔德球面上。图 13.7(b) 描绘的是三维探测器。入射光束波长从 λ 到 λ' 可变。为简化处理，仅显示对应于 λ 和 λ' 的两个厄瓦尔德球。对于波长 λ，入射光束矢量 s_0/λ 始于点 C，终于点 O。相当于面探测器上某像素的衍射光束矢量 s/λ 始于点 C，终于点 P。波长为 λ 时，三维探测器的覆盖范围是厄瓦尔德球（λ）上的面 A。对于波长 λ'，则入射线束矢量 s_0/λ 始于点 C'，终于点 O。相应地三维探测器上不同波长同一像素点的衍射矢量 s/λ' 则始于点 C'，终于点 P'。波长为 λ' 时，三维探测器的覆盖范围是厄瓦尔德球（λ'）上的面 A'。这两个厄瓦尔德球在倒易空间原点 O 处相交。考虑到波长全部是在 λ 和 λ' 之间，三维探测器处于面 A 和面 A' 之间的体积内。体积 V 表示三维探测器的倒易空间覆盖范围。通过使用如上所述的三维探测器，可以用白光辐射收集三维倒易空间图，而不是调整 X 射线能量[7]。

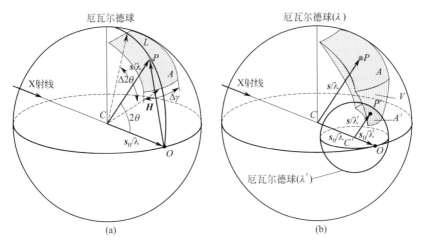

图 13.7　探测器在厄瓦尔德球上的对比

(a) 点、线和面探测器；(b) 三维探测器

13.4　像素直接衍射分析

13.4.1　概念

　　本节介绍了一种新的衍射数据分析策略——像素直接衍射（PDD）分析。PDD 分析是对面探测器收集的衍射图中单个像素衍射矢量的分析。通常把二维帧看作是衍射强度的连续

分布，并且把二维衍射图积分成强度分布与 2θ 或 γ 角相关的衍射线。在 PDD 概念中，单个像素的衍射含义是相互独立处理的，并且最终衍射结果通过对所有像素共同考虑获得的。最终的晶体学结果基于所有像素的统计分析，该方法使得分析结果更加精确。

用面探测器收集的衍射数据通常是二维图像形式，也称为数据帧或帧。数据帧被视为衍射强度的连续分布。典型的过程是首先积分这些数据帧以产生衍射线，接下来在衍射线上分析峰的位置和线形。对于单晶衍射斑点，通常对数据帧进行积分，以使所有测量的衍射斑点产生一组积分强度[8]。可以根据斑点区域中覆盖的像素数计算每个斑点的积分强度，或通过拟合斑点区域强度分布的曲线进行计算。这种数据处理过程可以大大减少对计算机存储空间的需求。积分后的数据也适用于其他分析。例如，衍射线通常用于物相鉴定的"搜索/匹配"[9]。应力分析的峰位移动也是由衍射线确定的。但是，数据积分也会丢失或扭曲二维数据帧的重要信息。例如，积分强度对 2θ 或 γ 角的值取决于积分方法。一旦二维帧被积分成衍射线，由织构引起的强度变化就会丢失。在 PDD 分析中，面探测器中每个像素都被视为独立的探测器单元，由单个像素测量的数据被独立地计算、校正和分析，直到根据收集的所有数据给出最终结果。PDD 方法需要更强的计算能力，这可以通过高速计算机技术来实现。为了描述 PDD 方法的概念，将在下文中主要讨论 X 射线粉末衍射应用，不再涉及单晶衍射。

13.4.2　像素衍射矢量和像素计数

在 PDD 分析中，需要得到衍射帧中每个像素对应的衍射矢量。首先要计算每个像素的衍射空间坐标（2θ，γ），该坐标是基于探测器空间参数和像素在探测器中的位置得到的，可用式(13.7) 和式(13.8) 计算像素的衍射空间坐标，用式(13.10) 计算像素衍射矢量的方向。像素强度是单个像素收集的总计数，由探测器像素覆盖角内的衍射强度确定。可以根据探测器的几何形状、像素尺寸和像素敏感度对像素强度进行归一化。归一化方程如下：

$$I_{x,y}=G_{x,y}S_{x,y}I_{x,y}^{\mathrm{measured}} \tag{13.12}$$

式中，$I_{x,y}$ 是 $P(x，y)$ 的归一化强度，如果所有像素具有相同的灵敏度，且到仪器中心的距离也相等，则 $I_{x,y}$ 为单个像素收集到的像素计数；$G_{x,y}$ 为几何归一化因子；$S_{x,y}$ 是 $P(x，y)$ 的敏感度归一化因子。对于具有球形敏感区域的理想探测器，$G_{x,y}=1$。当探测器的所有像素具有同样的尺寸和敏感度时，$S_{x,y}=1$，否则 $S_{x,y}$ 应通过探测器校准产生。像素的 $S_{x,y}$ 值是像素计数率线性范围内的常数，或者是非线性计数曲线的计数率函数。对于平板探测器，几何归一化因子 $G_{x,y}$ 由下式给出：

$$G_{x,y}=\frac{D^{2}+x^{2}+y^{2}}{D^{2}} \tag{13.13}$$

对于柱面探测器，几何归一化因子 $G_{x,y}$ 由下式给出：

$$G_{x,y}=\frac{D^{2}+y^{2}}{D^{2}} \tag{13.14}$$

在归一化后，如果探测器暴露在均匀辐射的点光源中，那么所有像素将给出相同的计数。

13.4.3　物相鉴定、织构和应力的 PDD 分析

用二维衍射图进行物相鉴定的传统方法是对数据帧进行积分以产生类似于用扫描的点探

测器或线探测器收集的衍射图谱，其峰位和峰强可与数据库比对，例如与 ICDD 的 PDF 数据库比对。利用 PDD 方法，可以直接分析二维衍射数据帧而无需数据积分。由于像素的 γ 值与物相鉴定无关，在物相检索和比对时主要利用的是 2θ 位置（或相对强度）。PDD 分析的挑战在于通过将所有像素拟合到已知的 PDF 卡以获得其重要的统计价值，并且获得最佳拟合。为此当前的很多算法都需要修改[9]。

在第 8 章中讨论了通过 2θ 积分从二维数据帧进行极图分析。利用 PDD 方法进行织构分析则不需要 2θ 积分。相反，像素的强度被视为极点密度，并通过以下方程投影到极图中：

$$\alpha = \sin^{-1}|h_3| = \cos^{-1}\sqrt{h_1^2 + h_2^2} \qquad (13.15)$$

$$\beta = \pm\cos^{-1}\frac{h_1}{\sqrt{h_1^2+h_2^2}} \begin{cases} \beta \geqslant 0° & \text{当}\quad h_2 \geqslant 0 \\ \beta < 0° & \text{当}\quad h_2 < 0 \end{cases} \qquad (13.16)$$

式中，$0° \leqslant \alpha \leqslant 90°$，$\beta$ 有两个取值范围（当 $h_2 \geqslant 0$ 时，$0° \leqslant \beta \leqslant 180°$；当 $h_2 < 0$ 时，$-180° \leqslant \beta < 0°$）。单位衍射矢量分量 $\langle h_1, h_2, h_3 \rangle$ 可以由式(13.10) 计算。极图可以被存储和显示为具有像素的位图图像（点阵图像）。从所得的"非归一化"极图开始，极图中只考虑极点的相对密度。由像素产生的极密度数据点的分布在极图上不一定是均匀的。根据仪器配置和数据收集策略，某些区域可能有更多数据点，某些则较少。在利用 PDD 方法对二维数据帧的极图构建时，像素的强度被投影到相应的极图像素上。由于极图仅与特定的晶面族有关，因此可以使用一个 2θ 窗口，使得仅窗口内的像素可以投影到极图。一些极图像素可由来自几个数据帧像素的极密度值填充，其最终值应该是对所有帧处理后的平均值。极图中可能存在一些没有任何测量数据点的区域。这些极图像素不应与只有零极点密度的像素混淆。一种区分方法是用极点密度值加 1 来存储所有填充的像素，而未投影的像素值为 0。选定框内的线性插值足以把未投影的像素填充到极图中。然后，由像素投影生成的极图可以通过内插、归一化和对称操作进行处理，详细过程如第 8 章所述。

PDD 方法更利于二维 X 射线应力分析。在第 9 章中，首先将 γ 范围的每一段帧积分成衍射线，然后通过各种线形拟合方法确定相应的 2θ 值。由于大尺寸的数据帧被减少成一组（γ，2θ）值，最小二乘法中线性方程的数量就会相对变少。这在计算能力有限时是很有优势的，但是凭借当今强大的运算能力，这一优势也在逐渐减弱。此外，积分和拟合方法也存在很多缺点。例如，不同的积分和拟合方法可以从相同的原始数据给出不同的 2θ 值。当用不同的拟合算法评估相同的应力数据时，其结果往往不一致。由于织构、大晶粒、阴影或弱衍射，某些 γ 积分可能得到很差的积分线。这些 γ 处的衍射线可能没有足够的统计数据来确定 2θ 的准确值，这种误差会对最小二乘回归结果有很大影响。这意味着统计性较差的衍射线在应力计算中所占的权重更大。第 9 章介绍的强度加权最小二乘法可以解决上述问题。PDD 直接法能够避免线形拟合的差异和统计性差的问题。

PDD 方法中，所选区域内的每个像素都可看作具有角位置（2θ，γ）和强度的峰。像素强度加权最小二乘法（PIWLS）可用于将所有像素值拟合到应力计算方程中。剩余平方和由下式[10] 给出

$$S = \sum_{i=1}^{n} I_i r_i^2 = \sum_{i=1}^{n} I_i (y_i - \hat{y}_i)^2 \qquad (13.17)$$

式中，I_i 是用作加权因子的像素强度；n 是所选区域中所有二维帧的总像素数；S 是

最小二乘回归中最小化的平方误差和。所选区域如图 9.17 所示，由 2θ 范围（$2\theta_1 \sim 2\theta_2$）和 γ 范围（$\gamma_1 \sim \gamma_2$）给出。观察值是对应于单个像素的测量应变。

$$y_i = \ln\left(\frac{\sin\theta_0}{\sin\theta_i}\right) \tag{13.18}$$

拟合值由基本方程给出，即：

$$\hat{y}_i = p_{11}\sigma_{11} + p_{12}\sigma_{12} + p_{22}\sigma_{22} + p_{13}\sigma_{13} + p_{23}\sigma_{23} + p_{33}\sigma_{33} + p_{ph}\sigma_{ph} \tag{13.19}$$

其中应力系数由测角仪角度（ω, ψ, ϕ）、弹性常数和像素角位置（$2\theta_i$, γ_i）计算得到。为便于编程，所有可能的应力分量都包含在线性表达式中，但它们不能同时取非零值。例如，对于三轴应力状态，赝静应力项应设为零。如表 9.6 中所列，不同应力状态下的应力分量设置为未知（x）或零。

利用 PIWLS 方法进行应力分析，可以避免使用积分和线性拟合，从而完全消除 γ 积分引起的拖尾效应。选定区域内的所有像素都将用于应力计算。每个像素的贡献由其强度决定。由于像素的重要性是由其强度决定的，因织构引起的弱衍射或不良采样对应力计算的影响会较弱。由于把选定区域所有像素都用于 PIWLS 回归，PDD 应力分析方法需要更多的计算资源。

PDD 分析还有其他优点。由于每个像素都是单独处理的，因此更易于处理有坏像素的缺陷探测器、多个探测器或具有死接缝区的镶嵌组合探测器的测量数据。可基于其特定特征，例如敏感性或非线性响应曲线来校正每个像素，而不必进行二维数据帧上的空间校正。这种校正不是生成具有内插新像素的校正数据，而是校准所有原始像素并分配一个校准像素位置（x, y）或衍射空间坐标（2θ, γ）。另外，还可以独立地和个别地对任意像素进行仪器校正和洛伦兹偏振吸收（LPA）校正。

13.5 高分辨二维 X 射线衍射仪

13.5.1 背景

前面的章节已经讨论了二维衍射在用于物相鉴定、织构和应力分析等方面的优势。高分辨 X 射线衍射（HRXRD）在外延膜与基体的界面、晶粒宽化、高分辨率倒易空间面扫描（RSM）、漫散射和晶体缺陷等研究方面具有广泛的应用[11~14]。高分辨衍射要求初级光束波长较窄，并且高度平行以及高光通量密度。这种要求可通过使用微焦斑的高亮度 X 射线源、多层膜镜、通道切槽单色器、针孔和狭缝来实现[11,15]。通过在零维探测器前使用诸如单色器、狭缝等光学部件，可达到提高分辨率和降低背景的目的，类似的光学部件也可用在使用二维探测器的 HRXRD 初级光路上，但是在二维探测器前面则无需添加任何光学部件。因此，二维 X 射线衍射仪的角分辨率主要由像素尺寸或二维探测器的点扩散函数以及探测器的距离决定。同时减少入射光束尺寸和像素尺寸可以提高分辨率。但这种方法只适用于均匀且随机取向的细粉或多晶材料。在相同入射光通量密度的前提下，光束尺寸减小会显著降低采样的有效体积，进而导致较差的采样统计性，并且减少 X 射线计数。随着探测器技术的进步，像素尺寸和点扩散函数可以随着其他性能的提高而进一步降低。但这种降低也是有一定极限的，而该极限由样品的微观结构本质决定。对大多数实验室二维衍射系统来说，入射 X 射线束尺寸应当介于 $50 \sim 1000\mu m$ 之间，因此像素尺寸或点扩散函数在 $50 \sim 200\mu m$ 之间是合理有效的。除一些特殊应用之外，进一步将像素尺寸或点扩散函数降低到 $50\mu m$ 以下并不能有效改善角分辨率。

事实上，在其他条件相同的情况下，大尺寸二维探测器及较长的探测器到样品距离可以有效提高其分辨率，并且该方案通常会作为首选。大多数二维小角散射系统就是采用上述方案。然而，长的探测器距离，特别是对大尺寸二维探测器而言，该方案可操作性不强，其原因在于移动探测器的摆角并且保证其定位精确是一项巨大的挑战，而且无论在 θ-2θ 水平配置还是在 θ-θ 垂直配置中，实现这样的摆角都需要较大的空间。此外，为了消除样品到探测器长距离内的空气散射，需要安装一个长的真空光路，这也会增加移动探测器的额外负担。下面将介绍一种新的配置，该方案可同时提高小角散射和广角衍射的分辨率。

13.5.2 倒易空间的高分辨二维衍射

高分辨二维衍射的基本原理和仪器配置可以用包含倒易空间和真实空间的图来描绘（图13.8）。真实空间中，样品放置在 C 处，探测器位于离样品距离 D 的位置，探测器摆角 α 是相对入射线的。厄瓦尔德球体（A）中心位于 C 点。二维探测器的图像投射到厄瓦尔德球的表面（阴影部分）。该区域的大小由二维探测器的尺寸及探测器到样品的距离决定。对于已知的探测器像素尺寸，通过增大探测器距离可以获得更高的分辨率。探测器上的任意像素 $P(x,y)$ 投影到厄瓦尔德球上是一个点 P。入射光束矢量 s_0/λ 和衍射光束矢量 s/λ 都是始于点 C，分别终于点 O 和 P。入射光束与衍射光束的夹角是 2θ。从 O 到 P 的矢量是衍射矢量 H。由样品晶体结构和方向确定的倒格子原点为 O。除原点（000）之外，每个格点由（hkl）表示，它们分别是倒格子的三个轴到达格点的平移数。对于完美晶体，每个倒格子都是零维的，或者更确切地说是一个三维 δ 函数，可以用单晶倒格子来解释这种几何关系。实际的倒易空间分布是由样品确定的，如随机取向的粉末、织构化多晶、薄膜或单晶。

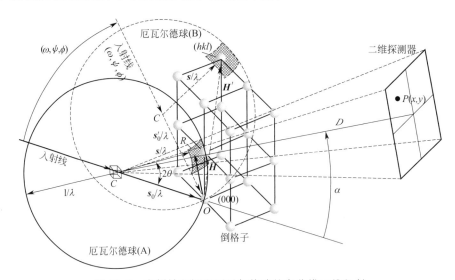

图 13.8　在倒易空间和厄瓦尔德球的高分辨二维衍射

当把探测器摆角设为零或一个很小的值时，入射光轨迹会打到探测器，这时在厄瓦尔德球上的投影将会覆盖并穿过倒格子的原点，此即产生小角散射的条件。与其他倒格子不同，无论样品方向如何，原点（000）处的倒格子始终位于厄瓦尔德球上。然而，样品方向决定着处于（000）点上的横截面（如厄瓦尔德球 A 和 B 所示）。为了覆盖其他倒格子，必须把探测器的摆角设置在正确的角度范围，并且需把样品转到指定的方向。样品方向可以通过旋转样品或者旋转入射光束相对样品的方向实现。例如，倒格点（hkl）不在厄瓦尔德球 A 的表面，因此它不能被二维探测器检测到。为了测量该格点及其附近的点，必须通过组合（ω，ψ，ϕ）旋转样品以改变照射到样品上的入射 X 线射束。对于厄瓦尔德球 B，其中心是 C' 点。此时衍射矢量 H' 指向倒格点（hkl）。探测器摆角也应该根据入射光束矢量 S'_0/λ 和衍射光束矢量 S'/λ 之间的角度值予以设定。

假设仪器展宽只来自平行光束，二维探测器上任意像素的 2θ 分辨率由下式给出：

$$\Delta 2\theta = \frac{D\sqrt{\Delta x^2 + b^2}}{D^2 + x^2 + y^2} \tag{13.20}$$

式中，D 是样品到探测器的距离；b 是光束直径；x 和 y 是探测器中像素的位置；Δx 是假设为正方形的像素尺寸（如果大于该像素尺寸时，是点扩散函数的半高宽）。厄瓦尔德球面内相应像素的分辨率可以在 Q 空间中由下式给出：

$$\Delta q = \frac{2\pi}{\lambda} \times \frac{D\sqrt{\Delta x^2 + b^2}}{D^2 + x^2 + y^2} \tag{13.21}$$

式中，Δq 是二维探测器覆盖的厄瓦尔德球面的最佳分辨率。式(13.21) 表明，增加探测器距离是提高探测器（Δx）和入射 X 射线束（λ 和 b）分辨率的唯一手段。例如，在 $\Delta x = 75\mu m$，$b = 50\mu m$，$\lambda = 0.154059nm$ 的系统中，探测器中心（$x = y = 0$）在探测器距离 $D = 200mm$ 处的最佳分辨率是 $\Delta q = 0.0184nm^{-1}$，在 $D = 600mm$ 时则为 $\Delta q = 0.0061nm^{-1}$。

13.5.3 高分辨二维衍射的新配置

为了克服在 θ-2θ 水平配置和 θ-θ 垂直配置中获得大探测器距离的困难及对空间的特殊要求，本章将介绍一种称为 2θ-β 的创新性配置。采用该创新配置的高分辨二维 X 射线衍射仪非常适用于广角衍射和小角散射分析。

图 13.9 给出了 2θ-β 配置水平衍射仪的构造图。测角仪安装在 X 射线管和初级光路的左侧（面对操作人员），因此该系统被归类为左手系统。衍射仪平面由初级光束（X_L 轴）和 Y_L 轴给出。衍射仪平面在水平位置，因此也称作水平衍射仪。在这种配置中，探测器通过长的探测器轨道固定在仪器底座上。由于测量时不需要移动探测器，它可以安装在离仪器中心很远的位置，因此可以实现高的角度分辨率。摆角通过 Z_L 轴上的 α 旋转来实现。初级光束和光学部件（X_L 轴上）安装在固定于测角仪主轴（α）的轨道上。当 $\alpha = 0$ 时，初级光束指向探测器的中心。β 是绕 Z_L 轴的左手旋转角。当 $\beta = 0$ 时，样品表面垂直于探测器平面。α 和 β 是测角仪的两个主轴，由电机独立驱动。ω 角定义为绕 Z_L 轴的右手旋转。但在 2θ-β 配置中，ω 轴不是一个独立的轴，不直接由任何电机驱动。由于 X_L 轴与初级光束和光学部件一起旋转，因此 ω 是 α 和 β 的函数，即：

$$\omega = \alpha - \beta \tag{13.22}$$

ψ 和 ϕ 的定义与第 2 章的水平 θ-2θ 配置相同。为了方便操作，2θ-β 配置可以当作虚拟的 θ-2θ 配置。ω 角被修正和显示为来自 α 和 β 的计算值，但可以通过驱动 β 轴而改变。这时只要相应地校正和显示 ω 角，就能隐藏 β 角。随着从 β 到 ω 的转换，这种新配置的几何与标准二维衍射系统的 θ-2θ 配置相一致。同样地，2θ-β 配置的衍射条件等效于 θ-θ 配置的条件，可由下式给出：

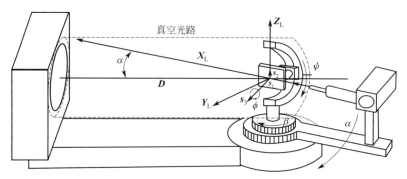

图 13.9　水平 2θ-β 配置的二维衍射仪（左手测角仪）

$$\theta_1 = \alpha - \beta \qquad (13.23)$$
$$\theta_2 = \beta \qquad (13.24)$$

利用上述关系，所有针对 θ-2θ 和 θ-θ 配置的数据采集策略都可以用在具有等效衍射条件的 2θ-β 配置中。因此，标准二维衍射系统的大多数算法仍然有效。

当 α 为零时，初级光束指向探测器的中心。这是一种类似于典型小角散射系统的配置。当覆盖多种 α 角时，系统可以较高的分辨率收集广角衍射数据。由于探测器距离较长，因此必须抽空全部或至少次级光路（探测器和样品之间）的空气以去除空气散射的影响。

图 13.10(a) 是水平 2θ-β 配置的高分辨二维衍射仪的离轴俯视图。大面积二维探测器安装在衍射仪的最左侧，与仪器中心（样品）的距离较长。探测器和样品之间的次级光路被抽成真空以消除空气散射影响。初级光束和光学部件（X_L 轴上）被安装固定在测角仪主轴（α 轴）的轨道上。摆角通过 α 旋转实现。样品安装在仪器中心的样品室内。测角仪和样品台未在图中示出，但可以是任意样品台，如欧拉环和 XYZ 样品台。样品以反射模式安装。通过左手旋转 β 实现样品表面旋转，这决定了样品表面和入射光束的夹角 ω。

图 13.10(b) 是水平 2θ-β 配置高分辨二维衍射仪的同轴俯视图，其中入射光束在同轴位置。初级光束和光学部件（X_L 轴上）移动到同轴位置（$\alpha = 0$）。样品以透射方式安装以进行小角散射测试，也可以反射方式安装进行掠入射小角散射（GISAXS）测量。由于透射光束直接指向探测器，因此必须用光束挡板以防射线直接照射到探测器上。图 13.10(c) 是垂直 2θ-β 配置的侧视图。初级光束和光学部件（X_L 轴上）安装固定在测角仪主轴（α）的轨道上。摆角通过旋转 α 实现。样品以反射或透射方式安装。垂直配置时允许样品以表面法线向上或以小的倾角放置。

在图 13.10 中，样品室和次级光路中的空气被抽空以消除空气散射。X 射线光源和光学部件位于样品室外部，因此入射光可以通过透过窗口（例如铍箔或 Kapton 膜）到达样品。图 13.11(a) 给出了这种装置的示意图。样品室上有一个长槽，可以使所有 α 角的入射光进入。该槽用可透过窗口密封起来，以允许入射光束到达样品。窗口由低 X 射线吸收的材料制成，因此 X 射线穿过窗口的衰减极小。由于样品室内没有空气散射，并且来自窗口的散射极小，因此不需要在样品室内对 X 射线进一步准直。

图 13.11(b) 给出了另外一种可选方案，是在样品室内对 X 射线进行部分准直，这可以提高光束的准直性，并且降低来自窗口材料的散射线。样品室内的准直器可以通过机械连接耦合到外部光学部件上。如图所示，内部准直器和外部光学部件连接到相同的旋转轴 α。显然，有许多方法可以使内部准直器与外部 X 射线源和光学部件保持同步。例如，内部准直

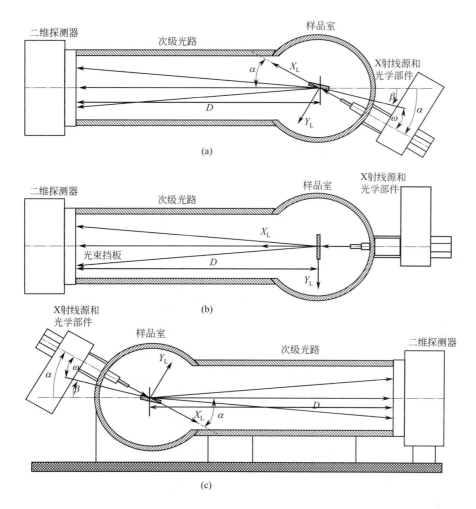

图 13.10　高分辨二维衍射仪

（a）水平 2θ-β 配置（离轴俯视图）；（b）水平 2θ-β 配置
（同轴俯视图）；（c）垂直 2θ-β 配置（侧视图）

器可以由单独的机构驱动，通过计算机控制实现同步。再如，把内部准直器安装在没有旋转限制的旋转轴上，而特定的角度位置通过电磁联结器固定在外部光学部件上（X 射线窗口很薄，足以让磁场通过）。

　　当直射光束指向二维探测器的有效区域时需要安装光束挡板，当直射光离开该区域时，则不需要该挡板，否则可能会阻挡一些 X 射线衍射花样。图 13.12 给出了一些解决方案，其中：图 13.12(a) 是安装在探测器中心的光束挡板；图 13.12(b) 是一个水平方向延伸的条形光束挡板，可以覆盖可能暴露在直射 X 射线中的所有区域；图 13.12(c) 是安装在电动轨道上的光束挡板，可以跟随直射线的方向并在广角衍射应用时移出有效探测区域。光束挡板（a）只能阻止轴位置上的直射光，摆角 α 必须设置为零或大于某个值，以防止直射光照射检测区域而不是被光束挡板阻止；光束挡板（b）适用于所有摆角，但是散射线或衍射线会被阻挡，从而在二维衍射图上留下一个空白的条带；光束挡板（c）对所有条件都有效。可见，有多种方案可以达到同样的目的。

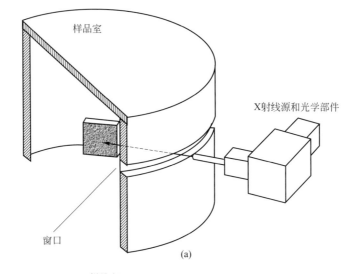

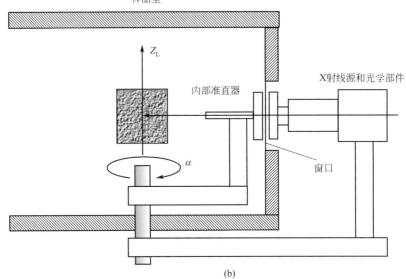

图 13.11   入射 X 射线束透过窗口（a）和样品室内部
准直器和外部光学部件的耦合（b）

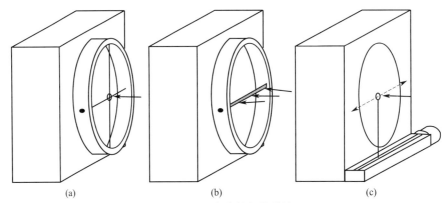

图 13.12   光束挡板的设计
（a）固定在中心；（b）条形光束挡板；（c）电动光束挡板

参 考 文 献

1. P. R. Rudolf and B. G. Landes, Two-dimensional X-ray diffraction and scattering of microcrystalline and polymeric materials, *Spectroscopy*, **9**(6), 22–33, 1994.

2. S. N. Sulyanov, A. N. Popov, and D. M. Kheiker, Using a two-dimensional detector for X-ray powder diffractometry, *J. Appl. Cryst.* (1994) **27**, 934–942.

3. B. B. He, "Introduction to two-dimensional X-ray diffraction", *Powder Diffraction*, 2003, **18**(2) 71–85.

4. B. B. He, Scanning line detector for two-dimensional X-ray diffractometer, US Patent No. 7,190,762, Mar. 13, 2007.

5. U. L. Olsen, S. Schmidt, and H. F. Poulsen, A high-spatial-resolution three-dimensional detector array for 30–200 keV X-rays based on structured scintillators, *J. Synchrotron Rad.* (2008). **15**, 363–370.

6. W. Leitenberger et al., Application of a pnCCD in X-ray diffraction: a three-dimensional X-ray detector, *J. Synchrotron Rad.* (2008). **15**, 449–457.

7. T. W. Cornelius, et al., Three-dimensional diffraction mapping by tuning the X-ray energy, *J. Synchrotron Rad.* (2011). **18**, 413–417.

8. D. E. McRee, *Practical Protein Crystallography*, Academic Press, San Diego, 1993, pp. 84–86.

9. R. Jenkins and R. L. Snyder, *Introduction to X-ray Powder Diffractometry*, John Wiley & Sons, New York, 1996.

10. E. Prince and P.T. Boggs, Least squares, *International Table for X-ray Crystallography*, Vol. C., edited by A. J. C. Wilson, Kluwer Academic Publishers, 594–604, (1992).

11. M. Birkholz, Thin Film Analysis by X-ray Scattering, Wiley-VCH, Weinheim, 2006, 297–341.

12. B. E. Warren. *X-ray Diffraction*, Dover Publications, Inc., New York, 1990.

13. K. Inaba et al., High resolution X-ray diffraction analyses of (La,Sr)MnO3/ZnO/Sapphire(0001) double heteroepitaxial films, *Advances in Materials Physics and Chemistry*, 2013, **3**, 72–89.

14. R. Blondé, et al., High-resolution X-ray diffraction investigation on the evolution of the substructure of individual austenite grains in TRIP steels during tensile deformation, *J. Appl. Cryst.* (2014). **47**, 965–973.

15. M. Jergel, et al., Extreme X-ray beam compression for a high resolution table-top grazing-incidence small-angle X-ray scattering setup, *J. Appl. Cryst.* (2013). **46**, 1544–1550.

附录 A

常用参数值

下表列出了 X 射线衍射中常用参数的值。波长值是由《X-ray Data Booklet》第三版 (A. C. Thompson, et al., Lawrence Berkeley National Laboratory, 2009) 中表 1-2 的光子能量值转换而来的。波长 λ(Å) 与光子能量 E(eV) 的关系由 $\lambda = 12398.4/E$ 给出。其余值取自《Elements of X-Ray Diffraction》第二版 (B. D. Cullity, Addison-Wesley, Reading, MA, 1978)。对于大多数应用来说,实际精度可能会小于有效数字,因此这些值的准确性已经足够。更多的值及其来源可以在《International Table for X-ray Crystallography》C 卷中找到 (A. J. C. Wilson, Kluwer Academic Publishers, 1992)。

元素		原子量	密度/(g/cm^3)	质量吸收系数$(\mu/\rho)/(cm^2/g)$				波长和吸收边/Å			
Z				MoK_α	CuK_α	CoK_α	CrK_α	$K_{\alpha1}$	$K_{\alpha2}$	K_β	K_{edge}
1	H	1.008	8.375×10^{-5}	0.3727	0.3912	0.3966	0.4116				
2	He	4.002	1.664×10^{-4}	0.2019	0.2835	0.3288	0.4648				
3	Li	6.941	0.533	0.1968	0.4770	0.6590	1.243	228			226.5
4	Be	9.012	1.85	0.2451	1.007	1.522	3.183	114			111
5	B	10.811	2.47	0.3451	2.142	3.357	7.232	67.6			
6	C	12.011	2.27	0.5348	4.219	6.683	14.46	44.8			43.68
7	N	14.007	1.165×10^{-3}	0.7898	7.142	11.33	24.42	31.6			30.99
8	O	15.999	1.332×10^{-3}	1.147	11.03	17.44	37.19	23.62			23.32
9	F	18.998	1.696×10^{-3}	1.584	15.95	25.12	53.14	18.32			
10	Ne	20.180	8.387×10^{-4}	2.209	22.13	34.69	72.71	14.610	14.610	14.452	14.3018
11	Na	22.990	0.966	2.939	30.30	47.34	98.48	11.9103	11.9103	11.575	11.569
12	Mg	24.305	1.74	3.979	40.88	63.54	130.8	9.8902	9.8902	9.521	9.5122
13	Al	26.982	2.70	5.043	50.23	77.54	158.0	8.3395	8.3420	7.961	7.94813
14	Si	28.086	2.33	6.533	65.32	100.4	202.7	7.12560	7.12806	6.75316	6.738
15	P	30.974	1.82	7.870	77.28	118.0	235.5	6.1570	6.1601	5.7961	5.784
16	S	32.066	2.09	9.625	92.53	141.2	281.9	5.37230	5.37509	5.03174	5.0185
17	Cl	35.452	3.214×10^{-3}	11.64	109.2	164.7	321.5	4.7279	4.7308	4.4035	4.3971
18	Ar	39.948	1.663×10^{-3}	12.62	119.5	180.9	355.5	4.1919	4.1948	3.8860	3.87090
19	K	39.098	0.862	16.20	148.4	222.0	426.8	3.7414	3.7445	3.4540	3.4365
20	Ca	40.078	1.53	19.00	171.4	257.4	499.6	3.35847	3.36174	3.08979	3.0703
21	Sc	44.956	2.99	21.04	186.0	275.5	520.9	3.03095	3.03429	2.77960	2.762
22	Ti	47.88	4.51	23.25	202.4	300.5	571.4	2.74858	2.75223	2.51397	2.49734
23	V	50.942	6.09	25.24	222.6	332.7	75.06	2.50361	2.50744	2.28446	2.2691
24	Cr	51.996	7.19	29.25	252.3	375.0	85.71	2.28975	2.29365	2.08492	2.07020
25	Mn	54.938	7.47	31.86	272.5	405.1	96.08	2.10187	2.10583	1.91025	1.89643
26	Fe	55.847	7.87	37.74	304.4	56.25	113.1	1.93631	1.94002	1.75665	1.74346
27	Co	58.933	8.8	41.02	338.6	62.86	124.6	1.78900	1.79289	1.62083	1.60815
28	Ni	58.69	8.91	47.24	48.83	73.75	145.7	1.65795	1.66179	1.50017	1.48807

元素		原子量	密度/(g/cm³)	质量吸收系数(μ/ρ)/(cm²/g)				波长和吸收边/Å			
Z				MoK$_\alpha$	CuK$_\alpha$	CoK$_\alpha$	CrK$_\alpha$	K$_{\alpha1}$	K$_{\alpha2}$	K$_\beta$	K$_{edge}$
29	Cu	63.546	8.93	49.34	51.54	78.11	155.2	1.54059	1.54441	1.39225	1.38059
30	Zn	65.39	7.13	55.46	59.51	88.71	171.7	1.43519	1.43903	1.29528	1.2834
31	Ga	69.723	5.91	56.90	62.13	94.15	186.9	1.34012	1.34403	1.20793	1.1958
32	Ge	72.61	5.32	60.47	67.92	102.0	199.9	1.25408	1.25804	1.12896	1.11658
33	As	74.922	5.78	65.97	75.65	114.0	224.0	1.17590	1.17990	1.05732	1.0450
34	Se	78.96	4.81	68.82	82.89	125.1	246.1	1.10479	1.10884	0.99220	0.97974
35	Br	79.904	3.12	74.68	90.29	135.8	266.2	1.03977	1.04385	0.93281	0.9204
36	Kr	83.80	3.488×10⁻³	79.10	97.02	145.7	284.6	0.98019	0.98416	0.87857	0.86552
37	Rb	85.468	1.59	83.00	106.3	159.6	311.7	0.92558	0.92971	0.82870	0.81554
38	Sr	87.62	2.68	88.04	115.3	173.5	339.3	0.87528	0.87945	0.78294	0.76973
39	Y	88.906	4.48	97.56	127.1	190.2	368.9	0.82886	0.83306	0.74074	0.72766
40	Zr	91.224	6.51	16.10	136.8	204.9	398.6	0.78595	0.79017	0.70175	0.68883
41	Nb	92.906	8.58	16.96	148.8	222.9	431.9	0.74621	0.75046	0.66578	0.65298
42	Mo	95.94	10.22	18.44	158.3	236.6	457.4	0.70932	0.71361	0.63230	0.61978
43	Tc	98.906	11.50	19.78	167.7	250.8	485.5	0.67503	0.67933	0.60131	0.58906
44	Ru	101.07	12.36	21.33	180.8	269.4	517.9	0.64310	0.64742	0.57249	0.56051
45	Rh	102.906	12.42	23.05	194.1	289.0	555.2	0.61329	0.61764	0.54562	0.53395
46	Pd	106.42	12.00	24.42	205.0	304.3	580.9	0.58546	0.58984	0.52053	0.5092
47	Ag	107.868	10.50	26.38	218.1	323.5	617.4	0.55942	0.56381	0.49708	0.48589
48	Cd	112.411	8.68	27.73	229.3	341.8	658.8	0.53502	0.53943	0.47512	0.46407
49	In	114.82	7.29	29.13	242.1	362.7	705.8	0.51213	0.51656	0.45456	0.44371
50	Sn	118.710	7.29	31.18	253.3	374.1	708.8	0.49061	0.49506	0.43525	0.42467
51	Sb	121.75	6.69	33.01	266.5	391.3	733.4	0.47037	0.47484	0.41710	0.40668
52	Te	127.60	6.25	33.92	273.4	404.4	768.9	0.45131	0.45580	0.40000	0.38974
53	I	126.904	4.95	36.33	291.7	434.0	835.2	0.43333	0.43784	0.38391	0.37381
54	Xe	131.29	5.495×10⁻³	38.31	309.8	459.0	755.4	0.41635	0.42088	0.36874	0.3584
55	Cs	132.905	1.91	40.44	325.4	483.8	802.7	0.40030	0.40484	0.35437	0.34451
56	Ba	137.327	3.59	42.37	336.1	499.0	587.3	0.38512	0.38968	0.34082	0.33104
57	La	138.906	6.17	45.34	353.5	519.0	222.9	0.37075	0.37532	0.32799	0.31844
58	Ce	140.115	6.77	48.56	378.8	559.1	240.4	0.35710	0.36169	0.31582	0.30648
59	Pr	140.908	6.78	50.78	402.2	596.2	260.5	0.34415	0.34876	0.30427	0.29518
60	Nd	144.24	7.00	53.28	417.9	531.7	271.3	0.33185	0.33648	0.29331	0.28453
61	Pm	(147)		55.52	441.1	401.4	284.7	0.32017	0.32481	0.28290	0.27431
62	Sm	150.36	7.54	57.96	453.5	411.8	295.0	0.30905	0.31371	0.27301	0.26464
63	Eu	151.965	5.25	61.18	417.9	165.2	312.7	0.29845	0.30313	0.26358	0.25553
64	Gd	157.25	7.87	62.79	426.7	169.5	318.9	0.28836	0.29304	0.25460	0.24681
65	Tb	158.925	8.27	66.77	321.9	178.7	338.9	0.27873	0.28343	0.24609	0.23841
66	Dy	162.50	8.53	68.89	336.6	184.9	351.7	0.26954	0.27425	0.23789	0.23048
67	Ho	164.930	8.80	72.14	128.4	189.8	363.3	0.26076	0.26549	0.23012	0.22291
68	Er	167.26	9.04	75.61	134.3	198.4	379.7	0.25237	0.25712	0.22267	0.21567
69	Tm	168.934	9.33	78.98	140.2	207.4	397.0	0.24434	0.24910	0.21556	0.20880
70	Yb	173.04	6.97	80.23	144.7	214.0	409.6	0.23666	0.24143	0.20883	0.20224
71	Lu	174.967	9.84	84.18	152.0	224.6	429.5	0.22930	0.23409	0.20231	0.19585
72	Hf	178.49	13.28	86.33	157.7	232.9	445.0	0.22223	0.22703	0.19607	0.18982
73	Ta	180.948	16.67	89.51	161.5	238.3	454.7	0.21550	0.22031	0.19009	0.18394
74	W	183.85	19.25	95.76	170.5	249.7	470.4	0.20901	0.21383	0.18438	0.17837
75	Re	186.207	21.02	98.74	178.3	261.8	495.5	0.20279	0.20762	0.17888	0.17302
76	Os	190.2	22.58	100.2	183.8	270.3	512.4	0.19680	0.20164	0.17362	0.16787

元素		原子量	密度/(g/cm³)	质量吸收系数$(\mu/\rho)/(cm^2/g)$				波长和吸收边/Å			
Z				MoK_α	CuK_α	CoK_α	CrK_α	$K_{\alpha1}$	$K_{\alpha2}$	K_β	K_{edge}
77	Ir	192.22	22.55	103.4	192.2	283.4	539.6	0.19105	0.19591	0.16855	0.16292
78	Pt	195.08	21.44	108.6	198.2	295.2	571.6	0.18552	0.19042	0.16368	0.15818
79	Au	196.967	19.28	111.3	207.8	303.3	568.0	0.18020	0.18508	0.15899	0.153593
80	Hg	200.59	13.55	114.7	216.2	317.0	597.9	0.17507	0.17996	0.15449	0.14918
81	Tl	204.383	11.87	119.4	222.2	326.3	616.9	0.17014	0.17504	0.15015	0.14495
82	Pb	207.2	11.34	122.8	232.1	340.8	644.5	0.16538	0.17030	0.14597	0.140880
83	Bi	208.980	9.80	125.9	242.9	355.3	667.2	0.16079	0.16572	0.14195	0.13694
84	Po	(209)	9.32					0.15637	0.16131	0.13807	
85	At	(210)						0.15209	0.15704	0.13433	
86	Rn	(222)	4.40	117.2	263.7	387.1	731.4	014799	0.15293	0.13069	
87	Fr	(223)						0.14400	0.14897	0.12720	
88	Ra	226.026	5					0.14014	0.14513	0.12382	
89	Ac	(227)						0.13642	0.14142	0.12055	
90	Th	232.038	11.72	99.46	306.8	449.0	844.1	0.13282	0.13783	0.11740	0.11307
91	Pa	231.036	15.37					0.12933	0.13435	0.11435	
92	U	238.028	19.05	96.68	305.7	446.3	774.0	0.12595	0.13097	0.11140	0.10723
93	Np	237.048	20.25								
94	Pu	(242)	19.81	48.84	352.9	519.6	803.2				

附录 B
符　号

　　本书中使用的大多数符号是在文献中常使用并且被 X 射线衍射领域所广泛接受的，一些符号是专门用于二维 X 射线衍射的。书中尽量保持符号的一致性，但不可避免地会在书中的不同章节将同一符号指定为不同的物理意义，或者用不同符号描述几乎相同的参数。为避免混淆不同符号的定义，以下列出了一些符号的定义。

α	探测器摆角，探测器中心到实验室坐标轴 X_L 的夹角，或者 $2\theta_D$
	最大收敛角
	取出角——X 射线管中出射光束和靶材表面的夹角
	径向角——反射面相对于样品表面的极点方向
	X 射线光学部件的捕获角
	单晶片的斜切角
α，β，γ	晶格参数：三个单胞矢量的夹角
α_H	衍射矢量和样品表面夹角
α_I	入射角——入射光束与样品表面夹角
α_F	出射角——衍射光束和样品表面夹角
α_{max}	小角散射系统的最大角分辨率
β	极点方向与参考方向之间的方位角
	X 射线准直器的最大发散角
	X 射线光学部件的光束收敛角
β_1	衍射仪平面内入射光束发散角
β_2	垂直于衍射仪平面的入射光束发散角
γ	绕 X_L 轴的方位角，定义为衍射锥上衍射光束的方向
γ_1	（2θ 或 γ）积分的 γ 下限
γ_2	（2θ 或 γ）积分的 γ 上限
$\Delta\gamma$	γ 积分范围
δ	阻光刀到样品表面距离
ε_{ij}	应变张量的六个分量：ε_{11}，ε_{12}，ε_{22}，ε_{13}，ε_{23}，ε_{33}
ε_n	晶面法线方向上的应变
$\varepsilon_{\phi\psi}$	由 ϕ 和 ψ 角确定的应变方向
θ	布拉格角——入射光束（或反射光束）和反射面的夹角，通常以 2θ 表示，也指散射角
$2\theta_0$	零应力布拉格角，通常在应力计算时表示无应力的 2θ 值
θ_1	θ-θ 衍射仪的入射角

θ_2	$\theta\text{-}\theta$ 衍射仪的衍射角
$2\theta_1$	（2θ 或 γ）积分的 2θ 下限
$2\theta_2$	（2θ 或 γ）积分的 2θ 上限
$2\theta_D$	探测器摆角，探测器中心与实验室坐标轴 X_L 的夹角，或者 α
$2\theta_M$	单色器晶体的布拉格角
Θ	X 射线光学部件（如镜子）的捕获立体角
λ	X 射线波长
λ_{SWL}	短波限
μ	线吸收系数，常用单位：cm^{-1}
μ/ρ	质量吸收系数，常用单位：cm^2/g
ν	泊松比
σ	正应力
	高斯分布的标准偏差
σ_ϕ	ϕ 方向上的正应力测量值
σ_{ij}	应力张量的六个分量：σ_{11}，σ_{12}，σ_{22}，σ_{13}，σ_{23}，σ_{33}
σ_I，σ_{II}，σ_{III}	主应力分量
σ_{ph}	由零应力 d 值误差引起的赝静应力
τ	探测器死区时间
	X 射线穿透深度
	样品中 X 光束路径的长度
	切应力
τ_ϕ	ϕ 方向上的切应力测量值
ϕ	绕样品法线或轴的左手旋转角
φ_1	欧拉角之一，定义样品坐标系下的晶粒方向
φ_2	欧拉角之一，定义样品坐标系下的晶粒方向
Φ	X 射线通过光学部件后的收敛立体角
	欧拉角之一，定义样品坐标系下的晶粒方向
χ_g	$X_L\text{-}Y_L$ 平面内绕旋转轴的样品旋转角
ψ	除起点不同外，与 χ_g 相同的样品旋转轴，且 $\chi_g = 90° - \psi$
	样品表面法线与衍射矢量间的倾角，在传统衍射仪中用 ψ 倾法测量应力
$\Delta\psi$	用二维探测器测量应力时的虚拟摆角
	衍射矢量分布的角度范围
ω	样品绕 Z_L 的右手旋转角
$\Delta\Omega$	一个像素或探测器区域覆盖的立体角
Ω	整个探测器面积覆盖的立体角
	仪器立体角的角窗
a，b，c	晶格参数：三个单胞矢量的长度
$\boldsymbol{a}$，$\boldsymbol{b}$，$\boldsymbol{c}$	单胞的三个矢量
$\boldsymbol{a}^*$，$\boldsymbol{b}^*$，$\boldsymbol{c}^*$	倒易点阵的三个矢量
A	样品吸收因子或透射系数

A_{BB}	B-B 几何的透射系数 $[=1/(2\mu)]$
A_0	入射光束在样品上的截面积
A_1	X 射线源上的有效焦斑面积
A_2	经过光学部件后图像焦点的面积
A_{nm}	纤维织构取向函数的系数
A_{RX}	应力计算的各向异性因子
B/b	由衍射光束（B）和入射光束（b）尺寸比表示的散焦因子
B_L	低背景的积分强度
B_H	高背景的积分强度
C	像素强度组合校正因子
C_{air}	空气散射的像素强度校正因子
C_{Be}	铍窗吸收的像素强度校正因子
C_{ijkl}	弹性刚度系数
C_S	样品吸收的像素强度校正因子
C_L	洛伦兹效应的像素强度校正因子
C_P	偏振效应的像素强度校正因子
C_{hkl}^{nm} （χ）	纤维织构 ODF 的晶格对称性系数
C_l^{mn}	ODF 系数，也称作 C 系数
D	探测器距离（距仪器中心），也称作样品到探测器距离
d	相邻晶面间距，即 d 值
	针孔狭缝直径
	晶粒平均直径
d_{hkl}	（hkl）晶面的 d 值
d_i	第 i 相的晶粒直径
d_0	无应力 d 值，通常在应力测量时代表零应力的晶面间距
$d_{\phi\psi}$	由 ϕ 和 ψ 角确定方向的 d 测量值
DQE	探测器量子效率或探测量子效率
DR	探测器动态范围
E	X 射线光子能量（通常以 eV 或 keV 表示）
	杨氏模量
f	X 射线源点焦斑尺寸（同 S_1）
	原子散射因子
$f(g)$	取向分布函数（ODF），$f(g)=f(\varphi_1,\Phi,\varphi_2)$
f_1	从焦斑到 X 射线光学部件的焦距
f_2	从光学部件到图像焦点的焦距
f_i	测量晶粒的体积分数
f_{ij}	应变系数，6 个分量分别是：f_{11}、f_{12}、f_{22}、f_{13}、f_{23}、f_{33}
F_{hkl}	｛hkl｝晶面族的结构因子
g_{hkl}	归一化的极密度分布函数
g	样品坐标系内定义晶粒取向的三个欧拉角（φ_1，Φ，φ_2）组合

G_n^{hkl}	由纤维织构 ODF 给出的归一化勒让德（Legendre）多项式级数因子
G_t	厚度为 t 的表面层的衍射强度分数
$G_{x,y}$	像素 $P(x,y)$ 的几何归一化因子
h_1、h_2、h_3	样品坐标系下单位衍射（散射）矢量的三个分量
$\boldsymbol{h}_S$	样品坐标系下单位衍射（散射）矢量
h_x，h_y，h_z	实验室坐标系下单位衍射（散射）矢量的三个分量
$\boldsymbol{h}_L$	实验室坐标系下单位衍射（散射）矢量
$\boldsymbol{H}$	衍射矢量的通用表达式
$\boldsymbol{H}_{hkl}$	衍射矢量或倒易矢量
I	X 射线强度或 X 射线积分强度
I_0	入射光束的强度
$\boldsymbol{k}_0$	入射光束波矢
$\boldsymbol{k}$	衍射光束波矢
$K_{\alpha 1}$	X 射线的一个特征线
$K_{\alpha 2}$	X 射线的一个特征线
K_α	$K_{\alpha 1}$ 和 $K_{\alpha 2}$ 双线
K_β	X 射线的一个特征线，在衍射中不常用
m_{ij}	空间校正中像素的子像素数
L	洛伦兹因子
M	X 射线光学部件的放大倍数
	泛洪场图像中所有像素的总计数
	空间校正中单个像素中子像素的总数
$2M_t$	晶格热振动引起的衰减系数
$2M_S$	静态位移引起的衰减系数
$\boldsymbol{n}$	样品法线方向的单位矢量
N	探测器在给定时间内测量的 X 射线总计数
N_0	照射到探测器的 X 射线光子总数
N_b	由探测器噪声或背景散射引起的背景计数
N_{DL}	探测器的检测限
N_e	CCD 探测器的理想量子产额
N_i	用于非均匀相应校正的像素 P_i 的归一化因子
N_p	X 射线总计数（包括峰和背景）
N_S	参与衍射晶粒的总量
p_i	像素的测量计数
p_{ij}	应力系数，有 6 个分量：p_{11}，p_{12}，p_{22}，p_{13}，p_{23}，p_{33}
p_{hkl}	$\{hkl\}$ 晶面族的多重性因子
P	偏振因子
$P_{hkl(\alpha,\beta)}$	在极角（α，β）处的极密度
$\bar{P}_{n(\cos\chi)}$	计算纤维织构 ODF 的归一化勒让德（Legendre）多项式
q	散射矢量的模，常用于薄膜分析和小角散射

q_x，q_y，q_z	以样品方向表示的 $\boldsymbol{Q}$ 矢量的 3 个分量
$\boldsymbol{Q}$	散射矢量或 $\boldsymbol{Q}$ 矢量
r	面探测器上像素到样品的距离
r_{f}	B-B 几何中聚焦圆半径
r_{ij}	空间校正中有贡献区域与整个像素区域的面积比
	通过最小二乘拟合进行探测器校准的残差
R	小角散射系统分辨率（定义为理论最大布拉格晶面间距）
	B-B 几何中测角仪圆半径
	柱面探测器半径
	探测器计数率
R_{B}	光子计数探测器噪声率
R_{DL}	在检测限时的计数率
R_i	残余奥氏体测量的反射因子（i 代表不同物相）
R_{global}	面探测器的全局计数率（cps）
R_{local}	面探测器的局部计数率（cps/mm^2）
R_{pixel}	面探测器的像素计数率（cps/pixel）
R_{m}	计数丢失 ΔR 时测量的计数率
R_{BS}	小角散射系统中光束挡板的分辨率极限
$\boldsymbol{R}_x$，$\boldsymbol{R}_y$，$\boldsymbol{R}_z$	探测器绕轴的旋转，也称作旋转、俯仰和偏摆
$\boldsymbol{s}_{\mathbf{o}}$	入射光束的单位矢量
$\boldsymbol{s}$	衍射光束的单位矢量
S	样品上 X 射线的光斑尺寸
S_1	应力测量时的一个宏观弹性常数；当考虑晶面的各向异性校正时，也可表示为 $S_1(hkl)$
	光源尺寸
$S_1^{\{hkl\}}$	$\{hkl\}$ 晶面族的一个 X 射线弹性系数（XEC）
$\dfrac{1}{2}S_2$	另一个宏观弹性系数
$\dfrac{1}{2}S_2^{\{hkl\}}$	$\{hkl\}$ 晶面族的另一个 X 射线弹性系数（XEC）
$S_{x,y}$	像素 $P(x，y)$ 的强度归一化因子
S_{ijkl}	弹性柔量
$\boldsymbol{S}_1$	样品坐标（除原点固定在样品上外，与样品平移轴 X 方向一致）
	经过光学部件后的 X 射线图像尺寸
$\boldsymbol{S}_2$	样品坐标（除原点固定在样品上外，与样品平移轴 Y 方向一致）
$\boldsymbol{S}_3$	样品坐标（除原点固定在样品上外，与样品平移轴 Z 方向一致）
t	样品或样品膜层厚度
T	透射系数
	通过 $A_{\mathrm{BB}}T=A/A_{\mathrm{BB}}$ 归一化的样品透射系数
$T_l^{mn}(g)$	广义球谐函数，l 是级数的阶，m 和 n 表示独立 C 系数阶的有限数

u	扁平柱面二维图像在水平方向上的像素位置
v	扁平柱面二维图像在垂直方向上的像素位置
	单胞体积
v_i	第 i 相的晶粒体积
V	晶胞体积
	有效衍射采样体积
	X 射线发生器的电压
w_i	材料中某元素的质量分数
	最小二乘回归中的加权因子
x	线或面探测器中像素在平行于衍射仪平面方向上的位置
x_{pc}	结晶度
$\boldsymbol{X}$	样品平移坐标，其原点位于仪器中心（当 $\omega=\phi=0$ 时，$\boldsymbol{X}$ 与入射线方向相反；$\boldsymbol{X}$ 通常位于样品表面）
y	面探测器中像素在垂直于衍射仪平面方向上的位置
y_i	最小二乘分析时第 i 数据点的观察值
$\hat{y}_i$	最小二乘分析时第 i 数据点的拟合值
$\boldsymbol{Y}$	样品平移坐标，其原点位于仪器中心（$\boldsymbol{Y}$ 通常位于样品表面并且与 $\boldsymbol{X}$ 成右手 $90°$）
$\boldsymbol{Z}$	样品平移坐标，其原点位于仪器中心（$\boldsymbol{Z}$ 通常位于样品表面法线方向）
$\boldsymbol{X}_L$	实验室坐标（$\boldsymbol{X}_L$ 是入射线方向）
$\boldsymbol{Y}_L$	实验室坐标（$\boldsymbol{Y}_L$ 位于衍射仪平面，并且与 $\boldsymbol{X}_L$-$\boldsymbol{Z}_L$ 坐标系成右手 $90°$）
$\boldsymbol{Z}_L$	实验室坐标（$\boldsymbol{Z}_L$ 从仪器中心向上并垂直于衍射仪平面）

索 引

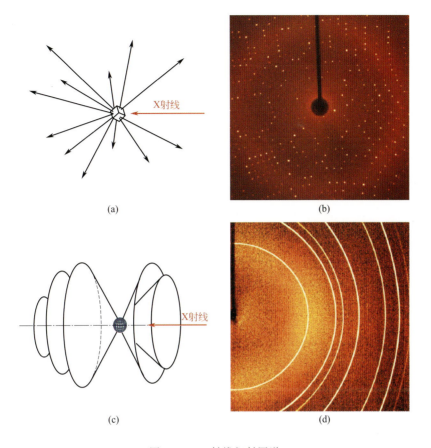

(a)   (b)

(c)   (d)

图 1.16   X 射线衍射图谱

（a）单晶衍射示意图；（b）索马甜蛋白单晶的衍射帧；

（c）多晶样品的衍射锥；（d）刚玉粉末样品的衍射帧

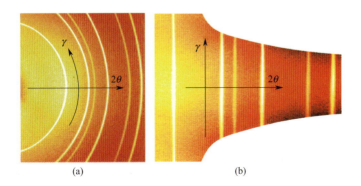

(a)   (b)

图 1.17   刚玉粉末的二维衍射帧（a）和矩形 $\gamma\text{-}2\theta$ 坐标表示的二维衍射帧（b）

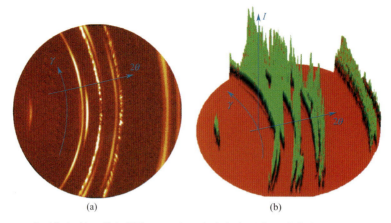

图 1.19　电池阳极的二维衍射帧（a）和以竖直方向强度三维曲线显示的二维帧（b）

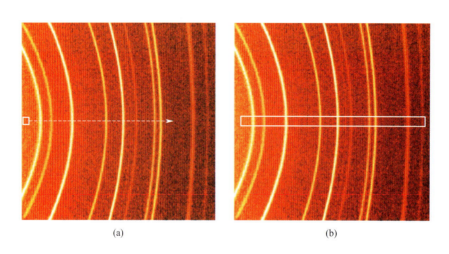

图 2.2　点、线和面探测器数据覆盖范围对比

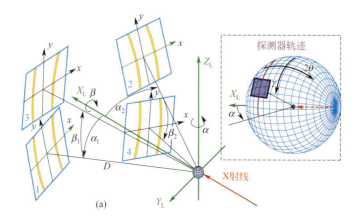

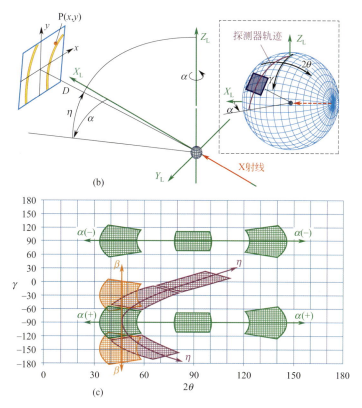

(b)

图 2.10　探测器移出衍射仪平面的方式

（a）探测器绕 X_L 轴的方位旋转；（b）探测器摆角（η）
绕仪器中心并向 Z_L 轴的运动；（c）不同探测器运动方式的衍射空间覆盖范围

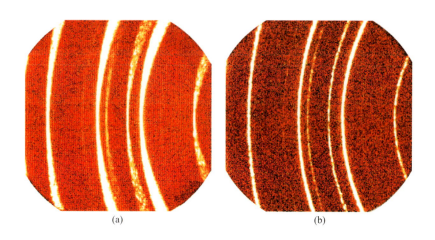

图 3.8　刚玉粉末的衍射帧

（a）线光束的衍射环（拖尾效应）；（b）点光束的衍射环

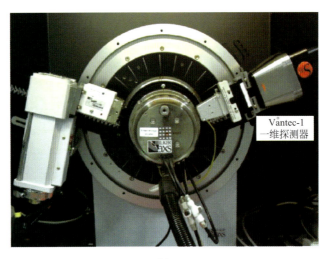

(a)

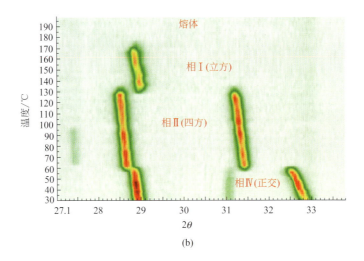

(b)

图 4.7 安装在衍射仪上的 Vantec-1 探测器 (a)
和用该探测器研究 NH_4NO_3 的原位相变 (b)

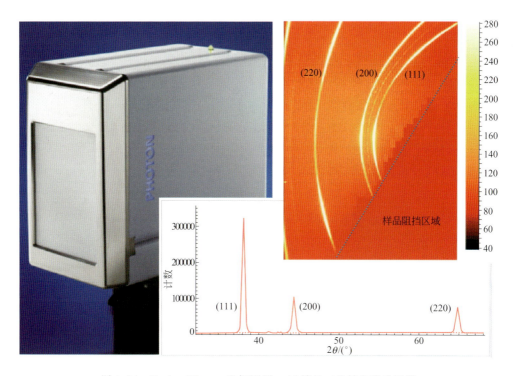

图 4.24　Bruker Photon Ⅱ 探测器、Al 箔的二维帧和积分图谱

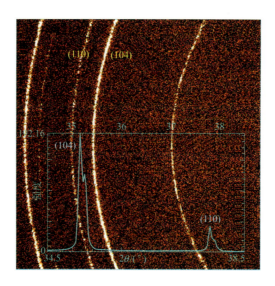

图 4.26　Våntec-2000 探测器测量 NIST 1976 刚玉标样的衍射图
$K_{\alpha 1}$-$K_{\alpha 2}$ 线在 $2\theta = 35.2°$ 有分裂

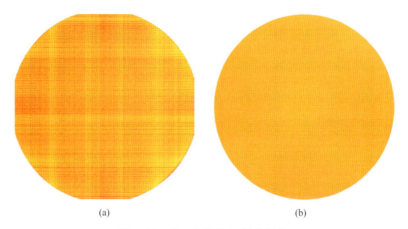

(a)   (b)

图 4.27　均一光源的 X 射线图像

(a) MWPC（Hi-Star）显示的垂直和水平条纹；

(b) Mikrogap 探测器（Vǎntec-500）显示强度的均匀分布

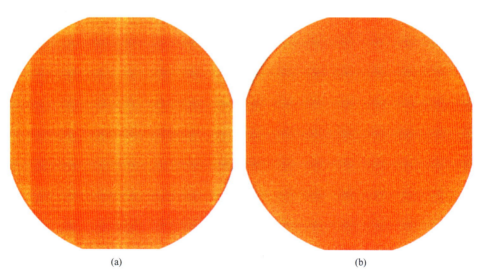

(a)   (b)

图 6.1　各向同性源的 X 射线图像（Bruker Hi-Star™ MWPC 探测器）

(a) 未经泛洪场校正的原图；(b) 经过泛洪场校正的图像

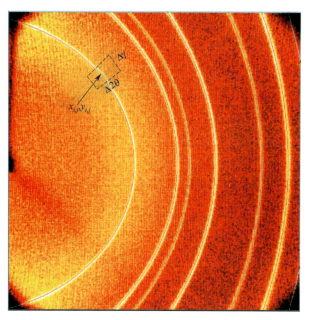

图 6.7　用刚玉的衍射帧进行探测器校准

计算环（紫红色）在测量衍射环上面

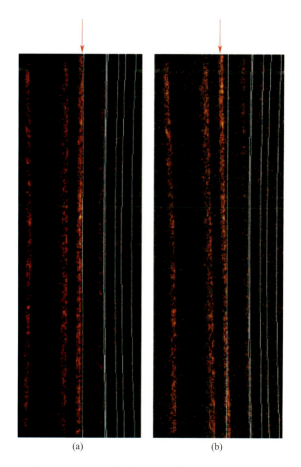

(a)　　　　　　　　　(b)

图 6.9　在近 90°收集的刚玉样品的二维衍射帧

（a）无旋转或存在微小旋转误差；（b）存在清晰可见的旋转误差

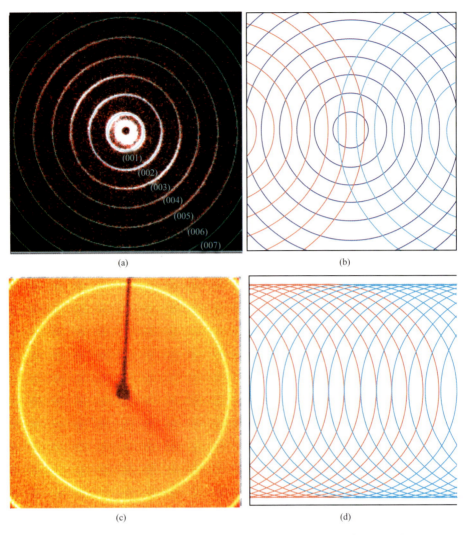

图 6.11   山蓇酸银粉末的衍射图（a）、三个摆角山蓇酸银衍射环的交点（b）、
透射模式得到的单个刚玉衍射环（c）和多个摆角得到的衍射图重叠产生交点（d）

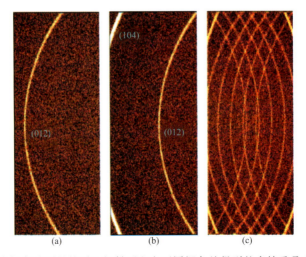

图 6.12   在两个摆角处测量的刚玉衍射环和在不同摆角处得到的多帧重叠产生的交叉网格

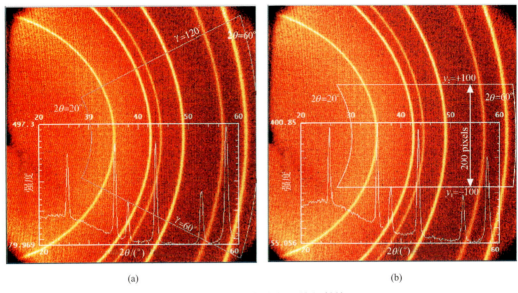

(a)   (b)

图 6.14　刚玉粉末的二维衍射帧

（a）楔形区域内积分范围为 60°～120°的 γ 积分；（b）由 200 个像素组成的片状区域的 γ 积分

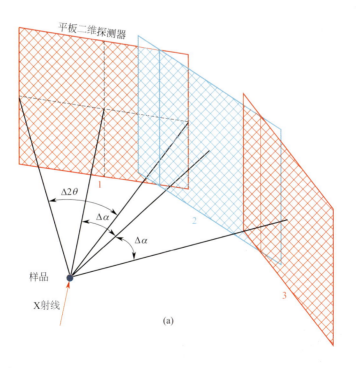

图 6.17

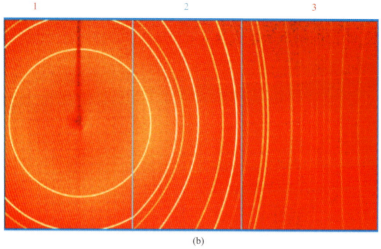

图 6.17　平板二维探测器采集到的多帧图像合并

（a）三个探测器摆角的示意图；（b）由三个平面帧合并的二维图像

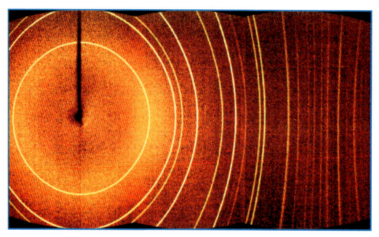

图 6.23　由 Bruker Photon Ⅱ^{TM} 探测器采集的 $1\mu m$ Al_2O_3 粉末的

三个衍射帧合并后得到的柱面图像

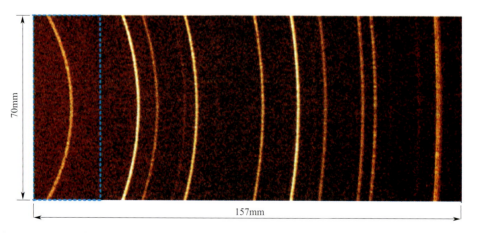

图 6.28　Eiger 2 探测器以 γ 优化模式扫描得到的刚玉样品的二维衍射图（2θ 范围为 $20°\sim80°$）

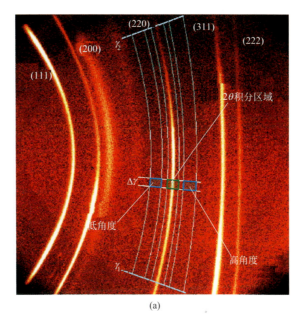

(a)

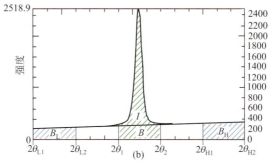

(b)

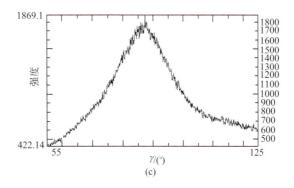

(c)

图 8.13 极图数据处理

（a）Al 样品的一帧衍射图 ［包括（220）衍射环的 2θ 积分］；

（b）显示背景和峰的 2θ 积分曲线；

（c）积分强度分布与 γ 的关系图

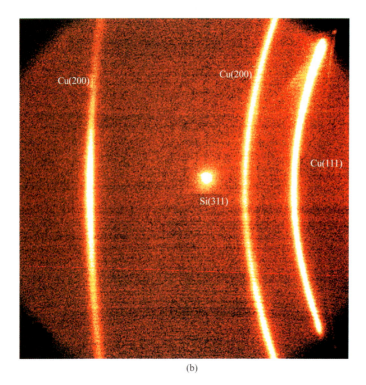

(b)

图 8.6　织构分析系统和二维图像

（a）Cu 薄膜样品安装在 GADDS^{TM} 系统上（Bruker AXS）；

（b）每帧图有三个 Cu 的衍射线和一个 Si 的衍射点

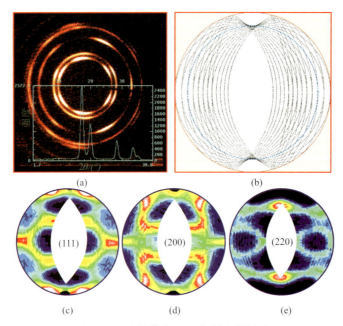

图 8.11　透射模式下 Al 板的织构测试

（a）二维衍射帧；（b）由帧图生成的（200）极图；

（c）（111）极图；（d）（200）极图；（e）（220）极图

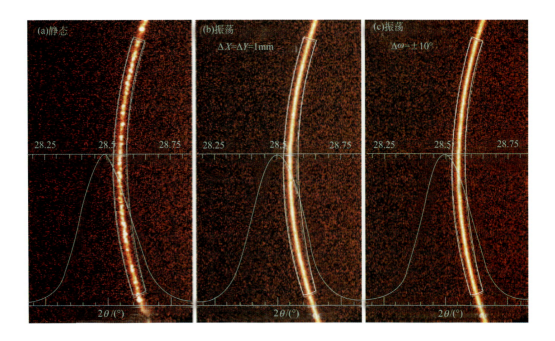

图 7.8 由 Bruker GADDS 衍射仪在透射模式下采集的硅粉（NIST SRM 640c）衍射帧
（a）样品在静态位置；（b）样品在 $\Delta X \cdot \Delta Y = 1mm^2$ 面摆动；（c）样品以 $\Delta \omega = \pm 10°$ 角摆动

(a)

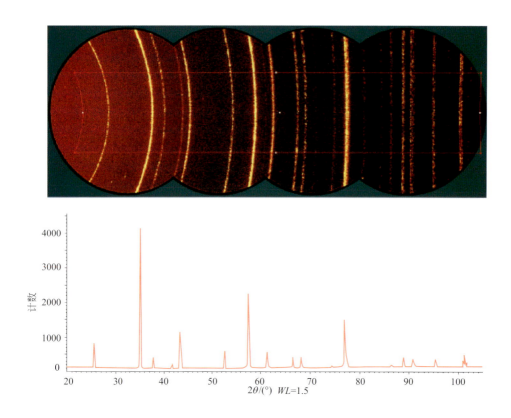

图 7.1　通过对刚玉的 4 个二维帧合并后得到的衍射花样以及积分后的衍射图谱

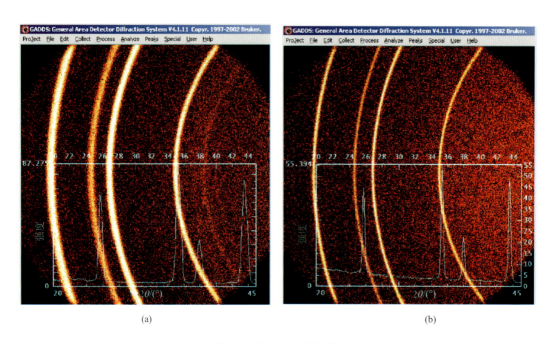

(a)　　　　　　　　　　　　　(b)

图 7.5　刚玉的衍射花样

（a）5°入射角，反射模式；（b）垂直入射的透射模式

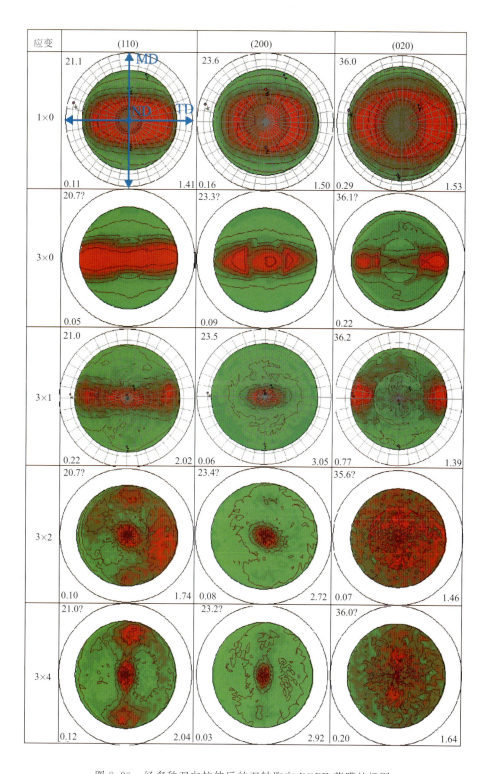

图 8.20　经多种双向拉伸后的双轴取向 BOPE 薄膜的极图

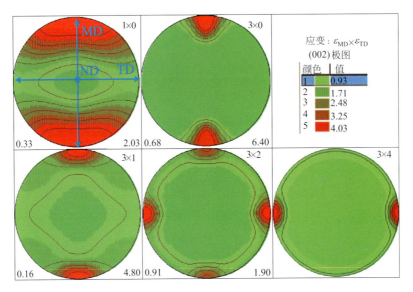

图 8.21　从 ODF 计算得到的不同双轴应变的（002）极图

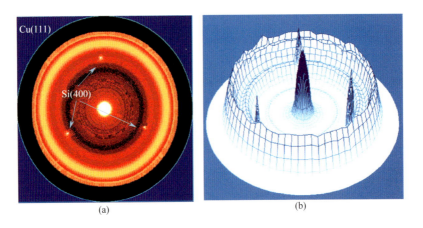

(a)　　　　　　　　　　　　(b)

图 8.22　Cu（111）薄膜面和 Si（400）基底面的极图组合

（a）二维投影极图；（b）三维表面图

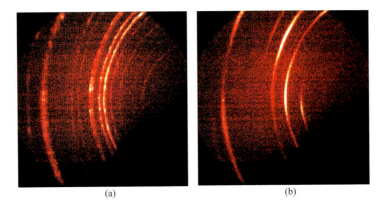

(a)　　　　　　　　　　　　(b)

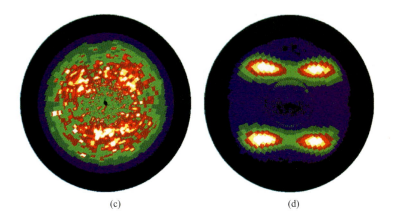
(c)   (d)

图 8.23 不同微结构 γ-TiAl 合金的二维帧和（111）极图
（a）和（c）为粗晶粒弱织构；（b）和（d）为细晶粒强织构

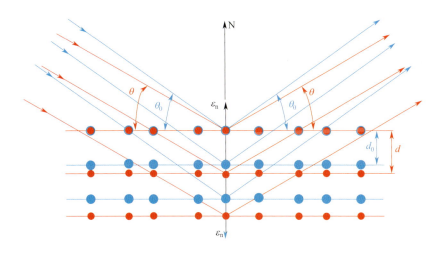

图 9.3 基于布拉格定律的应变测量示意图

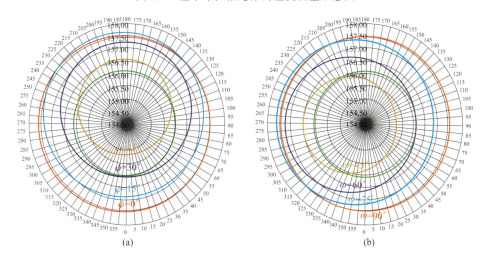
(a)   (b)

图 9.13

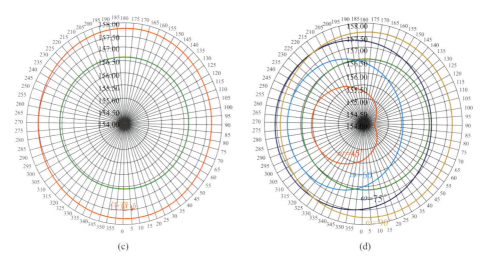

(c)   (d)

图 9.13　雷达图上的模拟衍射环扭曲

（a）用 ψ 扫描的等轴态；（b）用 ω 扫描的等轴态；（c）用 ψ 扫描的单轴态；（d）用 ω 扫描的单轴态

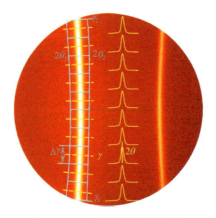

图 9.18　应力测量的数据积分

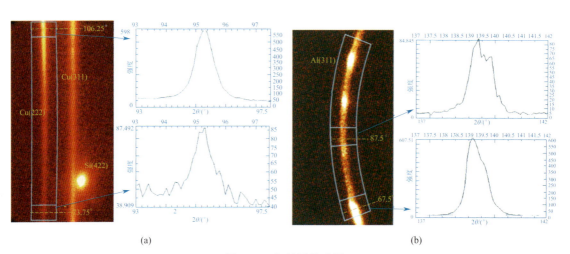

(a)   (b)

图 9.20　衍射图的质量

（a）强织构；（b）大晶粒尺寸

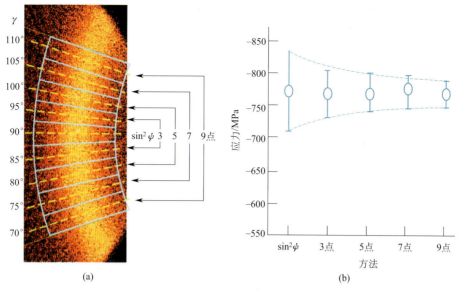

(a)

(b)

图 9.23　用二维方法和 $\sin^2\psi$ 法的应力计算

（a）从衍射环上得到的数据点；（b）用不同方法和不同数据点数量测到的应力值及其标准偏差

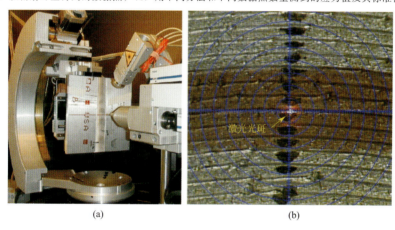

(a)

(b)

图 9.26　装载在尤拉环 XYZ 样品台上的试样和通过激光视频系统调整的扫描点

（a）及面扫描区域的放大图（激光光斑指向仪器中心）（b）

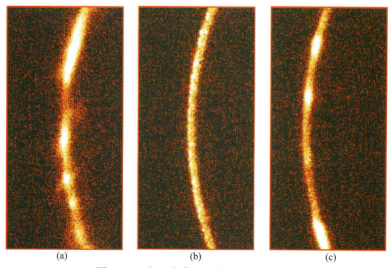

(a)

(b)

(c)

图 9.27　在三个典型区域收集的衍射帧

（a）原始材料；（b）搅拌摩擦区；（c）混合区

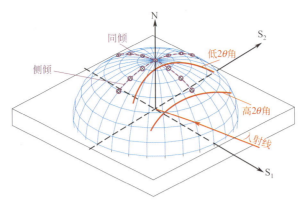

图 9.29　两种方法在样品坐标系下的衍射矢量分布

$\sin^2\psi$ 法（紫色）和在高、低 2θ 角（红色）都具有低入射角的二维法

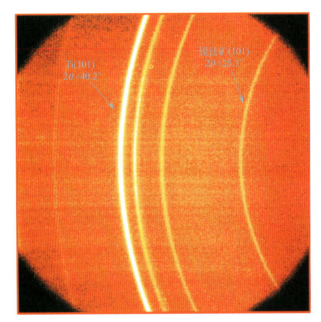

图 9.30　用于应力测量的在 15° 入射角处收集的锐钛矿（101）和 Ti（101）的衍射峰

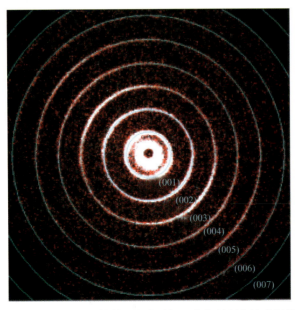

图 10.4　低角度校正材料（山嵛酸银）的衍射环和校准衍射环

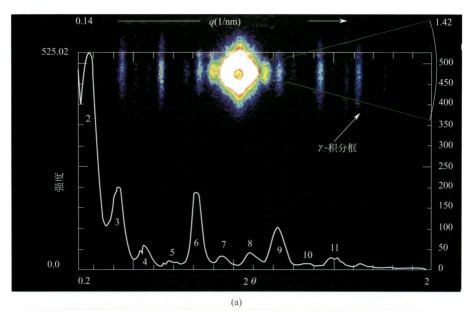

(a)

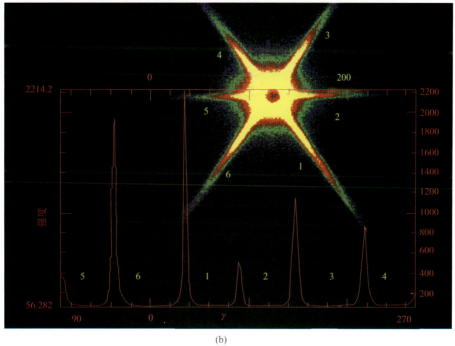

(b)

图 10.5 二维小角散射帧的积分[49]

（a）大鼠尾部肌键帧图的 γ 积分；（b）单晶铜内部片状氧化铁沉积物帧图的 2θ 积分

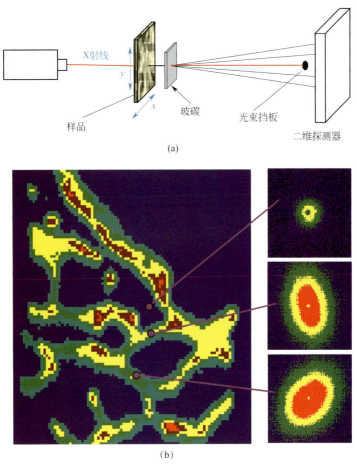

(a)

(b)

图 10.7　扫描小角散射（经允许摘自 Bruker 应用报告[50]　）

（a）配置 XY 样品台的小角散射系统；（b）给定位点的 X 射线扫描图像和小角散射图

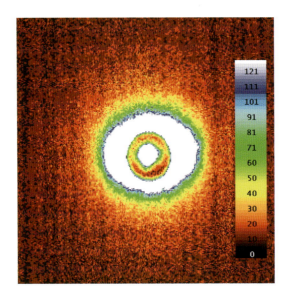

图 10.9　6 层取向聚酯膜帧图在放大 8 倍后的中心区域

光束挡板阴影里的亮斑代表透射系数

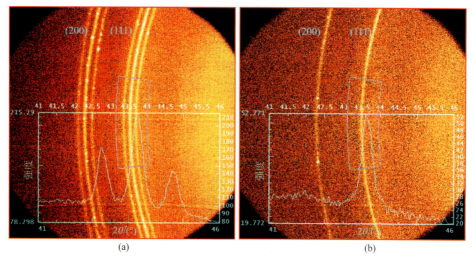

图 11.8　组合筛选验证工具（1mm 铜线，间距 5mm）的衍射图像

（a）无阻光刀时信号产生交叉；（b）使用阻光刀时无信号交叉

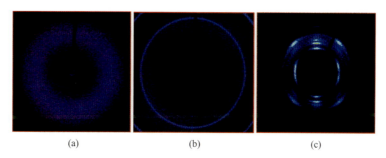

图 12.1　非晶散射（a）、随机多晶散射（b）和有取向的多晶和非晶散射（c）

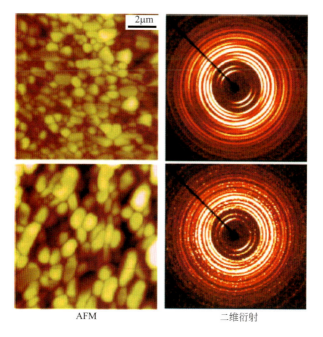

图 12.9　两种晶粒尺寸有机玻璃样品的原子力显微镜图像和二维衍射帧

经许可转载自文献 [42]

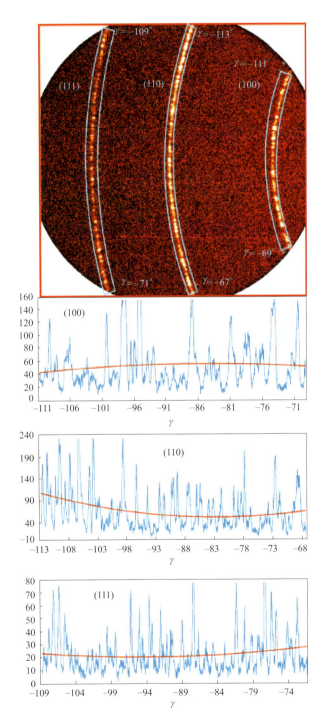

图 12.12　由 LaB_6 的 3 个衍射环举例说明利用 γ 线形计算晶粒尺寸

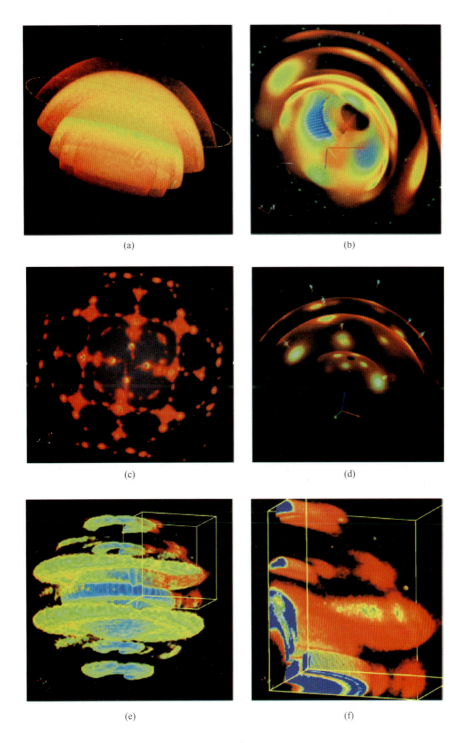

图 12.21 由 MAX3D 构建的三维 RSM（在不同样品旋转角度下采集二维帧）[67,68]
(a) 随机的刚玉粉；(b) 具有轧制结构的 Au/Pt 纳米层薄板；(c) Si 衬底上的 GaAs 纳米线；
(d) 衬底上具有织构的外延薄膜；(e) 挤出变形的聚丙烯；(f) 具有更高分辨率的 (e) 放大图

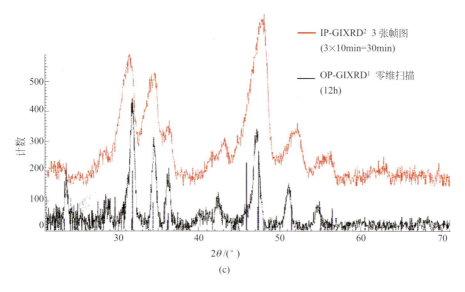

图 12.18　Si 片上 10nm 多晶 NiSi 薄膜的衍射数据[58]

（a）OP-GIXRD^2；（b）IP-GIXRD^2；（c）IP-GIXRD^2 和 OP-GIXRD^1 的对比

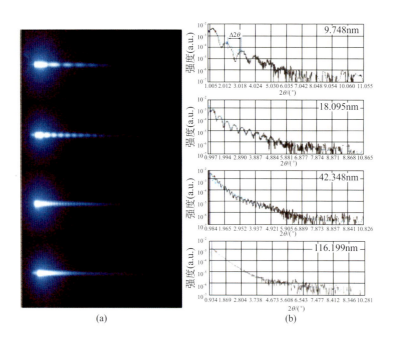

图 12.19　二维探测器测试薄膜厚度[58]

（a）二维 XRR 图谱；（b）由积分图得到的厚度

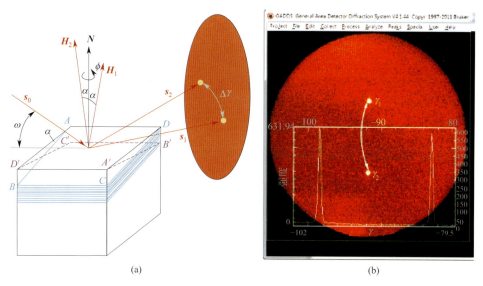

(a) (b)

图 12.15 斜切角的测量

（a）测试几何；（b）具有两个衍射斑点的二维图谱

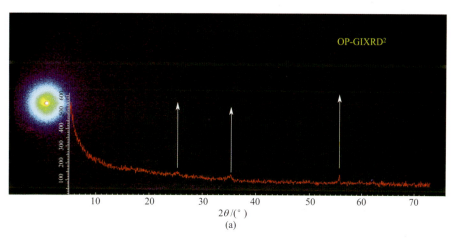

(a)

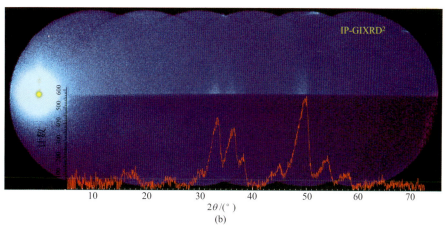

(b)

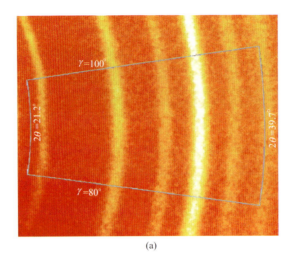

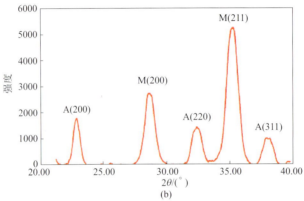

图 12.13 钢辊的残余奥氏体量

（a）二维衍射帧（CCD 探测器采集）；（b）γ 方向积分图

（200）、（220）、（311）为残余奥氏体衍射峰，（200）和（211）为马氏体衍射峰

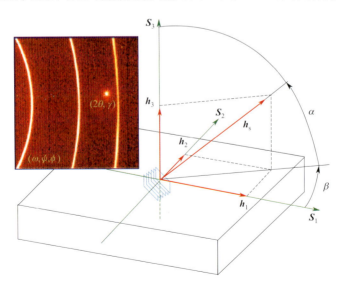

图 12.14 一个强衍射点的二维衍射图和样品坐标中晶面的方向

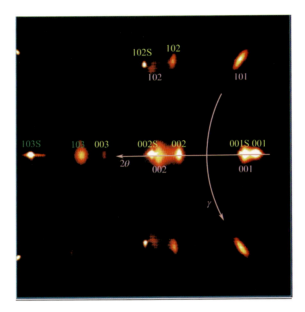

图 12.22　积分 RSM [SrTiO$_3$(001) 基底上生长的 200nm BiFeO$_3$ 薄膜][69]

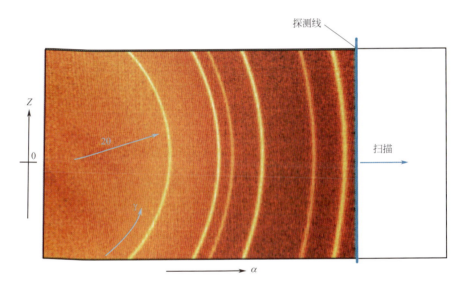

图 13.3　二维衍射图像的示意图